精通Android网络开发

王东华◆编著

人民邮电出版社
北京

图书在版编目（CIP）数据

精通Android网络开发 / 王东华编著. -- 北京 : 人民邮电出版社, 2016.3
ISBN 978-7-115-41274-4

Ⅰ. ①精… Ⅱ. ①王… Ⅲ. ①移动终端－应用程序－程序设计 Ⅳ. ①TN929.53

中国版本图书馆CIP数据核字(2016)第039617号

内 容 提 要

本书详细介绍了Android网络开发的有关内容，全书共分为5篇，共计25章，从搭建Android开发环境和核心框架分析讲起，依次讲解了Android技术核心框架，网络开发技术基础，HTTP数据通信，URL处理数据，处理XML数据，下载远程数据，上传数据，使用Socket实现数据通信，使用WebKit浏览网页数据，Wi-Fi 系统应用，蓝牙系统应用，邮件应用，RSS 应用，网络视频处理，网络流量监控，网络RSS阅读器，开发一个邮件系统，在Android中开发移动微博应用、网络防火墙系统，开发Web版的电话本管理系统、移动微信系统等知识。本书几乎涵盖了Android网络应用中的所有主要内容，讲解方法通俗易懂。

本书适合Android初学者、Android爱好者以及Android底层开发人员学习使用，也可以作为相关培训学校和大专院校相关专业的教学用书。

◆ 编　　著　王东华
　责任编辑　张　涛
　责任印制　张佳莹　焦志炜
◆ 人民邮电出版社出版发行　　北京市丰台区成寿寺路11号
　邮编　100164　　电子邮件　315@ptpress.com.cn
　网址　https://www.ptpress.com.cn
　固安县铭成印刷有限公司印刷
◆ 开本：787×1092　1/16
　印张：37.5　　　　2016年3月第1版
　字数：960千字　　　2024年7月河北第12次印刷

定价：89.00元

读者服务热线：(010)81055410　印装质量热线：(010)81055316
反盗版热线：(010)81055315

前　　言

2007年11月5日谷歌公司正式向外界展示了基于Linux平台的开源手机操作系统——Android，该平台由操作系统、中间件、用户界面和应用软件组成，是首个为移动终端打造的真正开放和完整的移动软件。

本书的内容

本书分为5篇，共计25章，循序渐进地讲解Android网络应用开发方面的知识。第1篇 Android基础知识篇，介绍了Android技术核心框架、Android体系结构、Android网络开发技术基础等；第2篇 网络数据通信篇，讲解了HTTP数据通信、URL处理数据、使用Socket实现数据通信等；第3篇移动Web应用篇，讲解用Android技术开发网页、jQuery Mobile应用等；第4篇典型网络应用篇，讲解了Wi-Fi开发、蓝牙系统应用、邮件开发、RSS处理网络流量监控等网络开发热点技术；第5篇网络开发综合案例篇，用几大案例讲解了网络开发的实战应用，如RSS阅读器、开发一个邮件系统、移动微博开发、网络流量防火墙系统、微信开发等，让读者达到学以致用的目标。

本书的版本

本书的内容以笔者撰稿时的最新版本Android 5为基础，并且兼容了Android L及其以前的版本，详细讲解了Android网络应用开发的基本知识。

本书特色

本书内容丰富，分析细致、全面。我们的目标是通过一本图书，提供多本图书的价值，在内容的编写上，本书具有以下特色。

（1）结构合理。从用户的实际需要出发，科学安排知识结构。全书详细地讲解了和Android网络开发有关的源码，内容循序渐进，由浅入深。

（2）遵循“理论介绍——演示实例——综合演练”这一主线，帮助读者彻底弄清楚Android网络应用开发的每一个知识点。

（3）内容全面。本书是“内容较全面的一本Android网络应用开发书”，无论是开发环境搭建，还是各个常用的网络技术，在本书中您都能找到解决问题的答案。

读者对象

初学Android编程的自学者
网络开发人员
大中专院校的老师和学生
毕业设计的学生
Android编程爱好者

相关培训机构的老师和学员

从事 Android 开发的程序员

本书在编写过程中，得到了人民邮电出版社工作人员的大力支持，正是各位编辑的求实、耐心和效率，才使得本书在这么短的时间内出版。另外，也十分感谢我的家人在我写作的时候给予的巨大支持。本人毕竟水平有限，纰漏和不尽如人意之处在所难免，诚请读者提出意见或建议，以便修订并使之更臻完善。另外，为本书提供了售后支持和源程序下载网站：http://www.toppr.net，读者如有疑问可以在此提出，我会尽力帮助解答。编辑联系邮箱：zhangtao@ptpress.com.cn。

编　者

目　录

第 1 篇　基础知识篇

第 1 章　Android 技术概述…………2

1.1　智能手机系统介绍…………2

1.1.1　何谓智能手机…………2

1.1.2　Android 5.0 的突出变化…………2

1.2　搭建 Android 应用开发环境…………3

1.2.1　安装 Android SDK 的系统要求…………4

1.2.2　安装 JDK…………4

1.2.3　获取并安装 Eclipse 和 Android SDK…………7

1.2.4　安装 ADT…………8

1.2.5　设定 Android SDK Home…………9

1.2.6　验证开发环境…………10

1.2.7　创建 Android 虚拟设备（AVD）…………10

1.2.8　启动 AVD 模拟器…………12

1.2.9　解决搭建环境过程中的常见问题…………14

第 2 章　Android 技术核心框架分析…………17

2.1　简析 Android 安装文件…………17

2.1.1　Android SDK 目录结构…………17

2.1.2　android.jar 及内部结构…………18

2.1.3　阅读 SDK 帮助文档…………18

2.1.4　常用的 SDK 工具…………19

2.2　演示官方实例…………20

2.3　剖析 Android 系统架构…………21

2.3.1　Android 体系结构介绍…………21

2.3.2　Android 应用工程文件组成…………23

2.4　简述五大组件…………25

2.4.1　用 Activity 来表现界面…………25

2.4.2　用 Intent 和 Intent Filter 实现切换…………26

2.4.3　Service 为你服务…………26

2.4.4　用 Broadcast Intent Receiver 发送广播…………27

2.4.5　用 Content Provider 存储数据…………27

2.5　进程和线程…………27

2.5.1　先看进程…………27

2.5.2　再看线程…………28

2.5.3　应用程序的生命周期…………28

2.6　第一段 Android 程序…………30

第 3 章　网络开发技术基础…………34

3.1　HTML 简介…………34

3.1.1　HTML 初步…………34

3.1.2　字体格式设置…………35

3.1.3　使用标示标记…………37

3.1.4　使用区域和段落标记…………37

3.1.5　使用表格标记…………38

3.1.6　使用表单标记…………41

3.2　CSS 技术基础…………43

3.2.1　基本语法…………43

3.2.2　CSS 属性介绍…………44

3.2.3　CSS 编码规范…………46

3.3　JavaScript 技术基础…………46

3.3.1　JavaScript 概述…………47

3.3.2　JavaScript 运算符…………47

3.3.3　JavaScript 循环语句…………48

3.3.4　JavaScript 函数…………50

3.3.5　JavaScript 事件…………52

第 2 篇　网络数据通信篇

第 4 章　HTTP 数据通信…………56

4.1　HTTP 基础…………56

4.1.1　HTTP 概述…………56

4.1.2　HTTP 协议的功能…………56

4.1.3　Android 中的 HTTP…………57

4.2　使用 Apache 接口…………58

4.2.1　Apache 接口基础…………58

4.2.2　Apache 应用要点（1）…………58

4.2.3　Apache 应用要点（2）…………61

4.3　使用标准的 Java 接口…………68

4.3.1　IP 地址…………68

4.3.2　URL 地址…………69

4.3.3　套接字 Socket 类…………69

4.3.4　URLConncetion 类…………70

4.3.5　在 Android 中使用 java.net…………70

4.4　使用 Android 网络接口…………72

4.5 实战演练……72
4.5.1 实战演练——在手机屏幕中传递 HTTP 参数……72
4.5.2 实战演练——在 Android 手机中通过 Apache HTTP 访问 HTTP 资源……76
第 5 章 URL 处理数据……79
5.1 URL 和 URLConnection……79
5.1.1 URL 类详解……79
5.1.2 实战演练——在手机屏幕中显示 QQ 空间中的照片……84
5.1.3 实战演练——从网络中下载图片作为屏幕背景……86
5.2 HttpURLConnection 详解……89
5.2.1 HttpURLConnection 的主要用法……89
5.2.2 实战演练——在 Android 手机屏幕中显示网络中的图片……91
5.2.3 在手机屏幕中显示网页……93
第 6 章 处理 XML 数据……96
6.1 XML 技术基础……96
6.1.1 XML 的概述……96
6.1.2 XML 的语法……96
6.1.3 获取 XML 文档……97
6.2 使用 SAX 解析 XML 数据……98
6.2.1 SAX 的原理……98
6.2.2 基于对象和基于事件的接口……99
6.2.3 常用的接口和类……100
6.2.4 实战演练——在 Android 系统中使用 SAX 解析 XML 数据……103
6.3 使用 DOM 解析 XML……105
6.3.1 DOM 概述……105
6.3.2 DOM 的结构……105
6.3.3 实战演练——在 Android 系统中使用 DOM 解析 XML 数据……107
6.4 Pull 解析技术……109
6.4.1 Pull 解析原理……109
6.4.2 实战演练——在 Android 系统中使用 Pull 解析 XML 数据……110
6.5 实战演练——3 种解析方式的综合演练……112
第 7 章 下载远程数据……119
7.1 下载网络中的图片数据……119
7.2 下载网络中的 JSON 数据……121
7.2.1 JSON 基础……121
7.2.2 实战演练——远程下载服务器中的 JSON 数据……122
7.3 下载某个网页的源码……125
7.4 远程获取多媒体文件……127
7.4.1 实战演练——下载并播放网络中的 MP3……127
7.4.2 实战演练——下载在线铃声……133
7.5 多线程下载……137
7.5.1 多线程下载文件的过程……137
7.5.2 实战演练——在 Android 系统中实现多线程下载……138
7.6 远程下载并安装 APK 文件……150
7.6.1 APK 基础……150
7.6.2 实战演练——在 Android 系统中下载并安装 APK 文件……152
第 8 章 上传数据……157
8.1 实战演练——上传文件到远程服务器……157
8.2 使用 Get 方式上传数据……159
8.3 使用 Post 方式上传数据……163
8.4 使用 HTTP 协议实现上传……166
8.4.1 一段演示代码……166
8.4.2 实战演练——HTTP 协议实现文件上传……171
第 9 章 使用 Socket 实现数据通信……176
9.1 Socket 编程初步……176
9.1.1 TCP/IP 协议基础……176
9.1.2 UDP 协议……177
9.1.3 基于 Socket 的 Java 网络编程……177
9.2 TCP 编程详解……178
9.2.1 使用 ServerSocket……179
9.2.2 使用 Socket……179
9.2.3 TCP 中的多线程……181
9.2.4 实现非阻塞 Socket 通信……184
9.3 UDP 编程……188
9.3.1 使用 DatagramSocket……188
9.3.2 使用 MulticastSocket……192
9.4 实战演练——在 Android 中使用 Socket 实现数据传输……195
第 10 章 使用 WebKit 浏览网页数据……198
10.1 WebKit 源码分析……198

10.1.1 Java 层框架 ··· 198
10.1.2 C/C++层框架 ··· 202
10.2 分析 WebKit 的操作过程 ··· 205
10.2.1 WebKit 初始化 ··· 205
10.2.2 载入数据 ··· 206
10.2.3 刷新绘制 ··· 207
10.3 WebView 详解 ··· 208
10.3.1 WebView 介绍 ··· 208
10.3.2 实现 WebView 的两种方式 ··· 210
10.3.3 WebView 的几个常见功能 ··· 212
10.4 实战演练 ··· 217
10.4.1 实战演练——在手机屏幕中浏览网页 ··· 217
10.4.2 实战演练——加载一个指定的 HTML 程序 ··· 219
10.4.3 实战演练——使用 WebView 加载 JavaScript 程序 ··· 220
10.5 使用 WebView 的注意事项 ··· 223

第 3 篇　移动 Web 应用篇

第 11 章　HTML5 技术初步 ··· 226
11.1 HTML5 介绍 ··· 226
11.1.1 发展历程 ··· 226
11.1.2 HTML5 的吸引力 ··· 226
11.2 新特性之视频处理 ··· 227
11.2.1 video 标记 ··· 227
11.2.2 <video>标记的属性 ··· 228
11.3 新特性之音频处理 ··· 231
11.3.1 audio 标记 ··· 231
11.3.2 <audio>标记的属性 ··· 232
11.4 新特性之 canvas ··· 235
11.4.1 canvas 标记介绍 ··· 235
11.4.2 HTML DOM Canvas 对象 ··· 236
11.4.3 实战演练——实现坐标定位 ··· 236
11.4.4 实战演练——在指定位置画线 ··· 237
11.4.5 实战演练——绘制一个圆 ··· 238
11.4.6 实战演练——用渐变色填充一个矩形 ··· 238
11.4.7 实战演练——显示一幅指定的图片 ··· 239
11.5 新特性之 Web 存储 ··· 239
11.5.1 Web 存储介绍 ··· 239
11.5.2 HTML5 中 Web 存储的意义 ··· 240
11.5.3 两种存储方法 ··· 240
11.6 表单的新特性 ··· 242
11.6.1 全新的 Input 类型 ··· 242
11.6.2 全新的表单元素 ··· 245
11.6.3 全新的表单属性 ··· 246

第 12 章　为 Android 开发网页 ··· 252
12.1 准备工作 ··· 252
12.1.1 搭建开发环境 ··· 252
12.1.2 实战演练——编写一个适用于 Android 系统的网页 ··· 253
12.1.3 控制页面的缩放 ··· 256
12.2 添加 Android 的 CSS ··· 256
12.2.1 编写基本的样式 ··· 256
12.2.2 添加视觉效果 ··· 258
12.3 添加 JavaScript ··· 259
12.3.1 jQuery 框架介绍 ··· 259
12.3.2 具体实践 ··· 260
12.4 使用 Ajax ··· 262
实战演练——在 Android 系统中开发一个 Ajax 网页 ··· 262
12.5 让网页动起来 ··· 266
12.5.1 一个开源框架——JQTouch ··· 266
12.5.2 实战演练——在 Android 系统中使用 JQTouch 框架开发网页 ··· 266

第 13 章　jQuery Mobile 基础 ··· 273
13.1 jQuery Mobile 简介 ··· 273
13.1.1 jQuery 介绍 ··· 273
13.1.2 jQuery Mobile 的特点 ··· 274
13.1.3 对浏览器的支持 ··· 274
13.1.4 jQuery Mobile 的 4 个突出特性 ··· 275
13.2 jQuery 的基本语法 ··· 277
13.2.1 页面模板 ··· 277
13.2.2 多页面模板 ··· 280
13.2.3 对话框 ··· 281
13.3 实现导航功能 ··· 282
13.3.1 页眉栏 ··· 282
13.3.2 页脚 ··· 284
13.3.3 工具栏 ··· 285
13.4 按钮 ··· 287
13.4.1 链接按钮 ··· 287
13.4.2 表单按钮 ··· 288
13.5 表单 ··· 289
13.5.1 表单基础 ··· 289

13.5.2 在表单中输入文本 290
13.6 列表 293
13.6.1 列表基础 293
13.6.2 内置列表 294
13.6.3 列表分割线 295

第4篇 典型网络应用篇

第14章 Wi-Fi系统应用 298
14.1 了解Wi-Fi系统的结构 298
14.1.1 Wi-Fi概述 298
14.1.2 Wi-Fi层次结构 298
14.1.3 Wi-Fi与Linux的差异 300
14.2 分析源码 300
14.2.1 本地部分 300
14.2.2 JNI部分 303
14.2.3 Java FrameWork部分 304
14.2.4 Setting中的设置部分 305
14.3 开发Wi-Fi应用程序 306
14.3.1 类WifiManager 306
14.3.2 实战演练——在Android系统中控制Wi-Fi 309
14.3.3 实战演练——控制Android系统中的Wi-Fi 315
14.3.4 实战演练——Wi-Fi综合演练 317
第15章 蓝牙系统应用 324
15.1 了解蓝牙系统的结构 324
15.1.1 蓝牙概述 324
15.1.2 蓝牙层次结构 325
15.2 分析蓝牙模块的源码 326
15.2.1 初始化蓝牙芯片 326
15.2.2 蓝牙服务 327
15.2.3 管理蓝牙电源 327
15.3 与蓝牙相关的类 328
15.3.1 BluetoothSocket类 328
15.3.2 BluetoothServerSocket类 329
15.3.3 BluetoothAdapter类 330
15.3.4 BluetoothClass.Service类 336
15.3.5 BluetoothClass.Device类 336
15.4 在Android平台开发蓝牙应用的过程 337
15.5 实战演练 341
15.5.1 实战演练——开发一个控制玩具车的蓝牙遥控器 341
15.5.2 实战演练——开发一个Android蓝牙控制器 347
15.5.3 实战演练——开发一个Android蓝牙通信系统 356
第16章 邮件应用 369
16.1 使用Android内置的邮件系统 369
16.1.1 实战演练——在发送短信时实现E-mail邮件通知 369
16.1.2 实战演练——来电时自动邮件通知 372
16.1.3 实战演练——实现一个简易邮件发送系统 374
16.1.4 实战演练——调用内置Gmail发送邮件 377
16.1.5 其他方法 381
16.2 使用SmsManager收发邮件 382
16.2.1 SmsManager基础 382
16.2.2 实战演练——使用SmsManager实现一个邮件发送程序 383
16.3 commons-mail.jar和mail.jar 388
16.3.1 使用commons-mail.jar发送邮件 388
16.3.2 使用mail.jar接收邮件 390
第17章 RSS处理 395
17.1 RSS基础 395
17.1.1 RSS的用途 395
17.1.2 RSS的基本语法 395
17.2 SAX技术介绍 397
17.2.1 SAX的原理 397
17.2.2 基于对象和基于事件的接口 397
17.2.3 常用的接口和类 398
17.3 实战演练——开发一个RSS程序 401
第18章 网络视频处理 412
18.1 MediaPlayer视频技术 412
18.1.1 MediaPlayer基础 412
18.1.2 MediaPlayer的状态 412
18.1.3 MediaPlayer方法的有效状态和无效状态 415
18.1.4 MediaPlayer的接口 417
18.1.5 MediaPlayer的常量 417
18.1.6 MediaPlayer的公共方法 417
18.2 VideoView技术 418

18.2.1 构造函数 ······419
18.2.2 公共方法 ······419
18.3 实战演练——开发一个网络视频播放器······420

第 19 章 网络流量监控······427

19.1 TrafficStats 类详解 ······427
19.1.1 常量和公共方法······427
19.1.2 使用类 TrafficStats 统计流量 ······428
19.2 实战演练——开发一个流量统计系统······430
19.2.1 实现界面布局 ······431
19.2.2 实现 Activity 文件······434
19.2.3 实现数据处理模块的功能 ······439
19.2.4 设置权限 ······442

第 5 篇 综合实战篇

第 20 章 网络 RSS 阅读器 ······444

20.1 实现流程······444
20.2 具体实现······444
20.2.1 建立实体类 ······444
20.2.2 主程序文件 ActivityMain.java······447
20.2.3 实现 ContentHandler······449
20.2.4 主程序文件 ActivityShow Description.java······451
20.2.5 主布局文件 main.xml ······452
20.2.6 详情主布局文件 showdescription.xml ······452
20.3 打包、签名和发布 ······454
20.3.1 申请会员 ······454
20.3.2 生成签名文件 ······455
20.3.3 使用签名文件 ······460
20.3.4 发布······461

第 21 章 开发一个邮件系统 ······462

21.1 项目介绍······462
21.1.1 项目背景介绍 ······462
21.1.2 项目目的 ······462
21.2 系统需求分析 ······463
21.2.1 构成模块 ······463
21.2.2 系统流程 ······465
21.2.3 功能结构图 ······465
21.2.4 系统需求 ······465
21.3 数据存储设计 ······466
21.3.1 用户信息类 ······466
21.3.2 SharedPreferences ······470
21.4 具体编码······471
21.4.1 欢迎界面 ······471
21.4.2 系统主界面 ······474
21.4.3 邮箱类型设置 ······479
21.4.4 邮箱收取设置 ······481
21.4.5 邮箱发送设置 ······485
21.4.6 邮箱用户检查 ······489
21.4.7 设置用户别名 ······492
21.4.8 用户邮件编辑 ······495

第 22 章 在 Android 中开发移动微博应用 ····502

22.1 微博介绍······502
22.2 微博开发技术介绍 ······503
22.2.1 XML-RPC 技术 ······503
22.2.2 Meta Weblog API 客户端 ······505
22.3 在 Android 上开发移动博客发布器······505
22.3.1 XML 请求······505
22.3.2 常用接口 ······505
22.3.3 具体实现 ······506
22.4 分析腾讯 Android 版微博 API······511
22.4.1 源码和 jar 包下载······511
22.4.2 具体使用 ······511
22.5 详解新浪 Android 版微博 API ······515
22.5.1 新浪微博图片缩放的开发实例······516
22.5.2 添加分享到新浪微博······521
22.5.3 通过 JSON 对象获取登录新浪微博······524
22.5.4 实现 OAuth 认证 ······526

第 23 章 网络流量防火墙系统 ······528

23.1 系统需求分析 ······528
23.2 编写布局文件 ······529
23.3 编写主程序文件 ······530
23.3.1 主 Activity 文件······531
23.3.2 帮助 Activity 文件······539
23.3.3 公共库函数文件······539
23.3.4 系统广播文件······547
23.3.5 登录验证 ······548
23.3.6 打开/关闭某一个实施控件 ····549

第 24 章 开发 Web 版的电话本管理系统 ····552

24.1 需求分析······552
24.1.1 产生背景 ······552
24.1.2 功能分析 ······552

24.2 创建 Android 工程 ········· 553
24.3 实现系统主界面 ········· 554
24.4 实现信息查询模块 ········· 555
24.5 实现系统管理模块 ········· 556
24.6 实现信息添加模块 ········· 559
24.7 实现信息修改模块 ········· 561
24.8 实现信息删除模块和更新模块 ········· 563
第 25 章 移动微信系统 ········· 564
25.1 微信系统基础 ········· 564
25.1.1 微信的特点 ········· 564
25.1.2 微信和 Q 信、腾讯的关系 ········· 564
25.2 使用 Android ViewPager ········· 565
25.3 开发一个微信系统 ········· 569
25.3.1 启动界面 ········· 569
25.3.2 系统导航界面 ········· 570
25.3.3 系统登录界面 ········· 577
25.3.4 发送信息界面 ········· 580
25.3.5 摇一摇界面 ········· 584

第 1 篇

基础知识篇

第 1 章　Android 技术概述
第 2 章　Android 技术核心框架分析
第 3 章　网络开发技术基础

第1章　Android 技术概述

Android 是一种移动智能设备（手机、平板电脑等）操作系统，是建立在 Linux 开源系统基础之上的，能够为企业和开发人员迅速建立移动智能设备软件的解决方案。虽然 Android 外形比较简单，但是其功能十分强大，已经成为当前软件开发的一股新兴力量。从 2011 年开始到现在，Android 一直占据全球智能手机操作系统市场占有率第一的宝座。本章将简单介绍 Android 的发展历程和背景，并介绍搭建 Android 应用开发环境的基本知识，为读者步入本书后面知识的学习打下基础。

1.1 智能手机系统介绍

在 Android 系统诞生之前，智能手机这个新鲜事物大大丰富了人们的生活，得到了广大手机用户的青睐。各大手机厂商在利益的驱动之下，纷纷建立了各种智能手机操作系统用以占领市场。Android 系统就是在这个风起云涌的历史背景下诞生的。

1.1.1 何谓智能手机

智能手机是指具有像个人计算机（俗称个人电脑）那样强大的功能，拥有独立的操作系统，用户可以自行安装应用软件、游戏等第三方服务商提供的程序，并且可以通过移动通信网络接入到无线网络中。在 Android 系统诞生之前已经有很多优秀的智能手机产品，例如家喻户晓的 Symbian 系列和微软的 Windows Mobile 系列等。

一般来说，智能手机必须具备如下所示的功能：

（1）操作系统必须支持新应用的安装；

（2）芯片拥有高速度处理的能力；

（3）可以播放各种音频和视频文件；

（4）具有大存储芯片和存储扩展能力；

（5）支持 GPS 导航。

根据上述标准，手机联盟公布了智能手机的主要特点，具体说明如下所示：

（1）具备普通手机的所有功能，例如拨打、接听电话和收发短信等；

（2）是一个开放性的操作系统，在系统上可以安装第三方应用程序，从而实现功能的无限扩充；

（3）具备上网功能，如可以浏览网页；

（4）具备 PDA 的功能，例如能够实现个人信息管理、日程记事、任务安排、多媒体应用、浏览网页等功能；

（5）扩展性能强，可以根据个人需要扩展机器的功能。

1.1.2 Android 5.0 的突出变化

2014 年 10 月 15 日，谷歌发布 Android 5.0 版本，并在 26 日提供给开发者下载开发包，如图

1-1 所示。

和以往版本相比，Android 5.0 版本的最突出特性如下所示。

（1）“Material”主题

Android 工程负责人 Dave Burke 表示，开发者在开发新应用时可选择一个被称为“Material”的主题，该主题支持新的动画效果、实时 3D 阴影显示以及其他多项新功能；在 Demo 中，他使用了拨号界面做介绍，所有的操作都十分流畅；随后 Dave Burke 介绍了新的强化的通知中心，通过下滑操作，可以看到所有的通知；然后，其开始利用游戏介绍新的消息系统 Heads Up，玩游戏时，如果有电话拨打进来，屏幕顶端会出现一个通知框，如果向左右滑动手指，则可以忽略来电，这样的设计能尽量保证不打断用户的当前操作。

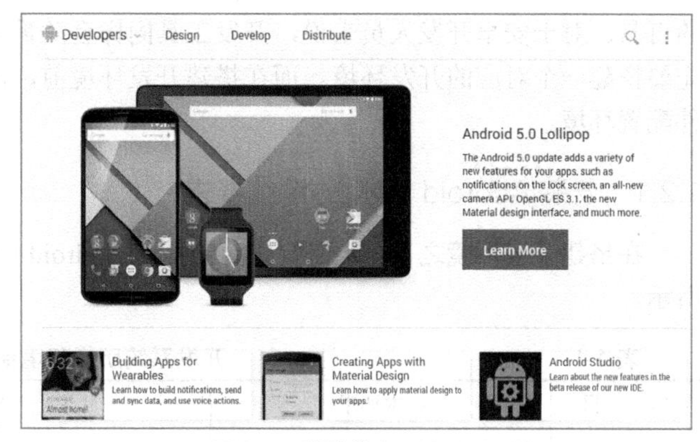

▲图 1-1　谷歌推出 Android 5.0

（2）新 Android Wear 发布

Android 工程部总监 David Singleton 介绍了穿戴设备相关开发。Singleton 通过 LG G Watch 智能手表展示 Android Wear 系统，智能手表通过振动提醒穿戴者有消息、来电。用户可上下滑动屏幕来翻页通知内容。

完整的 Android Wear SDK 将会发布，其 API 与标准版 Android API 基本一致，开发人员移植应用不存在难度。Android Wear SDK 会自动同步通知到 Android，开发者可以开发语音回复和页面回复的应用程序。

（3）Android TV 发布

Android TV 是一套可用于电视机顶盒的系统，有相应的 SDK。Android TV 需要一个 D Pad 来进行语音控制，其支持 HDMI 和接收器等视频信号输入。系统本身是覆盖在视频之上的，如搜索菜单、控制菜单等。Android TV 的核心优势是搜索（基于 Google Now）。用户可以用 Android Wear 智能手表设备来控制 Android TV。Android TV 支持谷歌 Cast 技术，也就是说用户可以通过这个系统把电视当作 Chromecast 电视棒使用。谷歌 Play 也专门开辟了 Android TV 应用类别。

（4）Android Auto 系统发布

谷歌发布 Android Auto 系统，面向未来汽车市场。Android Auto 的核心将是导航、通信和音乐。当 Android 智能手机与 Android Auto 系统连接时，手机屏幕能投射到车载屏幕上。Android Auto 可以进行环境感知和语音控制，它的主界面与谷歌 Now 并无二致。虽然 Android Auto 可以被看作是基于 Android 系统的车载 GPS，但考虑到谷歌 Now 自然语言搜索的强大性能，“人车对话”则达到了一个新的高度。

（5）全新设计的通知系统

Android 5.0 带来了全新的通知系统。除了界面有较大改变之外，谷歌还调整了通知中心的信息展示规则——最重要的信息将被显示出来，而次要信息则是会被隐藏。当然，如果需要查看全部信息，则继续向下滑动即可——有些类似展示一叠扑克牌的手法，也就是用户首先看到的是表面上的一张牌，然后滑动，这样一来隐藏在下方的扑克牌就会展示出来。

1.2 搭建 Android 应用开发环境

“工欲善其事，必先利其器”出自《论语》，意思是要想高效地完成一件事，需要有一个合适的工具。对于安卓开发人员来说，开发工具同样至关重要。作为一项新兴技术，在进行开发前首先要搭建一个对应的开发环境。而在搭建开发环境前，需要了解安装开发工具所需要的硬件和软件配置环境。

1.2.1　安装 Android SDK 的系统要求

在搭建开发环境之前，一定要先确定基于 Android 应用软件开发所需要的环境，具体如表 1-1 所示。

表 1-1　　开发系统所需环境参数

项　目	版本要求	说　明	备　注
操作系统	Windows XP 或 Vista，Mac OS X 10.4.8+Linux Ubuntu Drapper	根据自己的电脑自行选择	选择自己最熟悉的操作系统
软件开发包	Android SDK	选择最新版本的 SDK	截止到目前，最新版本是 5.0
IDE	Eclipse IDE+ADT	Eclipse3.3 (Europa)，3.4 (Ganymede)+ADT（Android Development Tools）开发插件	选择“for Java Developer”
其他	JDK Apache Ant	Java SE Development Kit 5 或 6，Linux 和 Mac 上使用 Apache Ant 1.6.5+，Windows 上使用 1.7+版本	单独的 JRE 是不可以的，必须要有 JDK，不兼容 Gnu Java 编译器（gcj）

Android 工具是由多个开发包组成的，具体说明如下所示。

- JDK：可以到网站 http://java.sun.com/javase/downloads/index.jsp 上下载。
- Eclipse（Europa）：可以到网站 http://www.eclipse.org/downloads/上下载 Eclipse IDE for Java Developers。
- Android SDK：可以到网站 http://developer.android.com 上下载。

1.2.2　安装 JDK

JDK（Java Development Kit）是整个 Java 的核心，包括了 Java 运行环境、Java 工具和 Java 基础的类库。JDK 是学好 Java 的第一步，是开发和运行 Java 环境的基础，当用户要对 Java 程序进行编译时，必须先获得对应操作系统的 JDK，否则将无法编译 Java 程序。在安装 JDK 之前需要先获得 JDK，获得 JDK 的操作流程如下所示。

（1）登录 Oracle 官方网站，网址为 http://developers.sun.com/downloads/，如图 1-2 所示。

（2）在图 1-2 中可以看到有很多版本，如选择 Java 7 版本，下载页面如图 1-3 所示。

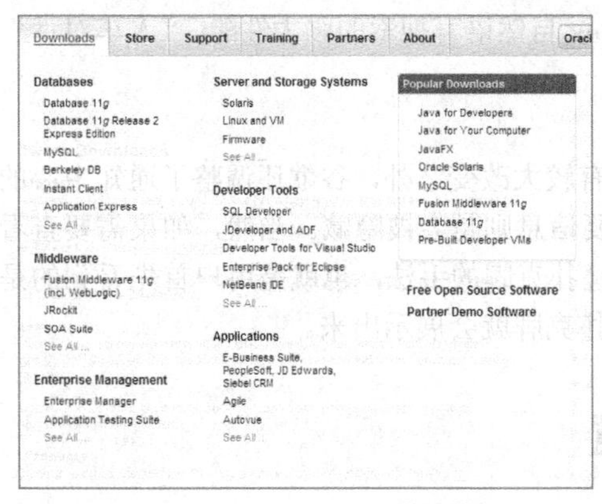

▲图 1-2　Oracle 官方下载页面

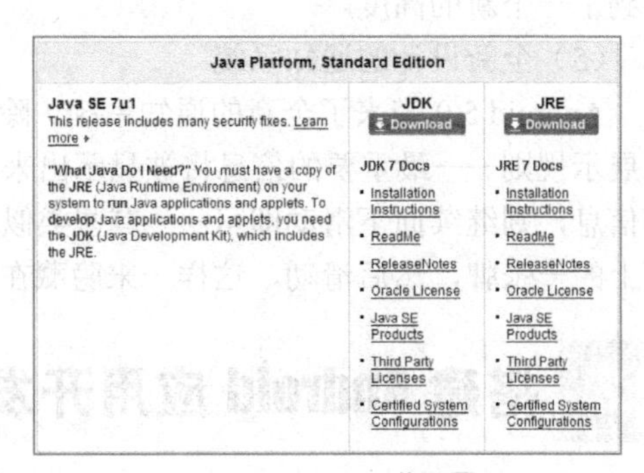

▲图 1-3　JDK 下载页面

（3）在图 1-3 中单击 JDK 下方的【Download】按钮，在弹出的新界面中选择将要下载的 JDK，作者在此选择的是 Windows X86 版本，如图 1-4 所示。

（4）下载完成后双击下载的“.exe”文件开始进行安装，将弹出“安装向导”对话框，在此单击【下一步】按钮，如图 1-5 所示。

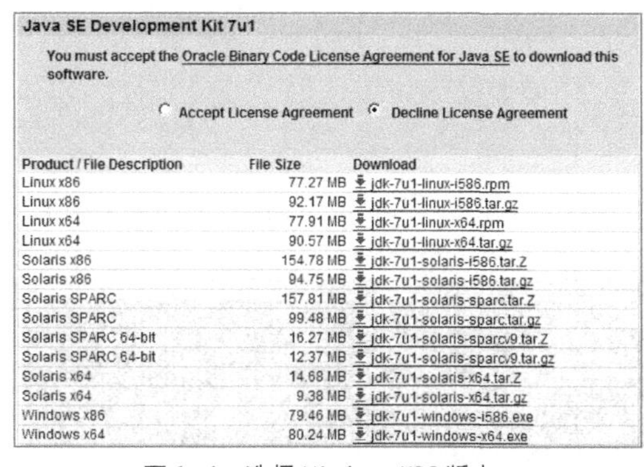
Java SE Development Kit 7u1

You must accept the Oracle Binary Code License Agreement for Java SE to download this software.

Accept License Agreement　Decline License Agreement

Product / File Description	File Size	Download
Linux x86	77.27 MB	jdk-7u1-linux-i586.rpm
Linux x86	92.17 MB	jdk-7u1-linux-i586.tar.gz
Linux x64	77.91 MB	jdk-7u1-linux-x64.rpm
Linux x64	90.57 MB	jdk-7u1-linux-x64.tar.gz
Solaris x86	154.78 MB	jdk-7u1-solaris-i586.tar.Z
Solaris x86	94.75 MB	jdk-7u1-solaris-i586.tar.gz
Solaris SPARC	157.81 MB	jdk-7u1-solaris-sparc.tar.Z
Solaris SPARC	99.48 MB	jdk-7u1-solaris-sparc.tar.gz
Solaris SPARC 64-bit	16.27 MB	jdk-7u1-solaris-sparcv9.tar.Z
Solaris SPARC 64-bit	12.37 MB	jdk-7u1-solaris-sparcv9.tar.gz
Solaris x64	14.68 MB	jdk-7u1-solaris-x64.tar.Z
Solaris x64	9.38 MB	jdk-7u1-solaris-x64.tar.gz
Windows x86	79.46 MB	jdk-7u1-windows-i586.exe
Windows x64	80.24 MB	jdk-7u1-windows-x64.exe

▲图 1-4　选择 Windows X86 版本

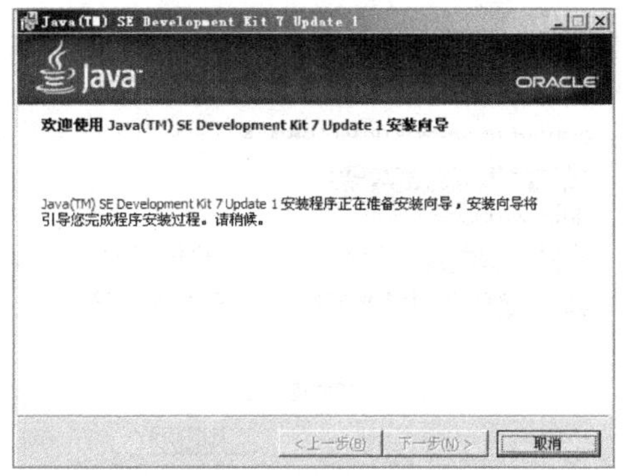

▲图 1-5　“安装向导”对话框

（5）弹出“自定义安装”对话框，在此选择文件的安装路径，如图 1-6 所示。

（6）在此设置安装路径是“C:\Program Files\Java\jdk1.7.0_01\”，然后单击【下一步】按钮开始在安装路径下解压缩下载的文件，如图 1-7 所示。

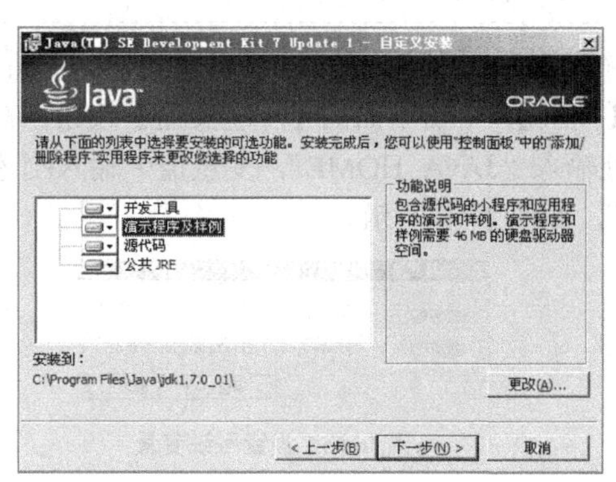

▲图 1-6　“自定义安装”对话框

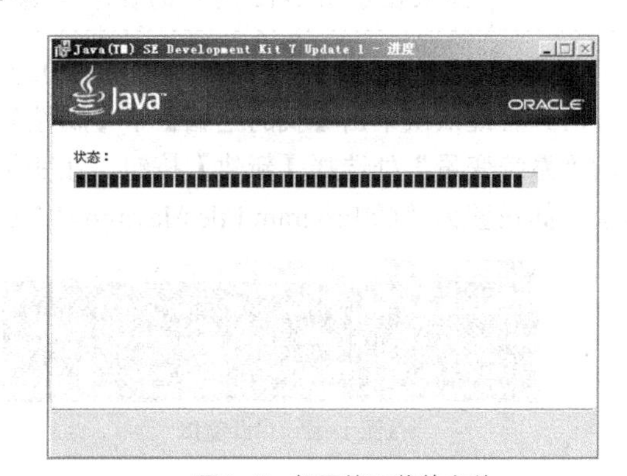

▲图 1-7　解压缩下载的文件

（7）完成后弹出“目标文件夹”对话框，在此选择要安装的位置，如图 1-8 所示。

（8）单击【下一步】按钮后开始正式安装，如图 1-9 所示。

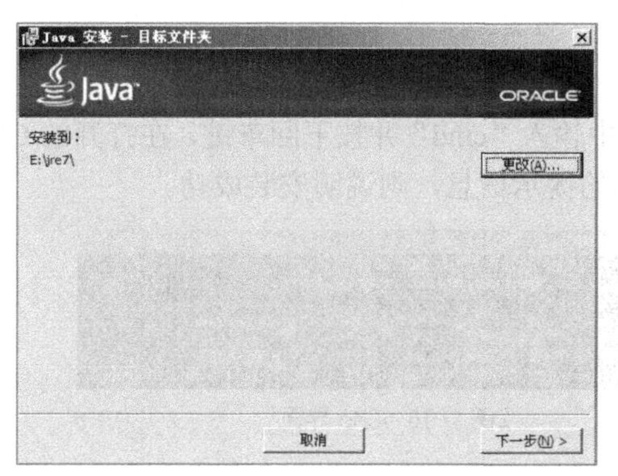

▲图 1-8　“目标文件夹”对话框

▲图 1-9　继续安装

（9）完成后弹出“完成”对话框，单击【完成】按钮后完成整个安装过程，如图 1-10 所示。

完成安装后可以检测是否安装成功，检测方法是依次单击【开始】|【运行】，在运行框中输入“cmd”并按下回车键，在打开的 CMD 窗口中输入“java –version”，如果显示图 1-11 所示的提示信息，则说明安装成功。

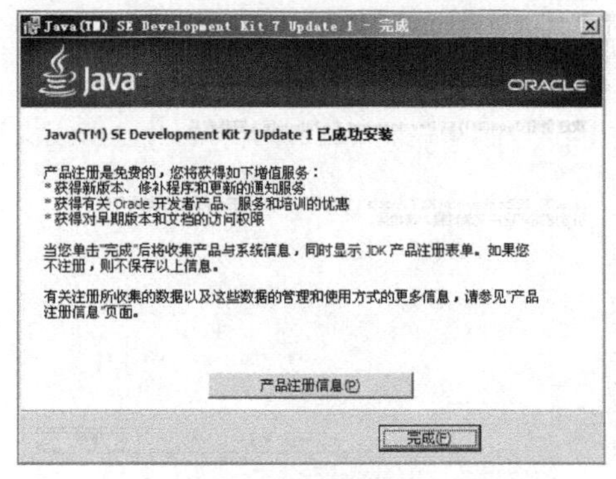

▲图 1-10　完成安装

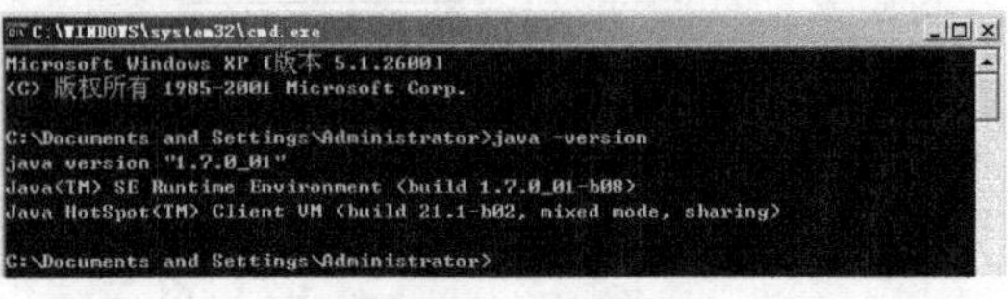

▲图 1-11　CMD 窗口

注意　完成安装后可以检测是否安装成功，方法是依次单击【开始】|【运行】，在运行框中输入“cmd”并按下回车键，在打开的 CMD 窗口中输入“java –version”，如果显示图 1-12 所示的提示信息，则说明安装成功。

如果检测没有安装成功，需要将其目录的绝对路径添加到系统的 PATH 中。具体做法如下所示。

（1）右键依次单击【我的电脑】|【属性】|【高级】，单击下面的【环境变量】按钮，在下面的“系统变量”处选择【新建】按钮，在变量名处输入“JAVA_HOME”，变量值中输入刚才的目录，如设置为“C:\Program Files\Java\jdk1.7.0_01”，如图 1-13 所示。

▲图 1-12　CMD 窗口

▲图 1-13　设置系统变量

（2）再次新建一个变量名为 classpath，其变量值如下所示。

```
.;%JAVA_HOME%/lib/rt.jar;%JAVA_HOME%/lib/tools.jar
```

单击【确定】按钮找到 PATH 的变量，双击或单击【编辑】按钮，在变量值最前面添加如下值。

```
%JAVA_HOME%/bin;
```

具体如图 1-14 所示。

（3）再依次单击【开始】|【运行】，在运行框中输入“cmd”并按下回车键，在打开的 CMD 窗口中输入“java –version”，如果显示图 1-15 所示的提示信息，则说明安装成功。

▲图 1-14　设置系统变量

▲图 1-15　CMD 界面

注意 上述变量设置中，是按照作者本人的安装路径设置的，作者安装的 JDK 的路径是“C:\Program Files\Java\jdk1.7.0_01”。

1.2.3 获取并安装 Eclipse 和 Android SDK

在安装好 JDK 后，接下来需要安装 Eclipse 和 Android SDK。Eclipse 是进行 Android 应用开发的一个集成工具，而 Android SDK 是开发 Android 应用程序必须具备的框架。在 Android 官方公布的最新版本中，已经将 Eclipse 和 Android SDK 这两个工具进行了集成，一次下载即可同时获得这两个工具。获取并安装 Eclipse 和 Android SDK 的具体步骤如下所示。

（1）登录 Android 的官方网站 http://developer.android.com/index.html，如图 1-16 所示。

（2）单击图 1-16 左上方“Developers”右边的﹀符号，在弹出的界面中单击“Tools”链接，如图 1-17 所示。

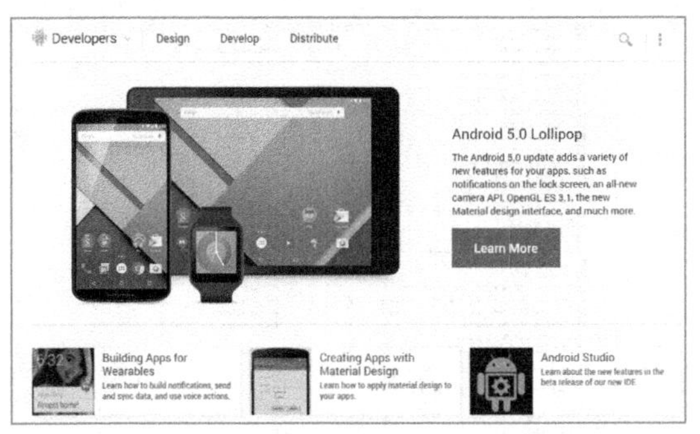

▲图 1-16 Android 的官方网站

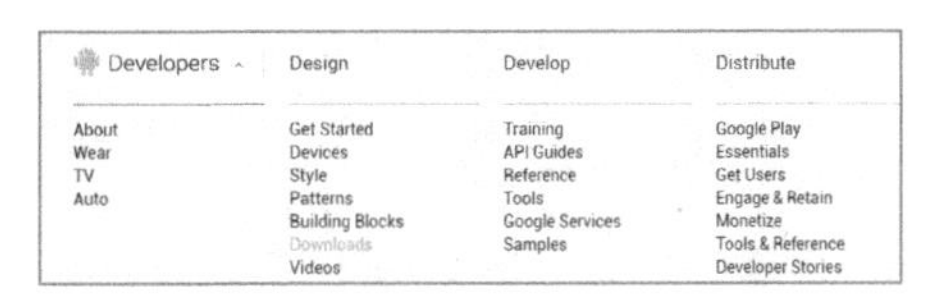

▲图 1-17 单击“Tools”链接

（3）在弹出的新页面中单击【Download the SDK】按钮，如图 1-18 所示。

（4）在弹出的“Get the Android SDK”界面中勾选“I have read and agree with the above terms and conditions”前面的复选框，然后在下面的单选按钮中选择系统的位数，如作者的机器是 32 位的，所以选择“32-bit”前面的单选按钮，如图 1-19 所示。

▲图 1-18 单击【Download the SDK】按钮

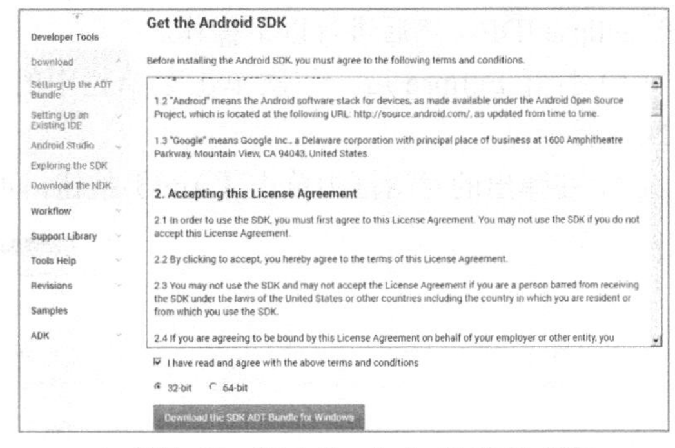

▲图 1-19 “Get the Android SDK”界面

（5）单击图 1-19 中的 Download the SDK ADT Bundle for Windows 按钮后开始下载，下载的目标文件是一个压缩包，如图 1-20 所示。

（6）将下载得到的压缩包进行解压，解压后的目录结构如图 1-21 所示。

由此可见，Android 官方已经将 Eclipse 和 Android SDK 实现了集成。双击“eclipse”目录中的“eclipse.exe”可以打开 Eclipse，界面效果如图 1-22 所示。

▲图 1-20　开始下载目标文件压缩包

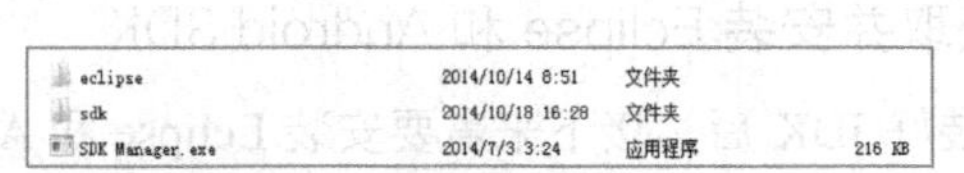

▲图 1-21　解压后的目录结构

（7）打开 Android SDK 的方法有两种，第一种是双击下载目录中的“SDK Manager.exe”文件，第二种在是 Eclipse 工具栏中单击图标。打开后的效果如图 1-23 所示，此时会发现当前 Android SDK 的最新版本是 Android 5.0（API 21）。

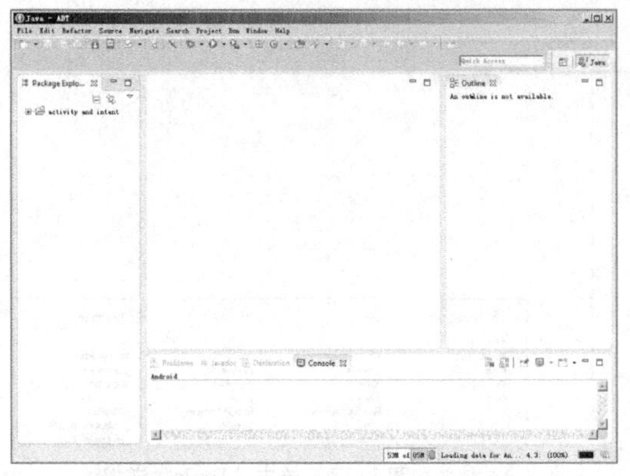

▲图 1-22　打开 Eclipse 后的界面效果

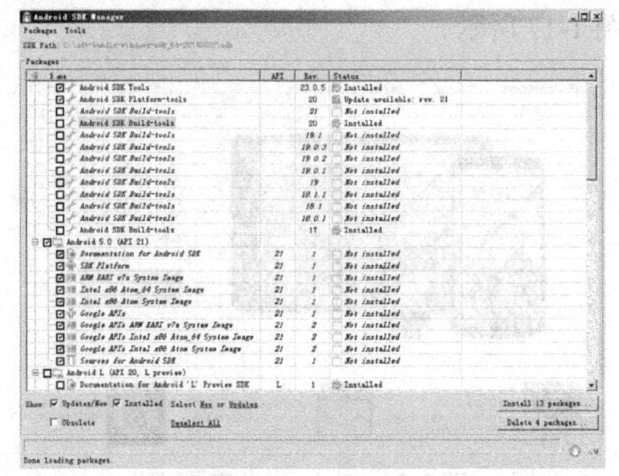

▲图 1-23　打开 Android SDK 后的界面效果

1.2.4　安装 ADT

Android 为 Eclipse 定制了一个专用插件 Android Development Tools（ADT），此插件为用户提供了一个强大的开发 Android 应用程序的综合环境。ADT 扩展了 Eclipse 的功能，可以让用户快速地建立 Android 项目，创建应用程序界面。要安装 Android Development Tools plug-in，需要先打开 Eclipse IDE，然后进行以下操作。

（1）打开 Eclipse 后，依次单击菜单栏中的【Help】|【Install New Software...】选项，如图 1-24 所示。

（2）在弹出的对话框中单击【Add】按钮，如图 1-25 所示。

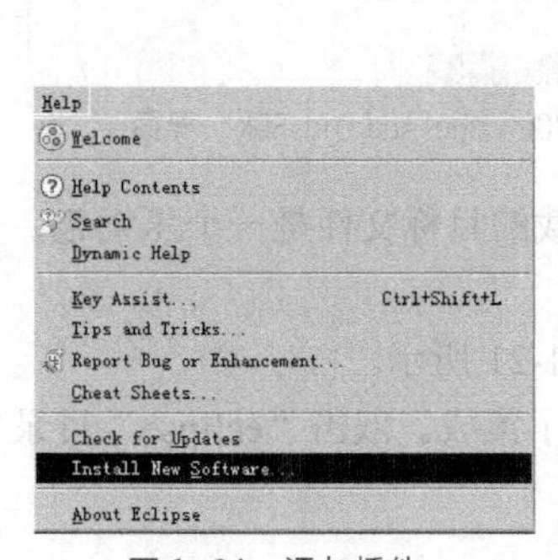

▲图 1-24　添加插件

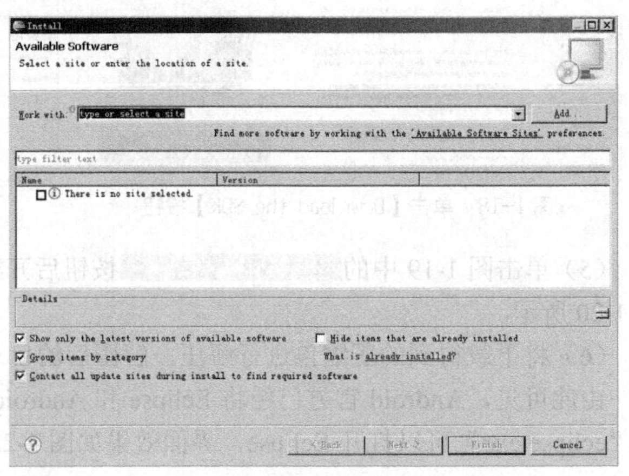

▲图 1-25　添加插件

（3）在弹出的“Add Site”对话框中分别输入名字和地址，名字可以自己命名，如“123”，但是，在 Location 中必须输入插件的网络地址 http://dl-ssl.google.com/Android/eclipse/，如图 1-26 所示。

（4）单击【OK】按钮，此时在“Install”界面将会显示系统中可用的插件，如图 1-27 所示。

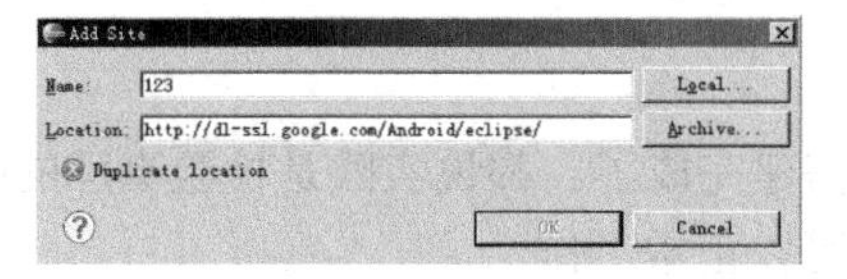

▲图 1-26　设置地址

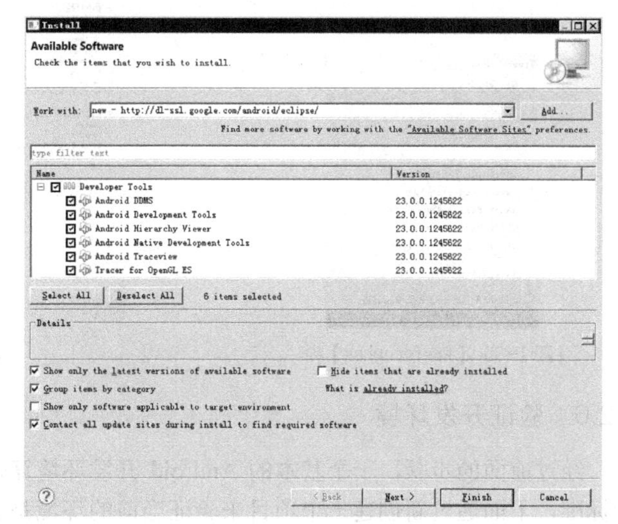

▲图 1-27　插件列表

（5）勾选“Android DDMS”和“Android Development Tools”，然后单击【Next】按钮来到安装详情界面，如图 1-28 所示。

（6）单击【Finish】按钮，开始进行安装，安装进度对话框如图 1-29 所示。

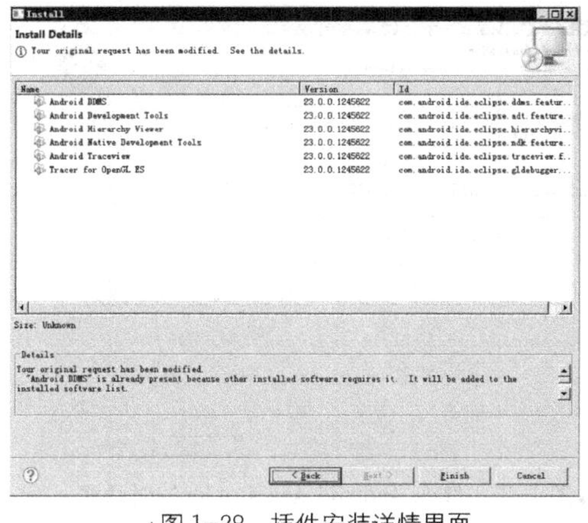

▲图 1-28　插件安装详情界面

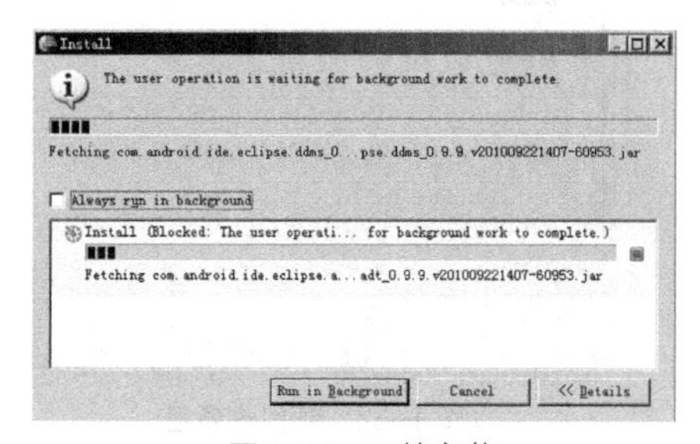

▲图 1-29　开始安装

> **注意**　在上个步骤中，可能会发生计算插件占用资源情况，过程有点慢，完成后会提示重启 Eclipse 来加载插件，等重启后就可以用了。并且不同版本的 Eclipse 安装插件的方法和步骤是不同的，但是都大同小异，读者可以根据操作提示自行解决。

1.2.5　设定 Android SDK Home

当完成上述插件安装工作后，此时还不能使用 Eclipse 创建 Android 项目，还需要在 Eclipse 中设置 Android SDK 的主目录。

（1）打开 Eclipse，在菜单中依次单击【Windows】|【Preferences】项，如图 1-30 所示。

（2）在弹出的界面左侧可以看到“Android”项，选中 Android 后，在右侧设定 Android SDK

所在目录为 SDK Location，单击【OK】按钮完成设置，如图 1-31 所示。

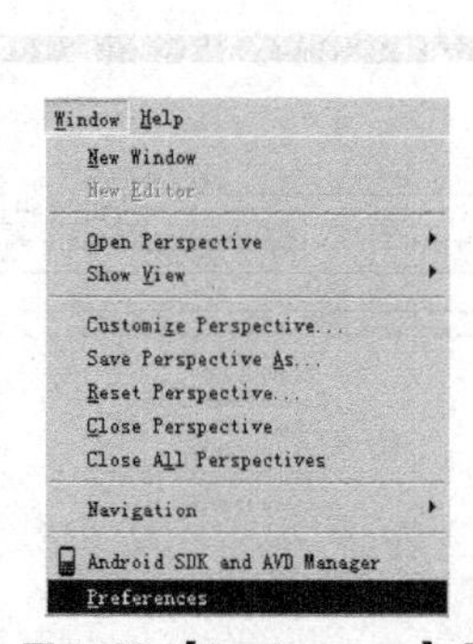

▲图 1-30　【Preferences】项

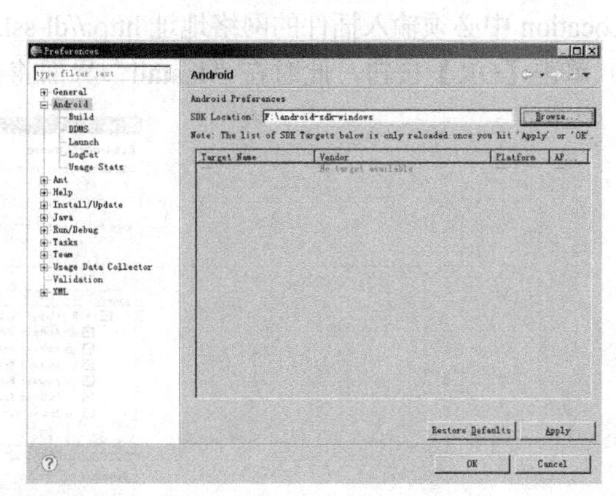

▲图 1-31　【Preferences】项

1.2.6　验证开发环境

经过前面的步骤，一个基本的 Android 开发环境算是搭建完成了。都说实践是检验真理的唯一标准，下面通过新创建一个项目来验证当前的环境是否可以正常工作。

（1）打开 Eclipse，在菜单中依次选择【File】|【New】|【Project】项，在弹出的对话框中可以看到 Android 类型的选项，如图 1-32 所示。

（2）在图 1-32 中选择“Android”，单击【Next】按钮后打开“New Android Project”对话框，在对应的文本框中输入必要的信息，如图 1-33 所示。

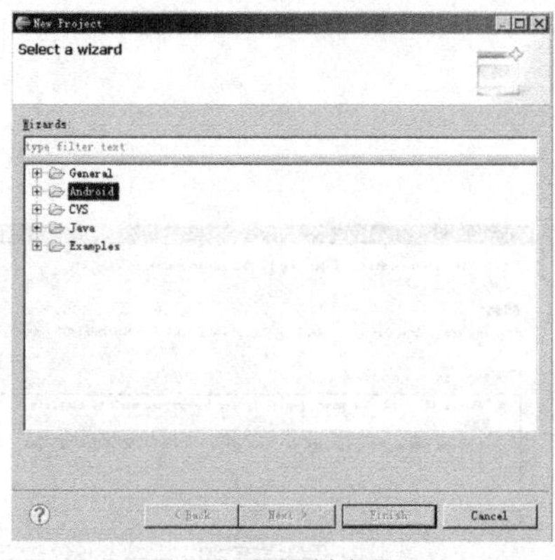

▲图 1-32　新创建项目

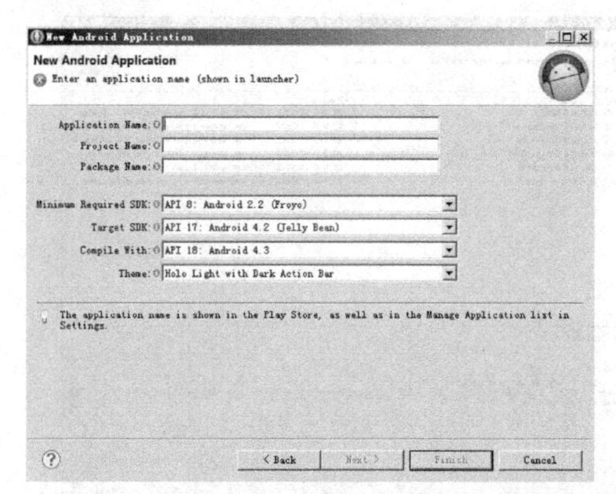

▲图 1-33　“New Android Application”对话框

（3）单击【Finish】按钮后 Eclipse 会自动完成项目的创建工作，最后会看到如图 1-34 所示的项目结构。

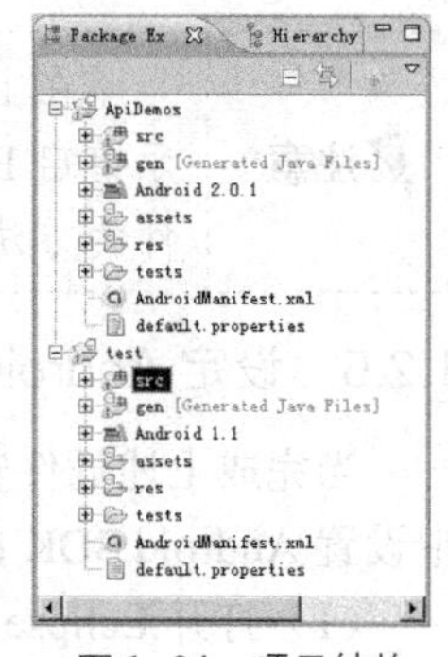

▲图 1-34　项目结构

1.2.7　创建 Android 虚拟设备（AVD）

我们都知道程序开发需要调试，只有经过调试之后才能知道程序是否正确运行。作为一款手机操作系统，我们怎样能在电脑平台上调试 Android 程序呢？谷歌为我们提供了模拟器来解决这个问题。所谓模拟器，是指在电脑上模拟 Android 系统，可以用这个模拟器来调试并运行开发的 Android 程序。开发人员不需要一部真实的 Android 手机，只通过电脑可模拟运行一部手机，即可开发出在手机上面应用的程序。

AVD的中文名称为Android虚拟设备（Android Virtual Device），每个AVD模拟了一套虚拟设备来运行Android平台，这个平台至少要有自己的内核、系统图像和数据分区，还可以有自己的SD卡和用户数据以及外观显示等。创建AVD的基本步骤如下所示。

（1）单击Eclipse菜单中的图标，如图1-35所示。

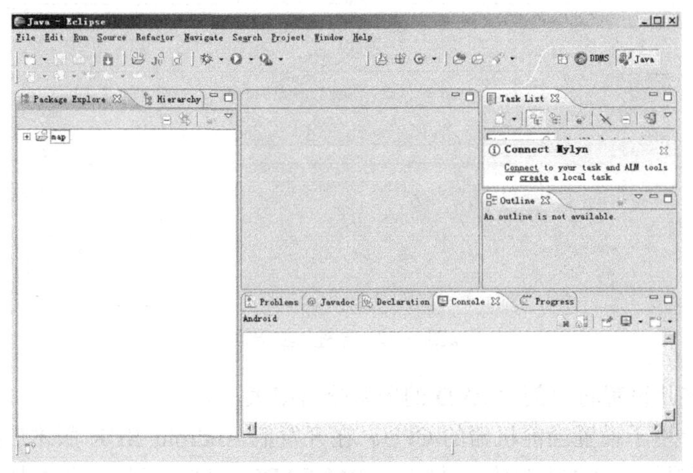

▲图1-35　Eclipse

（2）在弹出的“Android Virtual Device（AVD）Manager”界面的左侧导航中选择“Android Virtual Devices”选项，如图1-36所示。

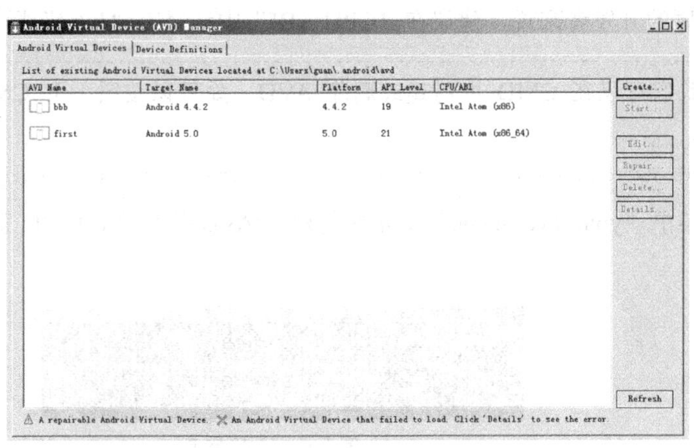

▲图1-36　“Android Virtual Device（AVD）Manager”界面

在“Android Virtual Devices”列表中列出了当前已经安装的AVD版本，我们可以通过右侧的按钮来创建、删除或修改AVD。主要按钮的具体说明如下所示。

- Create...：创建新的AVD，单击此按钮在弹出的界面中可以创建一个新AVD，如图1-37所示。
- Edit...：修改已经存在的AVD。
- Delete...：删除已经存在的AVD。
- Start...：启动一个AVD模拟器。
- AVD Name：在此设置将要创建AVD的名字，可以用英文字符命名。
- Target Name：在此设置将要创建AVD的API版本，例如Android 2.3、Android 2.3、Android

4.0、Android 5.0 等。

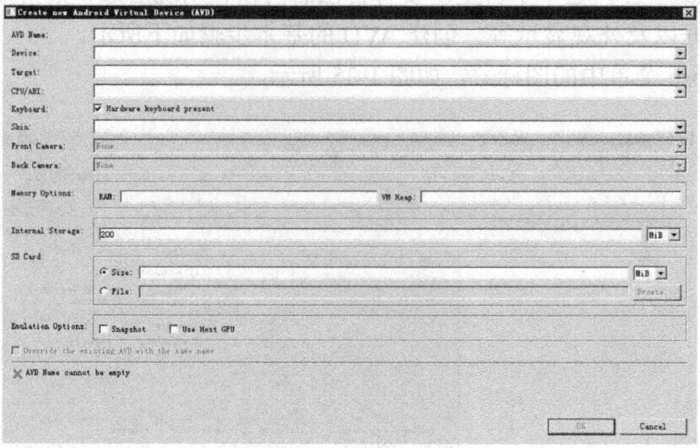

▲图 1-37　新建 AVD 界面

- Device：在此设置将要创建 AVD 的屏幕分辨率大小。
- CPU/ABI：用于设置当前机器的 CPU。在开发低 Android SDK 版本应用程序时，使用的 Android 模拟器模拟的是 ARM 的体系结构（ARM-EABI），这个模拟器并不是运行在 X86 上，而是模拟的 ARM，所以在调试程序时经常感觉到非常慢。针对这个问题，Intel 推出了支持 X86 的 Android 模拟器，这将大大提高启动速度和程序的运行速度，这将允许 Android 模拟器能够以原始速度（真机运行速度）运行在使用 Intel X86 处理器的电脑中。所以，对于使用 Intel X86 电脑开发 Android 应用程序的开发者来说，建议在“CPU/ABI”中选择有“Intel”标识符的选项。

注意

我们可以在 CMD 中创建或删除 AVD，如可以按照如下 CMD 命令创建一个 AVD。

```
android create avd --name <your_avd_name> --target <targetID>
```

其中“your_avd_name”是需要创建的 AVD 的名字，CMD 窗口界面如图 1-38 所示。

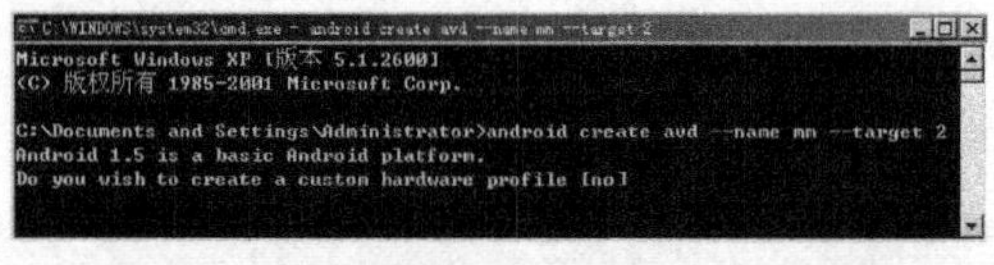

▲图 1-38　CMD 界面

1.2.8　启动 AVD 模拟器

对于 Android 程序的开发者来说，模拟器的推出给开发者在开发和测试上带来了很大的便利。无论在 Windows 下还是 Linux 下，Android 模拟器都可以顺利运行。并且官方提供了 Eclipse 插件，可以将模拟器集成到 Eclipse 的 IDE 环境。Android SDK 中包含的模拟器的功能非常齐全，电话本、通话等功能都可正常使用（当然你没办法真地从这里打电话）。甚至其内置的浏览器和 Maps 都可以联网。用户可以使用键盘输入，鼠标单击模拟器按键输入，甚至还可以使用鼠标单击、拖动屏幕进行操纵。模拟器在电脑上模拟运行的效果如图 1-39 所示。

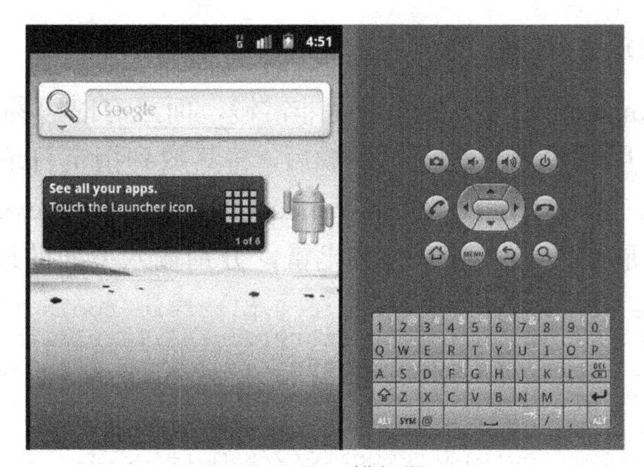

▲图 1-39 模拟器

注意

模拟器和真机究竟有何区别

当然 Android 模拟器不能完全替代真机，具体来说有如下差异：

- 模拟器不支持呼叫和接听实际来电，但可以通过控制台模拟电话呼叫（呼入和呼出）；
- 模拟器不支持 USB 连接；
- 模拟器不支持相机/视频捕捉；
- 模拟器不支持音频输入（捕捉），但支持输出（重放）；
- 模拟器不支持扩展耳机；
- 模拟器不能确定连接状态；
- 模拟器不能确定电池电量水平和交流充电状态；
- 模拟器不能确定 SD 卡的插入/弹出；
- 模拟器不支持蓝牙。

在调试的时候我们需要启动 AVD 模拟器，启动 AVD 模拟器的基本流程如下所示。

（1）选择图 1-36 列表中名为“first”的 AVD，单击 Start... 按钮后弹出“Launch Options”界面，如图 1-40 所示。

（2）单击【Launch】按钮后将会运行名为“first”的模拟器，运行界面效果如图 1-41 所示。

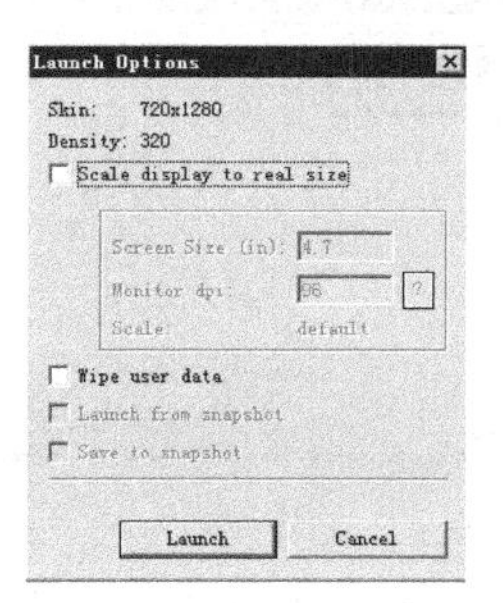

▲图 1-40 “Launch”对话框

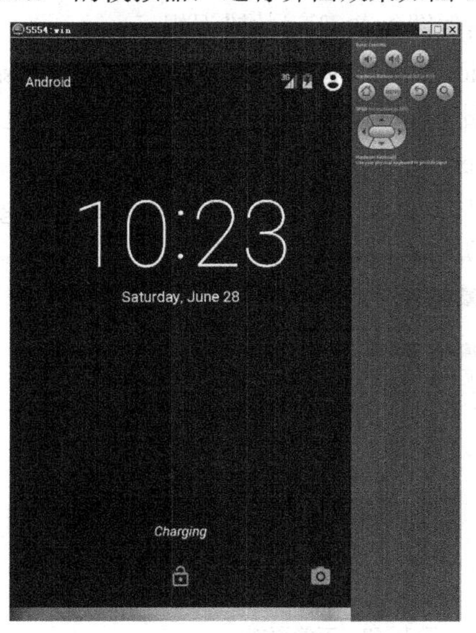

▲图 1-41 Android 模拟器运行成功

技巧——快速安装 SDK 的方法

通过 Android SDK Manager 在线安装的速度非常慢，而且有时容易掉线。其实我们可以先从网络中寻找到 SDK 资源，用迅雷等下载工具下载后，将其放到指定目录完成安装。具体方法是先下载 android-sdk-windows，然后在 android-sdk-windows 下双击 setup.exe，在更新的过程中会发现安装 Android SDK 的速度是 1Kbit/s，此时打开迅雷，分别输入下面的地址：

```
https://dl-ssl.google.com/android/repository/platform-tools_r05-windows.zip
https://dl-ssl.google.com/android/repository/docs-3.1_r01-linux.zip
https://dl-ssl.google.com/android/repository/android-2.2_r02-windows.zip
https://dl-ssl.google.com/android/repository/android-2.3.3_r01-linux.zip
https://dl-ssl.google.com/android/repository/android-2.1_r02-windows.zip
https://dl-ssl.google.com/android/repository/samples-2.3.3_r01-linux.zip
https://dl-ssl.google.com/android/repository/samples-2.2_r01-linux.zip
https://dl-ssl.google.com/android/repository/samples-2.1_r01-linux.zip
https://dl-ssl.google.com/android/repository/compatibility_r02.zip
https://dl-ssl.google.com/android/repository/tools_r11-windows.zip
https://dl-ssl.google.com/android/repository/google_apis-10_r02.zip
https://dl-ssl.google.com/android/repository/android-2.3.1_r02-linux.zip
https://dl-ssl.google.com/android/repository/usb_driver_r04-windows.zip
https://dl-ssl.google.com/android/repository/googleadmobadssdkandroid-4.1.0.zip
https://dl-ssl.google.com/android/repository/market_licensing-r01.zip
https://dl-ssl.google.com/android/repository/market_billing_r01.zip
https://dl-ssl.google.com/android/repository/google_apis-8_r02.zip
https://dl-ssl.google.com/android/repository/google_apis-7_r01.zip
https://dl-ssl.google.com/android/repository/google_apis-9_r02.zip
……
可以继续根据开发要求选择不同版本的 API
```

下载完后将它们复制到“android-sdk-windows/Temp”目录下，然后再运行 setup.exe，勾选需要的 API 选项，会发现立刻就安装好了。记得把原始文件保留好，因为放在 temp 目录下的文件装好后立刻就没有了。

1.2.9 解决搭建环境过程中的常见问题

搭建完成开发环境后，下面将总结在搭建 Android SDK 环境时出现过的问题，希望对广大读者有用。

1. 不能在线更新

在安装 Android 后，需要更新为最新的资源和配置，但是，在启动 Android 后，经常会不能更新，弹出如图 1-42 所示的错误提示。

Android 默认的在线更新地址是 https://dl-ssl.google.com/android/eclipse/，但是经常会出现错误。如果此地址不能更新，可以自行设置更新地址，修改为 http://dl-ssl.google.com/android/repository/repository.xml。具体操作方法如下：

（1）单击 Android 左侧的“Available Packages”选项，然后单击下面的【Add Site…】按钮，如图 1-43 所示。

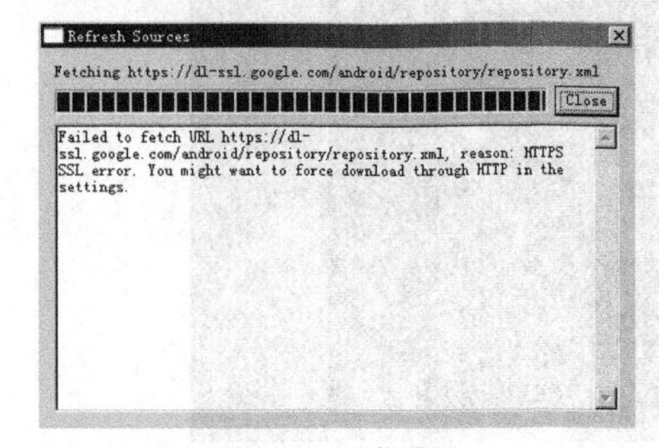

▲图 1-42 不能更新

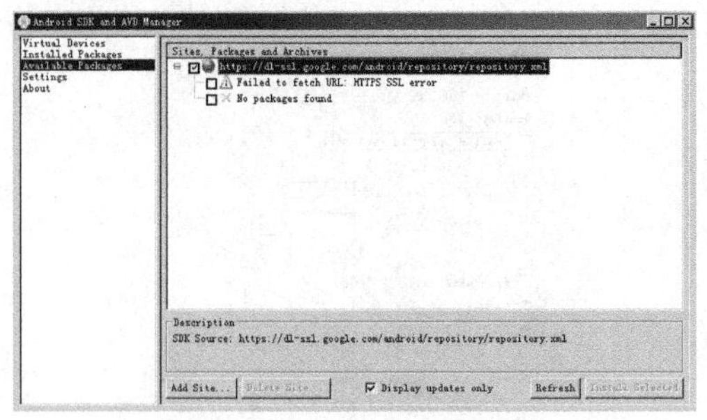

▲图 1-43 “Available Packages”界面

（2）在弹出的“Add Site URL”对话框中输入下面修改后的地址，如图 1-44 所示。

```
http://dl-ssl.google.com/android/repository/repository.xml
```

（3）单击【OK】按钮后完成设置工作，此时就可以使用更新功能了，如图 1-45 所示。

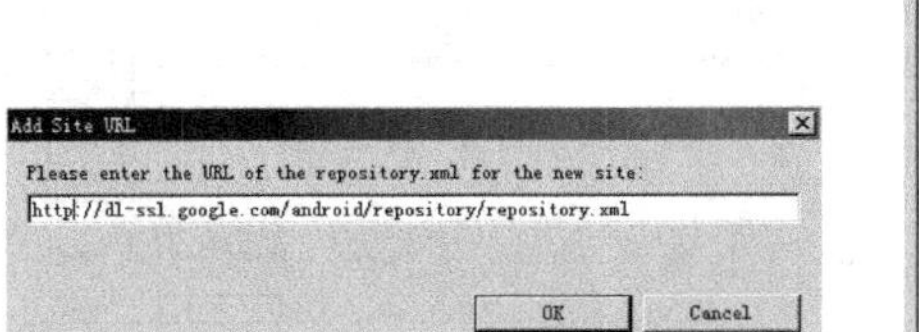

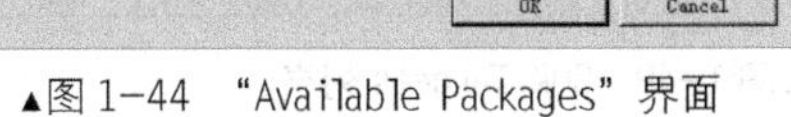

▲图 1-44　“Available Packages”界面

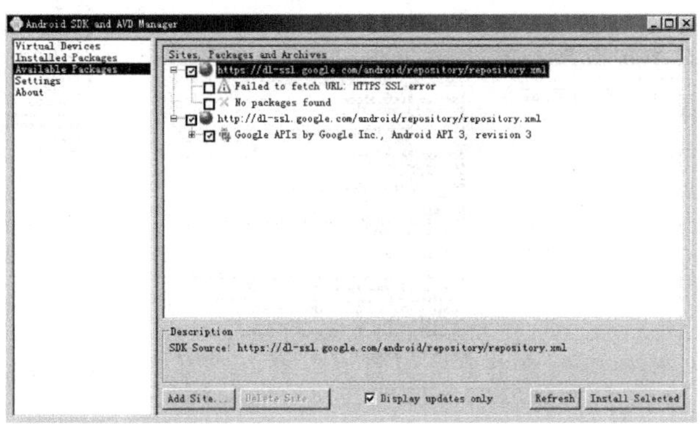

▲图 1-45　“Available Packages”界面

2. 显示“Project name must be specified”提示

很多初学者在 Eclipse 中新创建 Android 工程时，经常会遇到显示“Project name must be specified”提示的问题，如图 1-46 所示。

造成上述问题的原因是 Android 没有更新完成，需要进行完全更新，具体方法如下所示。

（1）打开 Android，选择左侧的“Installed Packages”选项，如图 1-47 所示。

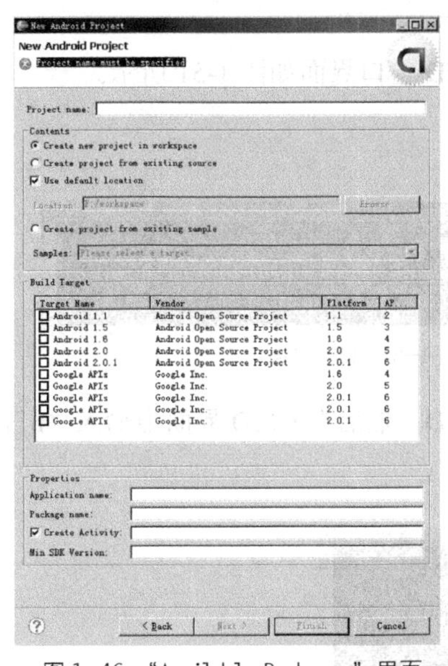

▲图 1-46　“Available Packages”界面

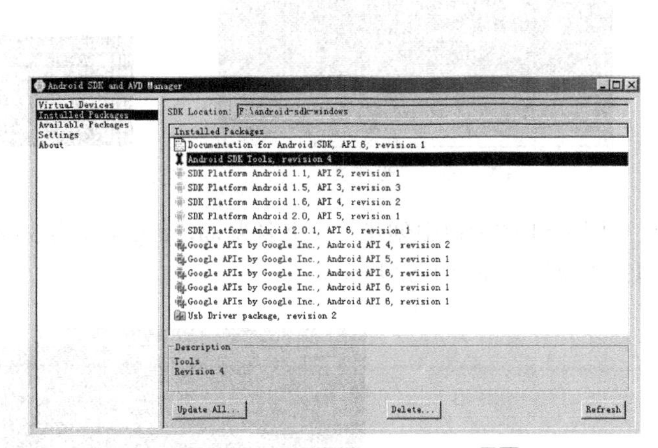

▲图 1-47　“Available Packages”界面

（2）右侧列表中选择“Android SDK Tools, revision 4”，在弹出窗口中选择“Accept”，最后单击【Install Accepted】按钮开始安装更新，如图 1-48 所示。

3. Target 列表中没有 Target 选项

通常来说，当 Android 开发环境搭建完毕后，在 Eclipse 工具栏中依次单击【Window】｜

【Preference】，单击左侧的“Android”项后会在“Preference”中显示存在的 SDK Targets，如图 1-49 所示。

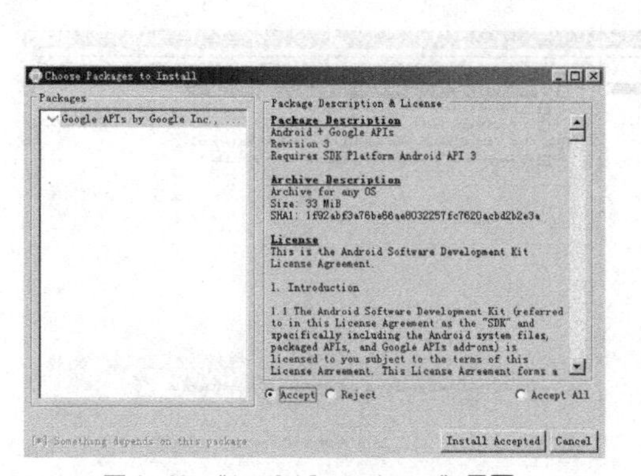

▲图 1-48 “Available Packages”界面

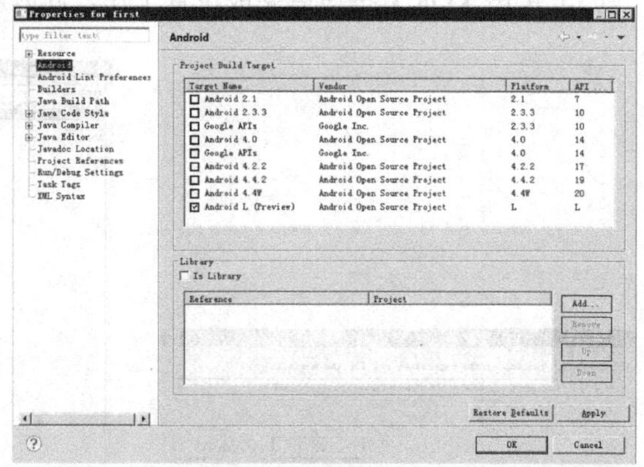

▲图 1-49 SDK Targets 列表

但是往往因为各种原因，会不显示 SDK Targets 列表，并且在图 1-49 界面中也不显示，并输出“Failed to find an AVD compatible with target”错误提示。

造成上述问题的原因是没有创建 AVD 成功，此时需要手工安装来解决这个问题，当然前提是 Android 更新完毕，具体解决方法如下所示。

（1）在运行框中键入“cmd”，打开 CMD 窗口，如图 1-50 所示。

（2）使用如下 Android 命令创建一个 AVD。

```
android create avd --name <your_avd_name> --target <targetID>
```

其中“your_avd_name”是需要创建的 AVD 的名字，CMD 窗口界面如图 1-51 所示。

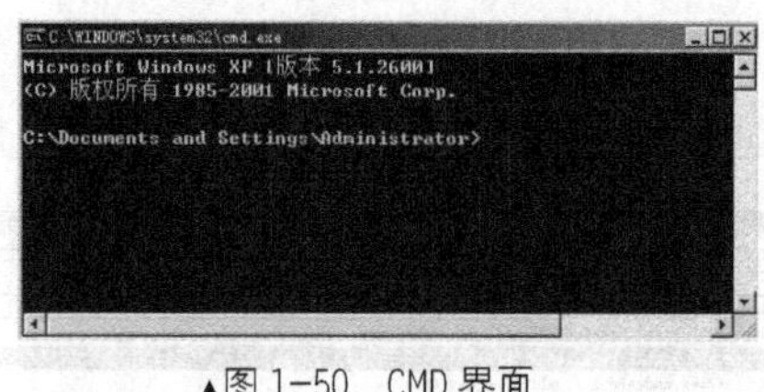

▲图 1-50 CMD 界面

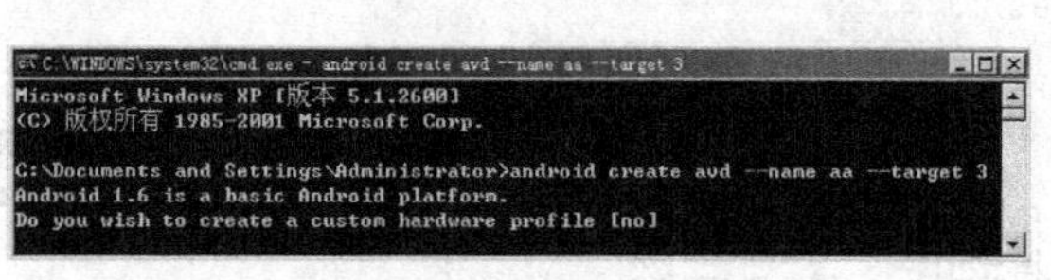

▲图 1-51 CMD 界面

图 1-51 的窗口中创建了一个名为 aa，targetID 为 3 的 AVD，然后在 CMD 界面中输入“n”，即完成操作，如图 1-52 所示。

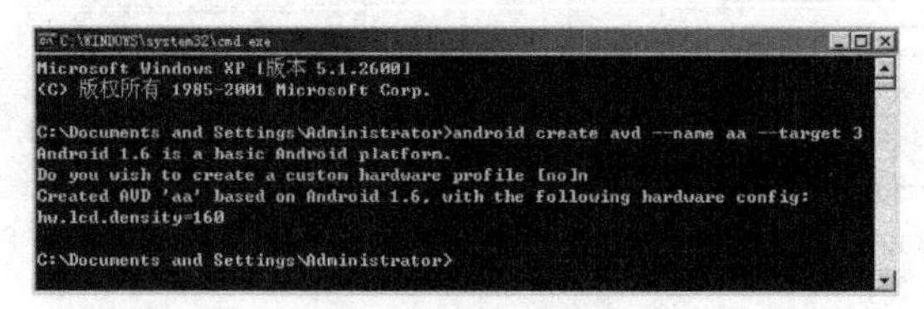

▲图 1-52 CMD 界面

第 2 章　Android 技术核心框架分析

学习编程不能打无把握之仗，学习 Android 开发也是如此。要想真正精通 Android 网络应用开发，不但需要学习底层和 Android 框架方面的知识，而且还需要了解一些比较基础的知识，例如网页设计和网络传输协议等。本章将简要讲解 Android 体系的具体组成，为读者步入本书后面高级知识的学习打下基础。

2.1 简析 Android 安装文件

当下载并安装 Android SDK 后，会在安装目录中看到一些安装文件，究竟这些文件是干什么用的呢？带着疑问和好奇之心，作者将和大家一起走上学习 Android 安装文件的旅程。

2.1.1 Android SDK 目录结构

安装 Android SDK 后，出现在我们面前的是图 2-1 所示的目录结构。

- add-ons：里面包含了官方提供的 API 包，如常用的 Google Map API（谷歌地图）。
- docs：里面包含了帮助文档和说明文档。
- platforms：里面包含了针对每个版本的 SDK 版本，提供了和其对应的 API 包以及一些示例文件，其中包含了各个版本的 Android，如图 2-2 所示。

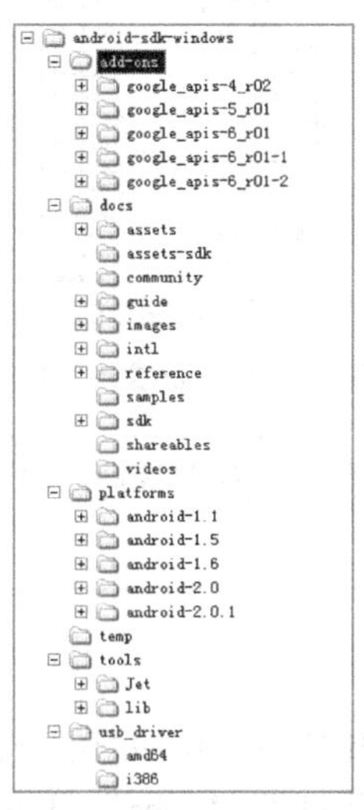

▲图 2-1　Android SDK 安装后的目录结构

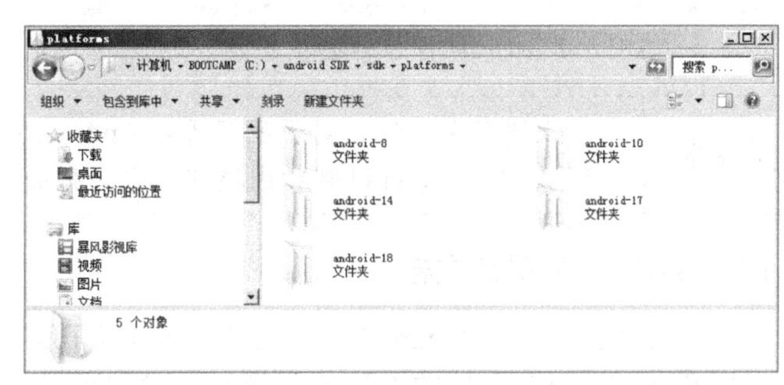

▲图 2-2　platforms 目录项

- temp：里面包含了一些常用的文件模板。
- tools：包含了一些通用的工具文件。

- usb_driver：包含了 AMD64 和 X86 下的驱动文件。
- SDK Setup.exe：Android 的启动文件。

2.1.2　android.jar 及内部结构

在 platforms 目录下的每个 Android 版本中，都有一个名为“android.jar”的压缩包。例如在作者电脑中，“platforms\android-18”目录中的内容如图 2-3 所示。

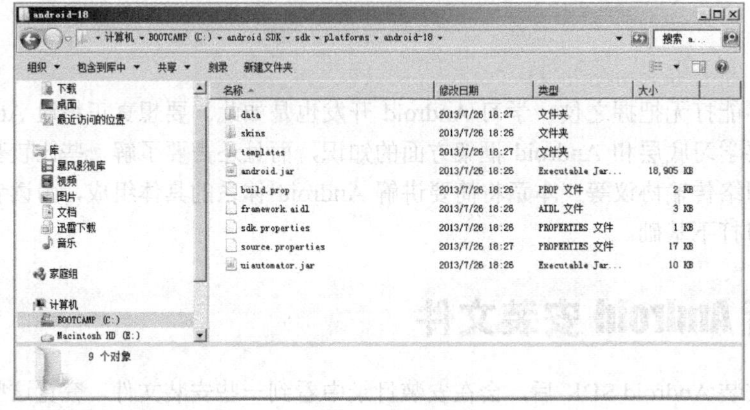

▲图 2-3　android.jar 文件所在目录

“android.jar”里面包含了编译后的压缩文件，包含了所有有用的 API。另外，在它强大的外表下却有一颗温暖的心，为了不为难程序员，我们只需使用 Windows 系统中的解压缩工具即可打开它。为了探其究竟，现打开“android.jar”压缩包，打开后的内部结构分别如图 2-4 和图 2-5 所示。

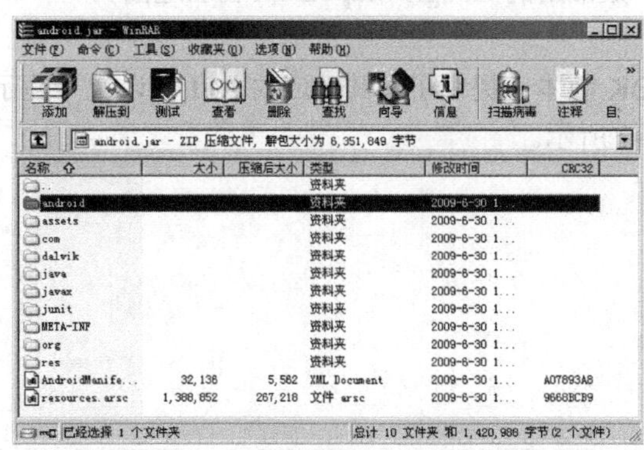

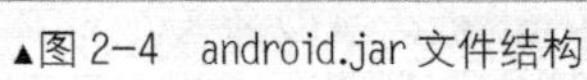

▲图 2-4　android.jar 文件结构

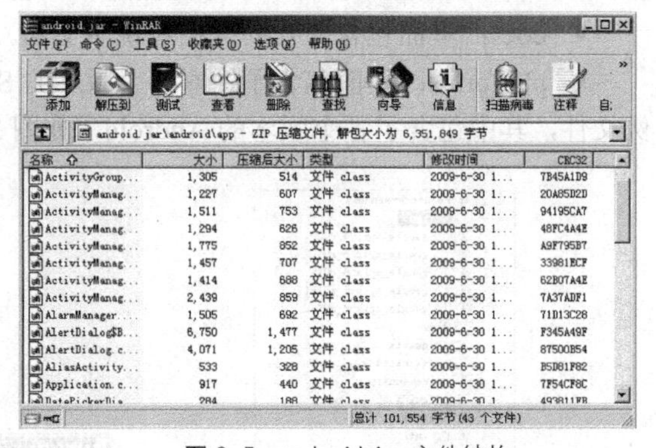

▲图 2-5　android.jar 文件结构

> **注意**　上述各个文件，对于我们研究 Android 应用开发并没有多大帮助。但是对大家了解 Android 运行机制和内核却有很大帮助。

2.1.3　阅读 SDK 帮助文档

在我们解压缩文件“android.jar”之后，就可以了解其内部 API 的包结构和组织方式了。

打开 SDK 帮助文档的方法非常简单，我们可以使用浏览器打开“docs”目录下的文件 index.html，如图 2-6 所示。然后单击顶部“Developers”中的“Training”链接来到一个新页面，该页面就是 SDK 帮助文档的学习主页，界面效果如图 2-7 所示。

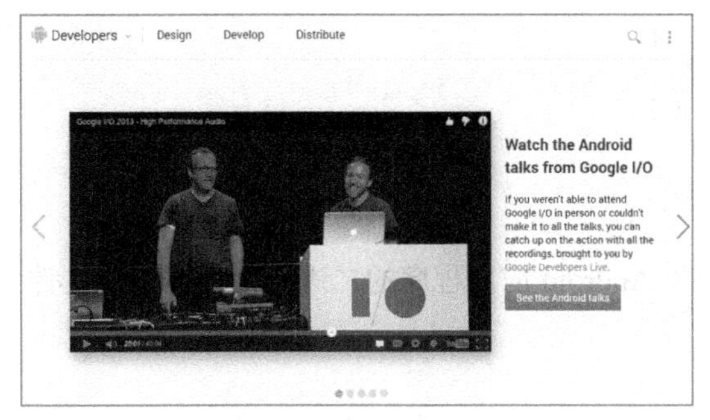

▲图 2-6 SDK 文档主页

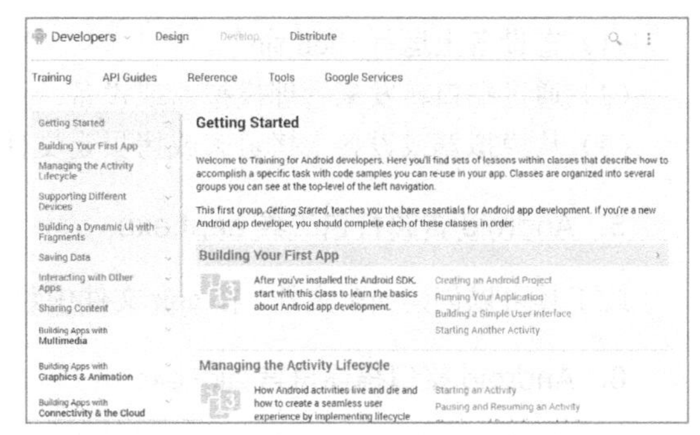

▲图 2-7 学习界面

在图 2-7 所示的页面中，介绍了 Android 基本概念和当前常用版本。此 SDK 文件对于初学者来说十分重要，可以帮助读者解决很多常见的问题，是一个很好的学习文档和帮助文档。在图 2-7 所示页面中，左侧是目录索引链接，单击某个链接后可以在右侧界面中显示对应的说明信息。如果要想迅速地理解一个问题或知识点，可以在搜索对话框中通过输入关键字的方式进行快速检索。也许有很多读者提出“英语水平有限，看不懂帮助文档”的疑问，其实大家不必担心，因为有很多热心的程序员和学者对这个帮助文档进行了翻译，大家可以从网络中获取免费的中文版帮助文档。

2.1.4 常用的 SDK 工具

在前面搭建 Android 开发环境时，我们已经接触到了 Android SDK 中的一些开发工具，例如 AVD 模拟器。但是 SDK 很不一般，在它里面集成了很多其他有用的开发工具，这些工具能够帮助我们在 Android 平台上开发出有用的应用程序。接下来将和大家一起领略 Android SDK 中这些有用的开发工具，请大家记住它们的名字和长相吧，因为它们会在以后的开发生涯中帮助我们完成很多任务。

1. Android 模拟器

模拟器是运行在计算机上的虚拟移动设备。

2. 集成开发插件 ADT

Android 为 Eclipse 定制了一个插件，即 Android Development Tools（ADT），其为用户提供一个强大的综合环境用于开发 Android 应用程序。ADT 扩展了 Eclipse 的功能，可以让用户快速地建立 Android 项目，创建应用程序界面，在基于 Android 框架 API 的基础上添加组件，以及用 SDK 工具集调试应用程序，甚至导出签名（或未签名）的 APKs 以便发行应用程序。

3. 调试监视服务 ddms.bat

调试监视服务 ddms.bat 集成在 Dalvik（Android 平台的虚拟机）中，用于管理运行在模拟器或设备上的进程，并协助调试工作。它可以去除一些进程，选择一个特定的程序来调试，生成跟踪数据，查看堆和线程数据，对模拟器或设备进行屏幕快照等操作。

4. Android 调试桥 adb.exe

Android 调试桥（adb）是多种用途的工具，该工具可以帮助我们管理设备或模拟器的状态。可以通过下面的几种方法加入 adb。

（1）在设备上运行 shell 命令。

（2）通过端口转发来管理模拟器或设备。

（3）从模拟器或设备上拷贝来或拷贝走文件。

5. Android 资源打包工具 aapt.exe

此工具可以创建 apk 文件，在 apk 文件中包含了 Android 应用程序的二进制文件和资源文件。

6. Android 接口描述语言 aidl.exe

用于生成进程间接口代码。

7. SQLite3 数据库 sqlite3.exe

Android 可以创建和使用 SQLite 数据文件，开发人员和使用用户乐意方便地访问这些 SQLite 数据文件。

8. 跟踪显示工具

可以生成跟踪日志数据的图形分析视图，这些跟踪日志数据由 Android 应用程序产生。

9. 创建 SD 卡工具

用于创建磁盘镜像，此镜像可以在模拟器上模拟外部存储卡，例如常见的 SD 卡。

10. DX 工具（dx.bat）

将 class 字节码重写为 Android 字节码（被存储在 dex 文件中）。

11. 生成 Ant 构建文件工具（activitycreator.bat）

activitycreator.bat 是一个脚本，用于生成 Ant 构建文件。Ant 构建文件用于编译 Android 应用程序，如果在安装 ADT 插件的 Eclipse 环境下开发，则不需要这个脚本。

12. Android 虚拟设备

在 Android SDK1.5 版以后的 Android 开发中，必须创建至少一个 AVD，AVD 的中文名称为 Android 虚拟设备（Android Virtual Device），每个 AVD 模拟了一套虚拟设备来运行 Android 平台，这个平台至少要有自己的内核，系统图像和数据分区，还可以有自己的的 SD 卡和用户数据以及外观显示等。

2.2 演示官方实例

Android 官方为学习人员和开发者提供了大量的演示实例。在 Android 安装后的目录中有一个名为“samples”的子目录，在里面保存了 SDK 中的几个演示实例。这些实例从不同的方面展示了 SDK 的特性，大家可下载各个实例并运行观看其效果，可以了解 Android 的强大功能，相信大家肯定会发出“原来 Android 可以实现这么牛的效果”的感叹。

2.3 剖析 Android 系统架构

为了更加深入理解 Android 系统的精髓，初学者很有必要了解 Android 系统的整体架构，了解它的具体组成。只有这样才能知道 Android 究竟能干什么，我们所要学的是什么。

2.3.1 Android 体系结构介绍

Android 是一个移动设备的开发平台，其软件层次结构包括操作系统（OS）、中间件（Middle Ware）和应用程序（Application）。根据 Android 的软件框图，其软件层次结构自下而上分为以下 4 层。

（1）操作系统层（OS）。

（2）各种库（Libraries）和 Android 运行环境（Runtime）。

（3）应用程序框架（Application Framework）。

（4）应用程序（Application）。

上述各个层的具体结构如图 2-8 所示。

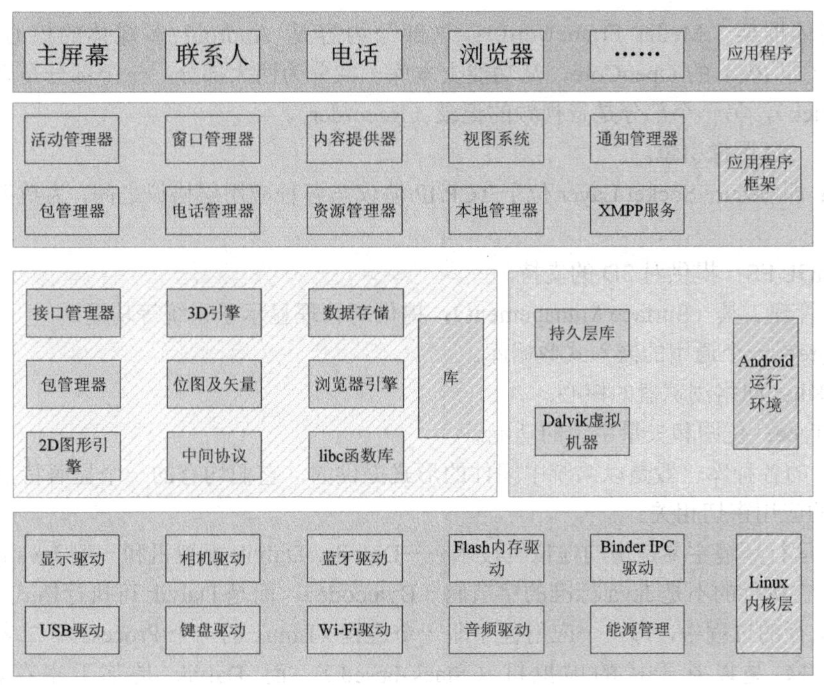

▲图 2-8 Android 操作系统的组件结构图

1. 操作系统层（OS）——最底层

因为 Android 源于 Linux，使用了 Linux 内核，所以 Android 使用 Linux 内核作为底层操作系统。Linux 是一种标准的技术，也是一个开放的操作系统。Android 对操作系统的使用包括核心和驱动程序两部分，Android 的 Linux 核心为标准的 Linux 内核，Android 更多的是需要一些与移动设备相关的驱动程序。主要的驱动如下所示。

- 显示驱动（Display Driver）：常用基于 Linux 的帧缓冲（Frame Buffer）驱动。
- Flash 内存驱动（Flash Memory Driver）：是基于 MTD 的 Flash 驱动程序。
- 照相机驱动（Camera Driver）：常用基于 Linux 的 V4L（Video for Linux）驱动。

- 音频驱动（Audio Driver）：常用基于 ALSA（Advanced Linux Sound Architecture，高级 Linux 声音体系）驱动。
- Wi-Fi 驱动（Wi-Fi Driver）：基于 IEEE 802.11 标准的驱动程序。
- 键盘驱动（Keyboard Driver）：作为输入设备的键盘驱动。
- 蓝牙驱动（Bluetooth Driver）：基于 IEEE 802.15.1 标准的无线传输技术。
- Binder IPC 驱动：Android 一个特殊的驱动程序，具有单独的设备节点，提供进程间通信的功能。
- Power Management（能源管理）：管理电池电量等信息。

2. 各种库（Libraries）和 Android 运行环境（Runtime）——中间层

本层次对应一般嵌入式系统，相当于中间件层次。Android 的本层次分成两个部分，一个部分是各种库，另一个部分是 Android 运行环境。本层的内容大多是使用 C 语言实现的。其中包含的各种库如下所示。

- C 库：C 语言的标准库，也是系统中一个最为底层的库，C 库是通过 Linux 的系统调用来实现。
- 多媒体框架（Media Frameword）：这部分内容是 Android 多媒体的核心部分，基于 PacketVideo（即 PV）的 OpenCore，从功能上本库一共分为两大部分，一个部分是音频、视频的回放（Playback），另一个部分是音视频的记录（Recorder）。
- SGL：2D 图像引擎。
- SSL：即 Secure Socket Layer 位于 TCP/IP 协议与各种应用层协议之间，为数据通信提供安全支持。
- OpenGL ES：提供对 3D 的支持。
- 界面管理工具（Surface Management）：提供对管理显示子系统等功能。
- SQLite：一个通用的嵌入式数据库。
- WebKit：网络浏览器的核心。
- FreeType：位图和矢量字体的功能。

Android 的各种库一般是以系统中间件的形式提供的，它们均有的一个显著特点就是与移动设备的平台的应用密切相关。

Android 运行环境主要是指的虚拟机技术——Dalvik。Dalvik 虚拟机和一般 Java 虚拟机（Java VM）不同，它执行的不是 Java 标准的字节码（Bytecode），而是 Dalvik 可执行格式（.dex）中执行文件。在执行的过程中，每一个应用程序即一个进程（Linux 的一个 Process）。二者最大的区别在于 Java VM 是以基于栈的虚拟机（Stack-based），而 Dalvik 是基于寄存器的虚拟机（Register-based）。显然，后者最大的好处在于可以根据硬件实现更大的优化，这更适合移动设备的特点。

3. 应用程序（Application）

Android 的应用程序主要是用户界面（User Interface）方面的，通常用 Java 语言编写，其中还可以包含各种资源文件（放置在 res 目录中）。Java 程序和相关资源在经过编译后，会生成一个 APK 包。Android 本身提供了主屏幕（Home）、联系人（Contact）、电话（Phone）、浏览器（Browers）等众多的核心应用。同时应用程序的开发者还可以使用应用程序框架层的 API 实现自己的程序。这也是 Android 开源的巨大潜力的体现。

4. 应用程序框架（Application Framework）

Android 的应用程序框架为应用程序层的开发者提供 API，它实际上是一个应用程序的框架。由于上层的应用程序是以 Java 构建的，因此本层次提供的首先包含了 UI 程序中所需要的各种控件，例如 Views（视图组件），其中又包括了 List（列表），Grid（栅格），Text Box（文本框），Button（按钮）等。甚至一个嵌入式的 Web 浏览器。

作为一个基本的 Andoid 应用程序，可以利用应用程序框架中的以下 5 个部分来构建。

- Activity（活动）。
- Broadcast Intent Receiver（广播意图接收器）。
- Service（服务）。
- Content Provider（内容提供者）。
- Intent and Intent Filter（意图和意图过滤器）。

本书的目的是讲解 Android 网络应用开发的知识，这方面的内容在结构图中和应用程序（Application）相对应，所以读者需要重点关注应用程序框架（Application Framework）的知识。这些都是用 Java 开发的，当然也还需要掌握一些其他层的相关知识，例如底层的内核和驱动等知识。

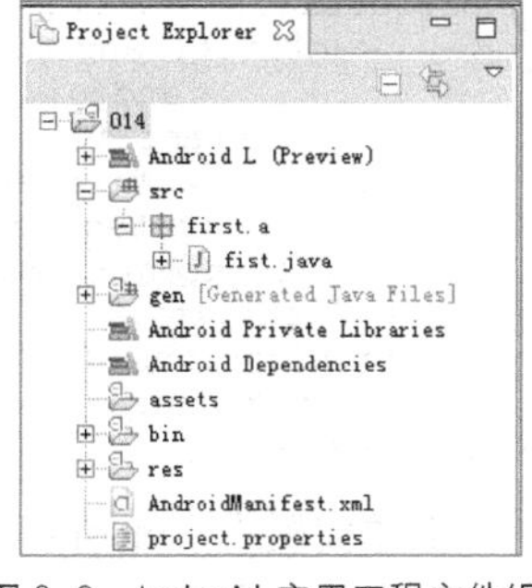

▲图 2-9　Android 应用工程文件组成

2.3.2　Android 应用工程文件组成

讲解完 Android 的整体结构，接下来讲解 Android 工程文件的组成。因为学习本书的目的就是开发 Android 网络应用项目，而每个 Android 应用项目是用 Eclipse 创建的工程，所以很有必要了解一个 Android 工程文件的结构。

在 Eclipse 中，一个基本的 Android 项目的目录结构如图 2-9 所示。

1. src 目录

src 目录里面保存了开发人员编写的程序文件。和一般的 Java 项目一样，src 目录下保存的是项目的所有包及源文件（.java），res 目录下包含了项目中的所有资源，例如程序图标（drawable）、布局（layout）文件和常量（values）等。不同的是，在 Java 项目中没有 gen 目录，也没有每个 Android 项目都必须有的 AndroidManfest.xml 文件。

.java 格式文件是在建立项目时自动生成的，这个文件是只读模式，不能更改。R.java 文件是定义该项目所有资源的索引文件。例如下面是某项目中 R.java 文件的代码。

```
package com.yarin.Android.HelloAndroid;
public final class R {
    public static final class attr {
    }
    public static final class drawable {
        public static final int icon=0x7f020000;
    }
    public static final class layout {
        public static final int main=0x7f030000;
    }
    public static final class string {
        public static final int app_name=0x7f040001;
        public static final int hello=0x7f040000;
    }
}
```

在上述代码中定义了很多常量，并且这些常量的名字都与 res 文件夹中的文件名相同，这再次证明.java 文件中所存储的是该项目所有资源的索引。有了这个文件，在程序中使用资源将变得更加方便，可以很快地找到要使用的资源，由于这个文件不能被手动编辑，所以当我们在项目中加入了新的资源时，只需要刷新一下该项目，.java 文件便自动生成了所有资源的索引。

2. 设置文件 AndroidManfest.xml

文件 AndroidManfest.xml 是一个控制文件，里面包含了该项目中所使用的 Activity、Service 和 Receiver。例如下面是某项目中文件 AndroidManfest.xml 的代码。

```
<?xml version="1.0" encoding="utf-8"?>
<manifest xmlns:android="http://schemas.android.com/apk/res/android"
      package="com.yarin.Android.HelloAndroid"
      android:versionCode="1"
      android:versionName="1.0">
    <application android:icon="@drawable/icon"
android:label="@string/app_name">
      <activity android:name=".HelloAndroid"
              android:label="@string/app_name">
         <intent-filter>
             <action android:name="android.intent.action.MAIN" />
             <category android:name="android.intent.category.LAUNCHER" />
         </intent-filter>
      </activity>
    </application>
    <uses-sdk android:minSdkVersion="9" />
</manifest>
```

在上述代码中，intent-filter 描述了 Activity 启动的位置和时间。每当一个 Activity（或者操作系统）要执行一个操作时，它将创建出一个 Intent 的对象，这个 Intent 对象可以描述你想做什么，你想处理什么数据，数据的类型，以及一些其他信息。Android 会和每个 Application 所暴露的 intent-filter 的数据进行比较，找到最合适 Activity 来处理调用者所指定的数据和操作。下面我们来仔细分析 AndroidManifest.xml 文件，如表 2-1 所示。

表 2-1　AndroidManfest.xml 分析

参　数	说　明
manifest	根节点，描述了 package 中所有的内容
xmlns:android	包含命名空间的声明 xmlns:android=http://schemas.android.com/apk/res/android，使得 Android 中各种标准属性能在文件中使用，提供了大部分元素中的数据
package	声明应用程序包
application	包含 package 中 application 级别组件声明的根节点。此元素也可包含 application 的一些全局和默认的属性，如标签、icon、主题、必要的权限，等等。一个 manifest 能包含零个或一个此元素（不能大余一个）
android:icon	应用程序图标
android:label	应用程序名字
activity	activity 是与用户交互的主要工具，是用户打开一个应用程序的初始页面，大部分被使用到的其他页面也由不同的 activity 所实现，并声明在另外的 activity 标记中。注意，每一个 activity 必须有一个 <activity>标记对应，无论它给外部使用或是只用于自己的 package 中。如果一个 activity 没有对应的标记，将不能运行它。另外，为了支持运行时查找 activity，可包含一个或多个<intent-filter>元素来描述 activity 所支持的操作
android:name	应用程序默认启动的 activity
intent-filter	声明了指定的一组组件支持的 Intent 值，从而形成了 Intent Filter。除了能在此元素下指定不同类型的值，属性也能放在这里来描述一个操作所需的唯一的标签、icon 和其他信息
action	组件支持的 Intent Action
category	组件支持的 Intent Category。这里指定了应用程序默认启动的 activity
uses-sdk	该应用程序所使用的 sdk 版本相关

3. 常量定义文件

下面我们看看在资源文件中对常量的定义，例如文件 string.xml 的代码如下所示。

```
<?xml version="1.0" encoding="utf-8"?>
<resources>
  <string name="hello">Hello World, HelloAndroid!</string>
    <string name="app_name">HelloAndroid</string>
</resources>
```

上述常量定义文件的代码非常简单，只定义了两个字符串资源，请不要小看上面的几行代码。它们的内容很“露脸”，里面的字符直接显示在手机屏幕中，就像动态网站中的 HTML 一样。

4. 布局文件

布局（Layout）文件一般位于“res\layout\main.xml”目录，通过其代码能够生成一个显示界面。例如下面的代码。

```
<?xml version="1.0" encoding="utf-8"?>
<LinearLayout xmlns:android="http://schemas.android.com/apk/res/android"
    android:orientation="vertical"
    android:layout_width="fill_parent"
    android:layout_height="fill_parent"
    >
<TextView
    android:layout_width="fill_parent"
    android:layout_height="wrap_content"
    android:text="@string/hello"
    />
</LinearLayout>
```

在上述代码中，有以下几个布局和参数。

- <LinearLayout></LinearLayout>：在这个标签中，所有元件都是按由上到下的排队排成的。
- android:orientation：表示这个介质的版面配置方式是从上到下垂直地排列其内部的视图。
- android:layout_width：定义当前视图在屏幕上所占的宽度，fill_parent 即填充整个屏幕。
- android:layout_height：定义当前视图在屏幕上所占的高度，fill_parent 即填充整个屏幕。
- wrap_content：随着文字栏位的不同而改变这个视图的宽度或高度。

在上述布局代码中，使用了一个 TextView 来配置文本标签 Widget（构件），其中设置的属性 android:layout_width 为整个屏幕的宽度，android:layout_height 可以根据文字来改变高度，而 android:text 则设置了这个 TextView 要显示的文字内容，这里引用了@string 中的 hello 字符串，即 string.xml 文件中的 hello 所代表的字符串资源。hello 字符串的内容“Hello World, HelloAndroid!”就是我们在 HelloAndroid 项目运行时看到的字符串。

> 注意　上面介绍的文件只是主要文件，在项目中需要我们自行编写。在项目中还有很多其他文件，那些文件很少需要我们编写，所以在此就不进行讲解了。

2.4 简述五大组件

一个典型的 Android 应用程序通常由 5 个组件组成，这 5 个组件构成了 Android 的核心功能。本节将一一讲解这五大组件的基本知识，为读者步入本书后面知识的学习打下基础。

2.4.1 用 Activity 来表现界面

Activity 是这 5 个组件中最常用的一个组件。程序中 Activity 通常的表现形式是一个单独的界面（Screen）。每个 Aactivity 都是一个单独的类，它扩展实现了 Activity 基础类。这个类显示为一个由 View 组成的用户界面，并响应事件。大多数程序有多个 Activity。例如一个文本信息程序有这样几个界面：显示联系人列表界面、写信息界面、查看信息界面或者设置界面等。每个界面都是一个 Activity。切换到另一个界面就是载入一个新的 Activity。某些情况下，一个 Activity 可能会给前一个Activity 返回值——例如一个让用户选择相片的Activity 会把选择到的相片返回给其调用者。

打开一个新界面后，前一个界面就被暂停，并放入历史栈中（界面切换历史栈）。使用者可以回溯前面已经打开的存放在历史栈中的界面，也可以从历史栈中删除没有界面价值的界面。Android 在历史栈中保留程序运行产生的所有界面，从第一个界面到最后一个。

2.4.2　用 Intent 和 Intent Filter 实现切换

Android 通过一个专门的 Intent 类来进行界面的切换。Intent 描述了程序想做什么（Intent 意为意图，目的，意向）。Intent 类还有一个相关类 Intent Filter。Intent 是一个请求来做什么事情，Intent Filter 则描述了一个 Activity（或 Intent Receiver）能处理什么意图。显示某人联系信息的 Activity 使用了一个 Intent Filter，就是说它知道如何处理应用到此人数据的 View 操作。Activity 在文件 AndroidManifest.xml 中使用 Intent Filter。

通过解析 Intent 可以实现 Activity 的切换，我们可以使用 startActivity(myIntent)启用新的 Activity。系统会考察所有安装程序的 Intent Filter，然后找到与 myIntent 匹配最好的 Intent Filter 所对应的 Activity。这个新 Activity 能够接收 Intent 传来的消息，并因此被启用。解析 Intent 的过程发生在 startActivity 被实时调用时，这样做有以下两个好处。

（1）Activity 仅发出一个 Intent 请求，便能重用其他组件的功能。

（2）Activity 可以随时被替换为有等价 Intent Filter 的新 Activity。

2.4.3　Service 为你服务

Service 是一个没有 UI 且长驻系统的代码，最常见的例子是媒体播放器从播放列表中播放歌曲。在媒体播放器程序中，可能有一个或多个 Activity 让用户选择播放的歌曲；然而在后台播放歌曲时无需 Activity 干涉，因为用户希望在音乐播放同时能够切换到其他界面。既然这样，媒体播放器 Activity 需要通过 Context.startService()启动一个 Service，这个 Service 在后台运行以保持继续播放音乐。在媒体播放器被关闭之前，系统会保持音乐后台播放 Service 的正常运行。可以用 Context.bindService()方法连接到一个 Service 上（如果 Service 未运行的话，连接后还会启动它），连接后就可以通过一个 Service 提供的接口与 Service 进行通话。对音乐 Service 来说，提供了暂停和重放等功能。

1. 如何使用服务

在 Android 系统中有以下两种使用服务的方法。

（1）通过调用 Context.startServece()启动服务，调用 Context.stopService()结束服务，startService()可以传递参数给 Service。

（2）通过调用 Context.bindService()启动服务，调用 Context.unbindService()结束服务，还可以通过 ServiceConnection 访问 Service。二者可以混合使用，如可以先调用 startServece()再调用 unbindService()。

2. Service 的生命周期

在调用 startService()后，即使调用 startService()的进程结束了，Service 还仍然存在，一直到有进程调用 stopService()或者 Service 自己灭亡（stopSelf()）为止。

在调用 bindService()后，Service 就和调用 bindService()的进程同生共死，也就是说当调用 bindService()的进程死了，那么它绑定的 Service 也要跟着被结束，当然期间也可以调用 unbindService()让 Service 结束。

当混合使用上述两种方式时，例如你调用 startService()了，我调用 bindService()了，那么只有你调用 stopService()了而且我也调用 unbindService()了，这个 Service 才会被结束。

3. 进程生命周期

Android 系统将会尝试保留那些启动了的或者绑定了的服务进程，具体说明如下所示。

（1）如果该服务正在进程的 onCreate()、onStart()或者 onDestroy()这些方法中执行时，那么主进程将会成为一个前台进程，以确保此代码不会被停止。

（2）如果服务已经开始，那么它的主进程的重要性会低于所有的可见进程，但是会高于不可见进程。由于只有少数几个进程是用户可见的，所以只要不是内存特别低，该服务就不会停止。

（3）如果有多个客户端绑定了服务，只要客户端中的一个对于用户是可见的，就可以认为该服务可见。

2.4.4 用 Broadcast Intent Receiver 发送广播

当要执行一些与外部事件相关的代码时，如来电响铃时或者到了半夜时，就可能用到 Intent Receiver。尽管 Intent Receiver 使用 Notification Manager 来通知用户一些好玩的事情发生，但是没有 UI。Intent Receiver 可以在文件 AndroidManifest.xml 中声明，也可以使用 Context.register Receiver()来声明。当一个 Intent Receiver 被触发时，如果需要系统自然会自动启动程序。程序也可以通过 Context.broadcastIntent()来发送自己的 Intent 广播给其他程序。

2.4.5 用 Content Provider 存储数据

应用程序把数据存放一个 SQLite 数据库格式文件里，或者存放在其他有效设备里。如果想让其他程序能够使用我们程序中的数据，此时 Content Provider 就很有用了。Content Provider 是一个实现了一系列标准方法的类，这个类使得其他程序能存储、读取某种 Content Provider 可处理的数据。

2.5 进程和线程

进程和线程很容易理解，在电脑中有一个进程管理器，当打开后，会显示当前运行的所有程序。同样在 Android 中也有进程，当某个组件第一次运行的时候，Android 会启动一个进程。在默认情况下，所有的组件和程序运行在这个进程和线程中，也可以安排组件在其他的进程或者线程中运行。

2.5.1 先看进程

组件运行的进程是由 manifest 文件控制的。组件的节点一般都包含一个 process 属性，例如<activity>、<service>、<receiver>和<provider>节点。属性 process 可以设置组件运行的进程，可以配置组件在一个独立进程中运行，或者多个组件在同一个进程中运行，甚至可以多个程序在一个进程中运行，当然前提是这些程序共享一个 User ID 并给定同样的权限。另外<application>节点也包含了 process 属性，用来设置程序中所有组件的默认进程。

当更加常用的进程无法获取足够内存时，Android 会智能的关闭不常用的进程。当下次启动程序的时候会重新启动这些进程。当决定哪个进程需要被关闭的时候，Android 会考虑哪个对用户更加有用。例如 Android 会倾向于关闭一个长期不显示在界面的进程来支持一个经常显示在界面的进程。是否关闭一个进程决定于组件在进程中的状态。

2.5.2　再看线程

当用户界面需要很快对用户进行响应，就需要将一些费时的操作，如网络连接、下载或者非常占用服务器时间的操作等放到其他线程。也就是说，即使为组件分配了不同的进程，有时候也需要再分配线程。

线程是通过 Java 的标准对象 Thread 来创建的，在 Android 中提供了如下方便的管理线程的方法：

（1）Looper 在线程中运行一个消息循环；

（2）Handler 传递一个消息；

（3）HandlerThread 创建一个带有消息循环的线程；

（4）Android 让一个应用程序在单独的线程中，指导它创建自己的线程；

（5）应用程序组件（Activity、Service、Broadcast Receiver）所有都在理想的主线程中实例化；

（6）没有一个组件应该执行长时间或是阻塞操作（例如网络呼叫或是计算循环）当被系统调用时，这将中断所有在该进程的其他组件；

（7）可以创建一个新的线程来执行长期操作。

2.5.3　应用程序的生命周期

自然界的事物都有自己的生命周期，例如人的生、老、病、死。作为一个 Android 应用程序也如同自然界的生物一样，有自己的生命周期。我们开发一个程序的目的是为了完成一个功能，例如银行计算加息的软件，每当一个用户去柜台办理取款业务时，银行工作人员便启动了这个程序的生命。当用此软件完成利息计算时，这个软件当前的任务就完成了，此时就需要结束自己的使命。肯定有人提出疑问：生生死死多么麻烦，就让这个程序一直是“活着”的状态，一个用户办理完取款业务后，继续等着下一个用户办理取款业务，这样这个程序就“长生不老”了。其实谁都想自己的程序“长生不老”，但是很不幸，我们不能这样做。原因是计算机的处理性能是一定的，一个人、两个人、三个人计算机可以处理该任务。但是一个安装这个软件的机器一天会处理成千成万个取款业务，如果它们都一直活着，一台有限配置的计算机能承受得了吗？

由此可见，应用程序的生命周期就是一个程序的存活时间，即在什么时间内有效。Android 是一构建在 Linux 之上的开源移动开发平台，在 Android 中，多数情况下每个程序都是在各自独立的 Linux 进程中运行的。当一个程序或其某些部分被请求时，它的进程就“出生”了；当这个程序没有必要再运行下去且系统需要回收这个进程的内存用于其他程序时，这个进程就“死亡”了。可以看出，Android 程序的生命周期是由系统控制而非程序自身直接控制。这和编写桌面应用程序时的思维有一些不同，一个桌面应用程序的进程也是在其他进程或用户请求时被创建，但是往往是在程序自身收到关闭请求后执行一个特定的动作（如从 main 函数中返回）而导致进程结束的。要想做好某种类型的程序或者某种平台下的程序的开发，最关键的就是要弄清楚这种类型的程序或整个平台下的程序的一般工作模式并熟记在心。在 Android 中，程序的生命周期控制就是属于这个范畴。

开发者必须理解不同的应用程序组件，尤其是 Activity、Service 和 Intent Receiver（意图接收器），需要了解这些组件是如何影响应用程序的生命周期的。如果不正确地使用这些组件，可能会导致系统终止正在执行重要任务的应用程序进程。

一个常见的进程生命周期漏洞的例子是 Intent Receiver，当 Intent Receiver 在 onReceive 方法中接收到一个 Intent（意图）时，它会启动一个线程，然后返回。一旦返回，系统将认为 Intent Receiver

不再处于活动状态，因而 Intent Receiver 所在的进程也就不再有用了（除非该进程中还有其他的组件处于活动状态）。因此，系统可能会在任意时刻终止该进程以回收占有的内存。这样进程中创建出的那个线程也将被终止。解决这个问题的方法是从 Intent Receiver 中启动一个服务，让系统知道进程中还有处于活动状态的工作。为了使系统能够正确决定在内存不足时应该终止哪个进程，Android 根据每个进程中运行的组件及组件的状态把进程放入一个“Importance Hierarchy（重要性分级）”中。

进程的类型有多种多样，按照重要的程度主要包括如下几类进程。

（1）前台进程（Foreground）

前台进程是看得见的，与用户当前正在做的事情密切相关，不同的应用程序组件能够通过不同的方法将它的宿主进程移到前台。在如下的任何一个条件下系统会把进程移动到前台。

- 进程正在屏幕的最前端运行一个与用户交互的活动（Activity），它的 onResume 方法被调用。
- 进程有一正在运行的 Intent Receiver（它的 IntentReceiver.onReceive 方法正在执行）。
- 进程有一个服务（Service），并且在服务的某个回调函数（Service.onCreate、Service.onStart 或 Service.onDestroy）内有正在执行的代码。

（2）可见进程（Visible）

可见进程也是可见的，它有一个可以被用户从屏幕上看到的活动，但不在前台（它的 onPause 方法被调用）。假如前台的活动是一个对话框，以前的活动隐藏在对话框之后就会现这种进程。可见进程非常重要，一般不允许被终止，除非是了保证前台进程的运行而不得不终止它。

（3）服务进程（Service）

服务进程是无法看见的，拥有一个已经用 startService()方法启动的服务。虽然用户无法直接看到这些进程，但它们做的事情却是用户所关心的（如后台 MP3 回放或后台网络数据的上传、下载）。所以系统将一直运行这些进程，除非内存不足以维持所有的前台进程和可见进程。

（4）后台进程（Background）

后台进程也是看不见的，只有打开之后才能看见。例如，迅雷下载，我们可以将其最小化，虽然在桌面上看不见了，但是它一直在进行下载的工作。拥有一个当前用户看不到的活动（它的 onStop()方法被调用）。这些进程对用户体验没有直接的影响。如果它们正确执行了活动生命周期，系统可以在任意时刻终止该进程以回收内存，并提供给前面 3 种类型的进程使用。系统中通常有很多这样的进程在运行，因此要将这些进程保存在 LRU 列表中，以确保当内存不足时用户最近看到的进程最后一个被终止。

（5）空进程（Empty）

空进程是指不拥有任何活动的应用程序组件的进程。保留这种进程的唯一原因是在下次应用程序的某个组件需要运行时，不需要重新创建进程，这样可以提高启动速度。系统将以进程中当前处于活动状态组件的重要程度为基础对进程进行分类。进程的优先级可能也会根据该进程与其他进程的依赖关系而增长。假如进程 A 通过在进程 B 中设置 Context.BIND_AUTO_CREATE 标记或使用 Content Provider 被绑定到一个服务（Service），那么进程 B 在分类时至少要被看成与进程 A 同等重要。

例如 Activity 的状态转换图如图 2-10 所示。

图 2-10 所示的状态的变化是由 Android 内存管理器决定的，Android 会首先关闭那些包含 Inactive Activity 的应用程序，然后关闭 Stopped 状态的程序。只有在极端情况下才会移除 Paused 状态的程序。

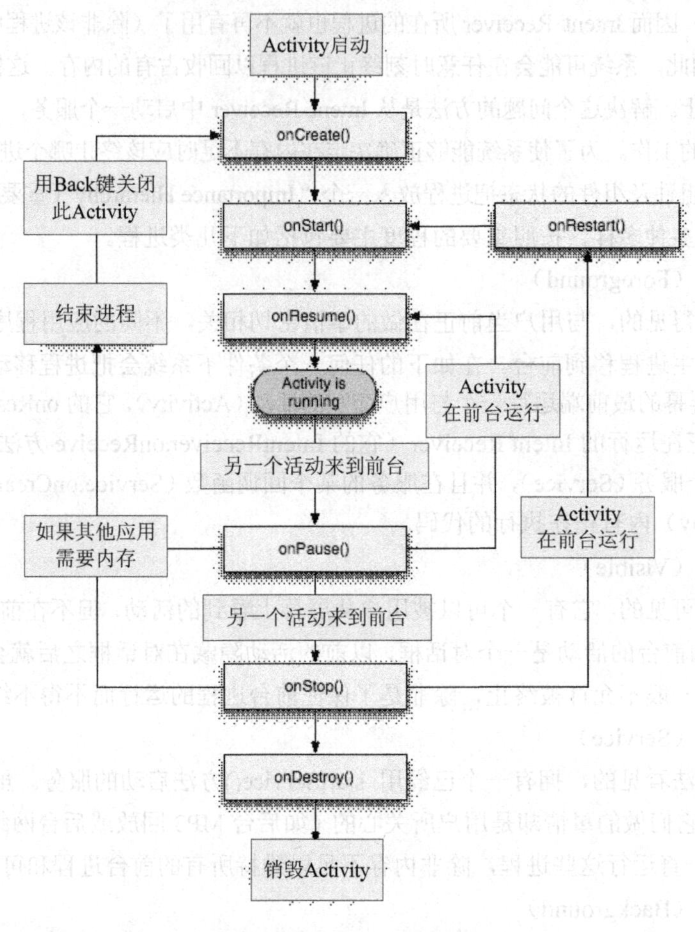

▲图 2-10　Activity 状态转换图

2.6 第一段 Android 程序

本实例的功能是在手机屏幕中显示问候语“你好我的朋友！”，在具体开始之前先做一个简单的流程规划，如图 2-11 所示。

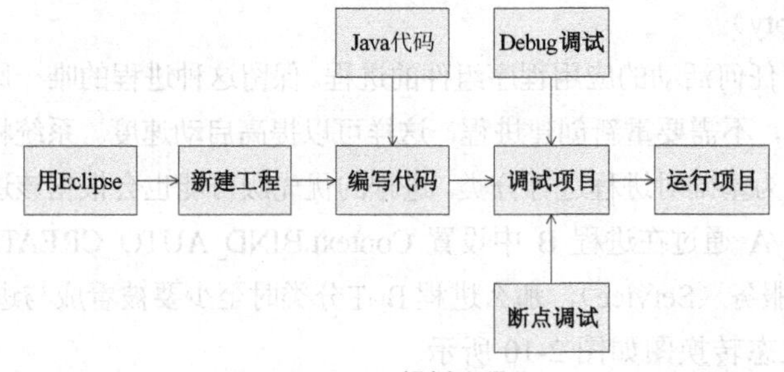

▲图 2-11　规划流程图

题目	目的	源码路径
实例 2-1	在手机屏幕中显示问候语	\codes\2\first

本实例的具体实现流程如下所示。

1. 新建 Android 工程

（1）在 Eclipse 中依次单击【File】|【New】|【Project】新建一个工程文件，如图 2-12 所示。
（2）选择“Android Project”选项，单击【Next】按钮。
（3）在弹出的“New Android Project”对话框中，设置工程信息，如图 2-13 所示。

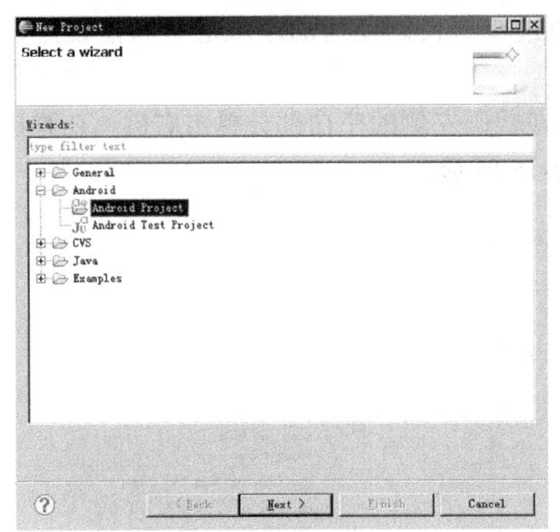

▲图 2-12 新建工程文件

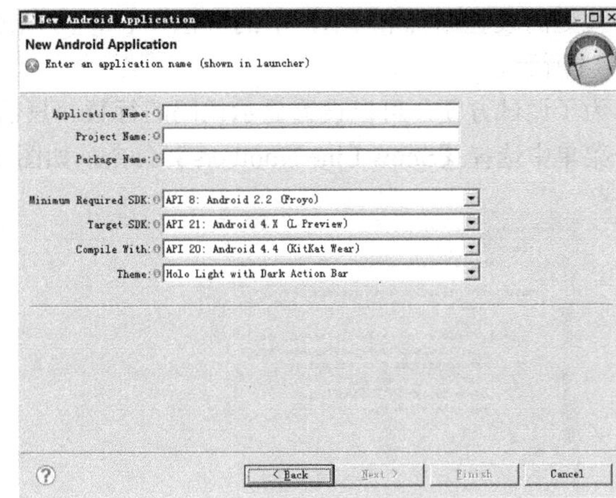

▲图 2-13 设置工程

在图 2-13 所示的界面中依次设置工程名字、包名字、Activity 名字和应用名字。

2. 编写代码和代码分析

现在已经创建了一个名为“first”的工程文件，现在打开文件 first.java，会显示自动生成的如下代码。

```
package first.a;
import android.app.Activity;
import android.os.Bundle;
public class fistMM extends Activity {
    /** Called when the activity is first created. */
    @Override
    public void onCreate(Bundle savedInstanceState) {
        super.onCreate(savedInstanceState);
        setContentView(R.layout.main);
    }
}
```

如果此时运行程序，将不会显示任何东西。此时我们可以对上述代码进行稍微的修改，让程序输出“你好我的朋友！”。具体代码如下所示。

```
package first.a;
import android.app.Activity;
import android.os.Bundle;
import android.widget.TextView;

public class fistMM extends Activity {
    /** Called when the activity is first created. */
    @Override
    public void onCreate(Bundle savedInstanceState) {
        super.onCreate(savedInstanceState);
        setContentView(R.layout.main);
        TextView tv = new TextView(this);
        tv.setText("你好我的朋友！ ");
        setContentView(tv);
    }
}
```

经过上述代码改写后，应该可以在屏幕中输出“你好我的朋友！”，完全符合预期的要求。

3. 调试

Android 调试一般分为 3 个步骤，分别是设置断点、Debug 调试和断点调试。

（1）设置断点

此处的设置断点和 Java 中的方法一样，可以通过双击代码左边的区域进行断点设置，如图 2-14 所示。

为了调试方便，可以设置显示代码的行数。只需在代码左侧的空白部分单击右键，在弹出的命令菜单中选择【Show Line Numbers】命令，如图 2-15 所示。

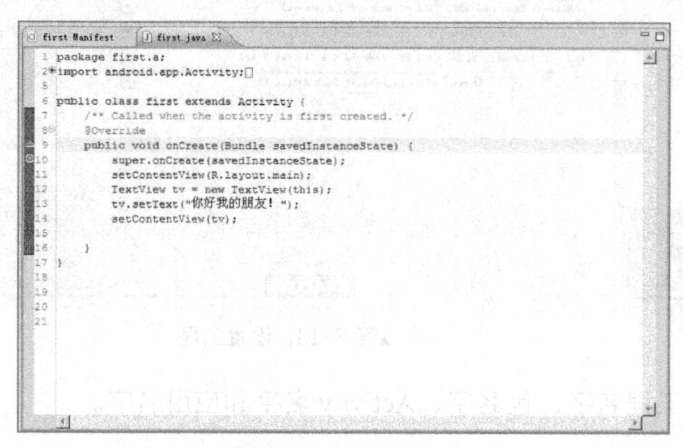

▲图 2-14 设置断点

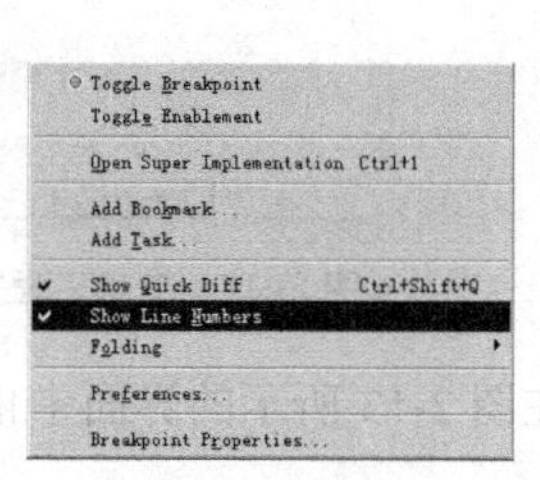

▲图 2-15 显示行数

（2）Debug 调试

Debug Android 调试项目的方法和普通 Debug Java 调试项目的方法类似，唯一的不同是在选择调试项目时选择【Android Application】命令。具体方法是右键单击项目名，在弹出的命令菜单中依次选择【Debug As】|【Android Application】命令，如图 2-16 所示。

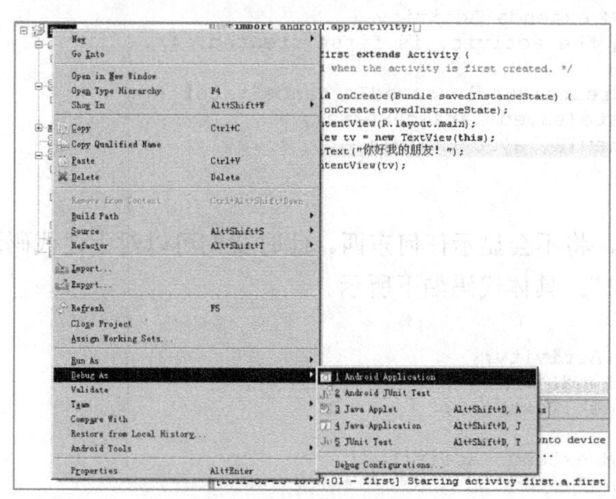

▲图 2-16 Debug 项目

（3）断点调试

可以进行单步调试，具体调试方法和调试普通 Java 程序的方法类似，调试界面如图 2-17 所示。

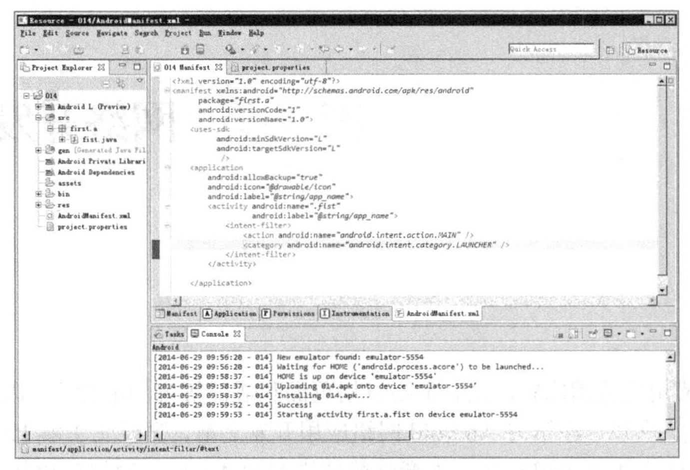

▲图 2-17　调试界面

4. 运行项目

将上述代码保存后就可运行这段程序了，具体过程如下所示。

（1）右键单击项目名，在弹出的命令菜单中依次选择【Run As】|【Android Application】，如图 2-18 所示。

（2）此时工程开始运行，运行完成后在屏幕中输出“你好我的朋友！”这段文字，如图 2-19 所示。

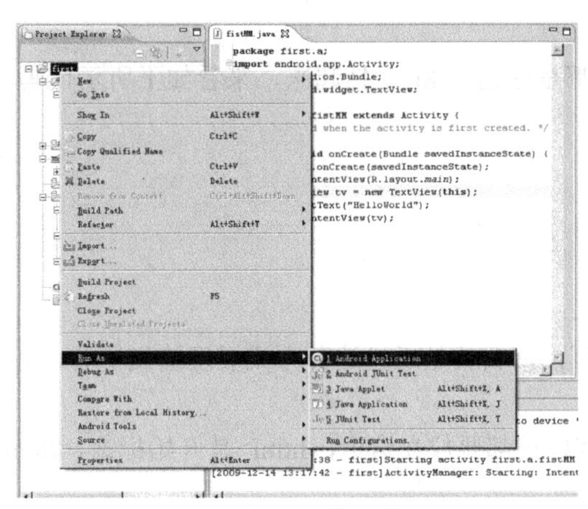

▲图 2-18　开始调试

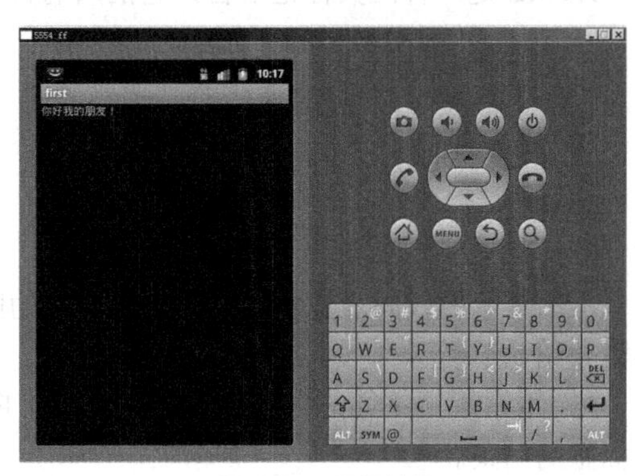

▲图 2-19　运行结果

第3章　网络开发技术基础

Android 网络应用的范围比较广泛，主要包括页面和通信等方面的知识。因为 Android 网络项目是用 Java 开发的，所以，在学习 Android 网络应用开发之前，需要先了解 Java 中的相关网络技术，这样才能在具体实践中游刃有余，本章将简要讲解和 Android 网络应用相关的网络技术。

3.1 HTML 简介

HTML 是一种网页标记语言，当前几乎所有的网页都是通过 HTML 展现在我们眼前的，最新的 HTML 版本是刚刚推出的 HTML 5.0。本节将会为大家展示它的各种标记。

3.1.1　HTML 初步

1. 基本结构

HTML 是一种网页标记语言，它的所有部分都是标记<>和</>括起来，来看如下所示代码。

```
<html>
<head>
<title>这是网页的标题标签</title>
</head>
<body>
这是网页内容
<body></html>
```

上面展示的代码，其实就是一个很简单的网页，网页就是通过这种方式展现给浏览者，各个参数介绍如下所示。

- <html>……</html>：这是 HTML 标签，所有标记都要放在这里，<html>是开始标签，</html>是标签的结束。
- <head>……</head>：表示网页的头部。
- <title>……</ title >：表示网页的标题。
- <body>……</body>：表示网页的内容。

2. HTML 标记特性

HTML 必须以<html>开始，以</html>结束，文件头包含在<head>……</head>里面，文件体包含在<body>……</body>里面，在文件头部，用户可以用<title>……</ title>标记来声明文件标题。在 HTML 文档中，值得提醒读者的是 HTML 也有注释，它和 Java 是完全不同的，HTML 采用<!--注释-->标记注释。在 HTML 中，每一个标记都是成对出现，下面展示一段代码。

```
<html>
<head>
<title>欢迎进 Java 网络世界</title>
</head>
<body>
这里是 Java 网络世界!
<body>
</html>
```

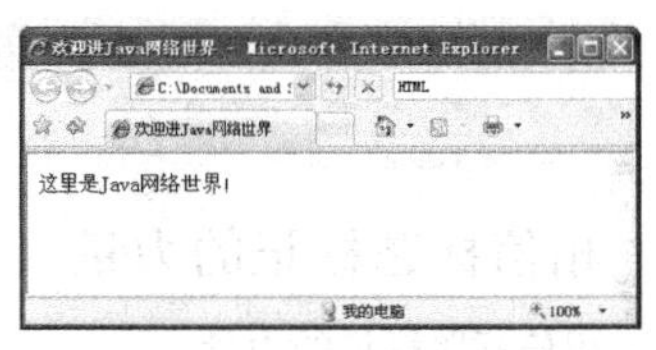

▲图 3-1 HTML 页面执行后的效果

将文件保存为 HTML 文件，双击“打开”，得到图 3-1 所示的结果。

3.1.2 字体格式设置

字体是网页中经常出现的内容，不同的网页字体也不同。在 HTML 中是如何实现这一目标的呢？在接下来的内容中将分别一一进行讲解。

1. 设置标题

在 HTML 中，用户可以通过<h*n*>……</h*n*>来设置标题的大小，*n* 的值可以取 1~6 中的任意一个整数，下面通过一段 HTML 代码讲解一个问题，其代码如下所示。

```
<html>
<head>
<title>标题标记</title>
</head>
<body>
<h1>相信标题标记的力量</h1>
<h2>相信标题标记的力量</h2>
<h3>相信标题标记的力量</h3>
<h4>相信标题标记的力量</h4>
<h5>相信标题标记的力量</h6>
<body>
</html>
```

将上述代码保存为.html 格式，双击打开后会得到图 3-2 所示的结果。

2. 字体加粗、倾斜和加底线

在创建网页的时候，将字体加粗、倾斜和加底线工作是避免不了的，它们倒底是通过什么样的标记语言实现的呢？下面通过一段 HTML 代码进行讲解，其代码如下所示。

```
<html>
<head>
<title>加粗 倾斜 加底线</title>
</head>
<body>
相信标题标记的力量<br></br>
<b>相信标题标记的力量</b><br></br>
<i>相信标题标记的力量</i><br></br>
<u>相信标题标记的力量</u><br></br>
<body>
</html>
```

在上述代码中出现了几个新的标记，介绍如下所示。

- <b>……</b>：将文字加粗。
-
……</br>：用来换行。
- <i>……</i>：将文字倾斜。
- <u>……</u>：给文字加上底线。

执行代码后得到图 3-3 所示的结果。

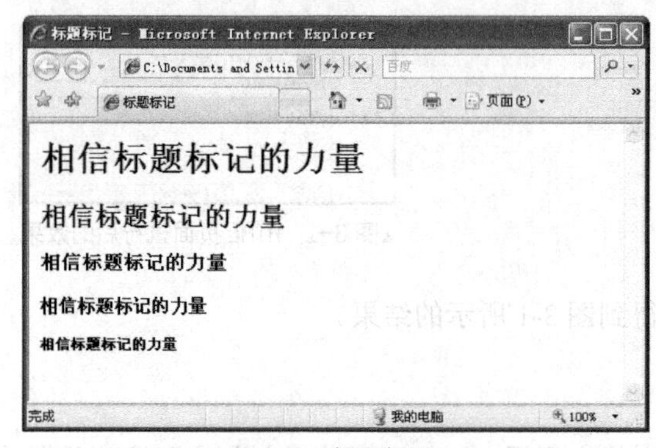

▲图 3-2　标题标记

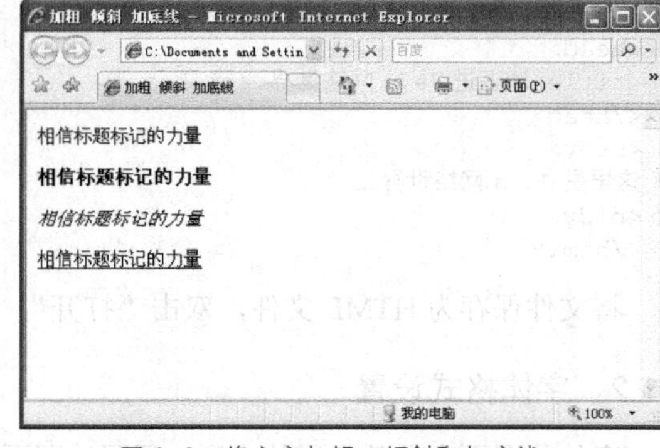

▲图 3-3　将文字加粗、倾斜和加底线

3. 将字体加上删除线、打字体和下标标记

在创建网页的时候，将加上删除线、打字体和下标标记是避免不了的，它们倒底是通过什么样的标记语言实现的呢？下面通过一段 HTML 代码进行讲解，其代码如下所示。

```
<html>
<head>
<title>神奇的 HTML</title>
</head>
<body>
神奇的 HTML
<br></br>
<del>神奇的 HTML</del><br></br>
<tt>神奇的 HTML</tt><br></br>
神奇的 HTML
<sup>神奇的 HTML</sup>
</body>
</html>
```

在上述代码中出现了几个新的标记，介绍如下所示。

- <del>……</del>：将文字加上删除线。
- <tt>……</tt>：标签呈现类似打字机或者等宽的文本效果。
- <sup >……</sup >：将文字设置成上标。

执行代码后得到图 3-4 所示的结果。

4. 设定字体大小、颜色、字形标记

这 3 种字体的属性是字体的常用格式，几乎所有网页都会设置这 3 种属性，它和前面有所不同，下面通过一段 HTML 代码（3-1.html）进行讲解。

```
<html>
 <head>
  <title>设置文字的格式</title>
 </head>
 <body>
  <font color="#CC200" size="5" face="隶书">还好吗？现在过得无忧无虑还是仍然那样多愁善感？我好几次都在梦中梦到过你，你有的时候是哭着的，有的时候却又笑得毫无遮掩。弄得我不知所措，搞不清是该安慰还是该保持沉默，可等我醒了以后，却发现你好像在梦里什么都没有说过，只是哭或者笑，于是我猜，你肯定是有说不出的悲伤和快乐。</font>
  <br>
  <font color="#ee00FF" size="4" face="宋体">弄得我不知所措，搞不清是该安慰还是该保持沉默，可等我醒了以后，却发现你好像在梦里什么都没有说过，只是哭或者笑，于是我猜，你肯定是有说不出的悲伤和快乐。</font>
 </body>
</html>
```

如果要设置字体大小、颜色和字形，可以在首标签里设置，各个参数的介绍如下所示。

- color=" "：设置颜色。
- size=" "：设置字号。
- face=" "：设置字体。

执行上述代码后得到图 3-5 所示结果。

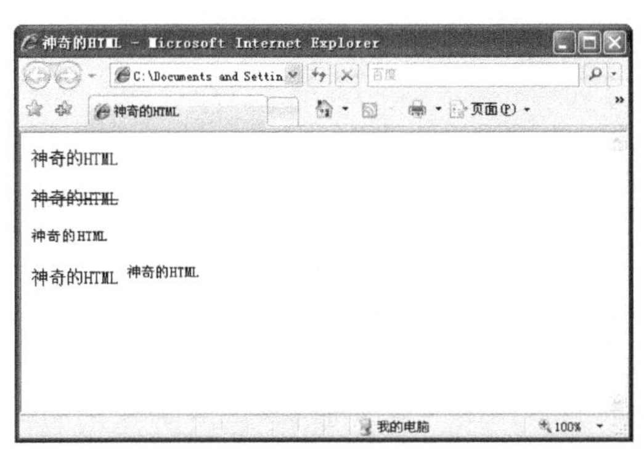

▲图 3-4 为文字加上删除、打字体和上标样式

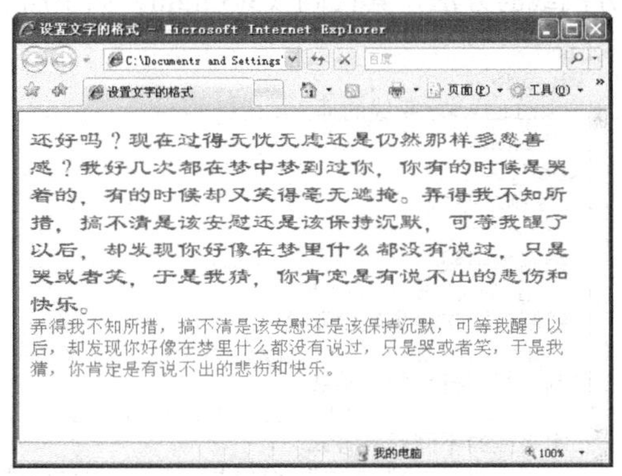

▲图 3-5 设置字体

3.1.3 使用标示标记

在 HTML 语言中，为了使显示的文字更加工整，条理顺序更加明朗，就要用到标示标记，下面通过一段 HTML 代码进行讲解，其代码（3-2.html）如下所示。

```
<html>
  <head>
    <title> 标示标记</title>
  </head>
  <body>
    <li>中国人
    <li>英国人
    <li>德国人
 <ol type=I>
    <li>打开冰箱门
    <li>把它装进去
    <li>关上冰箱门
    </ol>
<dl>
    <dt>性别：<dd>男、女
    <dt>职业 ：<dd>工程师、教师、程序员
    </dl>
  </body>
</html>
```

上述代码中各个标记的介绍如下所示。

- <li>：设置项目。
- <ol>……</ol>：它和<li>组合将形成带编号的项目，编号采取什么字体，取决于 type。
- <dt>：定义项目。
- <dd>：定义资料。
- <dl>……</dl>：定义标示。

执行上述代码后得到图 3-6 所示的结果。

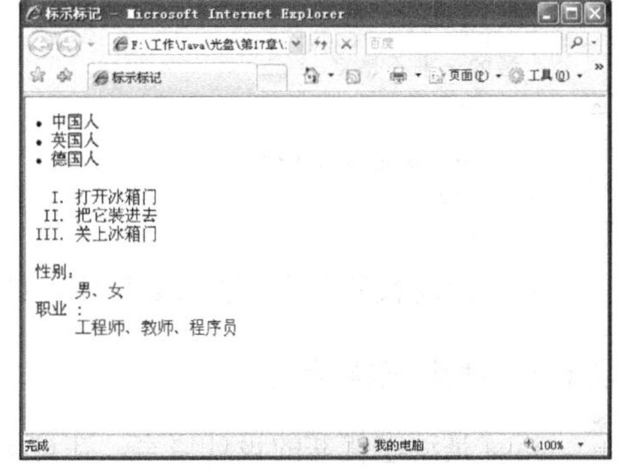

▲图 3-6 标示标记

3.1.4 使用区域和段落标记

在设计网页时区域和段落在 HTML 是必不可少的，前面已经讲解了通过
……</br>换行，

在此就不多讲了，这里讲解几个重要的区域标记和段落标记。

1. <hr>水平线

在许多页面中，为了文字的美观经常需要插入水平线标记，下面将通过一段代码讲解几种绘制分割线的方法，其代码（3-3.html）如下所示。

```
<html>
  <head>
    <title>水平线的插入</title>
  </head>
  <body>
    绘制水平线
    <hr>
   绘制水平线
    <hr width="120%">
   绘制分割字符串的水平线
    <hr width="30%" size="4">
绘制分割字符串的水平线
    <hr width="400" size="30" noshade>
   水平线的不同对齐方式
    <hr align="left" width="400" size="10">
    <hr align="center" width="400" size="10">
    <hr align="right" width="400" size="10">
   </body>
</html>
```

参数介绍如下所示。

- <hr>……</hr>：水平线的插入，在前面标记的参数是水平线的属性。
- width：水平线的宽度，可以设置百分之多少，也可以设置多少像素。
- align：水平线位置的设置，设置 left 表示居左边对齐，设置 center 表示居中对齐，设置 right 表示居右边对齐。

双击打开网页后会看到图 3-7 所示的结果。

2. <p>……</p>段落标记

在段落间可以使用标记<p>……</p>让网页之间形成一行空白，需要注意的是用户可以不写</p>，下面通过代码进行讲解，其代码（3-4.html）如下所示。

```
<html>
  <head>
    <title>我的心跟着希望在动</title>
  </head>
  <body>
    <p>
   我的未来不是梦
    </p>
    <p>
    我的心跟着希望在动
  </body>
</html>
```

执行上述代码后得到图 3-8 所示的结果。

3.1.5　使用表格标记

Java 是动态优秀的设计语言，在许多时候会为浏览者呈现一些数据，而表格是表现数据的最好工具。优秀的 Java 编程设计者是离不开表格标记语言的，接下来将详细介绍表格标记的使用方法。

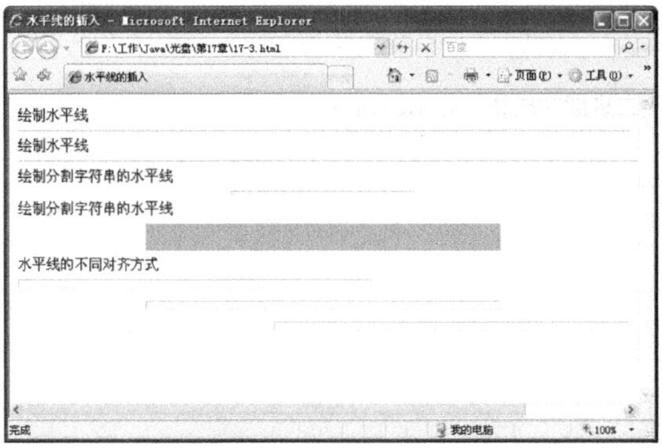

▲图 3-7 水平线的插入

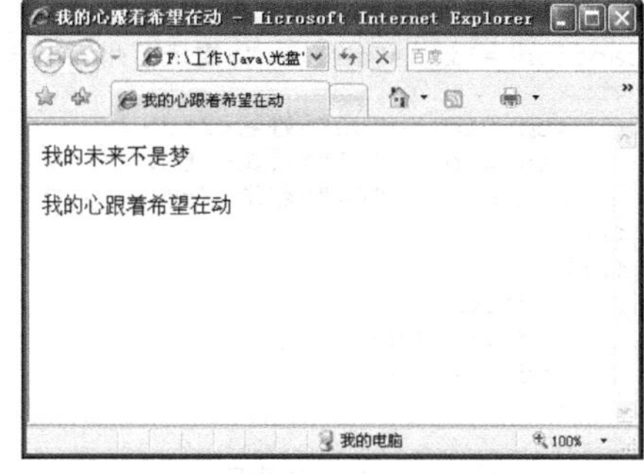

▲图 3-8 段落标记

1. <table>容器标记

表格实际上是一个容器，理解它十分简单。下面通过一段代码进行讲解，其代码（3-5.html）如下所示。

```
<html >
<head>
<title>表格</title>
</head>

<body>
<table width="200" border="1">
  <tr>
      <td width="63">姓名</td>
      <td width="71">语文</td>
      <td width="44">数学</td>
  </tr>
  <tr>
      <td>张三</td>
      <td>78</td>
      <td>65</td>
  </tr>
  <tr>
      <td height="23">李四</td>
      <td>45</td>
      <td>67</td>
  </tr>
</table>
</body>
</html>
```

上述代码中各个表格标记的说明如下所示。

- <table>……</table>：表格区域，开始标签里可以定义表格的属性，这里定义了表格的宽度和表格边框线的粗细。
- <td>……</td>：单元格。
- <tr>……</tr>：表格中的行。

执行上述代码得到图 3-9 所示的结果。

2. 表格标题

我们可以通过<caption>……</caption>标记为表格设置标题，设置方法十分简单，下面通过一段 HTML 进行讲解，其代码（3-6.html）如下所示。

```
<html >
<head>
<title>表格</title>
```

```
</head>
<body>
<table width="400" border="1">
<caption align="center">重庆万州二小一年级二班期末成绩</caption>
  <tr>
      <td width="63">姓名</td>
      <td width="71">语文</td>
      <td width="44">数学</td>
  </tr>
  <tr>
      <td>张三</td>
      <td>78</td>
      <td>65</td>
  </tr>
  <tr>
      <td height="23">李四</td>
      <td>45</td>
      <td>67</td>
  </tr>
</table>
</body>
</html>
```

参数 align 表示水平线的对齐方式，设置 left 表示居左边对齐，设置 center 表示居中对齐，设置 right 表示居右边对齐。

执行上述代码后得到图 3-10 所示的结果。

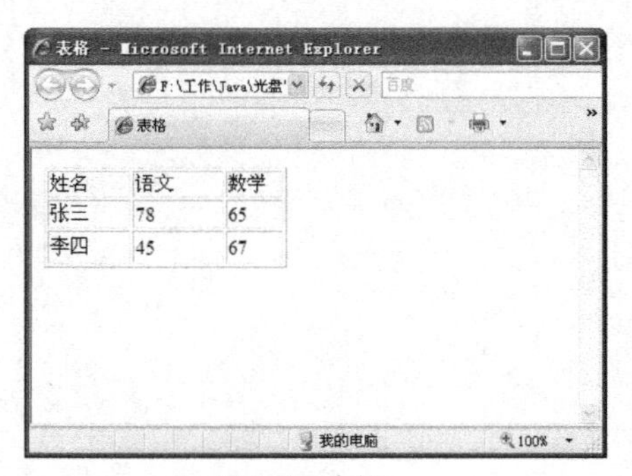

▲图 3-9　表格

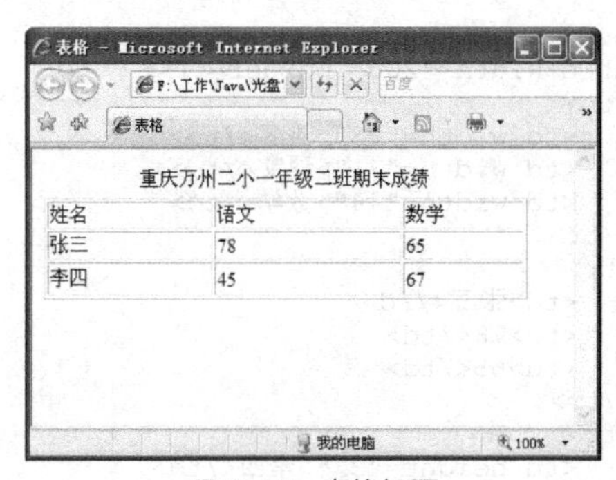

▲图 3-10　表格标题

3. 表格中的标题栏

在前面的学习成绩表里，依然有标题栏，但是它和普通的没有什么区别，在表格里有专门的标题栏标记<th>……</th>，下面通过一段 HTML 代码进行讲解，其代码（3-7.html）如下所示。

```
<html >
<head>
<title>表格</title>
</head>

<body>
<table width="400" border="1">
<caption align="center">重庆万州二小一年级二班期末成绩</caption>
  <tr>
  <tr><th colspan="3">语文和数学成绩</th></tr>
      <th>姓名</th>
      <th>语文</th>
      <th>数学</th>
  </tr>
  <tr>
      <td>张三</td>
      <td>78</td>
      <td>65</td>
  </tr>
```

```
    <tr>
        <td height="23">李四</td>
        <td>45</td>
        <td>67</td>
    </tr>
</table>
</body>
</html>
```

执行上述代码后得到图 3-11 所示结果。

▲图 3-11　表格的标题标签

3.1.6　使用表单标记

在 HTML 中，表单的重要性不言而喻，它是服务器和浏览者交换的窗口，接下来将详细讲解表单控件和表单组件的基本使用方法。

1. 容器 form

在 HTML 中，<form >…</form>表示表单的容器，它建立后才能建立各个组件，下面通过一段 HTML 代码进行讲解，其代码（3-8.html）如下所示。

```
<html >
<head>
<meta http-equiv="Content-Type" content="text/html; charset=utf-8" />
<title>表单容器</title>
</head>
<body>
form 容器
<form id="form1" name="form1" method="post" action="">
</form>
</body>
</html>
```

参数介绍如下所示。

- <form>：表单容器的标记。
- id="form1"：表单的 ID 名称，名称是 form1。
- name="form1"：表单名称。
- method="post"：数据的传送方式。
- action=""：传送页面的设置，可以设置一个 Java 的 Web 页面用来处理这个信息。

执行上述代码后得到图 3-12 所示的结果。

2. 单行文本框

单行文本框是一种常用的组件，下面创建一个单行文本框，其代码（3-9.html）如下所示。

```
<html>
<head>
<meta http-equiv="Content-Type" content="text/html; charset=utf-8" />
<title>文本框</title>
</head>
<body>
<form id="form1" name="form1" method="post" action="">
 请输入你的名字:
   <input type="text" name="textname" id="textname" />
</form>
</body>
</html>
```

文本框的属性参数很多，除了上面代码中所示的，还有 size、value 等，在此不必记住，在后面会讲解如何进行可视化操作，执行上述代码后得到图 3-13 所示的结果。

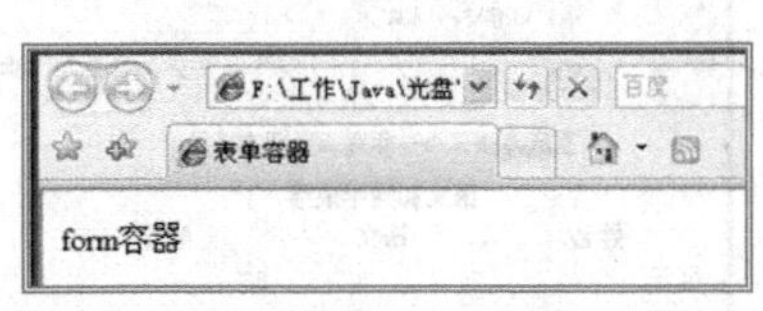

▲图 3-12　表单容器

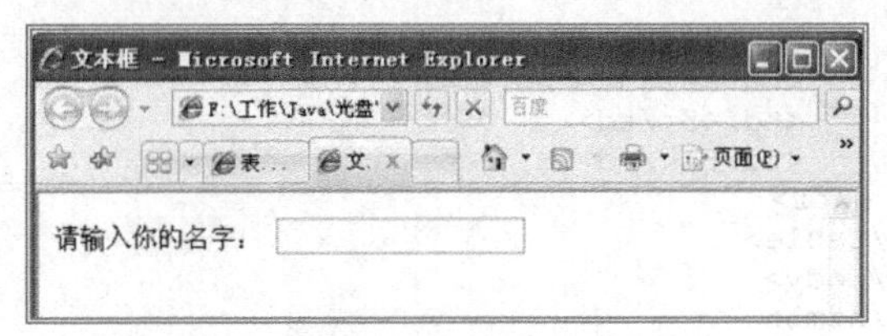

▲图 3-13　单行文本框

3. 密码文本框

密码框也是比较常见的表单元素，下面通过一段代码进行讲解，其代码（3-10.html）如下所示。

```
<html>
<head>
<meta http-equiv="Content-Type" content="text/html; charset=utf-8" />
<title>密码文本框</title>
</head>
<body>
<form id="form1" name="form1" method="post" action="">
 请输入你的名字：
   <input type="text" name="textname" id="textname" />
  请输入的密码：
     <input type="password" name="password" id="password" />
 </form>
</body>
</html>
```

执行上述代码后得到图 3-14 所示的结果。

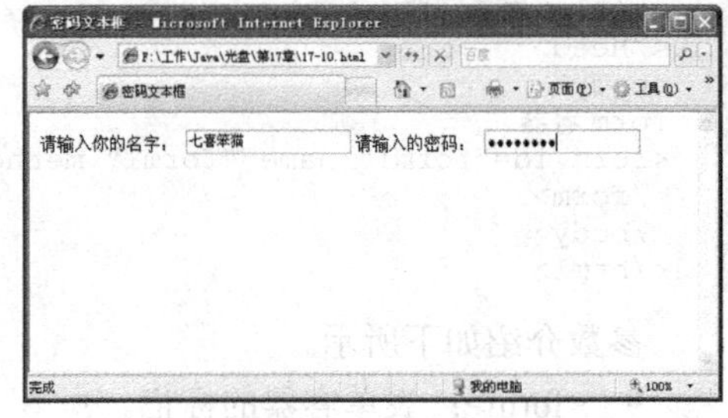

▲图 3-14　密码框

4. 单选按钮

单选按钮只能选择一个，单选按钮是如何实现的呢？下面进行讲解，其代码（3-11.html）如下所示。

```
<html >
<head>
<meta http-equiv="Content-Type" content="text/html; charset=utf-8" />
<title>单选按钮</title>
</head>
<body>
<form id="form1" name="form1" method="post" action="">
  <p>
  <input type="radio" name="radio" id="D1" value="D1" />橘子
    <br />
      <input type="radio" name="radio" id="D2" value="D2" /> 苹果
      <br />
      <input type="radio" name="radio" id="D3" value="D3" />
      栗子
  </form>
</body>
</html>
```

执行上述代码后得到图 3-15 所示的结果。

5. 多行文本框和按钮

多行文本框和按钮在表单中的作用举足轻重，下面通过一个实例进行讲解，其代码（3-13.html）如下所示。

```
<html >
<head>
<meta http-equiv="Content-Type" content="text/html; charset=utf-8" />
<title>单选按钮</title>
</head>
```

```
<body>
<form id="form1" name="form1" method="post" action="">
 <textarea name="Ri" cols="56" rows="10"></textarea>
 <br />
   <input type="submit" name="Tj" id="Tj" value="提交" />
 <input type="reset" name="Tj2" id="Tj2" value="重置" />
</form>
</body>
</html>
```

这段代码创建了多行文本框，以及两个按钮，执行上述代码后得到图 3-16 所示的结果。

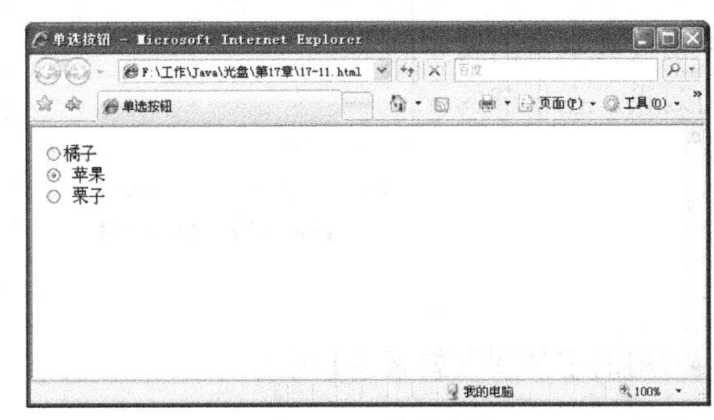

▲图 3-15　单选按钮

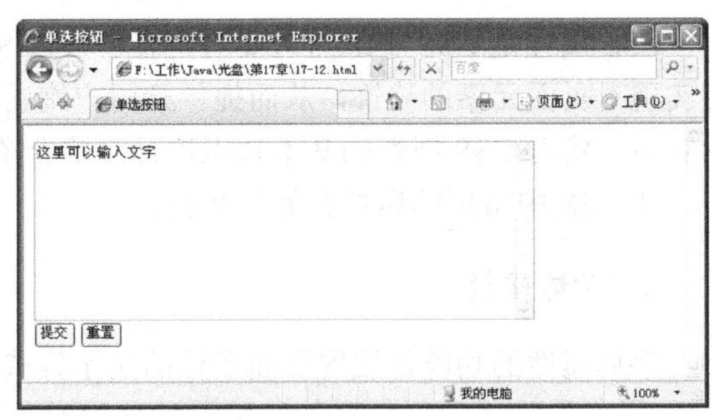

▲图 3-16　多行文本框和按钮

3.2 CSS 技术基础

CSS 技术是 Web 网页技术的重要组成部分，页面通过 CSS 的修饰可以实现用户需要的显示效果。本节将简要介绍 CSS 技术的基本知识，并通过具体的实例来介绍其具体的使用流程，为读者步入本书后面知识的学习打下坚实的基础。

3.2.1　基本语法

因为在现实应用中，经常用到的 CSS 元素是选择符、属性和值，所以在 CSS 的应用语法中其主要应用格式也主要涉及上述 3 种元素。CSS 的基本语法结构如下所示。

```
<style type="text/css">
<!--
 .选择符{属性: 值}
-->
</style>
```

其中，CSS 选择符的种类有多种，并且命名机制也不相同。

题目	目的	源码路径
实例 3-1	演示 CSS 技术的用法	\codes\3\1.html

文件 1.html 的具体实现代码如下所示。

```
<html>
<head>
  <meta http-equiv="Content-Type" content="text/html; charset=utf-8">
  <title>无标题文档</title>
<style type="text/css">                                   <!--设置的样式-->
<!--
.mm {
  font-family: "Times New Roman", Times, serif;          /*设置字体*/
  font-size: 18px;                                       /*设置字体大小*/
  font-weight: bold;                                     /*加粗字体*/
  color: #990000;                                        /*设置颜色*/
}
```

```
-->
</style>
</head>
<body class="mm">                                        <!--文本调用样式-->
我的未来不是梦
</body>
</html>
```

执行后的效果如图 3-17 所示。

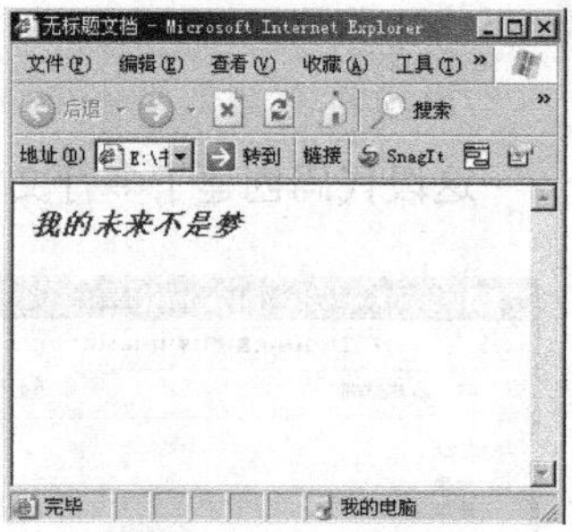

▲图 3-17　执行效果

3.2.2　CSS 属性介绍

CSS 属性是 CSS 中最为重要的内容之一，CSS 通过其本身的属性实现对页面元素的修饰，从而提供给用户绚丽的效果。在本节的内容中，将对 CSS 属性的基本知识进行简要介绍。

在 CSS 中常用的属性有如下几类。

1. 字体属性

字体属性的功能是设置页面字体的显示样式。常用的字体属性如表 3-1 所示。

表 3-1　字体属性列表

属　　性	描　　述
font-family	设置使用什么字体
font-style	设置字体的样式，是否斜体
font-variant	设置字体大小写
font-weight	设置字体的粗细
font-size	设置字体的大小

2. 颜色和背景属性

颜色和背景属性的功能是设置页面元素的颜色和背景颜色。常用的颜色和背景属性如表 3-2 所示。

表 3-2　颜色和背景属性列表

属　　性	描　　述
color	设置元素前景色
background-color	设置元素背景色
background-image	设置背景图案重复方式
background-repeat	设置滚动方式
background-attachmen	设置背景图案的位置
background-position	设置背景图案的初始位置

3. 文本属性

文本属性的功能是设置页面文本的显示效果。常用的文本属性如表 3-3 所示。

4. 块属性

块属性的功能是设置页面内块元素的显示效果。常用的块属性如表 3-4 所示。

表 3-3 文本属性列表

属 性	描 述
text-align	设置文字的对齐
text-indent	设置文本的首行缩进
line-height	设置文本的行高
a:link	设置链接未访问过的状态
a:visited	设置链接访问过的状态
a:hover	设置链接的鼠标激活的状态

表 3-4 块属性列表

属 性	描 述
margin-top	设置顶边距
margin-right	设置右边距
padding-top	设置顶端填充距
padding-right	设置右侧填充距

5. 边框属性

边框属性的功能是设置页面内边框元素的显示效果。常用的边框属性如表 3-5 所示。

表 3-5 边框属性列表

属 性	描 述
border-top-width	设置顶端边框宽度
border-right-width	设置右端边框宽度
width	设置图文混排的宽度属性
height	设置图文混排的高度属性

6. 项目符号和编号属性

项目符号和编号属性的功能是设置页面内项目符号和编号元素的显示效果。常用的项目符号和编号属性如表 3-6 所示。

表 3-6 项目符号和编号属性列表

属 性	描 述
display	设置是否显示符号
white-spac	设置空白部分的处理方式

7. 层属性

层属性的功能是设置页面内层元素的的定位方式。常用的层属性如表 3-7 所示。

表 3-7 层属性列表

属 性	描 述
absolute	设置绝对定位
relative	设置相对定位
static	设置无特殊定位

3.2.3 CSS 编码规范

CSS 编码规范是指在书写 CSS 代码时所必须遵循的格式。按照标准格式书写的 CSS 代码不但会便于读者的阅读，而且有利于程序的维护和调试。在本节内容中，将对 CSS 样式的书写规范的基本知识进行简要介绍。

1. 书写规范

按照 Web 标准的要求，标准的 CSS 书写规范应该包括以下两个方面。

（1）书写顺序

在使用 CSS 时，最好将 CSS 文件单独书写并保存为独立文件，而不是把其书写在 HTML 页面中。这样做的好处是，便于 CSS 样式的统一管理，便于代码的维护。

（2）书写方式

在 CSS 中，虽然在不违反语法格式的前提下使用任何的书写方式都能正确执行。但是还是建议读者在书写每一个属性时，使用换行和缩进来书写。这样做的好处是，使编写的程序一目了然，便于程序的后续维护。

2. 命名规范

命名规范是指 CSS 元素在命名时所要遵循的规则。在网页设计过程中，需要定义大量的选择符来实现页面表现。如果没有好的命名规范会导致页面的混乱或名称的重复，从而造成额外的麻烦。所以说，CSS 在命名时应遵循一定的规范，使页面结构达到最优化。

在 CSS 开发中，通常使用的命名方式是结构化命名方法。它是相对于传统的表现效果命名方式来说的。例如，当文字颜色为红色时，使用 red 来命名；当某页面元素位于页面中间时，使用 center 来命名。这种传统的方式表面看来比较直观和方便，但是这种方法不能达到标准布局所要求的页面结构和效果相分离的要求。所以，结构化命名方式便结合了表现效果的命名方式，实现样式命名。

常用页面元素的命名方法如表 3-8 所示。

表 3-8 常用页面元素的命名

页面元素	名　称	页面元素	名　称
主导航	mainnav	子导航	subnav
页脚	foot	内容	content
头部	header	底部	footer
商标	label	标题	title
顶部导航	topnav	侧栏	sidebar
左侧栏	leftsidebar	右侧栏	rightsidebar
标志	logo	标语	banner
子菜单	submenu	注释	note
容器	container	搜索	search
登录	login	管理	admin

3.3 JavaScript 技术基础

JavaScript 是一种脚本技术，页面通过脚本程序可以实现用户数据的传输和动态交互。

JavaScript 是一种基于对象（Object）和事件驱动（Event Driven）并具有安全性能的脚本语言。其目的是与 HTML 超文本置标语言，也称超文本标记语言、Java 脚本语言（Java 小程序）相互结合，实现 Web 页面中链接多个对象，并与 Web 客户交互的效果，从而实现客户端应用程序的开发。本节将简要介绍 JavaScript 技术的基础知识。

3.3.1 JavaScript 概述

JavaScript 具体使用的语法格式如下所示。

```
<Script Language ="JavaScript">
JavaScript 脚本代码 1
JavaScript 脚本代码 2
……………………
</Script>
```

题目	目的	源码路径
实例 3-2	演示 JavaScript 技术的用法	\codes\3\javascript.html

文件 javascript.html 的具体代码如下所示。

```
<html>
<head>
<Script Language ="JavaScript">
  // JavaScript 开始
  alert("这是第一个 JavaScript 例子!");                    //提示语句
  alert("欢迎你进入 JavaScript 世界!");                    //提示语句
  alert("今后我们将共同学习 JavaScript 知识! ");           //提示语句
</Script>
</head>
</html>
```

在上述实例代码中，“<Script Language="JavaScript"></Script>”之间的部分是 JavaScript 脚本语句。执行后的显示效果如图 3-18 所示。

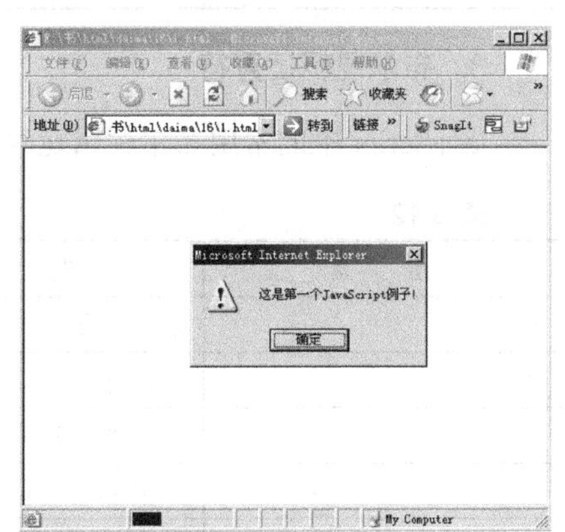

▲图 3-18　显示效果图

3.3.2 JavaScript 运算符

运算符是能够完成某种操作的一系列符号。在 JavaScript 中常用的运算符有如下几种：算术运算符、比较运算符如、逻辑布尔运算符和字串运算。

JavaScript 中的运算符使用方式有双目运算符和单目运算符两种。其中，双目运算符具体使用的语法格式如下所示。

```
操作数 1 运算符 操作数 2
```

由上述格式可以看出，双目运算符由两个操作数和一个运算符组成。例如，50+40 和“This”+“that”等。而单目运算符只需一个操作数，并且其运算符可在前或后。

1. 算术运算符

JavaScript 中的算术运算符有单目运算符和双目运算符两种。JavaScript 中的常用双目运算符如表 3-9 所示。

JavaScript 中的常用单目运算符如表 3-10 所示。

表 3-9　　　　　　　　　　　　　常用双目运算符列表

<table>
<tr><th>元　素</th><th>描　述</th><th>元　素</th><th>描　述</th></tr>
<tr><td>+</td><td>表示加</td><td>–</td><td>表示减</td></tr>
<tr><td>*</td><td>表示乘</td><td>/</td><td>表示除</td></tr>
<tr><td>|</td><td>表示按位或</td><td>&</td><td>表示按位与</td></tr>
<tr><td><<</td><td>表示左移</td><td>>></td><td>表示右移</td></tr>
<tr><td>>>></td><td>表示零填充</td><td>%</td><td>表示取模</td></tr>
</table>

表 3-10　　　　　　　　　　　　　常用单目运算符列表

元　素	描　述	元　素	描　述
–	表示取反	~	表示取补
++	表示递加 1	–	表示递减 1

2. 比较运算符

JavaScript 中的比较运算符的基本操作过程如下：首先对它的操作对象进行比较，然后返回一个 true 或 false 值来表示比较结果。

JavaScript 中的常用比较运算符如表 3-11 所示。

表 3-11　　　　　　　　　　　　　比较运算符列表

元　素	描　述	元　素	描　述
<	表示小于	>	表示大于
<=	表示小于等于	>=	表示大于等于
=	表示等于	!=	表示不等于

3. 布尔逻辑运算符

JavaScript 中的常用布尔逻辑运算符如表 3-12 所示。

表 3-12　　　　　　　　　　　　　布尔逻辑运算符列表

<table>
<tr><th>元　素</th><th>描　述</th><th>元　素</th><th>描　述</th></tr>
<tr><td>!</td><td>表示取反</td><td>&=</td><td>表示取与之后赋值</td></tr>
<tr><td>&</td><td>表示逻辑与</td><td>|=</td><td>表示取或之后赋值</td></tr>
<tr><td>|</td><td>表示逻辑或</td><td>^=</td><td>表示取异或之后赋值</td></tr>
<tr><td>^</td><td>表示逻辑异或</td><td>? :</td><td>表示三目操作符</td></tr>
<tr><td>||</td><td>表示或</td><td>==</td><td>表示等于</td></tr>
<tr><td>|=</td><td>表示不等于</td><td></td><td></td></tr>
</table>

其中，三目操作符具体使用的语法格式如下。

```
操作数? 结果 1 : 结果 2
```

如果操作数的结果为真，则表述式的结果为结果 1，否则为结果 2。

3.3.3　JavaScript 循环语句

JavaScript 程序是由若干语句组成的，循环语句是编写程序的指令。JavaScript 提供了完整的基本编程语句，在本节的内容中，将对常用的 JavaScript 循环语句知识进行简要介绍。

1. if 条件语句

if 条件语句的功能是根据系统用户的输入值做出不同的反应提示。例如，可以编写一段特定程序实现对不同输入文本的反应。if 条件语句具体使用的语法格式如下所示。

```
if（表述式）
语句段 1；
......
else
语句段 2；
......
```

上述格式的具体说明如下所示。

if...else 语句是 JavaScript 中最基本的控制语句，通过它可以改变语句的执行顺序。在其表达式中必须使用关系语句来实现判断，并且是作为一个布尔值来估算的。若 if 后的语句有多行，则必须使用花括号将其括起来。

另外，通过 if 条件语句可以实现条件的嵌套处理。if 语句的嵌套语法格式如下所示。

```
if（布尔值）语句 1；
else（布尔值）语句 2；
else if（布尔值）语句 3；
......
else 语句 4；
```

在上述格式下，每一级的布尔表述式都会被计算。若为真，则执行其相应的语句；若为否，则执行 else 后的语句。

2. for 循环语句

for 循环语句的功能是实现条件循环，当条件成立时执行特定语句集，否则将跳出循环。for 循环语句具体使用的语法格式如下所示。

```
for（初始化；条件；增量）
语句集；
```

其中，“条件”是用于判别循环停止时的条件。若条件满足，则执行循环体，否则将跳出。“增量”用来定义循环控制变量在每次循环时按什么方式变化。3 个主要语句之间，必须使用逗号分隔。

3. while 循环语句

while 循环语句与 for 语句一样，当条件为真时则重复循环，否则将退出循环。while 循环语句具体使用的语法格式如下所示。

```
while（条件）
语句集；
```

4. do...while 循环语句

“do...while” 的中文解释是“执行...当...继续执行”。在“执行（do）”后面跟随命令语句，在“当（while）”跟随一组判断表达式。如果判断表达式的结果为真，则执行后面程序代码。

“do...while” 循环语句具体使用的语法格式如下所示。

```
do {
        <程序语句区>
   }
while(<逻辑判断表达式>)
```

5. break 控制

“break”控制的功能是终止某循环结构的执行，通常将 break 放在某循环语句的后面。其具体使用的语法格式如下所示。

```
循环语句
break
```

例如，下面的一段语句。

```
<script>
a=new array(5,4,3,2,1);                    //数组初始值
sum=0                                       //变量初始值
for(i=0,i<a.length;++i)                     //小于数组长度则变量递增
  {
if (i==3 ) break;                           //变量为 3 则停止
  sum+=a[i]
}
</script>
```

在上述代码中，for 语句在 i 等于 0、1、2、3 时执行。当 i 等于 3 时，if 条件为真，执行 break 语句，使 for 语句立刻终止。所以 for 语句终止时的 sum 值是 12。

6. switch 循环语句

“switch”的中文解释是“切换”，其功能是根据不同的变量值来执行对应的程序代码。如果判断表达式的结果为真，则执行后面程序代码。

“switch”语句具体使用的语法格式如下所示。

```
switch (<变量>) {
    case<特定数值 1>:程序语句区;
                break;
    case<特定数值 2>:程序语句区;
                break;
    ……
    case<特定数值 n>:程序语句区;
                break;
default          :程序语句区;
}
```

其中，default 语句是可以省略的。省略后，当所有的 case 都不符合条件时，便退出 switch 语句。

3.3.4 JavaScript 函数

函数为程序设计人员提供了一个功能强大的处理功能。通常在进行一个复杂的程序设计时，总是根据所要完成的功能，将程序划分为一些相对独立的部分，每部分编写一个函数。从而使各部分充分独立，任务单一，程序清晰，易懂、易读、易维护。JavaScript 函数可以封装那些在程序中可能要多次用到的模块，并可作为事件驱动的结果而调用的程序，从而实现一个函数把它与事件驱动相关联。

在本节内容中，将向读者简要介绍 JavaScript 函数的基本知识，并通过几个简单的实例来介绍其使用方法。

1. 函数的构成

JavaScript 函数由如下部分构成。

- 关键字：function。
- 函数或变量。
- 函数的参数：用小括号“( )”括起来，如果有多个则用逗号“,”分开。

● 函数的内容：通常由一些表达式构成，外面用大括号“{ }”括起来。

● 关键字：return。

其中，参数和 return 不是构成函数的必要条件。

2. JavaScript 常用函数

在 JavaScript 技术中常用的函数有如下几类：

● 编码函数

编码函数即函数 escape()，功能是将字符串中的非文字和数字字符转换成 ASCII 值。

● 译码函数

译码函数即函数 unescape()，和编码函数完全相反，功能是将 ASCII 字符转换成一般数字。

● 求值函数

求值函数即函数 eval()，有两个功能，一是进行字符串的运算处理，二是用来指出操作对象。

● 数值判断函数

数值判断函数即函数 isNan()，功能是判断自变量参数是不是数值。

● 转整数函数

转整数函数即函数 parseInt()，功能是将不同进制的数值转换成以十进制表示的整数值。parseInt()具体使用的语法格式如下所示。

```
parseInt(字符串[,底数])
```

通过上述格式可以将其他进制数值转换成为十进制。如果在执行过程中遇到非法字符，则立即停止执行，并返回已执行处理后的值。

● 转浮点函数

转浮点函数即函数 parseFloat()，功能是将指定字符串转换成浮点数值。如果在执行过程中遇到非法字符，则立即停止执行，并返回已执行处理后的值。

题目	目的	源码路径
实例 3-3	演示求值函数 eval()的基本用法	\codes\3\10.html

实例文件 10.html 的功能是通过函数 eval()计算指定字符串的值，主要代码如下所示。

```
<html>
............................................
<style type="text/css">
<!--
body {
    background-color: #9966CC;                              /*设置背景颜色*/
}
-->
</style>
</head>
<body>
<Script>
  mm=1+2;                                                   //变量初始值
  zz=eval("1+2");                                           //函数赋值
    document.write("1+2=",zz);                              //输出结果
</Script>
</body>
</html>
```

在上述代码中，通过函数 eval()计算出了“1+2”的和，执行后的效果如图 3-19 所示。

JavaScript 有许多小窍门来使编程更加容易。其中之一就是 eval()函数，这个函数可以把一个字符串当作一个 JavaScript 表达式一样去执行它。看下面的代码：

```
var the_unevaled_answer = "2 + 3";
var the_evaled_answer = eval("2 + 3");
alert("the un-evaled answer is " + the_unevaled_answer + " and the evaled answer is "
+ the_evaled_answer);
```

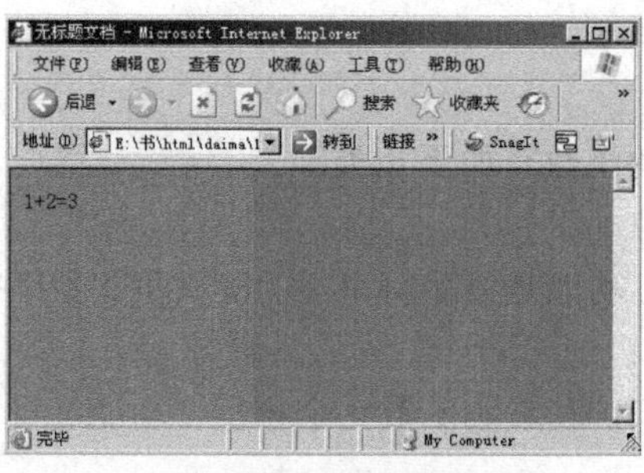

▲图 3-19　显示效果图

运行上述程序，将会看到在 JavaScript 里字符串"2+3"实际上被执行了。所以当把 the_evaled_answer 的值设成 eval("2+3")时，JavaScript 将会明白并把 2 和 3 的和返回给 the_evaled_answer。

这个看起来似乎有点傻，其实可以做出很有趣的事。例如使用 eval 可以根据用户的输入直接创建函数。这可以使程序根据时间或用户输入的不同而使程序本身发生变化，通过举一反三，可以获得惊人的效果。

3.3.5　JavaScript 事件

用户对浏览器内所进行的某种动作称为事件。在 JavaScrip 中，通常鼠标或热键的动作被称为事件（Event），而由鼠标或热键引发的一连串程序的动作，称为事件驱动（Event Driver）。而对事件进行处理的程序或函数，被称为事件处理程序（Event Handler）。在本节的内容中，将对 JavaScript 事件的基本知识进行简要介绍。

1. JavaScript 中的常用事件

在 JavaScript 中有如下几种常用的事件。

- 事件 Abort

事件 Abort 的功能是当对象未完全加载前对其终止。适用于 imge 对象。

- 事件 Blur

事件Blur的功能是将用户的输入焦点从窗口或表单上移开。适用于Window及所有表单子组件。

- 事件 Change

事件 Change 的功能是将用户的组件值进行修改处理。适用于 text、password 和 select。

- 事件 Click

事件 Click 的功能是在某对象上单击一下鼠标左键。适用于 link 及所有表单子组件。

- 事件 DblClick

事件 DblClick 的功能是在某对象上连续双击鼠标。适用于 link 及所有表单子组件。

- 事件 DrogDrop

事件 DrogDrop 的功能是用鼠标左键或对象拖曳至窗口内。适用于 Window 对象。

- 事件 Error

事件 Error 的功能是加载文件或图像时发生错误。适用于 Window 和 imge 对象。

- 事件 Focus

事件 Focus 的功能是将输入焦点或光标放到指定对象内。适用于 Window 及所有表单子组件。

- 事件 KeyDown

事件 KeyDown 的功能是响应用户按下键盘任意按键的一霎那。适用于 image、link 及所有表单子组件。

- 事件 KeyPress

事件 KeyPress 的功能是响应用户按下键盘任意按键后，按键弹起的一霎那。适用于 image、link 及所有表单子组件。

- 事件 Load

事件 Load 的功能是响应浏览器读入该文件时。适用于 document 对象。

- 事件 MouseDown

事件 MouseDown 的功能是响应用户单击鼠标时。适用于 document、link 及所有表单子组件。

- 事件 MouseMove

事件 MouseMove 的功能是响应用户移动鼠标光标时。适用于 document、link 及所有表单子组件。

- 事件 MouseOut

事件 MouseOut 的功能是响应用户将鼠标光标离开某对象时。适用于 document、link 及所有表单子组件。

- 事件 MouseOver

事件 MouseOver 的功能是响应用户将鼠标光标移动到某对象上时。适用于 document、link 及所有表单子组件。

- 事件 MouseUp

事件 MouseUp 的功能是响应用户将鼠标左键放开时。适用于 document、link 及所有表单子组件。

- 事件 Move

事件 Move 的功能是响应用户或程序移动窗口时。适用于 Window 对象。

- 事件 Reset

事件 Reset 的功能是响应用户单击表单中的 Reset 按钮。适用于 form 对象。

- 事件 Resize

事件 Resize 的功能是调整窗口的大小尺寸。适用于 Window 对象。

- 事件 Select

事件 Select 的功能是响应用户选取某对象时。适用于 text、password 和 select。

- 事件 Submit

事件 Submit 的功能是响应用户单击表单中 Submit 按钮时。适用于 form 对象。

- 事件 Unload

事件 Unload 的功能是关闭或退出当前页面。适用于 document 对象。

2. 事件处理程序

事件处理程序是指当一个事件发生后要做什么处理。在前面介绍的 20 多种事件中，每一种都有其专用的事件处理过程的定义方式。例如，事件 Load 的事件处理程序就是 OnLoad；同样，事件 Click 的事件处理程序就是 OnClick。

在现实应用中，通常将处理程序直接嵌入到 HTML 标记内。

题目	目的	源码路径
实例 3-4	演示事件处理程序的基本用法	\codes\3\11.html

实例文件 11.html 的功能是在页面载入时输出提示语句，其主要实现代码如下所示。

```
<html>
.........................................
<style type="text/css">
<!--
body {
 background-color: #9966CC;                              /*设置背景颜色*/
}
-->
</style>
</head>
 <body onLoad='alert("你确定要访问此页吗?里面可能含有非法信息!!")'> //载入提示信息
 </body>
</html>
```

上述实例页面一旦载入便显示提示信息，具体效果如图 3-20 所示。

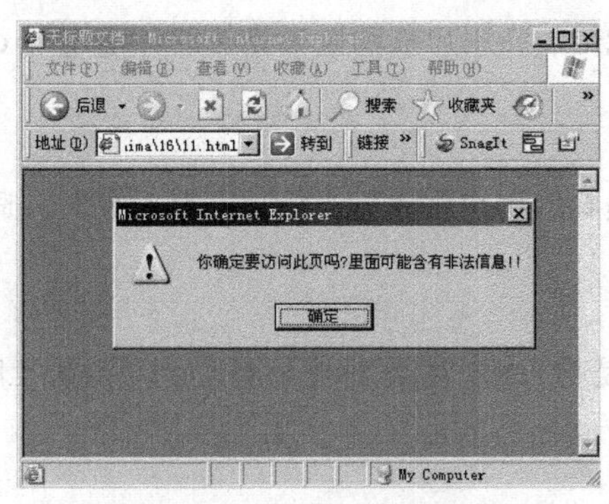

▲图 3-20　显示效果图

事件处理是对象化编程的一个很重要的环节，没有了事件处理，程序就会变得很死，缺乏灵活性。事件处理的过程可以这样表示：发生事件—启动事件处理程序—事件处理程序做出反应。其中，要使事件处理程序能够启动，必须先告诉对象，如果发生了什么事情，要启动什么处理程序，否则这个流程就不能进行下去。事件的处理程序可以是任意 JavaScript 语句，但是一般用特定的自定义函数（function）来处理事情。

有如下 3 种方法可以指定事件处理程序。

（1）直接在 HTML 标记中指定。

（2）编写特定对象特定事件的 JavaScript。这种方法用得比较少，但是在某些场合还是很好用的。

（3）在 JavaScript 中说明。

第 2 篇

网络数据通信篇

第 4 章　HTTP 数据通信
第 5 章　URL 处理数据
第 6 章　处理 XML 数据
第 7 章　下载远程数据
第 8 章　上传数据
第 9 章　使用 Socket 实现数据通信
第 10 章　使用 WebKit 浏览网页数据

第 4 章　HTTP 数据通信

超文本传送协议（HyperText Transfer Protocol，HTTP）是互联网上应用最为广泛的一种网络协议。所有的 WWW 文件都必须遵守该标准。设计 HTTP 最初的目的是为了提供一种发布和接收 HTML 页面的方法。本章将简要介绍在 Android 系统中使用 HTTP 传输数据的方法。

4.1 HTTP 基础

本节将首先简要介绍 HTTP 技术的相关基本理论知识，为读者步入本书后面知识的学习打下基础。

4.1.1　HTTP 概述

HTTP 是一个客户端和服务器端请求和应答的标准。客户端是终端用户，服务器端是网站。通过使用 Web 浏览器、网络爬虫或者其他的工具，客户端发起一个到服务器上指定端口（默认端口为 80）的 HTTP 请求，我们称这个客户端为用户代理（User Agent）。应答的服务器上存储着（一些）资源，如 HTML 文件和图像，我们称这个应答服务器为源服务器（Origin Server）。在用户代理和源服务器中间可能存在多个中间层，如代理网关，或者隧道（Tunnels）。尽管 TCP/IP 协议是互联网上最流行的应用，HTTP 协议并没有规定必须使用它和（基于）它支持的层。事实上，HTTP 可以在任何其他互联网协议上，或者在其他网络上实现。HTTP 只假定（其下层协议提供）可靠的传输，任何能够提供这种保证的协议都可以被其使用。

通常，由 HTTP 客户端发起一个请求，建立一个到服务器指定端口（默认是 80 端口）的 TCP 连接。HTTP 服务器则在那个端口监听客户端发送过来的请求。一旦收到请求，服务器（向客户端）发回一个状态行，如“HTTP/1.1 200 OK”，和（响应的）消息，消息的消息体可能是请求的文件、错误消息、或者其他一些信息。

HTTP 使用 TCP 而不是 UDP 的原因在于（打开）一个网页必须传送很多数据，而 TCP 协议提供传输控制，按顺序组织数据和进行错误纠正。

4.1.2　HTTP 协议的功能

HTTP 是超文本传送协议，是客户端浏览器或其他程序与 Web 服务器之间的应用层通信协议。在 Internet 上的 Web 服务器上存放的都是超文本信息，客户机需要通过 HTTP 协议传输所要访问的超文本信息。HTTP 包含命令和传输信息，不仅可用于 Web 访问，也可以用于其他因特网/内联网应用系统之间的通信，从而实现各类应用资源超媒体访问的集成。

当我们想浏览一个网站的时候，只要在浏览器的地址栏里输入网站的地址就可以了，例如 www.*****.com，但是在浏览器的地址栏里面出现的却是 http://www.******.com，为什么会多出一个“http”呢？

我们在浏览器的地址栏里输入的网站地址叫作 URL（Uniform Resource Locator，统一资源定位符）。就像每家每户都有一个门牌地址一样，每个网页也都有一个 Internet 地址。当用户在浏览器的地址框中输入一个 URL 或是单击一个超级链接时，URL 就确定了要浏览的地址。浏览器通过超文本传送协议（HTTP），将 Web 服务器上站点的网页代码提取出来，并翻译成漂亮的网页。因此，在我们认识 HTTP 之前，有必要先弄清楚 URL 的组成。例如 http://www.******.com/china/index.htm，它的含义如下所示。

（1）http://：代表超文本传送协议，通知******.com 服务器显示 Web 页，通常不用输入；

（2）www：代表一个 Web（万维网）服务器；

（3）******.com/：这是装有网页的服务器的域名，或站点服务器的名称；

（4）china/：为该服务器上的子目录，就好像文件夹；

（5）index.htm：index.htm 是文件夹中的一个 HTML 文件（网页）。

众所周知，Internet 的基本协议是 TCP/IP 协议，然而在 TCP/IP 模型最上层的是应用层（Application Layer），它包含所有高层的协议。高层协议有文件传送协议 FTP、简单邮件传送协议 SMTP、域名系统服务 DNS、网络新闻传送协议 NNTP 和 HTTP 协议等。

HTTP 协议（HyperText Transfer Protocol，超文本传送协议）是用于从 WWW 服务器传输超文本到本地浏览器的传送协议。它可以使浏览器更加高效，使网络传输减少。它不仅保证计算机正确快速地传输超文本文档，还确定传输文档中的哪一部分，以及哪部分内容首先显示（如文本先于图形）等。这就是为什么在浏览器中看到的网页地址都是以“http://”开头的原因。

4.1.3 Android 中的 HTTP

Android 系统提供了以下 3 种通信接口。

- 标准 Java 接口：java.net;
- Apache 接口：org.apache.http;
- Android 网络接口：android.net.http。

网络编程在无线应用程序开发过程中起到了重要的作用。在 Android 系统中包括 Apache HttpClient 库，此库为执行 Android 中的网络操作之首选方法。除此之外，Android 还可允许通过标准的 Java 联网 API（java.net 包）来访问网络。即便使用 java.net 包，也是在内部使用该 Apache 库。

为了访问互联网，需要设置应用程序获取“android.permission.INTERNET”权限的许可。

在 Android 系统中，存在以下与网络连接相关的包。

（1）java.net

提供联网相关的类，包括流和数据报套接字、互联网协议以及通用的 HTTP 处理。此为多用途的联网资源。经验丰富的 Java 开发人员可立即使用此惯用的包来创建应用程序。

（2）java.io

尽管未明确联网，但其仍然非常重要。此包中的各种类通过其他 Java 包中提供的套接字和链接来使用。它们也可用来与本地文件进行交互（与网络进行交互时经常发生）。

（3）java.nio

包含表示具体数据类型的缓冲的各种类。便于基于 Java 语言的两个端点之间的网络通信。

（4）org.apache.*

表示可为进行 HTTP 通信提供精细控制和功能的各种包。可以将 Apache 识别为普通的开源 Web 服务器。

（5）android.net

包括核心 java.net.*类之外的各种附加的网络接入套接字。此包包括 URL 类，其通常在传统联网之外的 Android 应用程序开发中使用。

（6）android.net.http

包含可操作 SSL 证书的各种类。

（7）android.net.wifi

包含可管理 Android 平台中 Wi-Fi（802.11 无线以太网）所有方面的各种类。并非所有的设备均配备有 Wi-Fi 能力，尤其随着 Android 在对制造商（如诺基亚和 LG）手机的翻盖手机研发方面取得了进展。

（8）android.telephony.gsm

包含管理和发送短信（文本）消息所要求的各种类。随着时间的推移，可能将引入一种附加的包，以提供有关非 GSM 网络（如 CDMA 或类似 android.telephony.cdma）的类似功能。

4.2 使用 Apache 接口

因为在 Android 平台中使用的最多的是 Apache 接口，所以本节将详细介绍使用 Apache 接口（org.apache.http）实现和网络连接的基本知识。希望读者结合演示代码来理解每一个知识点，为步入本书后面知识的学习打下基础。

4.2.1 Apache 接口基础

在 Apache HttpClient 库中，以下内容为对网络连接有用的各种包。

- org.apache.http.HttpResponse；
- org.apache.http.client.HttpClient；
- org.apache.http.client.methods.HttpGet；
- org.apache.http.impl.client.DefaultHttpClient；
- HttpClient httpclient=new DefaultHttpClient()。

如果想从服务器检索此信息，则需要使用 HttpGet 类的构造器，例如下面的代码。

```
HttpGet request=new HttpGet("http://innovator.samsungmobile.com");
```

然后用 HttpClient 类的 execute()方法中的 HttpGet 对象来检索 HttpResponse 对象，例如下面的代码。

```
HttpResponse response = client.execute(request);
```

接着读取已检索的响应，例如下面的代码。

```
BufferedReader rd = new BufferedReader
                          (new InputStreamReader(response.getEntity().getContent
()));
    String line = "";
    while ((line = rd.readLine()) != null) {
      Log.d("output: ",line);
    }
```

4.2.2 Apache 应用要点（1）

1. 连网流程

在 Android 系统中，可以采用 HttpPost 和 HttpGet 来封装 Post 请求和 Get 请求，再使用 HttpClient 的 excute 方法发送 Post 或者 Get 请求并返回服务器的响应数据。使用 Apache 连网的基本流程如下所示。

（1）设置连接和读取超时时间，并新建 HttpClient 对象，例如下面的代码。

```
// 设置连接超时时间和数据读取超时时间
HttpParams httpParams = new BasicHttpParams();
HttpConnectionParams.setConnectionTimeout(httpParams,
        KeySource.CONNECTION_TIMEOUT_INT);
HttpConnectionParams.setSoTimeout(httpParams,
        KeySource.SO_TIMEOUT_INT);
//新建 HttpClient 对象
HttpClient httpClient = new DefaultHttpClient(httpParams)
```

（2）实现 Get 请求，例如下面的代码。

```
// 获取请求
HttpGet get = new HttpGet(url);
// set HTTP head parameters
//Map<String, String> headers
if (headers != null)
{
    Set<String> setHead = headers.keySet();
    Iterator<String> iteratorHead = setHead.iterator();
    while (iteratorHead.hasNext())
    {
        String headerName = iteratorHead.next();
        String headerValue = (String) headers.get(headerName);
        MyLog.d(headerName, headerValue);
        get.setHeader(headerName, headerValue);
    }
}
    // connect
    //need try catch
    response = httpClient.execute(get);
```

（3）实现 Post 发送请求处理，例如下面的代码。

```
    HttpPost post = new HttpPost(KeySource.HOST_URL_STR);
    // set HTTP head parameters
    Map<String, String> headers = heads;
    Set<String> setHead = headers.keySet();
    Iterator<String> iteratorHead = setHead.iterator();
    while (iteratorHead.hasNext())
    {
        String headName = iteratorHead.next();
        String headValue = (String) headers.get(headName);
        post.setHeader(headName, headValue);
    }
/**
         * 通常的 HTTP 实体需要在执行上下文的时候动态生成的。
         * HttpClient 的提供使用 EntityTemplate 实体类和 ContentProducer 接口支持动态实体。
         * 内容制作是通过写需求的内容到一个输出流，每次请求的时候都会产生。
         * 因此，通过 EntityTemplate 创建实体通常是独立的，重复性好。
         */
ContentProducer cp = new ContentProducer()
        {
            public void writeTo(OutputStream outstream)
                    throws IOException
            {
                Writer writer = new OutputStreamWriter(outstream,
                        "UTF-8");
                writer.write(requestBody);
                writer.flush();
                writer.close();
            }
        };
        HttpEntity entity = new EntityTemplate(cp);
        post.setEntity(entity);
    }
    //connect , need try catch
    response = httpClient.execute(post);
```

（4）通过 Response 响应请求，例如下面的代码。

```
if (response.getStatusLine().getStatusCode() == 200)
        {
            /**
        * 因为直接调用 toString 可能会导致某些中文字符出现乱码的情况，所以此处使用 toByteArray。
        * 如果需要转成 String 对象，可以先调用 EntityUtils.toByteArray()方法将消息实体转成
        byte 数组，再由 new String(byte[] bArray)转换成字符串。
             */
            byte[] bResultXml = EntityUtils.toByteArray(response
                    .getEntity());
            if (bResultXml != null)
            {
                    String  strXml = new String(bResultXml, "utf-8");
            }
        }
```

这样使用 Apache 实现连网处理数据交互的过程就完成了，无论多么复杂的项目，都需要遵循上面的流程。

2. HttpClient 网络通信

Apache 的核心功能是 HttpClient，和网络有关的功能几乎都需要用 HttpClient 来实现。在 Android 开发中经常会用到网络连接功能与服务器进行数据的交互，为此 Android 的 SDK 提供了 Apache 的 HttpClient 来方便我们使用各种 HTTP 服务。可以把 HttpClient 想象成一个浏览器，通过它的 API 我们可以很方便地发出 Get 请求和 Post 请求。

例如只需要以下几行代码就能发出一个简单的 Get 请求并打印响应结果。

```
try {
        // 创建一个默认的 HttpClient
        HttpClient httpclient = new DefaultHttpClient();
        // 创建一个 Get 请求
        HttpGet request = new HttpGet("www.google.com");
        // 发送 Get 请求，并将响应内容转换成字符串
        String response = httpclient.execute(request, new BasicResponseHandler());
        Log.v("response text", response);
    } catch (ClientProtocolException e) {
        e.printStackTrace();
    } catch (IOException e) {
        e.printStackTrace();
    }
```

肯定有读者禁不住要问为什么上述代码要使用单例 HttpClient 呢？这只是一段演示代码，实际的项目中的请求与响应处理会复杂一些，并且还要考虑到代码的容错性，但是这并不是本篇的重点。读者重点注意代码的第三行：

```
HttpClient httpclient = new DefaultHttpClient();
```

在发出 HTTP 请求前先创建了一个 HttpClient 对象，而在实际项目中，很可能在多处需要进行 HTTP 通信，这时候我们不需要为每个请求都创建一个新的 HttpClient。因为之前已经提到，HttpClient 就像一个小型的浏览器，对于整个应用，我们只需要一个 HttpClient 就够了。由此可以得出，使用简单的单例就可以实现，例如下面的代码。

```
public class CustomerHttpClient {
    private static HttpClient customerHttpClient;
    private CustomerHttpClient() {
    }

    public static HttpClient getHttpClient() {
        if(null == customerHttpClient) {
            customerHttpClient = new DefaultHttpClient();
```

```
        }
        return customerHttpClient;
    }
}
```

但是如果同时有多个请求需要处理呢？答案是使用多线程。假如现在应用程序使用同一个 HttpClient 来管理所有的 Http 请求，一旦出现并发请求，那么一定会出现多线程的问题。这就好像我们的浏览器只有一个标签页却有多个用户，A 要上 google，B 要上 baidu，这时浏览器就会忙不过来了。幸运的是，HttpClient 提供了创建线程安全对象的 API，帮助我们能很快地得到线程安全的“浏览器”。例如下面的代码很好地解决了多线程问题。

```
public class CustomerHttpClient {
    private static final String CHARSET = HTTP.UTF_8;
    private static HttpClient customerHttpClient;
    private CustomerHttpClient() {
    }
    public static synchronized HttpClient getHttpClient() {
        if (null == customerHttpClient) {
            HttpParams params = new BasicHttpParams();
            // 设置一些基本参数
            HttpProtocolParams.setVersion(params, HttpVersion.HTTP_1_1);
            HttpProtocolParams.setContentCharset(params,
                    CHARSET);
            HttpProtocolParams.setUseExpectContinue(params, true);
            HttpProtocolParams
                    .setUserAgent(
                            params,
                            "Mozilla/5.0(Linux;U;Android 2.2.1;en-us;Nexus One Build.FRG83)"
                            + "AppleWebKit/553.1(KHTML,like Gecko) Version/4.0 Mobile
                            Safari/533.1");
            // 超时设置
            /* 从连接池中取连接的超时时间 */
            ConnManagerParams.setTimeout(params, 1000);
            /* 连接超时 */
            HttpConnectionParams.setConnectionTimeout(params, 2000);
            /* 请求超时 */
            HttpConnectionParams.setSoTimeout(params, 4000);
            // 设置 HttpClient 支持 HTTP 和 HTTPS 两种模式
            SchemeRegistry schReg = new SchemeRegistry();
            schReg.register(new Scheme("http", PlainSocketFactory
                    .getSocketFactory(), 80));
            schReg.register(new Scheme("https", SSLSocketFactory
                    .getSocketFactory(), 443));
            // 使用线程安全的连接管理来创建 HttpClient
            ClientConnectionManager conMgr = new ThreadSafeClientConnManager(
                    params, schReg);
            customerHttpClient = new DefaultHttpClient(conMgr, params);
        }
        return customerHttpClient;
    }
}
```

在上面的代码中，通过 getHttpClient()方法为 HttpClient 配置了一些基本参数和超时设置，然后使用 ThreadSafeClientConnManager 来创建线程安全的 HttpClient。

执行上述代码后，可以在手机浏览器中查看输入网址网页的 HTML 代码，如图 4-1 所示。

4.2.3 Apache 应用要点（2）

Apache 中的 HttpClient 是一个完善的 HTTP 客户端，它提供了对 HTTP 协议的全面支持，可以使用 HTTP GET 和 POST 进行访问。下面我们就结合实例，介绍一下 HttpClient 的使用方法。

（1）新建一个 http 项目，项目结构如图 4-2 所示。

▲图 4-1　执行效果

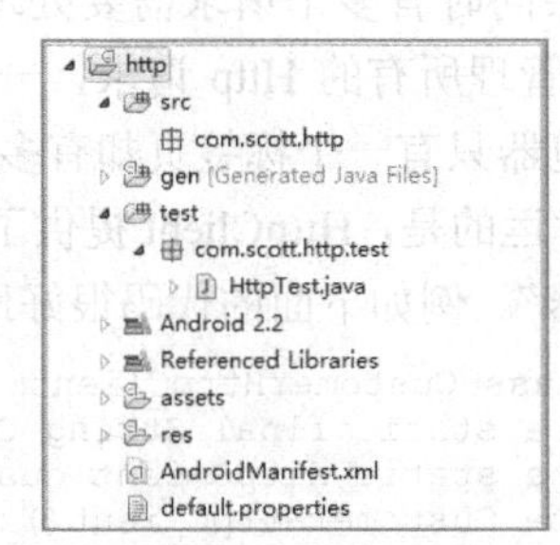

▲图 4-2　项目结构

在这个项目中不需要任何的 Activity，所有的操作都在单元测试类 HttpTest.java 中完成。

（2）因为使用到了单元测试，所以在这里先介绍一下如何配置 Android 中的单元测试。所有配置信息均在 AndroidManifest.xml 中完成，具体代码如下所示。

```
<?xml version="1.0" encoding="utf-8"?>
<manifest xmlns:android="http://schemas.android.com/apk/res/android"
      package="com.scott.http"
      android:versionCode="1"
      android:versionName="1.0">
   <application android:icon="@drawable/icon" android:label="@string/app_name">
      <!-- 配置测试要使用的类库 -->
      <uses-library android:name="android.test.runner"/>
   </application>
   <!-- 配置测试设备的主类和目标包 -->
   <instrumentation android:name="android.test.InstrumentationTestRunner"
                android:targetPackage="com.scott.http"/>
   <!-- 访问 HTTP 服务所需的网络权限 -->
   <uses-permission android:name="android.permission.INTERNET"/>
   <uses-sdk android:minSdkVersion="8" />
</manifest>
```

我们的单元测试类需要继承于 android.test.AndroidTestCase 类，此类继承于 junit.framework.TestCase，并提供了 getContext()方法来获取 Android 上下文环境。

（3）编写测试文件 HttpTest.java，具体代码如下所示。

```
package com.scot.http.test;

import java.io.ByteArrayOutputStream;
import java.io.InputStream;
import java.util.ArrayList;
import java.util.List;

import junit.framework.Assert;

import org.apache.http.HttpEntity;
import org.apache.http.HttpResponse;
import org.apache.http.HttpStatus;
import org.apache.http.NameValuePair;
import org.apache.http.client.HttpClient;
import org.apache.http.client.entity.UrlEncodedFormEntity;
import org.apache.http.client.methods.HttpGet;
import org.apache.http.client.methods.HttpPost;
import org.apache.http.entity.mime.MultipartEntity;
import org.apache.http.entity.mime.content.InputStreamBody;
import org.apache.http.entity.mime.content.StringBody;
import org.apache.http.impl.client.DefaultHttpClient;
import org.apache.http.message.BasicNameValuePair;
```

```
import android.test.AndroidTestCase;
public class HttpTest extends AndroidTestCase {
    private static final String PATH = "http://192.168.1.57:8080/web";

    public void testGet() throws Exception {
        HttpClient client = new DefaultHttpClient();
        HttpGet get = new HttpGet(PATH + "/TestServlet?id=1001&name=john&age=60");
        HttpResponse response = client.execute(get);
        if (response.getStatusLine().getStatusCode() == HttpStatus.SC_OK) {
        InputStream is = response.getEntity().getContent();
        String result = inStream2String(is);
        Assert.assertEquals(result, "GET_SUCCESS");
        }
    }

    public void testPost() throws Exception {
        HttpClient client = new DefaultHttpClient();
        HttpPost post = new HttpPost(PATH + "/TestServlet");
        List<NameValuePair> params = new ArrayList<NameValuePair>();
        params.add(new BasicNameValuePair("id", "1001"));
        params.add(new BasicNameValuePair("name", "john"));
        params.add(new BasicNameValuePair("age", "60"));
        HttpEntity formEntity = new UrlEncodedFormEntity(params);
        post.setEntity(formEntity);
        HttpResponse response = client.execute(post);
        if (response.getStatusLine().getStatusCode() == HttpStatus.SC_OK) {
        InputStream is = response.getEntity().getContent();
        String result = inStream2String(is);
        Assert.assertEquals(result, "POST_SUCCESS");
        }
    }

    public void testUpload() throws Exception {
        InputStream is = getContext().getAssets().open("books.xml");
        HttpClient client = new DefaultHttpClient();
        HttpPost post = new HttpPost(PATH + "/UploadServlet");
        InputStreamBody isb = new InputStreamBody(is, "books.xml");
        MultipartEntity multipartEntity = new MultipartEntity();
        multipartEntity.addPart("file", isb);
        multipartEntity.addPart("desc", new StringBody("this is description."));
        post.setEntity(multipartEntity);
        HttpResponse response = client.execute(post);
        if (response.getStatusLine().getStatusCode() == HttpStatus.SC_OK) {
        is = response.getEntity().getContent();
        String result = inStream2String(is);
        Assert.assertEquals(result, "UPLOAD_SUCCESS");
        }
    }

    //将输入流转换成字符串
    private String inStream2String(InputStream is) throws Exception {
        ByteArrayOutputStream baos = new ByteArrayOutputStream();
        byte[] buf = new byte[1024];
        int len = -1;
        while ((len = is.read(buf)) != -1) {
            baos.write(buf, 0, len);
        }
        return new String(baos.toByteArray());
    }
}
```

在上述代码中包含了 3 个测试用例。首先，在定位服务器地址时使用到了 IP，因为这里不能用 localhost，服务端是在 Windows 上运行，而本单元测试运行在 Android 平台，如果使用 Localhost 就意味着在 Android 内部去访问服务，可能是访问不到的，所以必须用 IP 来定位服务。

- testGet 测试

使用 HttpGet 将请求参数直接附在 URL 后面，然后由 HttpClient 执行 Get 请求，如果响应成功则取得响应内如输入流，并转换成字符串，最后判断是否为 GET_SUCCESS。testGet 测试对应的服务端 Servlet 代码如下所示。

```
@Override
    protected void doGet(HttpServletRequest request, HttpServletResponse response)
throws ServletException, IOException {
        System.out.println("doGet method is called.");
        String id = request.getParameter("id");
        String name = request.getParameter("name");
        String age = request.getParameter("age");
        System.out.println("id:" + id + ", name:" + name + ", age:" + age);
        response.getWriter().write("GET_SUCCESS");
    }
```

- testPost 测试

在此使用 HttpPost，URL 后面并没有附带参数信息，参数信息被包装成一个由 NameValuePair 类型组成的集合的形式，然后经过 UrlEncodedFormEntity 处理后调用 HttpPost 的 setEntity 方法进行参数设置，最后由 HttpClient 执行。testPost 测试对应的服务端代码如下所示。

```
@Override
    protected void doPost(HttpServletRequest request, HttpServletResponse response)
throws ServletException, IOException {
        System.out.println("doPost method is called.");
        String id = request.getParameter("id");
        String name = request.getParameter("name");
        String age = request.getParameter("age");
        System.out.println("id:" + id + ", name:" + name + ", age:" + age);
        response.getWriter().write("POST_SUCCESS");
    }
```

上面的两段代码是最基本的 Get 请求和 Post 请求，参数都是文本数据类型，能满足普通的需求，不过在有的场合，例如要用到上传文件的时候，就不能使用基本的 Get 请求和 Post 请求了，我们要使用多部件的 Post 请求。下面介绍一下如何使用多部件 Post 操作上传一个文件到服务端。

因为 Android 附带的 HttpClient 版本暂不支持多部件 Post 请求，所以我们需要用到一个 HttpMime 开源项目，该组件是专门处理与 MIME 类型有关的操作。因为 HttpMime 是包含在 HttpComponents 项目中的，所以我们需要去 Apache 官方网站下载 HttpComponents，然后把其中的 HttpMime.jar 包放到项目中去，如图 4-3 所示。

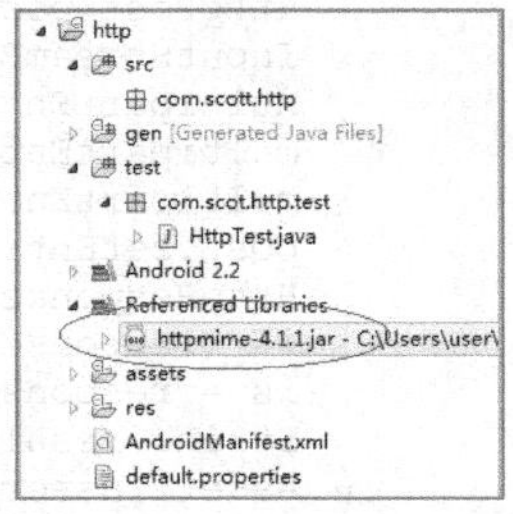

▲图 4-3　添加 HttpMime.jar 包

- testUpload 测试

看一下 testUpload 中的测试用例，我们用 HttpMime 提供的 InputStreamBody 处理文件流参数，用 StringBody 处理普通文本参数，最后把所有类型参数都加入到一个 MultipartEntity 的实例中，并将这个 multipartEntity 设置为此次 Post 请求的参数实体，然后执行 Post 请求。服务端 Servlet 代码如下所示。

```
package com.scott.web.servlet;

import java.io.FileOutputStream;
import java.io.IOException;
import java.util.Iterator;
import java.util.List;

import javax.servlet.ServletException;
import javax.servlet.http.HttpServlet;
import javax.servlet.http.HttpServletRequest;
```

```
import javax.servlet.http.HttpServletResponse;

import org.apache.commons.fileupload.FileItem;
import org.apache.commons.fileupload.FileItemFactory;
import org.apache.commons.fileupload.FileUploadException;
import org.apache.commons.fileupload.disk.DiskFileItemFactory;
import org.apache.commons.fileupload.servlet.ServletFileUpload;

@SuppressWarnings("serial")
public class UploadServlet extends HttpServlet {

    @Override
    @SuppressWarnings("rawtypes")
    protected void doPost(HttpServletRequest request, HttpServletResponse response)
throws ServletException, IOException {
        boolean isMultipart = ServletFileUpload.isMultipartContent(request);
        if (isMultipart) {
            FileItemFactory factory = new DiskFileItemFactory();
            ServletFileUpload upload = new ServletFileUpload(factory);
            try {
                List items = upload.parseRequest(request);
                Iterator iter = items.iterator();
                while (iter.hasNext()) {
                    FileItem item = (FileItem) iter.next();
                    if (item.isFormField()) {
                        //普通文本信息处理
                        String paramName = item.getFieldName();
                        String paramValue = item.getString();
                        System.out.println(paramName + ":" + paramValue);
                    } else {
                        //上传文件信息处理
                        String fileName = item.getName();
                        byte[] data = item.get();
                        String filePath = getServletContext().getRealPath("/files") + "/"
                        + fileName;
                        FileOutputStream fos = new FileOutputStream(filePath);
                        fos.write(data);
                        fos.close();
                    }
                }
            } catch (FileUploadException e) {
                e.printStackTrace();
            }
        }
        response.getWriter().write("UPLOAD_SUCCESS");
    }
}
```

这样在服务端成功地使用 Apache 开源项目 FileUpload 实现了文件上传处理，在使用时一定不要忘记附加 commons-fileupload 和 commons-io 这两个项目的 jar 包，对服务端开发不太熟悉的读者可以到网上查找一下相关资料。

介绍完上面的 3 种不同的情况之后还需要考虑一个问题，在实际项目中我们不可能每次都新建 HttpClient，而是应该只为整个应用创建一个 HttpClient，这样就可以将其用于所有 HTTP 通信。另外还需要注意在通过一个 HttpClient 同时发出多个请求时可能会引发多线程问题。针对上述两个问题，我们需要优化处理上述项目，优化处理过程如下所示。

（1）扩展系统默认的 Application，并将其应用在项目中。

（2）使用 HttpClient 类库提供的 ThreadSafeClientManager 来创建和管理 HttpClient。优化处理后的工程文件结构如图 4-4 所示。

http
src
com.scott.http
HttpActivity.java
MyApplication.java
gen [Generated Java Files]
test
Android 2.2
Referenced Libraries
assets
res
AndroidManifest.xml
default.properties

▲图 4-4　工程文件结构

（3）在文件 MyApplication.java 中扩展了系统的 Application，具体代码如下所示。

```
package com.scott.http;

import org.apache.http.HttpVersion;
import org.apache.http.client.HttpClient;
import org.apache.http.conn.ClientConnectionManager;
import org.apache.http.conn.scheme.PlainSocketFactory;
import org.apache.http.conn.scheme.Scheme;
import org.apache.http.conn.scheme.SchemeRegistry;
import org.apache.http.conn.ssl.SSLSocketFactory;
import org.apache.http.impl.client.DefaultHttpClient;
import org.apache.http.impl.conn.tsccm.ThreadSafeClientConnManager;
import org.apache.http.params.BasicHttpParams;
import org.apache.http.params.HttpParams;
import org.apache.http.params.HttpProtocolParams;
import org.apache.http.protocol.HTTP;

import android.app.Application;

public class MyApplication extends Application {

    private HttpClient httpClient;

    @Override
    public void onCreate() {
        super.onCreate();
        httpClient = this.createHttpClient();
    }

    @Override
    public void onLowMemory() {
        super.onLowMemory();
        this.shutdownHttpClient();
    }

    @Override
    public void onTerminate() {
        super.onTerminate();
        this.shutdownHttpClient();
    }

    //创建 HttpClient 实例
    private HttpClient createHttpClient() {
        HttpParams params = new BasicHttpParams();
        HttpProtocolParams.setVersion(params, HttpVersion.HTTP_1_1);
        HttpProtocolParams.setContentCharset(params, HTTP.DEFAULT_CONTENT_CHARSET);
        HttpProtocolParams.setUseExpectContinue(params, true);

        SchemeRegistry schReg = new SchemeRegistry();
        schReg.register(new Scheme("http", PlainSocketFactory.getSocketFactory(), 80));
        schReg.register(new Scheme("https", SSLSocketFactory.getSocketFactory(), 443));

        ClientConnectionManager connMgr = new ThreadSafeClientConnManager(params, schReg);

        return new DefaultHttpClient(connMgr, params);
    }
    //关闭连接管理器并释放资源
    private void shutdownHttpClient() {
        if (httpClient != null && httpClient.getConnectionManager() != null) {
            httpClient.getConnectionManager().shutdown();
        }
    }

    //对外提供 HttpClient 实例
    public HttpClient getHttpClient() {
        return httpClient;
    }
}
```

在上述代码中重写了 onCreate()方法，在系统启动时就创建一个 HttpClient；重写了 onLowMemory()和 onTerminate()方法，在内存不足和应用结束时关闭连接，释放资源。需要注意的是，当实例化 DefaultHttpClient 时，传入一个由 ThreadSafeClientConnManager 创建的一个 ClientConnectionManager 实例，负责管理 HttpClient 的 HTTP 连接。

（4）在文件 AndroidManifest.xml 中进行如下配置，目的是让“优化”版的“Application”生效。

```
<application  android:name=".MyApplication" ...>
...
</application>
```

如果不进行上述配置，系统依旧会默认使用 android.app.Application。在添加上述配置后，系统就会使用前面编写的 com.scott.http.MyApplication，然后就可以在 context 中调用 getApplication()来获取 MyApplication 实例。

（5）经过上面的“优化”处理配置，接下来就可以在活动中应用了。编写的文件 HttpActivity.java 的实现代码如下所示。

```
package com.scott.http;

import java.io.ByteArrayOutputStream;
import java.io.InputStream;

import org.apache.http.HttpResponse;
import org.apache.http.HttpStatus;
import org.apache.http.client.HttpClient;
import org.apache.http.client.methods.HttpGet;

import android.app.Activity;
import android.os.Bundle;
import android.view.View;
import android.widget.Button;
import android.widget.Toast;

public class HttpActivity extends Activity {
    @Override
    protected void onCreate(Bundle savedInstanceState) {
        super.onCreate(savedInstanceState);
        setContentView(R.layout.main);
        Button btn = (Button) findViewById(R.id.btn);
        btn.setOnClickListener(new View.OnClickListener() {
            @Override
            public void onClick(View v) {
                execute();
            }
        });

    }

    private void execute() {
        try {
            MyApplication app = (MyApplication) this.getApplication();
            //获取 MyApplication 实例
            HttpClient client = app.getHttpClient();    //获取 HttpClient 实例
            HttpGet get = new HttpGet("http://192.168.1.57:8080/web/TestServlet?id=
            1001&name=john&age=60");
            HttpResponse response = client.execute(get);
            if (response.getStatusLine().getStatusCode() == HttpStatus.SC_OK) {
                InputStream is = response.getEntity().getContent();
                String result = inStream2String(is);
                Toast.makeText(this, result, Toast.LENGTH_LONG).show();
            }
        } catch (Exception e) {
            e.printStackTrace();
        }
    }
```

```
    //将输入流转换成字符串
    private String inStream2String(InputStream is) throws Exception {
        ByteArrayOutputStream baos = new ByteArrayOutputStream();
        byte[] buf = new byte[1024];
        int len = -1;
        while ((len = is.read(buf)) != -1) {
            baos.write(buf, 0, len);
        }
        return new String(baos.toByteArray());
    }
}
```

此时执行后在手机屏幕中单击【execute】按钮后会显示GET_SUCCESS的提示，如图4-5所示。

▲图4-5 执行效果

4.3 使用标准的Java接口

本节将带领广大读者漫游java.net包，按照网络方面的知识来逐步学习Android中的Java网络编程，并介绍一些小例子，以加深大家对各个知识点的理解。

4.3.1 IP地址

IP地址是给每个连接在Internet上的主机分配的一个32bit地址。java.net中处理IP地址的类是InetAddress，其结构如图4-6所示。

下面的一段代码演示了InetAddress的具体用法。

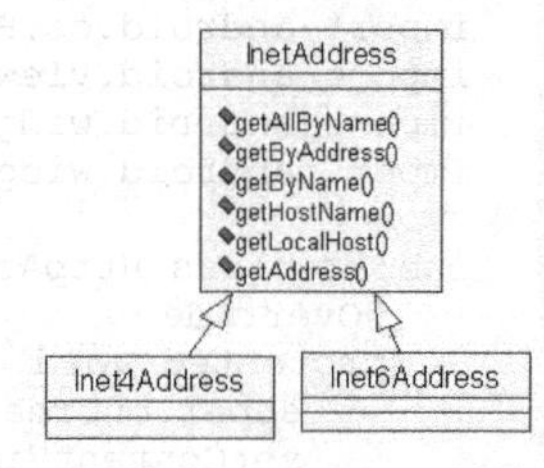

▲图4-6 InetAddress结构

```
String GetHostAddress (String strHostName)
{
InetAddress address = null;
try
{
address = InetAddress.getByName (strHostName);
}
catch(UnknownHostException e)
{
System.out.println(e.getMessage());
}
return InetAddress.getHostAddress () ;
}

void GetAllIP (String strHostName)
{
InetAddress[] add = null;
try
{
add = InetAddress.getAllByName (strHostName);
for(int i=0;i<addr.lenth;i++)
System.out.println(addr[i]);
}
catch(UnknownHostException e)
{
System.out.println(e.getMessage());
}
}
```

上述代码非常简单，但是有一点必须说明的是，在写网络编程方面的代码时，必须注意异常的捕获，网络异常是比较正常的现象，比如说当前网络繁忙，网络连接超时更是“家常便饭”。因此在写网络编程的代码时，必须养成捕获异常的好习惯，查看完函数说明后，必须要注意网络异常的说明。特别注意，在使用 getByAddress ()函数的时候必须捕获 UnknownHostException 这个异常。

4.3.2 URL 地址

在 Java 中直接提供了类 URL 来处理和 URL 相关的知识，如图 4-7 所示。

下面是一段使用 URL 类的演示代码。

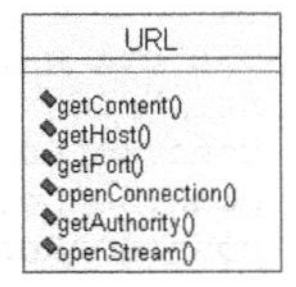

▲图 4-7 URL 结构

```
Void EasyURL (String strURL)
{
URL url = new URL(strURL);
try
{
InputStream html = url.openStream ();
int c;
do{
c= html.read();
cf(c!=-1) System.out.println((char)c);
}while(c!=-1)
}
catch(IOException e)
{
System.out.println(e.getMessage());
}
}
```

4.3.3 套接字 Socket 类

套接字 Socket 类的基本结构如图 4-8 所示。

套接字通信的基本思想比较简单，客户端建立一个到服务器的链接，一旦连接建立了，客户端就可以往套接字里写入数据，并向服务器发送数据；反过来，服务器读取客户端写入套接字里的数据。几乎就那样简单，也许细节会复杂些，但是基本思想就这么简单。看下面一段使用 Socket 类的代码。

Socket
bind()
close()
connect()
getInputStream()
getInetAddress()
getOutputStream()

▲图 4-8 Socket 结构

```
void WebPing (String strURL)
{
try
{
InetAddress addr;
Socket sock = new Socket(strURL,80);
Addr = sock.getInetAddress ();
System.out.println("Connceted to"+addr);
Sock.close();
}
catch(IOException e)
{
System.out.println(e.getMessage());
}
}
```

如果使用本地主机（localhost）来测试这个程序，则输出如下结果。

```
Connceted to localhost/127.0.0.1
```

其中 InetAddress.toString()的隐含调用（println 调用）自动输出主机名和 IP 地址。另外还有其他套接字，例如 DatagramSocket（通过 UDP 通信的套接字）、MulticastSocket（一种用于多点传送的套接字）以及 ServerSocket（一种用于监听来自客户端的连接的套接字），这里就不再一一说明了。

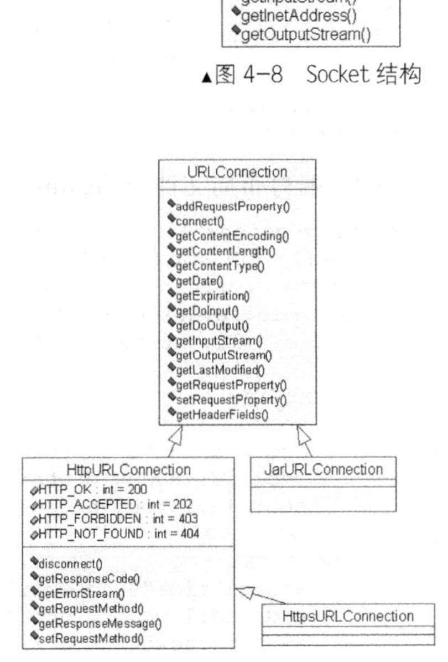

▲图 4-9 URLConncetion 结构

4.3.4 URLConncetion 类

一般情况下，URL 类就可以满足我们的项目需求，但是在一些特殊情况下，如 HTTP 数据头的传递，这个时候我们就得使用 URLConncetion，其结构如图 4-9 所示。

使用 URLConncetion 后，我们对网络的控制就增加了很多，例如下面的代码。

```
void SendRequest (String strURL)
{
URL url = URL(strURL);
HttpURLConnection conn = (HttpURLConnection)url.openConnection ();
conn.setDoInput (true);
conn.setDoOutput (true);
conn.setRequestProperty ("Content-type","application/xxx");
conn.connect ();
System.out.println(Conn.getResponseMessage ());
InputMessage is = Conn.getIputStream();
int c;
do{
c = is.read();
if(c!=-1) System.out.println((char)c);
}while(c!=-1)
}
```

4.3.5　在 Android 中使用 java.net

接下来我们将通过具体代码来演示在 Android 中使用 java.net 的基本流程。

（1）在文件 AndroidManifest.xml 中添加“android.permission.INTERNET”许可，这样才可以允许应用程序访问网络。具体代码如下所示。

```
<?xml version="1.0" encoding="utf-8"?>
<manifest xmlns:android="http://schemas.android.com/apk/res/android"
   package="com.net"
   android:versionCode="1"
   android:versionName="1.0">
  <uses-sdk android:minSdkVersion="8" />
  <uses-permission android:name="android.permission.INTERNET"></uses-permission>
    <application android:icon="@drawable/icon" android:label="@string/app_name">
     <activity android:name=".NetworkingProject" android:label="@string/app_name">
          <intent-filter>
              <action android:name="android.intent.action.MAIN" />
              <category android:name="android.intent.category.LAUNCHER" />
          </intent-filter>
      </activity>
    </application>
</manifest>
```

（2）编写布局文件 main.xml，主要代码如下所示。

```
<?xml version="1.0" encoding="utf-8"?>
<LinearLayout xmlns:android="http://schemas.android.com/apk/res/android"
    android:orientation="vertical"
    android:layout_width="fill_parent"
    android:layout_height="fill_parent"
    >
    <TextView
        android:text="Enter URL"
        android:id="@+id/textView1"
        android:layout_width="wrap_content"
        android:layout_height="wrap_content">
    </TextView>
    <EditText
        android:id="@+id/editText1"
        android:layout_width="match_parent"
        android:text="http://innovator.samsungmobile.com"
        android:layout_height="wrap_content">
    </EditText>
```

```
    <Button
        android:text="Click Here"
        android:id="@+id/button1"
        android:layout_width="wrap_content"
        android:layout_height="wrap_content">
     </Button>
    <EditText
        android:id="@+id/editText2"
        android:layout_width="match_parent"
        android:layout_height="fill_parent">
    </EditText>
</LinearLayout>
```

（3）编写主程序文件 NetworkingProject.java，功能也是创建一个可以查看网页 HTML 代码的 java 程序。具体代码如下所示。

```
package com.net;
import java.io.BufferedReader;
import java.io.InputStreamReader;
import java.net.URL;
import java.net.URLConnection;
import android.app.Activity;
import android.os.Bundle;
import android.view.View;
import android.view.View.OnClickListener;
import android.widget.Button;
import android.widget.TextView;
public class NetworkingProject extends Activity {
Button bt;
 TextView textView1;
 TextView textView2;
 /** Called when the activity is first created. */
 @Override
 public void onCreate(Bundle savedInstanceState) {
   super.onCreate(savedInstanceState);
   setContentView(R.layout.main);
   bt = (Button) findViewById(R.id.button1);
   textView1 = (TextView) findViewById(R.id.editText1);
   textView2 = (TextView) findViewById(R.id.editText2);
    bt.setOnClickListener(new OnClickListener() {
       @Override
        public void onClick(View v) {
                 // TODO Auto-generated method stub
   textView2.setText("");
          try {
   /*Java Networking API*/
                 URL url = new URL(textView1.getText().toString());
          URLConnection conn = url.openConnection();
          /*Read the Response*/
          BufferedReader rd = new BufferedReader(new
                     InputStreamReader(conn.getInputStream()));
   String line = "";
   while ((line = rd.readLine()) != null) {
     textView2.append(line);
   }
          } catch (Exception exe) {
   exe.printStackTrace();
          }
    }
 });
  }
}
```

执行上述代码后，可以在手机浏览器中查看输入网址网页的 HTML 代码，如图 4-10 所示。

▲图 4-10 执行效果

> **注意**　因为本书前面 4.3 节中已经简要介绍使用 Java 接口的基本知识，所以在本节只是对相关知识进行了简单讲解。并且本书后面的内容还将详细介绍 URL 处理的相关知识，所以本节的篇幅较短。

4.4 使用 Android 网络接口

在 Android 平台中，我们可以使用 Android 网络接口 android.net.http 来处理 HTTP 请求。android.net.http 是 android.net 中的一个包，在里面主要包含处理 SSL 证书的类。在 android.net.http 中存在如下 4 个类：

- AndroidHttpClient；
- SslCertificate；
- SslCertificate.DName；
- SslError。

其中 AndroidHttpClient 就是用来处理 HTTP 请求的。

android.net.*实际上是通过对 Apache 的 HttpClient 的封装来实现的一个 HTTP 编程接口，同时还提供了 HTTP 请求队列管理，以及 HTTP 连接池管理，以提高并发请求情况下（如转载网页时）的处理效率，除此之外还有网络状态监视等接口。

下面是一个通过 AndroidHttpClient 访问服务器的最简例子。

```
import import android.net.http.AndroidHttpClient;
    try {
        AndroidHttpClient client = AndroidHttpClient.newInstance(“your_user_agent”);
        // 创建 HttpGet 方法，该方法会自动处理 URL 地址的重定向
        HttpGet httpGet = new HttpGet ("http://www.test_test.com/");
        HttpResponse response = client.execute(httpGet);
        if (response.getStatusLine().getStatusCode() != HttpStatus.SC_OK) {
            // 错误处理
        }
        // 关闭连接
        client.close();
    } catch (Exception ee) {
    }
```

另外当我们的应用需要同时从不同的主机获取数目不等的数据，并且仅关心数据的完整性而不关心其先后顺序时，也可以使用这部分的接口。典型用例就是 android.webkit 在转载网页和下载网页资源时，具体可参考 android.webkit.*中的相关类来实现。

4.5 实战演练

经过前面的学习，了解到 HTTP 是一种网络传送协议，现实中的大多数网页都是通过“HTTP://WWW.”的形式实现显示的。在具体应用时，一些需要的数据都是通过其参数传递的。本节将通过具体实例来讲解在 Android 手机中使用 HTTP 的具体方法。

4.5.1 实战演练——在手机屏幕中传递 HTTP 参数

和网络 HTTP 有关的是 HTTP protocol，在 Android SDK 中，集成了 Apache 的 HttpClient 模块。通过这些模块，可以方便地编写出和 HTTP 有关的程序。在 Android SDK 中通常使用 HttpClient 4.0。

题目	目的	源码路径
实例 4-1	在手机屏幕中传递 HTTP 参数	\codes\4\httpSHI

1. 设计思路

在本实例中插入了两个按钮，一个用于以 Post 方式获取网站数据，另一个用于以 Get 方式获取数据，并以 TextView 对象来显示由服务器端的返回网页内容连接结果。当然首先得建立和 HTTP 的连接，连接之后才能获取 Web Server 返回的结果。

2. 具体实现

（1）编写布局文件 main.xml，主要代码如下所示。

```
<?xml version="1.0" encoding="utf-8"?>
<LinearLayout
  xmlns:android="http://schemas.android.com/apk/res/android"
  android:background="@drawable/white"
  android:orientation="vertical"
  android:layout_width="fill_parent"
  android:layout_height="fill_parent"
  >
  <TextView
    android:id="@+id/myTextView1"
    android:layout_width="fill_parent"
    android:layout_height="wrap_content"
    android:text="@string/title"/>
  <Button
    android:id="@+id/myButton1"
    android:layout_width="wrap_content"
    android:layout_height="wrap_content"
    android:text="@string/str_button1" />
    <Button
    android:id="@+id/myButton2"
    android:layout_width="wrap_content"
    android:layout_height="wrap_content"
    android:text="@string/str_button2" />
</LinearLayout>
```

（2）编写文件 httpSHI.java，具体实现流程如下所示。

● 引用 apache.http 相关类实现 HTTP 联机，然后引用 java.io 与 java.util 相关类来读写档案。具体代码如下所示。

```
/*引用 apache.http 相关类来建立 HTTP 联机*/
import org.apache.http.HttpResponse;
import org.apache.http.NameValuePair;
import org.apache.http.client.ClientProtocolException;
import org.apache.http.client.entity.UrlEncodedFormEntity;
import org.apache.http.client.methods.HttpGet;
import org.apache.http.client.methods.HttpPost;
import org.apache.http.impl.client.DefaultHttpClient;
import org.apache.http.message.BasicNameValuePair;
import org.apache.http.protocol.HTTP;
import org.apache.http.util.EntityUtils;
/*必须引用 java.io 与 java.util 相关类来读写档案*/
import irdc.httpSHI.R;
import java.io.IOException;
import java.util.ArrayList;
import java.util.List;
import java.util.regex.Matcher;
import java.util.regex.Pattern;

import android.app.Activity;
import android.os.Bundle;
import android.view.View;
import android.widget.Button;
import android.widget.TextView;
```

● 使用 OnClickListener 来聆听单击第一个按钮事件，声明网址字符串并使用建立 Post 方式联机，最后通过 mTextView1.setText 输出提示字符。具体代码如下所示。

```
/*设定 OnClickListener 来聆听 OnClick 事件*/
mButton1.setOnClickListener(new Button.OnClickListener()
{
  /*覆写 onClick 事件*/
  @Override
  public void onClick(View v)
  {
    /*声明网址字符串*/
    String uriAPI = "http://www.dubblogs.cc:8751/Android/Test/API/Post/index.php";
    /*建立 HTTP Post 联机*/
    HttpPost httpRequest = new HttpPost(uriAPI);
    /*
     * Post 运行传送变量必须用 NameValuePair[]数组存储
    */
    List <NameValuePair> params = new ArrayList <NameValuePair>();
    params.add(new BasicNameValuePair("str", "I am Post String"));
    try
    {
      httpRequest.setEntity(new UrlEncodedFormEntity(params, HTTP.UTF_8));
      /*取得 HTTP 输出*/
      HttpResponse httpResponse = new DefaultHttpClient().execute(httpRequest);
      /*如果状态码为 200 */
      if(httpResponse.getStatusLine().getStatusCode() == 200)
      {
        /*获取应答字符串*/
        String strResult = EntityUtils.toString(httpResponse.getEntity());
        mTextView1.setText(strResult);
      }
      else
      {
        mTextView1.setText("Error Response: "+httpResponse.getStatusLine().toString());
      }
    }
    catch (ClientProtocolException e)
    {
      mTextView1.setText(e.getMessage().toString());
      e.printStackTrace();
    }
    catch (IOException e)
    {
      mTextView1.setText(e.getMessage().toString());
      e.printStackTrace();
    }
    catch (Exception e)
    {
      mTextView1.setText(e.getMessage().toString());
      e.printStackTrace();
    }

  }
});
```

- 使用 OnClickListener 来聆听单击第二个按钮的事件，声明网址字符串并建立 Get 方式的联机功能，分别实现发出 HTTP 获取请求、获取应答字符串和删除冗余字符操作，最后通过 mTextView1.setText 输出提示字符。具体代码如下所示。

```
mButton2.setOnClickListener(new Button.OnClickListener()
{
  @Override
  public void onClick(View v)
  {
    // TODO Auto-generated method stub
    /*声明网址字符串*/
    String uriAPI = "http://www.XXXX.cc:8751/index.php?str=I+am+Get+String";
    /*建立 HTTP Get 联机*/
    HttpGet httpRequest = new HttpGet(uriAPI);
    try
    {
      /*发出 HTTP 获取请求*/
```

```
            HttpResponse httpResponse = new DefaultHttpClient().execute(httpRequest);
            /*若状态码为 200 ok*/
            if(httpResponse.getStatusLine().getStatusCode() == 200)
            {
              /*获取应答字符串*/
              String strResult = EntityUtils.toString(httpResponse.getEntity());
              /*删除冗余字符*/
              strResult = eregi_replace("(\r\n|\r|\n|\n\r)","",strResult);
              mTextView1.setText(strResult);
            }
            else
            {
              mTextView1.setText("Error Response: "+httpResponse.getStatusLine().toString());
            }
          }
          catch (ClientProtocolException e)
          {
            mTextView1.setText(e.getMessage().toString());
            e.printStackTrace();
          }
          catch (IOException e)
          {
            mTextView1.setText(e.getMessage().toString());
            e.printStackTrace();
          }
          catch (Exception e)
          {
            mTextView1.setText(e.getMessage().toString());
            e.printStackTrace();
          }
        }
      });
    }
```

- 定义替换字符串函数 eregi_replace 来替换掉一些非法字符，具体代码如下所示。

```
      /* 字符串替换函数 */
      public String eregi_replace(String strFrom, String strTo, String strTarget)
      {
        String strPattern = "(?i)"+strFrom;
        Pattern p = Pattern.compile(strPattern);
        Matcher m = p.matcher(strTarget);
        if(m.find())
        {
          return strTarget.replaceAll(strFrom, strTo);
        }
        else
        {
          return strTarget;
        }
      }
    }
```

（3）在文件 AndroidManifest.xml 中声明网络连接权限，具体代码如下所示。

```
<uses-permission android:name="android.permission.INTERNET"></uses-permission>
```

执行后的效果如图 4-11 所示，单击图中的按钮能够以不同方式获取 HTTP 参数。

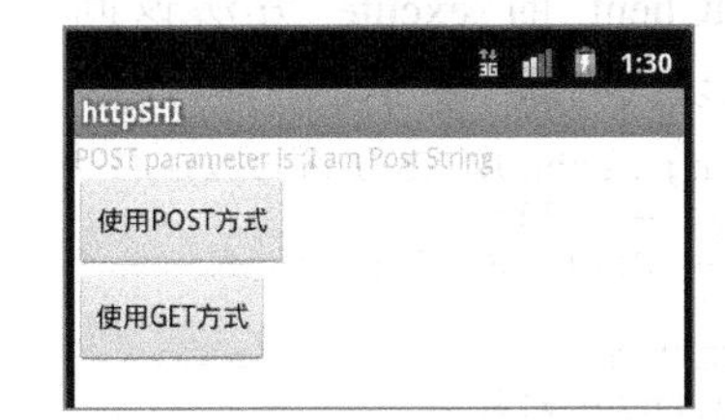

▲图 4-11　单击【使用 POST 方式】按钮后的效果

4.5.2 实战演练——在 Android 手机中通过 Apache HTTP 访问 HTTP 资源

在本实例中首先创建了 HttpGet 和 HttpPost 对象，并将要请求的 URL 对象构造方法传入 HttpGet、HttpPost 对象中。然后通过 HttpClent 接口的实现类 DefaultClent 的 excute（HttpUriRequest request）方法实现连接处理。因为已经知道 HttpGet 和 HttpPost 类都实现了 HttpUriRequest 接口，所以可以将前面创建好的 HttpGet 或者 HttpPost 对象传入以得到 HttpResponse 对象。最后通过 HttpResponse 获取返回的 HTTP 资源信息，然后再做提取工作。

题目	目的	源码路径
实例 4-2	通过 Apache HTTP 访问 HTTP 资源	\codes\4\http

本实例的具体实现流程如下所示。

（1）编写布局文件 main.xml，在界面中分别插入 3 个 Button 按钮和 2 个 EditText 控件，主要代码如下所示。

```
    <LinearLayout android:orientation="horizontal"
       android:layout_width="fill_parent" android:layout_height="wrap_content">
       <TextView android:layout_width="wrap_content"
          android:layout_height="wrap_content" android:text="url:" />
       <EditText android:id="@+id/urlText" android:layout_width="fill_parent"
          android:layout_height="wrap_content"
          android:text="" />
    </LinearLayout>
    <LinearLayout android:orientation="horizontal"
       android:layout_width="fill_parent" android:layout_height="wrap_content"
       android:gravity="right">
       <Button android:id="@+id/getBtn" android:text="GET 请求"
          android:layout_width="wrap_content" android:layout_height="wrap_content" />
       <Button android:id="@+id/postBtn" android:text="POST 请求"
          android:layout_width="wrap_content" android:layout_height="wrap_content" />
    </LinearLayout>
    <TextView android:id="@+id/resultView" android:layout_width="fill_parent"
       android:layout_height="wrap_content" />
    <LinearLayout android:orientation="horizontal"
       android:layout_width="fill_parent" android:layout_height="wrap_content">
       <TextView android:layout_width="wrap_content"
          android:layout_height="wrap_content" android:text="图片 url:" />

       <EditText android:id="@+id/imageurlText" android:layout_width="fill_parent"
          android:layout_height="wrap_content" android:text="" />
    </LinearLayout>
    <Button android:id="@+id/imgBtn" android:text="获取图片"
       android:layout_width="wrap_content" android:layout_height="wrap_content"
       android:layout_gravity="right" />
    <ImageView android:id="@+id/imgeView01"
       android:layout_height="wrap_content" android:layout_width="fill_parent" />
</LinearLayout>
```

（2）编写核心文件 HTTPDemoActivity.java，根据 EditText 控件中输入的数据来访问远程 HTTP 资源，并将得到的信息转换成为一个输出流并返回。在整个实现过程中需要通过 url 创建 HttpGet 对象，并通过 DefaultClient 的 excute 方法返回一个 HttpResponse 对象。文件 HTTPDemoActivity.java 的主要实现代码如下所示。

```
private String request(String method, String url) {
   HttpResponse httpResponse = null;
   StringBuffer result = new StringBuffer();
   try {
      if (method.equals("GET")) {
         // 1.通过 url 创建 HttpGet 对象
         HttpGet httpGet = new HttpGet(url);
         // 2.通过 DefaultClient 的 excute 方法执行返回一个 HttpResponse 对象
         HttpClient httpClient = new DefaultHttpClient();
```

```
            httpResponse = httpClient.execute(httpGet);
            // 3.取得相关信息
            // 取得 HttpEntiy
            HttpEntity httpEntity = httpResponse.getEntity();
            // 得到一些数据
            // 通过 EntityUtils 并指定编码方式取到返回的数据
            result.append(EntityUtils.toString(httpEntity, "utf-8"));
            //得到 StatusLine 接口对象
            StatusLine statusLine = httpResponse.getStatusLine();

            //得到协议
            ;
            result.append("协议:" + statusLine.getProtocolVersion() + "\r\n");
            int statusCode = statusLine.getStatusCode();

            result.append("状态码:" + statusCode + "\r\n");

        } else if (method.equals("POST")) {

            // 1.通过 url 创建 HttpGet 对象
            HttpPost httpPost = new HttpPost(url);
            // 2.通过 DefaultClient 的 excute 方法执行返回一个 HttpResponse 对象
            HttpClient httpClient = new DefaultHttpClient();
            httpResponse = httpClient.execute(httpPost);
            // 3.取得相关信息
            // 取得 HttpEntiy
            HttpEntity httpEntity = httpResponse.getEntity();
            // 得到一些数据
            // 通过 EntityUtils 并指定编码方式取到返回的数据
            result.append(EntityUtils.toString(httpEntity, "utf-8"));
            StatusLine statusLine = httpResponse.getStatusLine();
            statusLine.getProtocolVersion();
            int statusCode = statusLine.getStatusCode();

            result.append("状态码:" + statusCode + "\r\n");

        }
    } catch (Exception e) {
        Toast.makeText(HTTPDemoActivity.this, "网络连接异常", Toast.LENGTH_LONG)
                .show();
    }
    return result.toString();
}

public void getImage(String url) {
    try {
        // 1.通过 url 创建 HttpGet 对象
        HttpGet httpGet = new HttpGet(url);
        // 2.通过 DefaultClient 的 excute 方法执行返回一个 HttpResponse 对象
        HttpClient httpClient = new DefaultHttpClient();
        HttpResponse httpResponse = httpClient.execute(httpGet);
        // 3.取得相关信息
        // 取得 HttpEntiy
        HttpEntity httpEntity = httpResponse.getEntity();
        // 4.通过 HttpEntiy.getContent 得到一个输入流
        InputStream inputStream = httpEntity.getContent();
        System.out.println(inputStream.available());

        //通过传入的流再通过 Bitmap 工厂创建一个 Bitmap
        Bitmap bitmap = BitmapFactory.decodeStream(inputStream);
        //设置 imageView
        imageView.setImageBitmap(bitmap);
    } catch (Exception e) {
        Toast.makeText(HTTPDemoActivity.this, "网络连接异常", Toast.LENGTH_LONG)
        .show();
    }
}
```

（3）在设置文件 AndroidManifest.xml 中添加访问网络资源的权限，具体代码如下所示。

```
<uses-permission android:name="android.permission.INTERNET"/>
```

（4）设置一个 Java 服务器环境，在里面添加服务器资源供前面的 Android 客户端来访问。将程序中的源码的“Servers”部分复制到本地 Java 服务器的 Tomcat 中。

最终客户端的执行效果如图 4-12 所示。

▲图 4-12　执行效果

第5章　URL处理数据

在前面的学习中，我们了解到网络访问离不开URL。URL是一个地址，是访问Web页面的地址。基于URL的重要性，本书将专门用一章的内容来讲解在Android体系中处理URL的基本知识。希望读者仔细体会学习，为步入本书后面知识的学习打下基础。

5.1　URL和URLConnection

URL（Uniform Resource Locator）对象代表统一资源定位器，是指向互联网“资源”的指针。这里的资源可以是简单的文件或目录，也可以是对更为复杂的对象引用，例如对数据库或搜索引擎的查询。通常情况而言，URL可以由协议名、主机、端口和资源组成，满足如下所示的格式。

```
protocol://host:port/resourceName
```

例如下面就是一个合法的URL地址：

```
http://www.oneedu.cn/Index.htm
```

在Android系统中可以通过URL获取网络资源，其中的URLConnection和HTTPURLConnection是最为常用的两种方式。本节将首先简要介绍URL类的基本知识。

5.1.1　URL类详解

在JDK中还提供了一个URI（Uniform Resource Identifiers）类，其实例代表一个统一资源标识符，Java的URI不能用于定位任何资源，它的唯一作用就是解析。与此对应的是，URL则包含一个可打开到达该资源的输入流，因此我们可以将URL理解成URI的特例。

在类URL中，提供了多个可以创建URL对象的构造器，一旦获得了URL对象之后，可以调用下面的方法来访问该URL对应的资源。

- String getFile()：获取此URL的资源名。
- String getHost()：获取此URL的主机名。
- String getPath()：获取此URL的路径部分。
- int getPort()：获取此URL的端口号。
- String getProtocol()：获取此URL的协议名称。
- String getQuery()：获取此URL的查询字符串部分。
- URLConnection openConnection()：返回一个URLConnection对象，它表示到URL所引用的远程对象的连接。
- InputStream openStream()：打开与此URL的连接，并返回一个用于读取该URL资源的InputStream。

在URL中，可以使用方法openConnection()返回一个URLConnection对象，该对象表示应用程序和 URL 之间的通信链接。应用程序可以通过 URLConnection 实例向此 URL 发送请求，并读取 URL 引用的资源。

创建一个和 URL 连接，并发送请求，读取此 URL 引用的资源的步骤如下。

（1）通过调用 URL 对象 openConnection()方法来创建 URLConnection 对象。

（2）设置 URLConnection 的参数和普通请求属性。

（3）如果只是发送 Get 方式请求，使用方法 connect 建立和远程资源之间的实际连接即可；如果需要发送 Post 方式请求，需要获取 URLConnection 实例对应的输出流来发送请求参数。

（4）远程资源变为可用，程序可以访问远程资源的头字段或通过输入流读取远程资源的数据。

在建立和远程资源的实际连接之前，可以通过如下方法来设置请求头字段。

- setAllowUserInteraction：设置该 URLConnection 的 allowUserInteraction 请求头字段的值。
- setDoInput：设置该 URLConnection 的 doInput 请求头字段的值。
- setDoOutput：设置该 URLConnection 的 doOutput 请求头字段的值。
- setIfModifiedSince：设置该 URLConnection 的 ifModifiedSince 请求头字段的值。
- setUseCaches：设置该 URLConnection 的 useCaches 请求头字段的值。

除此之外，还可以使用如下方法来设置或增加通用头字段。

- setRequestProperty(String key, String value)：设置该 URLConnection 的 key 请求头字段的值为 value。
- addRequestProperty(String key, String value)：为该 URLConnection 的 key 请求头字段的增加 value 值，该方法并不会覆盖原请求头字段的值，而是将新值追加到原请求头字段中。

当发现远程资源可以使用后，使用如下方法访问头字段和内容。

- Object getContent()：获取该 URLConnection 的内容。
- String getHeaderField(String name)：获取指定响应头字段的值。
- getInputStream()：返回该 URLConnection 对应的输入流，用于获取 URLConnection 响应的内容。
- getOutputStream()：返回该 URLConnection 对应的输出流，用于向 URLConnection 发送请求参数。
- getHeaderField：根据响应头字段来返回对应的值。

因为在程序中需要经常访问某些头字段，所以 Java 为我们提供了如下方法来访问特定响应头字段的值。

- getContentEncoding：获取 content-encoding 响应头字段的值。
- getContentLength：获取 content-length 响应头字段的值。
- getContentType：获取 content-type 响应头字段的值。
- getDate()：获取 date 响应头字段的值。
- getExpiration()：获取 expires 响应头字段的值。
- getLastModified()：获取 last-modified 响应头字段的值。

了解了上述 URL 类的基本知识后，接下来将简要介绍使用 URL 类的基本知识，特别是和 URLConnection 相关的用法。例如下面的代码演示了 InetAddress 的简单用法。

题目	目的	源码路径
实例 5-1	演示 InetAddress 的简单用法	\codes\5\useInetAddress.java

实例文件 useInetAddress.java 的具体实现代码如下所示。

```
import java.net.*;
```

```
public class useInetAddress
{
    public static void main(String[] args)
        throws Exception
    {
        //根据主机名来获取对应的 InetAddress 实例
        InetAddress ip = InetAddress.getByName("www.sohu.cn");
        //判断是否可达
        System.out.println("sohu 是否可达：" + ip.isReachable(2000));
        //获取该 InetAddress 实例的 IP 字符串
        System.out.println(ip.getHostAddress());
        //根据原始 IP 地址来获取对应的 InetAddress 实例
        InetAddress local = InetAddress.getByAddress(new byte[]
        {127,0,0,1});
        System.out.println("本机是否可达：" + local.isReachable(5000));
        //获取该 InetAddress 实例对应的全限定域名
        System.out.println(local.getCanonicalHostName());
    }
}
```

```
Problems  @ Javadoc  Declaration  Console
<terminated> InetAddressyong [Java Application] F:\
sohu是否可达: true
123.129.254.15
本机是否可达: true
activate.adobe.com
```

▲图 5-1　执行效果

执行后的效果如图 5-1 所示。

例如下面的实例实现了普通字符和 MIME 字符的转换。

题目	目的	源码路径
实例 5-2	实现普通字符和 MIME 字符的转换	\codes\5\URLDecodery.java

实例文件 URLDecodery.java 的具体实现代码如下所示。

```
public class URLDecodery
{
    public static void main(String[] args)
        throws Exception
    {
        //将 application/x-www-form-urlencoded 字符串
        //转换成普通字符串
        String keyWord = URLDecoder.decode(
            "%E7%8B%97%E7%8B%97%E6%90%9E%E7%AC%91", "UTF-8");
        System.out.println(keyWord);
        //将普通字符串转换成
        //application/x-www-form-urlencoded 字符串
        String urlStr = URLEncoder.encode(
            "会当凌绝顶" , "GBK");
        System.out.println(urlStr);
    }
}
```

在上述代码中，首先将乱码“%E7%8B%97%E7%8B%97%E6%90%9E%E7%AC%91”转换成了普通字符串，然后将普通字符串转换成了 application/x-www-form-urlencoded MIME 字符串。执行效果如图 5-2 所示。

```
狗狗搞笑
ROR%C3%F4%BD%DD%BF%AA%B7%A2%D7%EE%BC%D1%D6%B8%C4%CF
```

▲图 5-2　执行效果

例如下面的实例演示了 InputStream 实现多线程下载的过程。

题目	目的	源码路径
实例 5-3	使用 InputStream 实现多线程下载	\codes\5\down.java

实例文件 down.java 的具体实现代码如下所示。

```
import java.io.*;
import java.net.*;
```

```
//定义下载从 start 到 end 的内容的线程
class DownThread extends Thread
{
    //定义字节数组的长度
    private final int BUFF_LEN = 32;
    //定义下载的起始点
    private long begin;
    //定义下载的结束点
    private long end;
    //下载资源对应的输入流
    private InputStream is;
    //将下载到的字节输出到 mm 中
    private RandomAccessFile mm ;

    //构造器，传入输入流，输出流和下载起始点、结束点
    public DownThread(long start , long end
        , InputStream is , RandomAccessFile raf)
    {
        //输出该线程负责下载的字节位置
        System.out.println(start + "---->"  + end);
        this.begin = start;
        this.end = end;
        this.is = is;
        this.mm = raf;
    }
    public void run()
    {
        try
        {
            is.skip(begin);
            mm.seek(begin);
            //定义读取输入流内容的的缓存数组
            byte[] buff = new byte[BUFF_LEN];
            //本线程负责下载资源的大小
            long contentLen = end - begin;
            //定义最多需要读取几次就可以完成本线程的下载
            long times = contentLen / BUFF_LEN + 4;
            //实际读取的字节数
            int hasRead = 0;
            for (int i = 0; i < times ; i++)
            {
                hasRead = is.read(buff);
                //如果读取的字节数小于 0，则退出循环!
                if (hasRead < 0)
                {
                    break;
                }
                mm.write(buff , 0 , hasRead);
            }
        }
        catch (Exception ex)
        {
            ex.printStackTrace();
        }
        //使用 finally 块来关闭当前线程的输入流、输出流
        finally
        {
            try
            {
                if (is != null)
                {
                    is.close();
                }
                if (mm != null)
                {
                    mm.close();
                }
            }
            catch (Exception ex)
            {
                ex.printStackTrace();
```

```
            }
        }
    }
}
public class down
{
    public static void main(String[] args)
    {
        final int DOWN_THREAD_NUM = 4;
        final String OUT_FILE_NAME = "down.jpg";
        InputStream[] isArr = new InputStream[DOWN_THREAD_NUM];
        RandomAccessFile[] outArr = new RandomAccessFile[DOWN_THREAD_NUM];
        try
        {
            //创建一个 URL 对象
            URL url = new URL("http://hiphotos.baidu.com/"+
            "baidu/pic/item/8546bd003af33a8727f50057c65c10385243b566.jpg");
            //以此 URL 对象打开第一个输入流
            isArr[0] = url.openStream();
            long fileLen = getFileLength(url);
            System.out.println("网络资源的大小" + fileLen);
            //以输出文件名创建第一个 RandomAccessFile 输出流
            outArr[0] = new RandomAccessFile(OUT_FILE_NAME , "rw");
            //创建一个与下载资源相同大小的空文件
            for (int i = 0 ; i < fileLen ; i++ )
            {
                outArr[0].write(0);
            }
            //每线程应该下载的字节数
            long numPerThred = fileLen / DOWN_THREAD_NUM;
            //整个下载资源整除后剩下的余数
            long left = fileLen % DOWN_THREAD_NUM;
            for (int i = 0 ; i < DOWN_THREAD_NUM; i++)
            {
                //为每个线程打开一个输入流、一个 RandomAccessFile 对象,
                //让每个线程分别负责下载资源的不同部分。
                if (i != 0)
                {
                    //以 URL 打开多个输入流
                    isArr[i] = url.openStream();
                    //以指定输出文件创建多个 RandomAccessFile 对象
                    outArr[i] = new RandomAccessFile(OUT_FILE_NAME , "rw");
                }
                //分别启动多个线程来下载网络资源
                if (i == DOWN_THREAD_NUM - 1 )
                {
                    //最后一个线程下载指定 numPerThred+left 个字节
                    new DownThread(i * numPerThred , (i + 1) * numPerThred + left
                        , isArr[i] , outArr[i]).start();
                }
                else
                {
                    //每个线程负责下载一定的 numPerThred 个字节
                    new DownThread(i * numPerThred , (i + 1) * numPerThred
                        , isArr[i] , outArr[i]).start();
                }
            }
        }
        catch (Exception ex)
        {
            ex.printStackTrace();
        }
    }
    //定义获取指定网络资源的长度的方法
    public static long getFileLength(URL url) throws Exception
    {
        long length = 0;
        //打开该 URL 对应的 URLConnection。
        URLConnection con = url.openConnection();
        //获取连接 URL 资源的长度
        long size = con.getContentLength();
```

```
        length = size;
        return length;
    }
}
```

在上述代码中定义了线程类 DownThread，该线程从 InputStream 中读取从 begin 开始，到 end 结束的所有字节数据，并写入 RandomAccessFile 对象。这个 DownThread 线程类的 run()就是一个简单的输入、输出实现。在 MutilDown 类中的方法 main()按照如下步骤实现多线程下载。

（1）创建 URL 对象，获取指定 URL 对象所指向资源的大小（由 getFileLength 方法实现），此处用到了 URLConnection 类，该类代表 Java 应用程序和 URL 之间的通信链接。下面还有关于 URLConnection 更详细的介绍。

（2）在本地磁盘上创建一个与网络资源相同大小的空文件。

（3）计算每条线程应该下载网络资源的哪个部分（从哪个字节开始，到哪个字节结束）。

（4）依次创建、启动多条线程来下载网络资源的指定部分。

执行后的效果如图 5-3 所示。

并且在根目录下会看到下载的图片 down.jpg，如图 5-4 所示。图片的地址是 http://hiphotos.baidu.com/baidu/pic/item/8546bd003af33a8727f50057c65c10385243b566.jpg。

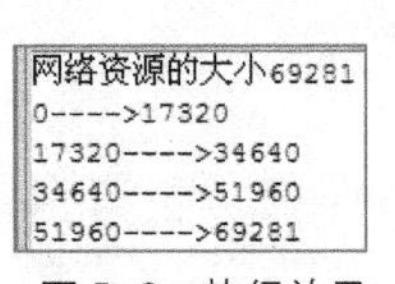

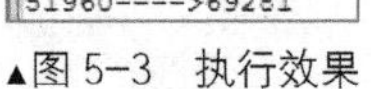

▲图 5-3　执行效果

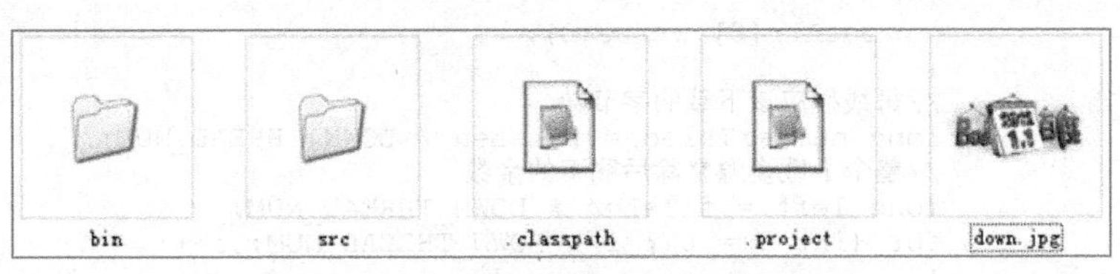

▲图 5-4　下载的图片

5.1.2　实战演练——在手机屏幕中显示 QQ 空间中的照片

在现实网络应用中，可以在 QQ 空间中上传并保存我们的照片。本实例将直接在 Gallery 中显示 QQ 空间中的照片，这样可以节约手机的存储空间。在具体实现上，需要将 URL 网址的相片实时处理下载后，以 InputStream 转换为 Bitmap，这样才能放入 BaseAdapter 中取用。在运行实例前，需要预先准备照片并上传到网络空间中，在获取相片的连接后，再以 String 数组方式放在程序中，并对 BaseAdapter 稍做修改，加上 URL 对象的访问以及 URLConnection 连接的处理。

题目	目的	源码路径
实例 5-4	在手机屏幕中显示 QQ 空间中的照片	\codes\5\QQ

本实例的具体实现流程如下所示。

（1）编写布局文件 main.xml，在里面插入一个 Gallery 控件来实现滑动相簿功能。具体代码如下所示。

```
<?xml version="1.0" encoding="utf-8"?>
<LinearLayout xmlns:android="http://schemas.android.com/apk/res/android"
  android:id="@+id/myLinearLayout"
  android:orientation="vertical"
  android:layout_width="fill_parent"
  android:layout_height="fill_parent"
  >
  <Gallery
  android:id="@+id/myGallery01"
  android:layout_width="fill_parent"
  android:layout_height="fill_parent">
  </Gallery>
</LinearLayout>
```

（2）编写主程序文件 QQ.java，其具体实现流程如下所示。

● 分别声明在 Gallery 中要显示的 5 幅图片的地址栏字符串，具体代码如下所示。

```
public class QQ extends Activity
{
  private Gallery myGallery01;
  /* 地址栏字符串 */
  private String[] myImageURL = new String[]
  {
      "http://b27.photo.store.qq.com/http_imgload.cgi?/"
          + "rurl4_b=086a67cbd6a8cfb4389ea2b48efab6f322f755a085107a7aeeaa56fc1358b1bd1
24186254e021f0655732688e69f060725491f8ae82e8e5508dbe9821670e2baf04e92dedc97e3bbf28e5
605596aa991c13220f1&a=27&b=27",
      "http://b27.photo.store.qq.com/http_imgload.cgi?/"
          + "rurl4_b=086a67cbd6a8cfb4389ea2b48efab6f3ea78f5797abbbaa617259f2d2a980a546
8f2801897cfcc2b78af92fbb87565ed7a3a08041daff2dd9ccd26d3cc6198e41f2d205c8a0c445325771
e8a179215999afaf9f3&a=27&b=27",
      "http://b27.photo.store.qq.com/http_imgload.cgi?/"
          +
"rurl4_b=2a9dcf1fd909a7ed3ce8951f738608982f26d812b3a5fc96e221b85fc085e7cc3
264ee20730f0fd3a1f7aca06740db7a6153d9357467ca39f82b866b6fbe3cd94bbdd10ed01841e67c95d
8e4af8890b7ced40869&a=30&b=27",
      "http://b27.photo.store.qq.com/http_imgload.cgi?/"
          +
"rurl4_b=2a9dcf1fd909a7ed3ce8951f73860898bb7ff57a8cb7747c9f0eb6a02124850b7
09c0b86f086a4ba5653eeb71dd4b01e4a58f407e2eec9433cd8d4bc0b88fda56260c2c8beb34ebab77b6
10c7131393f82e774ef&a=27&b=27",
      "http://b27.photo.store.qq.com/http_imgload.cgi?/"
          +
"rurl4_b=2a9dcf1fd909a7ed3ce8951f73860898158d252489f84e7d2a83d44c01b7bb12b
2c19ca0efdd555dba788407fd01e9de45524b11a9793f532624197bc8d14c84ae78ddebafe4357e4eedc
60e9e510224367490bf&a=27&b=27" };
```

● 引入布局文件 main.xml，定义类成员 myContext Context 对象，然后设置只有一个参数 c 的构造器。具体代码如下所示。

```
  public void onCreate(Bundle savedInstanceState)
  {
    super.onCreate(savedInstanceState);
    setContentView(R.layout.main);
    myGallery01 = (Gallery) findViewById(R.id.myGallery01);
    myGallery01.setAdapter(new myInternetGalleryAdapter(this));
  }
  /* 用 BaseAdapter */
  public class myInternetGalleryAdapter extends BaseAdapter
  {
    /* 类成员 myContext Context 对象 */
    private Context myContext;
    private int mGalleryItemBackground;
    /*构造器只有一个参数，即要存储的 Context */
    public myInternetGalleryAdapter(Context c)
    {
      this.myContext = c;
      TypedArray a = myContext
          .obtainStyledAttributes(R.styleable.Gallery);
      /* 获取 Gallery 属性的 Index id */
      mGalleryItemBackground = a.getResourceId(
          R.styleable.Gallery_android_galleryItemBackground, 0);
      /* 把对象的 styleable 属性能够反复使用 */
      a.recycle();
    }
```

● 定义方法 getCount()来返回全部已定义图片的总量，定义方法 getItem（int position）获取当前容器中图像数的数组 ID。具体代码如下所示。

```
/* 返回全部已定义图片的总量 */
public int getCount()
```

```
  {
    return myImageURL.length;
  }
  /* 使用 getItem 方法获取当前容器中图像数的数组 ID */
  public Object getItem(int position)
  {
    return position;
  }
  public long getItemId(int position)
  {
    return position;
  }
```

● 定义方法 getScale，利用 getScale 根据中央位移量返回 views 的大小。具体代码如下所示。

```
/* 根据中央位移量，利用 getScale 返回 views 的大小(0.0f to 1.0f) */
public float getScale(boolean focused, int offset)
{
  /* Formula: 1 / (2 ^ offset) */
  return Math.max(0, 1.0f / (float) Math.pow(2, Math
     .abs(offset)));
}
```

执行后将在 Gallery 中显示指定的图片，如图 5-5 所示。

▲图 5-5　执行效果

5.1.3　实战演练——从网络中下载图片作为屏幕背景

我们可以从网络中下载一个图片文件来作为手机屏幕的背景。在本实例中，可以远程获取网络中的一幅图片，并将这幅图片作为手机屏幕的背景。当下载图片完成后，通过 InputStream 传到 ContextWrapper 中重写 setWallpaper 的方式实现。其中传入的参数是 URCConection.getInputStream() 中的数据内容。

题目	目的	源码路径
实例 5-5	从网络中下载图片作为屏幕背景	\codes\5\pingmu

本实例的具体实现流程如下所示。

（1）编写布局文件 main.xml，插入一个文本框控件和按钮控件。主要代码如下所示。

```
<EditText
  android:id="@+id/myEdit"
  android:layout_width="280px"
  android:layout_height="wrap_content"
  android:text="http://"
  android:textSize="12sp"
  android:layout_x="20px"
  android:layout_y="42px"
>
</EditText>
<TextView
  android:id="@+id/myText"
  android:layout_width="wrap_content"
  android:layout_height="wrap_content"
  android:text="@string/str_title"
  android:textSize="16sp"
  android:textColor="@drawable/black"
  android:layout_x="20px"
  android:layout_y="12px"
>
</TextView>
<Button
  android:id="@+id/myButton1"
  android:layout_width="80px"
  android:layout_height="45px"
  android:text="@string/str_button1"
```

```
    android:layout_x="70px"
    android:layout_y="102px"
  >
  </Button>
  <Button
    android:id="@+id/myButton2"
    android:layout_width="80px"
    android:layout_height="45px"
    android:text="@string/str_button2"
    android:layout_x="150px"
    android:layout_y="102px"
  >
  </Button>
  <ImageView
    android:id="@+id/myImage"
    android:layout_width="wrap_content"
    android:layout_height="wrap_content"
    android:layout_x="20px"
    android:layout_y="152px"
  >
  </ImageView>
```

（2）编写主程序文件 pingmu.java，其具体实现流程如下所示。

- 单击 mButton1 按钮时通过 mButton1.setOnClickListener 来预览图片，如果网址为空则输出空白提示，如果不为空则传入“type=1”表示预览图片。具体代码如下所示。

```
  public void onCreate(Bundle savedInstanceState)
  {
    super.onCreate(savedInstanceState);
    setContentView(R.layout.main);
    /* 初始化对象 */
    mButton1 =(Button) findViewById(R.id.myButton1);
    mButton2 =(Button) findViewById(R.id.myButton2);
    mEditText = (EditText) findViewById(R.id.myEdit);
    mImageView = (ImageView) findViewById(R.id.myImage);
    mButton2.setEnabled(false);
    /* 预览图片的 Button */
    mButton1.setOnClickListener(new Button.OnClickListener()
    {
      @Override
      public void onClick(View v)
      {
        String path=mEditText.getText().toString();
        if(path.equals(""))
        {
          showDialog("网址不可为空白!");
        }
        else
        {
          /* 传入 type=1 为预览图片 */
          setImage(path,1);
        }
      }
    });
```

- 单击 mButton2 按钮时通过 mButton2.setOnClickListener 将图片设置为桌面。如果网址为空则输出空白提示，如果不为空则传入“type=2”将其设置为桌面。具体代码如下所示。

```
    /* 将图片设为桌面的 Button */
    mButton2.setOnClickListener(new Button.OnClickListener()
    {
      @Override
      public void onClick(View v)
      {
        try
        {
          String path=mEditText.getText().toString();
          if(path.equals(""))
```

```
          {
            showDialog("网址不可为空白!");
          }
          else
          {
            /* 传入 type=2 为设置桌面 */
            setImage(path,2);
          }
        }
        catch (Exception e)
        {
          showDialog("读取错误!网址可能不是图片或网址错误!");
          bm = null;
          mImageView.setImageBitmap(bm);
          mButton2.setEnabled(false);
          e.printStackTrace();
        }
      }
    });
  }
```

● 定义方法 setImage(String path,int type)将图片抓取预览或并设置为桌面，如果有异常则输出对应提示。具体代码如下所示。

```
/* 将图片抓下来预览或并设置为桌面的方法 */
private void setImage(String path,int type)
{
  try
  {
    URL url = new URL(path);
    URLConnection conn = url.openConnection();
    conn.connect();
    if(type==1)
    {
      /* 预览图片 */
      bm = BitmapFactory.decodeStream(conn.getInputStream());
      mImageView.setImageBitmap(bm);
      mButton2.setEnabled(true);
    }
    else if(type==2)
    {
      /* 设置为桌面 */
      Pingmu.this.setWallpaper(conn.getInputStream());
      bm = null;
      mImageView.setImageBitmap(bm);
      mButton2.setEnabled(false);
      showDialog("桌面背景设置完成!");
    }
  }
  catch (Exception e)
  {
    showDialog("读取错误!网址可能不是图片或网址错误!");
    bm = null;
    mImageView.setImageBitmap(bm);
    mButton2.setEnabled(false);
    e.printStackTrace();
  }
}
```

● 定义方法 showDialog(String mess)来弹出一个对话框，单击后完成背景设置。具体代码如下所示。

```
/* 弹出 Dialog 的方法 */
private void showDialog(String mess){
  new AlertDialog.Builder(example8.this).setTitle("Message")
  .setMessage(mess)
  .setNegativeButton("确定", new DialogInterface.OnClickListener()
  {
    public void onClick(DialogInterface dialog, int which)
```

```
            {
            }
        })
        .show();
    }
}
```

（3）在文件 AdroidManifest.xml 中需要声明 T_WALLPAPER 权限和 INTERNET 权限，主要代码如下所示。

```
<uses-permission android:name="android.permission.SET_WALLPAPER"/>
<uses-permission android:name="android.permission.INTERNET"/>
```

执行后在屏幕中显示一个输入框和两个按钮，输入图片网址并单击【预览】按钮后，可以查看此图片，如图 5-6 所示。单击【设置】按钮后可以将此图片设置为屏幕背景。

5.2 HttpURLConnection 详解

▲图 5-6 初始效果

在 java.net 类中，类 HttpURLConnection 是一种访问 HTTP 资源的方式，此类具有完全的访问能力，完全可以取代类 HttpGet 和类 HttpPost。本节将详细讲解类 HttpURLConnection 的基本用法。

5.2.1 HttpURLConnection 的主要用法

在现实项目应用中，通过使用 HttpUrlConnection 来完成如下 4 个功能。

1. 从 Internet 获取网页

此功能需要先发送请求，然后将网页以流的形式读回来。例如下面的代码。

（1）创建一个 URL 对象：

```
URL url = new URL("http://www.sohu.com");
```

（2）利用 HttpURLConnection 对象从网络中获取网页数据：

```
HttpURLConnection conn = (HttpURLConnection) url.openConnection();
```

（3）设置连接超时：

```
conn.setConnectTimeout(6* 1000);
```

（4）对响应码进行判断：

```
if (conn.getResponseCode() != 200) throw new RuntimeException("请求 url 失败");
```

（5）得到网络返回的输入流：

```
InputStream is = conn.getInputStream();
String result = readData(is, "GBK");
conn.disconnect();
```

在实现此功能时，必须要记得设置连接超时，如果网络不好，Android 系统在超过默认时间会收回资源中断操作。如果返回的响应码是 200 则标明成功。利用 ByteArrayOutputStream 类可以将得到的输入流写入内存。由此可见，在 Android 中对文件流的操作和 Java SE 上面是一样的。

2. 从 Internet 获取文件

利用 HttpURLConnection 对象从网络中获取文件数据的基本流程如下所示。

（1）创建 URL 对象后传入文件路径：

```
URL url = new URL("http://photocdn.sohu.com/20100125/Img269812337.jpg");
```

（2）创建 HttpURLConnection 对象后从网络中获取文件数据：

```
HttpURLConnection conn = (HttpURLConnection) url.openConnection();
```

（3）设置连接超时：

```
conn.setConnectTimeout(6* 1000);
```

（4）对响应码进行判断：

```
if (conn.getResponseCode() != 200) throw new RuntimeException("请求 url 失败");
```

（5）得到网络返回的输入流：

```
InputStream is = conn.getInputStream();
```

（6）写出得到的文件流：

```
outStream.write(buffer, 0, len);
```

在实现此功能时，对大文件的操作需要将文件写到 SDCard 上面，而不要直接写到手机内存上。并且在操作大文件时，要一边从网络上读，一边要往 SDCard 上面写，这样可以减少对手机内存的使用。完成功能时，不要忘记及时关闭连接流。

3. 向 Internet 发送请求参数

利用 HttpURLConnection 对象向 Internet 发送请求参数的基本流程如下所示。

（1）将地址和参数存到 byte 数组中：

```
byte[] data = params.toString().getBytes();
```

（2）创建 URL 对象：

```
URL realUrl = new URL(requestUrl);
```

（3）用 HttpURLConnection 对象向网络地址发送请求：

```
HttpURLConnection conn = (HttpURLConnection) realUrl.openConnection();
```

（4）设置容许输出：

```
conn.setDoOutput(true);
```

（5）设置不使用缓存：

```
conn.setUseCaches(false);
```

（6）设置使用 Post 的方式发送：

```
conn.setRequestMethod("POST");
```

（7）设置维持长连接：

```
conn.setRequestProperty("Connection", "Keep-Alive");
```

（8）设置文件字符集：

```
conn.setRequestProperty("Charset", "UTF-8");
```

（9）设置文件长度：

```
conn.setRequestProperty("Content-Length", String.valueOf(data.length));
```

（10）设置文件类型：

```
conn.setRequestProperty("Content-Type","application/x-www-form-urlencoded");
```

（11）最后以流的方式输出。

在实现此功能时，在发送 Post 请求时必须设置允许输出。建议不要使用缓存，避免出现不应该出现的问题。在开始就用 HttpURLConnection 对象的 setRequestProperty()设置，即生成 HTML

文件头。

4. 向 Internet 发送 XML 数据

XML 格式是通信的标准语言，Android 系统也可以通过发送 XML 文件传输数据。实现此功能的基本实现流程如下所示。

（1）将生成的 XML 文件写入到 byte 数组中，并设置为 UTF-8：

```
byte[] xmlbyte = xml.toString().getBytes("UTF-8");
```

（2）创建 URL 对象并指定地址和参数：

```
URL url = new URL("http://localhost:8080/itcast/contanctmanage.do?method=readxml");
```

（3）获得链接：

```
HttpURLConnection conn = (HttpURLConnection) url.openConnection();
```

（4）设置连接超时：

```
conn.setConnectTimeout(6* 1000);
```

（5）设置允许输出：

```
conn.setDoOutput(true);
```

（6）设置不使用缓存：

```
conn.setUseCaches(false);
```

（7）设置以 Post 方式传输：

```
conn.setRequestMethod("POST");
```

（8）维持长连接：

```
conn.setRequestProperty("Connection", "Keep-Alive");
```

（9）设置字符集：

```
conn.setRequestProperty("Charset", "UTF-8");
```

（10）设置文件的总长度：

```
conn.setRequestProperty("Content-Length", String.valueOf(xmlbyte.length));
```

（11）设置文件类型：

```
conn.setRequestProperty("Content-Type", "text/xml; charset=UTF-8");
```

（12）以文件流的方式发送 XML 数据：

```
outStream.write(xmlbyte);
```

注意

使用 Android 中的 HttpUrlConnection 时，有个地方需要注意一下，就是如果程序中有跳转，并且跳转有外部域名的跳转，那么非常容易超时并抛出域名无法解析的异常（Host Unresolved），建议做跳转处理的时候不要使用它自带的方法设置成为自动跟随跳转，最好自己做处理，以防出现异常。这个问题模拟器上面看不出来，只有真机上面能看出来。

5.2.2 实战演练——在 Android 手机屏幕中显示网络中的图片

在日常应用中，我们经常不需要将网络中的图片保存到手机中，而只是在网络浏览一下即可。此时可以使用 HttpURLConnection 打开连接，这样就可以获取连接数据了。在本实例中，使用

HttpURLConnection 方法来连接并获取网络数据，将获取的数据用 InputStream 的方式保存在记忆空间中。

题目	目的	源码路径
实例 5-6	在手机屏幕中显示网络中的图片	\codes\5\tu.html

本实例的具体实现流程如下所示。

（1）编写布局文件 main.xml，主要代码如下所示。

```
<LinearLayout
 xmlns:android="http://schemas.android.com/apk/res/android"
 android:background="@drawable/white"
 android:orientation="vertical"
 android:layout_width="fill_parent"
 android:layout_height="fill_parent"
 >
 <TextView
   android:id="@+id/myTextView1"
   android:layout_width="fill_parent"
   android:layout_height="wrap_content"
   android:text="@string/app_name"/>
 <Button
   android:id="@+id/myButton1"
   android:layout_width="wrap_content"
   android:layout_height="wrap_content"
   android:text="@string/str_button1" />
 <ImageView
   android:id="@+id/myImageView1"
   android:layout_width="wrap_content"
   android:layout_height="wrap_content"
   android:layout_gravity="center" />
</LinearLayout>
```

（2）编写主程序文件 tu.java，首先通过方法 getURLBitmap()将图片作为参数传入到创建的 URL 对象，然后通过方法 getInputStream()获取连接图的 InputStream。文件 tu.java 的主要实现代码如下所示。

```
public class tu extends Activity
{
  private Button mButton1;
  private TextView mTextView1;
  private ImageView mImageView1;
  String uriPic = "http://www.baidu.com/img/baidu_sylogo1.gif";
  @Override
  public void onCreate(Bundle savedInstanceState)
  {
    super.onCreate(savedInstanceState);
    setContentView(R.layout.main);

    mButton1 = (Button) findViewById(R.id.myButton1);
    mTextView1 = (TextView) findViewById(R.id.myTextView1);
    mImageView1 = (ImageView) findViewById(R.id.myImageView1);

    mButton1.setOnClickListener(new Button.OnClickListener()
    {
      @Override
      public void onClick(View arg0)
      {
        /* 设置 Bitmap 在 ImageView 中 */
        mImageView1.setImageBitmap(getURLBitmap());
        mTextView1.setText("");
      }
    });
  }

  public Bitmap getURLBitmap()
```

```
    {
      URL imageUrl = null;
      Bitmap bitmap = null;
      try
      {
        /* new URL 对象将网址传入 */
        imageUrl = new URL(uriPic);
      }
      catch (MalformedURLException e)
      {
        e.printStackTrace();
      }
      try
      {
        /* 取得连接 */
        HttpURLConnection conn = (HttpURLConnection) imageUrl
            .openConnection();
        conn.connect();
        /* 取得返回的 InputStream */
        InputStream is = conn.getInputStream();
        /* 将 InputStream 变成 Bitmap */
        bitmap = BitmapFactory.decodeStream(is);
        /* 关闭 InputStream */
        is.close();
      }
      catch (IOException e)
      {
        e.printStackTrace();
      }
      return bitmap;
    }
}
```

▲图 5-7　执行效果

执行后单击按钮【单击后获取网络上的图片】后可以显示指定网址的图片，如图 5-7 所示。

5.2.3　在手机屏幕中显示网页

在日常应用中，我们可以使用 HttpURLConnection 来获取某一个网页的内容。在本实例中，当在编辑框中输入网址并单击【显示网页】按钮后会获取编辑框中的网址，然后打开 HttpURLConnection 连接并获取输入流，接下来将返回的流保存为“.html”格式的文件，再用 WebView 将 HTML 文件显示出来。

题目	目的	源码路径
实例 5-7	在手机屏幕中显示一个网页	\codes\5\GetHtml

本实例的具体实现流程如下所示。

（1）编写布局文件 main.xml，主要代码如下所示。

```
<?xml version="1.0" encoding="utf-8"?>
<LinearLayout xmlns:android="http://schemas.android.com/apk/res/android"
    android:orientation="vertical"
    android:layout_width="fill_parent"
    android:layout_height="fill_parent"
    >
    <EditText
        android:id="@+id/myEdit1"
        android:layout_width="fill_parent"
        android:layout_height="wrap_content"
        android:maxLines="2"
        android:hint="请输入网址"
    />
    <Button
        android:id="@+id/myButton1"
        android:layout_width="100px"
        android:layout_height="wrap_content"
```

```
        android:text="显示网页"
    />
    <WebView
        android:id="@+id/myWeb1"
        android:layout_width="fill_parent"
        android:layout_height="wrap_content"
        android:minHeight="200px"
    />
</LinearLayout>
```

（2）编写主程序文件 GetHtml.java，在方法 getStaticPageByBytes()中通过 HttpURLConnection 来获取某一个网页的内容。文件 GetHtml.java 的具体实现代码如下所示。

```
package ckl.gethtml;

import java.io.File;
import java.io.FileOutputStream;
import java.io.IOException;
import java.io.InputStream;
import java.net.HttpURLConnection;
import java.net.MalformedURLException;
import java.net.URL;

import android.app.Activity;
import android.os.Bundle;
import android.util.Log;
import android.view.View;
import android.view.View.OnClickListener;
import android.webkit.WebView;
import android.widget.Button;
import android.widget.EditText;

public class GetHtml extends Activity {
    private EditText mEdit = null;
    private Button mButton = null;
    private WebView mWeb = null;

    public void onCreate(Bundle savedInstanceState) {
        super.onCreate(savedInstanceState);
        setContentView(R.layout.main);

        mEdit = (EditText)findViewById(R.id.myEdit1);
        mButton = (Button)findViewById(R.id.myButton1);
        mWeb = (WebView)findViewById(R.id.myWeb1);

        mWeb.getSettings().setJavaScriptEnabled(true);
        mWeb.getSettings().setPluginsEnabled(true);

        mButton.setOnClickListener(new OnClickListener() {
            public void onClick(View v) {
                String strUrl = mEdit.getText().toString();
                String strFile = "/sdcard/test.html";
                if (!strUrl.startsWith("http://")) {
                    strUrl = "http://" + strUrl;
                }
                getStaticPageByBytes(strUrl, strFile);
                mWeb.loadUrl("file://" + strFile);
            }
        });
    }

    private void getStaticPageByBytes(String surl, String strFile){

        Log.i("getStaticPageByBytes", surl + ", " + strFile);

        HttpURLConnection connection = null;
        InputStream is = null;

        File file = new File(strFile);
```

```
        FileOutputStream fos = null;

        try {
            URL url = new URL(surl);
            connection = (HttpURLConnection)url.openConnection();

            int code = connection.getResponseCode();
            if (HttpURLConnection.HTTP_OK == code) {
                connection.connect();
                is = connection.getInputStream();
                fos = new FileOutputStream(file);

                int i;
                while((i = is.read()) != -1){
                    fos.write(i);
                }

                is.close();
                fos.close();
            }
        } catch (MalformedURLException e) {
            e.printStackTrace();
        } catch (IOException e) {
            e.printStackTrace();
        } finally {
            if (connection != null) {
                connection.disconnect();
            }
        }
    }
}
```

执行之后的效果如图 5-8 所示。

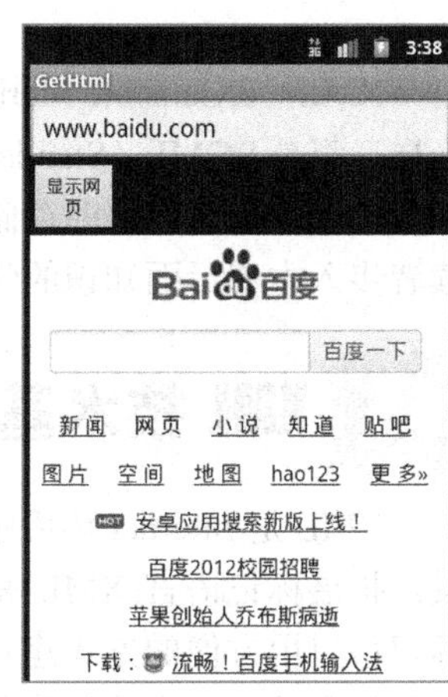

▲图 5-8 执行效果

注意

注意乱码问题

本实例的做法并不能每次都保证可以获得正确的网页内容，主要是因为会受到网页内容编码(Encoding)的影响，页面编码内容的编码是不确定的，可能不是 utf-8。因为在 Java 内部是使用 utf-16 来表示字符的，所以在使用 String 保存页面内容时，会被转换为 utf-16 来保存，写入文件时再转换为操作系统中的默认编码，这样会导致保存文件内容的编码和 HTML 中指定的编码不一致，从而导致中文乱码。

第6章　处理 XML 数据

XML（eXtensible Markup Language）即可扩展置标语言，也称可扩展标记语言，它与 HTML 一样，都是 SGML（Standard Generalized Markup Language，标准通用标记语言）。通过使用 XML 技术可以实现对数据的存储。本章将详细讲解在 Android 手机中处理 XML 数据的基本知识，为读者步入本书后面知识的学习打下基础。

6.1 XML 技术基础

XML 是 Internet 环境中跨平台的，依赖于内容的技术，是当前处理结构化文档信息的有力工具。扩展标记语言 XML 是一种简单的数据存储语言，使用一系列简单的标记描述数据，而这些标记可以用方便的方式建立，虽然 XML 占用的空间要比二进制数据多，但是 XML 极其简单，易于掌握和使用。本节将简要介绍 XML 技术的基本知识。

6.1.1　XML 的概述

XML 与 Access、Oracle 和 SQL Server 等数据库不同，数据库提供了更强有力的数据存储和分析能力，例如数据索引、排序、查找、相关一致性等，XML 仅是展示数据。事实上 XML 与其他数据表现形式最大的不同是它极其简单，这是一个看上去有点琐细的优点，但正是这点使 XML 与众不同。

XML 的简单使其易于在任何应用程序中读/写数据，这使 XML 很快成为数据交换的唯一公共语言，虽然不同的应用软件也支持其他的数据交换格式，但不久之后它们都将支持 XML，那就意味着程序可以更容易地与 Windows、Mac OS、Linux 以及其他平台下产生的信息结合，然后可以很容易加载 XML 数据到程序中并分析它，并以 XML 格式输出结果。

为了使得 SGML 显得用户友好，XML 重新定义了 SGML 的一些内部值和参数，去掉了大量的很少用到的功能，这些繁杂的功能使得 SGML 在设计网站时显得复杂化。XML 保留了 SGML 的结构化功能，这样就使得网站设计者可以定义自己的文档类型，XML 同时也推出了一种新型文档类型，使得开发者也可以不必定义文档类型。

因为 XML 是 W3C 制定的，XML 的标准化工作由 W3C 的 XML 工作组负责，该小组成员由来自各个地方和行业的专家组成，他们通过 e-mail 交流对 XML 标准的意见，并提出自己的看法（www.w3.org/TR/WD-xml）。因为 XML 是一种公共格式，可以无需担心 XML 技术会成为少数公司的盈利工具，XML 不是一种依附于特定浏览器的语言。

6.1.2　XML 的语法

上面虽然讲解了 XML 的特点，但是初学者仍然不明白 XML 是用来做什么的，其实 XML 什么也不做，它只是用来存储数据的，对 HTML 语言进行扩展，它和 HTML 分工很明显，XML 是用来存储数据，而 HTML 是用来如何表现数据的，下面通过一段程序进行讲解，其代码（6-2.xml）如下所示。

```
<?xml version="1.0" encoding="utf-8"?>
<book>
<person>
<first>Kiran</first>
<last>Pai</last>
<age>22</age>
</person>
<person>
<first>Bill</first>
<last>Gates</last>
<age>46</age>
</person>
<person>
<first>Steve</first>
<last>Jobs</last>
<age>40</age>
</person>
</book>
```

上面的语法不但可以这样写，只要符合语法还可以写成汉语，如下面（6-3.xml）代码：

```
<?xml version="1.0" encoding="utf-8"?>
     <项目>
         <名>天上星</名>
         <电子邮件>tianshangxing@hotmail.com</电子邮件>
         <住宅>何国何市何区何街道何番号</住宅>
         <电话>86-021-742745674</电话>
         <一言>XML 学习</一言>
     </项目>
```

从上面两段代码可以看出，XML 的标记完全自由定义，不受约束，它只是用来存储信息，除了第一行固定以外，其他的只需主要前后标签一致，末标签不能省掉，下面将 XML 语法格式总结如下所示。

- 在第一行必须对 XML 进行声明，即声明 XML 的版本。
- 它的标记和 HTML 一样是成双成对出现。
- XML 对标记的大小写十分敏感。
- XML 标记是用户自行定义，但是每一个标记必须有结束标记。

6.1.3 获取 XML 文档

获取 XML 文档十分简单，下面通过一段简单的 Java 程序获取上一节讲解的 6-2.xml 中的信息，其代码如下所示。

```
import java.io.File;
import org.w3c.dom.Document;
import org.w3c.dom.*;
import javax.xml.parsers.DocumentBuilderFactory;
import javax.xml.parsers.DocumentBuilder;
import org.xml.sax.SAXException;
import org.xml.sax.SAXParseException;
public class ReadAndPrintXMLFile{
public static void main (String argv []){
try {
   DocumentBuilderFactory docBuilderFactory
= DocumentBuilderFactory.newInstance();
           DocumentBuilder docBuilder
= docBuilderFactory.newDocumentBuilder();
           Document doc = docBuilder.parse (new File("6-2.xml"));
           doc.getDocumentElement ().normalize ();
           System.out.println ("Root element of the doc is "
 + doc.getDocumentElement().getNodeName());
```

```
          NodeList listOfPersons = doc.getElementsByTagName("person");
          int totalPersons = listOfPersons.getLength();
          System.out.println("Total no of people : " + totalPersons);
          for(int s=0; s<listOfPersons.getLength() ; s++){
             Node firstPersonNode = listOfPersons.item(s);
             if(firstPersonNode.getNodeType() == Node.ELEMENT_NODE){
                Element firstPersonElement = (Element)firstPersonNode;
                NodeList firstNameList = firstPersonElement.getElementsByTagName
                ("first");
                Element firstNameElement = (Element)firstNameList.item(0);
                NodeList textFNList = firstNameElement.getChildNodes();
                System.out.println("First Name : " +
                      ((Node)textFNList.item(0)).getNodeValue().trim());
                NodeList lastNameList = firstPersonElement.getElementsByTagName
                ("last");
                Element lastNameElement = (Element)lastNameList.item(0);
                NodeList textLNList = lastNameElement.getChildNodes();
                System.out.println("Last Name : " +
                       ((Node)textLNList.item(0)).getNodeValue().trim());
                NodeList ageList = firstPersonElement.getElementsByTagName("age");
                Element ageElement = (Element)ageList.item(0);
                NodeList textAgeList = ageElement.getChildNodes();
                System.out.println("Age : " + ((Node)textAgeList.item(0)).
                getNodeValue().trim());
             }    } }
      catch (SAXParseException err)
         {
           System.out.println ("** Parsing error" + ", line "
                             + err.getLineNumber()+",uri"+err.getSystemId());
           System.out.println(" " + err.getMessage ());     }
      catch (SAXException e) {
            Exception x = e.getException ();
            ((x == null) ? e : x).printStackTrace ();
   }
      catch (Throwable t) {
            t.printStackTrace ();
   }
         }
   }
```

```
<已终止> ReadAndPrintXMLFile [Java 应用程序] C:\Program Files\Java\jre6\bin\javaw.exe(2009-2-19
Root element of the doc is book
Total no of people : 3
First Name : Kiran
Last Name : Pai
Age : 22
First Name : Bill
Last Name : Gates
Age : 46
First Name : Steve
Last Name : Jobs
Age : 40
```

▲图 6-1　获取 XML 文档

用户在 Java API 还可以找到更多操作 XML 文档的方法，执行上述代码后得到图 6-1 所示的结果。

> **注意**　读者需要注意的是，XML 文档其实比 HTML 文档更简单，XML 主要用来存储信息，不负责显示在页面。获取 XML 文档的方法有很多，也并不是只有 Java 语言，还有许多语言都可以调用，如 C#、PHP 和 ASP 等，也包括 HTML 语言。

6.2 使用 SAX 解析 XML 数据

SAX（Simple API for XML）既是指一种接口，也是指一个软件包。SAX 最初是由 David Megginson 采用 Java 语言开发，之后 SAX 很快在 Java 开发者中流行起来。San 现在负责管理其原始 API 的开发工作，这是一种公开的、开放源代码软件。不同于其他大多数 XML 标准的是，SAX 没有语言开发商必须遵守的标准 SAX 参考版本。因此，SAX 的不同实现可能采用区别很大的接口。本节将简要介绍 SAX 技术的基本知识。

6.2.1　SAX 的原理

作为接口，SAX 是事件驱动型 XML 解析的一个标准接口（Standard Interface）不会改变，已被 OASIS（Organization for the Advancement of Structured Information Standards）所采纳。作为软

件包，SAX最早的开发始于1997年12月，由一些在互联网上分散的程序员合作进行。后来，参与开发的程序员越来越多，组成了互联网上的XML-DEV社区。5个月以后，1998年5月，SAX 1.0版由XML-DEV正式发布。目前，最新的版本是SAX 2.0。2.0版本在多处与1.0版本不兼容，包括一些类和方法的名字。

SAX的工作原理简单地说就是对文档进行顺序扫描，当扫描到文档（Document）开始与结束、元素（Element）开始与结束、文档（Document）结束等地方时通知事件处理函数，由事件处理函数做相应动作，然后继续同样的扫描，直至文档结束。

大多数SAX实现都会产生以下5种类型的事件。

- 在文档的开始和结束时触发文档处理事件。
- 在文档内每一XML元素接受解析的前后触发元素事件。
- 任何元数据通常都由单独的事件交付。
- 在处理文档的DTD或Schema时产生DTD或Schema事件。
- 产生错误事件用来通知主机应用程序解析错误。

6.2.2 基于对象和基于事件的接口

语法分析器有两类接口：基于对象的接口和基于事件的接口。DOM 是基于对象的语法分析器的标准的API。作为基于对象的接口，DOM通过在内存中显示地构建对象树来与应用程序通信。对象树是XML文件中元素树的精确映射。

DOM易于学习和使用，因为它与基本XML文档紧密匹配。特别以XML为中心的应用程序（例如浏览器和编辑器）也是很理想的。以XML为中心的应用程序为了操纵XML文档而操纵XML文档。

然而，对于大多数应用程序，处理XML文档只是其众多任务中的一种。例如，记账软件包可能导入XML发票，但这不是其主要活动。计算账户余额、跟踪支出以及使付款与发票匹配才是主要活动。记账软件包可能已经具有一个数据结构（最有可能是数据库）。DOM模型不太适合记账应用程序，因为在那种情况下，应用程序必须在内存中维护数据的两份副本（一个是DOM树，另一个是应用程序自己的结构）。至少，在内存维护两次数据会使效率下降。对于桌面应用程序来说，这可能不是主要问题，但是它可能导致服务器瘫痪。对于不以XML为中心的应用程序，SAX是明智的选择。实际上，SAX并不在内存中显式地构建文档树。它使应用程序能用最有效率的方法存储数据。

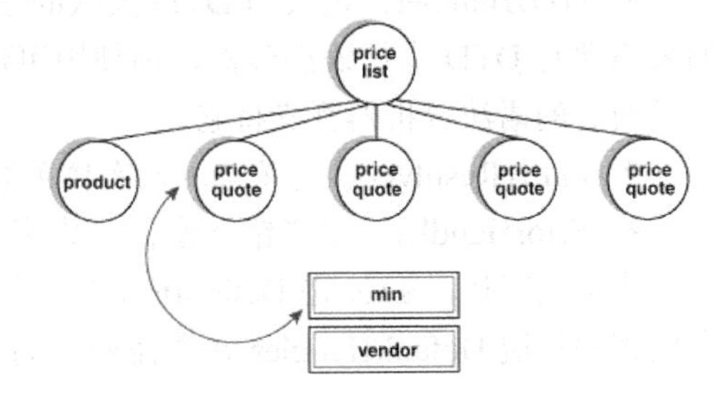

▲图6-2 将XML结构映射成应用程序结构

图6-2说明了应用程序如何在XML树及其自身数据结构之间进行映射。

SAX是基于事件的接口，正如其名称所暗示的，基于事件的语法分析器将事件发送给应用程序。这些事件类似于用户界面事件，例如浏览器中的ONCLICK事件或者Java中的AWT/Swing事件。

事件通知应用程序发生了某件事并需要应用程序做出反应。在浏览器中，通常为响应用户操作而生成事件：当用户单击按钮时，按钮产生一个ONCLICK事件。

在XML语法分析器中，事件与用户操作无关，而与正在读取的XML文档中的元素有关。有以下方面的事件：

- 元素开始和结束标记；
- 元素内容；
- 实体；

● 语法分析错误。

图6-3显示了语法分析器在读取文档时如何生成事件。

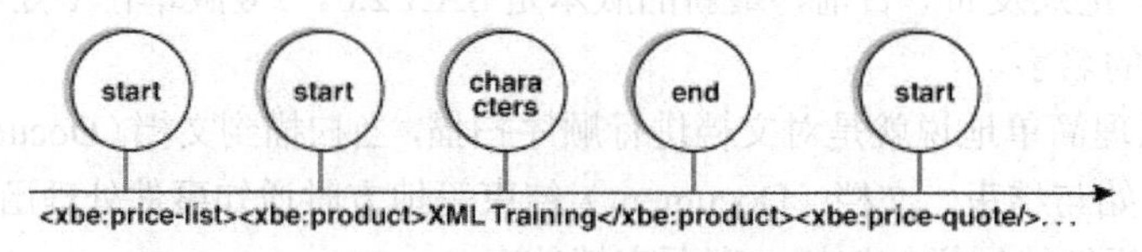

▲图6-3 语法分析器生成事件

读者在此可能禁不住要问：为什么使用基于事件的接口？

这两种API中没有一种在本质上更好，它们适用于不同的需求。经验法则是在需要更多控制时使用 SAX；要增加方便性时，则使DOM。例如，DOM在脚本语言中很流行。

采用SAX的主要原因是效率。SAX比DOM做的事要少，但提供了对语法分析器的更多控制。当然，如果语法分析器的工作减少，则意味着您（开发者）有更多的工作要做。而且，正如我们已讨论的，SAX比DOM消耗的资源要少，这只是因为它不需要构建文档树。在XML早期，DOM得益于W3C批准的官方API这一身份。逐渐地，开发者选择了功能性而放弃了方便性，并转向了SAX。

SAX的主要限制是它无法向后浏览文档。实际上，激发一个事件后，语法分析器就将其忘记。如您将看到的，应用程序必须显式地缓冲其感兴趣的事件。

6.2.3 常用的接口和类

在现实开发应用中，SAX将其事件分为如下所示的接口。

● ContentHandler：定义与文档本身关联的事件（例如开始和结束标记）。大多数应用程序都注册这些事件。

● DTDHandler：定义与DTD关联的事件。然而，它不定义足够的事件来完整地报告DTD。如果需要对DTD进行语法分析，请使用可选的DeclHandler。DeclHandler是SAX的扩展，并且不是所有的语法分析器都支持它。

● EntityResolver：定义与装入实体关联的事件。只有少数几个应用程序注册这些事件。

● ErrorHandler：定义错误事件。许多应用程序注册这些事件以便用它们自己的方式报错。

为简化工作，SAX在DefaultHandler类中提供了这些接口的缺省实现。在大多数情况下，为应用程序扩展DefaultHandler并覆盖相关的方法要比直接实现一个接口更容易。

1. XMLReader

如果为注册事件处理器并启动语法分析器，应用程序应该使用 XMLReader 接口，实现方法是使用XMLReader方法parse()来启动，具体语法格式如下所示。

```
parser.parse(args[0]);
```

XMLReader中的主要方法如下所示。

（1）parse()：对 XML 文档进行语法分析。parse()有两个版本，一个接受文件名或 URL，另一个接受InputSource对象。

（2）setContentHandler()、setDTDHandler()、setEntityResolver()和setErrorHandler()：让应用程序注册事件处理器。

（3）setFeature()和setProperty()：控制语法分析器如何工作。它们采用一个特性或功能标识（一个类似于名称空间的URI和值）。功能采用Boolean值，而特性采用“对象”。

最常用的 XMLReaderFactory 功能如下所示。

（1）http:// xml.org/sax/features/namespaces：所有 SAX 语法分析器都能识别它。如果将它设置为 true（缺省值），则在调用 ContentHandler 的方法时，语法分析器将识别出名称空间并解析前缀。

（2）http://xml.org/sax/features/validation：它是可选的。如果将它设置为 true，则验证语法分析器将验证该文档。非验证语法分析器忽略该功能。

2. XMLReaderFactory

XMLReaderFactory 用于创建语法分析器对象，它定义了 createXMLReader()的如下两个版本。

- 一个采用语法分析器的类名作为参数。
- 一个从 org.xml.sax.driver 系统特性中获得类名称。

对于 Xerces，类是 org.apache.xerces.parsers.SAXParser。应该使用 XMLReaderFactory，因为它易于切换至另一种 SAX 语法分析器。实际上，只需要更改一行然后重新编译。

```
XMLReaderparser=XMLReaderFactory.createXMLReader(
"org.apache.xerces.parsers.SAXParser");
```

为获得更大的灵活性，应用程序可以从命令行读取类名或使用不带参数的 createXMLReader()。因此可以不重新编译就可以更改语法分析器。

3. InputSource

InputSource 控制语法分析器如何读取文件，包括 XML 文档和实体。在大多数情况下，文档是从 URL 装入的。但是有特殊需求的应用程序可以覆盖 InputSource。例如这可以用来从数据库中装入文档。

4. ContentHandler

ContentHandler 是最常用的 SAX 接口，因为它定义 XML 文档的事件。ContentHandler 声明以下几个事件。

（1）startDocument()/endDocument()：通知应用程序文档的开始或结束。

（2）startElement()/endElement()：通知应用程序标记的开始或结束。属性作为 Attributes 参数传递（请参阅下面“5.属性”）。即使只有一个标记，“空”元素（例如，<imghref="logo.gif"/>）也生成 startElement()和 endElement()。

（3）startPrefixMapping()/endPrefixMapping()：通知应用程序名称空间作用域。您几乎不需要改信息，因为当 http://xml.org/sax/features/namespaces 为 true 时，语法分析器已经解析了名称空间。

（4）当语法分析器在元素中发现文本（已经过语法分析的字符数据）时，characters()/ignorable Whitespace()会通知应用程序。要知道，语法分析器负责将文本分配到几个事件（更好地管理其缓冲区）。ignorableWhitespace 事件用于由 XML 标准定义的可忽略空格。

（5）processingInstruction()：将处理指令通知应用程序。

（6）skippedEntity()：通知应用程序已经跳过了一个实体（即当语法分析器未在 DTD/schema 中发现实体声明时）。

（7）setDocumentLocator()：将 Locator 对象传递到应用程序（请参阅下面“6.Locator”）。请注意，不需要 SAX 语法分析器提供 Locator，但是如果它提供了，则必须在任何其他事件之前激活该事件。

5. 属性

在 startElement()事件中，应用程序在 Attributes 参数中接收属性列表。

```
Stringattribute=attributes.getValue("","price");
```

Attributes 定义下列方法。

- getValue(i)/getValue(qName)/getValue(uri,localName)返回第 i 个属性值或给定名称的属性值。
- getLength()返回属性数目。
- getQName(i)/getLocalName(i)/getURI(i)返回限定名（带前缀）、本地名（不带前缀）和第 i 个属性的名称空间 URI。
- getType(i)/getType(qName)/getType(uri,localName)返回第 i 个属性的类型或者给定名称的属性类型。类型为字符串，即在 DTD 所使用的："CDATA""ID""IDREF""IDREFS""NMTOKEN""NMTOKENS""ENTITY""ENTITIES"或"NOTATION"

> **注意**　Attributes 参数仅在 startElement()事件期间可用。如果在事件之间需要它，则用 AttributesImpl 复制一个。

6. 定位器

Locator 为应用程序提供行和列的位置。不需要语法分析器来提供 Locator 对象。Locator 定义下列方法：

- getColumnNumber()返回当前事件结束时所在的那一列。在 endElement()事件中，它将返回结束标记所在的最后一列。
- getLineNumber()返回当前事件结束时所在的行。在 endElement()事件中，它将返回结束标记所在的行。
- getPublicId()返回当前文档事件的公共标识。
- getSystemId()返回当前文档事件的系统标识。

7. DTDHandler

DTDHandler 声明两个与 DTD 语法分析器相关的事件。具体如下所示。

- notationDecl()通知应用程序已经声明了一个标记。
- nparsedEntityDecl()通知应用程序已经发现了一个未经过语法分析的实体声明。

8. EntityResolver

EntityResolver 接口仅定义一个事件 resolveEntity()，它返回 InputSource。因为 SAX 语法分析器已经可以解析大多数 URL，所以很少应用程序实现 EntityResolver。例外情况是目录文件，它将公共标识解析成系统标识。如果在应用程序中需要目录文件，请下载 NormanWalsh 的目录软件包（请参阅参考资料）。

9. ErrorHandler

ErrorHandler 接口定义错误事件。处理这些事件的应用程序可以提供定制错误处理。安装了定制错误处理器后，语法分析器不再抛出异常。抛出异常是事件处理器的责任。接口定义了与错误的 3 个级别或严重性对应的 3 种方法。

- warning()：警示那些不是由 XML 规范定义的错误。例如，当没有 XML 声明时，某些语法分析器发出警告。它不是错误（因为声明是可选的），但是它可能值得注意。
- error()：警示那些由 XML 规范定义的错误。

- fatalError()：警示那些由 XML 规范定义的致命错误。

10. SAXException

SAX 定义的大多数方法都可以抛出 SAXException。当对 XML 文档进行语法分析时，SAXException 会抛出一个错误，这里的错误可以是语法分析错误也可以是事件处理器中的错误。要报告来自事件处理器的其他异常，可以将异常封装在 SAXException 中。

6.2.4　实战演练——在 Android 系统中使用 SAX 解析 XML 数据

Android 是最常用的智能手机平台，XML 是数据交换的标准媒介，Android 中可以使用标准的 XML 生成器、解析器、转换器 API，对 XML 进行解析和转换。本实例的功能是，在 Android 系统中使用 SAX 技术解析并生成 XML。

题目	目的	源码路径
实例 6-1	在 Android 系统中解析和生成 XML	\codes\6\XML_Parser

本实例的具体实现流程如下所示。

（1）编写布局文件 main.xml，具体实现代码如下所示。

```
<?xml version="1.0" encoding="utf-8"?>
<LinearLayout xmlns:android="http://schemas.android.com/apk/res/android"
    android:layout_width="fill_parent"
    android:layout_height="fill_parent"
    android:orientation="vertical" >
    <TextView
        android:layout_width="fill_parent"
        android:layout_height="wrap_content"
        android:text="@string/hello" />

</LinearLayout>
```

（2）编写解析功能的核心文件 SAXForHandler.java，主要实现代码如下所示。

```
public class SAXForHandler extends DefaultHandler {
    private static final String TAG = "SAXForHandler";
    private List<Person> persons;
    private String perTag ;//通过此变量，记录前一个标签的名称。
    Person person;//记录当前 Person

    public List<Person> getPersons() {
        return persons;
    }

    //适合在此事件中触发初始化行为。
    public void startDocument() throws SAXException {
        persons = new ArrayList<Person>();
        Log.i(TAG , "***startDocument()***");
    }

    public void startElement(String uri, String localName, String qName,
            Attributes attributes) throws SAXException {
        if("person".equals(localName)){
            for ( int i = 0; i < attributes.getLength(); i++ ) {
                Log.i(TAG ,"attributeName:" + attributes.getLocalName(i)
                        + "_attribute_Value:" + attributes.getValue(i));
                person = new Person();
                person.setId(Integer.valueOf(attributes.getValue(i)));
            }
        }
        perTag = localName;
        Log.i(TAG , qName+"***startElement()***");
    }
```

```
    public void characters(char[] ch, int start, int length) throws SAXException {
        String data = new String(ch, start, length).trim();
        if(!"".equals(data.trim())){
              Log.i(TAG ,"content: " + data.trim());
        }
        if("name".equals(perTag)){
              person.setName(data);
        }else if("age".equals(perTag)){
              person.setAge(new Short(data));
        }
    }

    public void endElement(String uri, String localName, String qName)
            throws SAXException {
        Log.i(TAG , qName+"***endElement()***");
        if("person".equals(localName)){
            persons.add(person);
            person = null;
        }
        perTag = null;
    }

    public void endDocument() throws SAXException {
        Log.i(TAG , "***endDocument()***");
    }
}
```

（3）编写单元测试文件PersonServiceTest.java，具体代码如下所示。

```
public void testSAXGetPersons() throws Throwable{
    InputStream inputStream = this.getClass().getClassLoader().
            getResourceAsStream("wang.xml");
    SAXForHandler saxForHandler = new SAXForHandler();
    SAXParserFactory spf = SAXParserFactory.newInstance();
    SAXParser saxParser = spf.newSAXParser();
    saxParser.parse(inputStream, saxForHandler);
    List<Person> persons = saxForHandler.getPersons();
    inputStream.close();
    for(Person person:persons){
        Log.i(TAG, person.toString());
    }
}
```

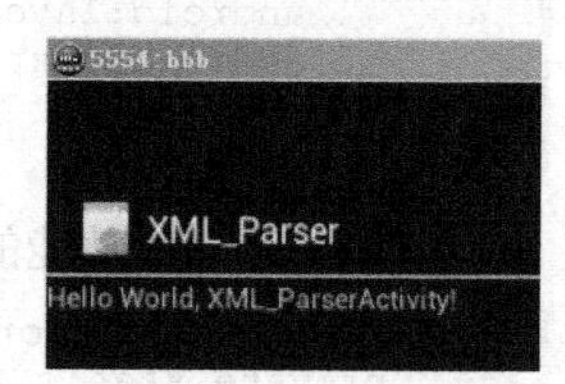

▲图6-4　执行效果

此时使用Eclipse启动Android模拟器，执行后的效果如图6-4所示。

（4）开始具体测试，在Eclipse中导入本实例项目，在“Outline”面板中右键单击testSAXGetPersons()，如图6-5所示。在弹出命令中依次选择“Run As”“Android JUnit Test”选项，如图6-6所示。

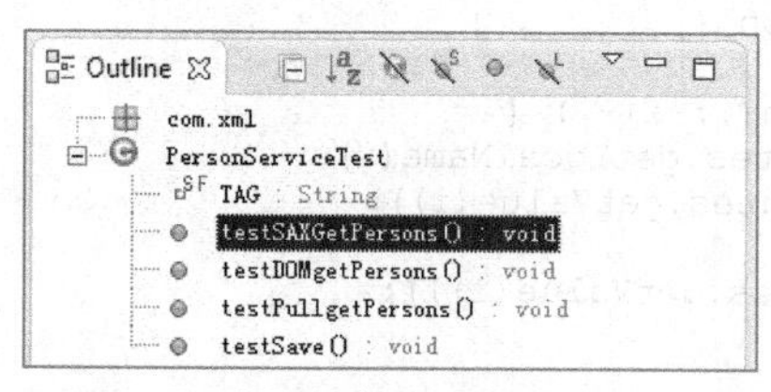

▲图6-5　右键单击testDOMgetPersons()

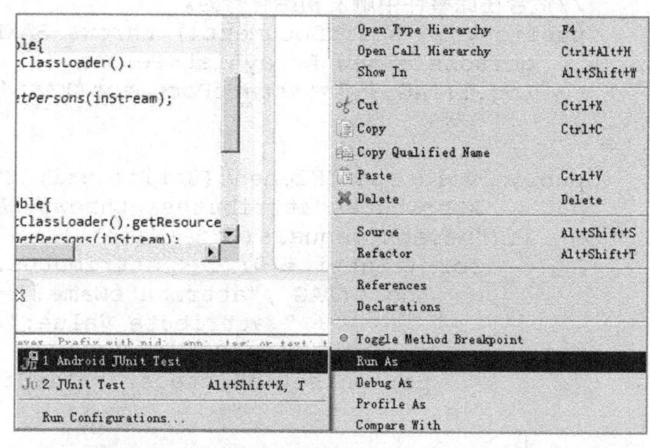

▲图6-6　选择“Android JUnit Test”选项

此时将在Logcat中显示测试的解析结果，如图6-7所示。

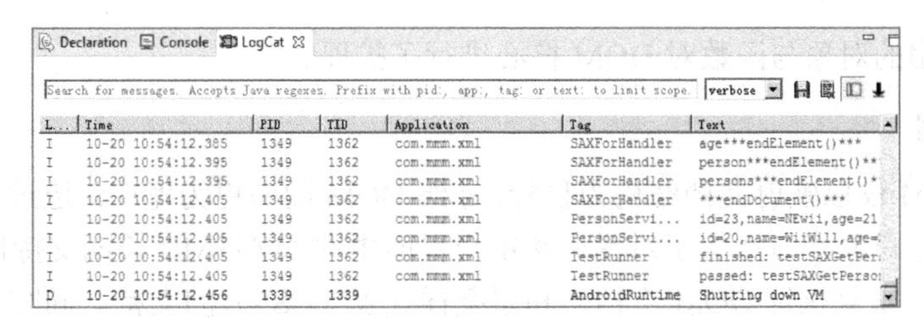

▲图 6-7　解析结果

注意　如果 Android 下的 Eclipse 界面中没有“Logcat”面板，只需依次单击 Eclipse 菜单栏中的“Window”“show view”“other”“Android”，然后选择“Logcat”后即可在 Eclipse 界面看到“Logcat”面板。

6.3 使用 DOM 解析 XML

DOM 是 Document Object Model 的简称，被译为文件对象模型，是 W3C 组织推荐的处理可扩展置标语言的标准编程接口。DOM 的历史可以追溯至 20 世纪 90 年代后期微软与 Netscape 的“浏览器大战”，双方为了在 JavaScript 与 Jscript 间一决生死，于是大规模的赋予浏览器强大的功能。微软在网页技术上加入了不少专属事物，有 VBScript、ActiveX，以及微软的 DHTML 格式等，使不少网页使用非微软平台及浏览器无法正常显示。本节将详细讲解在 Android 系统中使用 DOM 解析 XML 的基本知识。

6.3.1　DOM 概述

DOM 可以以一种独立于平台和语言的方式访问和修改一个文档的内容和结构。换句话说，这是表示和处理一个 HTML 或 XML 文档的常用方法。有一点很重要，DOM 的设计是以对象管理组织（OMG）的规约为基础的，因此可以用于任何编程语言。最初人们把它认为是一种让 JavaScript 在浏览器间可移植的方法，不过 DOM 的应用已经远远超出这个范围。DOM 技术使得用户页面可以动态地变化，如可以动态地显示或隐藏一个元素，改变它们的属性，增加一个元素等，DOM 技术使得页面的交互性大大地增强。

DOM 实际上是以面向对象方式描述的文档模型。DOM 定义了表示和修改文档所需的对象、这些对象的行为和属性以及这些对象之间的关系。可以把 DOM 认为是页面上数据和结构的一个树状表示，不过页面当然可能并不是以这种树的方式具体实现。

通过 JavaScript 可以重构整个 HTML 文档，可以添加、移除、改变或重排页面上的项目。要想改变页面的某个东西，JavaScript 需要获得对 HTML 文档中所有元素进行访问的入口。这个入口，连同对 HTML 元素进行添加、移动、改变或移除的方法和属性，都是通过文档对象模型来获得的（DOM）。

6.3.2　DOM 的结构

根据 W3C DOM 规范，DOM 是 HTML 与 XML 的应用编程接口（API），DOM 将整个页面映射为一个由层次节点组成的文件。有 1 级、2 级、3 级共 3 个级别，各个级别的具体说明如下所示。

1. 1 级 DOM

1 级 DOM 在 1998 年 10 月份成为 W3C 的提议，由 DOM 核心与 DOM HTML 两个模块组成。DOM 核心能映射以 XML 为基础的文档结构，允许获取和操作文档的任意部分。DOM HTML 通过添加 HTML 专用的对象与函数对 DOM 核心进行了扩展。

2. 2 级 DOM

鉴于 1 级 DOM 仅以映射文档结构为目标，2 级 DOM 面向更为宽广。通过对原有 DOM 的扩展，2 级 DOM 通过对象接口增加了对鼠标和用户界面事件（DHTML 长期支持鼠标与用户界面事件）、范围、遍历（重复执行 DOM 文档）和层叠样式表（CSS）的支持。同时也对 1 级 DOM 的核心进行了扩展，从而可支持 XML 命名空间。

在 2 级 DOM 中，引进了如下所示的新 DOM 模块来处理新的接口类型。

- DOM 视图：描述跟踪一个文档的各种视图（使用 CSS 样式设计文档前后）的接口。
- DOM 事件：描述事件接口。
- DOM 样式：描述处理基于 CSS 样式的接口。
- DOM 遍历与范围：描述遍历和操作文档树的接口。

3. 3 级 DOM

3 级 DOM 通过引入统一方式载入和保存文档和文档验证方法对 DOM 进行进一步扩展，3 级 DOM 包含一个名为“DOM 载入与保存”的新模块，DOM 核心扩展后可支持 XML 1.0 的所有内容，包扩 XML Infoset、XPath 和 XML Base。

4. 0 级 DOM

当阅读与 DOM 有关的材料时，可能会遇到参考 0 级 DOM 的情况。在此需要注意的是，并没有标准被称为 0 级 DOM，它仅是 DOM 历史上一个参考点。0 级 DOM 被认为是在 Internet Explorer 4.0 与 Netscape Navigator4.0 支持的最早的 DHTML。

5. 节点

根据 DOM，HTML 文档中的每个成分都是一个节点。关于使用节点的具体规则，DOM 是这样规定的。

- 整个文档是一个文档节点。
- 每个 HTML 标签是一个元素节点。
- 包含在 HTML 元素中的文本是文本节点。
- 每一个 HTML 属性是一个属性节点。
- 注释属于注释节点。

6. Node 的层次

在 DOM 中，各个节点之间彼此都有着等级关系。HTML 文档中的所有节点组成了一个文档树（或节点树）。HTML 文档中的每个元素、属性、文本等都代表着树中的一个节点。树起始于文档节点，并由此继续伸出枝条，直到处于这棵树最低级别的所有文本节点为止。例如下面的图 6-8 演示了一个文档树（节点树）的结构。

7. 文档树（节点数）

请看如下所示的 HTML 文档。

```
<html>
<head>
<title>DOM Tutorial</title>
</head>
<body>
<h1>DOM Lesson one</h1>
```

```
<p>Hello world!</p>
</body>
</html>
```

在上述代码中，所有的节点彼此间都存在关系，具体说明如下所示。

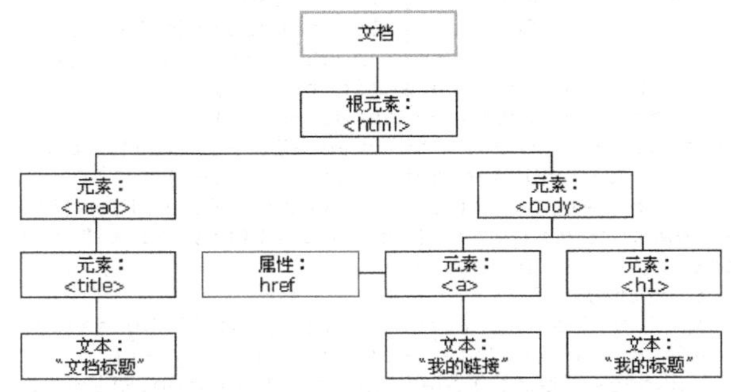

▲图 6-8　一个文档树（节点树）的结构

● 除文档节点之外的每个节点都有父节点。例如<head>和<body>的父节点是<html>节点，文本节点"Hello world!"的父节点是<p>节点。

● 大部分元素节点都有子节点。例如<head>节点有一个子节点：<title>节点。<title>节点也有一个子节点：文本节点"DOM Tutorial"。

● 当节点分享同一个父节点时，它们就是同辈（同级节点）。例如<h1>和<p>是同辈，因为它们的父节点均是<body>节点。

● 节点也可以拥有后代，后代指某个节点的所有子节点，或者这些子节点的子节点，依此类推。例如所有的文本节点都是<html>节点的后代，而第一个文本节点是<head>节点的后代。

● 节点也可以拥有先辈。先辈是某个节点的父节点，或者父节点的父节点，以此类推。例如所有的文本节点都可把<html>节点作为先辈节点。

6.3.3　实战演练——在 Android 系统中使用 DOM 解析 XML 数据

本实例的功能是，在 Android 系统中使用 DOM 技术来解析并生成 XML。

题目	目的	源码路径
实例 6-2	在 Android 系统中解析和生成 XML	\codes\6\XML_Parser

本实例的具体实现流程如下所示。

（1）编写布局文件 main.xml，具体实现代码如下所示。

```
<?xml version="1.0" encoding="utf-8"?>
<LinearLayout xmlns:android="http://schemas.android.com/apk/res/android"
    android:layout_width="fill_parent"
    android:layout_height="fill_parent"
    android:orientation="vertical" >
    <TextView
        android:layout_width="fill_parent"
        android:layout_height="wrap_content"
        android:text="@string/hello" />

</LinearLayout>
```

（2）编写解析功能的核心文件 DOMPersonService.java，具体实现流程如下所示。

● 创建 DocumentBuilderFactory 对象 factory，并调用 newInstance()创建新实例。

● 创建 DocumentBuilder 对象 builder，DocumentBuilder 将实现具体的解析工作以创建 Document 对象。

- 解析目标 XML 文件以创建 Document 对象。

文件 DOMPersonService.java 的具体实现代码如下所示。

```
public class DOMPersonService {
    public static List<Person> getPersons(InputStream inStream) throws Exception{
        List<Person> persons = new ArrayList<Person>();
        DocumentBuilderFactory factory = DocumentBuilderFactory.newInstance();
        DocumentBuilder builder = factory.newDocumentBuilder();
        Document document = builder.parse(inStream);
        Element root = document.getDocumentElement();
        NodeList personNodes = root.getElementsByTagName("person");
        for(int i=0; i < personNodes.getLength() ; i++){
            Element personElement = (Element)personNodes.item(i);
            int id = new Integer(personElement.getAttribute("id"));
            Person person = new Person();
            person.setId(id);
            NodeList childNodes = personElement.getChildNodes();
            for(int y=0; y < childNodes.getLength() ; y++){
                if(childNodes.item(y).getNodeType()==Node.ELEMENT_NODE){
                    if("name".equals(childNodes.item(y).getNodeName())){
                        String name = childNodes.item(y).getFirstChild().getNodeValue();
                        person.setName(name);
                    }else if("age".equals(childNodes.item(y).getNodeName())){
                        String age = childNodes.item(y).getFirstChild().getNodeValue();
                        person.setAge(new Short(age));
                    }
                }
            }
            persons.add(person);
        }
        inStream.close();
        return persons;
    }
}
```

（3）编写单元测试文件 PersonServiceTest.java，具体代码如下所示。

```
public void testDOMgetPersons() throws Throwable{
    InputStream inStream = this.getClass().getClassLoader().
            getResourceAsStream("wang.xml");
    List<Person> persons = DOMPersonService.getPersons(inStream);
    for(Person person : persons){
        Log.i(TAG, person.toString());
    }
}
```

（4）开始具体测试，在 Eclipse 中导入本实例项目，在“Outline”面板中右键单击 testDOMgetPersons()，如图 6-9 所示。在弹出命令中依次选择“Run As”“Android JUnit Test”选项，如图 6-10 所示。

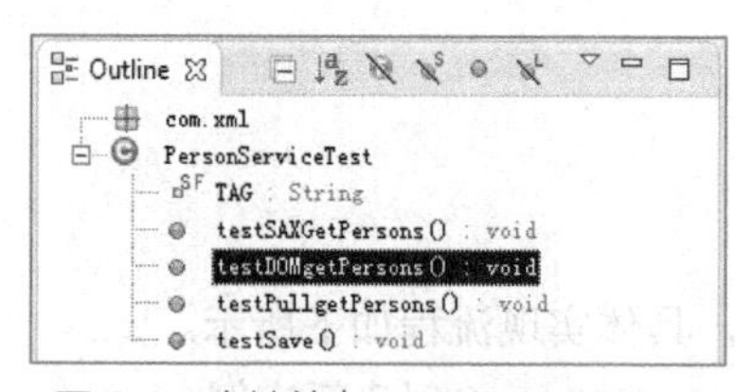

▲图 6-9　右键单击 testDOMgetPersons()

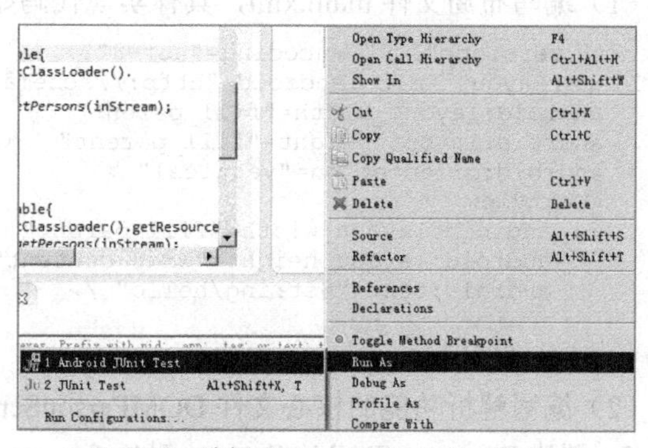

▲图 6-10　选择“Android JUnit Test”选项

此时将在 Logcat 中显示测试的解析结果，如图 6-11 所示。

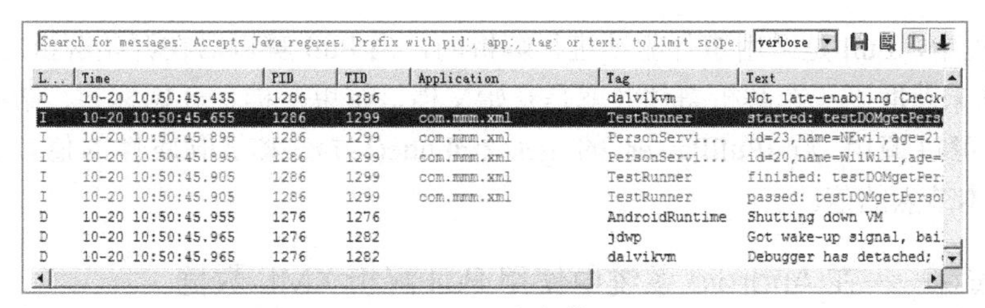

▲图 6-11 解析结果

注意

SAX 和 DOM 的对比

DOM 解析器是通过将 XML 文档解析成树状模型并将其放入内存来完成解析工作的，然后对文档的操作都是在这个树状模型上完成的。这个在内存中的文档树将是文档实际大小的几倍。这样做的好处是结构清晰，操作方便，而带来的麻烦就是极其耗费系统资源。

SAX 解析器正好克服了 DOM 的缺点，分析能够立即开始，而不是等待所有的数据被处理。而且，由于应用程序只是在读取数据时检查数据，因此不需要将数据存储在内存中，这对于大型文档来说是个巨大的优点。事实上，应用程序甚至不必解析整个文档，它可以在某个条件得到满足时停止解析。

下面的表 6-1 中列出了 SAX 和 DOM 在一些方面的对比。

表 6-1　　SAX 和 DOM 的对比

SAX	DOM
顺序读入文档并产生相应事件，可以处理任何大小的 XML 文档	在内存中创建文档树，不适于处理大型 XML 文档
只能对文档按顺序解析一遍，不支持对文档的随意访问	可以随意访问文档树的任何部分，没有次数限制
只能读取 XML 文档内容，而不能修改	可以随意修改文档树，从而修改 XML 文档
开发上比较复杂，需要自己来实现事件处理器	易于理解，易于开发
对开发人员而言更灵活，可以用 SAX 创建自己的 XML 对象模型	已经在 DOM 基础之上创建好了文档树

6.4 Pull 解析技术

在 Android 网络开发应用中，除了可以使用 SAX 和 DOM 技术解析 XML 文件外，还可以使用 Android 系统内置的 Pull 解析器解析 XML 文件。本节将详细讲解使用 Pull 技术解析 XML 文件的具体过程。

6.4.1 Pull 解析原理

Pull 解析器的运行方式与 SAX 解析器相似，也提供了类似的功能事件，例如开始元素和结束元素事件，使用 parser.next()可以进入下一个元素并触发相应事件。事件将作为数值代码被发送，因此可以使用一个 switch 对感兴趣的事件进行处理。当元素开始解析时，调用 parser.nextText()方法可以获取下一个 Text 类型元素的值。

Pull 解析器的源码及文档下载网址是：

```
http://www.xmlpull.org/
```

在解析过程中，Pull 是采用事件驱动进行解析的，当 Pull 解析器在开始解析之后，可以调用它的 next()方法来获取下一个解析事件（就是开始文档、结束文档、开始标签、结束标签），当处于某个元素时可以调用 XmlPullParser 的 getAttributte()方法来获取属性的值，也可调用它的 nextText()获取本节点的值。

6.4.2 实战演练——在 Android 系统中使用 Pull 解析 XML 数据

本实例的功能是，在 Android 系统中使用 Pull 技术来解析并生成 XML。

题目	目的	源码路径
实例 6-3	在 Android 系统中使用 Pull 解析 XML 文件	\codes\6\XML_Parser

本实例的具体实现流程如下所示。

（1）编写布局文件 main.xml，具体实现代码如下所示。

```
<?xml version="1.0" encoding="utf-8"?>
<LinearLayout xmlns:android="http://schemas.android.com/apk/res/android"
    android:layout_width="fill_parent"
    android:layout_height="fill_parent"
    android:orientation="vertical" >
    <TextView
        android:layout_width="fill_parent"
        android:layout_height="wrap_content"
        android:text="@string/hello" />

</LinearLayout>
```

（2）编写解析功能的核心文件 PullPersonService.java，具体实现流程如下所示。

- 创建 DocumentBuilderFactory 对象 factory，并调用 newInstance()创建新实例。
- 创建 DocumentBuilder 对象 builder，DocumentBuilder 将实现具体的解析工作以创建 Document 对象。
- 解析目标 XML 文件以创建 Document 对象。

文件 PullPersonService.java 的具体实现代码如下所示。

```
public class PullPersonService {
    public static void save(List<Person> persons, OutputStream outStream) throws
Exception{
        XmlSerializer serializer = Xml.newSerializer();
        serializer.setOutput(outStream, "UTF-8");
        serializer.startDocument("UTF-8", true);
        serializer.startTag(null, "persons");
        for(Person person : persons){
            serializer.startTag(null, "person");
            serializer.attribute(null, "id", person.getId().toString());
            serializer.startTag(null, "name");
            serializer.text(person.getName());
            serializer.endTag(null, "name");

            serializer.startTag(null, "age");
            serializer.text(person.getAge().toString());
            serializer.endTag(null, "age");

            serializer.endTag(null, "person");
        }
        serializer.endTag(null, "persons");
        serializer.endDocument();
        outStream.flush();
        outStream.close();
    }

    public static List<Person> getPersons(InputStream inStream) throws Exception{
```

```
        Person person = null;
        List<Person> persons = null;
        XmlPullParser pullParser = Xml.newPullParser();
        pullParser.setInput(inStream, "UTF-8");
        int event = pullParser.getEventType();//触发第一个事件
        while(event!=XmlPullParser.END_DOCUMENT){
            switch (event) {
            case XmlPullParser.START_DOCUMENT:
                persons = new ArrayList<Person>();
                break;
            case XmlPullParser.START_TAG:
                if("person".equals(pullParser.getName())){
                    int id = new Integer(pullParser.getAttributeValue(0));
                    person = new Person();
                    person.setId(id);
                }
                if(person!=null){
                    if("name".equals(pullParser.getName())){
                        person.setName(pullParser.nextText());
                    }
                    if("age".equals(pullParser.getName())){
                        person.setAge(new Short(pullParser.nextText()));
                    }
                }
                break;

            case XmlPullParser.END_TAG:
                if("person".equals(pullParser.getName())){
                    persons.add(person);
                    person = null;
                }
                break;
            }
            event = pullParser.next();
        }
        return persons;
    }
}
```

（3）编写单元测试文件 PersonServiceTest.java，具体代码如下所示。

```
public void testPullgetPersons() throws Throwable{
    InputStream inStream = this.getClass().getClassLoader().getResourceAsStream("wang.
xml");
    List<Person> persons = PullPersonService.getPersons(inStream);
    for(Person person : persons){
        Log.i(TAG, person.toString());
    }
}
```

（4）开始具体测试，在 Eclipse 中导入本实例项目，在“Outline”面板中右键单击 testPullgetPersons()，如图 6-12 所示。在弹出命令中依次选择“Run As”“Android JUnit Test”选项，如图 6-13 所示。

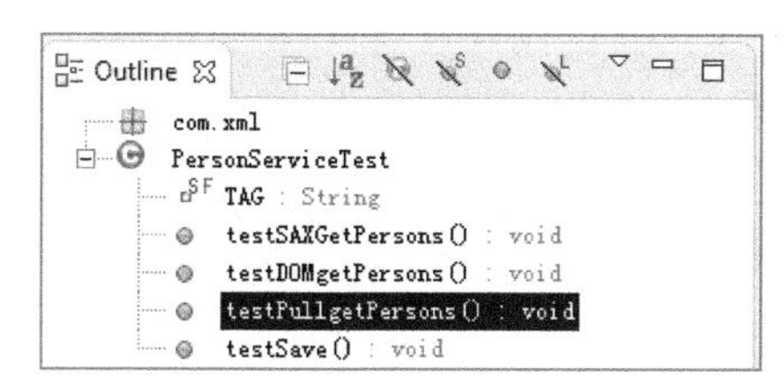

▲图 6-12　右键单击 testDOMgetPersons()

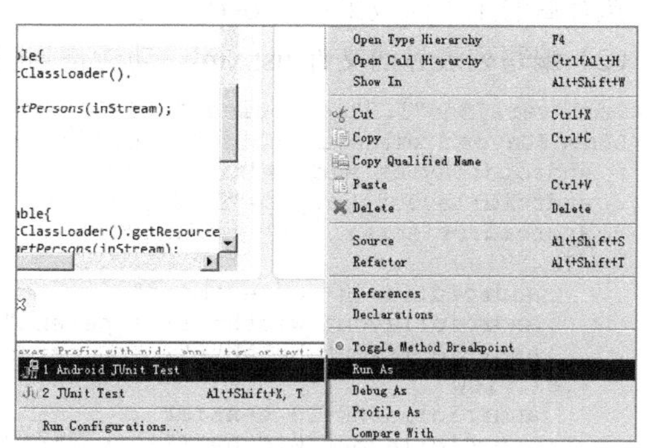

▲图 6-13　选择“Android JUnit Test”选项

此时将在 Logcat 中显示测试的解析结果，如图 6-14 所示。

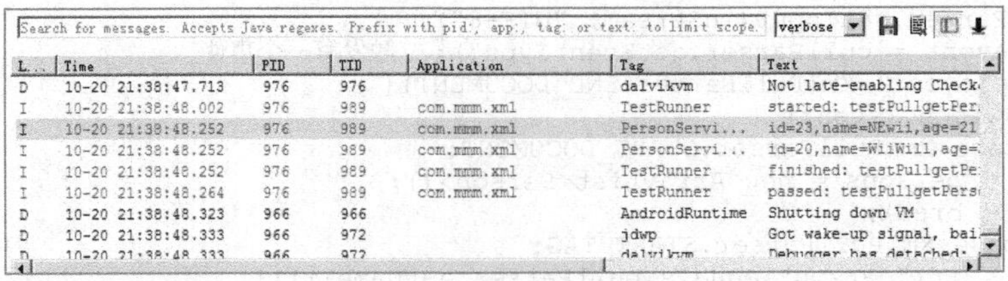

▲图 6-14　解析结果

6.5 实战演练——3 种解析方式的综合演练

本节将通过一个具体实例的实现过程，来综合演示使用 SAX、DOM 和 Pull 技术解析 XML 数据的具体过程。

题目	目的	源码路径
实例 6-4	综合演示使用 SAX、DOM 和 Pull 技术解析 XML 数据	\codes\6\XML_Parser

本实例的具体实现流程如下所示。

（1）编写主界面的布局文件 main.xml，在里面插入 3 个 Button 按钮。具体实现代码如下所示。

```
<?xml version="1.0" encoding="utf-8"?>
<LinearLayout xmlns:android="http://schemas.android.com/apk/res/android"
    android:layout_width="fill_parent"
    android:layout_height="fill_parent"
    android:orientation="vertical" >

    <Button
        android:id="@+id/btnSAX"
        android:layout_width="fill_parent"
        android:layout_height="wrap_content"
        android:text="SAX 方式解析" />
    <Button
        android:id="@+id/btnPull"
        android:layout_width="fill_parent"
        android:layout_height="wrap_content"
        android:text="Pull 方式解析" />
     <Button
        android:id="@+id/btnDom"
        android:layout_width="fill_parent"
        android:layout_height="wrap_content"
        android:text="Dom 方式解析" />
</LinearLayout>
```

▲图 6-15　执行效果

执行后的主界面效果如图 6-15 所示。

（2）编写列表界面文件 list.xml，功能是列表显示解析后的结果。具体实现代码如下所示。

```
<?xml version="1.0" encoding="utf-8"?>
<LinearLayout xmlns:android="http://schemas.android.com/apk/res/android"
    android:layout_width="fill_parent"
    android:layout_height="fill_parent"
    android:orientation="vertical" >
    <TextView
        android:id="@+id/textName"
        android:layout_width="fill_parent"
        android:layout_height="wrap_content" />
    <TextView
        android:id="@+id/textId"
        android:layout_width="fill_parent"
        android:layout_height="wrap_content"
        android:visibility="gone"
```

```
    />
</LinearLayout>
```

（3）编写解析的 XML 文件 channels.xml，本实例的目的就是使用 SAX、DOM 和 Pull 技术解析此 XML 文件中的数据。文件 channels.xml 的具体实现代码如下所示。

```
<?xml version="1.0" encoding="utf-8"?>
<channel>
<item id="0" url="http://www.baidu.com">百度</item>
<item id="1" url="http://www.qq.com">腾讯</item>
<item id="2" url="http://www.sina.com.cn">新浪</item>
<item id="3" url="http://www.taobao.com">淘宝</item>
</channel>
```

（4）编写对应的 XML 实体对象文件 channel.java，具体实现代码如下所示。

```
public class channel {
    private String id;
    private String url;
    private String name;
    public String getId() {
        return id;
    }
    public void setId(String id) {
        this.id = id;
    }
    public String getUrl() {
        return url;
    }
    public void setUrl(String url) {
        this.url = url;
    }
    public String getName() {
        return name;
    }
    public void setName(String name) {
        this.name = name;
    }
}
```

（5）编写文件 XMLParserActivity.java，用于响应单击主界面 3 个按钮的事件处理程序。具体实现代码如下所示。

```
public class XMLParserActivity extends Activity {
    private Button btnSax;
    private Button btnPull;
    private Button btnDom;
    /** Called when the activity is first created. */
    @Override
    public void onCreate(Bundle savedInstanceState) {
        super.onCreate(savedInstanceState);
        setContentView(R.layout.main);
        btnSax = (Button) findViewById(R.id.btnSAX);
        btnPull = (Button) findViewById(R.id.btnPull);
        btnDom = (Button) findViewById(R.id.btnDom);
        btnSax.setOnClickListener(new OnClickListener() {
            @Override
            public void onClick(View v) {
                // TODO Auto-generated method stub
                Intent intent = new Intent();
                intent.setClass(XMLParserActivity.this, SAXPraserDemo.class);
                startActivity(intent);
            }
        });
        btnPull.setOnClickListener(new OnClickListener() {
            @Override
            public void onClick(View v) {
                // TODO Auto-generated method stub
                Intent intent = new Intent();
```

```
                intent.setClass(XMLParserActivity.this, PullPraserDemo.class);
                startActivity(intent);
            }
        });
        btnDom.setOnClickListener(new OnClickListener() {
            @Override
            public void onClick(View v) {
                // TODO Auto-generated method stub
                Intent intent = new Intent();
                intent.setClass(XMLParserActivity.this, DomPraserDemo.class);
                startActivity(intent);
            }
        });
    }
}
```

（6）单击“SAX 方式解析”按钮后触发 SAXPraserDemo 列表显示结果，此功能的实现文件是 SAXPraserDemo.java，具体实现代码如下所示。

```
public class SAXPraserDemo extends ListActivity{
    @Override
    protected void onCreate(Bundle savedInstanceState) {
        // TODO Auto-generated method stub
        super.onCreate(savedInstanceState);
        SimpleAdapter adapter = null;
        try {
            adapter=new SimpleAdapter(this, getData(), R.layout.list,new String[]{"name",
"id"},new  int[]{
                R.id.textName,R.id.textId
            });
        } catch (ParserConfigurationException e) {
            // TODO Auto-generated catch block
            e.printStackTrace();
        } catch (SAXException e) {
            // TODO Auto-generated catch block
            e.printStackTrace();
        } catch (IOException e) {
            // TODO Auto-generated catch block
            e.printStackTrace();
        }
        setListAdapter(adapter);
    }

    private List<Map<String, String>> getData() throws ParserConfigurationException,
    SAXException, IOException
    {
        List<channel> list;
        list=getChannelList();
        List<Map<String, String>> mapList=new ArrayList<Map<String,String>>();
        for(int i=0;i<list.size();i++)
        {
            Map<String, String> map=new HashMap<String, String>();
            map.put("name", list.get(i).getName());
            map.put("id", list.get(i).getId());
            mapList.add(map);
        }
        return mapList;

    }

    private List<channel> getChannelList() throws ParserConfigurationException,
    SAXException, IOException
    {
        //实例化一个 SAXParserFactory 对象
        SAXParserFactory factory=SAXParserFactory.newInstance();
        SAXParser parser;
        //实例化 SAXParser 对象，创建 XMLReader 对象，解析器
        parser=factory.newSAXParser();
        XMLReader xmlReader=parser.getXMLReader();
```

```
        //实例化 handler，事件处理器
        SAXPraserHelper helperHandler=new SAXPraserHelper();
        //解析器注册事件
        xmlReader.setContentHandler(helperHandler);
        //读取文件流
        InputStream stream=getResources().openRawResource(R.raw.channels);
        InputSource is=new InputSource(stream);
        //解析文件
        xmlReader.parse(is);
        return helperHandler.getList();
    }

}
```

在上述代码中，调用文件 SAXPraserHelper.java 实现了具体的解析工作，此文件具体实现代码如下所示。

```
public class SAXPraserHelper extends DefaultHandler {
    final int ITEM = 0x0005;
    List<channel> list;
    channel chann;
    int currentState = 0;
    public List<channel> getList() {
        return list;
    }
    /*
     * 接口字符块通知
     */
    @Override
    public void characters(char[] ch, int start, int length)
            throws SAXException {
        // TODO Auto-generated method stub
        // super.characters(ch, start, length);
        String theString = String.valueOf(ch, start, length);
        if (currentState != 0) {
            chann.setName(theString);
            currentState = 0;
        }
        return;
    }
    /*
     * 接收文档结束通知
     */
    @Override
    public void endDocument() throws SAXException {
        // TODO Auto-generated method stub
        super.endDocument();
    }
    /*
     * 接收标签结束通知
     */
    @Override
    public void endElement(String uri, String localName, String qName)
            throws SAXException {
        // TODO Auto-generated method stub
        if (localName.equals("item"))
            list.add(chann);
    }
    /*
     * 文档开始通知
     */
    @Override
    public void startDocument() throws SAXException {
        // TODO Auto-generated method stub
        list = new ArrayList<channel>();
    }
    /*
     * 标签开始通知
     */
```

```
    @Override
    public void startElement(String uri, String localName, String qName,
            Attributes attributes) throws SAXException {
        // TODO Auto-generated method stub
        chann = new channel();
        if (localName.equals("item")) {
            for (int i = 0; i < attributes.getLength(); i++) {
                if (attributes.getLocalName(i).equals("id")) {
                    chann.setId(attributes.getValue(i));
                } else if (attributes.getLocalName(i).equals("url")) {
                    chann.setUrl(attributes.getValue(i));
                }
            }
            currentState = ITEM;
            return;
        }
        currentState = 0;
        return;
    }
}
```

从本步骤的实现过程可以看出，使用 SAX 解析 XML 的基本步骤如下所示。

- 实例化一个工厂 SAXParserFactory。
- 实例化 SAXPraser 对象，创建 XMLReader 解析器。
- 实例化 handler 处理器。
- 解析器注册一个事件。
- 读取文件流。
- 解析文件。

（7）单击“Pull 方式解析”按钮后触发 PullPraserDemo 列表显示结果，此功能的实现文件是 PullPraserDemo.java，具体实现代码如下所示。

```
public class PullPraserDemo extends ListActivity {
    @Override
    protected void onCreate(Bundle savedInstanceState) {
        // TODO Auto-generated method stub
        super.onCreate(savedInstanceState);
        SimpleAdapter adapter = new SimpleAdapter(this, getData(),
                R.layout.list, new String[] { "id", "name" }, new int[] {
                        R.id.textId, R.id.textName });
        setListAdapter(adapter);
    }
    private List<Map<String, String>> getData() {
        List<Map<String, String>> list = new ArrayList<Map<String, String>>();
        XmlResourceParser xrp = getResources().getXml(R.xml.channels);
        try {
            // 直到文档的结尾处
            while (xrp.getEventType() != XmlResourceParser.END_DOCUMENT) {
                // 如果遇到了开始标签
                if (xrp.getEventType() == XmlResourceParser.START_TAG) {
                    String tagName = xrp.getName();// 获取标签的名字
                    if (tagName.equals("item")) {
                        Map<String, String> map = new HashMap<String, String>();
                        String id=xrp.getAttributeValue(null,"id");// 通过属性名来获取属性值
                        map.put("id", id);
                        String url = xrp.getAttributeValue(1);// 通过属性索引来获取属性值
                        map.put("url", url);
                        map.put("name", xrp.nextText());
                        list.add(map);
                    }
                }
                xrp.next();// 获取解析下一个事件
            }
        } catch (XmlPullParserException e) {
            // TODO Auto-generated catch block
```

```
            e.printStackTrace();
        } catch (IOException e) {
            // TODO Auto-generated catch block
            e.printStackTrace();
        }
        return list;
    }
}
```

（8）单击“Dom 方式解析”按钮后触发 DomPraserDemo 列表显示结果，此功能的实现文件是 DomPraserDemo.java，具体实现代码如下所示。

```
public class DomPraserDemo extends ListActivity {
    @Override
    protected void onCreate(Bundle savedInstanceState) {
        // TODO Auto-generated method stub
        super.onCreate(savedInstanceState);
        SimpleAdapter adapter = new SimpleAdapter(this, getData(),
                R.layout.list, new String[] { "id", "name" }, new int[] {
                        R.id.textId, R.id.textName });
        setListAdapter(adapter);
    }
    private List<Map<String, String>> getData() {
        List<Map<String, String>> list = new ArrayList<Map<String, String>>();
        InputStream stream = getResources().openRawResource(R.raw.channels);
        List<channel> channlist = DomParserHelper.getChannelList(stream);
        for (int i = 0; i < channlist.size(); i++) {
            Map<String, String> map = new HashMap<String, String>();
            channel chann = (channel) channlist.get(i);
            map.put("id", chann.getId());
            map.put("url", chann.getUrl());
            map.put("name", chann.getName());
            list.add(map);
        }
        return list;
    }
}
```

在上述代码中，调用文件 DomParserHelper.java 实现了具体的解析工作，此文件具体实现代码如下所示。

```
public class DomParserHelper {
    public static List<channel> getChannelList(InputStream stream)
    {
        List<channel> list=new ArrayList<channel>();

        //得到 DocumentBuilderFactory 对象，由该对象可以得到 DocumentBuilder 对象
        DocumentBuilderFactory factory=DocumentBuilderFactory.newInstance();

        try {
            //得到 DocumentBuilder 对象
            DocumentBuilder builder=factory.newDocumentBuilder();
            //得到代表整个 xml 的 Document 对象
            Document document=builder.parse(stream);
            //得到“根节点”
            Element root=document.getDocumentElement();
            //获取根节点的所有 items 的节点
            NodeList items=root.getElementsByTagName("item");
            //遍历所有节点
            for(int i=0;i<items.getLength();i++)
            {
                channel chann=new channel();
                Element item=(Element)items.item(i);
                chann.setId(item.getAttribute("id"));
                chann.setUrl(item.getAttribute("url"));
                chann.setName(item.getFirstChild().getNodeValue());
                list.add(chann);
            }
        } catch (ParserConfigurationException e) {
```

```
            // TODO Auto-generated catch block
            e.printStackTrace();
        } catch (SAXException e) {
            // TODO Auto-generated catch block
            e.printStackTrace();
        } catch (IOException e) {
            // TODO Auto-generated catch block
            e.printStackTrace();
        }
        return list;
    }
}
```

从本步骤的实现过程可以看出，使用DOM解析XML的基本步骤如下所示。

- 调用DocumentBuilderFactory.newInstance()方法得到DOM解析器工厂类实例。
- 调用解析器工厂实例类的newDocumentBuilder()方法得到DOM解析器对象。
- 调用DOM解析器对象的parse()方法解析XML文档得到代表整个文档的Document对象。

到此为止，整个实例的实现过程讲解完毕。因为是解析的同一个目标文件，所以单击任意一个按钮后都会显示一样的效果，具体效果如图6-16所示。

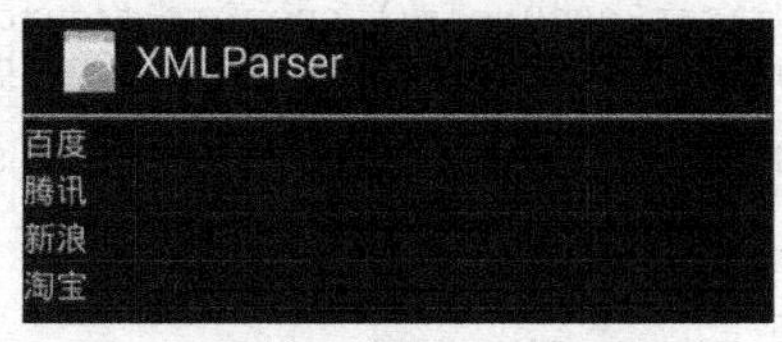

▲图6-16　解析后的效果

第 7 章　下载远程数据

下载是指通过网络进行文件传输，把互联网或其他电子计算机上的信息保存到本地电脑上的一种网络活动。下载可以显式或隐式地进行，只要是获得本地电脑上所没有的信息的活动，都可以认为是下载，如在线观看。在 Android 网络开发应用中，下载功能是十分常见的一个应用。本章将详细讲解在 Android 手机中实现远程下载数据的基本知识，为读者步入本书后面知识的学习打下基础。

7.1 下载网络中的图片数据

在 Android 系统应用中，获取网络中的图片工作是一件耗时的操作，如果直接获取有可能会出现应用程序无响应（Application Not Responding，ANR）对话框的情况。对于这种情况，一般的方法就是使用线程来实现比较耗时操作。在 Android 网络应用中，有如下 3 种获取网络图片的方法。

（1）直接获取，例如下面的演示代码。

```
mImageView = (ImageView)this.findViewById(R.id.imageThreadConcept) ;
Drawable drawable = loadImageFromNetwork(IMAGE_URL);
mImageView.setImageDrawable(drawable) ;
```

对应的公用方法的实现代码如下所示。

```
private Drawable loadImageFromNetwork(String imageUrl)
{
   Drawable drawable = null;
   try {
      // 可以在这里通过文件名来判断，是否本地有此图片
      drawable = Drawable.createFromStream(
            new URL(imageUrl).openStream(), "image.jpg");
   } catch (IOException e) {
      Log.d("test", e.getMessage());
   }
   if (drawable == null) {
      Log.d("test", "null drawable");
   } else {
      Log.d("test", "not null drawable");
   }

   return drawable ;
}
```

（2）后台线程获取 URL 图片，例如下面的演示代码。

```
mImageView = (ImageView)this.findViewById(R.id.imageThreadConcept) ;
new Thread(new Runnable(){
   Drawable drawable = loadImageFromNetwork(IMAGE_URL);
   @Override
   public void run() {

      // post() 用于到 UI 主线程中更新图片
      mImageView.post(new Runnable(){
```

```
        @Override
        public void run() {
            // TODO Auto-generated method stub
            mImageView.setImageDrawable(drawable) ;
        }}) ;
        }

}).start()  ;
```

（3）AsyncTask 获取 URL 图片，例如下面的演示代码。

```
mImageView = (ImageView)this.findViewById(R.id.imageThreadConcept) ;
new DownloadImageTask().execute(IMAGE_URL) ;
private class DownloadImageTask extends AsyncTask<String, Void, Drawable>
{

        protected Drawable doInBackground(String... urls) {
            return loadImageFromNetwork(urls[0]);
        }

        protected void onPostExecute(Drawable result) {
            mImageView.setImageDrawable(result);
        }
}
```

在接下来的内容中，将通过一个具体实例的实现过程，来讲解在 Android 手机中下载远程网络图片的方法。

题目	目的	源码路径
实例 7-1	在 Android 手机中下载网络中的图片	\codes\7\GetAPicture

本实例的具体实现流程如下所示。

（1）在布局文件 main.xml 中设置一个网址文本框，主要代码如下所示。

```
<EditText
android:layout_width="fill_parent"
android:layout_height="wrap_content"
android:text="http://xxxx.jpg"
android:id="@+id/path"
/>
```

在上述代码中，http://xxxx.jpg 是网络中一幅图片的地址。

（2）编写主程序文件 GetAPictureFromInternetActivity.java，主要实现代码如下所示。

```
public class GetAPictureFromInternetActivity extends Activity {
    private EditText pathText;
    private ImageView imageView;

    @Override
    public void onCreate(Bundle savedInstanceState) {
        super.onCreate(savedInstanceState);
        setContentView(R.layout.main);
        pathText = (EditText) this.findViewById(R.id.path);
        imageView = (ImageView) this.findViewById(R.id.imageView);
    }

    public void showimage(View v){
        String path = pathText.getText().toString();
        try {
            Bitmap bitmap = ImageService.getImage(path);
            imageView.setImageBitmap(bitmap);
        } catch (Exception e) {
            e.printStackTrace();
            Toast.makeText(getApplicationContext(), R.string.error, 1).show();
        }
    }
}
```

执行后的效果如图 7-1 所示。

▲图 7-1　执行效果

7.2 下载网络中的 JSON 数据

JSON 是 JavaScript Object Notation 的缩写，是一种轻量级的数据交换格式。JSON 基于 JavaScript（Standard ECMA-262 3rd Edition - December 1999）的一个子集，采用完全独立于语言的文本格式，但是也使用了类似于 C 语言家族的习惯（包括 C、C++、C#、Java、JavaScript、Perl、Python 等）。这些特性使 JSON 成为理想的数据交换语言。易于人阅读和编写，同时也易于机器解析和生成。本节将详细讲解在 Android 系统中下载获取 JSON 数据的基本知识。

7.2.1　JSON 基础

简单来说，JSON 是 JavaScript 中的对象和数组，所以这两种结构就是对象和数组两种结构，通过这两种结构可以表示各种复杂的结构。

（1）对象

对象在 JS 中表示为大括号“{}”括起来的内容，数据结构为{key：value,key：value,...}的键值对的结构，在面向对象的语言中，key 为对象的属性，value 为对应的属性值，所以很容易理解，取值方法为：对象.key 获取属性值，这个属性值的类型可以是数字、字符串、数组、对象几种。

（2）数组

数组在 JS 中是中括号“[]”括起来的内容，数据结构为 ["java","javascript","vb",...]，取值方式和所有语言中一样，使用索引获取，字段值的类型可以是数字、字符串、数组、对象几种。

经过对象、数组这两种结构就可以组合成复杂的数据结构了。

和 XML 一样，JSON 也是基于纯文本的数据格式。由于 JSON 天生是为 JavaScript 准备的，因此，JSON 的数据格式非常简单，可以用 JSON 传输一个简单的 String、Number、Boolean，也可以传输一个数组，或者一个复杂的 Object 对象。

用 JSON 表示 String、Number 和 Boolean 的方法非常简单，例如用 JSON 表示一个简单的 String 数据“abc”，则其表示格式为：

```
"abc"
```

除了字符 "、\、/ 和一些控制符（\b、\f、\n、\r、\t）需要编码外，其他 Unicode 字符可以直接输出。下面的图 7-2 是一个 String 的完整表示结构。

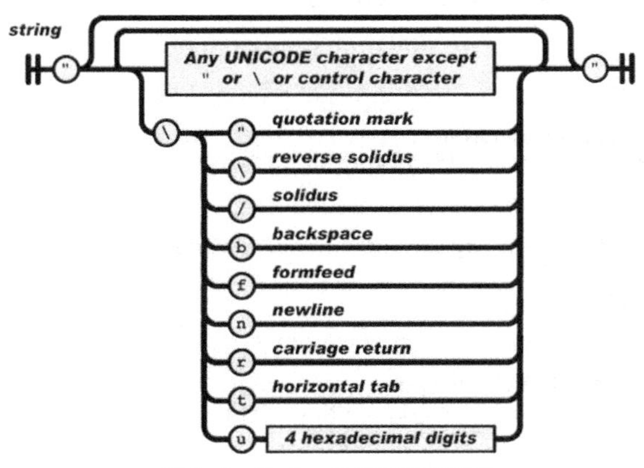

▲图 7-2　String 的完整表示结构

7.2.2 实战演练——远程下载服务器中的 JSON 数据

在接下来的内容中，将通过一个具体实例的实现过程，来详细讲解在 Android 系统中远程下载服务器中的 JSON 数据的方法。

题目	目的	源码路径
实例 7-2	在手机屏幕中显示 QQ 空间中的照片	\codes\7\json

本实例的具体实现流程如下所示。

（1）使用 Eclipse 新建一个 JavaEE 工程作为服务器端，设置工程名为“ServerForJSON”。自动生成工程文件后，打开文件 web.xml 进行配置，配置后的代码如下所示。

```
<?xml version="1.0" encoding="UTF-8"?>
<web-app id="WebApp_ID" version="2.4" xmlns="http://java.sun.com/xml/ns/j2ee"
xmlns: xsi="http://www.w3.org/2001/XMLSchema-instance"
xsi:schemaLocation="http://java.sun.com/xml/ns/j2ee
http://java.sun.com/xml/ns/j2ee/web-app_2_4.xsd">
    <display-name>ServerForJSON</display-name>
    <servlet>
        <display-name>NewsListServlet</display-name>
        <servlet-name>NewsListServlet</servlet-name>
        <servlet-class>com.guan.server.xml.NewsListServlet</servlet-class>
    </servlet>
    <servlet-mapping>
        <servlet-name>NewsListServlet</servlet-name>
        <url-pattern>/NewsListServlet</url-pattern>
    </servlet-mapping>

    <welcome-file-list>
        <welcome-file>index.html</welcome-file>
        <welcome-file>index.jsp</welcome-file>
    </welcome-file-list>
</web-app>
```

（2）编写业务接口 Bean 的实现文件 NewsService.java，具体代码如下所示。

```
public interface NewsService {
    /**
     * 获取最新的视频资讯
     * @return
     */
    public List<News> getLastNews();
}
```

设置业务 Bean 的名称为 NewsServiceBean，实现文件 NewsServiceBean.java 的具体代码如下所示。

```
package com.guan.server.service.implement;

import java.util.ArrayList;
import java.util.List;

import com.guan.server.domain.News;
import com.guan.server.service.NewsService;


public class NewsServiceBean implements NewsService {
    /**
     * 获取最新的视频资讯
     * @return
     */
    public List<News> getLastNews(){
        List<News> newes = new ArrayList<News>();
        newes.add(new News(10, "aaa", 20));
        newes.add(new News(45, "bbb", 10));
        newes.add(new News(89, "Android is good", 50));
```

```
        return newes;
    }
}
```

（3）创建一个名为"News"的实现类，实现文件 News.java 的具体代码如下所示。

```
package com.guan.server.domain;
public class News {
    private Integer id;
    private String title;
    private Integer timelength;
    public News(Integer id, String title, Integer timelength) {
        this.id = id;
        this.title = title;
        this.timelength = timelength;
    }
    public Integer getId() {
        return id;
    }
    public void setId(Integer id) {
        this.id = id;
    }
    public String getTitle() {
        return title;
    }
    public void setTitle(String title) {
        this.title = title;
    }
    public Integer getTimelength() {
        return timelength;
    }
    public void setTimelength(Integer timelength) {
        this.timelength = timelength;
    }
}
```

（4）编写文件 NewsListServlet，具体实现代码如下所示。

```
public class NewsListServlet extends HttpServlet {
    private static final long serialVersionUID = 1L;
    private NewsService newsService = new NewsServiceBean();
    protected void doGet(HttpServletRequest request, HttpServletResponse response)
throws ServletException, IOException {
        doPost(request, response);
    }
    protected void doPost(HttpServletRequest request, HttpServletResponse response)
throws ServletException, IOException {
        List<News> newes = newsService.getLastNews();//获取最新的视频资讯
            //  [{id:20,title:"xxx",timelength:90},{id:10,title:"xbx",timelength:20}]
            StringBuilder json = new StringBuilder();
            json.append('[');
            for(News news : newes){
                json.append('{');
                json.append("id:").append(news.getId()).append(",");
                json.append("title:\"").append(news.getTitle()).append("\",");
                json.append("timelength:").append(news.getTimelength());
                json.append("},");
            }
            json.deleteCharAt(json.length() - 1);
            json.append(']');
            request.setAttribute("json", json.toString());
            request.getRequestDispatcher("/WEB-INF/page/jsonnewslist.jsp").forward
(request, response);
    }
}
```

（5）新建一个 JSP 文件 jsonnewslist.jsp，在里面引入 JSON 功能，具体实现代码如下所示。

```
<%@ page language="java" contentType="text/plain; charset=UTF-8" pageEncoding="UTF-8"
%> ${json}
```

（6）使用 Eclipse 新建一个名为“GetNewsInJSONFromInternet”的 Android 工程文件，在文件 AndroidManifest.xml 声明对网络权限的应用，具体实现代码如下所示。

```
<?xml version="1.0" encoding="utf-8"?>
<manifest xmlns:android="http://schemas.android.com/apk/res/android"
      package="com.guan.internet.json"
      android:versionCode="1"
      android:versionName="1.0">
    <application android:icon="@drawable/icon" android:label="@string/app_name">
        <activity android:name="com.guan.internet.json.MainActivity"
                  android:label="@string/app_name">
            <intent-filter>
                <action android:name="android.intent.action.MAIN" />
                <category android:name="android.intent.category.LAUNCHER" />
            </intent-filter>
        </activity>
    </application>
    <uses-sdk android:minSdkVersion="8" />
<!-- 访问 internet 权限 -->
<uses-permission android:name="android.permission.INTERNET"/>
</manifest>
```

（7）编写主界面布局文件 mian.xml，具体实现代码如下所示。

```
<?xml version="1.0" encoding="utf-8"?>
<LinearLayout xmlns:android="http://schemas.android.com/apk/res/android"
    android:orientation="vertical"
    android:layout_width="fill_parent"
    android:layout_height="fill_parent"
    >
<ListView
    android:layout_width="fill_parent"
    android:layout_height="wrap_content"
    android:id="@+id/listView"
    />
</LinearLayout>
```

在上述代码中，通过 ListView 控件列表显示获取的 JSON 数据。其中 ListView 的 Item 显示的数据为 item.xml，具体实现代码如下所示。

```
<?xml version="1.0" encoding="utf-8"?>
<LinearLayout
  xmlns:android="http://schemas.android.com/apk/res/android"
  android:orientation="horizontal"
  android:layout_width="fill_parent"
  android:layout_height="wrap_content">
  <TextView
   android:layout_width="200dp"
   android:layout_height="wrap_content"
   android:id="@+id/title"
  />
    <TextView
   android:layout_width="fill_parent"
   android:layout_height="wrap_content"
   android:id="@+id/timelength"
  />
</LinearLayout>
```

（8）编写文件 MainActivity.java，功能是获取 JSON 数据并显示数据，具体实现代码如下所示。

```
public class MainActivity extends Activity {
    /** Called when the activity is first created. */
    @Override
    public void onCreate(Bundle savedInstanceState) {
        super.onCreate(savedInstanceState);
        setContentView(R.layout.main);
        ListView listView = (ListView) this.findViewById(R.id.listView);
```

```
        String length = this.getResources().getString(R.string.length);
        try {
            List<News> newes = NewsService.getJSONLastNews();
            List<HashMap<String, Object>> data = new ArrayList<HashMap<String,Object>>();
            for(News news : newes){
                HashMap<String, Object> item = new HashMap<String, Object>();
                item.put("id", news.getId());
                item.put("title", news.getTitle());
                item.put("timelength", length+ news.getTimelength());
                data.add(item);
            }
            SimpleAdapter adapter = new SimpleAdapter(this, data, R.layout.item,
                    new String[]{"title", "timelength"}, new int[]{R.id.title, R.id.
timelength});
            listView.setAdapter(adapter);
        } catch (Exception e) {
            e.printStackTrace();
        }
    }
}
```

（9）编写文件 NewsService.java，定义方法 getJSONLastNews()请求前面搭建的 JavaEE 服务器，当获取 JSON 输入流后解析 JSON 的数据，并返回集合中的数据。文件 NewsService.java 的具体实现代码如下所示。

```
public class NewsService {
    /**
     * 获取最新视频资讯
     * @return
     * @throws Exception
     */
    public static List<News> getJSONLastNews() throws Exception{
        String path = "http://192.168.1.100:8080/ServerForJSON/NewsListServlet";
        HttpURLConnection conn = (HttpURLConnection) new URL(path).openConnection();
        conn.setConnectTimeout(5000);
        conn.setRequestMethod("GET");
        if(conn.getResponseCode() == 200){
            InputStream json = conn.getInputStream();
            return parseJSON(json);
        }
        return null;
    }
    private static List<News> parseJSON(InputStream jsonStream) throws Exception{
        List<News> list = new ArrayList<News>();
        byte[] data = StreamTool.read(jsonStream);
        String json = new String(data);
        JSONArray jsonArray = new JSONArray(json);
        for(int i = 0; i < jsonArray.length() ; i++){
            JSONObject jsonObject = jsonArray.getJSONObject(i);
            int id = jsonObject.getInt("id");
            String title = jsonObject.getString("title");
            int timelength = jsonObject.getInt("timelength");
            list.add(new News(id, title, timelength));
        }
        return list;
    }
}
```

到此为止，整个实例介绍完毕，执行后将成功获取服务器端 JSON 的数据。

7.3 下载某个网页的源码

当在 Android 系统中加载非本地的 HTML 文件时，会对此 HTML 进行缓存操作，同时会建一个数据库，用以保存 URL 地址对应的缓存文件名称、打开时间等信息。我们可以将 WebView 加载的 URL 地址作为查询条件获取对应的缓存文件名称，匹配出的缓存文件就是完整的 HTML 代码。

题目	目的	源码路径
实例 7-3	在手机屏幕中显示 QQ 空间中的照片	\codes\7\WebCodeViewer

本实例的具体实现流程如下所示。

（1）编写界面布局文件 main.xml，具体实现代码如下所示。

```
<?xml version="1.0" encoding="utf-8"?>
<LinearLayout xmlns:android="http://schemas.android.com/apk/res/android"
    android:layout_width="fill_parent"
    android:layout_height="fill_parent"
    android:orientation="vertical" >
   <TextView
    android:layout_width="fill_parent"
    android:layout_height="wrap_content"
    android:text="@string/path"
    />
    <EditText
     android:layout_width="fill_parent"
    android:layout_height="wrap_content"
    android:text="http://www.baidu.com"
    android:id="@+id/path"
    />
    <Button
     android:layout_width="wrap_content"
    android:layout_height="wrap_content"
    android:text="@string/button"
    android:onClick="showhtml"
    />
    <ScrollView
    android:layout_width="fill_parent"
    android:layout_height="wrap_content"
    >
        <TextView
         android:layout_width="fill_parent"
        android:layout_height="wrap_content"
        android:id="@+id/textView"
        />
    </ScrollView>
</LinearLayout>
```

（2）编写文件 HtmlService.java，定义一个获取网页代码的业务类 HtmlService，主要代码如下所示。

```
public class HtmlService {
    /**
     * 获取网页源码
     * @param path 网页路径
     * @return
     */
    public static String getHtml(String path) throws Exception {
        HttpURLConnection conn = (HttpURLConnection)new URL(path).openConnection();
        conn.setConnectTimeout(5000);
        conn.setRequestMethod("GET");
        if(conn.getResponseCode() == 200){
            InputStream inStream = conn.getInputStream();
            byte[] data = StreamTool.read(inStream);
            return new String(data);
        }
        return null;
    }
}
```

（3）编写文件 StreamTool.java，功能是将流转换为字节数组，主要代码如下所示。

```
public static byte[] read(InputStream inStream) throws Exception{
    ByteArrayOutputStream outputStream = new ByteArrayOutputStream();
    byte[] buffer = new byte[1024];
    int len = 0;
```

```
        while( (len = inStream.read(buffer)) != -1){
            outputStream.write(buffer, 0, len);
        }
        inStream.close();
        return outputStream.toByteArray();
    }
```

（4）编写文件 WebCodeViewerActivity.java，当单击屏幕中的“GetWebCode”按钮时会获取指定网页的源码。文件 WebCodeViewerActivity.java 的具体实现代码如下所示。

```
public class WebCodeViewerActivity extends Activity {
    private EditText pathText;
    private TextView textView;
    @Override
    public void onCreate(Bundle savedInstanceState) {
        super.onCreate(savedInstanceState);
        setContentView(R.layout.main);
        pathText = (EditText) this.findViewById(R.id.path);
        textView = (TextView) this.findViewById(R.id.textView);
    }
    public void showhtml(View v) {
        String path = pathText.getText().toString();
        try {
            String html = HtmlService.getHtml(path);
            textView.setText(html);
        } catch (Exception e) {
            e.printStackTrace();
            Toast.makeText(getApplicationContext(), R.string.error, Toast.LENGTH_LONG).show();
        }
    }
}
```

执行后的效果如图 7-3 所示。

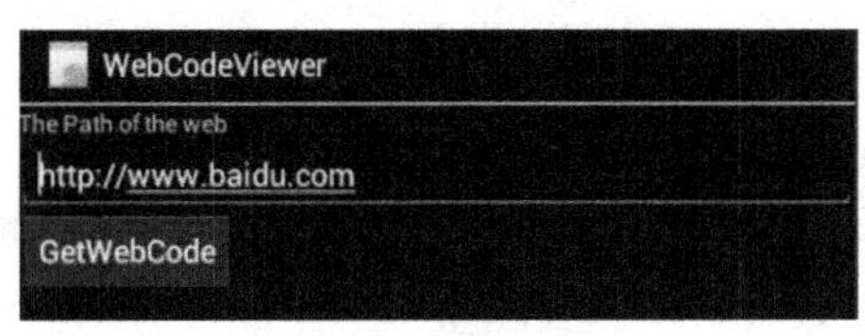

▲图 7-3　执行效果

7.4 远程获取多媒体文件

在 Android 日常应用中，经常会涉及到和多媒体有关的网络应用，例如下载手机铃声和下载远程音乐文件等。本节将详细讲解在 Android 系统中远程获取多媒体文件的基本知识。

7.4.1　实战演练——下载并播放网络中的 MP3

为了节约手机的存储空间，在听音乐时可以从网络中用下载的方式播放 MP3。在本实例中，首先插入 4 个按钮，分别用于播放、暂停、重新播放和停止处理。执行后，通过 Runnable 发起运行线程，在线程中远程下载指定的 MP3 文件，是通过网络传输方式下载的。下载完毕后，临时保存到 SD 卡中，这样可以通过 4 个按钮对其进行控制。当关闭程序后，会自动删除 SD 卡中的临时性文件。

题目	目的	源码路径
实例 7-4	播放网络中的 MP3	\codes\7\mp

本实例的具体实现流程如下所示。

（1）编写布局文件 main.xml，在里面插入 4 个图片按钮，主要代码如下所示。

```
<TextView
  android:id="@+id/myTextView1"
  android:layout_width="fill_parent"
  android:layout_height="wrap_content"
  android:textColor="@drawable/blue"
  android:text="@string/hello"
/>
<LinearLayout
  android:orientation="horizontal"
  android:layout_height="wrap_content"
  android:layout_width="fill_parent"
  android:padding="10dip"
>
<ImageButton android:id="@+id/play"
  android:layout_height="wrap_content"
  android:layout_width="wrap_content"
  android:src="@drawable/play"
/>
<ImageButton android:id="@+id/pause"
  android:layout_height="wrap_content"
  android:layout_width="wrap_content"
  android:src="@drawable/pause"
/>
<ImageButton android:id="@+id/reset"
  android:layout_height="wrap_content"
  android:layout_width="wrap_content"
  android:src="@drawable/reset"
/>
<ImageButton android:id="@+id/stop"
  android:layout_height="wrap_content"
  android:layout_width="wrap_content"
  android:src="@drawable/stop"
/>
</LinearLayout>
```

（2）编写主程序文件 mp.java，其具体实现流程如下所示。

- 定义 currentFilePath 用于记录当前正在播放 MP3 的 URL 地址，定义 currentTempFilePath 表示当前播放 MP3 的路径。具体代码如下所示。

```
/*记录当前正在播放 MP3 的地址 URL*/
private String currentFilePath = "";
/*当前播放 MP3 的路径*/
private String currentTempFilePath = "";
private String strVideoURL = "";
```

- 使用 strVideoURL 设置要播放 mp3 文件的网址，并设置透明度。具体代码如下所示。

```
public void onCreate(Bundle savedInstanceState)
{
  super.onCreate(savedInstanceState);
  setContentView(R.layout.main);
  /* mp3 文件不会被下载到 local*/
  strVideoURL = "http://www.lrn.cn/zywh/xyyy/yyxs/200805/W020080505536315331317.mp3";
mTextView01 = (TextView)findViewById(R.id.myTextView1);
  /*设置透明度*/
  getWindow().setFormat(PixelFormat.TRANSPARENT);
  mPlay = (ImageButton)findViewById(R.id.play);
  mReset = (ImageButton)findViewById(R.id.reset);
  mPause = (ImageButton)findViewById(R.id.pause);
  mStop = (ImageButton)findViewById(R.id.stop);
```

- 编写单击【播放】按钮所触发的处理事件，具体代码如下所示。

```
/* 播放按钮 */
mPlay.setOnClickListener(new ImageButton.OnClickListener()
{
  public void onClick(View view)
  {
```

```
      /* 调用播放影片 Function */
      playVideo(strVideoURL);
      mTextView01.setText
      (
        getResources().getText(R.string.str_play).toString()+
        "\n"+ strVideoURL
      );
    }
  });
```

- 编写单击【重播】按钮所触发的处理事件，具体代码如下所示。

```
/* 重新播放 */
mReset.setOnClickListener(new ImageButton.OnClickListener()
{
  public void onClick(View view)
  {
    if(bIsReleased == false)
    {
      if (mMediaPlayer01 != null)
      {
        mMediaPlayer01.seekTo(0);
        mTextView01.setText(R.string.str_play);
      }
    }
  }
});
```

- 编写单击【暂停】按钮所触发的处理事件，具体代码如下所示。

```
/* 暂停播放 */
mPause.setOnClickListener(new ImageButton.OnClickListener()
{
  public void onClick(View view)
  {
    if (mMediaPlayer01 != null)
    {
      if(bIsReleased == false)
      {
        if(bIsPaused==false)
        {
          mMediaPlayer01.pause();
          bIsPaused = true;
          mTextView01.setText(R.string.str_pause);
        }
        else if(bIsPaused==true)
        {
          mMediaPlayer01.start();
          bIsPaused = false;
          mTextView01.setText(R.string.str_play);
        }
      }
    }
  }
});
```

- 编写单击【停止】按钮所触发的处理事件，具体代码如下所示。

```
    /*停止*/
    mStop.setOnClickListener(new ImageButton.OnClickListener()
    {
      public void onClick(View view)
      {
        try
        {
          if (mMediaPlayer01 != null)
          {
            if(bIsReleased==false)
            {
              mMediaPlayer01.seekTo(0);
```

```
          mMediaPlayer01.pause();
          //mMediaPlayer01.stop();
          //mMediaPlayer01.release();
          //bIsReleased = true;
          mTextView01.setText(R.string.str_stop);
        }
      }
    }
    catch(Exception e)
    {
      mTextView01.setText(e.toString());
      Log.e(TAG, e.toString());
      e.printStackTrace();
    }
  }
});
}
```

- 定义方法 playVideo(final String strPath)来播放指定的 MP3，其播放的是存储卡中暂时保存的 MP3 文件，具体代码如下所示。

```
private void playVideo(final String strPath)
{
  try
  {
    if (strPath.equals(currentFilePath)&& mMediaPlayer01 != null)
    {
      mMediaPlayer01.start();
      return;
    }
    currentFilePath = strPath;
    mMediaPlayer01 = new MediaPlayer();
    mMediaPlayer01.setAudioStreamType(2);
```

- 编写 setOnErrorListener 来监听错误处理，具体代码如下所示。

```
/*错误事件 */
mMediaPlayer01.setOnErrorListener(new MediaPlayer.OnErrorListener()
{
  @Override
  public boolean onError(MediaPlayer mp, int what, int extra)
  {
    //TODO Auto-generated method stub
    Log.i(TAG, "Error on Listener, what: " + what + "extra: " + extra);
    return false;
  }
});
```

- 编写 setOnBufferingUpdateListener 来监听 MediaPlayer 缓冲区的更新，具体代码如下所示。

```
/* 捕捉使用 MediaPlayer 缓冲区的更新事件 */
mMediaPlayer01.setOnBufferingUpdateListener(new
MediaPlayer.OnBufferingUpdateListener()
{
  @Override
  public void onBufferingUpdate(MediaPlayer mp, int percent)
  {
    //TODO Auto-generated method stub
    Log.i(TAG, "Update buffer: " + Integer.toString(percent)+ "%");
  }
});
```

- 编写 setOnCompletionListener 来监听播放完毕所触发的事件，具体代码如下所示。

```
/* 播放完毕所触发的事件 */
mMediaPlayer01.setOnCompletionListener(new MediaPlayer.OnCompletionListener()
{
  @Override
  public void onCompletion(MediaPlayer mp)
  {
```

```
      //TODO Auto-generated method stub
      //delFile(currentTempFilePath);
      Log.i(TAG,"mMediaPlayer01 Listener Completed");
    }
  });
```

● 编写 setOnPreparedListener 来监听开始阶段的事件，具体代码如下所示。

```
/* 开始阶段的监听 Listener */
mMediaPlayer01.setOnPreparedListener(new MediaPlayer.OnPreparedListener()
{
  @Override
  public void onPrepared(MediaPlayer mp)
  {
    //TODO Auto-generated method stub
    Log.i(TAG,"Prepared Listener");
  }
});
```

● 将文件存到 SD 卡后，通过方法 mMediaPlayer01.start()播放 MP3。具体代码如下所示。

```
  /* 用 Runnable 来确保文件在存储完毕后才开始 start() */
  Runnable r = new Runnable()
  {
    public void run()
    {
      try
      {
        /* setDataSource 将文件存到 SD 卡 */
        setDataSource(strPath);
        /*  因为线程顺利进行，所以在 setDataSource 后运行 prepare() */
        mMediaPlayer01.prepare();
        Log.i(TAG, "Duration: " + mMediaPlayer01.getDuration());

        /* 开始播放 mp3 */
        mMediaPlayer01.start();
        bIsReleased = false;
      }
      catch (Exception e)
      {
        Log.e(TAG, e.getMessage(), e);
      }
    }
  };
  new Thread(r).start();
}
```

● 如果有异常则输出提示，具体代码如下所示。

```
    catch(Exception e)
    {
      if (mMediaPlayer01 != null)
      {
        /* 线程发生异常则停止播放 */
        mMediaPlayer01.stop();
        mMediaPlayer01.release();
      }
      e.printStackTrace();
    }
  }
```

● 定义函数 setDataSource 用于存储 URL 的 MP3 文件到存储卡。首先判断传入的地址是否为 URL，然后创建 URL 对象和临时文件。具体代码如下所示。

```
  /*   定义函数用于存储 URL 的 mp3 文件到存储卡    */
  private void setDataSource(String strPath) throws Exception
  {
    /*   判断传入的地址是否为 URL */
    if (!URLUtil.isNetworkUrl(strPath))
    {
```

```
    mMediaPlayer01.setDataSource(strPath);
  }
  else
  {
    if(bIsReleased == false)
    {
      /* 创建 URL 对象 */
      URL myURL = new URL(strPath);
      URLConnection conn = myURL.openConnection();
      conn.connect();

      /* 获取 URLConnection 的 InputStream */
      InputStream is = conn.getInputStream();
      if (is == null)
      {
        throw new RuntimeException("stream is null");
      }
      /*   创建临时文件  */
      File myTempFile = File.createTempFile("yinyue", "."+getFileExtension(strPath));
      currentTempFilePath = myTempFile.getAbsolutePath();
      FileOutputStream fos = new FileOutputStream(myTempFile);
      byte buf[] = new byte[128];
      do
      {
        int numread = is.read(buf);
        if (numread <= 0)
        {
          break;
        }
        fos.write(buf, 0, numread);
      }while (true);

      /*直到 fos 存储完毕，调用 MediaPlayer.setDataSource */
      mMediaPlayer01.setDataSource(currentTempFilePath);
      try
      {
        is.close();
      }
      catch (Exception ex)
      {
        Log.e(TAG, "error: " + ex.getMessage(), ex);
      }
    }
  }
}
```

● 定义方法 getFileExtension(String strFileName)来获取音乐文件的扩展名，如果无法顺利获取扩展名则默认为“.dat”。具体代码如下所示。

```
  /* 获取音乐文件扩展名自定义函数 */
  private String getFileExtension(String strFileName)
  {
    File myFile = new File(strFileName);
    String strFileExtension=myFile.getName();

strFileExtension=(strFileExtension.substring(strFileExtension.lastIndexOf(".")+1)).t
oLowerCase();
    if(strFileExtension=="")
    {
      /* 如果无法顺利获取扩展名则默认为.dat */
      strFileExtension = "dat";
    }
    return strFileExtension;
  }
```

● 定义方法 delFile(String strFileName)来设置当离开程序时删除临时音乐文件，具体代码如下所示。

```
  /* 离开程序时需要调用自定义函数删除临时音乐文件*/
```

```
    private void delFile(String strFileName)
    {
      File myFile = new File(strFileName);
      if(myFile.exists())
      {
        myFile.delete();
      }
    }

    @Override
    protected void onPause()
    {
      //TODO Auto-generated method stub

      /*   删除临时文件   */
      try
      {
        delFile(currentTempFilePath);
      }
      catch(Exception e)
      {
        e.printStackTrace();
      }
      super.onPause();
    }
  }
```

▲图 7-4　执行效果

执行后可以通过播放、暂停、重新播放和停止 4 个按钮拉控制指定的 MP3 音乐，如图 7-4 所示。

7.4.2　实战演练——下载在线铃声

在日常的手机应用中，我们经常从网络中下载一个 MP3 文件作为手机铃声。在本实例中，我们可以在 EditText 中输入一个 MP3 的网址，当下载完成此网址的 MP3 后打开 RingtoneManager. ACTION_RINGTONE_PICKER 这个 Intent，在打开 Intent 的同时传入一个参数，这个 ACTION_RINGTONE_PICKER 的 Intent 会带入刚才下载文件让用户选择。

题目	目的	源码路径
实例 7-5	下载在线铃声	\codes\7\ling

在本实例的具体实现过程中，会首先判断下载文件是否完整，并判断用户是否已经置铃声，会以 SD 卡中的铃声文件作为存储网络下载音乐文件的路径，打开 RingtoneManager 的 ACTION_RINGTONE_PICKER 的 Intent 让用户找到下载的音乐，并作为铃声。

本实例的主程序文件是文件 ling.java，具体实现流程如下所示。

（1）用 private 私有声明系统中需要的对象，具体代码如下所示。

```
protected static final String APP_TAG = "DOWNLOAD_RINGTONE";
private Button mButton1;
private TextView mTextView1;
private EditText mEditText1;
private String strURL = "";
public static final int RINGTONE_PICKED = 0x108;
private String currentFilePath = "";
private String currentTempFilePath = "";
private String fileEx="";
private String fileNa="";
private String strRingtoneFolder = "/sdcard/music/ling";
```

（2）判断是否包含文件夹“/sdcard/music/ringtones”，如果不存在则输出提示。具体代码如下所示。

```
  /** Called when the activity is first created. */
  @Override
  public void onCreate(Bundle savedInstanceState)
```

```
  {
    super.onCreate(savedInstanceState);
    setContentView(R.layout.main);

    mButton1 =(Button) findViewById(R.id.myButton1);
    mTextView1 = (TextView) findViewById(R.id.myTextView1);
    mEditText1 = (EditText) findViewById(R.id.myEditText1);
    /*判断是否有/sdcard/music/ringtones 文件夹*/
    if(bIfExistRingtoneFolder(strRingtoneFolder))
    {
      Log.i(APP_TAG, "Ringtone Folder exists.");
    }
```

（3）使用 fileEx 和 getFile 取得远程 MP3 文件的名称，具体代码如下所示。

```
    mButton1.setOnClickListener(new Button.OnClickListener()
    {
      @Override
      public void onClick(View arg0)
      {
        strURL = mEditText1.getText().toString();
         Toast.makeText(ling.this, getString(R.string.str_msg)
           ,Toast.LENGTH_SHORT).show();
        /*取得文件名称*/
        fileEx = strURL.substring(strURL.lastIndexOf(".")+1,strURL.
               length()).toLowerCase();
        fileNa = strURL.substring(strURL.lastIndexOf("/")+1,strURL.
               lastIndexOf("."));
        getFile(strURL);
      }
     });
  }
```

（4）定义方法 getMIMEType(File f)来判断文件 MimeType 的打开格式，具体代码如下所示。

```
  /* 判断文件 MimeType 的 method */
  private String getMIMEType(File f)
  {
    String type="";
    String fName=f.getName();
    /* 取得扩展名 */
    String end=fName.substring(fName.lastIndexOf(".")+1,
                        fName.length()).toLowerCase();
    /* 依扩展名的类型决定 MimeType */
    if(end.equals("m4a")||end.equals("mp3")||end.equals("mid")||
      end.equals("xmf")||end.equals("ogg")||end.equals("wav"))
    {
      type = "audio";
    }
    else if(end.equals("3gp")||end.equals("mp4"))
    {
      type = "video";
    }
    else if(end.equals("jpg")||end.equals("gif")||
         end.equals("png")||end.equals("jpeg")||
          end.equals("bmp"))
    {
      type = "image";
    }
    else
    {
      type="*";
    }
    /*如果无法直接打开，就跳出软件列表给用户选择 */
    if(end.equals("image"))
    {
    }
    else
    {
      type += "/*";
```

```
    }
    return type;
  }
```

（5）定义方法 getFile(final String strPath)来获取 MP3 文件，如果地址和当前地址一样则直接使用 getDataSource 数据，如果有异常则输出异常信息。具体代码如下所示。

```
private void getFile(final String strPath)
{
  try
  {
    if (strPath.equals(currentFilePath) )
    {
     getDataSource(strPath);
    }
    currentFilePath = strPath;
    Runnable r = new Runnable()
    {
      public void run()
      {
        try
        {
          getDataSource(strPath);
        }
        catch (Exception e)
        {
          Log.e(APP_TAG, e.getMessage(), e);
        }
      }
    };
    new Thread(r).start();
  }
  catch(Exception e)
  {
    e.printStackTrace();
  }
}
```

（6）定义方法 getDataSource(String strPath)来获取远程文件，如果地址错误则输错误信息。具体代码如下所示。

```
/*取得远程文件*/
private void getDataSource(String strPath) throws Exception
{
  if (!URLUtil.isNetworkUrl(strPath))
  {
    mTextView1.setText("错误的 URL");
  }
  else
  {
    /*取得 URL*/
    URL myURL = new URL(strPath);
    /*创建连接*/
    URLConnection conn = myURL.openConnection();
    conn.connect();
    /*InputStream 下载文件*/
    InputStream is = conn.getInputStream();
    if (is == null)
    {
      throw new RuntimeException("stream is null");
    }

    /*创建文件地址*/
    File myTempFile = new File("/sdcard/music/ling/",
                  fileNa+"."+fileEx);
    /*取得在暂存盘的路径*/
    currentTempFilePath = myTempFile.getAbsolutePath();
    /*将文件写入暂存盘*/
    FileOutputStream fos = new FileOutputStream(myTempFile);
```

```
        byte buf[] = new byte[128];
        do
        {
          int numread = is.read(buf);
          if (numread <= 0)
          {
            break;
          }
          fos.write(buf, 0, numread);
        }while (true);
```

（7）打开 RingtonManager 以选择铃声，通过 Intent 对象 intent 来设置铃声，然后设置显示铃声的文件夹和显示铃声开头。如果有异常则输出异常。具体代码如下所示。

```
        /* 打开 RingtonManager 进行铃声选择 */
        String uri = null;
        if(bIfExistRingtoneFolder(strRingtoneFolder))
        {
          /*设置铃声*/
          Intent intent = new Intent( RingtoneManager.
                ACTION_RINGTONE_PICKER);
          /*设置显示铃声的文件夹*/
          intent.putExtra( RingtoneManager.EXTRA_RINGTONE_TYPE,
                RingtoneManager.TYPE_RINGTONE);
          /*设置显示铃声开头*/
          intent.putExtra( RingtoneManager.EXTRA_RINGTONE_TITLE,
                "设置铃声");
          if( uri != null)
          {
            intent.putExtra( RingtoneManager.
                EXTRA_RINGTONE_EXISTING_URI, Uri.parse( uri));
          }
          else
          {
            intent.putExtra( RingtoneManager.
                EXTRA_RINGTONE_EXISTING_URI, (Uri)null);
          }
          startActivityForResult(intent, RINGTONE_PICKED);
        }
        try
        {
          is.close();
        }
        catch (Exception ex)
        {
          Log.e(APP_TAG, "error: " + ex.getMessage(), ex);
        }
      }
    }
```

（8）定义方法 onActivityResult 根据用户选择的铃声设置保存对应的信息。当选择完毕后，再次返回选择 Activity 界面。具体代码如下所示。

```
protected void onActivityResult(int requestCode,
            int resultCode, Intent data)
{
  if (resultCode != RESULT_OK)
  {
    return;
  }
  switch (requestCode)
  {
    case (RINGTONE_PICKED):
      try
      {
        Uri pickedUri = data.getParcelableExtra
        (RingtoneManager.EXTRA_RINGTONE_PICKED_URI);
        if(pickedUri!=null)
        {
```

```
            RingtoneManager.setActualDefaultRingtoneUri
            (ling.this,RingtoneManager.TYPE_RINGTONE,
                pickedUri);
          }
        }
        catch(Exception e)
        {
          e.printStackTrace();
        }
        break;
      default:
        break;
    }
    super.onActivityResult(requestCode, resultCode, data);
  }
```

（9）定义 bIfExistRingtoneFolder 来断判断是否包含文件夹“/sdcard/music/ringtones”，具体代码如下所示。

```
  /*判断是否包含“/sdcard/music/ringtones 文件夹”*/
  private boolean bIfExistRingtoneFolder(String strFolder)
  {
    boolean bReturn = false;

    File f = new File(strFolder);
    if(!f.exists())
    {
      /*创建/sdcard/music/ringtones 文件夹*/
      if(f.mkdirs())
      {
        bReturn = true;
      }
      else
      {
        bReturn = false;
      }
    }
    else
    {
      bReturn = true;
    }
    return bReturn;
  }
}
```

▲图 7-5　执行效果

执行后会先显示一个下载界面，单击【点击下载】按钮后开始下载指定的 MP3 文件，下载完成后会弹出一个界面，如图 7-5 所示。选择一种选项，并单击【OK】按钮后，完成铃声设置。

7.5 多线程下载

线程可以理解为下载的通道，一个线程就是一个文件的下载通道，多线程也就是同时开起好几个下载通道。当服务器提供下载服务时，使用下载者是共享带宽的，在优先级相同的情况下，总服务器会对总下载线程进行平均分配。线程越多，下载的速度就会越快。现在流行的下载软件都支持多线程。本节将详细讲解在 Android 系统中实现多线程下载的过程。

7.5.1　多线程下载文件的过程

在 Android 系统中，实现多线程下载的基本过程如下所示。

（1）获得下载文件的长度，然后设置本地文件的长度。

```
HttpURLConnection.getContentLength();//获取下载文件的长度
RandomAccessFile file = new RandomAccessFile("QQWubiSetup.exe","rwd");
    file.setLength(filesize);//设置本地文件的长度
```

（2）根据文件长度和线程数计算每条线程下载的数据长度和下载位置。例如文件的长度为 6MB，线程数为 3，那么每条线程下载的数据长度为 2MB，每条线程开始下载的位置如图 7-6 所示。

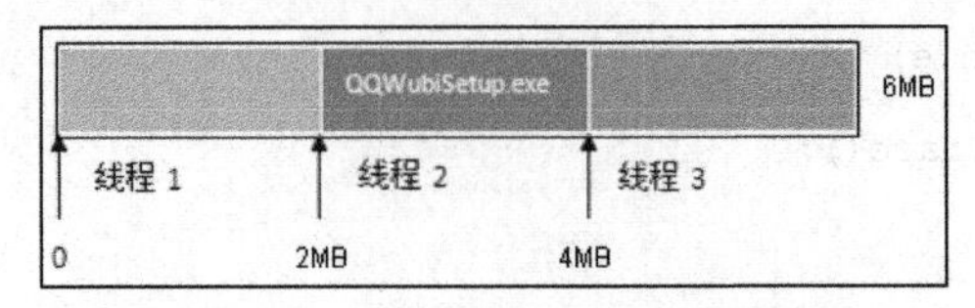

▲图 7-6　每条线程开始下载的位置

例如 10M 大小，使用 3 个线程来下载，具体说明如下所示。

- 线程下载的数据长度：10%3 == 0？10/3:10/3+1，第 1、2 个线程下载长度是 4MB，第 3 个线程下载长度为 2MB。
- 下载开始位置：线程 id×每条线程下载的数据长度
- 下载结束位置：（线程 id+1）×每条线程下载的数据长度−1

（3）使用 Http 的 Range 头字段指定每条线程从文件的什么位置开始下载，下载到什么位置为止，例如指定从文件的 2MB 位置开始下载，下载到位置 4MB−1Byte 为止，代码如下：

```
HttpURLConnection.setRequestProperty("Range", "bytes=2097152-4194303");
```

（4）保存文件，使用类 RandomAccessFile 指定每条线程从本地文件的什么位置开始写入数据。

```
RandomAccessFile threadfile = new RandomAccessFile("QQWubiSetup.exe ","rwd");
threadfile.seek(2097152);//从文件的什么位置开始写入数据
```

7.5.2　实战演练——在 Android 系统中实现多线程下载

本实例介绍了在 Android 平台下通过 HTTP 协议实现断点续传下载的方法。本实例是一个 HTTP 协议多线程断点下载应用程序，直接使用单线程下载 HTTP 文件对初学者来说是一件非常简单的事。多线程断点需要具备如下所示的功能。

- 多线程下载。
- 支持断点。

接下来将通过一个具体实例的实现过程，来讲解在 Android 手机中下载在线铃声的方法。

题目	目的	源码路径
实例 7-6	下载在线铃声	\codes\7\Multiple

本实例的具体实现流程如下所示。

（1）打开 Eclipse，新建一个名为“MultipleThreadDownload”的动态 Web 工程。然后准备一个 MP3 文件保存在 WebContent 目录下，最后发布服务器端的 Web 工程程序。

（2）打开 Eclipse，新建一个名为“MultipleThreadDownloadrAndroid”的 Android 工程。然后编写主程序文件 main.xml，具体实现代码如下所示。

```
<?xml version="1.0" encoding="utf-8"?>
<LinearLayout xmlns:android="http://schemas.android.com/apk/res/android"
    android:orientation="vertical"
    android:layout_width="fill_parent"
    android:layout_height="fill_parent"
    >
    <!-- 下载路径提示文字 -->
    <TextView
        android:layout_width="fill_parent"
        android:layout_height="wrap_content"
        android:text="@string/path"
        />
```

```
    <!-- 下载路径输入框，此处为了方便测试，我们设置了默认的路径，可以根据需要在用户界面处修改 -->
    <EditText
        android:layout_width="fill_parent"
        android:layout_height="wrap_content"

android:text="http://192.168.1.100:8080/ServerForMultipleThreadDownloader/
CNNRecordingFromWangjialin.mp3"
        android:id="@+id/path"
        />
    <!-- 水平 LinearLayout 布局，包裹下载按钮和暂停按钮 -->
    <LinearLayout
        android:orientation="horizontal"
        android:layout_width="fill_parent"
        android:layout_height="wrap_content"
        >
        <!-- 下载按钮，用于触发下载事件 -->
        <Button
            android:layout_width="wrap_content"
            android:layout_height="wrap_content"
            android:text="@string/button"
            android:id="@+id/downloadbutton"
            />
        <!-- 暂停按钮，在初始状态下为不可用 -->
        <Button
            android:layout_width="wrap_content"
            android:layout_height="wrap_content"
            android:text="@string/stopbutton"
            android:enabled="false"
            android:id="@+id/stopbutton"
            />
    </LinearLayout>
    <!-- 水平进度条，用图形化的方式实时显示进步信息 -->
    <ProgressBar
        android:layout_width="fill_parent"
        android:layout_height="18dp"
        style="?android:attr/progressBarStyleHorizontal"
        android:id="@+id/progressBar"
        />
    <!-- 文本框，用于显示实时下载的百分比 -->
      <TextView
        android:layout_width="fill_parent"
        android:layout_height="wrap_content"
        android:gravity="center"
        android:id="@+id/resultView"
        />
</LinearLayout>
```

（3）创建数据库管理类 DBOpenHelper，实现文件 DBOpenHelper.java 的具体代码如下所示。

```
/**
 * SQLite 管理器，实现创建数据库和表，但版本变化时实现对表的数据库表的操作
 *
 */
public class DBOpenHelper extends SQLiteOpenHelper {
    private static final String DBNAME = "eric.db";    //设置数据库的名称
    private static final int VERSION = 1;    //设置数据库的版本

    /**
     * 通过构造方法
     * @param context 应用程序的上下文对象
     */
    public DBOpenHelper(Context context) {
        super(context, DBNAME, null, VERSION);
    }

    @Override
    public void onCreate(SQLiteDatabase db) {    //建立数据表
        db.execSQL("CREATE TABLE IF NOT EXISTS filedownlog (id integer primary key
autoincrement, downpath varchar(100), threadid INTEGER, downlength INTEGER)");
    }
```

```
    @Override
    public void onUpgrade(SQLiteDatabase db, int oldVersion, int newVersion) {  //当版
本变化时系统会调用该回调方法
        db.execSQL("DROP TABLE IF EXISTS filedownlog");  //此处是删除数据表，在实际的业务
中一般是需要数据备份的
        onCreate(db);  //调用 onCreate 方法重新创建数据表，也可以自己根据业务需要创建新的的数据表
    }
}
```

（4）建立数据库业务操作类 FileService，此类的实现文件是 FileService.java，具体代码如下所示。

```
/**
 * 业务 Bean，实现对数据的操作
 *
 */
public class FileService {
    private DBOpenHelper openHelper;    //声明数据库管理器

    public FileService(Context context) {
        openHelper = new DBOpenHelper(context);    //根据上下文对象实例化数据库管理器
    }
    /**
     * 获取特定 URI 的每条线程已经下载的文件长度
     * @param path
     * @return
     */
    public Map<Integer, Integer> getData(String path){
        SQLiteDatabase db = openHelper.getReadableDatabase();
        //获取可读的数据库句柄，一般情况下在该操作的内部实现中其返回的其实是可写的数据库句柄
        Cursor cursor = db.rawQuery("select threadid, downlength from filedownlog where
        downpath=?", new String[]{path});
        //根据下载路径查询所有线程下载数据，返回的 Cursor 指向第一条记录之前
        Map<Integer, Integer> data = new HashMap<Integer, Integer>();
        //建立一个哈希表用于存放每条线程的已经下载的文件长度
        while(cursor.moveToNext()){    //从第一条记录开始开始遍历 Cursor 对象
            data.put(cursor.getInt(0), cursor.getInt(1));
            //把线程 id 和该线程已下载的长度设置进 data 哈希表中
            data.put(cursor.getInt(cursor.getColumnIndexOrThrow("threadid")),
            cursor.getInt(cursor.getColumnIndexOrThrow("downlength")));
        }
        cursor.close();    //关闭 cursor，释放资源
        db.close();    //关闭数据库
        return data;    //返回获得的每条线程和每条线程的下载长度
    }
    /**
     * 保存每条线程已经下载的文件长度
     * @param path    下载的路径
     * @param map 现在的 id 和已经下载的长度的集合
     */
    public void save(String path,  Map<Integer, Integer> map){
        SQLiteDatabase db = openHelper.getWritableDatabase();    //获取可写的数据库句柄
        db.beginTransaction();    //开始事务，因为此处要插入多批数据
        try{
            for(Map.Entry<Integer, Integer> entry : map.entrySet()){
            //采用 For-Each 的方式遍历数据集合
                db.execSQL("insert into filedownlog(downpath, threadid, downlength)
                values(?,?,?)",new Object[]{path, entry.getKey(), entry.getValue()});
                        //插入特定下载路径特定线程 ID 已经下载的数据
            }
            db.setTransactionSuccessful();    //设置事务执行的标志为成功
        }finally{    //此部分的代码肯定是被执行的，如果不杀死虚拟机的话
            db.endTransaction();//结束一个事务，如果事务设立了成功标志，则提交事务，否则回滚事务
        }
        db.close();    //关闭数据库，释放相关资源
    }
    /**
     * 实时更新每条线程已经下载的文件长度
     * @param path
```

```
     * @param map
     */
    public void update(String path, int threadId, int pos){
        SQLiteDatabase db = openHelper.getWritableDatabase();    //获取可写的数据库句柄
        db.execSQL("update filedownlog set downlength=? where downpath=? and threadid=?",
                new Object[]{pos,path,threadId});//更新特定下载路径下特定线程已经下载的文件长度
        db.close();    //关闭数据库，释放相关的资源
    }
    /**
     * 当文件下载完成后，删除对应的下载记录
     * @param path
     */
    public void delete(String path){
        SQLiteDatabase db = openHelper.getWritableDatabase();    //获取可写的数据库句柄
        db.execSQL("delete from filedownlog where downpath=?", new Object[]{path});
        //删除特定下载路径的所有线程记录
        db.close();    //关闭数据库，释放资源
    }
}
```

（5）编写文件下载类 FileDownloader，此类调用类 DownloadThread 实现具体的下载功能。类 FileDownloader 在文件 FileDownloader.java 中定义，具体实现代码如下所示。

```
public class FileDownloader {
    private static final String TAG = "FileDownloader";    //设置标签，方便 Logcat 日志记录
    private static final int RESPONSEOK = 200;    //响应码为 200，即访问成功
    private Context context;    //应用程序的上下文对象
    private FileService fileService;    //获取本地数据库的业务 Bean
    private boolean exited;    //停止下载标志
    private int downloadedSize = 0;    //已下载文件长度
    private int fileSize = 0;    //原始文件长度
    private DownloadThread[] threads;    //根据线程数设置下载线程池
    private File saveFile;    //数据保存到的本地文件
    private Map<Integer, Integer> data = new ConcurrentHashMap<Integer, Integer>();
    //缓存各线程下载的长度
    private int block;    //每条线程下载的长度
    private String downloadUrl;    //下载路径

    /**
     * 获取线程数
     */
    public int getThreadSize() {
        return threads.length;    //根据数组长度返回线程数
    }

    /**
     * 退出下载
     */
    public void exit(){
        this.exited = true;    //设置退出标志为 true
    }
    public boolean getExited(){
        return this.exited;
    }
    /**
     * 获取文件大小
     * @return
     */
    public int getFileSize() {
        return fileSize;    //从类成员变量中获取下载文件的大小
    }

    /**
     * 累计已下载大小
     * @param size
     */
    protected synchronized void append(int size) {    //使用同步关键字解决并发访问问题
        downloadedSize += size;    //把实时下载的长度加入到总下载长度中
    }
```

```
    /**
     * 更新指定线程最后下载的位置
     * @param threadId 线程 id
     * @param pos 最后下载的位置
     */
    protected synchronized void update(int threadId, int pos) {
        this.data.put(threadId, pos);//把制定线程 ID 的线程赋予最新的下载长度，以前的值会被覆盖掉
        this.fileService.update(this.downloadUrl, threadId, pos);
        //更新数据库中指定线程的下载长度
    }
    /**
     * 构建文件下载器
     * @param downloadUrl 下载路径
     * @param fileSaveDir 文件保存目录
     * @param threadNum 下载线程数
     */
    public FileDownloader(Context context, String downloadUrl, File fileSaveDir, int threadNum) {
        try {
            this.context = context;      //对上下文对象赋值
            this.downloadUrl = downloadUrl;    //对下载的路径赋值
            fileService = new FileService(this.context);
            //实例化数据操作业务 Bean，此处需要使用 Context，因为此处的数据库是应用程序私有
            URL url = new URL(this.downloadUrl);    //根据下载路径实例化 URL
            if(!fileSaveDir.exists()) fileSaveDir.mkdirs();
            //如果指定的文件不存在，则创建目录，此处可以创建多层目录
            this.threads = new DownloadThread[threadNum];  //根据下载的线程数创建下载线程池

            HttpURLConnection conn = (HttpURLConnection) url.openConnection();
            //建立一个远程连接句柄，此时尚未真正连接
            conn.setConnectTimeout(5*1000);     //设置连接超时时间为 5 秒
            conn.setRequestMethod("GET");   //设置请求方式为 GET
            conn.setRequestProperty("Accept", "image/gif, image/jpeg, image/pjpeg, image/pjpeg, application/x-shockwave-flash, application/xaml+xml, application/vnd.ms-xpsdocument, application/x-ms-xbap, application/x-ms-application, application/vnd.ms-excel, application/vnd.ms-powerpoint, application/msword, */*");
            //设置客户端可以接受的媒体类型
            conn.setRequestProperty("Accept-Language", "zh-CN");    //设置客户端语言
            conn.setRequestProperty("Referer", downloadUrl);
            //设置请求的来源页面，便于服务端进行来源统计
            conn.setRequestProperty("Charset", "UTF-8");    //设置客户端编码
            conn.setRequestProperty("User-Agent", "Mozilla/4.0 (compatible; MSIE 8.0; Windows NT 5.2; Trident/4.0; .NET CLR 1.1.4322; .NET CLR 2.0.50727; .NET CLR 3.0.04506.30; .NET CLR 3.0.4506.2152; .NET CLR 3.5.30729)");    //设置用户代理
            conn.setRequestProperty("Connection", "Keep-Alive"); //设置 Connection 的方式
            conn.connect();    //和远程资源建立真正的连接，但尚无返回的数据流
            printResponseHeader(conn);    //答应返回的 HTTP 头字段集合
            if (conn.getResponseCode()==RESPONSEOK) {    //此处的请求会打开返回流并获取返回
            //的状态码，用于检查是否请求成功，当返回码为 200 时执行下面的代码
                this.fileSize = conn.getContentLength();//根据响应获取文件大小
                if (this.fileSize <= 0) throw new RuntimeException("Unkown file size ");
                //当文件大小为小于等于零时抛出运行时异常

                String filename = getFileName(conn);//获取文件名称
                this.saveFile = new File(fileSaveDir, filename);
                //根据文件保存目录和文件名构建保存文件
                Map<Integer, Integer> logdata = fileService.getData(downloadUrl);
                //获取下载记录

                if(logdata.size()>0){//如果存在下载记录
                    for(Map.Entry<Integer, Integer> entry : logdata.entrySet())
                    //遍历集合中的数据
                        data.put(entry.getKey(), entry.getValue());
                        //把各条线程已经下载的数据长度放入 data 中
                }

                if(this.data.size()==this.threads.length){//如果已经下载的数据的线程数和现在
                //设置的线程数相同时则计算所有线程已经下载的数据总长度
```

```
                for (int i = 0; i < this.threads.length; i++) {
                //遍历每条线程已经下载的数据
                    this.downloadedSize += this.data.get(i+1);  //计算已经下载的数据之和
                }
                print("已经下载的长度"+ this.downloadedSize + "个字节");
                //打印出已经下载的数据总和
            }

            this.block = (this.fileSize % this.threads.length)==0? this.fileSize /
            this.threads.length : this.fileSize / this.threads.length + 1;
            //计算每条线程下载的数据长度
        }else{
            print("服务器响应错误:" + conn.getResponseCode() + conn.getResponseMessage());
            //打印错误
            throw new RuntimeException("server response error ");
            //抛出运行时服务器返回异常
        }
    } catch (Exception e) {
        print(e.toString());    //打印错误
        throw new RuntimeException("Can't connection this url");
        //抛出运行时无法连接的异常
    }
}
/**
 * 获取文件名
 */
private String getFileName(HttpURLConnection conn) {
    String filename = this.downloadUrl.substring(this.downloadUrl.lastIndexOf('/')+ 1);
    //从下载路径的字符串中获取文件名称

    if(filename==null || "".equals(filename.trim())){//如果获取不到文件名称
        for (int i = 0;; i++) {     //无限循环遍历
            String mine = conn.getHeaderField(i);    //从返回的流中获取特定索引的头字段值
            if (mine == null) break;    //如果遍历到了返回头末尾这退出循环
            if("content-disposition".equals(conn.getHeaderFieldKey(i).toLowerCase())){
            //获取 content-disposition 返回头字段，里面可能会包含文件名
                Matcher m = Pattern.compile(".*filename=(.*)").matcher(mine.
                toLowerCase());    //使用正则表达式查询文件名
                if(m.find()) return m.group(1);    //如果有符合正则表达规则的字符串
            }
        }
        filename = UUID.randomUUID()+ ".tmp";//由网卡上的标识数字(每个网卡都有唯一的标识号)
        //以及 CPU 时钟的唯一数字生成的的一个 16 字节的二进制作为文件名
    }
    return filename;
}

/**
 *  开始下载文件
 * @param listener 监听下载数量的变化,如果不需要了解实时下载的数量,可以设置为 null
 * @return 已下载文件大小
 * @throws Exception
 */
public int download(DownloadProgressListener listener) throws Exception{
//进行下载，并抛出异常给调用者，如果有异常的话
    try {
        RandomAccessFile  randOut  =  new  RandomAccessFile(this.saveFile,  "rwd");
//The file is opened for reading and writing. Every change of the file's content must
be written synchronously to the target device.
        if(this.fileSize>0) randOut.setLength(this.fileSize);    //设置文件的大小
        randOut.close();    //关闭该文件，使设置生效
        URL url = new URL(this.downloadUrl);    //A URL instance specifies the location
        of a resource on the internet as specified by RFC 1738
        if(this.data.size() != this.threads.length){
        //如果原先未曾下载或者原先的下载线程数与现在的线程数不一致
            this.data.clear(); //Removes all elements from this Map, leaving it empty.
            for (int i = 0; i < this.threads.length; i++) {    //遍历线程池
                this.data.put(i+1, 0);//初始化每条线程已经下载的数据长度为 0
            }
```

```
            this.downloadedSize = 0;    //设置已经下载的长度为 0
        }
        for (int i = 0; i < this.threads.length; i++) {//开启线程进行下载
            int downloadedLength = this.data.get(i+1);
            //通过特定的线程 ID 获取该线程已经下载的数据长度
            if(downloadedLength < this.block && this.downloadedSize < this.fileSize)
{//判断线程是否已经完成下载,否则继续下载
                this.threads[i]=new DownloadThread(this,url,this.saveFile,this.block,
                this.data.get(i+1), i+1);    //初始化特定 id 的线程
                this.threads[i].setPriority(7);    //设置线程的优先级，Thread.NORM_
                PRIORITY = 5 Thread.MIN_PRIORITY = 1 Thread.MAX_PRIORITY = 10
                this.threads[i].start();    //启动线程
            }else{
                this.threads[i] = null;    //表明在线程已经完成下载任务
            }
        }
        fileService.delete(this.downloadUrl);  //如果存在下载记录，删除它们，然后重新添加
        fileService.save(this.downloadUrl, this.data);  //把已经下载的实时数据写入数据库
        boolean notFinished = true;//下载未完成
        while (notFinished) {// 循环判断所有线程是否完成下载
            Thread.sleep(900);
            notFinished = false;//假定全部线程下载完成
            for (int i = 0; i < this.threads.length; i++){
                if (this.threads[i] != null && !this.threads[i].isFinished()) {
                //如果发现线程未完成下载
                    notFinished = true;//设置标志为下载没有完成
                    if(this.threads[i].getDownloadedLength() == -1){
                    //如果下载失败,再重新在已经下载的数据长度的基础上下载
                        this.threads[i] = new DownloadThread(this, url, this.saveFile,
                        this.block, this.data.get(i+1), i+1);    //重新开辟下载线程
                        this.threads[i].setPriority(7);    //设置下载的优先级
                        this.threads[i].start();    //开始下载线程
                    }
                }
            }
            if(listener!=null) listener.onDownloadSize(this.downloadedSize);
            //通知目前已经下载完成的数据长度
        }
        if(downloadedSize == this.fileSize) fileService.delete(this.downloadUrl);
        //下载完成删除记录
    } catch (Exception e) {
        print(e.toString());  //打印错误
        throw new Exception("File downloads error");   //抛出文件下载异常
    }
    return this.downloadedSize;
}
/**
 * 获取 Http 响应头字段
 * @param http    HttpURLConnection 对象
 * @return    返回头字段的 LinkedHashMap
 */
public static Map<String, String> getHttpResponseHeader(HttpURLConnection http) {
    Map<String, String> header = new LinkedHashMap<String, String>();
    //使用 LinkedHashMap 保证写入和遍历的时候的顺序相同，而且允许空值存在
    for (int i = 0;; i++) {    //此处为无限循环，因为不知道头字段的数量
        String fieldValue = http.getHeaderField(i);
        //getHeaderField(int n)用于返回 第 n 个头字段的值

        if (fieldValue == null) break;
        //如果第 i 个字段没有值了，则表明头字段部分已经循环完毕，此处使用 Break 退出循环
        header.put(http.getHeaderFieldKey(i), fieldValue);
        //getHeaderFieldKey(int n)用于返回 第 n 个头字段的键。
    }
    return header;
}
/**
 * 打印 Http 头字段
 * @param http HttpURLConnection 对象
 */
```

```
    public static void printResponseHeader(HttpURLConnection http){
        Map<String, String> header = getHttpResponseHeader(http);  //获取 Http 响应头字段
        for(Map.Entry<String, String> entry : header.entrySet()){
        //使用 For-Each 循环的方式遍历获取的头字段的值，此时遍历的循序和输入的顺序相同
            String key = entry.getKey()!=null ? entry.getKey()+ ":" : "";
            //当有键的时候这获取键，如果没有则为空字符串
            print(key+ entry.getValue());    //答应键和值的组合
        }
    }

    /**
     * 打印信息
     * @param msg 信息字符串
     */
    private static void print(String msg){
        Log.i(TAG, msg);    //使用 LogCat 的 Information 方式打印信息
    }
}
```

（6）类 DownloadThread 在文件 DownloadThread.java 中定义，具体实现代码如下所示。

```
/**
 * 下载线程，根据具体下载地址、保持到的文件、下载块的大小、已经下载的数据大小等信息进行下载
 *
 */
public class DownloadThread extends Thread {
    private static final String TAG = "DownloadThread";    //定义 TAG，方便日子的打印输出
    private File saveFile;    //下载的数据保存到的文件
    private URL downUrl;    //下载的 URL
    private int block;    //每条线程下载的大小
    private int threadId = -1;    //初始化线程 id 设置
    private int downloadedLength;    //该线程已经下载的数据长度
    private boolean finished = false;    //该线程是否完成下载的标志
    private FileDownloader downloader;    //文件下载器

    public DownloadThread(FileDownloader downloader, URL downUrl, File saveFile, int
block,int downloadedLength, int threadId) {
        this.downUrl = downUrl;
        this.saveFile = saveFile;
        this.block = block;
        this.downloader = downloader;
        this.threadId = threadId;
        this.downloadedLength = downloadedLength;
    }

    @Override
    public void run() {
        if(downloadedLength < block){//未下载完成
            try {
                HttpURLConnection http = (HttpURLConnection) downUrl.openConnection();
                //开启 HttpURLConnection 连接
                http.setConnectTimeout(5 * 1000);    //设置连接超时时间为 5 秒钟
                http.setRequestMethod("GET");    //设置请求的方法为 GET
                http.setRequestProperty("Accept", "image/gif, image/jpeg, image/pjpeg,
image/pjpeg, application/x-shockwave-flash, application/xaml+xml, application/vnd.ms-
xpsdocument, application/x-ms-xbap, application/x-ms-application, application/vnd.ms-
excel, application/vnd.ms-powerpoint, application/msword, */*");
                //设置客户端可以接受的返回数据类型
                http.setRequestProperty("Accept-Language", "zh-CN");
                //设置客户端使用的语言为中文
                http.setRequestProperty("Referer", downUrl.toString());
                //设置请求的来源，便于对访问来源进行统计
                http.setRequestProperty("Charset", "UTF-8");    //设置通信编码为 UTF-8
                int startPos = block * (threadId - 1) + downloadedLength;//开始位置
                int endPos = block * threadId -1;//结束位置
                http.setRequestProperty("Range", "bytes=" + startPos + "-"+ endPos);
                //设置获取实体数据的范围,如果超过了实体数据的大小会自动返回实际的数据大小
                http.setRequestProperty("User-Agent", "Mozilla/4.0 (compatible; MSIE 8.0;
Windows NT 5.2; Trident/4.0; .NET CLR 1.1.4322; .NET CLR 2.0.50727; .NET CLR
3.0.04506.30; .NET CLR 3.0.4506.2152; .NET CLR 3.5.30729)");    //客户端用户代理
```

```
            http.setRequestProperty("Connection", "Keep-Alive");    //使用长连接

            InputStream inStream = http.getInputStream();     //获取远程连接的输入流
            byte[] buffer = new byte[1024]; //设置本地数据缓存的大小为 1MB
            int offset = 0;   //设置每次读取的数据量
            print("Thread " + this.threadId + " starts to download from position "+ startPos);
            //打印该线程开始下载的位置
            RandomAccessFile threadFile = new RandomAccessFile(this.saveFile, "rwd");
//If the file does not already exist then an attempt will be made to create it and it
require that every update to the file's content be written synchronously to the underlying
storage device.
            threadFile.seek(startPos);     //文件指针指向开始下载的位置
            while  (!downloader.getExited()  &&  (offset  = inStream.read(buffer,  0,
1024)) != -1) {    //但用户没有要求停止下载，同时没有到达请求数据的末尾时候会一直循环读取数据
                threadFile.write(buffer, 0, offset);    //直接把数据写到文件中
                downloadedLength += offset; //把新下载的已经写到文件中的数据加入到下载长度中
                downloader.update(this.threadId, downloadedLength);
                //把该线程已经下载的数据长度更新到数据库和内存哈希表中
                downloader.append(offset);//把新下载的数据长度加入到已经下载的数据总长度中
            }//该线程下载数据完毕或者下载被用户停止
            threadFile.close();    //Closes this random access file stream and releases
            //any system resources associated with the stream.
            inStream.close();   //Concrete implementations of this class should free
            //any resources during close
            if(downloader.getExited())
            {
                print("Thread " + this.threadId + " has been paused");
            }
            else
            {
                print("Thread " + this.threadId + " download finish");
            }

            this.finished = true;  //设置完成标志为 true，无论是下载完成还是用户主动中断下载
        } catch (Exception e) {    //均出现异常
            this.downloadedLength = -1;     //设置该线程已经下载的长度为-1
            print("Thread "+ this.threadId+ ":"+ e);     //打印出异常信息
        }
    }
  }
  /**
   * 打印信息
   * @param msg 信息
   */
  private static void print(String msg){
      Log.i(TAG, msg);    //使用 Logcat 的 Information 方式打印信息
  }

  /**
   * 下载是否完成
   * @return
   */
  public boolean isFinished() {
      return finished;
  }

  /**
   * 已经下载的内容大小
   * @return 如果返回值为-1,代表下载失败
   */
  public long getDownloadedLength() {
     return downloadedLength;
  }
}
```

（7）在类 FileDownloader 中调用了类 DownloadProgressListener 来监听下载进度，类 DownloadProgressListener 在文件 DownloadProgressListener.java 中定义，具体实现代码如下所示。

```
public interface DownloadProgressListener {
    /**
     * 下载进度监听方法，获取和处理下载点数据的大小
     * @param size 数据大小
     */
    public void onDownloadSize(int size);
}
```

（8）编写文件主 Activity 文件 MultipleThreadDownloadAndroid.java，具体实现代码如下所示。

```
/**
* 主界面，负责下载界面的显示、与用户交互、响应用户事件等
*
*/
    public class MultipleThreadDownloadAndroid
    extends Activity {
        private static final int PROCESSING = 1;    //正在下载实时数据传输 Message 标志
        private static final int FAILURE = -1;      //下载失败时的 Message 标志

        private EditText pathText;                  //下载输入文本框
        private TextView resultView;                //现在进度显示百分比文本框
    private Button downloadButton;      //下载按钮，可以触发下载事件
    private Button stopbutton;          //停止按钮，可以停止下载
    private ProgressBar progressBar;    //下载进度条，实时图形化的显示进度信息
    //hanlder 对象的作用是用于向创建 Hander 对象所在的线程所绑定的消息队列发送消息并处理消息
    private Handler handler = new UIHander();

    private final class UIHander extends Handler{
     /**
    * 系统会自动调用的回调方法，用于处理消息事件
    * Mesaage 一般会包含消息的标志和消息的内容以及消息的处理器 Handler
    */
        public void handleMessage(Message msg) {
            switch (msg.what) {
            case PROCESSING:        //下载时
                int size = msg.getData().getInt("size");    //从消息中获取已经下载的数据长度
                progressBar.setProgress(size);  //设置进度条的进度
                float num = (float)progressBar.getProgress() / (float)
                progressBar.getMax();   //计算已经下载的百分比，此处需要转换为浮点数计算
                int result = (int)(num * 100);  //把获取的浮点数计算结构转化为整数
                resultView.setText(result+ "%");    //把下载的百分比显示在界面显示控件上
                if(progressBar.getProgress() == progressBar.getMax()){
                //当下载完成时
                    Toast.makeText(getApplicationContext(), R.string.
                    success, Toast.LENGTH_LONG).show(); //使用 Toast 技术提示用户下载完成
                }
                break;

            case -1:    //下载失败时
                Toast.makeText(getApplicationContext(), R.string.error,
                Toast.LENGTH_LONG).show();  //提示用户下载失败
                break;
            }
        }
    }

    @Override
    public void onCreate(Bundle savedInstanceState) {   //应用程序启动时会首先调用且在应用程
    //序整个生命周期中只会调用一次，适合于初始化工作
        super.onCreate(savedInstanceState);
        //使用父类的 onCreate 用作屏幕主界面的底层和基本绘制工作
        setContentView(R.layout.main);  //根据 XML 界面文件设置主界面
pathText = (EditText) this.findViewById(R.id.path);    //获取下载 URL 的文本输入框对象
    resultView = (TextView) this.findViewById(R.id.resultView);
    //获取显示下载百分比文本控件对象
    downloadButton = (Button) this.findViewById(R.id.downloadbutton);
    //获取下载按钮对象
    stopbutton = (Button) this.findViewById(R.id.stopbutton);
    //获取停止下载按钮对象
    progressBar = (ProgressBar) this.findViewById(R.id.progressBar);
```

```
    //获取进度条对象
    ButtonClickListener listener = new ButtonClickListener();
    //声明并定义按钮监听器对象
    downloadButton.setOnClickListener(listener);//设置下载按钮的监听器对象
    stopbutton.setOnClickListener(listener);//设置停止下载按钮的监听器对象
}
/**
* 按钮监听器实现类
*
*/
private final class ButtonClickListener implements View.OnClickListener{
    public void onClick(View v) {   //该方法在注册了该按钮监听器的对象被单击时会自动调用，用于响
应单击事件
        switch (v.getId()) {   //获取单击对象的 ID
        case R.id.downloadbutton:   //当单击下载按钮时
            String path = pathText.getText().toString();//获取下载路径
            if(Environment.getExternalStorageState().equals
            (Environment.MEDIA_MOUNTED)){   //获取 SDCard 是否存在，当 SDCard 存在时
                File saveDir = Environment.getExternalStorageDirectory();
                //获取 SDCard 根目录文件
                File saveDir1 = Environment.getExternalStoragePublicDirectory (Environment.
DIRECTORY_MOVIES);

                File saveDir11 =  getApplicationContext().getExternalFilesDir (Environment.
DIRECTORY_MOVIES);
                download(path, saveDir11);    //下载文件
            }else{  //当 SDCard 不存在时
                Toast.makeText(getApplicationContext(), R.string.
                sdcarderror, Toast.LENGTH_LONG).show();//提示用户 SDCard 不存在
            }
            downloadButton.setEnabled(false);   //设置下载按钮不可用
            stopbutton.setEnabled(true);    //设置停止下载按钮可用
            break;
        case R.id.stopbutton:   //当单击停止下载按钮时
            exit(); //停止下载
            downloadButton.setEnabled(true);   //设置下载按钮可用
            stopbutton.setEnabled(false);   //设置停止按钮不可用
            break;
        }
}

    ///////////////////////////////////////////////////////////////////
    //由于用户的输入事件(单击 button,触摸屏幕…)是由主线程负责处理的，如果主线程处于工作状态
    //此时用户产生的输入事件如果没能在 5 秒内得到处理，系统就会报“应用无响应”错误
    //所以在主线程里不能执行一件比较耗时的工作，否则会因主线程阻塞而无法处理用户的输入事件
    //导致“应用无响应”错误的出现，耗时的工作应该在子线程里执行
    ///////////////////////////////////////////////////////////////////

    private DownloadTask task;  //声明下载执行者
    /**
     * 退出下载
     */
    public void exit(){
        if(task!=null) task.exit(); //如果有下载对象时，退出下载
    }
    /**
     * 下载资源，声明下载执行者并开辟线程开始现在
     * @param path  下载的路径
     * @param saveDir   保存文件
     */
    private void download(String path, File saveDir){//此方法运行在主线程
        task = new DownloadTask(path, saveDir); //实例化下载任务
        new Thread(task).start();    //开始下载
    }
    /*
     * UI 控件画面的重绘(更新)是由主线程负责处理的，如果在子线程中更新 UI 控件的
    值，更新后的值不会重绘到屏幕上
     * 一定要在主线程里更新 UI 控件的值，这样才能在屏幕上显示出来，不能在子线程中
    更新 UI 控件的值
```

```
     */
    private final class DownloadTask implements Runnable{
        private String path;    //下载路径
        private File saveDir;   //下载到保存到的文件
        private FileDownloader loader;  //文件下载器(下载线程的容器)
        /**
         * 构造方法，实现变量初始化
         * @param path  下载路径
         * @param saveDir   下载要保存到的文件
 */
        public DownloadTask(String path, File saveDir) {
            this.path = path;
            this.saveDir = saveDir;
        }

        /**
         * 退出下载
         */
        public void exit(){
            if(loader!=null) loader.exit();//如果下载器存在的话则退出下载
        }
        DownloadProgressListener downloadProgressListener = new
        DownloadProgressListener() {    //开始下载，并设置下载的监听器

            /**
             * 下载的文件长度会不断地被传入该回调方法
             */
            public void onDownloadSize(int size) {
                Message msg = new Message(); //新建立一个Message对象
                msg.what = PROCESSING;      //设置ID为1;
                msg.getData().putInt("size", size); //把文件下载的size设置进Message对象
                handler.sendMessage(msg);//通过handler发送消息到消息队列
            }
        };
        /**
         * 下载线程的执行方法，会被系统自动调用
         */
        public void run() {
            try {
                loader = new FileDownloader(getApplicationContext(),
                path, saveDir, 3);  //初始化下载
                progressBar.setMax(loader.getFileSize());   //设置进度条的最大刻度
                loader.download(downloadProgressListener);

            } catch (Exception e) {
                e.printStackTrace();
                handler.sendMessage(handler.obtainMessage(FAILURE));
                //下载失败时向消息队列发送消息
                /*Message message = handler.obtainMessage();
                message.what = FAILURE;*/
            }
        }
    }
}
}
```

（9）在文件AndroidManifest.xml中声明使用网络的权限和操作SDCard的权限，具体实现代码如下所示。

```
<!-- 访问internet权限 -->
<uses-permission android:name="android.permission.INTERNET"/>
<!-- 在SDCard中创建与删除文件权限 -->
<uses-permission android:name="android.permission.MOUNT_UNMOUNT_FILESYSTEMS"/>
<!-- 往SDCard写入数据权限 -->
<uses-permission android:name="android.permission.WRITE_EXTERNAL_STORAGE"/>
```

到此为止，整个实例介绍完毕，执行后的效果如图7-7所示。

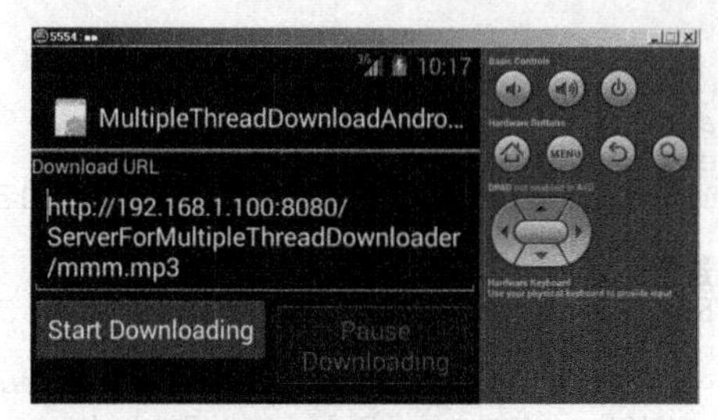

▲图 7–7　执行效果

7.6 远程下载并安装 APK 文件

APK 是 Android Package 的缩写，即 Android 安装包。APK 是类似 Symbian SIS 或 SISX 的文件格式。通过将 APK 文件直接传到 Android 模拟器或 Android 手机中执行即可安装。本节将详细讲解在 Android 系统中下载并安装 APK 文件的基本方法。

7.6.1　APK 基础

APK 文件和 SIS 一样最终把 Android SDK 编译的工程打包成一个安装程序文件格式为 APK。APK 文件其实是 ZIP 格式，但后缀名被修改为 APK，通过 UnZip 解压后，可以看到 Dex 文件，Dex 是 Dalvik VM executes 的全称，即 Android Dalvik 执行程序，并非 Java ME 的字节码而是 Dalvik 字节码。一个 APK 文件结构为：META-INF\Jar，此文件结构的具体说明如下所示。

- “res\”：存放资源文件的目录。
- AndroidManifest.xml：程序全局配置文件。
- classes.dex：Dalvik 字节码。
- resources.arsc：编译后的二进制资源文件。

Android 在运行一个程序时，首先需要 UnZip 解压缩，这一点和 Symbian 比较相似，而和 Windows Mobile 中的 PE 文件有所区别。这样做对于程序的保密性和可靠性不是很高，通过 dexdump 命令可以反编译，但这样做符合发展规律，微软的 Windows Gadgets 或者说 WPF 也采用了这种构架方式。在 Android 平台中 Dalvik VM 的执行文件被打包为 APK 格式，最终运行时加载器会解压然后获取编译后的 AndroidManifest.xml 文件中的 permission 分支相关的安全访问，但仍然存在很多安全限制，如果将 APK 文件传到“/system/app”文件夹下会发现执行是不受限制的。最终我们平时安装的文件可能不是这个文件夹，而在 Android ROOM 中系统的 APK 文件默认会放入这个文件夹，它们拥有着 ROOT 权限。

（1）下载 APK 应用程序

我们可以从哪里取得好用的 Android APK 应用程序，并安装到 Android 手机上呢？对拥有 G1 实体手机的使用者而言，Android Market 就是最佳的地方，只要使用手机内应用程序列表的 Market 程序，就可以直接连接到 Android Market，而点选喜爱的应用程序后，就会直接下载并安装到 G1 手机上。不过对使用 Android 仿真器的使用者而言，就没有如此方便了，Android 仿真器并没有 Android Market 这个应用程序，只能使用内附的浏览器浏览 Android Market，为何说是浏览呢？因为 Android Market 不是采用通用网页浏览方式来下载文件，虽然可以使用常见的浏览器看到 Android Market 上的应用程序，但是没有办法下载到 Android 仿真器或一般的计算机上，原因是 Android Market 采用特有的网页 API，使用 native UI 的方式来访问，唯有通过内建在 G1 手机内的 Market 应用程序，才能下载 Android Market 网页中的应用程序，并自动安装到 G1 手机上。

所以 Android 仿真器的使用者，只好浏览该网页上的应用程序，然后通过搜索引擎去找找看有没有开发人员将应用程序放到 Android Market 之后，还另外将 APK 文件放置在一般网页上了。到此为止，使用 Android 仿真器的您，也不需要这么灰心，因为有太多的人遇到同样的问题，也就生成非常多的 Android 应用程序网页，您可以浏览这些网页并把上面的 APK 文件下载到计算机上，再进行安装到 Android 仿真器上。

（2）安装 APK 应用程序

所有的 APK 应用程序要安装到 Android 仿真器上，使用如下 adb install 指令来开启一个命令字符的终端机窗口，并运行 APK 安装指令。

```
adb install filename.apk
```

这样 adb 指令就会自动将 filename.apk 应用程序安装到 Android 仿真器上，而仿真器上的应用程序列表也会立即出现刚刚安装的应用程序图标，如果应用程序没有安装成功，或安装不完善，也可以重复运行 adb install -r filename.apk 指令重新安装一次，这样会保留已经设置的信息，而仅是重新安装应用程序本身。

不过在运行 adb 安装 APK 应用程序组件时，不可以同时运行多个 Android 仿真器，因为 adb 会不知要将 APK 应用程序安装到哪一个仿真器，最好的方法就是仅运行一个 Android 仿真器。如果有同时运行多个仿真器的需要，就要在安装 APK 组件时，使用 adb 先指定某一个仿真器。您可以从 Android 仿真器的窗口上，看到类似 Android Emulator（5554）的字样，而 5554 就是仿真器的运行序号，每一个仿真器有其独特的运行序号，只要将 adb 加上-s <serialNumber> 参数，就可以指定 adb 将 APK 应用程序安装在哪一个仿真器上了。

```
adb -s emulator-5554 install filename.apk
(指定安装APK组件在5554的Android仿真器中)
```

（3）移除 APK 应用程序

如果已经安装了很多 Android 应用程序，想要删除一些应用程序图标也非常简单，同样是一行指令就搞定了，adb uninstall 指令可以将 APK 应用程序移除。

```
adb uninstall package
```

例如下面的代码：

```
adb uninstall com.android.email        (把email程序移除)
```

Android 使用的 package 名称类似我们浏览网页时常用的域名方式，所以上面的示范是将 com.android.email 这个 email package 移除，请记住，package 名称不是您安装 APK 组件时的文件名或是显示在 Android 仿真器中的应用程序名称。另外 package 名称也并不是一定都是 com.android 这样的形式，它可以是各式各样的域名方式来命名，例如 org.iii.ro.iiivpa 或 com.deafcode.android.Cinema。APK 文件的 package 名称完全是由当初的开发人员所制定的，所以并没有统一的命名方式，唯一相同的就是它一定是类似 Domain 域名的命名格式。

另外，在移除该 APK 应用程序时，如果想要保留信息与 Cache 目录，则加上-k 参数即可。

```
adb uninstall -k package                (移除程序时，保留信息)
```

不过麻烦的是，可能不知道这个想要移除的应用程序 package 名称，所以必须先运行 adb shell 进入 Android 操作系统的指令列模式，然后到 /data/data 或 /data/app 目录下，得知欲移除的 package 名称，然后使用 adb uninstall 指令删除 APK 应用程序，这样就可以简易地从 Android 仿真器将不想使用的 APK 应用程序移除了。

```
adb shell
  ls /data/data 或 /data/app               (查询package名称)
  exit
   adb uninstall package                   (移除查询到的package)
```

幸运的是，从Android SDK 1.5版起，已经内建应用程序管理系统，不需要再辛苦的使用adb uninstall指令移除APK应用程序组件，只要在Android手机主画面点选MENU按键，然后依序点选“Settings”“Applications”“Manage applications”，就可以启动应用程序管理系统。当前Android系统已经安装的所有应用程序都会条列出来，只要点选想要移除的应用程序然后选择Uninstall就可以移除该程序了，这样就不需要使用adb uninstall指令来移除Android应用程序了。

下载文件与打开网页是一样的，打开网页是将内容显示出来，保存文件就是保存到文件中。例如可以通过下面的代码将内容保存到SD卡等设备上。

```
public void downFile(String url, String path, String fileName)
        throws IOException {
    if (fileName == null || fileName == "")
        this.FileName = url.substring(url.lastIndexOf("/") + 1);
    else
        this.FileName = fileName; // 取得文件名，如果输入新文件名，则使用新文件名
    URL Url = new URL(url);
    URLConnection conn = Url.openConnection();
    conn.connect();
    InputStream is = conn.getInputStream();
    this.fileSize = conn.getContentLength();// 根据响应获取文件大小
    if (this.fileSize <= 0) {  // 获取内容长度为0
        throw new RuntimeException("无法获知文件大小 ");
    }
    if (is == null) {       // 没有下载流
        sendMsg(Down_ERROR);
        throw new RuntimeException("无法获取文件");
    }
    FileOutputStream FOS = new FileOutputStream(path + this.FileName);
    // 创建写入文件内存流，通过此流向目标写文件
    byte buf[] = new byte[1024];
    downLoadFilePosition = 0;
    int numread;
    while ((numread = is.read(buf)) != -1) {
        FOS.write(buf, 0, numread);
        downLoadFilePosition += numread
    }
    try {
        is.close();
    } catch (Exception ex) {
        ;
    }
}
```

7.6.2 实战演练——在Android系统中下载并安装APK文件

本实例的功能是远程下载指定网址的Android应用程序，下载到手机后打开application installer软件来进行安装。在具体实现上，先设置一个EditText来获取远程程序的URL，然后通过自定义按钮打开下载程序（使用java.net的URLConnection对象来创建连接，通过InputStream将下载文件写入到存储卡的缓存），下载后通过自定义方法openFile()打开文件，并根据文件扩展名，判断是否为APK格式，是则启动内置的Install程序，开始安装。安装完成后，在离开Install时通过方法delFile()将存储卡中的临时文件删除。

题目	目的	源码路径
实例7-7	在Android系统中下载并安装APK文件	\codes\7\xia

本实例的具体实现流程如下所示。

（1）编写布局文件main.xml，主要代码如下所示。

```
<TextView
  android:id="@+id/myTextView1"
  android:layout_width="wrap_content"
```

```
    android:layout_height="wrap_content"
    android:text="@string/str_text"
  >
  </TextView>
  <EditText
    android:id="@+id/myEditText1"
    android:layout_width="fill_parent"
    android:layout_height="wrap_content"
    android:text="@string/str_url"
    android:textSize="18sp"
  >
  </EditText>
  <Button
    android:id="@+id/myButton1"
    android:layout_width="wrap_content"
    android:layout_height="wrap_content"
    android:text="@string/str_button"
  >
  </Button>
```

（2）编写主程序文件 xia.java，其具体实现流程如下所示。

- 单击按钮后设置将文件下载到 local 本地，获取要安装程序的文件名称。具体代码如下所示。

```
mButton01.setOnClickListener(new Button.OnClickListener()
    {
      public void onClick(View v)
      {
        /* 文件会下载至 local 端 */
        mTextView01.setText("下载中...");
        strURL = mEditText01.getText().toString();
        /*取得欲安装程序的文件名称*/
        fileEx = strURL.substring(strURL.lastIndexOf(".")
        +1,strURL.length()).toLowerCase();
        fileNa = strURL.substring(strURL.lastIndexOf("/")
        +1,strURL.lastIndexOf("."));
        getFile(strURL);
      }
    }
    );
```

- 如果框中的远程地址为空，则输出“请输入 URL”的提示。具体代码如下所示。

```
    mEditText01.setOnClickListener(new EditText.OnClickListener()
    {
      @Override
      public void onClick(View arg0)
      {
        // TODO Auto-generated method stub
        mEditText01.setText("");
        mTextView01.setText("远程安装程序(请输入 URL)");
      }
    });
  }
```

- 定义方法 getFile(final String strPath)来获取下载的 URL 文件，如果有异常则输出提示。具体代码如下所示。

```
  /* 处理下载 URL 文件自定义函数 */
  private void getFile(final String strPath)  {
    try
    {
      if (strPath.equals(currentFilePath) )
      {
        getDataSource(strPath);
      }
      currentFilePath = strPath;
      Runnable r = new Runnable()
      {
        public void run()
```

```
      {
        try
        {
          getDataSource(strPath);
        }
        catch (Exception e)
        {
          Log.e(TAG, e.getMessage(), e);
        }
      }
    };
    new Thread(r).start();
  }
  catch(Exception e)
  {
    e.printStackTrace();
  }
}
```

- 定义方法 getDataSource 来获取远程文件，主要代码如下所示。

```
/*取得远程文件*/
private void getDataSource(String strPath) throws Exception
{
  if (!URLUtil.isNetworkUrl(strPath))
  {
    mTextView01.setText("错误的 URL");
  }
  else
  {
    /*取得 URL*/
    URL myURL = new URL(strPath);
    /*创建连接*/
    URLConnection conn = myURL.openConnection();
    conn.connect();
    /*InputStream 下载文件*/
    InputStream is = conn.getInputStream();
    if (is == null)
    {
      throw new RuntimeException("stream is null");
    }
    /*创建临时文件*/
    File myTempFile = File.createTempFile(fileNa, "."+fileEx);
    /*取得暂存盘路径*/
    currentTempFilePath = myTempFile.getAbsolutePath();
    /*将文件写入暂存盘*/
    FileOutputStream fos = new FileOutputStream(myTempFile);
    byte buf[] = new byte[128];
    do
    {
      int numread = is.read(buf);
      if (numread <= 0)
      {
        break;
      }
      fos.write(buf, 0, numread);
    }while (true);

    /*打开文件进行安装*/
    openFile(myTempFile);
    try
    {
      is.close();
    }
    catch (Exception ex)
    {
      Log.e(TAG, "error: " + ex.getMessage(), ex);
    }
  }
}
```

- 定义方法 openFile(File f)来设置在手机上打开文件，主要代码如下所示。

```
/* 在手机上打开文件的 method */
private void openFile(File f)
{
  Intent intent = new Intent();
  intent.addFlags(Intent.FLAG_ACTIVITY_NEW_TASK);
  intent.setAction(android.content.Intent.ACTION_VIEW);

  /* 调用 getMIMEType()来取得 MimeType */
  String type = getMIMEType(f);
  /* 设置 intent 的 file 与 MimeType */
  intent.setDataAndType(Uri.fromFile(f),type);
  startActivity(intent);
}
/* 判断文件 MimeType 的 method */
private String getMIMEType(File f)
{
  String type="";
  String fName=f.getName();
  /* 取得扩展名 */
  String end=fName.substring(fName.lastIndexOf(".")
  +1,fName.length()).toLowerCase();

  /* 依扩展名的类型决定 MimeType */
  if(end.equals("m4a")||end.equals("mp3")||end.equals("mid")||
  end.equals("xmf")||end.equals("ogg")||end.equals("wav"))
  {
    type = "audio";
  }
  else if(end.equals("3gp")||end.equals("mp4"))
  {
    type = "video";
  }
  else if(end.equals("jpg")||end.equals("gif")||end.equals("png")||
  end.equals("jpeg")||end.equals("bmp"))
  {
    type = "image";
  }
  else if(end.equals("apk"))
  {
    /* android.permission.INSTALL_PACKAGES */
    type = "application/vnd.android.package-archive";
  }
  else
  {
    type="*";
  }
  /*如果无法直接打开，就跳出软件列表给用户选择 */
  if(end.equals("apk"))
  {
  }
  else
  {
    type += "/*";
  }
  return type;
}
```

- 定义方法 delFile 来删除 SD 卡上的临时文件，主要代码如下所示。

```
/*自定义删除文件方法*/
private void delFile(String strFileName)
{
  File myFile = new File(strFileName);
  if(myFile.exists())
  {
    myFile.delete();
  }
}
```

● 定义方法 onPause()和 onResume()分别设置 onPause 暂停和 onResume 重新开始的状态。具体代码如下所示。

```
/*当 Activity 处于 onPause 状态时,更改 TextView 文字状态*/
@Override
protected void onPause()
{
  mTextView01 = (TextView)findViewById(R.id.myTextView1);
  mTextView01.setText("下载成功");
  super.onPause();
}
/*当 Activity 处于 onResume 状态时,删除临时文件*/
@Override
protected void onResume()
{
  // TODO Auto-generated method stub
  /* 删除临时文件 */
  delFile(currentTempFilePath);
  super.onResume();
}
}
```

执行后将在文本框中显示目标安装程序的路径，如图 7-8 所示。实例中的默认路径是 http://mz.ruan8.com/soft/2/sougoushoujishurufa_7786.apk，这是一个 sogou 输入法程序。单击【安装】按钮后，开始下载目标文件，如图 7-9 所示。下载完成后弹出安装界面，单击【Install】按钮后开始安装，安装完成后输出提示。

▲图 7-8　下载目标文件

▲图 7-9　下载界面

第8章　上传数据

“上传”的反义词是“下载”，上传就是将信息从个人计算机（本地计算机）传递到中央计算机（远程计算机）系统上，让网络上的人都能看到。将制作好的网页、文字、图片等发布到互联网上去，以便让其他人浏览、欣赏，这一过程称为上传。本章将详细讲解在 Android 系统中上传数据的基本知识，为读者步入本书后面知识的学习打下基础。

8.1 实战演练——上传文件到远程服务器

在本节的内容中，将通过一个具体实例的实现过程，介绍在 Android 系统中实现文件上传的基本方法。

题目	目的	源码路径
实例 8-1	上传文件到远程服务器	\codes\8\chuan

本实例的具体实现流程如下所示。

（1）编写界面布局文件 main.xml，主要代码如下所示。

```
<TextView
    android:id="@+id/myText1"
    android:layout_width="wrap_content"
    android:layout_height="wrap_content"
    android:text="@string/str_title"
    android:textSize="20sp"
    android:textColor="@drawable/black"
    android:layout_x="10px"
    android:layout_y="12px"
  >
  </TextView>
  <TextView
    android:id="@+id/myText2"
    android:layout_width="wrap_content"
    android:layout_height="wrap_content"
    android:textSize="16sp"
    android:textColor="@drawable/black"
    android:layout_x="10px"
    android:layout_y="52px"
  >
  </TextView>
  <TextView
    android:id="@+id/myText3"
    android:layout_width="wrap_content"
    android:layout_height="wrap_content"
    android:textSize="16sp"
    android:textColor="@drawable/black"
    android:layout_x="10px"
    android:layout_y="102px"
  >
  </TextView>
```

```
<Button
  android:id="@+id/myButton"
  android:layout_width="92px"
  android:layout_height="49px"
  android:text="@string/str_button"
  android:textSize="15sp"
  android:layout_x="90px"
  android:layout_y="170px"
>
</Button>
```

（2）编写主程序文件 chuan.java，其具体实现流程如下所示。

● 分别声明变量 newName、uploadFile 和 actionUrl，具体代码如下所示。

```
public class chuan extends Activity
{
  /* 变量声明
   * newName：上传后在服务器上的文件名称
   * uploadFile：要上传的文件路径
   * actionUrl：服务器上对应的程序路径 */
  private String newName="image.jpg";
  private String uploadFile="/data/data/irdc.example9/image.jpg";
  private String actionUrl="http://127.127.0.1/upload/upload.jsp";
  private TextView mText1;
  private TextView mText2;
  private Button mButton;
```

● 通过 mText1 对象获取文件路径，根据 mText2 设置上传网址，单击按钮后调用上传方法 uploadFile()。具体代码如下所示。

```
  public void onCreate(Bundle savedInstanceState)
  {
    super.onCreate(savedInstanceState);
    setContentView(R.layout.main);
    mText1 = (TextView) findViewById(R.id.myText2);
    mText1.setText("文件路径：\n"+uploadFile);
    mText2 = (TextView) findViewById(R.id.myText3);
    mText2.setText("上传网址：\n"+actionUrl);
    /* 设置 mButton 的 onClick 事件处理 */
    mButton = (Button) findViewById(R.id.myButton);
    mButton.setOnClickListener(new View.OnClickListener()
    {
      public void onClick(View v)
      {
        uploadFile();
      }
    });
  }
```

● 定义方法 uploadFile()将文件上传至 Server，具体代码如下所示。

```
  /* 上传文件至 Server 的方法 */
  private void uploadFile()
  {
    String end = "\r\n";
    String twoHyphens = "--";
    String boundary = "*****";
    try
    {
      URL url =new URL(actionUrl);
      HttpURLConnection con=(HttpURLConnection)url.openConnection();
      /* 允许 Input、Output，不使用 Cache */
      con.setDoInput(true);
      con.setDoOutput(true);
      con.setUseCaches(false);
      /* 设置传送的 method=POST */
      con.setRequestMethod("POST");
      /* setRequestProperty */
      con.setRequestProperty("Connection", "Keep-Alive");
      con.setRequestProperty("Charset", "UTF-8");
```

```
        con.setRequestProperty("Content-Type",
                  "multipart/form-data;boundary="+boundary);
        /* 设置 DataOutputStream */
        DataOutputStream ds =
         new DataOutputStream(con.getOutputStream());
        ds.writeBytes(twoHyphens + boundary + end);
        ds.writeBytes("Content-Disposition: form-data; " +
              "name=\"file1\";filename=\"" +
              newName +"\"" + end);
        ds.writeBytes(end);
        /* 取得文件的 FileInputStream */
        FileInputStream fStream = new FileInputStream(uploadFile);
        /* 设置每次写入 1024bytes */
        int bufferSize = 1024;
        byte[] buffer = new byte[bufferSize];
        int length = -1;
        /* 从文件读取数据至缓冲区 */
        while((length = fStream.read(buffer)) != -1)
        {
          /* 将资料写入 DataOutputStream 中 */
          ds.write(buffer, 0, length);
        }
        ds.writeBytes(end);
        ds.writeBytes(twoHyphens + boundary + twoHyphens + end);
        fStream.close();
        ds.flush();
        /* 取得 Response 内容 */
        InputStream is = con.getInputStream();
        int ch;
        StringBuffer b =new StringBuffer();
        while( ( ch = is.read() ) != -1 )
        {
          b.append( (char)ch );
        }
        /* 将 Response 显示在 Dialog 对话框中 */
        showDialog(b.toString().trim());
        /* 关闭 DataOutputStream */
        ds.close();
      }
      catch(Exception e)
      {
        showDialog(""+e);
      }
    }
```

- 定义方法 showDialog(String mess)来显示提示对话框，具体代码如下所示。

```
  /* 显示 Dialog 的方法*/
  private void showDialog(String mess)
  {
    new AlertDialog.Builder(example9.this).setTitle("Message")
     .setMessage(mess)
     .setNegativeButton("确定",new DialogInterface.OnClickListener()
     {
       public void onClick(DialogInterface dialog, int which)
       {
       }
     })
     .show();
  }
}
```

- 执行后单击【上传】按钮可以将指定的文件上传到服务器，如图 8-1 所示。

▲图 8-1 执行效果

8.2 使用 Get 方式上传数据

在 Andorid 系统中可以通过 Get 方式或 Post 方式上传数据，两者的具体区别如下所示。

- Get上传的数据一般是很小的并且安全性能不高的数据。
- Post上传的数据适用于数据量大，数据类型复杂，数据安全性能要求高的地方。

在Android网络开发应用中，采用Get方式向服务器传递数据的基本步骤如下所示。

（1）利用Map集合对数据进行获取并进行数据处理，例如：

```
if (params!=null&&!params.isEmpty()) {
 for (Map.Entry<String, String> entry:params.entrySet()) {
  sb.append(entry.getKey()).append("=");
  sb.append(URLEncoder.encode(entry.getValue(),encoding));
  sb.append("&");
   }
  sb.deleteCharAt(sb.length()-1);

  }
```

（2）新建一个StringBuilder对象，例如：

```
sb=new StringBuilder()
```

（3）新建一个HttpURLConnection的URL对象，打开连接并传递服务器的path，例如：

```
connection=(HttpURLConnection) new URL(path).openConnection();
```

（4）设置超时和连接的方式，例如：

```
connection.setConnectTimeout(5000);
connection.setRequestMethod("GET");
```

在本节的内容中，将通过一个具体实例的实现过程，介绍在Android系统中采用Get方式向服务器传递数据的基本方法。

题目	目的	源码路径
实例8-2	在Android系统中采用Get方式向服务器传递数据	\codes\8\get

本实例的具体实现流程如下所示。

（1）打开Eclipse，新建一个名为“ServerForGETMethod”的Web工程，并自动生成配置文件web.xml。

（2）创建一个名为ServletForGETMethod的Servlet，功能是接收并处理通过Get方式上传的数据。实现文件ServletForGETMethod.java的具体代码如下所示。

```
@WebServlet("/ServletForGETMethod")
public class ServletForGETMethod extends HttpServlet {
   private static final long serialVersionUID = 1L;
   protected void doGet(HttpServletRequest request, HttpServletResponse response)
throws ServletException, IOException {
            String name= request.getParameter("name");
//          String name= new String(request.getParameter("name").getBytes("ISO8859-1"),
"UTF-8");
            String age= request.getParameter("age");
            System.out.println("name: " + name );
            System.out.println("age: " + age );

   }
}
```

在上述代码中，为了避免出现中文乱码的问题，特意实现了ISO8859-1和UTF-8转换处理。请读者再看看下面的代码，很好地解决了乱码问题。

```
<%@ page language="java" import="java.util.*" pageEncoding="UTF-8"%>
<%
String  zh_value=new  String(request.getParameter("zh_value").getBytes("ISO-8859-1"),
"UTF-8")
%>
```

由此可见，在使用 Get 方式传递数据时，需要使用如下所示的代码声明当前页的字符集。

```
pageEncoding="UTF-8" //声明当前页的字符集
```

（3）在配置文件 web.xml 中配置 ServletForGETMethod，具体实现代码如下所示。

```
<?xml version="1.0" encoding="UTF-8"?>
<web-app xmlns:xsi="http://www.w3.org/2001/XMLSchema-instance" xmlns="http://java.sun.
com/xml/ns/javaee"
xmlns:web="http://java.sun.com/xml/ns/javaee/web-app_2_5.xsd"
xsi: schemaLocation="http://java.sun.com/xml/ns/javaee
http://java.sun.com/xml/ns/javaee/ web-app_3_0.xsd" id="WebApp_ID" version="3.0">
  <display-name>ServerForGETMethod</display-name>
  <servlet>
    <display-name>ServletForGETMethod</display-name>
    <servlet-name>ServletForGETMethod</servlet-name>
    <servlet-class>com.guan.internet.servlet.ServletForGETMethod</servlet-class>
  </servlet>
  <servlet-mapping>
    <servlet-name>ServletForGETMethod</servlet-name>
    <url-pattern>/ServletForGETMethod</url-pattern>
  </servlet-mapping>
  <welcome-file-list>
    <welcome-file>index.html</welcome-file>
    <welcome-file>index.htm</welcome-file>
    <welcome-file>index.jsp</welcome-file>
    <welcome-file>default.html</welcome-file>
    <welcome-file>default.htm</welcome-file>
    <welcome-file>default.jsp</welcome-file>
  </welcome-file-list>
</web-app>
```

（4）打开 Eclipse，新建一个名为“UserInformation”的 Android 工程。然后编写界面布局文件 main.xml，具体实现代码如下所示。

```
<?xml version="1.0" encoding="utf-8"?>
<LinearLayout xmlns:android="http://schemas.android.com/apk/res/android"
    android:layout_width="fill_parent"
    android:layout_height="fill_parent"
    android:orientation="vertical" >
    <TextView
    android:layout_width="fill_parent"
    android:layout_height="wrap_content"
    android:text="@string/title"
    />
    <EditText
     android:layout_width="fill_parent"
     android:layout_height="wrap_content"
     android:id="@+id/title"
    />

    <TextView
    android:layout_width="fill_parent"
    android:layout_height="wrap_content"
    android:text="@string/length"
    />
    <EditText
     android:layout_width="fill_parent"
     android:layout_height="wrap_content"
     android:numeric="integer"
     android:id="@+id/length"
    />
    <Button
    android:layout_width="wrap_content"
    android:layout_height="wrap_content"
    android:text="@string/button"
    android:onClick="save"
    />
</LinearLayout>
```

（5）编写文件 UserInformationActivity.java，具体实现代码如下所示。

```
public class UserInformationActivity extends Activity {
    private EditText titleText;
       private EditText lengthText;

       @Override
       public void onCreate(Bundle savedInstanceState) {
           super.onCreate(savedInstanceState);
           setContentView(R.layout.main);

           titleText = (EditText) this.findViewById(R.id.title);
           lengthText = (EditText) this.findViewById(R.id.length);
       }

       public void save(View v){
           String title = titleText.getText().toString();
           String length = lengthText.getText().toString();
           try {
               boolean result = false;

               result = UserInformationService.save(title, length);

               if(result){
                       Toast.makeText(this, R.string.success, 1).show();
               }else{
                   Toast.makeText(this, R.string.fail, 1).show();
               }
           } catch (Exception e) {
               e.printStackTrace();
               Toast.makeText(this, R.string.fail, 1).show();
           }
       }
}
```

（6）编写业务类的实现文件 UserInformationService.java，主要实现代码如下所示。

```
public class UserInformationService {
    public static boolean save(String title, String length) throws Exception{
        String path = "http://192.168.1.100:8080/ServerForGETMethod/ServletForGETMethod";
        Map<String, String> params = new HashMap<String, String>();
        params.put("name", title);
        params.put("age", length);
        return sendGETRequest(path, params, "UTF-8");
    }
    /**
     * 发送Get请求
     * @param path 请求路径
     * @param params 请求参数
     * @return
     */
    private static boolean sendGETRequest(String path, Map<String, String> params, String
encoding) throws Exception{
        // http://192.178.1.100:8080/ServerForGETMethod/ServletForGETMethod?title=
xxxx&length=90
        StringBuilder sb = new StringBuilder(path);
        if(params!=null && !params.isEmpty()){
            sb.append("?");
            for(Map.Entry<String, String> entry : params.entrySet()){
                sb.append(entry.getKey()).append("=");
                sb.append(URLEncoder.encode(entry.getValue(), encoding));
                sb.append("&");
            }
            sb.deleteCharAt(sb.length() - 1);
        }
        HttpURLConnection conn=(HttpURLConnection)new URL(sb.toString()).openConnection();
        conn.setConnectTimeout(5000);
        conn.setRequestMethod("GET");
        if(conn.getResponseCode() == 200){
```

```
            return true;
        }
        return false;
    }
}
```

（7）编写配置文件 AndroidManifest.xml，声明网络访问权限，主要代码如下所示。

```
<uses-sdk android:minSdkVersion="18" />
    <application
        android:icon="@drawable/ic_launcher"
        android:label="@string/app_name" >
        <activity
            android:label="@string/app_name"
            android:name="com.guan.internet.userInformation.get.
            UserInformationActivity" >
            <intent-filter >
                <action android:name="android.intent.action.MAIN" />
                <category android:name="android.intent.category.LAUNCHER" />
            </intent-filter>
        </activity>
    </application>
    <uses-permission android:name="android.permission.INTERNET"/>
</manifest>
```

到此为止，整个实例讲解完毕，执行后的效果如图 8-2 所示。输入用户名和年龄后单击【save】按钮，会将输入的数据上传至服务器。

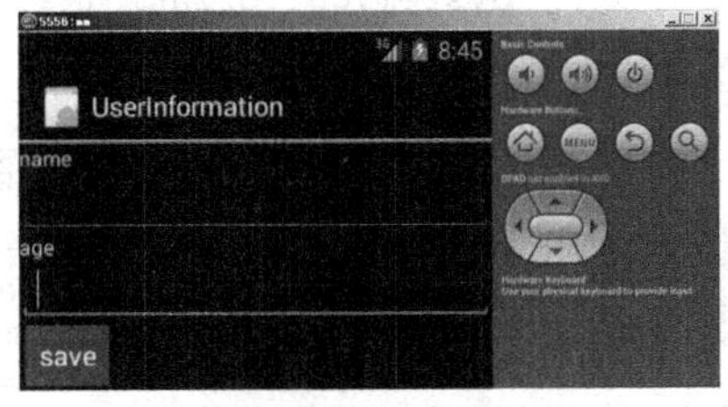

▲图 8-2　执行效果

8.3 使用 Post 方式上传数据

在 Android 网络应用中，采用 Post 方式向服务器传递数据的基本步骤如下所示。

（1）利用 Map 集合对数据进行获取并进行数据处理，例如：

```
if (params!=null&&!params.isEmpty()) {
 for (Map.Entry<String, String> entry:params.entrySet()) {
  sb.append(entry.getKey()).append("=");
  sb.append(URLEncoder.encode(entry.getValue(),encoding));
  sb.append("&");
   }
  sb.deleteCharAt(sb.length()-1);
  }
```

（2）新建一个 StringBuilder 对象，得到 Post 传给服务器的数据。例如：

```
sb=new StringBuilder()
byte[] data=sb.toString().getBytes();
```

（3）新建一个 HttpURLConnection 的 URL 对象，打开连接并传递服务器的 path。例如：

```
connection=(HttpURLConnection) new URL(path).openConnection();
```

（4）设置超时和允许对外连接数据，例如：

```
connection.setDoOutput(true);
```

（5）设置连接的 setRequestProperty 属性，例如：

```
connection.setRequestProperty("Content-Type","application/x-www-form-urlencoded");
connection.setRequestProperty("Content-Length", data.length+"");
```

（6）得到连接输出流，例如：

```
outputStream =connection.getOutputStream();
```

（7）把得到的数据写入输出流中并刷新，例如：

```
outputStream.write(data);
outputStream.flush();
```

在接下来的内容中，将通过一个具体实例的实现过程，介绍在Android系统中采用Post方式向服务器传递数据的基本方法。

题目	目的	源码路径
实例8-3	在Android系统中采用Post方式向服务器传递数据	\codes\8\post

本实例的具体实现流程如下所示。

（1）打开Eclipse，新建一个名为“ServerForPOSTMethod”的Web工程，并自动生成配置文件web.xml。

（2）创建一个名为ServletForPOSTMethod的Servlet，功能是接收并处理通过Post方式上传的数据。实现文件ServletForPOSTMethod.java的具体代码如下所示。

```
@WebServlet("/ServletForPOSTMethod")
public class ServletForPOSTMethod extends HttpServlet {
   private static final long serialVersionUID = 1L;
   protected void doPost(HttpServletRequest request, HttpServletResponse response)
throws ServletException, IOException {
      String name= request.getParameter("name");
      String age= request.getParameter("age");
      System.out.println("name from POST method: " + name );
      System.out.println("age from POST method: " + age );
   }
}
```

（3）在配置文件web.xml中配置ServletForGETMethod，具体实现代码如下所示。

```
<?xml version="1.0" encoding="UTF-8"?>
<web-app xmlns:xsi="http://www.w3.org/2001/XMLSchema-instance"
xmlns="http://java.sun.com/xml/ns/javaee"
xmlns:web="http://java.sun.com/xml/ns/javaee/web-app_2_5.xsd"
xsi:schemaLocation="http://java.sun.com/xml/ns/javaee
http://java.sun.com/xml/ns/javaee/ web-app_3_0.xsd"id="WebApp_ID" version="3.0">
  <display-name>ServerForPOSTMethod</display-name>
  <welcome-file-list>
    <welcome-file>index.html</welcome-file>
    <welcome-file>index.htm</welcome-file>
    <welcome-file>index.jsp</welcome-file>
    <welcome-file>default.html</welcome-file>
    <welcome-file>default.htm</welcome-file>
    <welcome-file>default.jsp</welcome-file>
  </welcome-file-list>
</web-app>
```

（4）打开Eclipse，新建一个名为“POST”的Android工程。然后编写界面布局文件main.xml，具体实现代码如下所示。

```
<?xml version="1.0" encoding="utf-8"?>
<LinearLayout xmlns:android="http://schemas.android.com/apk/res/android"
   android:layout_width="fill_parent"
   android:layout_height="fill_parent"
   android:orientation="vertical" >
   <TextView
   android:layout_width="fill_parent"
   android:layout_height="wrap_content"
   android:text="@string/title"
   />
   <EditText
    android:layout_width="fill_parent"
    android:layout_height="wrap_content"
    android:id="@+id/title"
   />
   <TextView
```

```
    android:layout_width="fill_parent"
    android:layout_height="wrap_content"
    android:text="@string/length"
    />
    <EditText
     android:layout_width="fill_parent"
     android:layout_height="wrap_content"
     android:numeric="integer"
     android:id="@+id/length"
    />
    <Button
    android:layout_width="wrap_content"
    android:layout_height="wrap_content"
    android:text="@string/button"
    android:onClick="save"
    />
</LinearLayout>
```

（5）编写文件 UploadUserInformationByPOSTActivity.java，具体实现代码如下所示。

```
public class UploadUserInformationByPOSTActivity extends Activity {
    private EditText titleText;
    private EditText lengthText;
    @Override
    public void onCreate(Bundle savedInstanceState) {
        super.onCreate(savedInstanceState);
        setContentView(R.layout.main);

        titleText = (EditText) this.findViewById(R.id.title);
        lengthText = (EditText) this.findViewById(R.id.length);
    }

    public void save(View v){
        String title = titleText.getText().toString();
        String length = lengthText.getText().toString();
        try {
            boolean result = false;

            result = UploadUserInformationByPostService.save(title, length);

            if(result){
                Toast.makeText(this, R.string.success, 1).show();
            }else{
                Toast.makeText(this, R.string.fail, 1).show();
            }
        } catch (Exception e) {
            e.printStackTrace();
            Toast.makeText(this, R.string.fail, 1).show();
        }
    }
}
```

（6）编写业务类的实现文件 UploadUserInformationByPostService.java，主要实现代码如下所示。

```
public class UploadUserInformationByPostService {
    public static boolean save(String title, String length) throws Exception{
        String path="http://192.168.1.100:8080/ServerForPOSTMethod/ServletFor POSTMethod";
        Map<String, String> params = new HashMap<String, String>();
        params.put("name", title);
        params.put("age", length);
        return sendPOSTRequest(path, params, "UTF-8");
    }

    /**
     * 发送 Post 请求
     * @param path 请求路径
     * @param params 请求参数
     * @return
     */
    private static boolean sendPOSTRequest(String path, Map<String, String> params,
```

```
String encoding) throws Exception{
    //  title=liming&length=30
    StringBuilder sb = new StringBuilder();
    if(params!=null && !params.isEmpty()){
        for(Map.Entry<String, String> entry : params.entrySet()){
            sb.append(entry.getKey()).append("=");
            sb.append(URLEncoder.encode(entry.getValue(), encoding));
            sb.append("&");
        }
        sb.deleteCharAt(sb.length() - 1);
    }
    byte[] data = sb.toString().getBytes();

    HttpURLConnection conn = (HttpURLConnection) new URL(path).openConnection();
    conn.setConnectTimeout(5000);
    conn.setRequestMethod("POST");
    conn.setDoOutput(true);//允许对外传输数据
    conn.setRequestProperty("Content-Type", "application/x-www-form-urlencoded");
    conn.setRequestProperty("Content-Length", data.length+"");
    OutputStream outStream = conn.getOutputStream();
    outStream.write(data);
    outStream.flush();
    if(conn.getResponseCode() == 200){
        return true;
    }
    return false;
  }
}
```

（7）编写配置文件 AndroidManifest.xml，声明网络访问权限，主要代码如下所示。

```
<manifest xmlns:android="http://schemas.android.com/apk/res/android"
   package="com.guan.internet.userInformation.post"
   android:versionCode="1"
   android:versionName="1.0" >
   <uses-sdk android:minSdkVersion="8" />
   <application
      android:icon="@drawable/ic_launcher"
      android:label="@string/app_name" >
      <activity
         android:label="@string/app_name"
android:name="com.guan.internet.userInformation.post.UploadUser InformationByPOST
Activity" >
         <intent-filter >
            <action android:name="android.intent.action.MAIN" />
            <category android:name="android.intent.category.LAUNCHER" />
         </intent-filter>
      </activity>
   </application>
<uses-permission android:name="android.permission.INTERNET"/>
</manifest>
```

到此为止，整个实例讲解完毕，执行后的效果如图 8-3 所示。输入用户名和年龄后单击【save】按钮，会将输入的数据上传至服务器。

8.4 使用 HTTP 协议实现上传

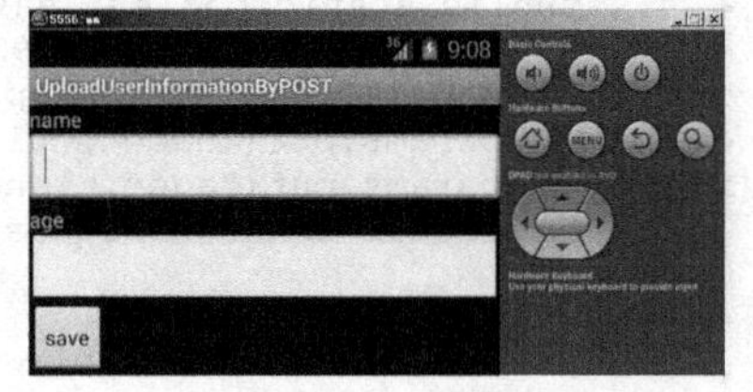

▲图 8-3 执行效果

在现实中的网络应用中，HTTP 协议上传文件一般最大是 2MB，比较适合上传小于 2MB 的文件。本节将详细讲解在 Android 系统中使用 HTTP 协议实现文件上传功能的方法。

8.4.1 一段演示代码

例如下面就是一段在 Android 系统中使用 HTTP 协议实现文件上传的通用代码。

```
import java.io.File;
import java.io.FileInputStream;
import java.io.FileNotFoundException;
import java.io.InputStream;

/**
* 上传的文件
*/
public class FormFile {
/** 上传文件的数据 */
private byte[] data;
private InputStream inStream;
private File file;
/** 文件名称 */
private String filname;
/** 请求参数名称*/
private String parameterName;
/** 内容类型 */
private String contentType = "application/octet-stream";
/**
 *
 * @param filname 文件名称
 * @param data 上传的文件数据
 * @param parameterName 参数
 * @param contentType 内容类型
 */
public FormFile(String filname, byte[] data, String parameterName, String contentType) {
    this.data = data;
    this.filname = filname;
    this.parameterName = parameterName;
    if(contentType!=null) this.contentType = contentType;
}
/**
 *
 * @param filname 文件名
 * @param file 上传的文件
 * @param parameterName 参数
 * @param contentType 内容类型
 */
public FormFile(String filname, File file, String parameterName, String contentType) {
    this.filname = filname;
    this.parameterName = parameterName;
    this.file = file;
    try {
    this.inStream = new FileInputStream(file);
    } catch (FileNotFoundException e) {
    e.printStackTrace();
    }
    if(contentType!=null) this.contentType = contentType;
}

public File getFile() {
    return file;
}

public InputStream getInStream() {
    return inStream;
}

public byte[] getData() {
    return data;
}

public String getFilname() {
    return filname;
}

public void setFilname(String filname) {
    this.filname = filname;
```

```
}

public String getParameterName() {
    return parameterName;
}

public void setParameterName(String parameterName) {
    this.parameterName = parameterName;
}

public String getContentType() {
    return contentType;
}

public void setContentType(String contentType) {
    this.contentType = contentType;
}

}

/**
 * 直接通过HTTP协议提交数据到服务器,实现如下面表单提交功能：
 *       <FORM  METHOD=POST  ACTION="http://192.168.0.200:8080/ssi/fileload/test.do"
enctype="multipart/form-data">
    <INPUT TYPE="text" NAME="name">
    <INPUT TYPE="text" NAME="id">
    <input type="file" name="imagefile"/>
    <input type="file" name="zip"/>
     </FORM>
 * @param path 上传路径(注：避免使用 localhost 或 127.0.0.1 这样的路径测试，因为它会指向手机模拟
器，可以使用http://www.xxx.cn或http://192.168.1.10:8080这样的路径测试)
 * @param params 请求参数，key为参数名,value为参数值
 * @param file 上传文件
 */
public static boolean post(String path, Map<String, String> params, FormFile[] files)
throws Exception{
    final String BOUNDARY = "---------------------------7da2137580612"; //数据分隔线
    final String endline = "--" + BOUNDARY + "--\r\n";//数据结束标志

    int fileDataLength = 0;
    for(FormFile uploadFile : files){//得到文件类型数据的总长度
    StringBuilder fileExplain = new StringBuilder();
    fileExplain.append("--");
    fileExplain.append(BOUNDARY);
    fileExplain.append("\r\n");
    fileExplain.append("Content-Disposition: form-data;name=\""+ uploadFile.
    getParameterName()+"\";filename=\""+ uploadFile.getFilname() + "\"\r\n");
    fileExplain.append("Content-Type: "+ uploadFile.getContentType()+"\r\n\r\n");
    fileExplain.append("\r\n");
    fileDataLength += fileExplain.length();
    if(uploadFile.getInStream()!=null){
        fileDataLength += uploadFile.getFile().length();
    }else{
        fileDataLength += uploadFile.getData().length;
    }
    }
    StringBuilder textEntity = new StringBuilder();
    for (Map.Entry<String, String> entry : params.entrySet()){//构造文本类型参数的实体数据
    textEntity.append("--");
    textEntity.append(BOUNDARY);
    textEntity.append("\r\n");
    textEntity.append("Content-Disposition: form-data; name=\""+ entry.getKey() + "\
    "\r\n\r\n");
    textEntity.append(entry.getValue());
    textEntity.append("\r\n");
    }
    //计算传输给服务器的实体数据总长度
    int  dataLength  =  textEntity.toString().getBytes().length  +  fileDataLength  +
endline.getBytes().length;
```

```
    URL url = new URL(path);
    int port = url.getPort()==-1 ? 80 : url.getPort();
    Socket socket = new Socket(InetAddress.getByName(url.getHost()), port);
    OutputStream outStream = socket.getOutputStream();
    //下面完成 HTTP 请求头的发送
    String requestmethod = "POST "+ url.getPath()+" HTTP/1.1\r\n";
    outStream.write(requestmethod.getBytes());
    String accept = "Accept: image/gif, image/jpeg, image/pjpeg, image/pjpeg,
application/x-shockwave-flash, application/xaml+xml, application/vnd.ms-xpsdocument,
application/x-ms-xbap, application/x-ms-application, application/vnd.ms-excel,
application/vnd.ms-powerpoint, application/msword, */*\r\n";
    outStream.write(accept.getBytes());
    String language = "Accept-Language: zh-CN\r\n";
    outStream.write(language.getBytes());
    String contenttype = "Content-Type: multipart/form-data; boundary="+ BOUNDARY+ "\r\n";
    outStream.write(contenttype.getBytes());
    String contentlength = "Content-Length: "+ dataLength + "\r\n";
    outStream.write(contentlength.getBytes());
    String alive = "Connection: Keep-Alive\r\n";
    outStream.write(alive.getBytes());
    String host = "Host: "+ url.getHost() +":"+ port +"\r\n";
    outStream.write(host.getBytes());
    //写完 HTTP 请求头后根据 HTTP 协议再写一个回车换行
    outStream.write("\r\n".getBytes());
    //把所有文本类型的实体数据发送出来
    outStream.write(textEntity.toString().getBytes());
    //把所有文件类型的实体数据发送出来
    for(FormFile uploadFile : files){
    StringBuilder fileEntity = new StringBuilder();
    fileEntity.append("--");
    fileEntity.append(BOUNDARY);
    fileEntity.append("\r\n");
    fileEntity.append("Content-Disposition: form-data;name=\""+ uploadFile.
    getParameterName()+"\";filename=\""+ uploadFile.getFilname() + "\"\r\n");
    fileEntity.append("Content-Type: "+ uploadFile.getContentType()+"\r\n\r\n");
    outStream.write(fileEntity.toString().getBytes());
    if(uploadFile.getInStream()!=null){
        byte[] buffer = new byte[1024];
        int len = 0;
        while((len = uploadFile.getInStream().read(buffer, 0, 1024))!=-1){
        outStream.write(buffer, 0, len);
        }
        uploadFile.getInStream().close();
    }else{
        outStream.write(uploadFile.getData(), 0, uploadFile.getData().length);
    }
    outStream.write("\r\n".getBytes());
    }
    //下面发送数据结束标志，表示数据已经结束
    outStream.write(endline.getBytes());

    BufferedReader reader=new BufferedReader(new InputStreamReader(socket.getInputStream()));
    if(reader.readLine().indexOf("200")==-1){//读取 web 服务器返回的数据，判断请求码是否为
200，如果不是 200，代表请求失败
    return false;
    }
    outStream.flush();
    outStream.close();
    reader.close();
    socket.close();
    return true;
}

/**
 * 提交数据到服务器
 * @param path 上传路径(注：避免使用 localhost 或 127.0.0.1 这样的路径测试，因为它会指向手机模拟
器，可以使用 http://www.xxx.cn 或 http://192.168.1.10:8080 这样的路径测试)
```

```
 * @param params 请求参数，key为参数名,value为参数值
 * @param file 上传文件
 */
public static boolean post(String path, Map<String, String> params, FormFile file) throws
Exception{
   return post(path, params, new FormFile[]{file});
}
```

请读者再看如下所示的演示代码。

```
/**
* 通过拼接的方式构造请求内容，实现参数传输及文件传输
* @param actionUrl
* @param params
* @param files
* @return
* @throws IOException
*/
public static String post(String actionUrl, Map<String, String> params,
    Map<String, File> files) throws IOException {

  String BOUNDARY = java.util.UUID.randomUUID().toString();
  String PREFIX = "--" , LINEND = "\r\n";
  String MULTIPART_FROM_DATA = "multipart/form-data";
  String CHARSET = "UTF-8";

  URL uri = new URL(actionUrl);
  HttpURLConnection conn = (HttpURLConnection) uri.openConnection();
  conn.setReadTimeout(5 * 1000); // 缓存的最长时间
  conn.setDoInput(true);// 允许输入
  conn.setDoOutput(true);// 允许输出
  conn.setUseCaches(false); // 不允许使用缓存
  conn.setRequestMethod("POST");
  conn.setRequestProperty("connection", "keep-alive");
  conn.setRequestProperty("Charsert", "UTF-8");
  conn.setRequestProperty("Content-Type",   MULTIPART_FROM_DATA   +   ";boundary="   +
BOUNDARY);

  // 首先组拼文本类型的参数
  StringBuilder sb = new StringBuilder();
  for (Map.Entry<String, String> entry : params.entrySet()) {
    sb.append(PREFIX);
    sb.append(BOUNDARY);
    sb.append(LINEND);
    sb.append("Content-Disposition: form-data; name=\"" + entry.getKey() + "\"" + LINEND);
    sb.append("Content-Type: text/plain; charset=" + CHARSET+LINEND);
    sb.append("Content-Transfer-Encoding: 8bit" + LINEND);
    sb.append(LINEND);
    sb.append(entry.getValue());
    sb.append(LINEND);
  }

  DataOutputStream outStream = new DataOutputStream(conn.getOutputStream());
  outStream.write(sb.toString().getBytes());
  // 发送文件数据
  if(files!=null){
    int i = 0;
    for (Map.Entry<String, File> file: files.entrySet()) {
      StringBuilder sb1 = new StringBuilder();
      sb1.append(PREFIX);
      sb1.append(BOUNDARY);
      sb1.append(LINEND);
      sb1.append("Content-Disposition: form-data; name=\"file"+(i++)+"\"; filename=\""+
      file.getKey()+"\""+LINEND);
      sb1.append("Content-Type: application/octet-stream; charset="+CHARSET+LINEND);
      sb1.append(LINEND);
      outStream.write(sb1.toString().getBytes());

      InputStream is = new FileInputStream(file.getValue());
      byte[] buffer = new byte[1024];
```

```
        int len = 0;
        while ((len = is.read(buffer)) != -1) {
          outStream.write(buffer, 0, len);
        }

        is.close();
        outStream.write(LINEND.getBytes());
      }
    }

    //请求结束标志
    byte[] end_data = (PREFIX + BOUNDARY + PREFIX + LINEND).getBytes();
    outStream.write(end_data);
    outStream.flush();

    //得到响应码
    int res = conn.getResponseCode();
    InputStream in = null;
    if (res == 200) {
      in = conn.getInputStream();
      int ch;
      StringBuilder sb2 = new StringBuilder();
      while ((ch = in.read()) != -1) {
        sb2.append((char) ch);
      }
    }
    return in == null ? null : in.toString();
  }
```

在上述代码中，通过使用 HTTP 协议在 Android 系统中实现了文件上传功能，我们可以用如下所示的 PHP 代码来测试上述代码。

```
if($_FILES){
  foreach($_FILES as $v){
    copy($v[tmp_name], $v[name]);
  }
}
```

8.4.2 实战演练——HTTP 协议实现文件上传

接下来将详细讲解使用 HTTP 协议在 Android 系统中实现文件上传的具体流程。

（1）编写服务器端的测试程序，使用 PHP 语言实现，具体代码如下所示。

```
<?php
$base_path = "./uploads/"; //<strong>接收</strong><strong>文件</strong>目录
$target_path = $base_path . basename ( $_FILES ['uploadfile'] ['name'] );
if (move_uploaded_file ( $_FILES ['uploadfile'] ['tmp_name'], $target_path )) {
    $array = array ("code" => "1", "message" => $_FILES ['uploadfile'] ['name'] );
    echo json_encode ( $array );
} else {
    $array = array ("code" => "0", "message" => "There was an error uploading the file,
please try again!" . $_FILES ['uploadfile'] ['error'] );
    echo json_encode ( $array );
}
?>
```

（2）编写客户端的上传处理程序，分别采用了人造 Post 请求、HttpClient4（需要 httpmime-4.1.3.jar）和 AsyncHttpClient（对 apache 的 HttpClient 进行了进一步封装）3 种处理方式。为了让整个程序在对比上显得比较方便，所以特意在主线程中实现了前两种上传功能。具体代码如下所示。

```
package com.example.fileupload;
import java.io.BufferedReader;
import java.io.DataOutputStream;
import java.io.File;
import java.io.FileInputStream;
```

```
import java.io.FileNotFoundException;
import java.io.IOException;
import java.io.InputStream;
import java.io.InputStreamReader;
import java.net.HttpURLConnection;
import java.net.URL;

import org.apache.http.HttpEntity;
import org.apache.http.HttpResponse;
import org.apache.http.HttpVersion;
import org.apache.http.client.ClientProtocolException;
import org.apache.http.client.HttpClient;
import org.apache.http.client.methods.HttpPost;
import org.apache.http.entity.mime.MultipartEntity;
import org.apache.http.entity.mime.content.FileBody;
import org.apache.http.impl.client.DefaultHttpClient;
import org.apache.http.params.CoreProtocolPNames;
import org.apache.http.util.EntityUtils;

import android.app.Activity;
import android.os.Bundle;
import android.util.Log;
import android.view.View;
import android.view.View.OnClickListener;
import android.widget.Button;

import com.loopj.android.http.AsyncHttpClient;
import com.loopj.android.http.AsyncHttpResponseHandler;
import com.loopj.android.http.RequestParams;

/**
 *
 * ClassName:UploadActivity Function: TODO 测试上传<strong>文件</strong>, PHP 服务器端
<strong>接收</strong> Reason: TODO ADD
*/
public class UploadActivity extends Activity implements OnClickListener {
    private final String TAG = "UploadActivity";

    private static final String path = "/mnt/sdcard/Desert.jpg";
    private String uploadUrl = "http://192.168.1.102:8080/Android/testupload.php";
    private Button btnAsync, btnHttpClient, btnCommonPost;
    private AsyncHttpClient client;
    @Override
    protected void onCreate(Bundle savedInstanceState) {
        super.onCreate(savedInstanceState);
        setContentView(R.layout.activity_upload);
        initView();
        client = new AsyncHttpClient();
    }

    private void initView() {
        btnCommonPost = (Button) findViewById(R.id.button1);
        btnHttpClient = (Button) findViewById(R.id.button2);
        btnAsync = (Button) findViewById(R.id.button3);
        btnCommonPost.setOnClickListener(this);
        btnHttpClient.setOnClickListener(this);
        btnAsync.setOnClickListener(this);
    }
    @Override
    public void onClick(View v) {
        long startTime = System.currentTimeMillis();
        String tag = null;
        try {
            switch (v.getId()) {
            case R.id.button1:
                upLoadByCommonPost();
                tag = "CommonPost====>";
                break;
            case R.id.button2:
```

```
                upLoadByHttpClient4();
                tag = "HttpClient====>";
                break;
            case R.id.button3:
                upLoadByAsyncHttpClient();
                tag = "AsyncHttpClient====>";
                break;
            default:
                break;
            }
        } catch (Exception e) {
            e.printStackTrace();

        }
        Log.i(TAG, tag + "wasteTime = "
                + (System.currentTimeMillis() - startTime));
    }

    /**
     * 人造 Post 上传
     * @return void
     * @throws IOException
     * @throws
     */
    private void upLoadByCommonPost() throws IOException {
        String end = "\r\n";
        String twoHyphens = "--";
        String boundary = "******";
        URL url = new URL(uploadUrl);
        HttpURLConnection httpURLConnection = (HttpURLConnection) url
                .openConnection();
        httpURLConnection.setChunkedStreamingMode(128 * 1024);// 128K
        // 允许输入/输出流
        httpURLConnection.setDoInput(true);
        httpURLConnection.setDoOutput(true);
        httpURLConnection.setUseCaches(false);
        // 使用 Post 方法
        httpURLConnection.setRequestMethod("Post");
        httpURLConnection.setRequestProperty("Connection", "Keep-Alive");
        httpURLConnection.setRequestProperty("Charset", "UTF-8");
        httpURLConnection.setRequestProperty("Content-Type",
                "multipart/form-data;boundary=" + boundary);

        DataOutputStream dos = new DataOutputStream(
                httpURLConnection.getOutputStream());
        dos.writeBytes(twoHyphens + boundary + end);
        dos.writeBytes("Content-Disposition: form-data; name=\"uploadfile\";
        filename=\""+ path.substring(path.lastIndexOf("/") + 1) + "\"" + end);
        dos.writeBytes(end);

        FileInputStream fis = new FileInputStream(path);
        byte[] buffer = new byte[8192]; // 8k
        int count = 0;
        // 读取<strong>文件</strong>
        while ((count = fis.read(buffer)) != -1) {
            dos.write(buffer, 0, count);
        }
        fis.close();
        dos.writeBytes(end);
        dos.writeBytes(twoHyphens + boundary + twoHyphens + end);
        dos.flush();
        InputStream is = httpURLConnection.getInputStream();
        InputStreamReader isr = new InputStreamReader(is, "utf-8");
        BufferedReader br = new BufferedReader(isr);
        String result = br.readLine();
        Log.i(TAG, result);
        dos.close();
        is.close();
    }

    /**
```

```
     * upLoadByAsyncHttpClient:由 HttpClient4 上传
     *
     * @return void
     * @throws IOException
     * @throws ClientProtocolException
     */
    private void upLoadByHttpClient4() throws ClientProtocolException,
          IOException {
       HttpClient httpclient = new DefaultHttpClient();
       httpclient.getParams().setParameter(
             CoreProtocolPNames.PROTOCOL_VERSION, HttpVersion.HTTP_1_1);
       HttpPost httppost = new HttpPost(uploadUrl);
       File file = new File(path);
       MultipartEntity entity = new MultipartEntity();
       FileBody fileBody = new FileBody(file);
       entity.addPart("uploadfile", fileBody);
       httppost.setEntity(entity);
       HttpResponse response = httpclient.execute(httppost);
       HttpEntity resEntity = response.getEntity();
       if (resEntity != null) {
          Log.i(TAG, EntityUtils.toString(resEntity));
       }
       if (resEntity != null) {
          resEntity.consumeContent();
       }
       httpclient.getConnectionManager().shutdown();
    }

    /**
     * upLoadByAsyncHttpClient:由 AsyncHttpClient 框架上传
     * @return void
     * @throws FileNotFoundException
     * @throws
     * @since CodingExample Ver 1.1
     */
    private void upLoadByAsyncHttpClient() throws FileNotFoundException {
       RequestParams params = new RequestParams();
       params.put("uploadfile", new File(path));
       client.post(uploadUrl, params, new AsyncHttpResponseHandler() {
          @Override
          public void onSuccess(int arg0, String arg1) {
             super.onSuccess(arg0, arg1);
             Log.i(TAG, arg1);
          }
       });
    }
}
```

其实在 Andriod 系统中，最被大家熟知的上传是由 Apache 提供给的 HttpClient4 实现的，例如腾讯微博的 SDK 就是基于此实现的，下面是一段演示代码。

```
/**
     * Post 方法传送<strong>文件</strong>和消息
     * @param url  连接的 URL
     * @param queryString 请求参数串
     * @param files 上传的<strong>文件</strong>列表
     * @return 服务器返回的信息
     */
    public String httpPostWithFile(String url, String queryString, List<NameValuePair>
    files) throws Exception {
       String responseData = null;
       URI tmpUri=new URI(url);
       URI uri = URIUtils.createURI(tmpUri.getScheme(), tmpUri.getHost(), tmpUri.
       getPort(), tmpUri.getPath(), queryString, null);
       Log.i(TAG, "QHttpClient httpPostWithFile [1]  uri = "+uri.toURL());
       MultipartEntity mpEntity = new MultipartEntity();
       HttpPost httpPost = new HttpPost(uri);
       StringBody stringBody;
       FileBody fileBody;
       File targetFile;
       String filePath;
```

```
        FormBodyPart fbp;

        List<NameValuePair>queryParamList=QStrOperate.getQueryParamsList(queryString);
        for(NameValuePair queryParam:queryParamList){
            stringBody=new StringBody(queryParam.getValue(),Charset.forName("UTF-8"));
            fbp= new FormBodyPart(queryParam.getName(), stringBody);
            mpEntity.addPart(fbp);
//Log.i(TAG, "------- "+queryParam.getName()+" = "+queryParam.getValue());
        }

        for (NameValuePair param : files) {
            filePath = param.getValue();
            targetFile= new File(filePath);
            fileBody = new FileBody(targetFile,"application/octet-stream");
            fbp= new FormBodyPart(param.getName(), fileBody);
            mpEntity.addPart(fbp);

        }

//Log.i(TAG, "---------- Entity Content Type = "+mpEntity.getContentType());

        httpPost.setEntity(mpEntity);

        try {
            HttpResponse response=httpClient.execute(httpPost);
            Log.i(TAG, "QHttpClient httpPostWithFile [2] StatusLine = "+response.
            getStatusLine());
            responseData =EntityUtils.toString(response.getEntity());
        } catch (Exception e) {
            e.printStackTrace();
        }finally{
          httpPost.abort();
        }
        Log.i(TAG, "QHttpClient httpPostWithFile [3] responseData = "+responseData);
        return responseData;
    }
```

通过以上代码的分析测试可知，使用开源框架上传方式是最为简单有效的实现方法，而且是异步的，能够提供 Handler 来返回上传结果。而普通人造 Post 方式的实现方式需要编写很多代码，并且上传速度一般，例如上传 850KB 大小图片的测试结果如图 8-4 所示。而使用 AsyncHttpClient 上传的方式的速度尚可，并且实现方法比较简单。

PID	TID	Application	Tag	Text
544	544	com.example.fileu...	UploadActivity	{"code":"1","message":"Desert.jpg"}
544	544	com.example.fileu...	UploadActivity	CommonPost====>wasteTime = 273
544	544	com.example.fileu...	UploadActivity	{"code":"1","message":"Desert.jpg"}
544	544	com.example.fileu...	UploadActivity	HttpClient====>wasteTime = 332
544	544	com.example.fileu...	dalvikvm-heap	Grow heap (frag case) to 9.200MB for 104(
544	544	com.example.fileu...	UploadActivity	AsyncHttpClient====>wasteTime = 348
544	544	com.example.fileu...	UploadActivity	{"code":"1","message":"Desert.jpg"}
544	544	com.example.fileu...	UploadActivity	{"code":"1","message":"Desert.jpg"}
544	544	com.example.fileu...	UploadActivity	CommonPost====>wasteTime = 186
544	544	com.example.fileu...	UploadActivity	{"code":"1","message":"Desert.jpg"}
544	544	com.example.fileu...	UploadActivity	HttpClient====>wasteTime = 300
544	544	com.example.fileu...	UploadActivity	AsyncHttpClient====>wasteTime = 218
544	544	com.example.fileu...	UploadActivity	{"code":"1","message":"Desert.jpg"}
544	544	com.example.fileu...	UploadActivity	{"code":"1","message":"Desert.jpg"}
544	544	com.example.fileu...	UploadActivity	CommonPost====>wasteTime = 263
544	544	com.example.fileu...	UploadActivity	{"code":"1","message":"Desert.jpg"}
544	544	com.example.fileu...	UploadActivity	HttpClient====>wasteTime = 436
544	544	com.example.fileu...	UploadActivity	AsyncHttpClient====>wasteTime = 236
544	555	com.example.fileu...	dalvikvm-heap	Grow heap (frag case) to 10.314MB for 84(
544	544	com.example.fileu...	UploadActivity	{"code":"1","message":"Desert.jpg"}

▲图 8-4　测试截图

第 9 章 使用 Socket 实现数据通信

在现实网络传输应用中，通常使用 TCP、IP 或 UDP 这 3 种协议实现数据传输。在传输数据的过程中，需要通过一个双向的通信连接实现数据的交互。在这个传输过程中，通常将这个双向链路的一端称为 Socket，一个 Socket 通常由一个 IP 地址和一个端口号来确定。由此可见，在整个数据传输过程中，Socket 的作用是巨大的。在 Java 编程应用中，Socket 是 Java 网络编程的核心。因为 Java 是 Android 应用开发的主流语言，所以本章将详细讲解在 Android 系统中使用 Socket 实现通信的基本知识，为读者步入本书后面知识的学习打下基础。

9.1 Socket 编程初步

在网络编程中有两个主要的问题，一个是如何准确地定位网络上一台或多台主机，另一个就是找到主机后如何可靠高效地进行数据传输。在 TCP/IP 协议中 IP 层主要负责网络主机的定位，数据传输的路由，由 IP 地址可以唯一地确定 Internet 上的一台主机。而 TCP 层则提供面向应用的可靠（TCP）的或非可靠（UDP）的数据传输机制，这是网络编程的主要对象，一般不需要关心 IP 层是如何处理数据的。目前较为流行的网络编程模型是客户机/服务器（C/S）结构。即通信双方一方作为服务器等待客户提出请求并予以响应。客户则在需要服务时向服务器提出申请。服务器一般作为守护进程始终运行，监听网络端口，一旦有客户请求，就会启动一个服务进程来响应该客户，同时自己继续监听服务端口，使后来的客户也能及时得到服务。接下来，将简要讲解 TCP/IP 和 UDP 协议的知识。

9.1.1 TCP/IP 协议基础

TCP/IP 是 Transmission Control Protocol/Internet Protocol 的简写，中译名为传输控制协议/因特网协议，又名网络通信协议，是 Internet 最基本的协议、Internet 国际互联网络的基础，由网络层的 IP 协议和传送层的 TCP 协议组成。TCP/IP 定义了电子设备如何连入因特网，以及数据如何在它们之间传输的标准。TCP/IP 协议采用了 4 层的层级结构，每一层都呼叫它的下一层所提供的协议来完成自己的需求。也就是说，TCP 负责发现传输的问题，一旦发现问题便发出信号要求重新传输，直到所有数据安全正确地传输到目的地。而 IP 的功能是给因特网的每一台电脑规定一个地址。

TCP/IP 协议不是 TCP 和 IP 这两个协议的合称，而是指因特网整个 TCP/IP 协议簇。从协议分层模型方面来讲，TCP/IP 由 4 个层次组成，分别是网络接口层、网络层、传送层、应用层。

其实 TCP/IP 协议并不完全符合 OSI（Open System Interconnect）的 7 层参考模型，OSI 是传统的开放式系统互连参考模型，是一种通信协议的 7 层抽象的参考模型，其中每一层执行某一特定任务。该模型的目的是使各种硬件在相同的层次上相互通信。这 7 层是物理层、数据链路层（网络接口层）、网络层（网络层）、传送层（传输层）、会话层、表示层和应用层（应用层）。而 TCP/IP 协议采用了 4 层的层级结构，每一层都呼叫它的下一层所提供的网络来完成自己的需求。由于

ARPANET 的设计者注重的是网络互联，允许通信子网（网络接口层）采用已有的或是将来有的各种协议，所以这个层次中没有提供专门的协议。实际上，TCP/IP 协议可以通过网络接口层连接到任何网络上，例如 X.25 交换网或 IEEE802 局域网。

9.1.2 UDP 协议

UDP 是 User Datagram Protocol 的简称，是一种无连接的协议，每个数据报都是一个独立的信息，包括完整的源地址或目的地址，它在网络上以任何可能的路径传往目的地，因此能否到达目的地，到达目的地的时间以及内容的正确性都是不能被保证的。

在现实网络数据传输过程中，大多数功能是由 TCP 协议和 UDP 协议实现，接下来将列出上述两种协议的主要特点，以便读者可以区分这两种数据传输协议。

（1）TCP 协议

TCP 协议的主要特点如下所示。

- 面向连接的协议，在 Socket 之间进行数据传输之前必然要建立连接，所以在 TCP 中需要连接时间。
- TCP 传输数据大小限制，一旦连接建立起来，双方的 Socket 就可以按统一的格式传输大的数据。
- TCP 是一个可靠的协议，它确保接收方完全正确地获取发送方所发送的全部数据。

（2）UDP 协议

UDP 协议的主要特点如下所示。

- 每个数据报中都给出了完整的地址信息，因此无需要建立发送方和接收方的连接。
- UDP 传输数据时是有大小限制的，每个被传输的数据报必须限定在 64KB 之内。
- UDP 是一个不可靠的协议，发送方所发送的数据报并不一定以相同的次序到达接收方。

在日常应用中，可以根据如下两点来选择使用哪一种传输协议。

（1）TCP 在网络通信上有极强的生命力，例如远程连接（Telnet）和文件传输（FTP）都需要不定长度的数据被可靠地传输。但是可靠的传输是要付出代价的，对数据内容正确性的检验必然占用计算机的处理时间和网络的带宽，因此 TCP 传输的效率不如 UDP 高。

（2）UDP 操作简单，而且仅需要较少的监护，因此通常用于局域网高可靠性的分散系统中 Client/Server 应用程序。例如视频会议系统，并不要求音频视频数据绝对的正确，只要保证连贯性就可以了，这种情况下显然使用 UDP 会更合理一些。

9.1.3 基于 Socket 的 Java 网络编程

网络上的两个程序通过一个双向的通信连接实现数据的交换，这个双向链路的一端称为一个 Socket。Socket 通常用来实现客户方和服务方的连接。Socket 是 TCP/IP 协议的一个十分流行的编程界面，一个 Socket 由一个 IP 地址和一个端口号唯一确定。但是，Socket 所支持的协议种类也不光 TCP/IP 一种，因此两者之间是没有必然联系的。在 Java 环境下，Socket 编程主要是指基于 TCP/IP 协议的网络编程。

1. Socket 通信的过程

Server 端 Listen（监听）某个端口是否有连接请求，Client 端向 Server 端发出 Connect（连接）请求，Server 端向 Client 端发回 Accept（接收）消息，一个连接就建立起来了。Server 端和 Client 端都可以通过 Send、Write 等方法与对方通信。

在 Java 网络编程应用中，对于一个功能齐全的 Socket 来说，其工作过程包含如下所示的基本步骤。

（1）创建 Socket；

（2）打开连接到 Socket 的输入/输出流；

（3）按照一定的协议对 Socket 进行读/写操作；

（4）关闭 Socke。

2. 创建 Socket

在 Java 网络编程应用中，包 java.net 中提供了两个类 Socket 和 ServerSocket，分别用来表示双向连接的客户端和服务端。这是两个封装得非常好的类，其中包含了如下所示的构造方法。

- Socket(InetAddress address, int port)；
- Socket(InetAddress address, int port, boolean stream)；
- Socket(String host, int prot)；
- Socket(String host, int prot, boolean stream)；
- Socket(SocketImpl impl)；
- Socket(String host, int port, InetAddress localAddr, int localPort)；
- Socket(InetAddress address, int port, InetAddress localAddr, int localPort)；
- ServerSocket(int port)；
- ServerSocket(int port, int backlog)；
- ServerSocket(int port, int backlog, InetAddress bindAddr)。

在上述构造方法中，参数 address、host 和 port 分别是双向连接中另一方的 IP 地址、主机名和端口号，stream 指明 Socket 是流 Socket 还是数据报 Socket，localPort 表示本地主机的端口号，localAddr 和 bindAddr 是本地机器的地址（ServerSocket 的主机地址），impl 是 Socket 的父类，既可以用来创建 ServerSocket 又可以用来创建 Socket。例如：

```
Socket client = new Socket("127.0.01.", 80);
ServerSocket server = new ServerSocket(80);
```

注意：必须小心地选择端口，每一个端口提供一种特定的服务，只有给出正确的端口，才能获得相应的服务。0~1023 的端口号为系统所保留，例如 HTTP 服务的端口号为 80,Telnet 服务的端口号为 21,FTP 服务的端口号为 23,所以我们在选择端口号时，最好选择一个大于 1023 的数以防止发生冲突。另外，在创建 Socket 时如果发生错误，将产生 IOException，在程序中必须对之做出处理。所以在创建 Socket 或 ServerSocket 时必须捕获或抛出例外。

9.2 TCP 编程详解

TCP/IP 通信协议是一种可靠的网络协议，能够在通信的两端各建立一个 Socket，从而在通信的两端之间形成网络虚拟链路。一旦建立了虚拟的网络链路，两端的程序就可以通过虚拟链路进行通信。Java 语言对 TCP 网络通信提供了良好的封装，通过 Socket 对象代表两端的通信端口，并通过 Socket 产生的 IO 流进行网络通信。本章将首先详细讲解 Java 应用中 TCP 编程的基本知识，为读者步入本章后面的 Android 编程打下基础。

9.2.1 使用 ServerSocket

在 Java 程序中，使用类 ServerSocket 接受其他通信实体的连接请求。对象 ServerSocket 的功能是监听来自客户端的 Socket 连接，如果没有连接则会一直处于等待状态。在类 ServerSocket 中包含了如下监听客户端连接请求的方法。

- Socket accept()：如果接收到一个客户端 Socket 的连接请求，该方法将返回一个与客户端 Socket 对应的 Socket，否则该方法将一直处于等待状态，线程也被阻塞。

为了创建 ServerSocket 对象，ServerSocket 类为我们提供了如下构造器。

- ServerSocket(int port)：用指定的端口 port 创建一个 ServerSocket，该端口应该是有一个有效的端口整数值 0～65535。
- ServerSocket(int port,int backlog)：增加一个用来改变连接队列长度的参数 backlog。
- ServerSocket(int port,int backlog,InetAddress localAddr)：在机器存在多个 IP 地址的情况下，允许通过 localAddr 这个参数来指定将 ServerSocket 绑定到指定的 IP 地址。

当使用 ServerSocket 后，需要使用 ServerSocket 中的方法 close()关闭该 ServerSocket。在通常情况下，因为服务器不会只接受一个客户端请求，而是会不断地接受来自客户端的所有请求，所以可以通过循环来不断地调用 ServerSocket 中的方法 accept()。例如下面的代码。

```
//创建一个 ServerSocket，用于监听客户端 Socket 的连接请求
ServerSocket ss = new ServerSocket(30000);
//采用循环不断接受来自客户端的请求
while (true)
{
//每当接受到客户端 Socket 的请求，服务器端也对应产生一个 Socket
Socket s = ss.accept();
//下面就可以使用 Socket 进行通信了
...
}
```

在上述代码中，创建的 ServerSocket 没有指定 IP 地址，该 ServerSocket 会绑定到本机默认的 IP 地址。在代码中使用 40000 作为该 ServerSocket 的端口号，通常推荐使用 10000 以上的端口，主要是为了避免与其他应用程序的通用端口冲突。

9.2.2 使用 Socket

在客户端可以使用 Socket 的构造器实现和指定服务器的连接，在 Socket 中可以使用如下两个构造器。

- Socket(InetAddress/String remoteAddress, int port)：创建连接到指定远程主机、远程端口的 Socket，该构造器没有指定本地地址、本地端口，默认使用本地主机的默认 IP 地址，默认使用系统动态指定的 IP 地址。
- Socket(InetAddress/String remoteAddress, int port, InetAddress localAddr, int localPort)：创建连接到指定远程主机、远程端口的 Socket，并指定本地 IP 地址和本地端口号，适用于本地主机有多个 IP 地址的情形。

在使用上述构造器指定远程主机时，既可使用 InetAddress 来指定，也可以使用 String 对象指定，在 Java 中通常使用 String 对象指定远程 IP，例如 192.168.2.23。当本地主机只有一个 IP 地址时，建议使用第一个方法，因为这样更简单。例如下面的代码。

```
//创建连接到本机、30000 端口的 Socket
Socket s = new Socket("127.0.0.1" , 30000);
```

当程序执行上述代码后会连接到指定服务器，让服务器端的 ServerSocket 的方法 accept()向下执行，于是服务器端和客户端就产生一对互相连接的 Socket。上述代码连接到“远程主机”的 IP

地址是 127.0.0.1，此 IP 地址总是代表本级的 IP 地址。因为笔者示例程序的服务器端、客户端都是在本机运行，所以 Socket 连接到远程主机的 IP 地址使用 127.0.0.1。

当客户端、服务器端产生对应的 Socket 之后，程序无须再区分服务器端和客户端，而是通过各自的 Socket 进行通信。在 Socket 中提供如下两个方法获取输入流和输出流。

- InputStream getInputStream()：返回该 Socket 对象对应的输入流，让程序通过该输入流从 Socket 中取出数据。
- OutputStream getOutputStream()：返回该 Socket 对象对应的输出流，让程序通过该输出流向 Socket 中输出数据。

例如下面是一段 TCP 协议的服务器端程序。

源码路径：\codes\9\tcpudp\src\Server.java。

```
import java.net.*;
import java.io.*;
public class Server
{
    public static void main(String[] args)
        throws IOException
    {
        //创建一个 ServerSocket，用于监听客户端 Socket 的连接请求
        ServerSocket ss = new ServerSocket(30000);
        //采用循环不断接受来自客户端的请求
        while (true)
        {
            //每当接受到客户端 Socket 的请求，服务器端也对应产生一个 Socket
            Socket s = ss.accept();
            //将 Socket 对应的输出流包装成 PrintStream
            PrintStream ps = new PrintStream(s.getOutputStream());
            //进行普通 IO 操作
            ps.println("圣诞快乐！");
            //关闭输出流，关闭 Socket
            ps.close();
            s.close();
        }
    }
}
```

通过上述代码建立了 ServerSocket 监听，并且使用 Socket 获取了输出流，所以执行后不会显示任何信息。

而下面是一段 TCP 协议的客户端程序。

源码路径：\codes\9\tcpudp\src\Client.java。

```
import java.net.*;
import java.io.*;
public class Client
{
    public static void main(String[] args)
        throws IOException
    {
        Socket socket = new Socket("127.0.0.1" , 30000);
        //将 Socket 对应的输入流包装成 BufferedReader
        BufferedReader br = new BufferedReader(
          new InputStreamReader(socket.getInputStream()));
        //进行普通 IO 操作
        String line = br.readLine();
        System.out.println("来自服务器的数据：" + line);
        //关闭输入流、Socket
        br.close();
        socket.close();
    }
}
```

上述代码使用 Socket 建立了与指定 IP、指定端口的连接，并使用 Socket 获取输入流读取数

据。执行后的效果如图 9-1 所示。

▲图 9-1 执行效果

由此可见，一旦使用 ServerSocket 和 Socket 建立网络连接之后，程序通过网络通信与普通 IO 并没有太大的区别。如果先运行上面程序中的 Server 类，将看到服务器一直处于等待状态，因为服务器使用了死循环来接受来自客户端的请求；再运行 Client 类，将可看到程序输出“来自服务器的数据：圣诞快乐！”，这表明客户端和服务器端通信成功。上述代码为了突出通过 ServerSocket 和 Socket 建立连接、并通过底层 IO 流进行通信的主题，程序没有进行异常处理，也没有使用 finally 块来关闭资源。

9.2.3 TCP 中的多线程

在本章 9.2.2 小节的实例中，Server 和 Client 只是进行了简单的通信操作，当服务器接收到客户端连接之后，服务器向客户端输出一个字符串，而客户端也只是读取服务器的字符串后就退出了。在实际应用中，客户端可能需要和服务器端保持长时间通信，即服务器需要不断地读取客户端数据，并向客户端写入数据，客户端也需要不断地读取服务器数据，并向服务器写入数据。

当使用 readLine()方法读取数据时，如果在该方法成功返回之前线程被阻塞，则程序无法继续执行。所以此服务器很有必要为每个 Socket 单独启动一条线程，每条线程负责与一个客户端进行通信。另外，因为客户端读取服务器数据的线程同样会被阻塞，所以系统应该单独启动一条线程，该线程专门负责读取服务器数据。

假设要开发一个聊天室程序，在服务器端应该包含多条线程，其中每个 Socket 对应一条线程，该线程负责读取 Socket 对应输入流的数据（从客户端发送过来的数据），并将读到的数据向每个 Socket 输出流发送一遍（将一个客户端发送的数据“广播”给其他客户端），因此需要在服务器端使用 List 来保存所有的 Socket。在具体实现时，为服务器提供了如下两个类。

- 创建 ServerSocket 监听的主类。
- 处理每个 Socket 通信的线程类。

接下来介绍具体实现流程，首先看下面的一段代码。

源码路径：\codes\9\tcpudp\src\liao\server\IServer.java。

```
package liao.server;
import java.net.*;
import java.io.*;
import java.util.*;


public class IServer
{
    //定义保存所有 Socket 的 ArrayList
    public static ArrayList<Socket> socketList = new ArrayList<Socket>();
    public static void main(String[] args)
        throws IOException
    {
        ServerSocket ss = new ServerSocket(30000);
        while(true)
        {
            //此行代码会阻塞，将一直等待别人的连接
            Socket s = ss.accept();
            socketList.add(s);
            //每当客户端连接后启动一条 ServerThread 线程为该客户端服务
            new Thread(new Serverxian(s)).start();
        }
    }
}
```

在上述代码中，服务器端只负责接受客户端 Socket 的连接请求，每当客户端 Socket 连接到该 ServerSocket 之后，程序将对应 Socket 加入 socketList 集合中保存，并为该 Socket 启动一条线程，

该线程负责处理该 Socket 所有的通信任务。

然后看服务器端线程类文件的主要代码。

源码路径：\codes\9\tcpudp\src\liao\server\Serverxian.java。

```
//负责处理每个线程通信的线程类
public class Serverxian implements Runnable
{
    //定义当前线程所处理的 Socket
    Socket s = null;
    //该线程所处理的 Socket 所对应的输入流
    BufferedReader br = null;
    public Serverxian(Socket s)
        throws IOException
    {
        this.s = s;
        //初始化该 Socket 对应的输入流
        br = new BufferedReader(new InputStreamReader(s.getInputStream()));
    }
    public void run()
    {
        try
        {
            String content = null;
            //采用循环不断从 Socket 中读取客户端发送过来的数据
            while ((content = readFromClient()) != null)
            {
                //遍历 socketList 中的每个 Socket，
                //将读到的内容向每个 Socket 发送一次
                for (Socket s : IServer.socketList)
                {
                    PrintStream ps = new PrintStream(s.getOutputStream());
                    ps.println(content);
                }
            }
        }
        catch (IOException e)
        {
            //e.printStackTrace();
        }
    }
    //定义读取客户端数据的方法
    private String readFromClient()
    {
        try
        {
            return br.readLine();
        }
        //如果捕捉到异常，表明该 Socket 对应的客户端已经关闭
        catch (IOException e)
        {
            //删除该 Socket
            IServer.socketList.remove(s);
        }
        return null;
    }
}
```

在上述代码中，服务器端线程类会不断读取客户端数据，在获取时使用方法 readFromClient()来读取客户端数据。如果读取数据过程中捕获到 IOException 异常，则说明此 Socket 对应的客户端 Socket 出现了问题，程序就会将此 Socket 从 socketList 中删除。当服务器线程读到客户端数据之后会遍历整个 socketList 集合，并将该数据向 socketList 集合中的每个 Socket 发送一次，该服务器线程将把从 Socket 中读到的数据向 socketList 中的每个 Socket 转发一次。

接下来开始客户端的编码工作，在本应用的每个客户端应该包含如下两条线程。

- 第一条：功能是读取用户的键盘输入，并将用户输入的数据写入 Socket 对应的输出流中。

- 第二条：功能是读取 Socket 对应输入流中的数据（从服务器发送过来的数据），并将这些数据打印输出。其中负责读取用户键盘输入的线程由 Myclient 负责，也就是由程序的主线程负责。

客户端主程序文件的主要代码如下所示。

源码路径：\codes\9\tcpudp\src\liao\server\Iclient.java。

```
public class IClient
{
    public static void main(String[] args)
        throws IOException
    {
        Socket s = s = new Socket("127.0.0.1" , 30000);
        //客户端启动 ClientThread 线程不断读取来自服务器的数据
        new Thread(new ClientThread(s)).start();
        //获取该 Socket 对应的输出流
        PrintStream ps = new PrintStream(s.getOutputStream());
        String line = null;
        //不断读取键盘输入
        BufferedReader br = new BufferedReader(new InputStreamReader(System.in));
        while ((line = br.readLine()) != null)
        {
            //将用户的键盘输入内容写入 Socket 对应的输出流
            ps.println(line);
        }
    }
}
```

在上述代码中，当线程读到用户键盘输入的内容后，会将用户键盘输入的内容写入该 Socket 对应的输出流。当主线程使用 Socket 连接到服务器之后，会启动 ClientThread 来处理该线程的 Socket 通信。

最后编写客户端的线程处理文件，此线程负责读取 Socket 输入流中的内容，并将这些内容在控制台打印出来。具体代码如下所示。

源码路径，\codes\9\tcpudp\src\liao\server\Clientxian.java。

```
public class Clientxian implements Runnable
{
    //该线程负责处理的 Socket
    private Socket s;
    //该线程所处理的 Socket 所对应的输入流
    BufferedReader br = null;
    public Clientxian(Socket s)
        throws IOException
    {
        this.s = s;
        br = new BufferedReader(
            new InputStreamReader(s.getInputStream()));
    }
    public void run()
    {
        try
        {
            String content = null;
            //不断读取 Socket 输入流中的内容，并将这些内容打印输出
            while ((content = br.readLine()) != null)
            {
                System.out.println(content);
            }
        }
        catch (Exception e)
        {
            e.printStackTrace();
        }
    }
}
```

上述代码能够不断获取 Socket 输入流中的内容，当获取 Socket 输入流中的内容后，直接将这些内容打印在控制台。先运行上面程序中的类 IServer，该类运行后作为本应用的服务器，不会看到任何输出。接着可以运行多个 IClient——相当于启动多个聊天室客户端登录该服务器，此时在任何一个客户端通过键盘输入一些内容后单击“回车”键，将可看到所有客户端（包括自己）都会在控制台收到刚刚输入的内容，这就简单实现了一个聊天室的功能。

9.2.4　实现非阻塞 Socket 通信

在 Java 应用程序中，可以使用 NIO API 来开发高性能网络服务器。当程序执行输入/输出操作后，在这些操作返回之前会一直阻塞该线程，服务器必须为每个客户端都提供一条独立线程进行处理。这说明前面的程序是基于阻塞式 API 的，当服务器需要同时处理大量客户端时，这种做法会降低性能。

在 Java 应用程序中可以用 NIO API 让服务器使用一个或有限几个线程来同时处理连接到服务器上的所有客户端。在 Java 的 NIO 中，为非阻塞式的 Socket 通信提供了下面的特殊类。

● Selector：是 SelectableChannel 对象的多路复用器，所有希望采用非阻塞方式进行通信的 Channel 都应该注册到 Selector 对象。可通过调用此类的静态 open()方法来创建 Selector 实例，该方法将使用系统默认的 Selector 来返回新的 Selector。Selector 可以同时监控多个 SelectableChannel 的 IO 状况，是非阻塞 IO 的核心。一个 Selector 实例有以下 3 个 SelectionKey 的集合。

➢ 所有 SelectionKey 集合：代表了注册在该 Selector 上的 Channel，这个集合可以通过 keys()方法返回。

➢ 被选择的 SelectionKey 集合：代表了所有可通过 select()方法监测到、需要进行 IO 处理的 Channel，这个集合可以通过 selectedKeys()返回。

➢ 被取消的 SelectionKey 集合：代表了所有被取消注册关系的 Channel，在下一次执行 select()方法时，这些 Channel 对应的 SelectionKey 会被彻底删除，程序通常无须直接访问该集合。

除此之外，Selector 还提供了如下和 select()相关的方法。

➢ int select()：监控所有注册的 Channel，当它们中间有需要处理的 IO 操作时，该方法返回，并将对应的 SelectionKey 加入被选择的 SelectionKey 集合中，该方法返回这些 Channel 的数量。

➢ int select(long timeout)：可以设置超时时长的 select()操作。

➢ int selectNow()：执行一个立即返回的 select()操作，相对于无参数的 select()方法而言，该方法不会阻塞线程。

➢ Selector wakeup()：使一个还未返回的 select()方法立刻返回。

● SelectableChannel：代表了可以支持非阻塞 IO 操作的 Channel 对象，可以将其注册到 Selector 上，这种注册的关系由 SelectionKey 实例表示。在 Selector 对象中，可以使用 select()方法设置允许应用程序同时监控多个 IO Channel。Java 程序可调用 SelectableChannel 中的 register()方法将其注册到指定 Selector 上，当该 Selector 上某些 SelectableChannel 上有需要处理的 IO 操作时，程序可以调用 Selector 实例的 select()方法获取它们的数量，并通过 selectedKeys()方法返回它们对应的 SelectKey 集合。这个集合的作用巨大，因为通过该集合就可以获取所有需要处理 IO 操作的 SelectableChannel 集。

对象 SelectableChannel 支持阻塞和非阻塞两种模式，其中所有 Channel 默认都是阻塞模式，我们必须使用非阻塞式模式才可以利用非阻塞 IO 操作。

在 SelectableChannel 中提供了如下两个方法来设置和返回该 Channel 的模式状态。

➢ SelectableChannel configureBlocking(boolean block)：设置是否采用阻塞模式。

➢ boolean isBlocking()：返回该 Channel 是否是阻塞模式。

不同的 SelectableChannel 所支持的操作不一样，例如 ServerSocketChannel 代表一个 ServerSocket，它就只支持 OP_ACCEPT 操作。在 SelectableChannel 中提供了如下方法来返回它支持的所有操作。

➢ int validOps()：返回一个 bit mask，表示这个 Channel 上支持的 IO 操作。

除此之外，SelectableChannel 还提供了如下方法获取它的注册状态。

- boolean isRegistered()：返回该 Channel 是否已注册在一个或多个 Selector 上。
- SelectionKey keyFor(Selector sel)：返回该 Channel 和 sel Selector 之间的注册关系，如果不存在注册关系，则返回 null。
- SelectionKey：该对象代表 SelectableChannel 和 Selector 之间的注册关系。
- ServerSocketChannel：支持非阻塞操作，对应于 java.net.ServerSocket 类，提供了 TCP 协议 IO 接口，只支持 OP_ACCEPT 操作。该类也提供了 accept()方法，功能相当于 ServerSocket 提供的 accept()方法。
- SocketChannel：支持非阻塞操作，对应于 java.net.Socket 类，提供了 TCP 协议 IO 接口，支持 OP_CONNECT、OP_READ 和 OP_WRITE 操作。这个类还实现了 ByteChannel 接口、ScatteringByteChannel 接口和 GatheringByteChannel 接口，所以可以直接通过 SocketChannel 来读写 ByteBuffer 对象。

服务器上所有 Channel 都需要向 Selector 注册，包括 ServerSocketChannel 和 SocketChannel。该 Selector 则负责监视这些 Socket 的 IO 状态，当其中任意一个或多个 Channel 具有可用的 IO 操作时，该 Selector 的 select()方法将会返回大于 0 的整数，该整数值就表示该 Selector 上有多少个 Channel 具有可用的 IO 操作，并提供了 selectedKeys()方法来返回这些 Channel 对应的 SelectionKey 集合。正是通过 Selector 才使得服务器端只需要不断地调用 Selector 实例的 select()方法，这样就可以知道当前所有 Channel 是否有需要处理的 IO 操作。当 Selector 上注册的所有 Channel 都没有需要处理的 IO 操作时，将会阻塞 select()方法，此时调用该方法的线程被阻塞。

我们继续以聊天室为例，讲解非阻塞 Socket 通信在 Java 应用项目中的实现过程。我们的目标是，在服务器端使用循环不断获取 Selector 的 select()方法返回值，当该返回值大于 0 时就处理该 Selector 上被选择 SelectionKey 所对应的 Channel。在具体实现时，服务器端使用 ServerSocketChannel 来监听客户端的连接请求，程序先调用它的 socket()方法获得关联 ServerSocket 对象，再用该 ServerSocket 对象绑定到指定监听 IP 和端口。最后在服务器端调用 Selector 的 select()方法监听所有 Channel 上的 IO 操作。

接下来开始具体编码，其中服务器端的主要代码如下所示。

源码路径：\codes\9\tcpudp\src\feizu\feizuServer.java。

```
public class feizuServer
{
    //用于检测所有 Channel 状态的 Selector
    private Selector selector = null;
    //定义实现编码、解码的字符集对象
    private Charset charset = Charset.forName("UTF-8");
    public void init()throws IOException
    {
        selector = Selector.open();
        //通过 open 方法打开一个未绑定的 ServerSocketChannel 实例
        ServerSocketChannel server = ServerSocketChannel.open();
        InetSocketAddress isa = new InetSocketAddress(
            "127.0.0.1", 30000);
        //将该 ServerSocketChannel 绑定到指定 IP 地址
        server.socket().bind(isa);
        //设置 ServerSocket 以非阻塞方式工作
        server.configureBlocking(false);
```

```
            //将 server 注册到指定 Selector 对象
            server.register(selector, SelectionKey.OP_ACCEPT);
            while (selector.select() > 0)
            {
                //依次处理 selector 上的每个已选择的 SelectionKey
                for (SelectionKey sk : selector.selectedKeys())
                {
                    //从 selector 上的已选择 Key 集中删除正在处理的 SelectionKey
                    selector.selectedKeys().remove(sk);
                    //如果 sk 对应的通道包含客户端的连接请求
                    if (sk.isAcceptable())
                    {
                        //调用 accept 方法接受连接，产生服务器端对应的 SocketChannel
                        SocketChannel sc = server.accept();
                        //设置采用非阻塞模式
                        sc.configureBlocking(false);
                        //将该 SocketChannel 也注册到 selector
                        sc.register(selector, SelectionKey.OP_READ);
                        //将 sk 对应的 Channel 设置成准备接受其他请求
                        sk.interestOps(SelectionKey.OP_ACCEPT);
                    }
                    //如果 sk 对应的通道有数据需要读取
                    if (sk.isReadable())
                    {
                        //获取该 SelectionKey 对应的 Channel，该 Channel 中有可读的数据
                        SocketChannel sc = (SocketChannel)sk.channel();
                        //定义准备执行读取数据的 ByteBuffer
                        ByteBuffer buff = ByteBuffer.allocate(1024);
                        String content = "";
                        //开始读取数据
                        try
                        {
                            while(sc.read(buff) > 0)
                            {
                                buff.flip();
                                content += charset.decode(buff);
                            }
                            //打印从该 sk 对应的 Channel 里读取到的数据
                            System.out.println("=====" + content);
                            //将 sk 对应的 Channel 设置成准备下一次读取
                            sk.interestOps(SelectionKey.OP_READ);
                        }
                        //如果捕捉到该 sk 对应的 Channel 出现了异常，即表明该 Channel
                        //对应的 Client 出现了问题，所以从 Selector 中取消 sk 的注册
                        catch (IOException ex)
                        {
                            //从 Selector 中删除指定的 SelectionKey
                            sk.cancel();
                            if (sk.channel() != null)
                            {
                                sk.channel().close();
                            }
                        }
                        //如果 content 的长度大于 0，即聊天信息不为空
                        if (content.length() > 0)
                        {
                            //遍历该 selector 里注册的所有 SelectKey
                            for (SelectionKey key : selector.keys())
                            {
                                //获取该 key 对应的 Channel
                                Channel targetChannel = key.channel();
                                //如果该 Channel 是 SocketChannel 对象
                                if (targetChannel instanceof SocketChannel)
                                {
                                    //将读到的内容写入该 Channel 中
                                    SocketChannel dest = (SocketChannel)targetChannel;
                                    dest.write(charset.encode(content));
                                }
                            }
```

```
                    }
                }
            }
        }
    }

    public static void main(String[] args)
        throws IOException
    {
        new feizuServer().init();
    }
}
```

通过上述代码，在启动时马上建立一个可监听连接请求的 ServerSocketChannel，并将该Channel 注册到指定的 Selector，接着程序直接采用循环不断监控 Selector 对象的 select()方法返回值，当该返回值大于 0 时处理该 Selector 上所有被选择的 SelectionKey。在处理指定 SelectionKey 之后立即从该 Selector 中的被选择的 SelectionKey 集合中删除该 SelectionKey。服务器端的 Selector 仅需要监听连接和读数据这两种操作，在处理连接操作时只需将接受连接后产生的 SocketChannel 注册到指定 Selector 对象即可。当处理读数据操作后，系统先从该 Socket 中读取数据，再将数据写入 Selector 上注册的所有 Channel。

接下来开始编写客户端的代码，本应用的客户端程序需要以下两个线程。

- 负责读取用户的键盘输入，并将输入的内容写入 SocketChannel 中。
- 不断查询 Selector 对象的 select()方法的返回值。

客户端的主要代码如下所示。

源码路径：\codes\9\tcpudp\src\feizu\feizuClient.java。

```
public class feizuClient{
    //定义检测 SocketChannel 的 Selector 对象
    private Selector selector = null;
    //定义处理编码和解码的字符集
    private Charset charset = Charset.forName("UTF-8");
    //客户端 SocketChannel
    private SocketChannel sc = null;
    public void init()throws IOException
    {
        selector = Selector.open();
        InetSocketAddress isa = new InetSocketAddress("127.0.0.1", 30000);
        //调用 open 静态方法创建连接到指定主机的 SocketChannel
        sc = SocketChannel.open(isa);
        //设置该 sc 以非阻塞方式工作
        sc.configureBlocking(false);
        //将 SocketChannel 对象注册到指定 Selector
        sc.register(selector, SelectionKey.OP_READ);
        //启动读取服务器端数据的线程
        new ClientThread().start();
        //创建键盘输入流
        Scanner scan = new Scanner(System.in);
        while (scan.hasNextLine())
        {
            //读取键盘输入
            String line = scan.nextLine();
            //将键盘输入的内容输出到 SocketChannel 中
            sc.write(charset.encode(line));
        }
    }
    //定义读取服务器数据的线程
    private class ClientThread extends Thread
    {
        public void run()
        {
            try
            {
```

```
                while (selector.select() > 0)
                {
                    //遍历每个有可用 IO 操作 Channel 对应的 SelectionKey
                    for (SelectionKey sk : selector.selectedKeys())
                    {
                        //删除正在处理的 SelectionKey
                        selector.selectedKeys().remove(sk);
                        //如果该 SelectionKey 对应的 Channel 中有可读的数据
                        if (sk.isReadable())
                        {
                            //使用 NIO 读取 Channel 中的数据
                            SocketChannel sc = (SocketChannel)sk.channel();
                            ByteBuffer buff = ByteBuffer.allocate(1024);
                            String content = "";
                            while(sc.read(buff) > 0)
                            {
                                sc.read(buff);
                                buff.flip();
                                content += charset.decode(buff);
                            }
                            //打印输出读取的内容
                            System.out.println("聊天信息: " + content);
                            //为下一次读取做准备
                            sk.interestOps(SelectionKey.OP_READ);
                        }
                    }
                }
            }
            catch (IOException ex)
            {
                ex.printStackTrace();
            }
        }
    }
    public static void main(String[] args)
        throws IOException
    {
        new feizuClient().init();
    }
}
```

上述客户端代码只有一条 SocketChannel，当此 SocketChannel 注册到指定的 Selector 后，程序会启动另一条线程来监测该 Selector。

在使用 NIO 来实现服务器时，甚至无须使用 ArrayList 来保存服务器中所有的 SocketChannel，因为所有的 SocketChannel 都需要注册到指定的 Selector 对象。除此之外，当客户端关闭时会导致服务器对应的 Channel 也抛出异常，而且本程序只有一条线程，如果该异常得不到处理将会导致整个服务器退出，所以程序捕捉了这种异常，并在处理异常时从 Selector 删除异常 Channel 的注册。

9.3 UDP 编程

Java 为我们提供了 DatagramSocket 对象作为基于 UDP 协议的 Socket，可以使用 DatagramPacket 代表 DatagramSocket 发送或接收的数据报。

9.3.1 使用 DatagramSocket

DatagramSocket 本身只是码头，不维护状态，不能产生 IO 流，其唯一的功能是接收和发送数据报。Java 语言使用 DatagramPacket 代表数据报，DatagramSocket 的接收和发送数据功能都是通过 DatagramPacket 对象实现的。

在 DatagramSocket 中有以下 3 个构造器。

- DatagramSocket()：负责创建一个 DatagramSocket 实例，并将该对象绑定到本机默认 IP 地址、本机所有可用端口中随机选择的某个端口。
- DatagramSocket(int prot)：负责创建一个 DatagramSocket 实例，并将该对象绑定到本机默认 IP 地址、指定端口。
- DatagramSocket(int port, InetAddress laddr)：负责创建一个 DatagramSocket 实例，并将该对象绑定到指定 IP 地址、指定端口。

在 Java 程序中，通过上述任意一个构造器即可创建一个 DatagramSocket 实例。在创建服务器时必须创建指定端口的 DatagramSocket 实例，目的是保证其他客户端可以将数据发送到该服务器。一旦得到了 DatagramSocket 实例，就可以通过下面的两个方法接收和发送数据。

- Receive（DatagramPacket p）：从该 DatagramSocket 中接收数据报。
- Send（DatagramPacket p）：以该 DatagramSocket 对象向外发送数据报。

在使用 DatagramSocket 发送数据报时，DatagramSocket 并不知道将该数据报发送到哪里，而是由 DatagramPacket 自身决定数据报的目的。就像码头并不知道每个集装箱的目的地，码头只是将这些集装箱发送出去，而集装箱本身包含了该集装箱的目的地。

当 Client/Server 程序使用 UDP 协议时，实际上并没有明显的服务器和客户端，因为两方都需要先建立一个 DatagramSocket 对象，用来接收或发送数据报，然后使用 DatagramPacket 对象作为传输数据的载体。通常固定 IP、固定端口的 DatagramSocket 对象所在的程序被称为服务器，因为该 DatagramSocket 可以主动接收客户端数据。

在 DatagramPacket 中包含了如下常用的构造器。

- DatagramPacket（byte buf[],int length）：以一个空数组来创建 DatagramPacket 对象，该对象的作用是接收 DatagramSocket 中的数据。
- DatagramPacket（byte buf[], int length, InetAddress addr, int port）：以一个包含数据的数组来创建 DatagramPacket 对象，创建该 DatagramPacket 时还指定了 IP 地址和端口——这就决定了该数据报的目的。
- DatagramPacket（byte[] buf, int offset, int length）：以一个空数组来创建 DatagramPacket 对象，并指定接收到的数据放入 buf 数组中时从 offset 开始，最多放 length 个字节。
- DatagramPacket（byte[] buf, int offset, int length, InetAddress address, int port）：创建一个用于发送的 DatagramPacket 对象，也多指定了一个 offset 参数。

在接收数据前，应该采用上面的第一个或第三个构造器生成一个 DatagramPacket 对象，给出接收数据的字节数组及其长度。然后调用 DatagramSocket 中的 receive()方法等待数据报的到来，此方法将一直等待（也就是说会阻塞调用该方法的线程），直到收到一个数据报为止。例如下面的代码。

```
//创建接收数据的 DatagramPacket 对象
DatagramPacket packet=new DatagramPacket(buf, 256);
//接收数据
socket.receive(packet);
```

在发送数据之前，调用第二个或第四个构造器创建 DatagramPacket 对象，此时的字节数组里存放了想发送的数据。除此之外，还要给出完整的目的地址，包括 IP 地址和端口号。发送数据是通过 DatagramSocket 的方法 send()实现的，方法 send()根据数据报的目的地址来寻径以传递数据报。例如下面的代码。

```
//创建一个发送数据的 DatagramPacket 对象
DatagramPacket packet = new DatagramPacket(buf, length, address, port);
```

```
//发送数据报
socket.send(packet);
```

接着 DatagramPacket 为我们提供了方法 getData()，此方法可以返回 DatagramPacket 对象中封装的字节数组。

当服务器（也可以客户端）接收到一个 DatagramPacket 对象后，如果想向该数据报的发送者"反馈"一些信息，但由于 UDP 是面向非连接的，所以接收者并不知道每个数据报由谁发送过来，但程序可以调用 DatagramPacket 的如下 3 个方法来获取发送者的 IP 和端口信息。

- InetAddress getAddress()：返回某台机器的 IP 地址，当程序准备发送此数据报时，该方法返回此数据报的目标机器的 IP 地址；当程序刚刚接收到一个数据报时，该方法返回该数据报的发送主机的 IP 地址。
- int getPort()：返回某台机器的端口，当程序准备发送此数据报时，该方法返回此数据报的目标机器的端口；当程序刚刚接收到一个数据报时，该方法返回该数据报的发送主机的端口。
- SocketAddress getSocketAddress()：返回完整 SocketAddress，通常由 IP 地址和端口组成。当程序准备发送此数据报时，该方法返回此数据报的目标 SocketAddress；当程序刚刚接收到一个数据报时，该方法返回该数据报是源 SocketAddress。

上述 getSocketAddress 方法的返回值是一个 SocketAddress 对象，该对象实际上就是一个 IP 地址和一个端口号，也就是说 SocketAddress 对象封装了一个 InetAddress 对象和一个代表端口的整数，所以使用 SocketAddress 对象可以同时代表 IP 地址和端口。

例如下面是一段实现 UDP 协议的服务器端代码。

源码路径：\codes\9\tcpudp\src\UdpServer.java。

```
public class UdpServer
{
    public static final int PORT = 30000;
    //定义每个数据报的最大大小为 4KB
    private static final int DATA_LEN = 4096;
    //定义该服务器使用的 DatagramSocket
    private DatagramSocket socket = null;
    //定义接收网络数据的字节数组
    byte[] inBuff = new byte[DATA_LEN];
    //以指定字节数组创建准备接收数据的 DatagramPacket 对象
    private DatagramPacket inPacket =
        new DatagramPacket(inBuff , inBuff.length);
    //定义一个用于发送的 DatagramPacket 对象
    private DatagramPacket outPacket;
    //定义一个字符串数组，服务器发送该数组的元素
    String[] books = new String[]
    {
        "AAA",
        "BBB",
        "CCC",
        "DDD"
    };
    public void init()throws IOException
    {
        try
        {
            //创建 DatagramSocket 对象
            socket = new DatagramSocket(PORT);
            //采用循环接收数据
            for (int i = 0; i < 1000 ; i++ )
            {
                //读取 Socket 中的数据，读到的数据放在 inPacket 所封装的字节数组里
                socket.receive(inPacket);
                //判断 inPacket.getData()和 inBuff 是否是同一个数组
                System.out.println(inBuff == inPacket.getData());
                //将接收到的内容转成字符串后输出
```

```
                System.out.println(new String(inBuff ,
                    0 , inPacket.getLength()));
                //从字符串数组中取出一个元素作为发送的数据
                byte[] sendData = books[i % 4].getBytes();
                //以指定字节数组作为发送数据，以刚接收到的 DatagramPacket 的
                //源 SocketAddress 作为目标 SocketAddress 创建 DatagramPacket
                outPacket = new DatagramPacket(sendData ,
                    sendData.length , inPacket.getSocketAddress());
                //发送数据
                socket.send(outPacket);
            }
        }
        //使用 finally 块保证关闭资源
        finally
        {
            if (socket != null)
            {
                socket.close();
            }
        }
    }
    public static void main(String[] args)
        throws IOException
    {
        new UdpServer().init();
    }
}
```

上述代码使用 DatagramSocket 实现了 Server/Client 结构的网络通信程序，其中服务器端使用循环 1000 次来读取 DatagramSocket 中的数据报，每当读到内容之后便向该数据报的发送者送回一条信息。

接下来看客户端的实现代码，客户端代码与服务器端类似，也是采用循环不断地读取用户键盘输入，每当读到用户输入内容后就将该内容封装成 DatagramPacket 数据报，再将该数据报发送出去。然后把 DatagramSocket 中的数据读入接收用的 DatagramPacket 中（实际上是读入该 DatagramPacket 所封装的字节数组中）。例如，下面是一段实现 UDP 协议的客户端代码。

源码路径：\codes\9\tcpudp\src\UdpClient.java。

```
public class UdpClient{
    //定义发送数据报的目的地
    public static final int DEST_PORT = 30000;
    public static final String DEST_IP = "127.0.0.1";
    //定义每个数据报的最大大小为 4KB
    private static final int DATA_LEN = 4096;
    //定义该客户端使用的 DatagramSocket
    private DatagramSocket socket = null;
    //定义接收网络数据的字节数组
    byte[] inBuff = new byte[DATA_LEN];
    //以指定字节数组创建准备接收数据的 DatagramPacket 对象
    private DatagramPacket inPacket =
        new DatagramPacket(inBuff , inBuff.length);
    //定义一个用于发送的 DatagramPacket 对象
    private DatagramPacket outPacket = null;
    public void init()throws IOException{
        try
        {
            //创建一个客户端 DatagramSocket，使用随机端口
            socket = new DatagramSocket();
            //初始化发送用的 DatagramSocket，它包含一个长度为 0 的字节数组
            outPacket = new DatagramPacket(new byte[0] , 0 ,
                InetAddress.getByName(DEST_IP) , DEST_PORT);
            //创建键盘输入流
            Scanner scan = new Scanner(System.in);
            //不断读取键盘输入
            while(scan.hasNextLine())
            {
```

```
                //将键盘输入的一行字符串转换字节数组
                byte[] buff = scan.nextLine().getBytes();
                //设置发送用的DatagramPacket里的字节数据
                outPacket.setData(buff);
                //发送数据报
                socket.send(outPacket);
                //读取Socket中的数据，读到的数据放在inPacket所封装的字节数组里
                socket.receive(inPacket);
                System.out.println(new String(inBuff , 0 ,
                    inPacket.getLength()));
            }
        }
        //使用finally块保证关闭资源
        finally
        {
            if (socket != null)
            {
                socket.close();
            }
        }
    }
    public static void main(String[] args)
        throws IOException
    {
        new UdpClient().init();
    }
}
```

上述代码通过DatagramSocket实现了发送并接收DatagramPacket的功能，具体实现与服务器的实现代码基本相似。而客户端与服务器端的唯一区别是服务器所在IP地址和端口是固定的，所以客户端可以直接将该数据报发送给服务器，而服务器需要根据接收到的数据报决定将“反馈”数据报的目的地。

9.3.2 使用MulticastSocket

DatagramSocket只允许将数据报发送给指定的目标地址，而MulticastSocket可以将数据报以广播的方式发送到数量不等的多个客户端。如果要使用多点广播，需要让一个数据报标有一组目标主机地址，当发出数据报后，整个组的所有主机都能收到该数据报。IP多点广播（或多点发送）实现可以将单一信息发送到多个接收者，功能是设置一组特殊网络地址作为多点广播地址，每一个多点广播地址都被看作一个组，当客户端需要发送、接收广播信息时，只需加入到该组即可。

IP协议为多点广播提供了这批特殊的IP地址，这些IP地址的范围是224.0.0.0~239.255.255.255。

类MulticastSocket既可以将数据报发送到多点广播地址，也可以接收其他主机的广播信息。类MulticastSocket是DatagramSocket类的一个子类，当要发送一个数据报时，可使用随机端口创建MulticastSocket，也可以在指定端口来创建MulticastSocket。

在类MulticastSocket中提供了如下3个构造器。

- public MulticastSocket()：使用本机默认地址、随机端口来创建一个MulticastSocket对象。
- public MulticastSocket(int portNumber)：使用本机默认地址、指定端口来创建一个MulticastSocket对象。
- public MulticastSocket(SocketAddress bindaddr)：使用本机指定IP地址、指定端口来创建一个MulticastSocket对象。

在创建一个MulticastSocket对象后，需要将该MulticastSocket加入到指定的多点广播地址。在MulticastSocket中使用方法jionGroup()加入到一个指定的组，使用方法leaveGroup()从一个组中脱离出去。这两个方法的具体说明如下所示。

- joinGroup(InetAddress multicastAddr)：将该MulticastSocket加入指定的多点广播地址。

- leaveGroup(InetAddress multicastAddr)：让该 MulticastSocket 离开指定的多点广播地址。

在某些系统中可能有多个网络接口，这可能会对多点广播带来问题，此时程序需要在一个指定的网络接口上监听，通过调用 setInterface 可选择 MulticastSocket 所使用的网络接口，也可以使用 getInterface 方法查询 MulticastSocket 监听的网络接口。

如果创建只发送数据报的 MulticastSocket 对象，只需使用默认地址和随机端口即可。如果创建接收用的 MulticastSocket 对象，则该 MulticastSocket 对象必须具有指定端口，否则发送方无法确定发送数据报的目标端口。

虽然 MulticastSocket 实现发送/接收数据报的方法与 DatagramSocket 的完全一样，但是 MulticastSocket 比 DatagramSocket 多了下面的方法。

```
setTimeToLive(int ttl)
```

参数“ttl”设置数据报最多可以跨过多少个网络，具体说明如下所示。

- 为 0 时：指定数据报应停留在本地主机。
- 为 1 时：指定数据报发送到本地局域网。
- 为 32 时：只能发送到本站点的网络上。
- 为 64 时：数据报应保留在本地区。
- 为 128 时：数据报应保留在本大洲。
- 为 255 时：数据报可发送到所有地方。
- 为 1 时：是默认值。

在使用 MulticastSocket 实现多点广播时，所有通信实体都是平等的，都将自己的数据报发送到多点广播 IP 地址，并使用 MulticastSocket 接收其他人发送的广播数据报。例如在下面的代码中，使用 MulticastSocket 实现了一个基于广播的多人聊天室，程序只需要一个 MulticastSocket，两条线程，其中 MulticastSocket 既用于发送，也用于接收，其中一条线程分别负责接收用户键盘输入，并向 MulticastSocket 发送数据，另一条线程则负责从 MulticastSocket 中读取数据。

源码路径：\codes\9\tcpudp\src\manySocket.java。

```
import java.awt.*;
import java.net.*;
import java.io.*;
import java.util.*;

//让该类实现 Runnable 接口，该类的实例可作为线程的 target
public class manySocket implements Runnable
{
    //使用常量作为本程序的多点广播 IP 地址
    private static final String IP
        = "230.0.0.1";
    //使用常量作为本程序的多点广播目的的端口
    public static final int PORT = 30000;
    //定义每个数据报的最大大小为 4KB
    private static final int LEN = 2048;


    //定义本程序的 MulticastSocket 实例
    private MulticastSocket socket = null;
    private InetAddress bAddress = null;
    private Scanner scan = null;
    //定义接收网络数据的字节数组
    byte[] inBuff = new byte[LEN];
    //以指定字节数组创建准备接收数据的 DatagramPacket 对象
    private DatagramPacket inPacket =
        new DatagramPacket(inBuff , inBuff.length);
    //定义一个用于发送的 DatagramPacket 对象
    private DatagramPacket oPacket = null;
    public void init()throws IOException
```

```
{
    try
    {
        //创建用于发送、接收数据的 MulticastSocket 对象
        //因为该 MulticastSocket 对象需要接收，所以有指定端口
        socket = new MulticastSocket(PORT);
        bAddress = InetAddress.getByName(IP);
        //将该 Socket 加入指定的多点广播地址
        socket.joinGroup(bAddress);
        //设置本 MulticastSocket 发送的数据报被回送到自身
        socket.setLoopbackMode(false);
        //初始化发送用的 DatagramSocket，它包含一个长度为 0 的字节数组
        oPacket = new DatagramPacket(new byte[0] , 0 ,
          bAddress , PORT);
        //启动以本实例的 run()方法作为线程体的线程
        new Thread(this).start();
        //创建键盘输入流
        scan = new Scanner(System.in);
        //不断读取键盘输入
        while(scan.hasNextLine())
        {
            //将键盘输入的一行字符串转换字节数组
            byte[] buff = scan.nextLine().getBytes();
            //设置发送用的 DatagramPacket 里的字节数据
            oPacket.setData(buff);
            //发送数据报
            socket.send(oPacket);
        }
    }
    finally
    {
        socket.close();
    }
}
public void run()
{
    try
    {
        while(true)
        {
            //读取 Socket 中的数据，读到的数据放在 inPacket 所封装的字节数组里
            socket.receive(inPacket);
            //打印输出从 Socket 中读取的内容
            System.out.println("聊天信息：" + new String(inBuff , 0 ,
                inPacket.getLength()));
        }
    }
    //捕捉异常
    catch (IOException ex)
    {
        ex.printStackTrace();
        try
        {
            if (socket != null)
            {
                //让该 Socket 离开该多点 IP 广播地址
                socket.leaveGroup(bAddress);
                //关闭该 Socket 对象
                socket.close();
            }
            System.exit(1);
        }
        catch (IOException e)
        {
            e.printStackTrace();
        }
    }
}
```

```
    public static void main(String[] args)
        throws IOException
    {
        new manySocket().init();
    }
}
```

上述代码的实现流程如下所示。

- 在方法 init()中创建一个 MulticastSocket 对象，因为需要使用该对象接收数据报，所以为此 Socket 对象设置使用固定端口。
- 将该 Socket 对象添加到指定的多点广播 IP 地址。
- 设置该 Socket 发送的数据报会被回送到自身，即该 Socket 可以接收到自己发送的数据报。
- 使用 MulticastSocket 发送并接收数据报的代码，与使用 DatagramSocket 实现的方法并没有区别。

9.4 实战演练——在 Android 中使用 Socket 实现数据传输

通过本章前面内容的学习，已经了解了 Java 应用中 Socket 网络编程的基本知识。在 Android 平台中，可以使用相同的方法用 Socket 实现数据传输功能。本节将通过一个具体实例的实现过程，来讲解在 Android 中使用 Socket 实现数据传输的基本方法。

题目	目的	源码路径
实例 9-1	使用 Socket 实现数据传输	\codes\9\socket

本实例的具体实现流程如下所示。

（1）首先实现服务器端，使用 Eclipse 新建一个名为“android_server”的 Java 工程，然后编写服务器端的实现文件 AndroidServer.java，功能是创建 Socket 对象 client 以接受客户端请求，并创建 BufferedReader 对象 in 向服务器发送消息。文件 AndroidServer.java 的具体实现代码如下所示。

```
public class AndroidServer implements Runnable{
    public void run() {
        try {
            ServerSocket serverSocket=new ServerSocket(54321);
            while(true)
            {
                System.out.println("等待接收用户连接：");
                //接受客户端请求
                Socket client=serverSocket.accept();
                try
                {
                    //接受客户端信息
                    BufferedReader in=new BufferedReader(new InputStreamReader(client.
                    getInputStream()));
                    String str=in.readLine();
                    System.out.println("read:  "+str);
                    //向服务器发送消息
                    PrintWriter out=new PrintWriter(new BufferedWriter(new OutputStream
                    Writer(client.getOutputStream())),true);
                    out.println("return    "+str);
                    in.close();
                    out.close();
                }catch(Exception ex)
                {
                    System.out.println(ex.getMessage());
                    ex.printStackTrace();
                }
                finally
                {
```

```
                client.close();
                System.out.println("close");
            }
        }
      } catch (IOException e) {
        System.out.println(e.getMessage());
      }
    }
    public static void main(String [] args)
    {
      Thread desktopServerThread=new Thread(new AndroidServer());
      desktopServerThread.start();
    }
}
```

（2）开始实现客户端的测试程序，使用 Eclipse 新建一个名为“testSocket”的 Android 工程，编写布局文件 main.xml，在主界面中插入一个信息输入文本框和一个【发送】按钮。文件 main.xml 的具体实现代码如下所示。

```
<?xml version="1.0" encoding="utf-8"?>
<LinearLayout xmlns:android="http://schemas.android.com/apk/res/android"
    android:orientation="vertical" android:layout_width="fill_parent"
    android:layout_height="fill_parent">
    <EditText android:id="@+id/edit" android:layout_width="fill_parent"
        android:layout_height="wrap_content" />
    <Button android:id="@+id/but1" android:layout_width="wrap_content"
        android:layout_height="wrap_content" android:text="发送" />
    <TextView android:id="@+id/text1" android:layout_width="fill_parent"
        android:layout_height="wrap_content" android:text="@string/hello" />
</LinearLayout>
```

（3）编写测试文件 TestSocket.java，功能是获取输入框的文本信息，并将信息发送到“192.168.2.113”。文件 TestSocket.java 的具体实现代码如下所示。

```
//客户端的实现
public class TestSocket extends Activity {
    private TextView text1;
    private Button but1;
    private EditText edit1;
    private final String DEBUG_TAG="mySocketAct";


    public void onCreate(Bundle savedInstanceState) {
        super.onCreate(savedInstanceState);
        setContentView(R.layout.main);

        text1=(TextView)findViewById(R.id.text1);
        but1=(Button)findViewById(R.id.but1);
        edit1=(EditText)findViewById(R.id.edit);

        but1.setOnClickListener(new Button.OnClickListener()
        {
            @Override
            public void onClick(View v) {
                Socket socket=null;
                String mesg=edit1.getText().toString()+"\r\n";
                edit1.setText("");
                Log.e("dddd", "sent id");

                try {
                    socket=new Socket("192.168.2.113",54321);
                    //向服务器发送信息
                    PrintWriter out=new PrintWriter(new BufferedWriter(new OutputStream
                    Writer(socket.getOutputStream())),true);
                    out.println(mesg);

                    //接受服务器的信息
                    BufferedReader br=new BufferedReader(new InputStreamReader(socket.
```

```
getInputStream()));
                    String mstr=br.readLine();
                    if(mstr!=null)
                    {
                        text1.setText(mstr);
                    }else
                    {
                        text1.setText("数据错误");
                    }
                    out.close();
                    br.close();
                    socket.close();
                } catch (UnknownHostException e) {
                    e.printStackTrace();
                } catch (IOException e) {
                    e.printStackTrace();
                }catch(Exception e)
                {
                    Log.e(DEBUG_TAG,e.toString());
                }
            }
        });
    }
}
```

（4）在文件 AndroidManifest.xml 中添加访问网络的权限，具体代码如下所示。

```
<!-- 添加可以通信协议 -->
<uses-permission android:name="android.permission.INTERNET" />
```

到此为止，整个实例介绍完毕，执行后的效果如图 9-2 所示。

▲图 9-2　执行效果

第 10 章　使用 WebKit 浏览网页数据

WebKit 是 Android 系统内置的浏览器，这是一个开源的浏览器网页排版引擎，包含 WebCore 排版引擎和 JSCore 引擎。WebCore 和 JSCore 引擎来自于 KDE 项目的 KHTML 和 KJS 开源项目。Android 平台的 Web 引擎框架采用了 WebKit 项目中的 WebCore 和 JSCore 部分，上层由 Java 语言封装，并且作为 API 提供给 Android 应用开发者，而底层使用 WebKit 核心库（WebCore 和 JSCore）进行网页排版。本章将详细讲解 WebKit 浏览器的基本知识，为读者步入本书后面知识的学习打下基础。

10.1 WebKit 源码分析

为了从更加深的层次中了解 WebKit 浏览器编程的基本知识，本书将首先从 Android 底层开始分析 WebKit 系统的机理和用法，依次从下到上分析 WebKit 浏览器编程的基本知识。在 Android 系统中，WebKit 模块分成 Java 和 WebKit 库两个部分，具体说明如下所示。

- Java 层：负责与 Android 应用程序进行通信；
- WebKit 类库：因为是由 C/C++实现的，所以也被称为 C 层库，WebKit 类库部分负责实际的网页排版处理。

Java 层和 WebKit 类库之间通过 JNI 和 Bridge 实现相互调用，如图 10-1 所示。

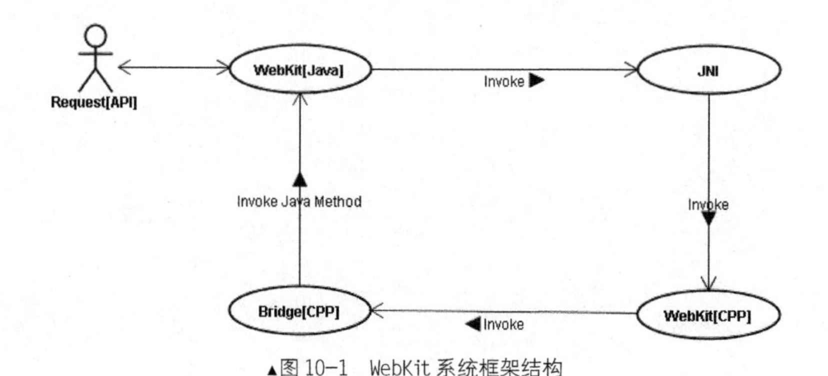

▲图 10-1　WebKit 系统框架结构

本节将详细讲解 WebKit 模块中 Java 层和 WebKit 类库的基本知识。

10.1.1　Java 层框架

在 Android 系统中，WebKit 模块中 Java 层的根目录是：

```
\frameworks\base\core\java\android\webkit\
```

上述目录是基于 Android 4.3 的，其目录结构如表 10-1 所示。

表 10-1　　WebKit 的目录结构

BrowserFrame.java	BrowserFrame 对象是对 WebCore 库中的 Frame 对象的 Java 层封装，用于创建 WebCore 中定义的 Frame，以及为该 Frame 对象提供 Java 层回调方法
ByteArrayBuilder.java	ByteArrayBuilder 辅助对象，用于 byte 块链表的处理
CachLoader.java	URL Cache 载入器对象，该对象实现 StreadLoader 抽象基类，用于通过 CacheResult 对象载入内容数据
CacheManager.java	Cache 管理对象，负责 Java 层 Cache 对象管理
CacheSyncManager.java	Cache 同步管理对象，负责同步 RAM 和 FLASH 之间的浏览器 Cache 数据。实际的物理数据操作在 WebSyncManager 对象中完成
CallbackProxy.java	该对象是用于处理 WebCore 与 UI 线程消息的代理类。当有 Web 事件产生时 WebCore 线程会调用该回调代理类，代理类会通过消息的方式通知 UI 线程，并且调用设置的客户对象的回调函数
CellList.java	CellList 定义图片集合中的 Cell，管理 Cell 图片的绘制、状态改变以及索引
CookieManager.java	根据 RFC2109 规范来管理 Cookies
CookieSyncManager.java	Cookies 同步管理对象，该对象负责同步 RAM 和 Flash 之间的 Cookies 数据。实际的物理数据操作在基类 WebSyncManager 中完成
DataLoader.java	数据载入器对象，用于载入网页数据
DateSorter.java	尚未使用
DownloadListener.java	下载侦听器接口
DownloadManagerCore.java	下载管理器对象，管理下载列表。该对象运行在 WebKit 的线程中，通过 CallbackProxy 对象与 UI 线程交互
FileLoader.java	文件载入器，将文件数据载入到 Frame 中
FrameLoader.java	Frame 载入器，用于载入网页 Frame 数据
HttpAuthHandler.java	HTTP 认证处理对象，该对象会作为参数传递给 BrowserCallback.displayHttpAuth Dialog 方法，与用户交互
HttpDataTime.java	该对象是处理 HTTP 日期的辅助对象
JSConfirmResult.java	JS 确认请求对象
JSPromptResult.java	JS 结果提示对象，用于向用户提示 Javascript 运行结果
JSResult.java	JS 结果对象，用于实现用户交互
JWebCoreJavaBridge.java	用 Java 与 WebCore 库中 Timer 和 Cookies 对象交互的桥接代码
LoadListener.java	载入器侦听器，用于处理载入器侦听消息
Network.java	该对象封装网络连接逻辑，为调用者提供更为高级的网络连接接口
PanZoom.java	用于处理图片缩放、移动等操作
PanZoomCellList.java	用于保存移动、缩放图片的 Cell
SslErrorHandler.java	用于处理 SSL 错误消息
StreamLoader.java	StreamLoader 抽象类是所有内容载入器对象的基类。该类是通过消息方式控制的状态机，用于将数据载入到 Frame 中
TextDialog.java	用于处理 HTML 中文本区域叠加情况，可以使用标准的文本编辑而定义的特殊 EditText 控件
URLUtil.java	URL 处理功能函数，用于编码、解码 URL 字符串，以及提供附加的 URL 类型分析功能
WebBackForwardList.java	该对象包含 WebView 对象中显示的历史数据
WebBackForwardListClient.java	浏览历史处理的客户接口类，所有需要接收浏览历史改变的类都需要实现该接口

续表

WebChromeClient.java	Chrome 客户基类，Chrome 客户对象在浏览器文档标题、进度条、图标改变时候会得到通知
WebHistoryItem.java	该对象用于保存一条网页历史数据
WebIconDataBase.java	图表数据库管理对象，所有的 WebView 均请求相同的图标数据库对象
WebSettings.java	WebView 的管理设置数据，该对象数据是通过 JNI 接口从底层获取
WebSyncManager.java	数据同步对象，用于 RAM 数据和 FLASH 数据的同步操作
WebView.java	Web 视图对象，用于基本的网页数据载入、显示等 UI 操作
WebViewClient.java	Web 视图客户对象，在 Web 视图中有事件产生时，该对象可以获得通知
WebViewCore.java	该对象对 WebCore 库进行了封装，将 UI 线程中的数据请求发送给 WebCore 处理，并且通过 CallbackProxy 的方式，通过消息通知 UI 线程数据处理的结果
WebViewDatabase.java	该对象使用 SQLiteDatabase 为 WebCore 模块提供数据存取操作

接下来将对 WebKit 模块的 Java 层的具体知识进行详细介绍。

1. 主要类

WebKit 模块的 Java 层一共由 41 个文件组成，其中主要类的具体说明如下所示。

（1）WebView

类 WebView 是 WebKit 模块 Java 层的视图类，所有需要使用 Web 浏览功能的 Android 应用程序都要创建该视图对象显示和处理请求的网络资源。目前，WebKit 模块支持 HTTP、HTTPS、FTP 以及 JavaScript 请求。WebView 作为应用程序的 UI 接口，为用户提供了一系列的网页浏览、用户交互接口，客户程序通过这些接口访问 WebKit 核心代码。

在文件 WebView.java 中，类 WebView 的主要实现代码如下所示。

```
public class WebView extends AbsoluteLayout
        implements ViewTreeObserver.OnGlobalFocusChangeListener,
        ViewGroup.OnHierarchyChangeListener, ViewDebug.HierarchyHandler {

    private static final String LOGTAG = "webview_proxy";

    // Throwing an exception for incorrect thread usage if the
    // build target is JB MR2 or newer. Defaults to false, and is
    // set in the WebView constructor.
    private static Boolean sEnforceThreadChecking = false;

    /**
     * Transportation object for returning WebView across thread boundaries.
     */
    public class WebViewTransport {
        private WebView mWebview;

        /**
         * Sets the WebView to the transportation object.
         *
         * @param webview the WebView to transport
         */
        public synchronized void setWebView(WebView webview) {
            mWebview = webview;
        }

        /**
         * Gets the WebView object.
         *
         * @return the transported WebView object
         */
        public synchronized WebView getWebView() {
```

```
            return mWebview;
        }
    }

    /**
     * URI scheme for telephone number.
     */
    public static final String SCHEME_TEL = "tel:";
    /**
     * URI scheme for email address.
     */
    public static final String SCHEME_MAILTO = "mailto:";
    /**
     * URI scheme for map address.
     */
    public static final String SCHEME_GEO = "geo:0,0?q=";
……
```

> **注意** 类 WebView 是一个非常重要的类，能够实现和网络有关的很多功能。为了节省本书的篇幅，后面各个 Java 类的实现代码将不再一一列出。

（2）WebViewDatabase

类 WebViewDatabase 是 WebKit 模块中针对 SQLiteDatabase 对象的封装，用于存储和获取运行时浏览器保存的缓冲数据、历史访问数据、浏览器配置数据等。该对象是一个单实例对象，通过 getInstance 方法获取 WebViewDatabase 的实例。WebViewDatabase 是 WebKit 模块中的内部对象，仅供 WebKit 框架内部使用。

（3）WebViewCore

类 WebViewCore 是 Java 层与 C 层 WebKit 核心库的交互类，客户程序调用 WebView 的网页浏览相关操作会转发给 BrowserFrame 对象。当 WebKit 核心库完成实际的数据分析和处理后会回调 Web ViweCore 中定义的一系列 JNI 接口，这些接口会通过 CallbackProxy 将相关事件通知相应的 UI 对象。

（4）CallbackProxy

类 CallbackProxy 是一个代理类，用于实现 UI 线程和 WebCore 线程之间的交互。类 CallbackProxy 定义了一系列与用户相关的通知方法，当 WebCore 完成相应的数据处理后会调用 CallbackProxy 类中对应的方法，这些方法通过消息方式间接调用相应处理对象的处理方法。

（5）BrowserFrame

类 BrowserFrame 负责 URL 资源的载入、访问历史的维护、数据缓存等操作，该类会通过 JNI 接口直接与 WebKit C 层库交互。

（6）JWebCoreJavaBridge

类 JWebCoreJavaBridge 为 Java 层 WebKit 代码提供与 C 层 WebKit 核心部分的 Timer 和 Cookies 操作相关的方法。

（7）DownloadManagerCore

类 DownloadManagerCore 是一个下载管理核心类，主要负责管理网络资源的下载，所有的 Web 下载操作均由该类同一管理。该类实例运行在 WebKit 线程当中，与 UI 线程的交互是通过调用 CallbackProxy 对象中相应的方法完成。

（8）WebSettings

类 WebSettings 描述了 Web 浏览器访问相关的用户配置信息。

（9）DownloadListener

类 DownloadListener 负责下载侦听接口，如果客户代码实现该接口，则在下载开始、失败、挂起、完成等情况下，DownloadManagerCore 对象会调用客户代码中实现的 DwonloadListener 方法。

（10）WebBackForwardList

类 WebBackForwarList 负责维护用户访问的历史记录，该类为客户程序提供操作访问浏览器历史数据的相关方法。

（11）WebViewClient

在类 WebViewClient 中定义了一系列事件方法，如果 Android 应用程序设置了 WebViewClient 派生对象，则在页面载入、资源载入、页面访问错误等情况发生时，该派生对象的相应方法会被调用。

（12）WebBackForwardListClient

类 WebBackForwardListClient 定义了对访问历史操作时可能产生的事件接口，当用户实现了该接口，则在操作访问历史时（访问历史移除、访问历史清空等）用户会得到通知。

（13）WebChromeClient

类 WebChromeClient 定义了与浏览窗口修饰相关的事件。例如，接收到 Title、接收到 Icon、进度变化时，WebChromeClient 的相应方法会被调用。

2. 数据载入器的设计理念

在 WebKit 系统的 Java 部分框架中，使用数据载入器来加载相应类型的数据，目前有 CacheLoader、DataLoader 及 FileLoader 3 类载入器，它们分别用于处理缓存数据、内存据，以及文件数据的载入操作。Java 层（WebKit 模块）所有的载入器都从 StreamLoader 继承（其父类为 Handler），由于 StreamLoader 类的基类为 Handler 类，因此在构造载入器时，会开启一个事件处理线程，该线程负责实际的数据载入操作，而请求线程通过消息的方式驱动数据的载入。图 10-2 描述了数据载入器相关类的类图结构。

在类 StreamLoader 中定义了以下 4 个不同的消息。

- MSG_STATUS：表示发送状态消息；
- MSG_HEADERS：表示发送消息头消息；
- MSG_DATA：表示发送数据消息；
- MSG_END：表示数据发送完毕消息。

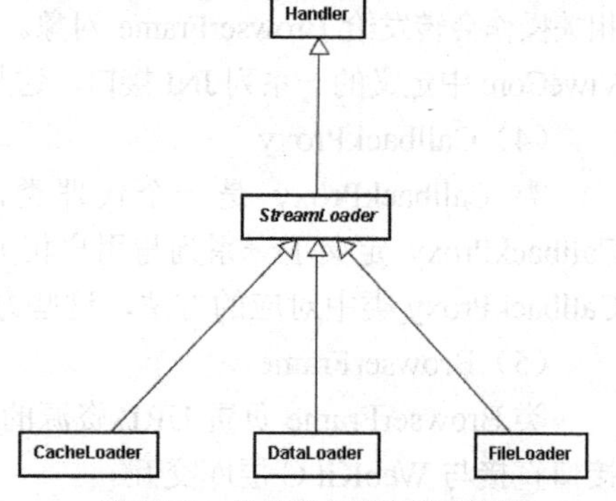

▲图 10-2　数据载入器的类图结构

在类 StreamLoader 中提供了两个抽象保护方法及一个共有方法，其中保护方法 setupStreamAndSendStatus 用于构造与通信协议相关的数据流，以及向 LoadListener 发送状态。方法 buildHeaders 负责向子类提供构造特定协议消息头功能。所有载入器只有一个共有方法（load），因此当需要载入数据时，只需调用该方法即可。与数据载入流程相关的类还有 LoaderListener 和 BrowserFrame，当发生数据载入事件时，WebKit 的 C 库会更新载入进度，并且会通知 BrowserFrame，BroserFrame 接收到进度条变更事件后会通过 CallbackProxy 对象，通知 View 类进度条数据变更。

10.1.2　C/C++层框架

因为 C 层框架属于 Android 体系底层的知识，而本书主要讲解了 Android 在 Java 层开发网络应用的知识，所以在此简要介绍 WebKit 系统 C 层框架的基本知识，只简单分析 C 层框架中各个类之间的关系。读者了解了这些类之间的关系和原理后，在 Java 层开发应用时即可达到“游刃有余”。

1. Java 层对应的 C/C++类库

在前面 10.1.1 中介绍的 Java 层中，每一个 Java 类在下面的 C/C++层都会有一个对应的类库，各个 Java 类和 C/C++类库的对应关系的具体说明如表 10-2 所示。

表 10-2　　Java 层中的类和 C/C++类库的对应关系

类	功能描述
ChromeClientAndroid	该类主要处理 WebCore 中与 Frame 装饰相关的操作。如设置状态栏、滚动条、Javascript 脚本提示框等。当浏览器中有相关事件产生，ChromeClientAndroid 类的相应方法会被调用，该类会将相关的 UI 事件通过 Bridge 传递给 Java 层，由 Java 层负责绘制及用户交互方面的处理
EditorClientAndroid	该类负责处理页面中文本相关的处理，如文本输入、取消、输入法数据处理、文本粘贴、文本编辑等操作。不过目前该类只对按键相关的时间进行了处理，其他操作均未支持
ContextMenuClient	该类提供页面相关的功能菜单，如图片拷贝、朗读、查找等功能。但是目前项目中未实现具体功能
DragClient	该类定义了与页面拖拽相关的处理，但是目前该类没有实现具体功能
FrameLoaderClientAndroid	该类提供与 Frame 加载相关的操作，当用户请求加载一个页面时，WebCore 分析完网页数据后，会通过该类调用 Java 层的回调方法，通知 UI 相关的组件处理
InspectorClientAndroid	该类提供与窗口相关的操作，如窗口显示、关闭窗口、附加窗口等。不过目前该类的各个方法均为空实现
Page	该类提供与页面相关的操作，如网页页面的前进、后退等操作
FrameAndroid	该类为 Android 提供 Frame 管理
FrameBridge	该类对 Frame 相关的 Java 层方法进行了封装，当有 Frame 事件产生时，WebCore 通过 FrameBridge 回调 Java 的回调函数，完成用户交互过程
AssetManager	该类为浏览器提供本地资源访问功能
RenderSkinAndroid	该类与控件绘制相关，所有的绘制控件都需要从该类派生，目前 WebKit 模块中有 Button、Combo、Radio3 类控件

接下来将详细讲解 WebKit 中 C/C++层库的基本知识。

（1）BrowserFrame

与 Java 类 BrowserFrame 相对应的 C++类为 FrameBridge，该类为 Dalvik 虚拟机回调 BrowserFrame 类中定义的本地方法进行了封装。与 BrowserFrame 中回调函数（Java 层）相对应的 C 层结构定义代码如下所示。

```
struct FrameBridge::JavaBrowserFrame
{
    JavaVM*   mJVM;
    jobject   mObj;
    jmethodID mStartLoadingResource;
    jmethodID mLoadStarted;
    jmethodID mUpdateHistoryForCommit;
    jmethodID mUpdateCurrentHistoryData;
    jmethodID mReportError;
    jmethodID setTitle;
    jmethodID mWindowObjectCleared;
    jmethodID mDidReceiveIcon;
    jmethodID mUpdateVisiteHistory;
    jmethodID mHandleUrl;
    jmethodID mCreateWindow;
    jmethodID mCloseWindow;
    jmethodID mDecidePolicyForFormResubmission;
};
```

在上述代码结构中，mJavaFrame 作为 FrameBridge（C 层）的一个成员变量，在 FrameBridge

构造函数中用类 BrowserFrame（Java 层）的回调方法的偏移量初始化 JavaBrowserFrame 结构的各个域。当初始工作完成后，当 WebCore（C 层）在剖析网页数据时，和 Frame 相关的资源会发生改变（如 Web 页面的主题变化），此时会通过 mJavaFrame 结构调用指定 BrowserFrame 对象的相应方法，并通知 Java 层进行处理。

注意　为了节省本书的篇幅，后面各个类库的实现代码将不再一一列出。

（2）JWebCoreJavaBridge

与该对象相对应的 C 层对象为 JavaBridge，JavaBridge 对象继承了 TimerClient 和 CookieClient 类，负责 WebCore 中的定时器和 Cookie 管理。与 Java 层 JWebCoreJavaBridge 类中方法偏移量相关的是 JavaBridege 中几个成员变量，在构造 JavaBridge 对象时，会初始化这些成员变量，之后有 Timer 或者 Cookies 事件产生，WebCore 会通过这些 ID 值，回调对应 JWebCoreJavaBridge 的相应方法。

（3）LoadListener

与该对象相关的 C 层结构是 struct resourceloader_t，该结构保存了 LoadListener 对象 ID、CancelMethod ID 及 DownloadFiledMethod ID 值。当有 Cancel 或者 Download 事件产生，WebCore 会回调 LoadListener 类中的 CancelMethod 或者 DownloadFileMethod。

（4）WebViewCore

与 WebViewCore 相关的 C 类是 WebCoreViewImpl，WebViewCoreImpl 类有个 JavaGlue 对象作为成员变量，在构建 WebCoreViewImpl 对象时，用 WebViewCore（Java 层）中的方法 ID 值初始化该成员变量。并且会将构建的 WebCoreViewImpl 对象指针复制给 WebViewCore（Java 层）的 mNativeClass，这样将 WebViewCore（Java 层）和 WebViewCoreImple（C 层）关联起来。

（5）WebSettings

与 WebSettings 相关的 C 层结构是 struct FieldIds，该结构保存了 WebSettings 类中定义的属性 ID 及方法 ID，在 WebCore 初始化时（WebViewCore 的静态方法中使用 System.loadLibrary 载入）会设置这些方法和属性的 ID 值。

（6）WebView

与 WebView 相关的 C 层类是 WebViewNative，在该类中的 mJavaGlue 中保存着 WebView 中定义的属性和方法 ID，在 WebViewNative 构造方法中初始化，并且将构造的 WebViewNative 对象的指针，赋值给 WebView 类的 mNativeClass 变量，这样 WebView 和 WebViewNative 对象建立了关系。

2. 其他的类

接下来，总结与 Java 层相关的 C 层类，具体信息如下所示。

- ChromeClientAndroid：该类主要处理 WebCore 中与 Frame 装饰相关的操作。如设置状态栏、滚动条、Javascript 脚本提示框等。当浏览器中有相关事件产生，ChromeClientAndroid 类的相应方法会被调用，该类会将相关的 UI 事件通过 Bridge 传递给 Java 层，由 Java 层负责绘制及用户交互方面的处理。
- EditorClientAndroid：该类负责处理页面中文本相关的处理，如文本输入、取消、输入法数据处理、文本粘贴、文本编辑等操作。不过目前该类只对按键相关的时间进行了处理，其他操作均未支持。

- ContextMenuClient：该类提供页面相关的功能菜单，如图片拷贝、朗读、查找等功能。但是，目前项目中未实现具体功能。
- DragClient：该类定义了与页面拖拽相关的处理，但是目前该类没有实现具体功能。
- FrameLoaderClientAndroid：该类提供与 Frame 加载相关的操作，当用户请求加载一个页面时，WebCore 分析完网页数据后，会通过该类调用 Java 层的回调方法，通知 UI 相关的组件处理。
- InspectorClientAndroid：该类提供与窗口相关的操作，如窗口显示、关闭窗口、附加窗口等。不过目前该类的各个方法均为空实现。
- Page：该类提供与页面相关的操作，如网页页面的前进、后退等操作。
- FrameAndroid：该类为 Android 提供 Frame 管理。
- FrameBridge：该类对 Frame 相关的 Java 层方法进行了封装，当有 Frame 事件产生时，WebCore 通过 FrameBridge 回调 Java 的回调函数，完成用户交互过程。
- AssetManager：该类为浏览器提供本地资源访问功能。
- RenderSkinAndroid：该类与控件绘制相关，所有的绘制控件都需要从该类派生，目前 WebKit 模块中有 Button、Combo、Radio 3 类控件。

上述类会在 Java 层请求创建 Web Frame 的时候被建立。

10.2 分析 WebKit 的操作过程

经过本章前面内容的学习，相信大家已经基本了解了 WebKit 系统中各层主要类的功能。本节将简单介绍和 WebKit 相关的基本操作知识，为读者步入本书后面知识的学习打下基础。

10.2.1 WebKit 初始化

在 Android SDK 中提供了 WebView 类，使用此类可以提供客户化浏览显示功能。如果客户需要加入浏览器的支持，可将该类的实例或者派生类的实例作为视图，调用 Activity 类的 setContentView 显示给用户。当客户代码中第一次生成 WebView 对象时，会初始化 WebKit 库（包括 Java 层和 C 层两个部分），之后用户可以操作 WebView 对象完成网络或者本地资源的访问。

WebView 对象的生成主要涉及 3 个类 CallbackProxy、WebViewCore 及 WebViewDatabase。其中 CallbackProxy 对象为 WebKit 模块中 UI 线程和 WebKit 类库提供交互功能，WebViewCore 是 WebKit 的核心层，负责与 C 层交互以及 WebKit 模块 C 层类库初始化，而 WebViewDatabase 为 WebKit 模块运行时缓存、数据存储提供支持。

初始化的过程就是使用 WebView 创建 CallbackProxy 对象和 WebViewCore 对象的过程。WebKit 模块初始化流程如下所示。

（1）调用 System.loadLibrary 载入 WebCore 相关类库（C 层）。

（2）如果是第一次初始化 WebViewCore 对象，创建 WebCoreTherad 线程。

（3）创建 EventHub 对象，处理 WebViewCore 事件。

（4）获取 WebIconDatabase 对象实例。

（5）向 WebCoreThread 发送初始化消息。

根据上述流程，假如我们要获取 WebViewDatabase 实例，则可以按照下面的步骤实现。

（1）调用 System.loadLibrary 方法载入 WebCore 相关类库，该过程由 Dalvik 虚拟机完成，它会从动态链接库目录中寻找 libWebCore.so 类库，载入到内存中，并且调用 WebKit 初始化模块的 JNI_OnLoad 方法。WebKit 模块的 JNI_OnLoad 方法中完成了如下初始化操作。

- 初始化 framebridge[register_android_webcore_framebridge]：初始化 gFrameAndroidField 静

态变量，以及注册 BrowserFrame 类中的本地方法表。

● 初始化 javabridge[register_android_webcore_javabridge]：初始化 gJavaBridge.mObject 对象，以及注册 JWebCoreJavaBridge 类中的本地方法。

● 初始化资源 loader[register_android_webcore_resource_loader]：初始化 gResourceLoader 静态变量，以及注册 LoadListener 类的本地方法。

● 初始化 webviewcore[register_android_webkit_webviewcore]：初始化 gWebCoreViewImplField 静态变量，以及注册 WebViewCore 类的本地方法。

● 初始化 webhistory[register_android_webkit_webhistory]：初始化 gWebHistoryItem 结构，以及注册 WebBackForwardList 和 WebHistoryItem 类的本地方法。

● 初始化 webicondatabase[register_android_webkit_webicondatabase]：注册 WebIconDatabase 类的本地方法。

● 初始化 websettings[register_android_webkit_websettings]：初始化 gFieldIds 静态变量，以及注册 WebSettings 类的本地方法。

● 初始化 webview[register_android_webkit_webview]：初始化 gWebViewNativeField 静态变量，以及注册 WebView 类的本地方法。

（2）实现 WebCoreThread 初始化，该初始化只在第一次创建 WebViewCore 对象时完成，当用户代码第一次生成 WebView 对象，会在初始化 WebViewCore 类时创建 WebCoreThread 线程，该线程负责处理 WebCore 初始化事件。此时 WebViewCore 构造函数会被阻塞，直到一个 WebView 初始化请求完毕时，会在 WebCoreThread 线程中唤醒。

（3）创建 EventStub 对象，该对象处理 WebView 类的事件，当 WebCore 初始化完成后会向 WebView 对象发送事件，WebView 类的 EventStub 对象处理该事件，并且完成后续初始化工作。

（4）获取 WebIconDatabase 对象实例。

（5）向 WebViewCore 发送 INITIALIZE 事件，并且将 this 指针作为消息内容传递。WebView 类主要负责处理 UI 相关的事件，而 WebViewCore 主要负责与 WebCore 库交互。在运行时期，UI 线程和 WebCore 数据处理线程运行在两个独立的线程当中。WebCoreThread 线程接收到 INITIALIZE 线程后，会调用消息对象参数的 initialize 方法，而后唤醒阻塞的 WebViewCore Java 线程（该线程在 WebViewCore 的构造函数中被阻塞）。不同的 WebView 对象实例有不同的 WebViewCore 对象实例，因此通过消息的方式可以使得 UI 线程和 WebViewCore 线程解耦合。WebCoreThread 的事件处理函数，处理 INITIALIZE 消息时，调用的是不同 WebView 中 WebViewCore 实例的 initialize 方法。WebViewCore 类中的 initialize 方法中会创建 BrowserFrame 对象（该对象管理整个 Web 窗体，以 Frame 相关事件），并且向 WebView 对象发送 WEBCORE_INITIALIZED_MSG_ID 消息。WebView 消息处理函数能够根据其参数来初始化指定 WebViewCore 对象，并且能够更新 WebViewCore 的 Frame 缓冲。

10.2.2　载入数据

1．载入网络数据

在 Android 应用开发过程中，可以使用类 WebView 的 loadUrl 方法请求访问指定的 URL 网页数据。在 WebView 对象中保存着 WebViewCore 的引用，由于 WebView 属于 UI 线程，而 WebViewCore 属于后台线程，因此 WebView 对象的 loadUrl 被调用时，会通过消息的方式将 URL 信息传递给 WebViewCore 对象，该对象会调用成员变量 mBrowserFrame 的 loadUrl 方法，进而调用 WebKit 库完成数据的载入。

当载入网络数据时，此功能分别由 Java 层和 C 层共同完成，其中 Java 层负责完成用户交互、资源下载等操作，而 C 层主要完成数据分析（建立 DOM 树、分析页面元素等）操作。由于 UI 线程和 WebCore 线程运行在不同的两个线程中，因此当用户请求访问网络资源时，通过消息的方式向 WebViewCore 对象发送载入资源请求。

在 Java 层的 WebKit 模块中，所有与资源载入相关的操作都是由 BrowserFrame 类中对应的方法完成，这些方法是本地方法，会直接调用 WebCore 库的 C 层函数完成数据载入请求，以及资源分析等操作。C 层的 FrameLoader 类是浏览框架的资源载入器，该类负责检查访问策略以及向 Java 层发送下载资源请求等功能。在 FrameLoader 中，当用户请求网络资源时，经过一系列的策略检查后会调用 FrameBridge 的 startLoadingResource 方法，该方法会回调 BrowserFrame（Java）类的 startLoadingResource 方法，完成网络数据的下载，然后类 BrowserFrame（Java）的方法 startLoadingResource 会返回一个 LoadListener 的对象，FrameLoader 会删除原有的 FrameLoader 对象，将 LoadListener 对象封装成 ResourceLoadHandler 对象，并且将其设置为新的 FrameLoader。到此完成了一次资源访问请求，接下来库 WebCore 会根据资源数据进行分析和构建 DOM，以及构建相关的数据结构。

2. 载入本地数据

本地数据是指以“data://”开头的 URL，载入本地数据的过程和载入网络数据的方法一样，只不过在执行 FrameLoader 类的 executeLoad 方法时，会根据 URL 的 SCHEME 类型区分，调用 DataLoader 的 requestUrl 方法，而不是调用 handleHTTPLoad 建立实际的网络通信连接。

3. 载入文件数据

文件数据是指以“file://”开头的 URL，载入的基本流程与网络数据载入流程基本一致，不同的是在运行 FrameLoader 类的 executeLoad 方法时，根据 SCHEME 类型，调用 FileLoader 的 requestUrl 方法来完成数据加载。

10.2.3 刷新绘制

当用户拖动滚动条、有窗口遮盖，或者有页面事件触发都会向 WebViewCore（Java 层）对象发送背景重绘消息，该消息会引起网页数据的绘制操作。WebKit 的数据绘制可能出于效率上的考虑，没有通过 Java 层，而是直接在 C 层使用 SGL 库完成。与 Java 层图形绘制相关的 Java 对象有 3 个，具体说明如下所示。

（1）Picture 类

该类对 SGL 封装，其中变量 mNativePicture 实际上是保存着 SkPicture 对象的指针。WebViewCore 中定义了两个 Picture 对象，当作双缓冲处理，在调用 WebKitDraw 方法时，会交换两个缓冲区，加速刷新速度。

（2）WebView 类

该类接受用户交互相关的操作，当有滚屏、窗口遮盖、用户单击页面按钮等相关操作时，WebView 对象会向与之相关的 WebViewCore 对象发送 VIEW_SIZE_CHANGED 消息。当 WebViewCore 对象接收到该消息后，将构建时建立的 mContentPictureB 刷新到屏幕上，然后将 mContentPictureA 与之交换。

（3）WebViewCore 类

该类封装了 WebKit 的 C 层代码，为视图类提供对 WebKit 的操作接口，所有对 WebKit 库的用户请求均由该类处理，并且该类还为视图类提供了两个 Picture 对象，用于图形数据刷新。

例如在拖曳 Web 页面时，当用户使用手指点击触摸屏并且移动手指时会引发 touch 事件，Android 平台会将 touch 事件传递给最前端的视图响应（dispatchTouchEvent 方法处理）。在 WebView 类中定义了 5 种 touch 模式，在手指拖动 Web 页面的情况下，会触发 mMotionDragMode，并且会调用 View 类的 scrollBy 方法，触发滚屏事件以及使视图无效（重绘，会调用 View 的 onDraw 方法）。WebView 视图中的滚屏事件由 onScrollChanged 方法响应，该方法向 WebViewCore 对象发送 SET_VISIBLE_RECT 事件。

WebViewCore 对象接收到 SET_VISIBLE_RECT 事件后，将消息参数中保存的新视图的矩形区域大小传递给 nativeSetVisibleRect 方法，通知 WebCoreViewImpl 对象（C 层）视图矩形变更（WebCoreViewImpl::setVisibleRect 方法）。在 setVisibleRect 方法中，会通过虚拟机调用 WebViewCore 的 contentInvalidate 方法，该方法会引发 webkitDraw 方法的调用（通过 WEBKIT_DRAW 消息）。在方法 webkitDraw 中，首先会将 mContentPictureB 对象传递给本地方法 nativeDraw 绘制，然后将 mContentPictureB 的内容与 mContentPictureA 的内容互换。在这里 mContentPictureA 缓冲区是供给 WebViewCore 的 draw 方法使用，如果用户选择某个控件，绘制焦点框时候 WebViewCore 对象的 draw 方法会调用，绘制的内容保存在 mContentPictureA 中，之后会通过 Canvas 对象（Java 层）的 drawPicture 方法将其绘制到屏幕上，而 mContentPictureB 缓冲区是用于 built 操作的，nativeDraw 方法中首先会将传递的 mContentPictureB 对象数据重置，而后在重新构建的 mContent PictureB 画布上，将层上相关的元素绘制到该画布上。然后将 mContentPictureB 和 mContentPictureA 的内容互换，这样一次重绘事件产生时（会调用 WebView.onDraw 方法）会将 mContentPictureA 的数据使用 Canvas 类的 drawPicture 绘制到屏幕上。当 webkitDraw 方法将 mContentPictureA 与 mContentPictureB 指针对调后，会向 WebView 对象发送 NEW_PICTURE_MSG_ID 消息，该消息会引发 WebViewCore 的 VIEW_SIZE_CHANGED 消息的产生，并且会使当前视图无效产生重绘事件（invalidate()），引发 onDraw 方法的调用，完成一次网页数据的绘制过程。

10.3 WebView 详解

在本章前面的内容中曾经提到过，WebView 是一个非常重要的类，能够实现和网络有关的很多功能。WebView 能加载显示网页，可以将其视为一个浏览器，使用 WebKit 渲染引擎来加载显示网页。本节将详细讲解 WebView 的基本知识。

10.3.1 WebView 介绍

通过 WebView 可以滚动 Web 浏览器并显示网页中的内容，WebView 采用了 WebKit 渲染引擎来显示网页的方法，包括向前和向后导航的历史，放大和缩小，执行文本搜索，以及是否启用内置的变焦。WebView 中的主要方法如下所示。

- addJavascriptInterface(Object obj, StringinterfaceName)：功能是绑定一个对象的 JavaScript，该方法可以访问 JavaScript。
- loadData(String data, String mimeType, Stringencoding)：功能是载入网页中的数据，但是此方法经常出现乱码，所以尽量少用。
- loadDataWithBaseURL(String baseUrl, String data, String mimeType,String encoding, StringhistoryUrl)：功能是加载到 WebView 给定的数据，以此为基础内容的网址提供的网址。
- capturePicture()：功能是捕捉当前 WebView 的图片。
- clearCache(boolean includeDiskFiles)：功能是清除资源的缓存。
- destroy()：功能是销毁此 WebView。

- setDefaultFontSize()：功能是设置字体。
- setDefaultZoom()：功能是设置屏幕的缩放级别。

在 Android 的所有控件中，WebView 的功能是最强大的，它作为直接从 android.webkit.Webview 实现的类可以拥有浏览器所有的功能。通过使用 WebView，可以让开发人员从 Java 转向“HTML+JS”这样的方式。如果和 Ajax 技术结合使用，可以方便通过这种方式配合远端 Server 来实现一些内容。

从 Android 2.2 版本开始加入了 Adobe Flash Player 功能，可以通过如下代码设置允许 Gears 插件来实现网页中的 Flash 动画显示。

```
WebView.getSettings().setPluginsEnabled(true);
```

通过使用 WebView，可以帮助我们设计内嵌专业的浏览器，相对于部分以节省流量而需要服务器中转的 HTML 解析器来说有本质的区别，因为它们没有 JavaScript 脚本解析器，所以不会有什么太大的发展空间。

1. 访问网页

通过 loadUrl()方法可以访问网页，例如下面的代码。

```
wb=(WebView)findViewById(R.id.wb);
wb.loadUrl(url);
```

2. 设置属性

对于浏览器的设置，可以通过 WebSettings 来设置 WebView 的一些属性和状态等。例如下面的代码。

```
WebSettingswebSettings=mWebView.getSettings();
webSettings.setJavaScriptEnabled(true);
//设置可以访问文件
webSettings.setAllowFileAccess(true);
//设置支持缩放
webSettings.setBuiltInZoomControls(true);
```

3. WebViewClient 和 WebChromClient

WebViewClient 和 WebChromClientshi 可以看作是辅助 WebView 管理网页中各种通知、请求等事件及 JavaScript 时间的两个类。

（1）WebViewClient

通过 WebView 的 setWebViewClient()方法可以指定一个 WebViewClient 对象，通过覆盖该类的方法来辅助 WebView 浏览网页。例如下面的代码。

```
mWebView.setWebViewClient(newWebViewClient()
  {
  publicbooleanshouldOverrideUrlLoading(WebViewview,Stringurl)
  {
  view.loadUrl(url);
  returntrue;
  }
  @Override
  publicvoidonPageFinished(WebViewview,Stringurl)
  {
  super.onPageFinished(view,url);
  }
  @Override
  publicvoidonPageStarted(WebViewview,Stringurl,Bitmapfavicon)
  {
  super.onPageStarted(view,url,favicon);
  }
  });
```

（2）WebChromClient

对于网页中使用的 JavaScript 脚本语言，就可以使用该类处理 JS 事件，如对话框加载进度等。例如下面的代码。

```
mWebView.setWebChromeClient(newWebChromeClient(){
@Override
//处理 JavaScript 中的 Alert
publicbooleanonJSAlert(WebViewview,Stringurl,Stringmessage,
finalJSResultresult)
{
//构建一个 Builder 来显示网页中的对话框
Builderbuilder=newBuilder(Activitythis);
builder.setTitle("提示对话框");
builder.setMessage(message);
builder.setPositiveButton(android.R.string.ok,
newAlertDialog.OnClickListener(){
publicvoidonClick(DialogInterfacedialog,intwhich){
//单击确定按钮之后,继续执行网页中的操作
result.confirm();
}
});
builder.setCancelable(false);
builder.create();
builder.show();
returntrue;
};
```

10.3.2　实现 WebView 的两种方式

WebView 能够以加载的方式显示网页，可以将其视为一个浏览器。WebView 使用了 WebKit 渲染引擎加载显示网页，在开发应用中有如下两种实现 WebView 的方法。

1．第一种

（1）在 Activity 中实例化 WebView 组件。

```
WebView webView = new WebView(this);
```

（2）调用 WebView 的 loadUrl()方法，设置 WevView 要显示的网页。

- 如果显示互联网则使用：

```
webView.loadUrl("http://www.google.com");
```

- 如果显示本地文件则使用：

```
webView.loadUrl("file:///android_asset/XX.html");//本地文件存放在“assets”文件中
```

（3）调用 Activity 的 setContentView()方法来显示网页视图。

（4）用 WebView 单击链接看了很多页以后为了让 WebView 支持回退功能，需要覆盖 Activity 类的 onKeyDown()方法，如果不做任何处理，单击系统回退键，整个浏览器会调用 finish()而结束自身，而不是回退到上一页面。

（5）在 AndroidManifest.xml 文件中添加如下所示的权限，否则会出现“Web page not available”错误。

```
<uses-permission android:name="android.permission.INTERNET" />
```

接下来看一个使用上述方法的演示代码。首先编写程序文件 MainActivity.java，具体代码如下所示。

```
package com.android.webview.activity;

import android.app.Activity;
```

```
import android.os.Bundle;
import android.view.KeyEvent;
import android.webkit.WebView;

public class MainActivity extends Activity {
    private WebView webview;
    @Override
    public void onCreate(Bundle savedInstanceState) {
        super.onCreate(savedInstanceState);
        //实例化 WebView 对象
        webview = new WebView(this);
        //设置 WebView 属性，能够执行 JavaScript 脚本
        webview.getSettings().setJavaScriptEnabled(true);
        //加载需要显示的网页
        webview.loadUrl("http://www.51cto.com/");
        //设置 Web 视图
        setContentView(webview);
    }

    @Override
    //设置回退
    //覆盖 Activity 类的 onKeyDown(int keyCoder,KeyEvent event)方法
    public boolean onKeyDown(int keyCode, KeyEvent event) {
        if ((keyCode == KeyEvent.KEYCODE_BACK) && webview.canGoBack()) {
            webview.goBack(); //goBack()表示返回 WebView 的上一页面
            return true;
        }
        return false;
}
```

然后在文件 AndroidManifest.xml 中添加如下 INTERNET 权限。

```
<uses-permission android:name="android.permission.INTERNET"/>
```

2. 第二种

（1）在布局文件中声明 WebView。

（2）在 Activity 中实例化 WebView。

（3）调用 WebView 的 loadUrl( )方法，设置 WevView 要显示的网页。

（4）为了让 WebView 能够响应超链接功能，调用 setWebViewClient( )方法，设置 WebView 视图

（5）用 WebView 点链接看了很多页以后为了让 WebView 支持回退功能，需要覆盖覆盖 Activity 类的 onKeyDown()方法，如果不做任何处理，单击系统回退键，整个浏览器会调用 finish()而结束自身，而不是回退到上一页面

（6）在文件 AndroidManifest.xml 中添加如下权限，否则会出现“Web page not available”错误。

```
<uses-permission android:name="android.permission.INTERNET"/>
```

接下来看一个使用上述方法的演示代码。首先编写程序文件 MainActivity.java，具体代码如下所示。

```
package com.android.webview.activity;

import android.app.Activity;
import android.os.Bundle;
import android.view.KeyEvent;
import android.webkit.WebView;
import android.webkit.WebViewClient;

public class MainActivity extends Activity {
    private WebView webview;
    @Override
    public void onCreate(Bundle savedInstanceState) {
        super.onCreate(savedInstanceState);
        setContentView(R.layout.main);
```

```
        webview = (WebView) findViewById(R.id.webview);
        //设置 WebView 属性，能够执行 JavaScript 脚本
        webview.getSettings().setJavaScriptEnabled(true);
        //加载需要显示的网页
        webview.loadUrl("http://www.51cto.com/");
        //设置 Web 视图
        webview.setWebViewClient(new HelloWebViewClient ());
    }

    @Override
    //设置回退
    //覆盖 Activity 类的 onKeyDown(int keyCoder,KeyEvent event)方法
    public boolean onKeyDown(int keyCode, KeyEvent event) {
        if ((keyCode == KeyEvent.KEYCODE_BACK) && webview.canGoBack()) {
            webview.goBack(); //goBack()表示返回 WebView 的上一页面
            return true;
        }
        return false;
    }

    //Web 视图
    private class HelloWebViewClient extends WebViewClient {
        @Override
        public boolean shouldOverrideUrlLoading(WebView view, String url) {
            view.loadUrl(url);
            return true;
        }
    }
}
```

然后编写布局文件 main.xml，主要代码如下所示。

```
<?xml version="1.0" encoding="utf-8"?>
<LinearLayout xmlns:android="http://schemas.android.com/apk/res/android"
    android:orientation="vertical"
    android:layout_width="fill_parent"
    android:layout_height="fill_parent"
    >
    <WebView
        android:id="@+id/webview"
        android:layout_width="fill_parent"
        android:layout_height="fill_parent"
        />
</LinearLayout>
```

最后在文件 AndroidManifest.xml 中添加 INTERNET 权限，代码如下所示。

```
<uses-permission android:name="android.permission.INTERNET"/>
```

10.3.3　WebView 的几个常见功能

（1）背景设置，例如下面的代码。

```
WebView.setBackgroundColor(0);//先设置背景色为 transparent
WebView.setBackgroundResource(R.drawable.yourImage);//然后设置背景图片
```

（2）获得 WebView 网页加载初始化和完成事件，基本步骤如下所示。

- 创建一个自己的、继承于 WebViewClient 类的 WebViewClient，例如 WebViewClient。
- 重载 onPageFinished()方法（webview 加载完成会调用这个方法）。
- 通过方法 webView.setWebViewClient()关联 WebViewClient 与 WebView。

例如下面的代码。

```
mWebView.setWebViewClient(new WebViewClient()
{
 @Override
public void onPageFinished(WebView view, String url)
{
```

```
//结束
super.onPageFinished(view, url);
}
  @Override
  public void onPageStarted(WebView view, String url, Bitmap favicon)
  {
  //开始
  super.onPageStarted(view, url, favicon);
  }
});
```

如果需要监视加载进度，则需要创建一个 WebChromeClient 类，并重载方法 onProgress Changed，再进行 webview.setWebChromeClient(new MyWebChromeClient())即可。例如下面的代码。

```
class MyWebChromeClient extends WebChromeClient {
@Override
public void onProgressChanged(WebView view, int newProgress) {
// TODO Auto-generated method stub
super.onProgressChanged(view, newProgress);
}
}
public class WebPageLoader extends Activity {
    final Activity activity = this;


    @Override
    public void onCreate(Bundle savedInstanceState) {
        super.onCreate(savedInstanceState);
        this.getWindow().requestFeature(Window.FEATURE_PROGRESS);
        setContentView(R.layout.main);
        WebView webView = (WebView) findViewById(R.id.webView);
        webView.getSettings().setJavaScriptEnabled(true);
        webView.getSettings().setSupportZoom(true);
        webView.setWebChromeClient(new WebChromeClient() {
            public void onProgressChanged(WebView view, int progress) {
                activity.setTitle("Loading...");
                activity.setProgress(progress * 100);
                if (progress == 100)
                    activity.setTitle(R.string.app_name);
            }
        });
        webView.setWebViewClient(new WebViewClient() {
            public void onReceivedError(WebView view, int errorCode,
                    String description, String failingUrl) { // Handle the error
            }


            public boolean shouldOverrideUrlLoading(WebView view, String url) {
                view.loadUrl(url);
                return true;
            }
        });
        webView.loadUrl("http://www.sohu.com");
    }
}
```

（3）使用 WebView 阅读 PDF 文件

Android本身不支持打开PDF文件，其实Google提供了在线解析PDF的方法，即使用WebView来实现。例如下面的代码。

```
WebView webview = (WebView) findViewById(R.id.wv);
webview.getSettings().setJavaScriptEnabled(true);
String pdf ="http://www.*****.pdf";
webview.loadUrl("http://docs.google.com/gview?embedded=true&url=" + pdf);
```

（4）当用 WebView 加载网页时，在标题栏上显示加载进度。

这个功能很容易理解，如图 10-3 所示。当在使用 WebView 加载网页时，可以在标题栏显示加载进度，这样做的目的是更加友好地提示用户。

▲图 10-3 加载网页

例如下面的代码。

```
public class ProgressTest extends Activity{
final Activity context = this;

@Override
public void onCreate(Bundle b) {
   super.onCreate(b);
   requestWindowFeature(Window.FEATURE_PROGRESS);//让进度条显示在标题栏上
   setContentView(R.layout.main);
   WebView webview = (WebView)findViewById(R.id.webview);
   webview.setWebChromeClient(new WebChromeClient() {
              public void onProgressChanged(WebView view, int progress) {
                //Activity 和 WebView 根据加载程度决定进度条的进度大小
               //当加载到 100%的时候，进度条自动消失
                context.setProgress(progress * 100);
       }
     });
   webview.loadUrl(url);
}
```

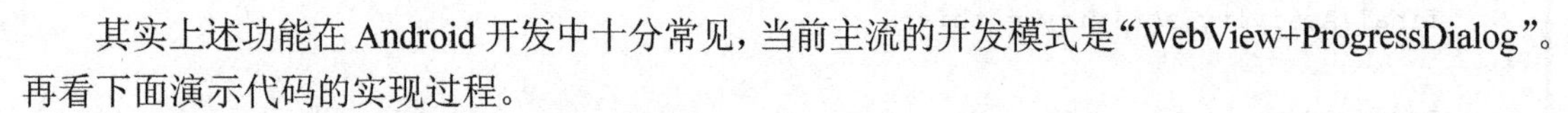

其实上述功能在 Android 开发中十分常见，当前主流的开发模式是“WebView+ProgressDialog”。再看下面演示代码的实现过程。

首先编写一个名为 webview.xml 的布局文件，代码如下所示。

```
<LinearLayout
  xmlns:android="http://schemas.android.com/apk/res/android"
  android:orientation="vertical"
  android:layout_width="fill_parent"
  android:layout_height="fill_parent">
    <WebView android:id="@+id/webview"
        android:layout_width="fill_parent"
        android:layout_height="fill_parent"/>
</LinearLayout>
```

然后编写一个名为 WebViewActivity.java 的工程文件，主要代码如下所示。

```
public class WebViewActivity extends Activity{
    private WebView webView;

    private AlertDialog alertDialog;
    private ProgressDialog progressBar;
    jQuery datatables
    @Override
    protected void onCreate(Bundle savedInstanceState) {
        super.onCreate(savedInstanceState);
        setContentView(R.layout.webview);
        //加载 WebView
        initWebView();
    }

    @Override
    public boolean onKeyDown(int keyCode, KeyEvent event) {
        if(keyCode == KeyEvent.KEYCODE_BACK && webView.canGoBack()){
            webView.goBack();
            return true;
        }
        return super.onKeyDown(keyCode, event);
    }
    class MyWebViewClient extends WebViewClient{
        @Override
        public boolean shouldOverrideUrlLoading(WebView view, String url) {
            view.loadUrl(url);
            return true;
        }
        @Override
```

```
        public void onPageFinished(WebView view, String url) {
            if(progressBar.isShowing()){
                progressBar.dismiss();
            }
        }

        @Override
        public void onReceivedError(WebView view, int errorCode,
                String description, String failingUrl) {
            Toast.makeText(WebViewActivity.this, "网页加载出错！", Toast.LENGTH_LONG);

            alertDialog.setTitle("ERROR");
            alertDialog.setMessage(description);
            alertDialog.setButton("OK", new DialogInterface.OnClickListener(){
                @Override
                public void onClick(DialogInterface dialog, int which) {
                    // TODO Auto-generated method stub
                }
            });
            alertDialog.show();
        }
    }

    protected void initWebView(){
        //设计进度条
        progressBar = ProgressDialog.show(WebViewActivity.this, null, "正在进入网页，请稍后…");
        //获得 WebView 组件
        webView = (WebView) this.findViewById(R.id.webview);

        webView.getSettings().setJavaScriptEnabled(true);

        webView.loadUrl("http://www.baidu.com");

        alertDialog = new AlertDialog.Builder(this).create();

        //设置视图客户端
        webView.setWebViewClient(new MyWebViewClient());
    }
}
```

最后在文件 AndroidManifest.xml 中添加访问互联网的权限，否则不能显示。代码如下所示。

```
<uses-permission android:name="android.permission.INTERNET"/>
```

上述过程就是基于“WebView+ProgressDialog”开发模式的过程。

（5）可以使用 WebView 调用拨号键盘，例如下面的代码。

```
wv.setWebViewClient(new WebViewClient(){
            public boolean shouldOverrideUrlLoading(WebView view,String url){
                //当有新连接时，使用当前的 WebView
                view.loadUrl(url);
                //调用拨号程序
                if (url.startsWith("mailto:") || url.startsWith("geo:") ||url.startsWith
                ("tel:")) {
                  Intent intent = new Intent(Intent.ACTION_VIEW, Uri.parse(url));
                   startActivity(intent);
                  }
                return true;
            }
        });
```

（6）拦截超链接

可以使用 WebView 拦截超链接，用 URL 表示拦截到的链接，我们可以对 URL 做判断，如在线播放音乐的链接，即检测其中是否含有 http://xxx.mp3 这种链接，如果有就调用音乐播放器来播放。或者是在线播放“rtsp://”格式的。例如下面的代码。

```
mWebView.setWebViewClient(new WebView Client(){
/*
```

```
此处能拦截超链接的URL,即拦截href请求的内容
*/
public boolean shouldOverrideUrlLoading(WebView view, String url) {
view.loadUrl(url);
return true;
}
});
```

（7）处理SslError

在Android中，WebView是用来load加载HTTP和HTTPS网页到本地应用的控件。在默认情况下，通过loadUrl(String url)方法，可以顺利load如http://www.baidu.com之类的页面。但是当加载有SSL层的HTTPS页面时，如https://money.183.com.cn/，如果这个网站的安全证书在Android无法得到认证，WebView就会变成一个空白页，而并不会像PC浏览器中那样跳出一个风险提示框。因此，我们必须针对这种情况进行处理。在Android处理时需要要用到如下两个类。

- import android.NET.http.SslError;
- import android.webkit.SslErrorHandler。

具体的用法如下所示。

```
WebView wv = (WebView) findViewById(R.id.webview);
wv.setWebViewClient(new WebViewClient(){
public void onReceivedSslError(WebView view, SslErrorHandler handler, SslError error){
//handler.cancel(); 默认的处理方式，WebView变成空白页
//handler.process();接受证书
//handleMessage(Message msg); 其他处理
}
```

（8）删除缓存

我们可以使用WebView删除手机上的缓存，例如下面的代码。

```
private int clearCacheFolder(File dir, long numDays) {
    int deletedFiles = 0;
    if (dir!= null && dir.isDirectory()) {
        try {
            for (File child:dir.listFiles()) {
                if (child.isDirectory()) {
                    deletedFiles += clearCacheFolder(child, numDays);
                }
                if (child.lastModified() < numDays) {
                    if (child.delete()) {
                        deletedFiles++;
                    }
                }
            }
        } catch(Exception e) {
            e.printStackTrace();
        }
    }
    return deletedFiles;
}
```

优先使用缓存的设置代码如下。

```
WebView.getSettings().setCacheMode(WebSettings.LOAD_CACHE_ELSE_NETWORK);
```

使用缓存的设置代码如下。

```
WebView.getSettings().setCacheMode(WebSettings.LOAD_NO_CACHE);
```

（9）使用WebView设置URL的加载

当在WebView里打开一个链接时，默认地会通过AcitivtyManager寻找合适的浏览器进行打开，如果想避免这种事情发生的话，可以通过如下流程解决。

- 添加权限：

在文件AndroidManifest.xml中声明“android.permission.INTERNET”权限，否则会出“Web page not available”错误。

- 在要显示的 Activity 中生成一个 WebView 组件：

```
WebView webView = new WebView(this);
```

设置 WebView 基本信息：

如果访问的页面中有 JavaScript，则 WebWiew 必须设置支持 JavaScript。

```
webview.getSettings().setJavaScriptEnabled(true);
```

还需要设置触摸焦点起作用：

```
requestFocus();
```

并取消滚动条功能：

```
this.setScrollBarStyle(SCROLLBARS_OUTSIDE_OVERLAY);
```

- 设置 WebView 要显示的网页：
  - ➢ 互联网用：

```
webView.loadUrl("http://www.google.com");
```

  - ➢ 本地文件用：

```
webView.loadUrl("file:///android_asset/XX.html");
```

其中本地文件存放在“assets”目录中。

（10）用 WebView 单击链接看了很多网页以后，如果不做任何处理，单击系统“Back”键，整个浏览器会调用 finish()而结束自身。如果希望浏览的网页回退而不是退出浏览器，需要在当前 Activity 中处理并消费掉该 Back 事件，并覆盖 Activity 类的 onKeyDown(int keyCoder,KeyEvent event)方法。

根据上述做法可知，其实就是实现了一个继承于 WebViewClient 的类，例如下面的代码。

```
public class TestClient extends WebViewClient {

    public boolean shouldOverrideUrlLoading(WebView webview, String url){
        Log.d("TestClient", url);
        //TODO:在此添加 url 处理代码，如果返回 true，则 WebView 不会请求 AcitvityManager 打开这个
url
        return false;
    }
}
```

从此以后，就可以通过 WebView.setWebViewClient()设置上述类的实例化对象即可，这也可以算是一种另类的 HTML 页面与 Java 之间的通信手段，甚至可以用在浏览器插件和 Java 程序之间的通信。

10.4 实战演练

经过本章前面内容的学习，已经了解了 WebKit 引擎的核心 WebView 的基本知识。本节将通过几个具体实例的实现过程，详细讲解使用 WebView 的基本方法，了解 WebView 的强大功能。

10.4.1 实战演练——在手机屏幕中浏览网页

使用 Android 系统中内置 WebKit 引擎中的 WebView 可以迅速浏览网页。本实例是通过 WebView.loadUrl 来加载网址的，所以从 EditText 中传入要浏览的网址后，就可以在 WebView 中加载网页的内容了。

题目	目的	源码路径
实例 10-1	在手机屏幕中浏览网页	\codes\10\wang

本实例的具体实现流程如下所示。

（1）编写布局文件 main.xml，在里面插入一个 WebView 控件。主要代码如下所示。

```
<!-- 建立一个 TextView -->
<TextView
android:id="@+id/myTextView1"
android:layout_width="fill_parent"
android:layout_height="wrap_content"
android:text="@string/hello"
/>
<!-- 建立一个 EditText -->
<EditText
android:id="@+id/myEditText1"
android:layout_width="267px"
android:layout_height="40px"
android:textSize="18sp"
android:layout_x="5px"
android:layout_y="32px"
/>
<!-- 建立一个 ImageButton -->
<ImageButton
android:id="@+id/myImageButton1"
android:layout_width="wrap_content"
android:layout_height="wrap_content"
android:background="@drawable/white"
android:src="@drawable/go"
android:layout_x="275px"
android:layout_y="35px"
/>
<!-- 建立一个 WebView -->
<WebView
android:id="@+id/myWebView1"
android:layout_height="330px"
android:layout_width="300px"
android:layout_x="7px"
android:layout_y="90px"
android:background="@drawable/black"
android:focusable="false"
/>
```

（2）编写文件 wang.java，通过 setOnClickListener 监听按钮单击事件，单击网址后面的箭头后会抓取 EditText 中的数据，然后打开此网址，并在 WebView 中显示网页内容。具体代码如下所示。

```
package irdc.wang;
import irdc.wang.R;
import android.app.Activity;
import android.os.Bundle;
import android.view.KeyEvent;
import android.view.View;
import android.webkit.WebView;
import android.widget.EditText;
import android.widget.ImageButton;
import android.widget.Toast;
  public void onCreate(Bundle savedInstanceState)
  {
    super.onCreate(savedInstanceState);
    setContentView(R.layout.main);
    mImageButton1 = (ImageButton)findViewById(R.id.myImageButton1);
    mEditText1 = (EditText)findViewById(R.id.myEditText1);
    mWebView1 = (WebView) findViewById(R.id.myWebView1);

    /*当单击箭头后*/
```

```
    mImageButton1.setOnClickListener(new
                              ImageButton.OnClickListener()
    {
      @Override
      public void onClick(View arg0)
      {
        // TODO Auto-generated method stub
        {
          mImageButton1.setImageResource(R.drawable.go_2);
          /*抓取 EditText 中的数据*/
          String strURI = (mEditText1.getText().toString());
          /*  WebView 显示网页内容  */
          mWebView1.loadUrl(strURI);
          Toast.makeText(
              example2.this,getString(R.string.load)+strURI,
                    Toast.LENGTH_LONG)
              .show();
        }
      }
    });
  }
}
```

执行后显示一个文本框，在此可以输入网址，如图 10-4 所示。输入网址并单击后面的 ▶后，将显示此网页的内容，如图 10-5 所示。

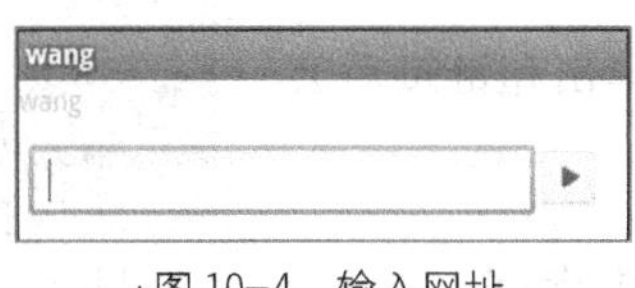

▲图 10-4 输入网址

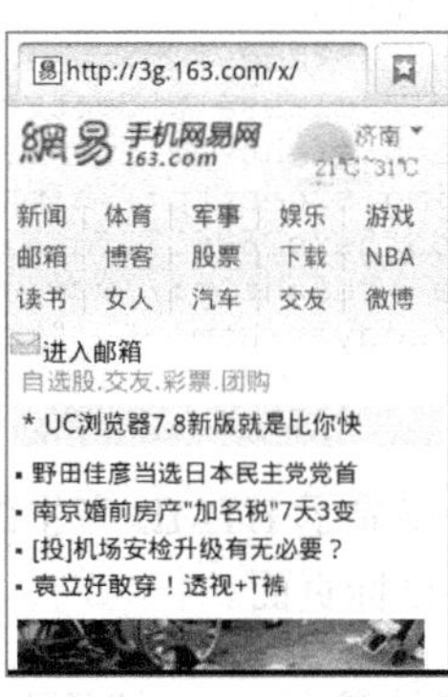

▲图 10-5 打开的网页

10.4.2 实战演练——加载一个指定的 HTML 程序

HTML 语言是当前主流的网页技术，而 WebView 是一个嵌入式的浏览器，在里面可以直接使用 WebView.loadData()。WebView 将 HTML 标记传递给 WebView 对象，让 Android 手机程序变为 Web 浏览器。这样，网页程序被放在了 WebView 中运行，如同一个 Web Appliction。

题目	目的	源码路径
实例 10-2	在手机屏幕中加载 HTML 程序	\codes\10\HT

本实例的具体实现流程如下所示。

（1）编写布局文件 main.xml，主要代码如下所示。

```
<LinearLayout
  xmlns:android="http://schemas.android.com/apk/res/android"
  android:orientation="vertical"
  android:background="@drawable/white"
  android:layout_width="fill_parent"
  android:layout_height="fill_parent"
  >
  <!-- 创建一个 TextView -->
  <TextView
  android:id="@+id/myTextView1"
```

```
    android:layout_width="fill_parent"
    android:layout_height="wrap_content"
    android:textColor="@drawable/blue"
    android:text="@string/hello"
    />
    <!-- 创建一个 WebView -->
    <WebView
    android:id="@+id/myWebView1"
    android:layout_height="wrap_content"
    android:layout_width="wrap_content"
    />
</LinearLayout>
```

（2）编写文件 HT.java，在 loadData 插入预先设置好的 HTML 代码，通过 HTML 代码显示一幅图片和文字，并且实现超级链接功能。具体代码如下所示。

```
public class HT extends Activity
{
  private WebView mWebView1;
  public void onCreate(Bundle savedInstanceState)
  {
    super.onCreate(savedInstanceState);
    setContentView(R.layout.main);
    mWebView1 = (WebView) findViewById(R.id.myWebView1);
    /*自行设置 WebView 要显示的网页内容*/
    mWebView1.
      loadData(
      "<html><body><p>aaaaaaa</p>" +
      "<div class='widget-content'> "+
      "<a href=http://www.sohu.com>" +
      "<img src=http://hiphotos.baidu.com/chaojihedan/pic/item/
      bbddf5efc260f133fdfa3cd8.jpg />" +
      "<a href=http://www.sohu.com>Link Blog</a>" +
      "</body></html>", "text/html", "utf-8");
  }
}
```

执行后将显示 HTML 产生的页面，如图 10-6 所示。单击超链接后会来到指定的目标页面。

▲图 10-6　执行效果

10.4.3　实战演练——使用 WebView 加载 JavaScript 程序

本实例预先准备了一个 HTML 文件和一个 JavaScript 文件，其最终目的是在加载 HTML 的同时加载 JavaScript 文件，在 HTML 中显示手机中联系人的信息。

题目	目的	源码路径
实例 10-3	使用 WebView 加载 JavaScript 程序	\codes\10\RIADemo

本实例的具体实现流程如下所示。

（1）准备 HTML 文件 phonebook.html，具体代码如下所示。

```
<html>
    <head>
        <script type="text/javascript" src="fetchcontacts.JS"/>
</head>
<body>
    <div id = "contacts">
        <p> this is a demo </p>
    </div>
</body>
</html>
```

（2）准备 JavaScript 文件 fetchcontacts.JS，具体代码如下所示。

```
window.onload= function(){
    window.phonebook.debugout("inside JS onload");//调用 RIAExample.debugout
```

```
    var persons = window.phonebook.getContacts();//调用 RIAExample.getContacts()
    if(persons){//persons 实际上是 JavaArrayJSWrapper 对象
        window.phonebook.debugout(persons.length() + " of contact entries are fetched");
        var contactsE = document.getElementById("contacts");
        var i = 0;
        while(i < persons.length()){//persons.length()调用 JavaArrayJSWrapper.length()方法
            pnode = document.createElement("p");
            //persons.get(i)获得 Person 对象
            //然后在 JS 里面直接调用 getName()和 getNumber()获取姓名和号码
            tnode = document.createTextNode("name : " + persons.get(i).getName() + " number :
            " + persons.get(i).getNumber());
            pnode.appendChild(tnode);
            contactsE.appendChild(pnode);
            i ++;
        }
    }else{
        window.phonebook.debugout("persons is undefined");
    }

}
```

（3）编写布局文件 main.xml，在里面添加一个 WebView 控件。主要代码如下所示。

```
<?xml version="1.0" encoding="utf-8"?>
<LinearLayout xmlns:android="http://schemas.android.com/apk/res/android"
    android:orientation="vertical"
    android:layout_width="fill_parent"
    android:layout_height="fill_parent"
    >
<WebView android:id="@+id/web"
 android:layout_width="fill_parent" android:layout_height="fill_parent">
</WebView>
</LinearLayout>
```

（4）编写文件 Person.java，定义类 Person 来描述一个联系人的信息，它包含联系人姓名和号码。主要代码如下所示。

```
public class Person {
    String name;
    String phone_number;
    public String getName(){

        return name;
    }
    public String getNumber(){
        return phone_number;
    }
}
```

（5）编写文件 JavaArrayJSWrapper.java，注意代码如下所示。

```
public class JavaArrayJSWrapper {

    private Object[] innerArray;

    public JavaArrayJSWrapper(Object[] a){
        this.innerArray = a;
    }

    public int length(){
        return this.innerArray.length;
    }

    public Object get(int index){
        return this.innerArray[index];
    }
}
```

（6）编写测试文件 RIAExample.java，主要代码如下所示。

```java
package com.example;

import java.util.Vector;

import android.app.Activity;
import android.os.Bundle;
import android.util.Log;
import android.webkit.WebView;

public class RIAExample extends Activity {
    private WebView web;
    //模拟号码簿
    private Vector<Person> phonebook = new Vector<Person>();
    /** Called when the activity is first created. */
    @Override
    public void onCreate(Bundle savedInstanceState) {
        super.onCreate(savedInstanceState);
        setContentView(R.layout.main);
        this.initContacts();
        web = (WebView)this.findViewById(R.id.web);
        web.getSettings().setJavaScriptEnabled(true);
        //开启 javascript 设置，否则 WebView 不执行 JS 脚本
        web.addJavascriptInterface(this, "phonebook");
        //把 RIAExample 的一个实例添加到 JS 的全局对象 window 中，
                                          //这样就可以使用 window.phonebook 来调用它的方法
        web.loadUrl("file:///android_asset/phonebook.html");//加载网页
    }

    /**
     * 该方法将在 JS 脚本中，通过 window.phonebook.getContacts()进行调用
     * 返回的 JavaArrayJSWrapper 对象可以使得在 JS 中访问 Java 数组
     * @return
     */
    public JavaArrayJSWrapper getContacts(){
        System.out.println("fetching contacts data");
        Person[] a = new Person[this.phonebook.size()];
        a = this.phonebook.toArray(a);
        return new JavaArrayJSWrapper(a);
    }
    /**
     * 初始化电话号码簿
     */
    public void initContacts(){
        Person p = new Person();
        p.name = "Perter";
        p.phone_number = "8888888";
        phonebook.add(p);
        p = new Person();
        p.name = "wangpeng1";
        p.phone_number = "13000000";
        phonebook.add(p);
    }
    /**
     * 通过 window.phonebook.debugout 来输出 JS 调试信息
     * @param info
     */
    public void debugout(String info){
        Log.i("ss",info);
        System.out.println(info);
    }
}
```

▲图 10-7　执行效果

执行后的效果如图 10-7 所示。

本实例的目的是为了说明通过 WebView.addJavascriptInterface 方法可以扩展 JavaScript 的 API，这样可以获取 Android 的数据。由此可见，我们可以使用 Dojo、Jquery 和 Prototy 等这些知名的 JS 框架来搭建 Android 应用程序来展现它们很酷的效果。

10.5 使用 WebView 的注意事项

基于 WebView 在 Android 浏览器领域的重要性，接下来将简单讲解在使用 WebView 时的注意事项，帮助广大读者，特别是初学者来避免一些不必要的错误和麻烦。

（1）在文件 AndroidManifest.xml 中必须使用许可“android.permission.INTERNET”，否则会出“Web page not available”错误。

（2）如果访问的页面中有 JavaScript，则 Webview 必须设置支持 JavaScript。

```
webview.getSettings().setJavaScriptEnabled(true);
```

（3）如果页面中有链接，希望单击链接继续在当前 Browser 中响应，而不是新开 Android 的系统 Browser 中响应该链接，必须覆盖 WebView 的 WebViewClient 对象。例如下面的代码。

```
mWebView.setWebViewClient(new WebViewClient(){
                public boolean shouldOverrideUrlLoading(WebView view, String url) {
                    view.loadUrl(url);
                    return true;
                }
        });
```

（4）如果不做任何处理在浏览网页时，单击系统“Back”键，整个 Browser 会调用 finish()而结束自身，如果希望浏览的网页回退而不是退出浏览器，需要在当前 Activity 中处理并消费掉该 Back 事件。例如下面的代码。

```
public boolean onKeyDown(int keyCode, KeyEvent event) {
        if ((keyCode == KeyEvent.KEYCODE_BACK) && mWebView.canGoBack()) {
            mWebView.goBack();
                return true;
        }
        return super.onKeyDown(keyCode, event);
    }
```

第 3 篇

移动 Web 应用篇

第 11 章　HTML5 技术初步

第 12 章　为 Android 开发网页

第 13 章　jQuery Mobile 基础

第11章　HTML5技术初步

HTML5是超文本置标语言HTML的最新版本，在里面提供了一些新的元素和属性，除了原先的DOM接口外，HTML5还增加了更多API。本章将详细讲解HTML5的基本知识，特别是新特性方面的知识，为读者步入本书后面知识的学习打下基础。

11.1　HTML5介绍

HTML5是近十年来Web标准最巨大的飞跃。和以前的版本不同，HTML5并非仅仅用来表示Web内容，它的使命是将Web带入一个成熟的应用平台，在这个平台上，视频、音频、图像、动画，以及同电脑的交互都被标准化。尽管HTML5的实现还有很长的路要走，但HTML5正在改变Web。本节将简要介绍HTML5标准的基本知识。

11.1.1　发展历程

HTML最近的一次升级是1999年12月发布的HTML4.01。自那以后，发生了很多事。最初的浏览器战争已经结束，Netscape灰飞烟灭，IE5作为赢家后来又发展到IE6、IE7、IE8。Mozilla Firefox从Netscape的死灰中诞生，并跃居第二位。苹果和Google各自推出自己的浏览器，而小家碧玉的Opera仍然嘤嘤嗡嗡地活着，并以推动Web标准为己命。我们甚至在手机和游戏机上有了真正的Web体验，感谢Opera、iPhone及Google推出的Android。

然而这一切，仅仅让Web标准运动变得更加混乱，HTML5和其他标准被束之高阁，结果HTML5一直以来都是以草案的面目示人。于是一些公司联合起来，成立了一个叫作Web Hypertext Application Technology Working Group（Web超文本应用技术工作组，WHATWG）的组织，他们重新拣起HTML5。这个组织独立于W3C，成员来自Mozilla、KHTML/Webkit项目组、Google、Apple、Opera及微软。尽管HTML5草案不会在短期内获得认可，但HTML5总算得以延续。

11.1.2　HTML5的吸引力

接下来将简要介绍HTML5标准中创新性升级。

1．激动人心的部分

（1）全新的、更合理的Tag

多媒体对象将不再全部绑定在object或embed Tag中，而是视频有视频的Tag，音频有音频的Tag。

（2）本地数据库

这个功能将内嵌一个本地的SQL数据库，以加速交互式搜索、缓存及索引功能。同时，那些离线Web程序也将因此获益匪浅，例如不需要插件即可实现功能丰富动画。

（3）Canvas 对象将给浏览器带来直接在上面绘制矢量图的能力

这意味着我们可以脱离 Flash 和 Silverlight，直接在浏览器中显示图形或动画。一些最新的浏览器，除了 IE，已经开始支持 Canvas，浏览器中的真正程序，将提供 API 实现浏览器内的编辑、拖放，以及各种图形用户界面的能力。内容修饰 Tag 将被剔除，而使用 CSS。

2. 为 HTML5 建立的一些规则

（1）新特性应该基于 HTML、CSS、DOM 及 JavaScript。

（2）减少对外部插件的需求，如 Flash。

（3）更优秀的错误处理。

（4）更多取代脚本的标记。

（5）HTML5 应该独立于设备。

（6）开发进程应对公众透明。

3. 新特性

在 HTML5 中增加了以下主要的新特性。

（1）用于绘画的 canvas 元素。

（2）用于媒介回放的 video 和 audio 元素。

（3）对本地离线存储的更好的支持。

（4）新的特殊内容元素，如 article、footer、header、nav、section。

（5）新的表单控件，如 calendar、date、time、email、url、search。

11.2 新特性之视频处理

使用全新的 HTML5，我们可以在网页中实现视频处理功能。本节将介绍用 HTML5 处理视频的基本知识。

11.2.1 video 标记

直到现在，仍然不存在一项旨在网页上显示视频的标准。在此之前，Web 页面上的大多数视频是通过插件来显示的，例如 Flash。然而，并非所有浏览器都拥有同样的插件。HTML5 规定了一种新的标记——video，通过这个标记可以实现在网页中包含视频的标准方法。

当前，video 标记支持以下 3 种视频格式。

- Ogg：带有 Theora 视频编码和 Vorbis 音频编码的 Ogg 文件。
- MPEG4：带有 H.264 视频编码和 AAC 音频编码的 MPEG 4 文件。
- WebM：带有 VP8 视频编码和 Vorbis 音频编码的 WebM 文件。

上述 3 种格式在主流浏览器版本的支持信息如表 11-1 所示

表 11-1 主流浏览器版本支持 video 标记的情况

格　式	IE	Firefox	Opera	Chrome	Safari
Ogg	No	3.5+	10.5+	5.0+	No
MPEG 4	9.0+	No	No	5.0+	3.0+
WebM	No	4.0+	10.6+	6.0+	No

video 标记的使用格式如下所示。

```
<video src="movie.ogg" controls="controls">
</video>
```

- control：供添加播放、暂停和音量控件。
- <video>与</video>之间插入的内容：供不支持 video 元素的浏览器显示的。

例如下面的代码。

```
<video src="movie.ogg" width="320" height="240" controls="controls">
你的浏览器不支持这种格式
</video>
```

在上述代码中使用了 Ogg 格式的视频文件，此格式视频适用于 Firefox、Opera 及 Chrome 浏览器。如果要确保在 Safari 浏览器也能使用，则视频文件必须是 MPEG4 类型。

另外，video 标记允许多个 source 元素。source 元素可以链接不同的视频文件。浏览器将使用第一个可识别的格式。例如下面的代码。

```
<video width="320" height="240" controls="controls">
  <source src="movie.ogg" type="video/ogg">
  <source src="movie.mp4" type="video/mp4">
你的浏览器不支持这种格式
</video>
```

> **注意**　Internet Explorer 8 不支持 video 标记。在 IE9 中，将提供对使用 MPEG4 的 video 元素的支持。

11.2.2　<video>标记的属性

<video>标记中各个属性的具体说明如表 11-2 所示。

表 11-2　<video>的属性信息

属　性	值	描　述
autoplay	autoplay	如果出现该属性，则视频在就绪后马上播放
controls	controls	如果出现该属性，则向用户显示控件，如播放按钮
height	pixels	设置视频播放器的高度
loop	loop	如果出现该属性，则当媒介文件完成播放后再次开始播放
preload	preload	如果出现该属性，则视频在页面加载时进行加载，并预备播放。如果使用“autoplay”，则忽略该属性
src	url	要播放的视频的 URL
width	pixels	设置视频播放器的宽度

1. autoplay 属性

通过此属性设置自动播放 video 中设置的视频，例如下的代码。

```
<video controls="controls" autoplay="autoplay">
  <source src="movie.ogg" type="video/ogg" />
  <source src="movie.mp4" type="video/mp4" />
你的浏览器不支持!
</video>
```

题目	目的	源码路径
实例 11-1	在网页中自动播放一个视频	\codes\11\autoplay.html

文件 autoplay.html 的实现代码如下所示。

```
<!DOCTYPE HTML>
<html>
<body>

<video controls="controls" autoplay="autoplay">
  <source src="123.ogg" type="video/ogg" />
Your browser does not support the video tag.
</video>

</body>
</html>
```

上述代码的功能是在网页中自动播放名为“123.ogg”视频文件，在代码中设置的此视频文件和实例文件 autoplay.html 同属于一个目录。执行后的效果如图 11-1 所示。

▲图 11-1　执行效果

2. controls 属性

controls 属性的功能是设置浏览器应该为视频提供播放控件。如果设置了该属性，则规定不存在作者设置的脚本控件。设置浏览器控件应该包括如下控制功能：

- 播放；
- 暂停；
- 定位；
- 音量；
- 全屏切换；
- 字幕；
- 音轨。

例如下面的代码：

```
<video controls="controls" controls="controls">
  <source src="movie.ogg" type="video/ogg" />
  <source src="movie.mp4" type="video/mp4" />
你的浏览器不支持!
</video>
```

题目	目的	源码路径
实例 11-2	在网页中控制播放的视频	\codes\11\controls.html

实例文件 controls.html 的实现代码如下所示。

```
<!DOCTYPE HTML>
<html>
<body>
```

```
<video controls="controls" controls="controls">
 <source src="123.ogg" type="video/ogg" />
你的浏览器不支持!
</video>

</body>
</html>
```

上述代码的功能是设置在网页中播放名为“123.ogg”视频文件，并且在播放时可以控制这个视频，如播放进度。执行后的效果如图 11-2 所示。

▲图 11-2　执行效果

3. height 属性

通过使用 height 属性可以设置视频播放器的高度，其语法格式如下所示。

```
<video height="value" />
```

value 表示属性值，单位是 pixels，以像素计的高度值，如“100px”或 100。

例如下面的代码：

```
<video controls="controls" controls="controls">
 <source src="movie.ogg" type="video/ogg" />
 <source src="movie.mp4" type="video/mp4" />
你的浏览器不支持!
</video>
```

题目	目的	源码路径
实例 11-3	在网页中设置播放视频的高度	\codes\11\height.html

实例文件 height.html 的实现代码如下所示。

```
<!DOCTYPE HTML>
<html>
<body>

<video width="500" height="600" controls="controls">
 <source src="123.ogg" type="video/ogg" />
你的浏览器不支持!
</video>
</body>
</html>
```

上述代码的功能是设置在网页中播放名为“123.ogg”视频文件，并且设置视频播放器的高度为“600”。执行后的效果如图 11-3 所示。

在开发过程中，随时设置视频的高度和宽度是一个好习惯。设置这些属性，在页面加载时会为视频预留出空间。如果没有设置这些属性，那么浏览器就无法预先确定视频的尺寸，这样就无法为视频保留合适的空间。结果是，在页面加载的过程中，其布局也会产生变化。

▲图 11-3 执行效果

> **注意** 读者需要注意，尽量不要通过 height 和 width 属性来缩放视频。通过 height 和 width 属性来缩小视频，只会迫使用户下载原始的视频（即使在页面上它看起来较小）。正确的方法是在网页上使用该视频前，使用软件对视频进行压缩。另外，width 属性也 height 属性的用法完全一样，其功能是设置播放视频的宽度。

4. loop 属性

loop 属性用于设置当视频结束后将重新开始播放。如果设置该属性，该视频将循环播放。例如下面的代码。

```
<video controls="controls" loop="loop">
  <source src="movie.ogg" type="video/ogg" />
  <source src="movie.mp4" type="video/mp4" />
你的浏览器不支持！
</video>
```

5. preload 属性

preload 属性用于设置是否在页面加载后载入视频。如果设置了 autoplay 属性，则忽略该属性。例如下面的代码。

```
<video controls="controls" preload="auto">
  <source src="movie.ogg" type="video/ogg" />
  <source src="movie.mp4" type="video/mp4" />
你的浏览器不支持！
</video>
```

6. src 属性

src 属性用于设置要播放的视频的 URL，另外我们也可以使用 <source> 标签来设置要播放的视频。视频文件 URL 的可能值有以下两种。

- 绝对 URL 地址：指向另一个站点，例如 href=http://www.xxxxxx.com/song.ogg。
- 相对 URL 地址：指向网站内的文件，例如 href="song.ogg"。

11.3 新特性之音频处理

使用全新的 HTML5，我们可以在网页中实现音频处理功能。本节将介绍用 HTML5 处理音频的基本知识。

11.3.1 audio 标记

到目前为止，仍然不存在一项旨在网页上播放音频的标准。当前大多数音频都是通过第三方插件来实现的，例如 Flash。然而，并非所有浏览器都拥有同样的插件。在 HTML5 中规定了一种新的标记元素——audio，通过它可以在网页中播放一个音频。

通过 audio 标记元素能够播放声音文件或者音频流。当前，audio 标记支持 3 种音频格式，这 3 种格式在主流浏览器版本的支持信息如表 11-3 所示。

表 11-3　主流浏览器版本支持 audio 标记的情况

说　明	IE9	Firefox 3.5	Opera 10.5	Chrome 3.0	Safari 3.0
Ogg Vorbis		√	√	√	
MP3	√			√	√
Wav		√	√		√

如需想在 HTML5 中播放音频，只需通过如下代码即可实现。

```
<audio src="song.ogg" controls="controls">
</audio>
```

- control 属性：供添加播放、暂停和音量控件。
- <audio>与</audio> 之间插入的内容：供不支持 audio 元素的浏览器显示。

例如下面的代码。

```
<audio src="song.ogg" controls="controls">
你的浏览器不支持!
</audio>
```

在上述代码中使用一个“Ogg”格式的音频文件，可以适用于 Firefox、Opera 及 Chrome 浏览器。要想确保适用于 Safari 浏览器，则音频文件必须是 MP3 或 Wav 类型。

在标记 audio 中允许有多个 source 元素，通过 source 元素可以链接不同的音频文件。浏览器将使用第一个可识别的格式。例如下面的代码。

```
<audio controls="controls">
  <source src="song.ogg" type="audio/ogg">
  <source src="song.mp3" type="audio/mpeg">
你的浏览器不支持!
</audio>
```

11.3.2　<audio>标记的属性

<audio>标记中各个属性的具体说明如表 11-4 所示。

表 11-4　<audio>的属性信息

属　性	值	描　述
autoplay	autoplay	如果出现该属性，则音频在就绪后马上播放
controls	controls	如果出现该属性，则向用户显示控件，如播放按钮
loop	loop	如果出现该属性，则每当音频结束时重新开始播放
preload	preload	如果出现该属性，则音频在页面加载时进行加载，并预备播放。如果使用“autoplay”，则忽略该属性
src	url	要播放的音频的 URL

1. autoplay 属性

通过此属性设置自动播放 audio 中设置的视频，例如下面的代码。

```
<audio controls="controls" autoplay="autoplay">
  <source src="song.ogg" type="audio/ogg" />
  <source src="song.mp3" type="audio/mpeg" />
```

```
你的浏览器不支持!
</audio>
```

属性 autoplay 规定一旦音频就绪马上开始播放，如果设置了该属性，音频将自动播放。

题目	目的	源码路径
实例 11-4	在网页中自动播放一个音频	\codes\11\yinautoplay.html

文件 yinautoplay.html 的实现代码如下所示。

```
<!DOCTYPE HTML>
<html>
<body>

<audio controls="controls" autoplay="autoplay">
  <source src="song.ogg" type="audio/ogg" />
  <source src="song.mp3" type="audio/mpeg" />
Your browser does not support the audio element.
</audio>

</body>
</html>
```

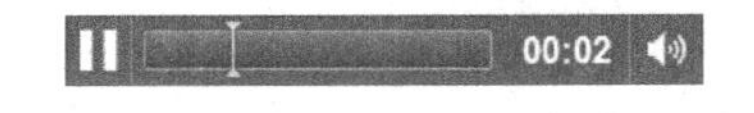

▲图 11-4　执行效果

上述代码的功能是在网页中自动播放名为“song.mp3”音频文件，在代码中设置的此视频文件和实例文件 yinautoplay.html 同属于一个目录。执行后的效果如图 11-4 所示。

2. controls 属性

controls 属性的功能是设置浏览器应该为视频提供播放控件。如果设置了该属性，则规定不存在作者设置的脚本控件。设置浏览器控件应该包括如下控制功能：

- 播放；
- 暂停；
- 定位；
- 音量；
- 全屏切换；
- 字幕；
- 音轨。

例如下面的代码：

```
<audio controls="controls">
  <source src="song.ogg" type="audio/ogg" />
  <source src="song.mp3" type="audio/mpeg" />
你的浏览器不支持!
</audio>
```

题目	目的	源码路径
实例 11-5	在网页中控制播放的音频	\codes\11\yincontrols.html

实例文件 yincontrols.html 的实现代码如下所示。

```
<!DOCTYPE HTML>
<html>
<body>

<audio controls="controls">
  <source src="song.ogg" type="audio/ogg" />
  <source src="song.mp3" type="audio/mpeg" />
你的浏览器不支持!
</audio>
```

```
</body>
</html>
```

上述代码的功能是设置在网页中播放指定的音频文件，并且在播放时可以控制这个音频，例如播放进度。执行后的效果如图 11-5 所示。

▲图 11-5　执行效果

3. loop 属性

loop 属性用于设置当音频结束后将重新开始播放。如果设置该属性，该音频将循环播放。例如下面的代码。

```
<audio controls="controls" loop="loop">
  <source src="song.ogg" type="audio/ogg" />
  <source src="song.mp3" type="audio/mpeg" />
你的浏览器不支持!
</audio>
```

题目	目的	源码路径
实例 11-6	在网页中循环播放音频	\codes\11\loop.html

实例文件 loop.html 的实现代码如下所示。

```
<!DOCTYPE HTML>
<html>
<body>

<audio controls="controls" loop="loop">
  <source src="song.ogg" type="audio/ogg" />
  <source src="song.mp3" type="audio/mpeg" />
你的浏览器不支持!
</audio>

</body>
</html> >
```

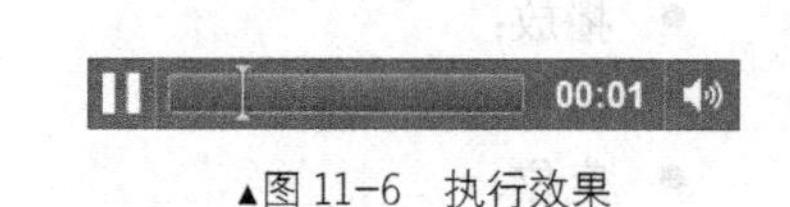

▲图 11-6　执行效果

上述代码的功能是设置在网页中循环播放指定的音频文件，执行后的效果如图 11-6 所示。

4. preload 属性

preload 属性用于设置是否在页面加载后载入音频。如果设置了 autoplay 属性，则忽略该属性。其语法格式如下所示。

```
<audio preload="load" />
```

load 用于规定是否预加载音频，其可能的取值如下所示。

- auto：当页面加载后载入整个音频。
- meta：当页面加载后只载入元数据。
- none：当页面加载后不载入音频。

例如下面的代码。

```
<audio controls="controls" preload="auto">
  <source src="song.ogg" type="audio/ogg" />
  <source src="song.mp3" type="audio/mpeg" />
你的浏览器不支持!
</audio>
```

5. src 属性

src 属性用于设置要播放的视频的 URL，另外我们也可以使用 <source> 标签来设置要播放的视频。视频文件 URL 的可能值有以下两种。

- 绝对 URL 地址：指向另一个站点，例如 href=http://www.xxxxxx.com/song.ogg。
- 相对 URL 地址：指向网站内的文件，例如 href="song.ogg"。

例如下面的代码。

```
<audio src="song.ogg" controls="controls">
你的浏览器不支持!
</audio>
```

11.4 新特性之 canvas

使用全新的 HTML5 标记语言，可以在网页中绘制图像，就像在画布中绘制图画一样。本节将介绍用 HTML5 绘制图像的基本知识，为读者步入本书后面知识的学习打下基础。

11.4.1 canvas 标记介绍

<canvas>是一个新的 HTML 元素，这个元素可以被 Script 语言（通常是 JavaScript）用来绘制图形。例如可以用它来画图，合成图像，或做简单的（和不那么简单的）动画。<canvas>最先在苹果公司（Apple）的 Mac OS X Dashboard 上被引入，而后被应用于 Safari。基于 Gecko 1.8 的浏览器，例如 Firefox 1.5，也支持这个新元素。元素<canvas>是 WHATWG Web Applications 1.0 也就是大家都知道的 HTML5 标准规范的一部分。

通过使用 HTML5 中的 canvas 标记元素，可以使用 JavaScript 技术在网页上绘制图像。我们都知道画布是一个矩形区域，在上面可以控制其每一像素。HTML5 中的 canvas 拥有多种绘制图形的方法，例如矩形、圆形、字符，以及添加图像。

在向 HTML5 页面中添加 canvas 元素时，需要规定元素的 id、宽度和高度，例如下面的代码。

```
<canvas id="myCanvas" width="200" height="100"></canvas>
```

canvas 标记本身并没有绘图能力，所以其绘制工作必须在 JavaScript 内部完成。例如下面的代码。

```
<script type="text/javascript">
var c=document.getElementById("myCanvas");
var cxt=c.getContext("2d");
cxt.fillStyle="#FF0000";
cxt.fillRect(0,0,150,75);
</script>
```

JavaScript 绘图的基本流程如下所示。

（1）JavaScript 使用 id 来寻找 canvas 元素，例如下面的代码。

```
var c=document.getElementById("myCanvas");
```

（2）创建 context 对象，例如下面的代码。

```
var cxt=c.getContext("2d");
```

对象 getContext("2d")是内建的 HTML5 对象，它拥有多种绘制路径、矩形、圆形、字符，以及添加图像的方法。例如通过下面的代码可以绘制一个红色的矩形。

```
cxt.fillStyle="#FF0000";
cxt.fillRect(0,0,150,75);
```

通过上面的方法 fillStyle()可以将矩形染成红色，fillRect()方法规定了形状、位置和尺寸。在上述 fillRect()方法中，设置了其坐标参数为(0,0,150,75)，意思是在画布上绘制一个 150×75 的矩形，并且是从左上角(0,0)开始绘制的。

11.4.2　HTML DOM Canvas 对象

Canvas 对象表示一个 HTML 画布元素<canvas>。它没有自己的行为，但是定义了一个 API 支持脚本化客户端绘图操作。

我们可以直接在该对象上指定宽度和高度，但是其大多数功能都可以通过 CanvasRenderingContext2D 对象来获得。这是通过 Canvas 对象的 getContext()方法并且把字符串“2d”作为唯一的参数传递给它而获得的。

<canvas> 标记在 Safari 1.3 中引入，在制作此参考页时，它在 Firefox 1.5 和 Opera9 中也得到了支持。在 IE 中，<canvas> 标记及其 API 可以使用位于 excanvas.sourceforge.net 的 ExplorerCanvas 开源项目来模拟。

1. Canvas 对象的属性

Canvas 对象的属性有如下两个。

（1）height 属性

表示画布的高度。和一幅图像一样，此属性可以指定为一个整数像素值或者是窗口高度的百分比。当这个值改变的时候，在该画布上已经完成的任何绘图都会擦除掉。默认值是 300。

（2）width 属性

表示画布的宽度。和一幅图像一样，此属性可以指定为一个整数像素值或者是窗口宽度的百分比。当这个值改变的时候，在该画布上已经完成的任何绘图都会擦除掉。默认值是 300。

2. Canvas 对象的方法

Canvas 对象只有一个方法，即 getContext()，此方法用于返回一个用于在画布上绘图的环境。使用格式如下所示。

```
Canvas.getContext(contextID)
```

参数 contextID 指定了我们想要在画布上绘制的类型。当前唯一的合法值是“2d”，它指定了二维绘图，并且导致这个方法返回一个环境对象，该对象导出一个二维绘图 API。很可能在不久的将来，如<canvas>标签会扩展到支持 3D 绘图，此时用 getContext()方法就可以允许传递一个“3d”字符串参数。

getContext()方法的返回值是一个 CanvasRenderingContext2D 对象，使用它可以绘制到 canvas 元素中。由此可见，getContext()方法的功能是返回一个表示用来绘制的环境类型的环境。其本意是要为不同的绘制类型（2 维、3 维）提供不同的环境。当前，唯一支持的是“2d”，它返回一个 CanvasRenderingContext2D 对象，该对象实现了一个画布所使用的大多数方法。

11.4.3　实战演练——实现坐标定位

经过前面的学习，了解了 canvas 标记的基本知识，接下来将通过具体实例的实现过程来讲解其使用方法。本实例的功能是，在网页内绘制一个矩形，当我们将鼠标放在矩形内的某一个位置时，会提示显示鼠标的坐标。

题目	目的	源码路径
实例 11-7	定位显示鼠标的坐标	\codes\11\dingwei.html

实例文件 dingwei.html 的主要代码如下所示。

```
<!DOCTYPE HTML>
<html>
```

```
<head>
<style type="text/css">
body
{
font-size:70%;
font-family:verdana,helvetica,arial,sans-serif;
}
</style>

<script type="text/javascript">
function cnvs_getCoordinates(e)
{
x=e.clientX;
y=e.clientY;
document.getElementById("xycoordinates").innerHTML="Coordinates: (" + x + "," + y + ")";
}

function cnvs_clearCoordinates()
{
document.getElementById("xycoordinates").innerHTML="";
}
</script>
</head>

<body style="margin:0px;">

<p>把鼠标悬停在下面的矩形上可以看到坐标：</p>

<div id="coordiv" style="float:left;width:199px;height:99px;border:1px solid #c3c3c3"
onmousemove="cnvs_getCoordinates(event)" onmouseout="cnvs_clearCoordinates()"></div>
<br />
<br />
<br />
<div id="xycoordinates"></div>


</body>
</html>
```

▲图 11-7　执行效果

执行之后的效果如图 11-7 所示。

11.4.4　实战演练——在指定位置画线

本实例的功能是，在指定的坐标位置绘制指定角度的相交线。

题目	目的	源码路径
实例 11-8	在指定的坐标位置绘制指定角度的相交线	\codes\11\xiangjiao.html

实例文件 xiangjiao.html 的主要代码如下所示。

```
<!DOCTYPE HTML>
<html>
<body>

<canvas id="myCanvas" width="200" height="100" style="border:1px solid #c3c3c3;">
Your browser does not support the canvas element.
</canvas>

<script type="text/javascript">

var c=document.getElementById("myCanvas");
var cxt=c.getContext("2d");
cxt.moveTo(10,10);
cxt.lineTo(150,50);
cxt.lineTo(10,50);
cxt.stroke();

</script>
```

```
</body>
</html>
```

执行之后的效果如图 11-8 所示。

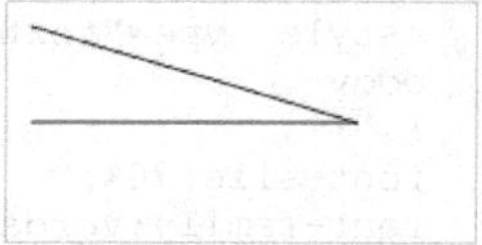

▲图 11-8　执行效果

11.4.5　实战演练——绘制一个圆

本实例的功能是，在网页中绘制一个红色填充颜色的圆。

题目	目的	源码路径
实例 11-9	在网页中绘制一个圆	\codes\11\yuan.html

实例文件 yuan.html 的主要代码如下所示。

```
<!DOCTYPE HTML>
<html>
<body>

<canvas id="myCanvas" width="200" height="100" style="border:1px solid #c3c3c3;">
Your browser does not support the canvas element.
</canvas>

<script type="text/javascript">

var c=document.getElementById("myCanvas");
var cxt=c.getContext("2d");
cxt.fillStyle="#FF0000";
cxt.beginPath();
cxt.arc(70,18,15,0,Math.PI*2,true);
cxt.closePath();
cxt.fill();

</script>

</body>
</html>
```

执行之后的效果如图 11-9 所示。

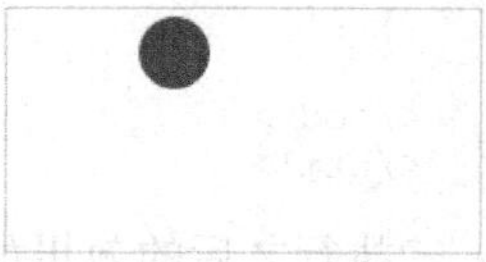

▲图 11-9　执行效果

11.4.6　实战演练——用渐变色填充一个矩形

本实例的功能是，在网页中绘制一个矩形，并且用渐变颜色来填充。

题目	目的	源码路径
实例 11-10	用渐变色填充一个矩形	\codes\11\jianbian.html

实例文件 jianbian.html 的主要代码如下所示。

```
<!DOCTYPE HTML>
<html>
<body>

<canvas id="myCanvas" width="200" height="100" style="border:1px solid #c3c3c3;">
Your browser does not support the canvas element.
</canvas>


<script type="text/javascript">

var c=document.getElementById("myCanvas");
var cxt=c.getContext("2d");
var grd=cxt.createLinearGradient(0,0,175,50);
grd.addColorStop(0,"#FF0000");
grd.addColorStop(1,"#00FF00");
cxt.fillStyle=grd;
```

```
cxt.fillRect(0,0,175,50);

</script>

</body>
</html>
```

▲图 11-10　执行效果

执行之后的效果如图 11-10 所示。

11.4.7　实战演练——显示一幅指定的图片

本实例的功能是，在 Canvas 画布中显示一幅指定的图片。

题目	目的	源码路径
实例 11-11	在 Canvas 画布中显示一幅指定的图片	\codes\11\tupian.html

实例文件 tupian.html 的主要代码如下所示。

```
<!DOCTYPE HTML>
<html>
<body>

<canvas id="myCanvas" width="600" height="800" style="border:1px solid #c3c3c3;">
Your browser does not support the canvas element.
</canvas>

<script type="text/javascript">

var c=document.getElementById("myCanvas");
var cxt=c.getContext("2d");
var img=new Image()
img.src="http_imgload.jpg"
cxt.drawImage(img,0,0);

</script>

</body>
</html>
```

执行之后的效果读者自行演示。

注意　本实例用 Google Chrome 浏览器不能正确显示，而用 Firefox 则可以正确显示。

11.5　新特性之 Web 存储

使用全新的 HTML5，我们可以在客户端存储数据。本节将介绍用 HTML5 存储数据的基本知识，为读者步入本书后面知识的学习打下基础。

11.5.1　Web 存储介绍

使用 HTML5 技术可以在客户端存储数据，在 HTML5 中提供了如下两种在客户端存储数据的新方法。

- localStorage：没有时间限制的数据存储。
- sessionStorage：针对一个 session 的数据存储。

在这以前，客户端的存储功能都是通过 cookie 来完成的。但是因为它们由每个对服务器的请求来传递，所以 cookie 不适合大量数据的存储，这使得 cookie 速度很慢而且效率也不高。

在 HTML5 中，数据不是由每个服务器请求传递的，而是只有在请求时使用数据。它使在不影响网站性能的情况下存储大量数据成为可能。对于不同的网站来说，数据存储于不同的区域，并且一个网站只能访问其自身的数据。

在 HTML5 中使用 JavaScript 技术来存储和访问数据。

11.5.2　HTML5 中 Web 存储的意义

首先，让我们来回顾下 cookie。cookie 的出现可谓大大推动了 Web 的发展，但它既有优点也有一定的缺陷。cookie 的优点在于，它可以允许在登录网站时，记住我们输入的用户名和密码，这样在下一次登录时就不需要再次输入了，达到自动登录的效果。

但是另一方面，cookie 的安全问题也日趋受到关注，比如 cookie 由于存储在客户端浏览器中，很容易受到黑客的窃取，安全机制并不是十分好。还有另外一个问题，cookie 存储数据的能力有限。目前在很多浏览器中规定每个 cookie 只能存储不超过 4KB 的限制，所以一旦 cookie 的内容超过 4KB，唯一的方法是重新创建。此外，cookie 的一个缺陷是每次的 HTTP 请求中都必须附带 cookie，这将有可能增加网络的负载。

使用 HTML5 中新增加的 Web 存储机制，可以弥补 cookie 的缺点，Web 存储机制在以下两方面做了加强。

（1）对于 Web 开发者来说，它提供了很容易使用的 API 接口，通过设置键值对即可使用。

（2）在存储的容量方面，可以根据用户分配的磁盘配额进行存储，这就可以在每个用户域下存储不少于 5~10MB 的内容。这就意味者，用户可以不仅仅存储 session 了，还可以在客户端存储用户的设置偏好，本地化的数据，离线的数据，这对提高效率是很有帮助的。

而 Web 存储更提供了使用 JavaScript 编程的接口，这将使得开发者可以使用 JavaScript 在客户端做很多以前要在服务端才能完成的工作。目前，各主流浏览器已经开始对 Web 存储的支持。

11.5.3　两种存储方法

在 HTML5 中提供了两种在客户端存储数据的新方法，接下来将一一介绍。

1. localStorage 方法

使用 localStorage 方法存储的数据没有任何时间限制，可以在第二天、第二周甚至是下一年之后，依然可以使用存储的数据。例如下面的代码演示了如何创建和访问 localStorage 的过程。

```
<!DOCTYPE HTML>
<html>
<body>

<script type="text/javascript">
localStorage.lastname="东方不败";
document.write("Last name: " + localStorage.lastname);

</script>

</body>
</html>
```

Last name: 东方不败

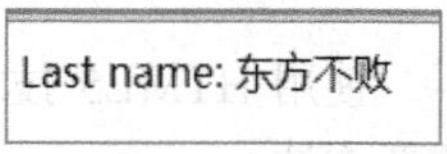

▲图 11-11　执行效果

上述代码执行之后的效果如图 11-11 所示。

题目	目的	源码路径
实例 11-12	显示访问页面的统计次数	\codes\11\tongji.html

本实例的功能是统计访问此页面的次数，每刷新一次，次数会增加 1 次，实例文件 tongji.html 的实现代码如下所示。

```
<!DOCTYPE HTML>
<html>
<body>

<script type="text/javascript">

if (localStorage.pagecount)
   {
   localStorage.pagecount=Number(localStorage.pagecount) +1;
   }
else
   {
   localStorage.pagecount=1;
   }
document.write("Visits: " + localStorage.pagecount + " time(s).");

</script>

<p>刷新页面会看到计数器在增长。</p>

<p>请关闭浏览器窗口，然后再试一次，计数器会继续计数。</p>

</body>
</html>
```

Visits: 7 time(s).

刷新页面会看到计数器在增长。

请关闭浏览器窗口，然后再试一次，计数器会继续计数。

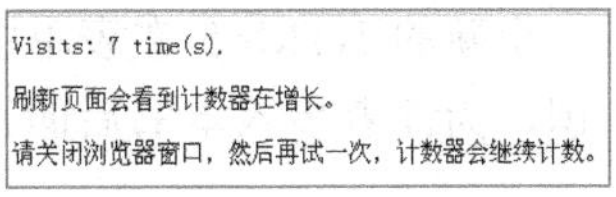

▲图 11-12　执行效果

执行之后的效果如图 11-12 所示。

2. sessionStorage 方法

方法 sessionStorage 可以针对一个 session 进行数据存储。当用户关闭浏览器窗口后，数据会被删除。例如下面的代码演示了如何创建并访问一个 sessionStorage 的过程。

```
<!DOCTYPE HTML>
<html>
<body>
<script type="text/javascript">
sessionStorage.lastname="Smith";
document.write(sessionStorage.lastname);
</script>
</body>
</html>
```

题目	目的	源码路径
实例 11-13	显示访问页面的统计次数	\codes\11\tongjiL.html

本实例的功能是统计访问此页面的次数，每刷新一次，次数会增加 1 次，实例文件 tongjiL.html 的实现代码如下所示。

```
<!DOCTYPE HTML>
<html>
<body>

<script type="text/javascript">

if (sessionStorage.pagecount)
   {
   sessionStorage.pagecount=Number(sessionStorage.pagecount) +1;
   }
else
   {
   sessionStorage.pagecount=1;
   }
document.write("Visits " + sessionStorage.pagecount + " time(s) this session.");

</script>
```

```
<p>刷新页面会看到计数器在增长。</p>

<p>请关闭浏览器窗口，然后再试一次，计数器已经重置了。</p>

</body>
</html>
```

执行之后的效果如图 11-13 所示。

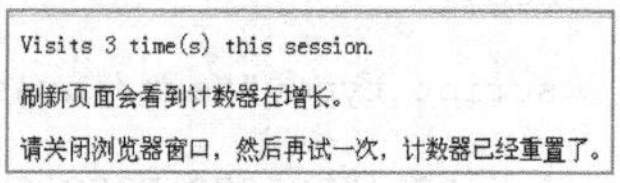

Visits 3 time(s) this session.

刷新页面会看到计数器在增长。

请关闭浏览器窗口，然后再试一次，计数器已经重置了。

▲图 11-13　执行效果

注意　本实例的统计和上一个实例的有一点区别，本实例当关闭浏览器后再次打开后，此时的统计数字将从 1 开始重新统计。而上一个实例重新打开后继续从被关闭时的次数继续累加统计。

11.6 表单的新特性

全新的 HTML5 在表单中增加了很多的功能。本节将介绍用 HTML5 表单中新增功能的基本知识，为读者步入本书后面知识的学习打下基础。

11.6.1　全新的 Input 类型

HTML5 拥有多个新的表单输入类型，这些新特性提供了更好的输入控制和验证。HTML5 中新增了如下表单输入类型：

- email；
- url；
- number；
- range；
- Date pickers (date, month, week, time, datetime, datetime-local)；
- Search；
- Color。

各个浏览器版本对上述新增表单输入类型支持的具体说明如表 11-5 所示。

表 11-5　各浏览器版本对新增表单输入类型支持的说明

Input type	IE	Firefox	Opera	Chrome	Safari
email	No	4.0	9.0	10.0	No
url	No	4.0	9.0	10.0	No
number	No	No	9.0	11.0	No
range	No	No	9.0	4.0	4.0
Date pickers	No	No	9.0	10.0	No
search	No	4.0	11.0	10.0	No
color	No	No	11.0	No	No

1. email

email 类型能够在页面中提供一个输入 e-mail 地址的文本框。在提交表单时，会自动验证 email 文本框中的值。例如 iPhone 中的 Safari 浏览器就支持 email 输入类型，并通过改变触摸屏键盘来配合它（添加@和.com 选项）。

例如下面代码演示了使用 email 类型的过程。

```
<!DOCTYPE HTML>
<html>
<body>

<form action="demo_form.asp" method="get">
E-mail: <input type="email" name="user_email" /><br />
<input type="submit" />
</form>

</body>
</html>
```

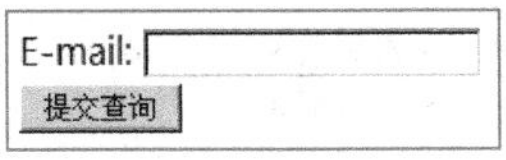

E-mail: [ ]
提交查询

▲图 11-14 执行效果

上述代码执行后的效果如图 11-14 所示。

2. url

使用 url 类型可以在网页中显示一个输入 URL 地址的文本框。在提交表单时，会自动验证 url 文本框中的值。例如下面代码演示了使用 url 类型的过程。

```
<!DOCTYPE HTML>
<html>
<body>

<form action="demo_form.asp" method="get">
Homepage: <input type="url" name="user_url" /><br />
<input type="submit" />
</form>

</body>
</html>
```

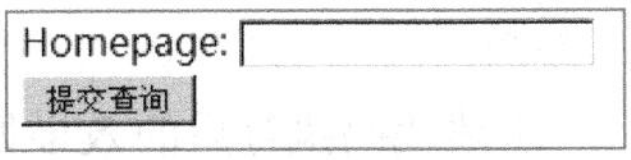

Homepage: [ ]
提交查询

▲图 11-15 执行效果

上述代码执行后的效果如图 11-15 所示。

3. number

使用 number 类型可以在网页中创建一个可包含数值的输入文本框，我们还能够设定对所接受的数字的限定。例如下面代码演示了使用 number 类型的过程。

```
<!DOCTYPE HTML>
<html>
<body>

<form action="demo_form.asp" method="get">
Points: <input type="number" name="points" min="1" max="10" />
<input type="submit" />
</form>

</body>
</html>
```

Points: [ ] 提交查询

▲图 11-16 执行效果

上述代码执行后的效果如图 11-16 所示。

我们还可以使用表 11-6 中的属性来来设定数字类型。

表 11-6 设置数字类型的属性

属　性	值	描　述
max	number	规定允许的最大值
min	number	规定允许的最小值
step	number	规定合法的数字间隔（如果 step="3"，则合法的数是–3,0,3,6 等）
value	number	规定默认值

在下面的代码中演示了表 11-6 中属性的用法。

```
<!DOCTYPE HTML>
<html>
<body>

<form action="demo_form.asp" method="get">
Points: <input type="number" name="points" min="1" max="10" />
<input type="submit" />
</form>

</body>
</html>
```

4. range

使用 range 类型可以在网页中创建一个包含一定范围内数字值的输入文本框，我们还能够设定对所接受的数字的限定。例如下面代码演示了使用 range 类型的过程。

```
<!DOCTYPE HTML>
<html>
<body>

<form action="demo_form.asp" method="get">
Points: <input type="range" name="points" min="1" max="10" />
<input type="submit" />
</form>

</body>
</html>
```

Points: 提交查询

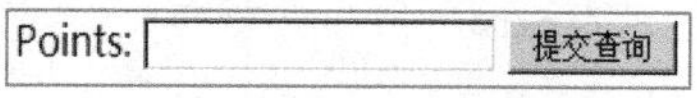

▲图 11-17　执行效果

上述代码执行后的效果如图 11-17 所示。

我们还可以使用表 11-7 中的属性来设定数字类型。

表 11-7　设置数字类型的属性

属　性	值	描　述
max	number	规定允许的最大值
min	number	规定允许的最小值
step	number	规定合法的数字间隔（如果 step="3"，则合法的数是–3,0,3,6 等）
value	number	规定默认值

5. Date Pickers（数据检出器）

在 HTML5 中拥有多个可供选取日期和时间的新输入类型，具体说明如下所示。

- date：选取日、月、年。
- month：选取月、年。
- week：选取周和年。
- time：选取时间（小时和分钟）。
- datetime：选取时间、日、月、年（UTC 时间）。
- datetime-local：选取时间、日、月、年（本地时间）。

例如通过以下代码可以允许我们从日历中选取一个日期。

```
<!DOCTYPE HTML>
<html>
<body>

<form action="demo_form.asp" method="get">
Date: <input type="date" name="user_date" />
<input type="submit" />
</form>
```

```
</body>
</html>
```

Date: [ ] 提交查询

▲图 11-18　执行效果

上述代码执行后的效果如图 11-18 所示。

6. search

使用 search 类型可以实现一个搜索域，如站点搜索或 Google 搜索。HTML5 中的 search 域显示为常规的文本域。

11.6.2　全新的表单元素

在 HTML5 中拥有如下 3 个新的表单元素和属性：

- datalist；
- keygen；
- output。

各个浏览器版本对上述新增表单元素支持的具体说明如表 11-8 所示。

表 11-8　　各浏览器版本对新增表单元素支持的说明

Input type	IE	Firefox	Opera	Chrome	Safari
datalist	No	No	9.5	No	No
keygen	No	No	10.5	3.0	No
output	No	No	9.5	No	No

1. datalist

使用 datalist 元素可以规定网页中输入域中的选项列表。列表是通过 datalist 内的 option 元素创建的，如需把 datalist 绑定到输入域，需要用输入域的 list 属性来引用 datalist 的 id。例如下面的代码演示了 datalist 元素的用法。

```
<!DOCTYPE HTML>
<html>
<body>

<form action="demo_form.asp" method="get">
Webpage: <input type="url" list="url_list" name="link" />
<datalist id="url_list">
   <option label="AAA" value="http://www.AAAA.com.cn" />
   <option label="BBB" value="http://www.BBBB.com" />
   <option label="CCC" value="http://www.CCCC.com" />
</datalist>
<input type="submit" />
</form>

</body>
</html>
```

Webpage: [ ] 提交查询

▲图 11-19　执行效果

上述代码执行后的效果如图 11-19 所示。

注意　option 元素永远都要设置 value 属性。

2. keygen 元素

通过 keygen 元素可以提供一种验证用户的可靠方法。keygen 元素是密钥对生成器（Key-pair Generator），当提交表单时会生成两个键，一个是私钥，另一个公钥。其中私钥（Private Key）存储于客户端，公钥（Public Key）则被发送到服务器。公钥可用于之后验证用户的客户端证书（Client Certificate）。

但是目前浏览器对此元素的糟糕的支持度不足以使其成为一种有用的安全标准。

下面是一段演示 keygen 元素用法的代码。

```
<!DOCTYPE HTML>
<html>
<body>

<form action="demo_form.asp" method="get">
Username: <input type="text" name="usr_name" />
Encryption: <keygen name="security" />
<input type="submit" />
</form>

</body>
</html>
```

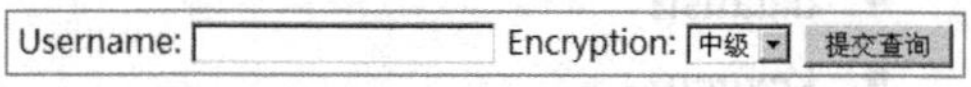

上述代码执行后的效果如图 11-20 所示。

▲图 11-20 执行效果

3. output 元素

使用 output 元素可以输出不同类型，如计算输出或脚本输出。下面代码演示了 output 元素的使用流程。

```
<!DOCTYPE HTML>
<html>
<head>
<script type="text/javascript">
function resCalc()
{
numA=document.getElementById("num_a").value;
numB=document.getElementById("num_b").value;
document.getElementById("result").value=Number(numA)+Number(numB);
}
</script>
</head>
<body>
<p>使用 output 元素的简易计算器：</p>
<form onsubmit="return false">
 <input id="num_a" /> +
 <input id="num_b" /> =
 <output id="result" onforminput="resCalc()"></output>
</form>

</body>
</html>
```

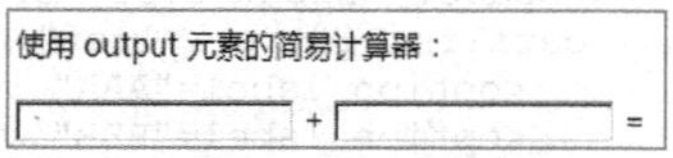

上述代码执行后的效果如图 11-21 所示。

▲图 11-21 执行效果

11.6.3 全新的表单属性

在 HTML5 中的<form>和<input> 元素中新增加了一些有用的属性。

（1）新增了如下 form 属性：

- autocomplete；
- novalidate。

（2）新增了如下 input 属性：

- autocomplete；
- autofocus；
- form；

- form overrides (formaction, formenctype, formmethod, formnovalidate, formtarget)；
- height 和 width；
- list；
- min, max 和 step；
- multiple；
- pattern (regexp)；
- placeholder；
- required。

各个浏览器版本对上述新增属性支持的具体说明如表 11-9 所示。

表 11-9　　各浏览器版本对新增属性支持的说明

Input type	IE	Firefox	Opera	Chrome	Safari
autocomplete	8.0	3.5	9.5	3.0	4.0
autofocus	No	No	10.0	3.0	4.0
form	No	No	9.5	No	No
form overrides	No	No	10.5	No	No
height 和 width	8.0	3.5	9.5	3.0	4.0
list	No	No	9.5	No	No
min, max 和 step	No	No	9.5	3.0	No
multiple	No	3.5	No	3.0	4.0
novalidate	No	No	No	No	No
pattern	No	No	9.5	3.0	No
placeholder	No	No	No	3.0	3.0
required	No	No	9.5	3.0	No

1. autocomplete 属性

autocomplete 属性规定 form 或 input 域应该拥有自动完成功能，此属性适用于<form>标签及以下类型的<input> 标签，例如 text、search、url、telephone、email、password、datepickers、range 和 color。当用户在自动完成域中开始输入时，浏览器应该在该域中显示填写的选项。

下面的代码演示了 autocomplete 属性的基本用法。

```
<!DOCTYPE HTML>
<html>
<body>

<form action="demo_form.asp" method="get" autocomplete="on">
First name:<input type="text" name="fname" /><br />
Last name: <input type="text" name="lname" /><br />
E-mail: <input type="email" name="email" autocomplete="off" /><br />
<input type="submit" />
</form>

<p>请填写并提交此表单，然后重载页面，来查看自动完成功能是如何工作的。</p>
<p>请注意，表单的自动完成功能是打开的，而 e-mail 域是关闭的。</p>

</body>
</html>
```

上述代码执行后的效果如图 11-22 所示。

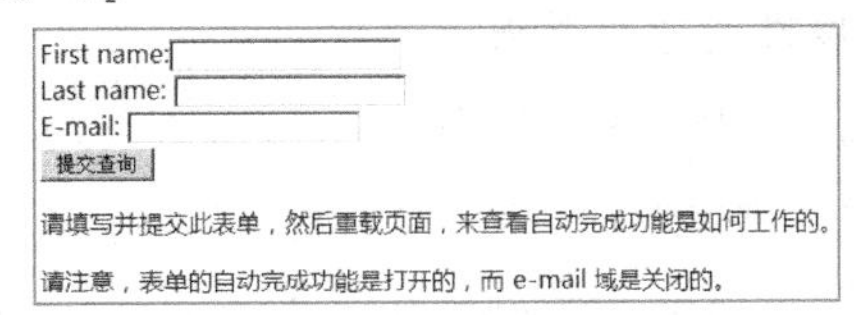

▲图 11-22　执行效果

2. autofocus 属性

autofocus 属性规定在页面加载时域自动获得焦点，此属性适用于所有<input>标签的类型。例如下面的代码演示了 autofocus 属性的基本用法。

```
<!DOCTYPE HTML>
<html>
<body>

<form action="demo_form.asp" method="get">
User name: <input type="text" name="user_name" autofocus="autofocus" />
<input type="submit" />
</form>

</body>
</html>
```

上述代码执行后的效果如图 11-23 所示。

▲图 11-23　执行效果

3. form 属性

form 属性规定输入域所属的一个或多个表单，此属性适用于所有<input>标签的类型，并且此属性必须引用所属表单的 id。如需引用一个以上的表单，请使用空格分隔的列表。例如下面的代码演示了 form 属性的基本用法。

```
<!DOCTYPE HTML>
<html>
<body>

<form action="demo_form.asp" method="get" id="user_form">
First name:<input type="text" name="fname" />
<input type="submit" />
</form>

<p>下面的输入域在 form 元素之外，但仍然是表单的一部分。</p>

Last name: <input type="text" name="lname" form="user_form" />

</body>
</html>
```

上述代码执行后的效果如图 11-24 所示。

▲图 11-24　执行效果

4. 表单重写属性

表单重写属性（form override attributes）允许我们重写 form 元素的某些属性设定。HTML5 中有如下表单重写属性。

- formaction：重写表单的 action 属性。
- formenctype：重写表单的 enctype 属性。
- formmethod：重写表单的 method 属性。
- formnovalidate：重写表单的 novalidate 属性。
- formtarget：重写表单的 target 属性。

表单重写属性适用于<input>标签中的 submit 和 image 类型。例如下面的代码演示了表单重写属性的基本用法。

```
<!DOCTYPE HTML>
<html>
<body>

<form action="demo_form.asp" method="get" id="user_form">
```

```
E-mail: <input type="email" name="userid" /><br />
<input type="submit" value="Submit" /><br />
<input type="submit" formaction="demo_admin.asp" value="Submit as admin" /><br />
<input type="submit" formnovalidate="true" value="Submit without validation" /><br />
</form>

</body>
</html>
```

上述代码执行后的效果如图 11-25 所示。

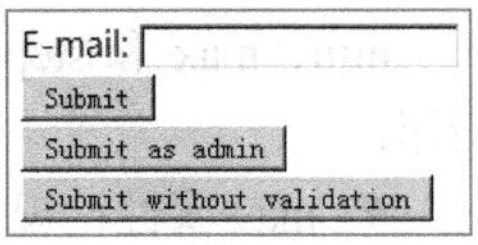

▲图 11-25 执行效果

5. height 和 width 属性

height 和 width 属性用于设置 image 类型的<input>标签的图像高度和宽度，这两个属性只适用于 image 类型的<input>标签。例如下面的代码演示了 height 和 width 属性的基本用法。

```
<!DOCTYPE HTML>
<html>
<body>

<form action="demo_form.asp" method="get">
User name: <input type="text" name="user_name" /><br />
<input type="image" src="eg_submit.jpg" width="99" height="99" />
</form>

</body>
</html>
```

上述代码执行后的效果如图 11-26 所示。

▲图 11-26 执行效果

6. list 属性

使用 list 属性来设置输入域中的 datalist，datalist 是输入域的选项列表。list 属性适用于以下类型的<input>标签：

- text；
- search；
- url；
- telephone；
- email；
- date pickers；
- number；
- range；
- color。

例如，下面的代码演示了 list 属性的基本用法。

```
<!DOCTYPE HTML>
<html>
<body>

<form action="demo_form.asp" method="get">
Webpage: <input type="url" list="url_list" name="link" />
<datalist id="url_list">
    <option label="A" value="http://www.A.com.cn" />
    <option label="AA" value="http://www.google.com" />
    <option label="AAA" value="http://www.microsoft.com" />
</datalist>
<input type="submit" />
</form>

</body>
</html>
```

上述代码执行后的效果如图 11-27 所示。

▲图 11-27　执行效果

7. min、max 和 step 属性

min、max 和 step 属性用于为包含数字或日期的 input 类型规定限定（约束），具体说明如下所示。

- max 属性：规定输入域所允许的最大值。
- min 属性：规定输入域所允许的最小值。
- step 属性：为输入域规定合法的数字间隔（如果 step="3"，则合法的数是-3，0，3，6 等）。

min、max 和 step 属性适用于以下类型的<input> 标签：

- date pickers;
- number;
- range。

在下面的代码中显示一个数字域，该域接受介于 0~10 的值，且步进为 3（即合法的值为 0、3、6 和 9）。

```
<!DOCTYPE HTML>
<html>
<body>

<form action="/example/html5/demo_form.asp" method="get">
Points: <input type="number" name="points" min="0" max="10" step="3"/>
<input type="submit" />
</form>

</body>
</html>
```


上述代码执行后的效果如图 11-28 所示。

▲图 11-28　执行效果

8. multiple 属性

multiple 属性用于设置输入域中可选择多个值，此属性适用于<input>标签中的 email 类型概念和 file 类型。例如下面的代码。

```
Select images: <input type="file" name="img" multiple="multiple" />
```

9. novalidate 属性

novalidate 属性用于设置在提交表单时不应该验证 form 或 input 域，此属性适用于<form>以及以下类型的<input>标签：text、search、url、telephone、email、password、date pickers、range、color。下面是一段使用 novalidate 属性的代码。

```
<form action="demo_form.asp" method="get" novalidate="true">
E-mail: <input type="email" name="user_email" />
<input type="submit" />
</form>
```

10. pattern 属性

pattern 属性用于验证 input 域的模式（Pattern）。模式（Pattern）是正则表达式，读者可以在 JavaScript 的相关教程中学习有关正则表达式的内容。

pattern 属性适用于以下类型的<input> 标签：text、search、url、telephone、email 及 password。例如在下面的代码中显示了一个只能包含 3 个字母的文本域（不含数字及特殊字符）。

```
Country code: <input type="text" name="country_code"
pattern="[A-z]{3}" title="Three letter country code" />
```

11. placeholder 属性

placeholder 属性提供一种提示（Hint）机制，用于描述输入域所期待的值。此属性适用于以下类型的<input>标签：text、search、url、telephone、email 及 password。提示（Hint）会在输入域为空时显示出现，会在输入域获得焦点时消失。例如下面的代码。

```
<input type="search" name="user_search"  placeholder="Search W3School" />
```

12. required 属性

required 属性规定必须在提交之前填写输入域，并不能为空。此属性适用于以下类型的<input>标签：text、search、url、telephone、email、password、date pickers、number、checkbox、radio 和 file。例如下下面的代码。

```
Name: <input type="text" name="usr_name" required="required" />
```

第12章　为Android开发网页

Android 系统十分强大，并且一直在发展，将来也将更加强大。并且随着手机硬件的升级和网速的提高，手机逐渐拥有了移动电脑的功能。现在到将来，人们用手机这个通信工具来上网是“大势所趋”。所以我们很有必要专门开发能在手机上浏览的网页，往大了讲就是能在手机上浏览的网站。其实本书前面所讲解的 HTML、CSS、JavaScript 技术都是网页开发技术，用这 3 种技术开发的网页能在手机小小的屏幕上正常浏览吗？答案是肯定可以，但是需要进行一些变动，并且主要是 CSS 样式的变动。本章将详细讲解通过 CSS 设置出符合 Android 标准的 HTML 网页的方法。

12.1 准备工作

开发人员都很希望用 HTML、CSS 和 JavaScirpt 技术来构建适应于 Android 系统的应用程序。这个旅程的第一步是为 HTML 添加有亲和力的样式，使它们更像移动应用程序。在实现这个功能的时候，我们将 CSS 样式应用到传统的 HTML 网页上，让它们在 Android 手机上正常浏览，并且很容易浏览。

12.1.1　搭建开发环境

这里的搭建开发环境比较简单，只需要有一个网络空间即可。我们做的网页上传到空间中，然后保证在 Andorid 模拟器中上网浏览这个网页即可。可能有的读者本来就有自己的网站，也有的没有。没有的读者也不要紧张，我们可以申请一个免费的空间。很多网站提供了免费空间服务，例如 http://www.3v.cm/。申请免费空间的基本流程如下所示。

（1）登录 http://www.3v.cm/，如图 12-1 所示。

（2）单击左侧的【注册】按钮来到服务条款页面，如图 12-2 所示。

▲图 12-1　登录 http://www.3v.cm/

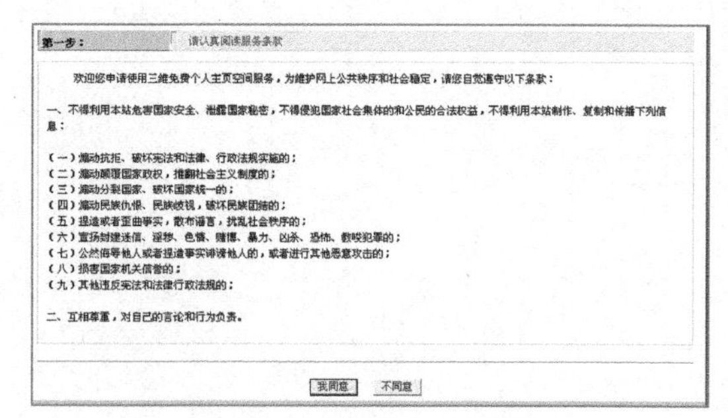

▲图 12-2　服务条款界面

（3）单击【我同意】按钮后来到填写用户名界面，如图 12-3 所示。

（4）填写完毕后单击【下一步】按钮，再填写注册信息界面，如图 12-4 所示。

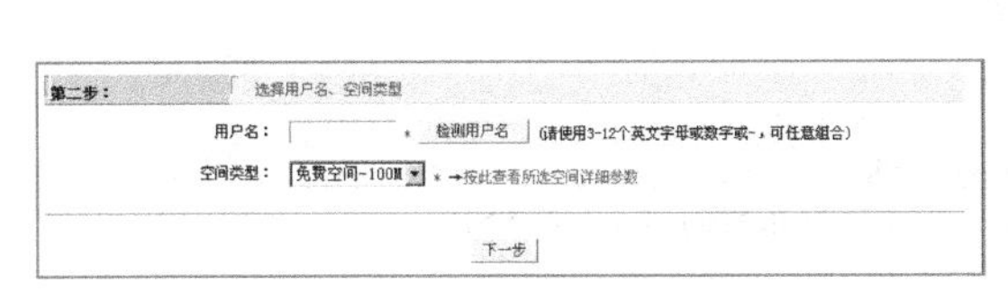

▲图 12-3 填写用户名界面

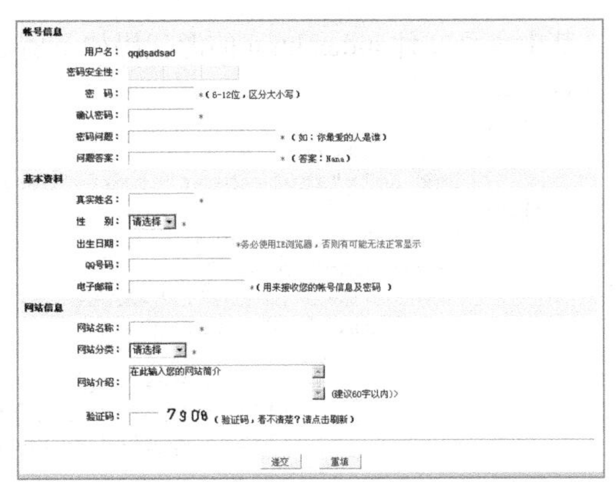

▲图 12-4 填写注册信息界面

（5）填写完毕后单击【递交】按钮完成注册，在注册中心界面我们可以管理自己的空间，如图 12-5 所示。

（6）单击左侧的“FTP 管理”链接可以更改 FTP 密码，并且可以查看空间的 IP 地址，如图 12-6 所示。

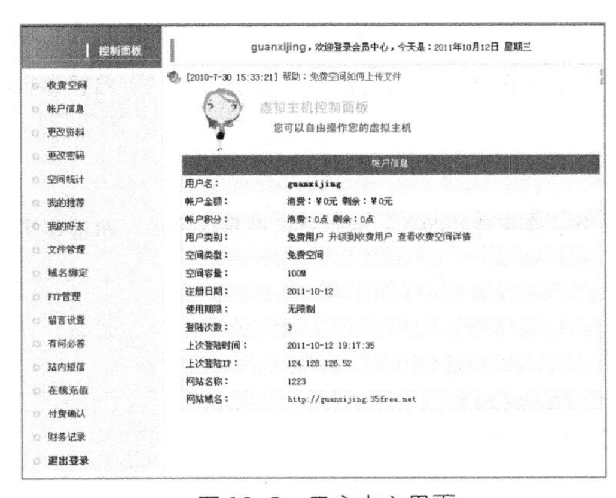

▲图 12-5 用户中心界面

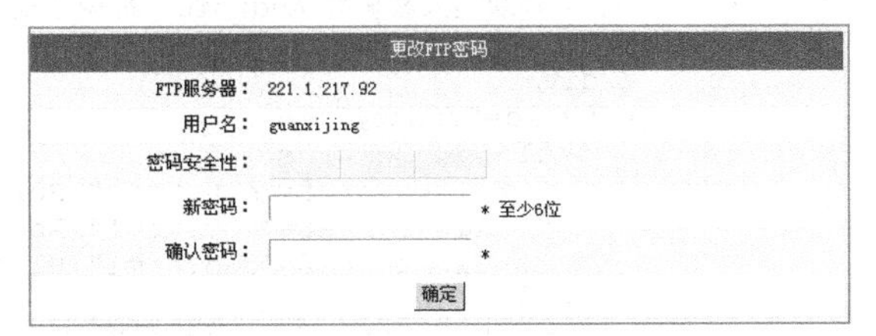

▲图 12-6 FTP 管理

根据图 12-6 中的资料我们可以用专业工具上传编写的程序文件。

（7）单击左侧的“文件管理”链接，在弹出的界面中我们可以在线管理空间中的文件，如图 12-7 所示。

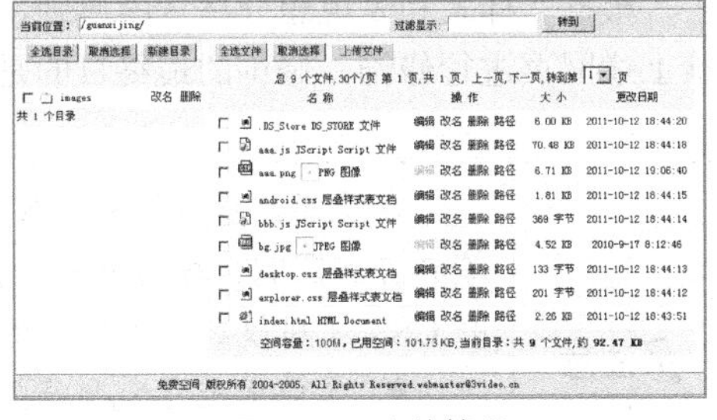

▲图 12-7 文件管理

单击图 12-7 中每一个文件的“路径”链接，我们可以获取这个文件的 URL 地址，这样我们在 Android 手机中就可以用这个 URL 来访问此文件，查看此文件在 Android 手机中的执行效果。

12.1.2 实战演练——编写一个适用于 Android 系统的网页

我们以一个具体例子来作为开始，假设有一个很好的网页，广大用户在电脑上已经“光顾”它很多次了。

题目	目的	源码路径
实例 12-1	编写一个适用于 Android 系统的网页	\codes\12\first\

其中主页文件 index.html 的源代码如下所示。

```
<html>
   <head>
      <title>aaa</title>
      <link rel="stylesheet" href="desktop.css" type="text/css" />
   <body>
      <div id="container">
         <div id="header">
            <h1><a href="./">AAAA</a></h1>
            <div id="utility">
               <ul>
                  <li><a href="about.html">关于我们</a></li>
                  <li><a href="blog.html">博客</a></li>
                  <li><a href="contact.html">联系我们</a></li>
               </ul>
            </div>
            <div id="nav">
               <ul>
                  <li><a href="bbb.html">Android之家</a></li>
                  <li><a href="ccc.html">电话支持</a></li>
                  <li><a href="ddd.html">在线客服</a></li>
                  <li><a href="http://www.aaa.com">在线视频</a></li>
               </ul>
            </div>
         </div>
         <div id="content">
            <h2>About</h2>
            <p>欢迎大家学习 Android，都说这是一个前途辉煌的职业，我也是这么是认为的，希望事实如
此....,</p>
         </div>
         <div id="sidebar">
            <img alt="好图片" src="aaa.png">
            <p>欢迎大家学习 Android，都说这是一个前途辉煌的职业，我也是这么是认为的，希望事实如
此....</p>
         </div>
         <div id="footer">
            <ul>
               <li><a href="bbb.html">Services</a></li>
               <li><a href="ccc.html">About</a></li>
               <li><a href="ddd.html">Blog</a></li>
            </ul>
            <p class="subtle">巅峰卓越</p>
         </div>
      </div>
   </body>
</html>
```

根据“样式和表现想分离”的原则，我们需要单独写一个 CSS 文件，通过这个 CSS 文件来给上述网页进行修饰，修饰的最终目的是能够在 Android 手机上浏览。

注意

在现实开发应用中，最好将桌面浏览器的样式表和 Android 样式表划清界限。笔者自我感觉，写两个完全独立的文件会舒服很多。当然还有另一种做法是把所有的 CSS 规则放到一个单一的样式表中，但是这种做法不值得提倡，原因有二：

- 文件太长了就显得麻烦，不利于维护。
- 把太多不相关的桌面样式规则发送到手机上，这会浪费宝贵的带宽和存储空间。

开始写 CSS 文件，为了适应 Android 系统，我们写下面 link 标签。

```
<link rel="stylesheet" type="text/css"
 href="android.css" media="only screen and (max-width: 480px)" />
```

```
<link rel="stylesheet" type="text/css"
 href="desktop.css" media="screen and (min-width: 481px)" />
```

在上述代码中，最明显的变动是浏览器宽度的变化，即：

```
max-width: 480px
min-width: 481px
```

这是因为手机屏幕的宽度和电脑屏幕的宽度是不一样的（当然长度也不一样，但是都具有下拉功能），480 是 Android 系统的标准宽度，我们代码的功能是不管浏览器的窗口是多大，桌面用户看到的都是文件 desktop.css 中样式修饰的页面，宽度都是用如下代码设置的宽度。

```
max-width: 480px
min-width: 481px
```

上述代码中有两个 CSS 文件，一个是 desktop.css，此文件是在开发电脑页面时编写的样式文件，是为这个 HTML 页面服务的。而文件 android.css 是一个新文件，也是我们本章将要讲解的重点，通过这个 android.css，可以将上面的电脑网页显示在 Android 手机中。当读者开发出完整的 android.css 后，可以直接在 HTML 文件中将如下代码删除，即不再用这个修饰文件了。

```
<link rel="stylesheet" type="text/css"
 href="desktop.css" media="screen and (min-width: 481px)" />
```

此时在 Chrome 浏览器中浏览修改后的 HTML 文件，不管从 Android 手机浏览器还是电脑浏览器，执行后都将得到一个完整的页面展示。此时的完整代码如下所示。

```
<html>
    <head>
        <title>AAAA</title>
        <link rel="stylesheet" type="text/css" href="android.css" media="only screen and
(max-width: 480px)" />
        <link  rel="stylesheet"  type="text/css"  href="desktop.css"  media="screen  and
(min-width: 481px)" />
        <!--[if IE]>
            <link rel="stylesheet" type="text/css" href="explorer.css" media="all" />
        <![endif]-->
        <script type="text/javascript" src="jquery.js"></script>
        <script type="text/javascript" src="android.js"></script>
    <meta http-equiv="Content-Type" content="text/html; charset=gb2312">
    </head>
    <body>
        <div id="container">
          <div id="header">
                <h1><a href="./">AAAA</a></h1>
                <div id="utility">
                    <ul>
                        <li><a href="about.html">关于我们</a></li>
                        <li><a href="blog.html">博客</a></li>
                        <li><a href="contact.html">联系我们</a></li>
                    </ul>
                </div>
                <div id="nav">
                    <ul>
                        <li><a href="bbb.html">Android 之家</a></li>
                        <li><a href="ccc.html">电话支持</a></li>
                        <li><a href="ddd.html">在线客服</a></li>
                        <li><a href="http://www.aaa.com">在线视频</a></li>
                    </ul>
                </div>
            </div>
            <div id="content">
                <h2>About</h2>
                <p>欢迎大家学习 Android，都说这是一个前途辉煌的职业，我也是这么是认为的，希望事实如
此....</p>
            </div>
            <div id="sidebar">
                <img alt="好图片" src="aaa.png">
```

```
            <p>欢迎大家学习 Android，都说这是一个前途辉煌的职业，我也是这么是认为的，希望事实如
此....</p>
        </div>
        <div id="footer">
            <ul>
                <li><a href="bbb.html">Services</a></li>
                <li><a href="ccc.html">About</a></li>
                <li><a href="ddd.html">Blog</a></li>
            </ul>
            <p class="subtle">巅峰卓越</p>
        </div>
    </div>
  </body>
</html>
</html>
```

而 desktop.css 的代码如下所示。

```
For example:
body {
    margin:0;
    padding:0;
    font: 75% "Lucida Grande", "Trebuchet MS", Verdana, sans-serif;
}
```

执行效果如图 12-8 所示。

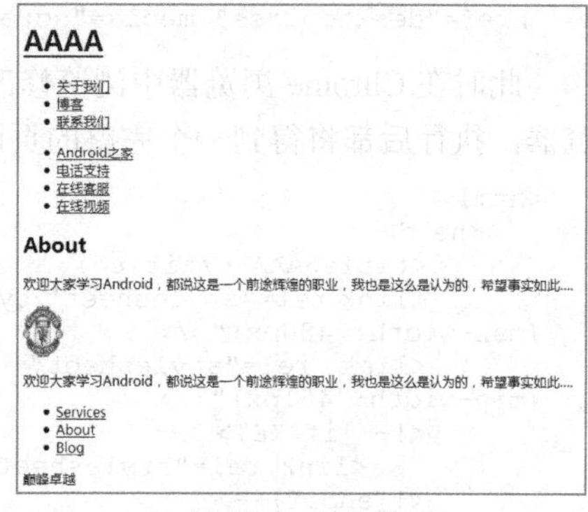

▲图 12-8　执行效果

12.1.3　控制页面的缩放

浏览器很认死理，除非我们明确告诉 Android 浏览器，否则它会认为页面宽度是 980px。当然这在大多数情况下能工作得很好，因为电脑已经适应了这个宽度。但是如果针对小尺寸屏幕的 Android 手机的话，我们必须做一些调整，必须在 HTML 文件的 head 元素里加一个 viewport 元标签，让移动浏览器知道屏幕大小。

```
<meta name="viewport" content="user-scalable=no, width=device-width" />
```

这样就实现了屏幕的自动缩放，可以根据显示屏的大小带给我们不同大小的显示页面。读者无需担心加上 viewport 后在电脑上的显示影响，因为桌面浏览器会忽略 wiewport 元标签。

如果不设置 viewport 的宽度，页面在加载后会缩小。我们不知道缩放的大小是多少，因为 Android 浏览器的设置项允许用户设置默认缩放大小。选项有大、中（默认）、小。即使设置过 viewport 宽度，这个设置项也会影响页面的缩放大小。

12.2　添加 Android 的 CSS

接着上一节的演示代码继续讲解，前面代码中的文件 android.css 一直没用到，接下来将开始编写这个文件，目的是使我们的网页在 Android 手机上完美并优秀地显示。

12.2.1　编写基本的样式

基本样式是指诸如背景颜色、字体大小、字体颜色等样式，在上一节实例的基础上继续扩展，具体实现流程如下所示。

（1）在文件 android.css 中设置<body>元素的如下基本样式。

```
body {
    background-color: #ddd;        /* 背景颜色 */
    color: #222;                   /* 字体颜色 */
```

```
    font-family: Helvetica;        /* 字体 */
    font-size: 14px;               /* 字体大小 */
    margin: 0;                     /* 外边距 */
    padding: 0;                    /* 内边距 */
}
```

（2）处理<header>中的<div>内容，它包含主要入口的链接（也就是 logo）和一级、二级站点导航。第一步是把 logo 链接的格式调整得像可以单击的标题栏，在此我们将下面的代码加入到文件 android.css 中。

```
#header h1 {
    margin: 0;
    padding: 0;
}
#header h1 a {
    background-color: #ccc;
    border-bottom: 1px solid #666;
    color: #222;
    display: block;
    font-size: 20px;
    font-weight: bold;
    padding: 10px 0;
    text-align: center;
    text-decoration: none;
}
```

（3）用同样的方式格式化一级和二级导航的<ul>元素。在此只需用通用的标签选择器(也就是#header ul)就够用了，而不必再设置标签<ID>，也就不必设置诸如下面的样式了。

- #header ul；
- #utility；
- #header ul；
- #nav。

此步骤的代码如下所示。

```
#header ul {
    list-style: none;
    margin: 10px;
    padding: 0;
}
#header ul li a {
    background-color: #FFFFFF;
    border: 1px solid #999999;
    color: #222222;
    display: block;
    font-size: 17px;
    font-weight: bold;
    margin-bottom: -1px;
    padding: 12px 10px;
    text-decoration: none;
}
```

（4）给 content 和 sidebar div 加点内边距，让文字到屏幕边缘之间空出点距离，代码如下所示。

```
#content, #sidebar {
    padding: 10px;
}
```

（5）接下来设置<footer>中内容的样式，<footer>里面的内容比较简单，我们只需将 display 设置为 none 即可，代码如下所示。

```
#footer {
    display: none;
}
```

此时上述代码在电脑中执行的效果如图 12-9 所示。

在 Android 中的执行效果如图 12-10 所示。

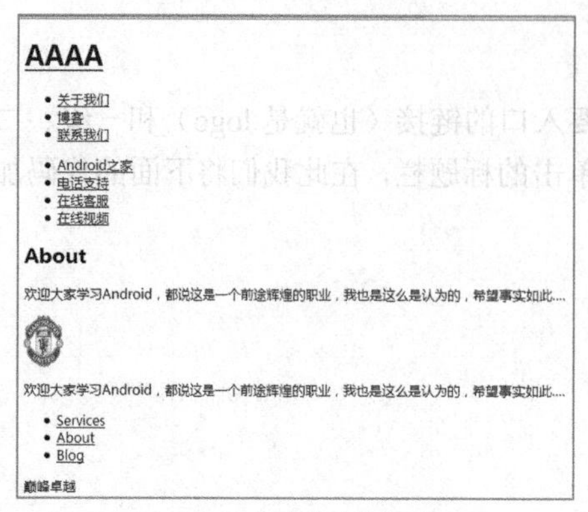

▲图 12-9　电脑中的执行效果

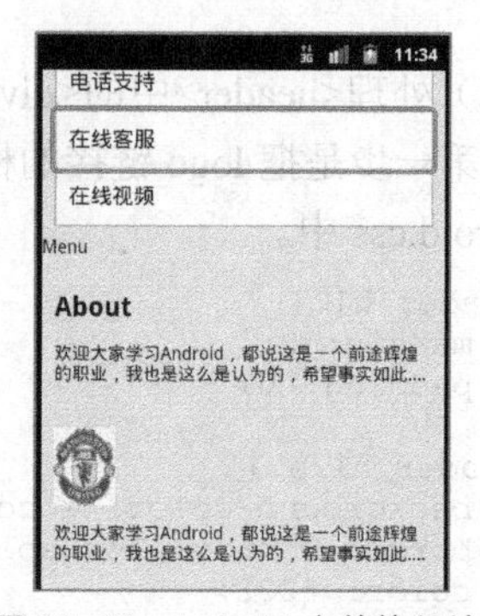

▲图 12-10　Android 中的执行效果

因为添加了自动缩放，并且添加了修饰 Menu 的样式，所以整个界面看上去“很美”。

12.2.2　添加视觉效果

为了使页面变得精彩，我们可以尝试加一些充满视觉效果的样式。

（1）给<header>文字加 lpx 向下的白色阴影，背景加上 CSS 渐变效果。具体代码如下所示。

```
#header h1 a {
    text-shadow: 0px 1px 1px #fff;
    background-image:  -webkit-gradient(linear,  left  top,  left  bottom,  from(#ccc),
to(#999));
}
```

对于上述代码有两点说明。

- text-shadow 声明：参数从左到右分别表示水平偏移、垂直偏移、模糊效果和颜色。在大多数情况下，可以将文字设置成上面代码中的数值，这在 Android 界面中的显示效果也不错。在大部分浏览器上，将模糊范围设置为 0px 也能看到效果。但 Andorid 要求模糊范围最少是 lpx，如果设置成 0px，则在 Android 设备上将显示不出来文字阴影。
- -webkit-gradient：功能是让浏览器在运行时产生一张渐变的图片。因此，可以把 CSS 渐变功能用在任何平常指定图片（如背景图片或者列表式图片）URL 的地方。参数从左到右的排列顺序分别是渐变类型（可以是 linear 或者 radial）、渐变起点（可以是 left top、left bottom、right top 或者 right bottom）、渐变终点、起点颜色、终点颜色。

> **注意**　在上述赋值时，不能颠倒描述渐变起点、终点常量（left top、left bottom、right top、right bottom）的水平和垂直顺序。也就是说 top left、bottom left、top right 和 bottom right 是不合法的值。

（2）给导航菜单加上圆角样式，代码如下所示。

```
#header ul li:first-child a {
    -webkit-border-top-left-radius: 8px;
    -webkit-border-top-right-radius: 8px;
}
#header ul li:last-child a {
    -webkit-border-bottom-left-radius: 8px;
    -webkit-border-bottom-right-radius: 8px;
}
```

上述代码使用-webkit-border- radius 属性描述角的方式，定义列表第一个元素的上两个角和最后一个元素的下两个角为以 8 像素为半径的圆角。此时在 Android 中的执行效果如图 12-11 所示。

此时会发现列表显示样式变为了圆角样式，整个外观显得更加圆滑和自然。

12.3 添加 JavaScript

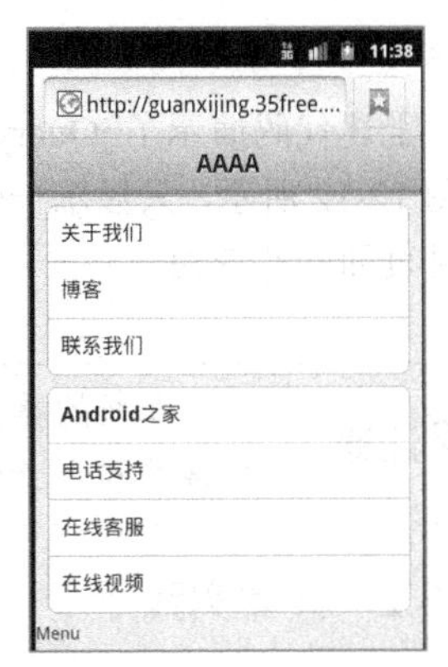

▲图 12-11　在 Android 中的执行效果

经过前面的步骤，一个基本的 HTML 页面就设计完成了，并且这个页面可以在 Android 手机上完美显示。为了使页面更加完美，接下来将详细讲解在上述页面中添加 JavaScript 行为特效的基本知识。

12.3.1　jQuery 框架介绍

jQuery 是继 Prototype 之后又一个优秀的 JavaScript 框架。它是轻量级的 JS 库（压缩后只有 21KB），它兼容 CSS3，还兼容各种浏览器。jQuery 使用户能更方便地处理 HTML documents、events，实现动画效果，并且方便地为网站提供 Ajax 交互。jQuery 还有一个比较大的优势是，它的文档说明很全，而且各种应用也说得很详细，同时还有许多成熟的插件可供选择。jQuery 能够使用户的 HTML 页面保持代码和 HTML 内容分离，也就是说，不用再在 HTML 里面插入一堆 JS 来调用命令了，只需定义 id 即可。

1. 语法

jQuery 的语法是为 HTML 元素的选取编制的，可以对元素执行某些操作。基础语法格式如下所示。

```
$(selector).action()
```

- 美元符号（$）：定义 jQuery。
- 选择符（selector）：“查询”和“查找”HTML 元素。
- jQuery 的 action()：执行对元素的操作。

例如下面的代码：

```
$(this).hide() //隐藏当前元素
$("p").hide()//隐藏所有段落
$("p.test").hide()//隐藏所有 class="test" 的段落
$("#test").hide()//隐藏所有 id="test" 的元素
```

2. 简单实用

接下来通过一段简单的代码来让读者认识 jQuery 的强大功能，具体代码如下。

```
<html>
<head>
<script type="text/javascript" src="/jquery/jquery.js"></script>
<script type="text/javascript">
$(document).ready(function(){
  $("button").click(function(){
    $("#test").hide();
  });
});
</script>
</head>
```

```
<body>
<h2>This is a heading</h2>
<p>This is a paragraph.</p>
<p id="test">This is another paragraph.</p>
<button type="button">Click me</button>
</body>

</html>
```

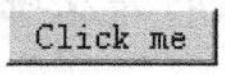

Click me

▲图 12-12　未被隐藏时

上述代码演示了 jQuery 中 hide()函数的基本用法，功能是隐藏当前的 HTML 元素。执行效果如图 12-12 所示，只显示一个按钮。单击这个按钮后，会隐藏所有的 HTML 元素，包括这个按钮，此时页面一片空白。

注意　本书的重点不是 jQuery，所以不再对其使用知识进行讲解。读者可以参阅其他书籍或网上教程来学习。

12.3.2　具体实践

继续我们的实践，接下来步骤的目的是给页面添加一些 JavaScript 元素，让页面支持一些基本的动态行为。在具体实现的时候，当然是基于了前面介绍的 jQuery 框架。具体要做的是，让用户控制是否显示页面顶部那个太引人注目的导航栏，这样用户可以只在想看的时候去看。实现流程如下所示。

（1）隐藏<header>中的 ul 元素，让它在用户第一次加载页面之后不会显示出来。具体代码如下所示。

```
#header ul. hide{
display: none;
)
```

（2）定义显示和隐藏菜单的按钮，代码如下所示。

```
<div class=" leftButton" onclick= "toggleMenu() ">Menu</div>
```

我们定一个带有 leftButton 类的 div 元素，放在 header 里面，下面是这个按钮的完整 CSS 样式代码。

```
#header div.leftButton {
   position: absolute;
   top: 7px;
   left: 6px;
   height: 30px;
   font-weight: bold;
   text-align: center;
   color: white;
   text-shadow: rgba (0,0,0,0.6) 0px -1px 1px;
   line-height: 28px;
   border-width: 0 8px 0 8px;
   -webkit-border-image: url(images/button.png) 0 8 0 8;
}
```

上述代码的具体说明如下。

- position: absolute：从顶部开始，设置 position 为 absolute，相当于把这个 div 元素从 HTML 文件流中去掉，从而可以设置自己的最上面和最左面的坐标。
- height: 30px：设置高度为 30px。
- font-weight: bold：定义文字格式为粗体，白色带有一点向下的阴影，在元素里居中显示。
- text-shadow: rgba：rgb(255，255，255)、rgb(100%，100%，l0096)格式和#FFFFFF 格式是一个原理，都是设置颜色值的。在 rgba()函数中，它的第 4 个参数用来定义 alpha 值（透明度），

取值范围从 0~1。其中 0 表示完全透明，1 表示完全不透明，0~1 的小数表示不同程度的半透明。

- line-height：把元素中的文字往下移动的距离，使之不会和上边框齐平。
- border-width 和-webkit-border-image：这两个属性一起决定把一张图片的一部分放入某一元素的边框中去。如果元素大小由于文字的增减而改变，图片会自动拉伸适应这样的变化。这一点其实非常棒，意味着只需要不多的图片、少量的工作、低带宽和更少的加载时间。
- border-width：让浏览器把元素的边框定位在距上 0px、距右 8px、距下 0px、距左 8px 的地方（4 个参数从上开始，以顺时针为序）。不需要指定边框的颜色和样式。边框宽度定义好之后，就要确定放进去的图片了。
- url(images/button.png) 0 8 0 8：5 个参数从左到右分别是图片的 URL、上边距、右边距、下边距、左边距（再一次，从上顺时针开始）。URL 可以是绝对（如 http://example.com/myBorderlmage.png）或者相对路径，后者是相对于样式表所在的位置的，而不是引用样式表的 HTML 页面的位置。

（3）在 HTML 文件中插入引入 JavaScript 的代码，将对 aaa.js 和 bbb.js 的引用写到 HTML 文件中。

```
<script type="text/javascript" src="aaa.js"></script>
<script type="text/javascript" src="bbb.js"></script>
```

在文件 bbb.js 中，我们编写一段 JavaScript 代码，这段代码的主要作用是让用户显示或者隐藏菜单。代码如下所示。

```
if (window.innerWidth && window.innerWidth <= 480) {
    $(document).ready(function(){
        $('#header ul').addClass('hide');
        $('#header').append('<div class="leftButton"
        onclick="toggleMenu()">Menu</div>');
    });
    function toggleMenu() {
        $('#header ul').toggleClass('hide');
        $('#header .leftButton').toggleClass('pressed');
    }
}
```

对上述代码的具体说明如下所示。

第 1 行：括号中的代码，表示当 Window 对象的 innerWidth 属性存在并且 innerWidth 小于等于 480px（这是大部分手机合理的最大宽度值）时才执行到内部。这一行保证只有当用户用 Android 手机或者类似大小的设备访问这个页面时，上述代码才会执行。

第 2 行：使用了函数 document ready，此函数是“网页加载完成”函数。这段代码的功能是设置当网页加载完成之后才运行里面的代码。

第 3 行：使用了典型的 jQuery 代码，目的是选择 header 中的<ul>元素并且往其中添加 hide 类开始。

此处的 hide 前面 CSS 文件中的选择器，这行代码执行的效果是隐藏 header 的 ul 元素。

第 4 行：此处是给 header 添加按钮的地方，目的是我们可以显示和隐藏菜单。

第 8 行：函数 toggleMenu()用 jQuery 的 toggleClass()函数来添加或删除所选择对象中的某个类。这里应用了 header 的 ul 里的 hide 类。

第 9 行：在 header 的 leftButton 里添加或删除 pressed 类，类 pressed 的具体代码如下所示。

```
#header div.pressed {
    -webkit-border-image: url(images/button_clicked.png) 0 8 0 8;
}
```

通过上述样式和 JavaScript 行为设置以后，Menu 开始动起来了，默认是隐藏了链接内容，单击之后才会在下方显示链接信息，如图 12-13 所示。

12.4 使用 Ajax

▲图 12-13　下方显示信息

Ajax 是指异步 JavaScript 及 XML，是 Asynchronous JavaScript And XML 的缩写。Ajax 不是一种新的编程语言，而是一种用于创建更好、更快以及交互性更强的 Web 应用程序的技术。通过使用 Ajax，JavaScript 可使用 XMLHttpRequest 对象来直接与服务器进行通信。通过这个对象，JavaScript 可在不重载页面的情况与 Web 服务器交换数据。

Ajax 在浏览器与 Web 服务器之间使用异步数据传输（HTTP 请求），这样就可使网页从服务器请求少量的信息，而不是整个页面。

既然 Ajax 和 JavaScript 关系这么密切，那么就很有必要在开发的 Android 网页中使用 Ajax，这样可以给用户带来更精彩的体验。

实战演练——在 Android 系统中开发一个 Ajax 网页

本节将以一个具体例子讲解 Ajax 在 Android 网页中的简单应用。

题目	目的	源码路径
实例 12-2	在 Android 系统中开发一个 Ajax 网页	\codes\12\gaoji\

（1）编写一个简单的 HTML 文件，命名为 android.html，具体代码如下所示。

```
<html>
   <head>
      <title>Jonathan Stark</title>
      <meta name="viewport" content="user-scalable=no, width=device-width" />
      <link  rel="stylesheet"  href="android.css"  type="text/css" media="screen" />
      <script type="text/javascript" src="jquery.js"></script>
      <script type="text/javascript" src="android.js"></script>
   </head>
   <body>
      <div id="header"><h1>AAA</h1></div>
      <div id="container"></div>
   </body>
</html>
```

（2）编写样式文件 android.css，主要代码如下所示。

```
body {
   background-color: #ddd;
   color: #222;
   font-family: Helvetica;
   font-size: 14px;
   margin: 0;
   padding: 0;
}
#header {
   background-color: #ccc;
   background-image:  -webkit-gradient(linear,  left  top,  left  bottom,  from(#ccc),
to(#999));
   border-color: #666;
   border-style: solid;
   border-width: 0 0 1px 0;
}
#header h1 {
   color: #222;
   font-size: 20px;
   font-weight: bold;
   margin: 0 auto;
   padding: 10px 0;
```

```
    text-align: center;
    text-shadow: 0px 1px 1px #fff;
    max-width: 160px;
    overflow: hidden;
    white-space: nowrap;
    text-overflow: ellipsis;
}
ul {
    list-style: none;
    margin: 10px;
    padding: 0;
}
ul li a {
    background-color: #FFF;
    border: 1px solid #999;
    color: #222;
    display: block;
    font-size: 17px;
    font-weight: bold;
    margin-bottom: -1px;
    padding: 12px 10px;
    text-decoration: none;
}
ul li:first-child a {
    -webkit-border-top-left-radius: 8px;
    -webkit-border-top-right-radius: 8px;
}
ul li:last-child a {
    -webkit-border-bottom-left-radius: 8px;
    -webkit-border-bottom-right-radius: 8px;
}
ul li a:active, ul li a:hover {
    background-color: blue;
    color: white;
}
#content {
    padding: 10px;
    text-shadow: 0px 1px 1px #fff;
}
#content a {
    color: blue;
}
```

上述样式文件在本章的前面内容中都进行了详细讲解，相信广大读者一读便懂。

（3）继续编写如下 HTML 文件。

- about.html。
- blog.html。
- contact.html。
- consulting-clinic.html。
- index.html。

为了简单起见，它们的代码都是一样的，具体代码如下所示。

```
<html>
    <head>
        <title>AAA</title>
        <meta name="viewport" content="user-scalable=no, width=device-width" />
        <link rel="stylesheet" type="text/css" href="android.css" media="only screen and 
(max-width: 480px)" />
        <link rel="stylesheet" type="text/css" href="desktop.css" media="screen and 
(min-width: 481px)" />
        <!--[if IE]>
            <link rel="stylesheet" type="text/css" href="explorer.css" media="all" />
        <![endif]-->
        <script type="text/javascript" src="jquery.js"></script>
        <script type="text/javascript" src="android.js"></script>
```

```
    <meta http-equiv="Content-Type" content="text/html; charset=gb2312">
    </head>
    <body>
        <div id="container">
      <div id="header">
                <h1><a href="./">AAAA</a></h1>
                <div id="utility">
                    <ul>
                        <li><a href="about.html">AAA</a></li>
                        <li><a href="blog.html">BBB</a></li>
                        <li><a href="contact.html">CCC</a></li>
                    </ul>
                </div>
                <div id="nav">
                    <ul>
                        <li><a href="bbb.html">DDD</a></li>
                        <li><a href="ccc.html">EEE</a></li>
                        <li><a href="ddd.html">FFF</a></li>
                        <li><a href="http://www.aaa.com">GGG</a></li>
                    </ul>
                </div>
            </div>
            <div id="content">
                <h2>About</h2>
                <p>欢迎大家学习 Android，都说这是一个前途辉煌的职业，我也是这么是认为的，希望事实如
此....</p>
            </div>
            <div id="sidebar">
                <img alt="好图片" src="aaa.png">
                <p>欢迎大家学习 Android，都说这是一个前途辉煌的职业，我也是这么是认为的，希望事实如
此....</p>
            </div>
            <div id="footer">
                <ul>
                    <li><a href="bbb.html">Services</a></li>
                    <li><a href="ccc.html">About</a></li>
                    <li><a href="ddd.html">Blog</a></li>
                </ul>
                <p class="subtle">巅峰卓越</p>
            </div>
        </div>
    </body>
</html>
```

（4）编写 JavaScript 文件 android.js，在此文件中使用了 Ajax 技术。具体代码如下所示。

```
var hist = [];
var startUrl = 'index.html';
$(document).ready(function(){
    loadPage(startUrl);
});
function loadPage(url) {
    $('body').append('<div id="progress">wait for a moment...</div>');
    scrollTo(0,0);
    if (url == startUrl) {
        var element = ' #header ul';
    } else {
        var element = ' #content';
    }
    $('#container').load(url + element, function(){
        var title = $('h2').html() || '你好!';
        $('h1').html(title);
        $('h2').remove();
        $('.leftButton').remove();
        hist.unshift({'url':url, 'title':title});
        if (hist.length > 1) {
            $('#header').append('<div
            class="leftButton">'+hist[1].title+'</div>');
            $('#header .leftButton').click(function(e){
                $(e.target).addClass('clicked');
```

```
                var thisPage = hist.shift();
                var previousPage = hist.shift();
                loadPage(previousPage.url);
            });
        }
        $('#container a').click(function(e){
            var url = e.target.href;
            if (url.match(/aaa.com/)) {
                e.preventDefault();
                loadPage(url);
            }
        });
        $('#progress').remove();
    });
}
```

对于上述代码的具体说明如下所示。

- 第 1~5 行：使用了 jQuery 的 document ready 函数，目的是使浏览器在加载页面完成后运行 loadPage()函数。
- 剩余的行数是是函数 loadPage(url)部分，此函数的功能是载入地址为 URL 的网页，但是在载入时使用了 Ajax 技术特效。具体说明如下所示。
- 第 7 行：为了使 Ajax 效果能够显示出来，在 loadPage()函数启动时，在 body 中增加一个正在加载的 div，然后在 hist.unshift 结束的时候删除。
- 第 9~13 行：如果没有在调用函数的时候指定 url（如第一次在 document ready 函数中调用），url 将会是 undefined，这一行会被执行。这一行和下一行是 jQuery 的 load()函数样例。load()函数在给页面增加简单快速的 Ajax 实用性上非常出色。如果把这一行翻译出来，它的意思是“从 index.html 中找出所有#header 中的 ul 元素，并把它们插入当前页面的#container 元素中，完成之后再调用 hij ackLinks()函数”。当 url 参数有值的时候，执行第 12 行。从效果上看，“从传给 loadPage()函数的 url 中得到#content 元素，并把它们插入当前页面的#container 元素，完成之后调用 hij ackLinks()函数。

（5）最后的修饰。

为了能使设计的页面体现出 Ajax 效果，我们还需要继续设置样式文件 android.css。

- 为了能够显示出“加载中...”的样式，需要在 android.css 中添加如下对应的修饰代码。

```
#progress {
    -webkit-border-radius: 10px;
    background-color: rgba(0,0,0,.7);
    color: white;
    font-size: 18px;
    font-weight: bold;
    height: 80px;
    left: 60px;
    line-height: 80px;
    margin: 0 auto;
    position: absolute;
    text-align: center;
    top: 120px;
    width: 200px;
}
```

- 用边框图片修饰返回按钮，并清除默认的单击后高亮显示的效果，在 android.css 中添加如下修饰代码。

```
#header div.leftButton {
    font-weight: bold;
    text-align: center;
    line-height: 28px;
    color: white;
    text-shadow: 0px -1px 1px rgba(0,0,0,0.6);
```

```
    position: absolute;
    top: 7px;
    left: 6px;
    max-width: 50px;
    white-space: nowrap;
    overflow: hidden;
    text-overflow: ellipsis;
    border-width: 0 8px 0 14px;
    -webkit-border-image: url(images/back_button.png) 0 8 0 14;
    -webkit-tap-highlight-color: rgba(0,0,0,0);
}
```

此时在 Android 中执行上述文件，执行后先加载页面，在加载时会显示“wait for a moment...”的提示，如图 12-14 所示。在滑动选择某个链接的时候，被选中的会有不同的颜色，如图 12-15 所示。

而文件 android.html 的执行效果和其他文件相比稍有不同，如图 12-16 所示。这是因为在编码时有意为之。

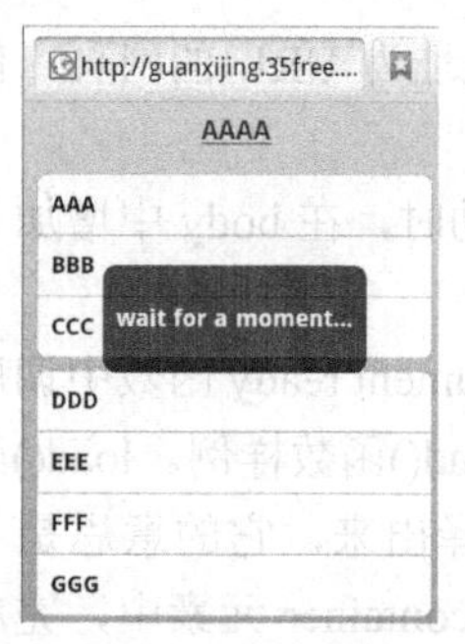

▲图 12-14　提示特效

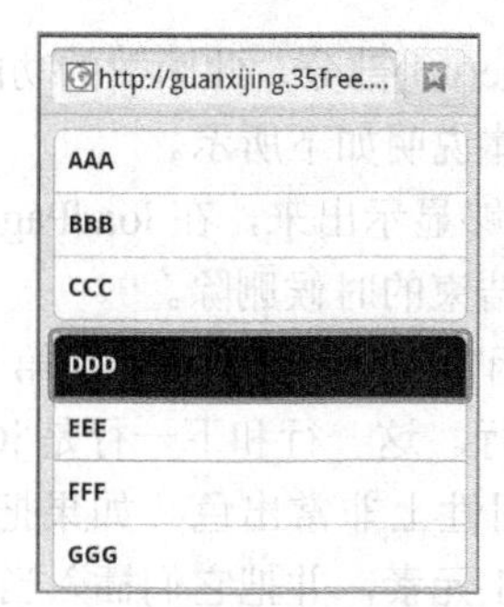

▲图 12-15　被选择的不同颜色

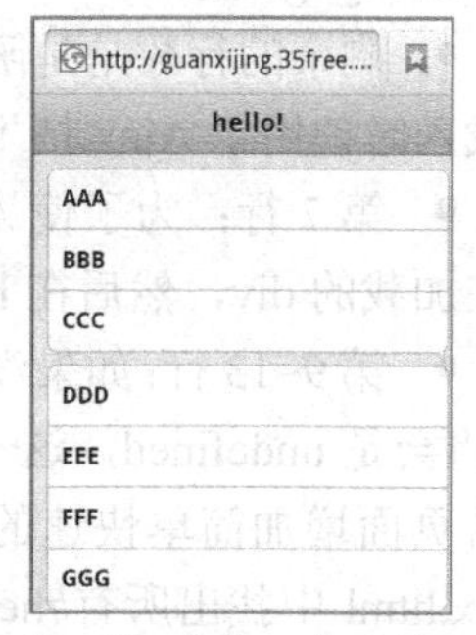

▲图 12-16　文件 android.html

12.5 让网页动起来

人就是永远没有满足，我们前面实现的网页表面看来已经够绚丽了，既有特效也有 Ajax 体验。但是本节将会为其加上动画的效果，目的就是让我们的网页在 Android 手机上动起来。

12.5.1　一个开源框架——JQTouch

JQTouch 是提供一系列功能为手机浏览器 WebKit 服务的 jQuery 插件。目前，随着 Android 手机、iPhone、iTouch、iPad 等产品的流行，越来越多的开发者想开发相关的应用程序。但目前，苹果只提供了 Objective-C 语言去编写 iPhone 应用程序。但 C 语言本身是不容易学习的语言，跟开发 Web 网站比起来更加复杂。但是，这一切将发生变化，因为 jQuery 的工具 JQTouch 出现了。

使用 JQTouch 使构建基于 Android 和 iPhone 的应用变得更加容易，只需要一点 HTML、CSS 和一些 JavaScript 知识，就能够创建可在 WebKit 浏览器上（iPhone、Android、Palm Pre）运行的手机应用程序。

读者可以去其官方地址 http://www.jqtouch.com/下载资源，因为是开源的，所以下载后可以直接使用。

12.5.2　实战演练——在 Android 系统中使用 JQTouch 框架开发网页

接下来将以一个具体实例来讲解使用 JQTouch 框架开发适应于 Android 的动画网页。

题目	目的	源码路径
实例 12-3	在 Android 系统中使用 JQTouch 框架开发网页	\codes\12\donghua\

首先编写一个简单的 HTML 文件，命名为 index.html，具体代码如下所示。

```
<!DOCTYPE html>
<html>
    <head>
        <title>AAA</title>
        <link type="text/css" rel="stylesheet" media="screen" href="jqtouch/jqtouch.
css">
        <link type="text/css" rel="stylesheet" media="screen" href="themes/jqt/theme.
css">
        <script type="text/javascript" src="jqtouch/jquery.js"></script>
        <script type="text/javascript" src="jqtouch/jqtouch.js"></script>
        <script type="text/javascript">
            var jQT = $.jQTouch({
                icon: 'kilo.png'
            });
        </script>
    </head>
    <body>
        <div id="home">
            <div class="toolbar">
                <h1>Data</h1>
                <a class="button flip" href="#settings">Settings</a>
            </div>
            <ul class="edgetoedge">
                <li class="arrow"><a href="#dates">Dates</a></li>
                <li class="arrow"><a href="#about">About</a></li>
            </ul>
        </div>
        <div id="about">
            <div class="toolbar">
                <h1>About</h1>
                <a class="button back" href="#">Back</a>
            </div>
            <div>
                <p>Choose you food.</p>
            </div>
        </div>
        <div id="dates">
            <div class="toolbar">
                <h1>Time</h1>
                <a class="button back" href="#">Back</a>
            </div>
            <ul class="edgetoedge">
                <li class="arrow"><a id="0" href="#date">AAA</a></li>
                <li class="arrow"><a id="1" href="#date">BBB</a></li>
                <li class="arrow"><a id="2" href="#date">CCC</a></li>
                <li class="arrow"><a id="3" href="#date">DDD</a></li>
                <li class="arrow"><a id="4" href="#date">EEE</a></li>
                <li class="arrow"><a id="5" href="#date">FFF</a></li>
            </ul>
        </div>
        <div id="date">
            <div class="toolbar">
                <h1>Time</h1>
                <a class="button back" href="#">Back</a>
                <a class="button slideup" href="#createEntry">+</a>
            </div>
            <ul class="edgetoedge">
                <li id="entryTemplate" class="entry" style="display:none">
                    <span class="label">Label</span> <span
                    class="calories">000</span> <span class="delete">Delete</span>
                </li>
            </ul>
        </div>
        <div id="createEntry">
            <div class="toolbar">
                <h1>WHY</h1>
                <a class="button cancel" href="#">Cancel</a>
```

```
            </div>
            <form method="post">
                <ul class="rounded">
                    <li><input type="text" placeholder="Food" name="food" id="food"
autocapitalize="off" autocorrect="off" autocomplete="off" /></li>
                    <li><input type="text" placeholder="Calories" name="calories"
id="calories" autocapitalize="off" autocorrect="off" autocomplete="off" /></li>
                    <li><input type="submit" class="submit" name="waction" value="Save
Entry" /></li>
                </ul>
            </form>
        </div>
        <div id="settings">
            <div class="toolbar">
                <h1>Control</h1>
                <a class="button cancel" href="#">Cancel</a>
            </div>
            <form method="post">
                <ul class="rounded">
                    <li><input placeholder="Age" type="text" name="age" id="age" /></li>
                    <li><input placeholder="Weight" type="text" name="weight" id="weight"
/></li>
                    <li><input placeholder="Budget" type="text" name="budget" id="budget"
/></li>
                    <li><input type="submit" class="submit" name="waction" value="Save
Changes" /></li>
                </ul>
            </form>
        </div>
    </body>
</html>
```

接下来对上述代码进行详细讲解。

（1）通过如下代码启用了 JQTouch 和 jQuery。

```
<script type="text/javascript" src="jqtouch/jquery.js"></script>
<script type="text/javascript" src="jqtouch/jqtouch.js"></script>
```

（2）实现 home 面板，具体代码如下。

```
        <div id="home">
            <div class="toolbar">
                <h1>Data</h1>
                <a class="button flip" href="#settings">Settings</a>
            </div>
            <ul class="edgetoedge">
                <li class="arrow"><a href="#dates">Dates</a></li>
                <li class="arrow"><a href="#about">About</a></li>
            </ul>
        </div>
```

对应的效果如图 12-17 所示。

▲图 12-17　home 面板

（3）实现 about 面板，具体代码如下。

```
        <div id="about">
            <div class="toolbar">
                <h1>About</h1>
                <a class="button back" href="#">Back</a>
            </div>
            <div>
                <p>Choose you food.</p>
            </div>
        </div>
```

对应的效果如图 12-18 所示。

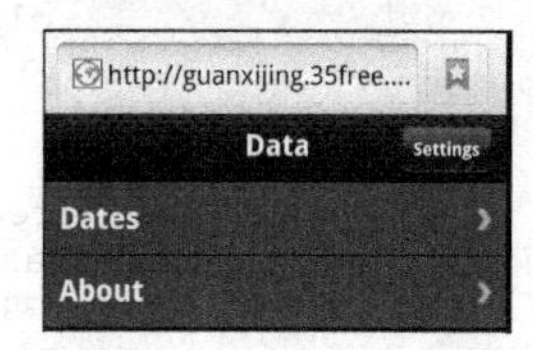

▲图 12-18　about 面板

（4）实现 dates 面板，具体代码如下。

```
        <div id="dates">
            <div class="toolbar">
```

```
            <h1>Time</h1>
            <a class="button back" href="#">Back</a>
        </div>
        <ul class="edgetoedge">
            <li class="arrow"><a id="0" href="#date">AAA</a></li>
            <li class="arrow"><a id="1" href="#date">BBB</a></li>
            <li class="arrow"><a id="2" href="#date">CCC</a></li>
            <li class="arrow"><a id="3" href="#date">DDD</a></li>
            <li class="arrow"><a id="4" href="#date">EEE</a></li>
            <li class="arrow"><a id="5" href="#date">FFF</a></li>
        </ul>
    </div>
```

对应的效果如图 12-19 所示。

（5）实现 date 面板，具体代码如下。

```
    <div id="date">
        <div class="toolbar">
            <h1>Time</h1>
            <a class="button back" href="#">Back</a>
            <a class="button slideup" href="#createEntry">+</a>
        </div>
        <ul class="edgetoedge">
            <li id="entryTemplate" class="entry" style="display:none">
                <span  class="label">Label</span> <span class="calories">000</span>
<span class="delete">Delete</span>
            </li>
        </ul>
    </div>
```

（6）实现 settings 面板，具体代码如下。

```
    <div id="settings">
        <div class="toolbar">
            <h1>Control</h1>
            <a class="button cancel" href="#">Cancel</a>
        </div>
        <form method="post">
            <ul class="rounded">
                <li><input  placeholder="Age"  type="text"  name="age" id="age" /></li>
                <li><input placeholder="Weight" type="text" name="weight" id="weight"
/></li>
                <li><input placeholder="Budget" type="text" name="budget" id="budget"
/></li>
                <li><input  type="submit"  class="submit"  name="waction"  value="Save
Changes" /></li>
            </ul>
        </form>
    </div>
```

对应的效果如图 12-20 所示。

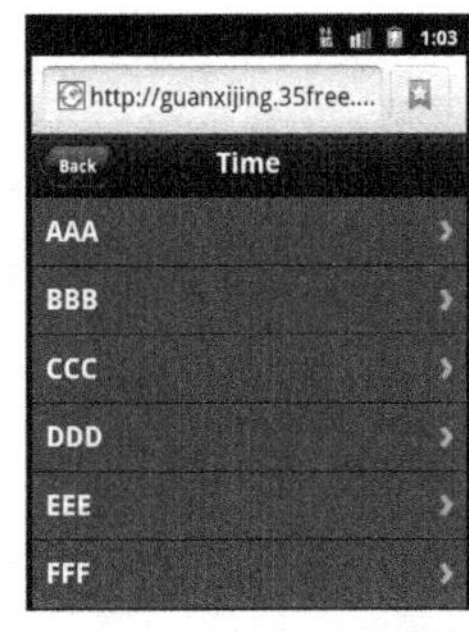

▲图 12-19　dates 面板

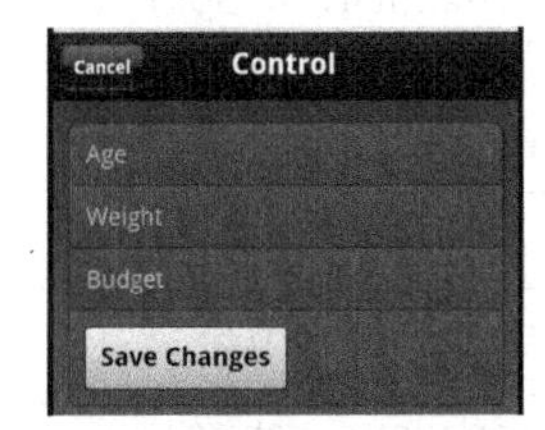

▲图 12-20　settings 面板

接下来看样式文件 theme.css，此样式文件非常简单，功能是对 index.html 中的元素进行修饰。

其实图 12-17、图 12-18、图 12-19 和图 12-20 都是经过 theme.css 修饰之后的显示效果。主要代码如下所示。

```
body {
   background: #000;
   color: #ddd;
}
#jqt > * {
   background: -webkit-gradient(linear, 0% 0%, 0% 100%, from(#333), to(#5e5e65));
}
#jqt h1, #jqt h2 {
   font: bold 18px "Helvetica Neue", Helvetica;
   text-shadow: rgba(255,255,255,.2) 0 1px 1px;
   color: #000;
   margin: 10px 20px 5px;
}
/* @group Toolbar */
#jqt .toolbar {
   -webkit-box-sizing: border-box;
   border-bottom: 1px solid #000;
   padding: 10px;
   height: 45px;
   background: url(img/toolbar.png) #000000 repeat-x;
   position: relative;
}
#jqt .black-translucent .toolbar {
   margin-top: 20px;
}
#jqt .toolbar > h1 {
   position: absolute;
   overflow: hidden;
   left: 50%;
   top: 10px;
   line-height: 1em;
   margin: 1px 0 0 -75px;
   height: 40px;
   font-size: 20px;
   width: 150px;
   font-weight: bold;
   text-shadow: rgba(0,0,0,1) 0 -1px 1px;
   text-align: center;
   text-overflow: ellipsis;
   white-space: nowrap;
   color: #fff;
}
#jqt.landscape .toolbar > h1 {
   margin-left: -125px;
   width: 250px;
}
#jqt .button, #jqt .back, #jqt .cancel, #jqt .add {
   position: absolute;
   overflow: hidden;
   top: 8px;
   right: 10px;
   margin: 0;
   border-width: 0 5px;
   padding: 0 3px;
   width: auto;
   height: 30px;
   line-height: 30px;
   font-family: inherit;
   font-size: 12px;
   font-weight: bold;
   color: #fff;
   text-shadow: rgba(0, 0, 0, 0.5) 0px -1px 0;
   text-overflow: ellipsis;
   text-decoration: none;
   white-space: nowrap;
   background: none;
```

```
    -webkit-border-image: url(img/button.png) 0 5 0 5;
}
#jqt .button.active, #jqt .cancel.active, #jqt .add.active {
    -webkit-border-image: url(img/button_clicked.png) 0 5 0 5;
    color: #aaa;
}
#jqt .blueButton {
    -webkit-border-image: url(img/blueButton.png) 0 5 0 5;
    border-width: 0 5px;
}
#jqt .back {
    left: 6px;
    right: auto;
    padding: 0;
    max-width: 55px;
    border-width: 0 8px 0 14px;
    -webkit-border-image: url(img/back_button.png) 0 8 0 14;
}
#jqt .back.active {
    -webkit-border-image: url(img/back_button_clicked.png) 0 8 0 14;
}
#jqt .leftButton, #jqt .cancel {
    left: 6px;
    right: auto;
}
#jqt .add {
    font-size: 24px;
    line-height: 24px;
    font-weight: bold;
}
#jqt .whiteButton,
#jqt .grayButton, #jqt .redButton, #jqt .blueButton, #jqt .greenButton {
    display: block;
    border-width: 0 12px;
    padding: 10px;
    text-align: center;
    font-size: 20px;
    font-weight: bold;
    text-decoration: inherit;
    color: inherit;
}

#jqt   .whiteButton.active,   #jqt   .grayButton.active,   #jqt   .redButton.active,
#jqt .blueButton.active, #jqt .greenButton.active,
#jqt   .whiteButton:active,   #jqt   .grayButton:active,   #jqt   .redButton:active,
#jqt .blueButton:active, #jqt .greenButton:active {
    -webkit-border-image: url(img/activeButton.png) 0 12 0 12;
}
#jqt .whiteButton {
    -webkit-border-image: url(img/whiteButton.png) 0 12 0 12;
    text-shadow: rgba(255, 255, 255, 0.7) 0 1px 0;
}
#jqt .grayButton {
    -webkit-border-image: url(img/grayButton.png) 0 12 0 12;
    color: #FFFFFF;
}
```

上述代码只是 theme.css 的五分之一，具体内容请读者参考本书附带光盘中的源码。因为里面的内容都在本书前面的知识中讲解过，所以在此不再占用篇幅。

到此为止，我们的页面就能够动起来了，每一个页面的切换都具有了动画效果，如图 12-21 所示。

书的截图体现不出动画效果，建议读者在模拟器上亲自实践体验。

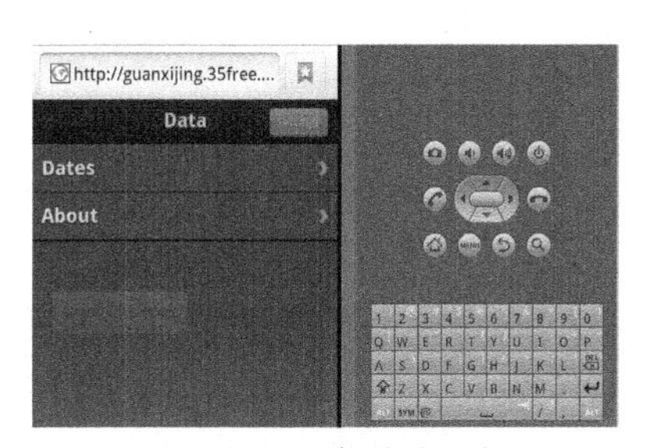

▲图 12-21　闪烁的动画效果

注意

其实最后的步骤就是使用 JQTouch 了，因为是开源部分，所以无需笔者耗费篇幅，笔者做的工作只是设置了里面的几个属性而已。文件 jqtouch.js 比较长，读者想理解 JQTouch 开源代码的各个部分，可以参阅相关资料。如果个人的 JavaScript、Ajax、CSS、HTML 水平很不错，建议下载开源代码自己分析。网上也有很多参考资料，现在比较著名的是 LUPA 社区中的在线分析教程。URL 地址如下：

http://code.lupaworld.com/code.php?mod=list&itemid=39&path=./kissy_1.1.7/

此教程界面清新，左侧是导航，十分便于我们的浏览，如图 12-22 所示。

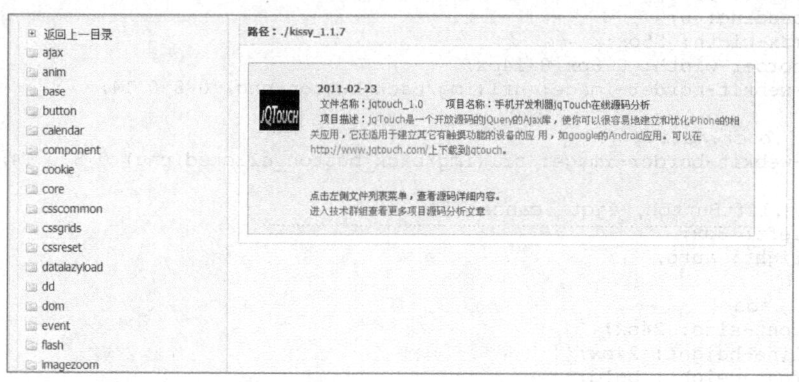

▲图 12-22　JQTouch 在线源码分析

第 13 章　jQuery Mobile 基础

本书上一章依次讲解了在 Android 平台中使用 HTML、CSS 和 jQuery Mobile 技术开发移动网页的方法。其中 HTML 和 CSS 技术已经在本书的前面章节中进行了讲解，而 jQuery Mobile 对广大读者来说是一门陌生的技术。其实 jQuery Mobile 就是本书前面讲解的 JavaScript 技术的升级，它不仅给主流移动平台带来 jQuery 核心库，而且发布一个完整统一的 jQuery 移动 UI 框架，支持全球主流的移动平台。当前的移动 Web 需要这个跨浏览器的框架 jQuery Mobile，能够让程序员开发出真正的移动 Web 网站。本章将详细讲解在 Android 平台中使用 jQuery Mobile 技术的基本知识，为读者步入本书后面知识的学习打下基础。

13.1 jQuery Mobile 简介

jQuery Mobile 是 jQuery 在手机上和平板设备上的版本，本节将详细讲解 jQuery 的基本知识和特点，为读者步入本书后面知识的学习打下基础。

13.1.1 jQuery 介绍

jQuery 是继 Prototype 之后又一个优秀的 JavaScript 框架。它是轻量级的 JS 库，它兼容 CSS3，还兼容各种浏览器（IE 6.0+，FF 1.5+，Safari 2.0+，Opera 9.0+），jQuery 2.0 及后续版本将不再支持 IE6/7/8 浏览器。jQuery 使用户能更方便地处理 HTML documents、events，实现动画效果，并且方便地为网站提供 Ajax 交互。jQuery 还有一个比较大的优势是，它的文档说明很全，而且各种应用也说得很详细，同时还有许多成熟的插件可供选择。jQuery 能够使用户的 HTML 页面保持代码和 HTML 内容分离，也就是说，不用再在 HTML 里面插入一堆 JS 来调用命令了，只需定义 id 即可。

jQuery 是一个兼容多浏览器的 JavaScript 库，核心理念是 write less,do more（写的更少，做的更多）。jQuery 在 2006 年 1 月由美国人 John Resig 在纽约的 BarCamp 发布，吸引了来自世界各地的众多 JavaScript 高手加入，由 Dave Methvin 率领团队进行开发。如今，jQuery 已经成为最流行的 JavaScript 库，在世界前 10000 个访问最多的网站中，有超过 55%在使用 jQuery。

jQuery 是免费、开源的，使用 MIT 许可协议。jQuery 的语法设计可以使开发者更加便捷，例如操作文档对象，选择 DOM 元素，制作动画效果，事件处理，使用 Ajax 以及其他功能。除此以外，jQuery 提供 API 让开发者编写插件。其模块化的使用方式使开发者可以很轻松地开发出功能强大的静态或动态网页。

jQuery 的特点如下所示：

- 动态特效；
- Ajax；
- 通过插件来扩展；

- 方便的工具，例如浏览器版本判断；
- 渐进增强；
- 链式调用；
- 多浏览器支持，支持 Internet Explorer 6.0+、Opera 9.0+、Firefox 2+、Safari 2.0+、Chrome 1.0+（在 2.0.0 中取消了对 Internet Explorer6、7、8 的支持）。

13.1.2　jQuery Mobile 的特点

到目前为止，jQuery 驱动着 Internet 上的大量网站，在浏览器中提供动态用户体验，促使传统桌面应用程序越来越少。现在，主流移动平台上的浏览器功能都赶上了桌面浏览器，因此 jQuery 团队引入了 jQuery Mobile（简称为 JQM）。jQuery Mobile 的使命是向所有主流移动浏览器提供一种统一体验，使整个 Internet 上的内容更加丰富。

jQuery Mobile 的目标是在一个统一的 UI 中交付超级 JavaScript 功能，跨最流行的智能手机和平板电脑设备工作。与 jQuery 一样，jQuery Mobile 是一个在 Internet 上直接托管、免费可用的开源代码基础。事实上，当 jQuery Mobile 致力于统一和优化这个代码基时，jQuery 核心库受到了极大关注。这种关注充分说明，移动浏览器技术在极短的时间内取得了多么大的发展。

与 jQuery 核心库一样，开发计算机上不需要安装任何东西，只需将各种*.js 和*.css 文件直接包含到 Web 页面中即可。这样，jQuery Mobile 的功能就可以供设计者们和开发者们随时使用。

jQuery Mobile 的基本特点如下所示。

（1）一般简单性

此框架简单易用。页面开发主要使用标记，无需或仅需很少 JavaScript。

（2）持续增强和优雅降级

尽管 jQuery Mobile 利用最新的 HTML5、CSS3 和 JavaScript，但并非所有移动设备都提供这样的支持。jQuery Mobile 的哲学是同时支持高端和低端设备，如那些没有 JavaScript 支持的设备，尽量提供最好的体验。

（3）访问能力（Accessibility）

jQuery Mobile 在设计时考虑了访问能力，它拥有 Accessible Rich Internet Applications (WAI-ARIA)支持，以帮助使用辅助技术的残障人士访问 Web 页面。

（4）小规模

jQuery Mobile 框架的整体大小比较小，JavaScript 库大小为 12KB，CSS 大小为 6KB，还包括一些图标。

（5）主题设置

此框架还提供一个主题系统，允许提供自己的应用程序样式。

13.1.3　对浏览器的支持

虽然在移动设备浏览器支持方面取得了长足的进步，但是并非所有移动设备都支持 HTML5、CSS3 和 JavaScript。这个领域是 jQuery Mobile 的持续增强和优雅降级支持发挥作用的地方。jQuery Mobile 同时支持高端和低端设备，如那些没有 JavaScript 支持的设备。持续增强（Progressive Enhancement）包含如下所示的核心原则。

- 所有浏览器都应该能够访问全部基础内容。
- 所有浏览器都应该能够访问全部基础功能。
- 增强的布局由外部链接的 CSS 提供。
- 增强的行为由外部链接的 JavaScript 提供。

- 终端用户浏览器偏好应受到尊重。
- 所有基本内容应该（按照设计）在基础设备上进行渲染，而更高级的平台和浏览器将使用额外的、外部链接的 JavaScript 和 CSS 持续增强。

目前 jQuery Mobile 支持如下所示的移动平台。

- Apple iOS：iPhone、iPod Touch、iPad（所有版本）。
- Android：所有设备（所有版本）。
- Blackberry Torch（版本 6）。
- Palm WebOS Pre、Pixi。
- Nokia N900（进程中）。

13.1.4 jQuery Mobile 的 4 个突出特性

本章前面已经讲解了 jQuery Mobile 的基本特点。其实在 jQuery Mobile 的众多特点中，有非常重要的 4 个特性：跨平台的 UI、简化标记的驱动开发、渐进式增强、响应式设计。本节将简要讲解上述 4 个特性。

（1）跨所有移动平台的统一 UI

通过采用 HTML5 和 CSS3 标准，jQuery Mobile 提供了一个统一的用户界面（User Interface，UI）。移动用户希望它们的用户体验能够在所有平台上保持一致。然而，通过比较 iPhone 和 Android 上的本地 Twitter App 可发现用户体验并不统一。jQuery Mobile 应用程序解决了这种不一致性，提供给用户一个与平台无关的用户体验，而这正是用户熟悉和期待的。此外，统一的用户界面还会提供一致的文档、屏幕截图和培训，而不管终端用户使用的是什么平台。

jQuery Mobile 也有助于消除为特定设备自定义 UI 的需求。一个 jQuery Mobile 代码库可以在所有支持的平台上呈现出一致性，而且无需进行自定义。与为每个 OS 提供一个本地代码库的组织结构相比，这是一种费用非常低廉的解决方案。而且就支持和维护成本而言，从长远来看支持一个单一的代码库也颇具成本效益。

（2）简化的标记驱动的开发

jQuery Mobile 页面是使用 HTML5 标记设计（Styled）的。除了在 HTML5 中新引入的自定义数据属性之外，其他一切东西对 Web 设计人员和开发人员来讲都很熟悉。如果你已经很熟悉 HTML5，则转移到 jQuery Mobile 也应算是一个相对无缝的转换。就 JavaScript 和 CSS 而言，jQuery Mobile 在默认情况下承担了所有负担。但是在有些情况下，仍然需要依赖 JavaScript 来创建更为动态的或增强的页面体验。除了设计页面时用到的标记具有简洁性之外，jQuery Mobile 还可以迅速地原型化用户界面。我们可以迅速创建功能页面、转换和插件（Widget）的静态工作流，从而通过最少的付出让用户看到活生生的原型。

（3）渐进式增强

jQuery Mobile 可以为一个设备呈现出可能是最优雅的用户体验，jQuery Mobile 可以呈现出应用了完整 CSS3 样式的控件。尽管从视觉上来讲，C 级的体验并不是最吸引人的，但是它可以演示平稳降级的有效性。随着用户升级到较新的设备，C 级浏览器市场最终会减小。但是在 C 级浏览器退出市场之前，当运行 jQuery Mobile App 时，仍然可以得到实用的用户体验。

A 级浏览器支持媒体查询，而且可以从 jQuery Mobile CSS3 样式（Styling）中呈现出可能是最佳的体验。2C 级浏览器不支持媒体查询，也无法从 jQuery Mobile 中接收样式增强。

本地应用程序并不能总是平稳地降级。在大多数情况下，如果设备不支持本地 App 特性（Feature），甚至不能下载 App。例如，iOS 5.0 中的一个新特性是 iCloud 存储，这个新特性使多个设备间的数据同步更为简化。出于兼容性考虑，如果创建了一个包含这个新特性的 iOS App，则需要将 App 的“minimum allowed SDK”（允许的最低 SDK）设置为 5.0。当我们的 App 出现在 App Store 中时，只有运行 iOS 5.0 或者更高版本的用户才能看到。在这一方面，jQuery Mobile 应用程序更具灵活性。

（4）响应式设计

jQuery Mobile UI 可以根据不同的显示尺寸来呈现。例如，同一个 UI 会恰如其分地显示在手机或更大的设备上，如平板电脑、台式机或电视。

● 一次构建，随处运行

有没有可能构建一个可用于所有消费者（手机、台式机和平板电脑）的应用程序呢？完全有可能。Web 提供了一个通用的分发方式。jQuery Mobile 提供了跨浏览器的支持。例如，在较小的设备上我们可以使用带有简要内容的小图片，而在较大的设备上我们则可以使用带有详细内容的较大图片。如今，具有移动呈现功能（Mobile Presence）的大多数系统通常都支持桌面式 Web 和移动站点。在任何时候，只要必须支持一个应用程序的多个分发版本，就会造成浪费。系统根据自己的需要“支持”移动呈现，以避免浪费的速率，会促成“一次构建，随处运行”的神话得以实现。

在某些情况下，jQuery Mobile 可以为用户创建响应式设计。下面将讲解 jQueryMobile 的响应式设计如何良好地应用于竖屏（Portrait）模式和横屏（Landscape）模式中的表单字段。例如在竖屏视图中，标签位于表单字段的上面。而当将设备横屏放置时，表单字段和标签并排显示。这种响应式设计可以基于设备可用的屏幕真实状态提供最合用的体验。jQuery Mobile 为用户提供了很多这样优秀的 UX（用户体验）操作方法，而且不需要用户付出半分力气。

● 可主题化的设计

jQuery Mobile 提供另一个可主题化的设计，它允许设计人员快速地重新设计他们的 UI。在默认情况下，jQuery Mobile 提供了 5 个可主题化的设计，而且可以灵活地互换所有组件的主题，其中包括页面、标题、内容和页脚组件。创建自定义主题的最有用的工具是 ThemeRoller。可以轻易地重新设计一个 UI。例如，我们可以迅速采用 jQuery Mobile 应用程序一个默认的主题，然后在几秒钟时间内就可以使用另外一个内置的主题来重新设计默认主题。在修改主题从列表中选择了另外一个主题。唯一需要添加的一个标记是 data-theme 属性。

```
<!--Set the lists background to black-->
<ul data-role="listview"data-inset="true" data-theme="a">
```

● 可访问性

jQuery Mobile App 在默认情况下是 508（是一项联邦规则，它要求应用程序必须可以让残疾人用户来访问。移动 Web 上最常使用的辅助技术是屏幕阅读器）兼容的，这是一个对任何人来说都很有价值的特点。尤其是政府或国家机构要求他们的应用程序必须是 100%可以访问的。而且，移动屏幕阅读器的使用量正在逐年增长。据 WebAIM5 报道，66.7%的屏幕阅读器用户都在他们的移动设备上使用屏幕阅读器。

注意　如果想知道你的移动站点是否是 508 兼容的，可以使用 WAVE6 来进行评估。如果读者有兴趣查看现有的 jQuery Mobile 应用程序，可以查看在线 jQuery Mobile Gallary（地址为 http://www.jqmgallery.com/），它可以激发我们的想法和灵感。

除了使用 WAVE 来测试你的移动 App 的可访问性之外，通过使用真实的辅助技术来实际测试你的移动 Web 应用程序，也是很有价值的。

13.2 jQuery 的基本语法

jQuery 的语法是为 HTML 元素的选取编制的，可以对元素执行某些操作。基础语法格式如下所示。

```
$(selector).action()
```

- 美元符号（$）：定义 jQuery。
- 选择符（selector）："查询"和"查找" HTML 元素。
- jQuery 的 action()：执行对元素的操作。

例如下面的代码：

```
$(this).hide() //隐藏当前元素
$("p").hide()//隐藏所有段落
$("p.test").hide()//隐藏所有 class="test" 的段落
$("#test").hide()//隐藏所有 id="test" 的元素
```

接下来通过一段简单的代码来让读者认识 jQuery 的强大功能。具体代码如下。

```
<html>
<head>
<script type="text/javascript" src="/jquery/jquery.js"></script>
<script type="text/javascript">
$(document).ready(function(){
  $("button").click(function(){
    $("#test").hide();
  });
});
</script>
</head>

<body>
<h2>This is a heading</h2>
<p>This is a paragraph.</p>
<p id="test">This is another paragraph.</p>
<button type="button">Click me</button>
</body>

</html>
```

上述代码演示了 jQuery 中 hide()函数的基本用法，功能是隐藏当前的 HTML 元素。执行效果如图 13-1 所示，只显示一个按钮。单击这个按钮后，会隐藏所有的 HTML 元素，包括这个按钮，此时页面一片空白。

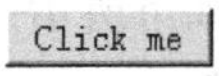

Click me

▲图 13-1　未被隐藏时

13.2.1　页面模板

在讲解 jQuery Mobile 页面模板的基本知识之前，请读者先看如下实例中的页面模板程序。

题目	目的	源码路径
实例 13-1	在 Android 中使用页面模板	\codes\13\template.html

实例文件 template.html 的具体代码如下所示。

```
<!DOCTYPE html>
<html>
    <head>
    <meta charset="utf-8">
    <title>Page Template</title>
    <meta name="viewport" content="width=device-width, initial-scale=1">
    <linkrel="stylesheet"  href="http://code.jquery.com/mobile/1.0/jquery.mobile-1.0.
min.css" />
```

```
    <script src="http://code.jquery.com/jquery-1.6.4.min.js"></script>
    <script
src="http://code.jquery.com/mobile/1.0/jquery.mobile-1.0.min.js"></script>
</head>
<body>
<div data-role="page">
    <div data-role="header">
        <h1>页头</h1>
    </div>
    <div data-role="content">
        <p>你好 jQuery Mobile!</p>
    </div>
    <div data-role="footer" data-position="fixed">
        <h4>页尾</h4>
    </div>
</div>
</body>
</html>
```

将上述 HTML 文件在台式机运行后的效果如图 13-2 所示。

如果在 Android 模拟器中运行上述程序，则执行效果如图 13-3 所示。

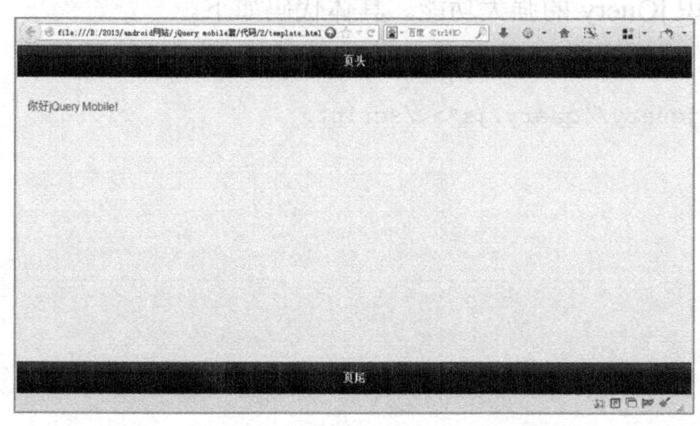

▲图 13-2　在台式机中的执行效果

▲图 13-3　在 Android 模拟器中的运行效果

对于上述代码来说，无论使用的是什么浏览器，运行效果都好似相同的。这是因为上述模板符合 HTML5 语法标准，并且包含了 jQuery Mobile 的特定属性和 asset 文件（CSS、js)。接下来对上述代码进行详细讲解。

（1）典型的视图配置

对 jQuery Mobile 来说，上述实例的做法是一个推荐的视图（Viewport）配置，各个值的具体说明如下所示：

- device-width：表示希望让内容扩展到设备屏幕的整个宽度。
- initial-scale：设置用来查看 Web 页面的初始缩放百分比或缩放因数。如果值为 1，则显示一个未缩放的文档。

作为一名 jQuery Mobile 开发人员，可以根据应用程序的需要自定义视图的设置。例如希望禁用缩放，则可以添加如下所示的代码：

```
user-scalable= no
```

但是，如果禁用了缩放，则会破坏应用程序的可访问性，因此建议读者要谨慎使用。

（2）使用 CSS

在 jQuery Mobile 应用中，通过使用 CSS 可以为所有的 A 级和 B 级浏览器应用风格（Stylistic）进行优化，设计人员可以根据需要自定义或添加自己的 CSS。

（3）jQuery 库

库是 jQuery Mobile 的核心依赖，如果想自己的程序具有更多的动态行为，则建议读者在移动页面中使用 jQuery 的核心 API。jQuery Mobile JavaScript 库必须在 jQuery 和任何可能存在的自定义脚本之后声明。jQuery Mobile 库是增强整个移动体验的核心。

（4）data-role="page"的功能是为一个 jQuery Mobile 页面定义页面容器。只有在构建多页面设计时，才会用到这个元素。

（5）data-role= "header"的功能是设置页眉（Header）或标题栏，该属性是可选的。

（6）data-role="content"的功能是设置内容主体的包装容器（Wrapping Container），该属性是可选的。

（7）data-role="footer"包含页脚栏，该属性是可选的。

究竟 jQuery Mobile 是如何为优化的移动体验增强标记的呢？一般来说，具体流程如下所示。

（1）jQuery Mobile 先载入语义 HTML 标记。

（2）然后 jQuery Mobile 迭代由它们的 data-role 属性定义的每一个页面组件。因为 jQuery Mobile 会迭代每一个页面组件，所以会为每一个应用优化过的移动 CSS 3 组件添加标记。

（3）jQuery Mobile 最终会将标记添加到页面中，从而让页面能够在所有平台上普遍呈现。

（4）在完成页面的标记添加之后，jQuery Mobile 会显示优化过的页面。要查看由移动浏览器呈现的添加源文件，例如如下所示的实现代码。

```
<!DOCTYPE html>
<html class="ui-mobile>
<head>
    <base href="http://www.server.com/app-name/path/">
    <meta charset="utf-8">
    <title>Page Header</title>
    <rneta content="width=device-width, initial-scale=i" name="viewport">
    <link rel="stylesheet" type="text/css" href="jquery.mobile-min.css" />
    <script type="text/javascript" src="jquery-min.js"></script>
    <script type="text/javascript" src="jquery.mobile-min.js"></script>
</head>
<body class="ui-mobile-viewport">
    <div class="ui-page ui-body-c ui-page-active" data-role="page"
        style="min-height: 320px;">
      <div class="ui-bar-a ui-header" data-role="header" role="banner">
        <hl class="ui-title" tabindex="o" role="heading" aria-level="l">
          页头</hl></div>
      <div class="ui-content" data-role="content" role="main">
    <p>你好 jOuery Mobile!</p>
    </div>
    <div class="ui_bar-a ui-footer ui-footer-fixed fade ui-fixed-inline"
    data-position="fixed"data-role="footer"role="contentinfo"
    style="top: 508px;">
    <h4 class="ui-title"tabindex="0"role="heading"aria-level="1">
    页尾</h4>
    </div>
    </div>
    <div class="ui-loader ui-body-a ui-corner-all"style="top: 334.5px;">
    <span class="ui-icon ui-icon-loading spin"></span>
    <hi>载入</hi></div>
</body>
</html>
```

对上述代码的具体说明如下所示。

（1）在 base 标签（Tag）中，@href 为一个页面中的所有链接指定了一个默认的地址或者默认的目标。在 jQuery Mobile 应用中，当载入特定页面的资源（Assets）时（如图片、CSS、js 等）会用到@href。

（2）在 body 标签中，包含了 header、content 和 footer 组件的增强样式。在默认情况下，所有的组件都是使用默认的主题和特定的移动 CSS 增强来设计（Styled）的。

（3）所有的组件现在都证明了可访问性，这些都是由 WAI-ARIA 设置的，开发人员可以免费获得这些增强。

13.2.2 多页面模板

在 jQuery Mobile 应用程序中，可以在一个 HTML 文档中嵌入多个页面。当载入子页面时，其响应时间会缩短。读者在下面的例子中可以看到，多页面文档与我们前面看到的单页面文档相同，第二个页面附加在第一个页面后面的情况除外。

题目	目的	源码路径
实例 13-2	在 Android 中使用多页面模板	\codes\13\duo.html

实例文件 duo.html 的具体代码如下所示。

```
<!DOCTYPE html>
<html>
   <head>
   <meta charset="utf-8">
   <title>Multi Page Example</title>
   <meta name="viewport" content="width=device-width, initial-scale=1">
   <link                                                          rel="stylesheet"
href="http://code.jquery.com/mobile/1.0/jquery.mobile-1.0.min.css" />
   <script src="http://code.jquery.com/jquery-1.6.4.min.js"></script>
   <script type="text/javascript">/* Shared scripts for all internal and ajax-loaded
pages */</script>
   <script
src="http://code.jquery.com/mobile/1.0/jquery.mobile-1.0.min.js"></script>
   </head>
<body>
<!-- First Page -->
<div data-role="page" id="home" data-title="Welcome">
   <div data-role="header">
      <h1>Multi-Page</h1>
   </div>
   <div data-role="content">
      <a href="#contact-info" data-role="button">联系我们</a>
   </div>
   <script type="text/javascript">
      /* Page specific scripts here. */
   </script>
</div>
<!-- Second Page -->
<div data-role="page" id="contact-info" data-title="Contacts">
   <div data-role="header">
      <h1>联系我们</h1>
   </div>
   <div data-role="content">
      联系信息详情...
   </div>
</div>
</body>
</html>
```

上述代码在 Android 中的初始执行效果如图 13-4 所示。

单击【联系我们】按钮后会显示一个新界面，如图 13-5 所示。此新界面效果也是由上述代码实现的。

▲图 13-4 初始执行效果

▲图 13-5 显示一个新界面

13.2.3 对话框

在 jQuery Mobile 应用中，对话框的边界是有间距的（Inset），从而产生模态对话框（Modal Dialog）的外观。通过使用 jQuery Mobile，可以创建确认对话框、警告对话框和动作表单样式的对话框。在具体设计过程中，可以将一个页面转换为链接或页面组件上的一个对话框。

在一个页面链接中，可以添加 data-rel="dialog"属性创建一个对话框。在添加这个属性之后，将会自动载入目标页面，并将其增强为一个模态对话框。另外，也可以在页面容器上配置对话框，将 data.role="dialog"属性添加到页面容器中，当该页面容器组件在载入页面时，其将会被设置为一个模态对话框。

在实际开发应用中，有如下两个选项可以打开对话框：

- data-role="dialog"；
- data-rel="dialog"。

在此建议读者选择页面配置（data-role="dialog"），因为我们只需要在页面容器中配置一次对话框，而且导航到该对话框的按钮也无需任何修改。例如，如果有 3 个按钮链接到我们的对话框，基于页面的配置则只需要修改一次。而基于链接的配置则需要修改 3 次，每一次对应一个按钮。

在 jQuery Mobile 对话框 API 中，公开了一个重要的方法——close，当需要以程序方式来处理对话框时，可以使用该方法。例如，想使用程序来处理应用中的“同意”按钮的进程，可以处理单击事件，然后处理任何需要的业务逻辑，并在完成之后关闭对话框。

接下来将通过一个具体实例的实现过程，详细讲解在 Android 系统中实现对话框效果的基本方法。

题目	目的	源码路径
实例 13-3	在 Android 系统中实现对话框效果	\codes\13\duihuakuang.html

实例文件 duihuakuang.html 的具体实现流程如下所示。

（1）实现链接级别的转换，具体代码如下所示。

```
<!DOCTYPE html>
<html>
    <head>
        <meta charset="utf-8">
        <title>Multi Page Example</title>
        <meta name="viewport" content="width=device-width, initial-scale=1">
    <linkrel="stylesheet"  href="http://code.jquery.com/mobile/1.0/jquery.mobile-1.0.
min.css" />
    <style>
        .ui-header  .ui-title,  .ui-footer  .ui-title  {  margin-right:  0  !important;
margin-left: 0 !important; }
    </style>
    <script src="http://code.jquery.com/jquery-1.6.4.min.js"></script>
    <script
src="http://code.jquery.com/mobile/1.0/jquery.mobile-1.0.min.js"></script>
    </head>
<body>

<!--第一页 -->
<div data-role="page" id="home">
    <div data-role="header">
        <h1>对话框实例</h1>
    </div>

    <div data-role="content">
        <a href="#terms" data-transition="slidedown">会员注册条款</a>
    </div>
</div>
```

（2）实现页面级别的转换，具体代码如下所示。

```
<!--第二页—对话框 -->
<div data-role="dialog" id="terms">
    <div data-role="header">
        <h1>注册条款</h1>
    </div>

    <div data-role="content" data-theme="c">
        你同意上述条款吗?
    <br><br>
        <a href="#home" data-role="button" data-inline="true" data-rel="back" data-theme="a">不同意！ </a><a href="javascript:agree();" data-role="button" data-inline="true">同意! </a>
    </div>
```

（3）处理按钮进程，具体代码如下所示。

```
    <script>
        function agree() {
            // process dialog...

            // close dialog
            $('.ui-dialog').dialog('close');
        }
    </script>
</div>
</body>
</html>
```

本实例执行后的初始效果如图 13-6 所示。

单击“会员注册条款”链接后来到图 13-7 所示的对话框界面效果。

▲图 13-6　初始执行效果

▲图 13-7　对话框界面效果

13.3 实现导航功能

导航是一个网页的门面，在整个网站中起到了一个非常重要的作用。在 jQuery Mobile 开发应用中，可以使用页眉、工具栏、页脚栏和标签栏实现网页的导航功能。页眉和页脚都属于 jQuery Mobile 的组件，本节将详细讲解在 jQuery Mobile 中实现页面导航的基本知识，为读者步入本书后面知识的学习打下基础。

13.3.1 页眉栏

在 jQuery Mobile 应用中，页眉通常用于显示页面标题，还可以包含控件，以辅助用户在屏幕中进行导航或管理对象。页眉栏显示当前屏幕的标题。此外，也可以在上面添加用于导航的按钮或添加用来管理页面中的项目的控件。尽管页眉是可选的，但是它通常用来提供活动页面的标题。

在移动网站设计应用中，使用属性 data-role="header"来定义页眉，页眉是一个可选的组件。页眉中的回退按钮不会在页眉中显示，除非显式地启用了它。我们可以使用属性 date-theme 来调整页眉的主题。如果没有为页眉设置主题，则它会继承页面组件的主题。默认的主题是黑色的——black，即 data-theme="a"。

在默认情况下，所有的页眉级别（H1～H6）具有相同的风格，以维持视觉上的连贯性。通过添加 data-position="fixed"属性，可以对页眉进行固定。

页眉基本用途是显示活动页面的标题，在网站中使用页眉的最简单的形式如下所示。

```
<div data-role="header">
<h1>Header Title</hi>
</div>
```

在设计过程中，有如下 3 种样式可以用于定位页眉。

（1）Default（默认）

默认的页眉会在屏幕的顶部边缘显示，而且在屏幕滚动时，页眉将会滑到可视范围之外。

```
<div data-role="header">
<hl>Default Header</h1>
</div>
```

（2）Fixed（固定）

固定的页眉总是位于屏幕的顶部边缘位置，而且总是保持可见。但是在屏幕滚动的过程期间，页眉是不可见的，当滚动结束之后才出现页眉。通过添加 data-position="fixed"属性的方法创建一个固定的页眉。

```
<div data-role="header" data-position="fixed">
<h1>Fixed Header</hl>
</div>
```

（3）Responsive（响应式）

当创建一个全屏页面时会全屏显示页面中的内容，而页眉和页脚则基于触摸响应出现或消失。对于日常开发中的显示照片和播放视频应用来说，全屏模式相当有用。在 jQuery Mobile 应用中，要创建一个全屏的页面，需要在页面容器中添加如下代码：

```
data-fullscreen="true"
```

然后在页眉和页脚元素中添加如下所示的属性：

```
data-position="fixed"
```

接下来将通过一个具体实例的实现过程，详细讲解在 Android 中实现页眉定位的方法。

题目	目的	源码路径
实例 13-4	通过页眉定位实现全屏显示	\codes\13\position-full.html

实例文件 position-full.html 的具体实现代码如下所示。

```
<!DOCTYPE html>
<html>
    <head>
    <meta charset="utf-8">
    <title>Fullscreen Example</title>
    <meta name="viewport" content="width=device-width, maximum-scale=1">
    <style>
        .detailimage { width: 100%; text-align: center; margin-right: 0; margin-left: 0; }
        .detailimage img { width: 100%; }
    </style>
    <script
    src="http://code.jquery.com/jquery-1.6.4.min.js"></script>
    <script src="http://code.jquery.com/mobile/1.0/jquery.mobile-1.0.min.js"></script>
</head>
<body>
<div data-role="page" data-fullscreen="true">
    <div data-role="header" data-position="fixed">
        <h6>4/10</h6>
    </div>
```

```
    <div data-role="content">
        <div class="detailimage"><img src="images/1216.jpg" /></div>
    </div>

    <!-- toolbar with icons -->
    <div data-role="footer" data-position="fixed">
        <div data-role="navbar">
            <ul>
                <li><a href="#" data-icon="forward"></a></li>
                <li><a href="#" data-icon="arrow-l"></a></li>
                <li><a href="#" data-icon="arrow-r"></a></li>
                <li><a href="#" data-icon="delete"></a></li>
            </ul>
        </div>
    </div>
</div>
</body>
</html>
```

执行上述代码后将首先显示一个有页眉的效果，如图 13-8 所示。

▲图 13-8　有页眉的效果

在图 13-8 所示的效果中有一个用来显示照片的全屏页面，如果用户轻敲屏幕，则页眉和页脚将会出现和消失，这样便形成了一个全屏显示效果，如图 13-9 所示。

▲图 13-9　页眉消失后全屏显示

在本实例中有一个照片查看器，而且其页眉显示照片的计数信息，页脚显示一个工具栏以辅助导航、发送电子邮件或删除照片。

13.3.2　页脚

在 jQuery Mobile 应用中，与页脚相关的一些要点如下所示。

- 页脚使用属性 data-role="footer"来定义。
- 页脚按照从左到右的顺序直线放置它的按钮。这种灵活性可以用来创建工具栏或标签栏。

- 页脚是一个可选的组件。
- 使用 data-theme 属性可以调整页脚的主题。如果不为页脚设置主题，则它会继承页面组件的主题。默认的主题是黑色的（data-theme="a"）。
- 通过添加 data-position="fixed"属性，可以固定页脚的位置。
- 在默认情况下，所有的页脚级别（H1～H6）具有相同的风格，以维持视觉上的一致性。

在现实应用中，最简单的页脚形式如下面的代码所示。

```
<div data-role="footer">
<!--在此添加页脚文本或按钮-->
</div>
```

data-role=" footer"是唯一需要设置的属性，在页脚内可以包含任何语义 HTML。页脚通常包含工具栏和标签控件。工具栏提供了一组用户可以在当前环境中使用的动作。标签栏则可以允许用户在应用程序内的不同视图之间进行切换。

接下来将通过一个具体实例的实现过程，详细讲解在 Android 系统中使用页脚的基本方法。

题目	目的	源码路径
实例 13-5	在 Android 系统中使用页脚	\codes\13\foot.html

实例文件 foot.html 的具体实现代码如下所示。

```
<!DOCTYPE html>
<html>
    <head>
    <meta charset="utf-8">
    <title>Default Header Footer Example</title>
    <meta name="viewport" content="width=device-width, initial-scale=1">
    <link rel="stylesheet" href="http://code.jquery.com/mobile/1.0/jquery.mobile-1.0.
min.css" />
    <script src="http://code.jquery.com/jquery-1.6.4.min.js"></script>
    <script src="http://code.jquery.com/mobile/1.0/jquery.mobile-1.0.min.js"></script>
</head>
<body>
<div data-role="page">
    <div data-role="header">
        <h1>页头</h1>
    </div>

    <div data-role="content">
    在默认的底部位置时，内容不消耗整个装置的高度。
    </div>

    <div data-role="footer">
        <h3>页脚</h3>
    </div>
</div>
</body>
</html>
```

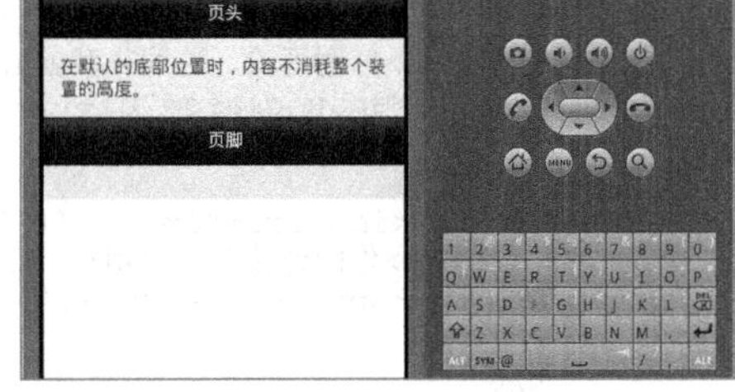

▲图 13-10　执行效果

上述实例代码执行后的效果如图 13-10 所示。

为了将页脚内容定位在屏幕的最底部显示，可以为页脚元素添加属性 data-position="fixed"。在默认的情况下，页脚位于内容的后面，并不是位于屏幕底部的边缘。如果内容只是占据了一半的屏幕高度，则页脚会出现在屏幕的中央位置。

13.3.3 工具栏

在 jQuery Mobile 应用中，工具栏可以辅助管理当前屏幕中的内容。当用户需要执行与当前屏幕中的对象相关联的动作时，工具栏会非常有用。在 jQuery Mobile 应用中构建工具栏时，可以选择使用图标或文本实现。另外，在 jQuery Mobile 应用中，经常遇到只有图标构成的工具栏。与文本构成的工具栏相比，带有图标的工具栏占据的屏幕空间更少。在选择图标时，需要选择能够表达正确含义的标准图标。请读者看如下所示的实例，演示了在 Android 系统中使用工具栏的过程。

题目	目的	源码路径
实例 13-6	演示在 Android 系统中使用工具栏的过程	\codes\16\gongju.html

实例文件 gongju.html 的具体实现代码如下所示。

```
<!DOCTYPE html>
<html>
    <head>
    <meta charset="utf-8">
    <title>Toolbar example with icons</title>
    <meta name="viewport" content="width=device-width, initial-scale=1">
    <link rel="stylesheet" href="http://code.jquery.com/mobile/1.0/jquery.mobile-1.0.
min.css" />
    <style>
        /* wrap the text for the movie review */
        .ui-li-desc { white-space: normal; margin-right: 20px; }
    </style>
    <script src="http://code.jquery.com/jquery-1.6.4.min.js"></script>
    <script src="http://code.jquery.com/mobile/1.0/jquery.mobile-1.0.min.js"></script>
</head>
<body>

<div data-role="page">
    <div data-role="header">
        <h1>电影评论</h1>
    </div>

    <div data-role="content">
        <ul data-role="listview" data-inset="true" data-theme="e">
            <li data-role="list-divider">X-战警
              <p class="ui-li-aside">评级: <em>1,588</em></p></li>
            <li>
                <img src="images/thumbs-up.png" class="ui-li-icon">
                <p>去看看它！这部电影是好演员和特殊效果是难以置信的。值得的门票价格。</p>
            </li>
        </ul>

        <ul data-role="listview" data-inset="true" data-theme="e">
          <li data-role="list-divider">评论</li>
            <li>
                <img src="images/111-user.png" class="ui-li-icon">
              <p>感谢评论，这周末我就去看。</p>
                <span class="ui-li-count">1 天前</span>
            </li>
            <li>
                <img src="images/111-user.png" class="ui-li-icon">
              <p>你的评论非常有用！</p>
                <span class="ui-li-count">3 天前</span>
            </li>
        </ul>
    </div>

    <!-- toolbar with icons -->
    <div data-role="footer" data-position="fixed">
        <div data-role="navbar">
            <ul>
                <li><a href="#" data-icon="arrow-l"></a></li>
                <li><a href="#" data-icon="back"></a></li>
                <li><a href="#" data-icon="star"></a></li>
                <li><a href="#" data-icon="plus"></a></li>
                <li><a href="#" data-icon="arrow-r"></a></li>
            </ul>
        </div>
    </div>
```

```
</div>
</body>
</html>
```

上述实例执行后的效果如图 13-11 所示。

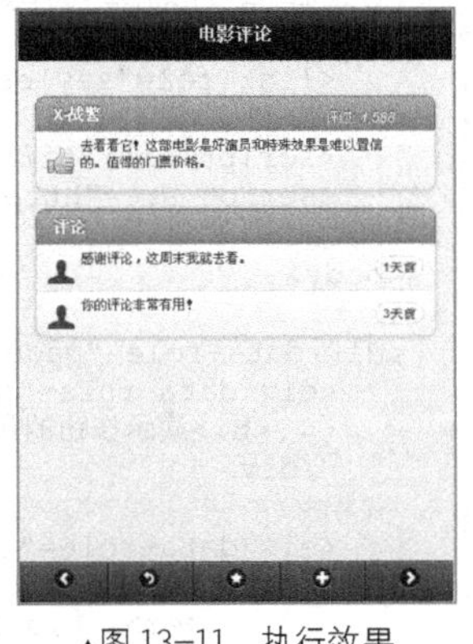

▲图 13-11 执行效果

在上述执行效果中有一个显示电影评论的屏幕，为了帮助用户管理评论，可以利用一个由标准图标构成的工具栏，此工具栏允许用户执行如下所示的 5 种动作：

- 导航到前面的评论；
- 回复评论；
- 将评论标记为最喜欢的评论；
- 添加一条新的电影评论；
- 导航到后面的评论。

在创建工具栏时，仅需要最少的标记。在含有属性 data-role="navbF"的 div 中，只需要其中包含按钮的一个无序列表即可。工具栏按钮相当灵活，而且可以根据设备的宽度进行等间距排放。

13.4 按钮

按钮是移动 Web 程序中最常使用的控件之一，能够为用户提供一个非常高效的用户体验。本书前面的许多例子已经多次使用到了按钮。本节将详细讲解在 jQuery Mobile 中实现按钮功能的基本知识，为读者步入本书后面知识的学习打下基础。

13.4.1 链接按钮

在 jQuery Mobile 中有多种形式的按钮，其中最为常见的有链接按钮、表单按钮、图像按钮、只带有图标的按钮，以及同时带有文本和图标的按钮。在现实应用中，jQuery Mobile 按钮都具有一致的样式风格。无论使用链接按钮还是基于表单的按钮，jQuery Mobile 框架都会以完全相同的方式对待它们。在讲解这些按钮时，也会获悉每一种按钮的常见使用案例，这些案例将便于读者的学习和理解。

在 jQuery Mobile 应用中，链接按钮是最常使用的按钮类型。当需要将一个普通链接设计为按钮时，需要为链接添加如下所示的属性：

```
data-role="button"
```

在默认的情况下，页面中的内容区域内的按钮都被设计为块级元素，这样可以填充其外层容器（即内容区域）的整个宽度。但是，如果需要的是一个更为紧凑的按钮，使其宽度与按钮内部的文本和图标的宽度相同，则可以添加如下所示的属性：

```
data-inline="true"
```

接下来将通过一个具体实例的实现过程，详细讲解在 Android 中使用链接按钮的方法。

题目	目的	源码路径
实例 13-7	在 Android 中使用链接按钮	\codes\13\link.html

实例文件 link.html 的具体实现代码如下所示。

```
<!DOCTYPE html>
<html>
    <head>
    <meta charset="utf-8">
    <title>按钮</title>
```

```
    <meta name="viewport" content="width=device-width, minimum-scale=1.0, maximum-
scale=1.0;">
    <link rel="stylesheet" href="http://code.jquery.com/mobile/1.0/jquery.mobile-1.0.
min.css" />
    <script src="http://code.jquery.com/jquery-1.6.17.min.js"></script>
    <script src="http://code.jquery.com/mobile/1.0/jquery.mobile-1.0.min.js"></script>
</head>
<body>

<div data-role="page" data-theme="b">
    <div data-role="header">
       <h1>演示按钮的用法</h1>
    </div>

    <div data-role="content">
       <p style="text-align:center;">
          <em>&lt;a href="#" <strong>data-role="button"</strong>&gt;链接按钮

&lt;/a&gt;</em>链接按钮<a href="#" data-role="button"></a>
          <br><br>

          <em>&lt;a href="#" data-role="button" <strong>data-inline="true"</strong>&gt;
同意&lt;/a&gt;
          <a href="#" data-role="button" data-inline="true" data-rel="back" data-theme=
"a">不同意</a>
          <a href="#" data-role="button" data-inline="true" data-theme="c">同意</a>
       </p>
    </div>
</div>

</body>
</html>
```

在上述实例代码中，如果希望让按钮并排放置，并占据屏幕的整个宽度，则可以使用一个两列的网格。执行后的效果如图 13-12 所示。

▲图 13-12　执行效果

13.4.2　表单按钮

在 jQuery Mobile 应用中，基于表单的按钮比较容易设计。为了简单起见，框架会自动为用户将任何 button 或 input 元素转换为移动类型的按钮。如果想要禁用表单按钮或任何其他控件的自动初始化，可以为这些元素添加如下所示的设置：

```
data-role="none"
```

这样，jQuery Mobile 就不会增强这些控件。

```
<button data-role="none">表单按钮</button>
```

接下来将通过一个具体实例的实现过程，详细讲解在 Android 中使用表单按钮的方法。

题目	目的	源码路径
实例 13-8	在 Android 中使用表单按钮	\codes\13\form.html

实例文件 form.html 的具体实现代码如下所示。

```
<div data-role="page">
    <div data-role="header">
```

```
        <h1>使用表单按钮</h1>
    </div>

    <div data-role="content">
        <em>&lt;button&gt;按钮元素&lt;/button&gt;</em>
        <button data-theme="b">按钮元素</button>
        <br>
        <em>&lt;input type="button" value="Button input" /&gt;</em><br>
        <em>&lt;input type="submit" value="Submit input" /&gt;</em><br>
        <em>&lt;input type="reset" value="Reset input" /&gt;</em>
        <input type="button" value="确定按钮" data-theme="b" />

    </div>
</div>
```

执行后的效果如图 13-13 所示。

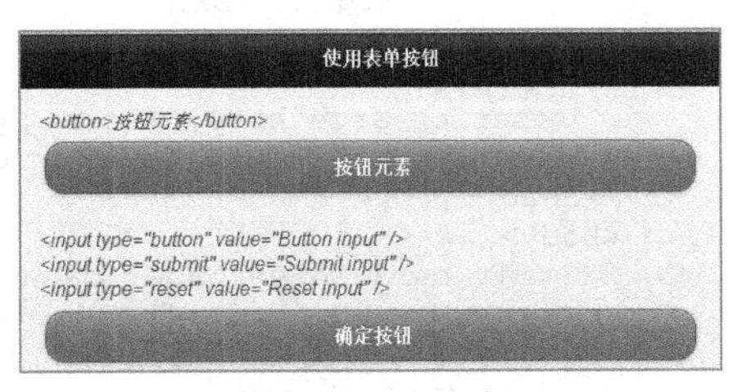

▲图 13-13 执行效果

13.5 表单

在 Web 应用中，表单的主要作用是实现数据采集功能。同型号来说，一个表单由以下 3 个基本组成部分构成。

- 表单标签：包含了处理表单数据所用 CGI 程序的 URL 以及数据提交到服务器的方法。
- 表单域：包含了文本框、密码框、隐藏域、多行文本框、复选框、单选框、下拉选择框和文件上传框等。
- 表单按钮：包括提交按钮、复位按钮和一般按钮，用于将数据传送到服务器上的 CGI 脚本或者取消输入，还可以用表单按钮来控制其他定义了处理脚本的处理工作。

本节将详细讲解在 jQuery Mobile 中实现表单功能的基本知识，为读者步入本书后面知识的学习打下基础。

13.5.1 表单基础

在 jQuery Mobile 应用中，用于构建基于表单的应用程序所采用的方法，和传统使用的构建 Web 表单的方法非常相似。虽然为了清晰起见，应该指明 action 和 method 属性，但是这并不是必需的。在默认情况下，action 属性会默认为当前页面的相对路径，该路径可以通过$.mobile.path.get()找到，而未指定的 method 属性默认为“get”。

在提交表单时，通过默认的“滑动”转换，当前页面将会转换到后续页面。但是通过之前用来管理链接的属性可以配置表单的转换行为。

接下来将通过一个具体实例的实现过程，详细讲解在 Android 中使用表单的方法。

题目	目的	源码路径
实例 13-9	在 Android 中使用表单	\codes\13\form1.html

实例文件 form1.html 的具体实现代码如下所示。

```
<!DOCTYPE html>
<html>
    <head>
        <meta charset="utf-8">
        <title>Forms</title>
        <meta name="viewport" content="width=device-width, minimum-scale=1.0, maximum-
scale=1.0;">
        <link rel="stylesheet" href="http://code.jquery.com/mobile/1.0/jquery.mobile-
1.0.min.css" />
        <style>
```

```
            label {
              float: left;
              width: 5em;
            }

            input.ui-input-text {
              display: inline !important;
              width: 12em !important;
            }

            form p {
              clear: left;
              margin: 1px;
            }
        </style>
        <script src="http://code.jquery.com/jquery-1.6.4.min.js"></script>
        <script src="http://code.jquery.com/mobile/1.0/jquery.mobile-1.0.min.js"></script>
    </head>
    <body>
        <div data-role="page" data-theme="b">
            <div data-role="header">
                <h1>提交表单信息</h1>
            </div>
            <div data-role="content">
                <form name="test" id="test" action="form-response.php" method="post"
data-transition="pop">
                    <p>
                        <label for="email">邮箱:</label>
                        <input type="email" name="email" id="email" value="" placeholder=
"Email" data-theme="d"/>
                    </p>
                    <p>
                        <button type="submit" data-theme="a" name="submit">提交</button>
                    </p>
                </form>
            </div>
        </div>
    </body>
</html>
```

▲图 13-14 执行效果

在上述实例代码中，使用“form”标记简单实现了一个表单效果。执行后的效果如图 13-14 所示。

我们可以继续在表单元素中添加如下所示的属性，以管理转换或禁用 Ajax。

```
data-transition="pop"
data-direction="reverse"
data-ajax="false"
```

在整个站点中，需要确保每一个表单的 id 属性都是唯一的。在进行表单转换时，jQuery Mobile 会同时将“from”页面和“to”页面载入到 DOM 中，以完成平滑的转换。为了避免任何冲突，所以要确保表单的 id 必须唯一。

13.5.2 在表单中输入文本

在 jQuery Mobile 应用中，移动设备上的文本输入工作是很麻烦的。当在物理或真实的 QWERTY 键盘上输入文字时，效率会很低。所以在移动设备中，需要尽可能自动收集用户的信息。从开发人员的角度来看，目标是无需添加任何标记就可以创建 jQuery Mobile 表单和文本输入。

接下来将通过一个具体实例的实现过程，详细讲解在 Android 中实现在表单输入文本的方法。

题目	目的	源码路径
实例 13-10	实现在表单输入文本	\codes\13\text.html

实例文件 text.html 的具体实现代码如下所示。

```
<!DOCTYPE html>
<html>
    <head>
    <meta charset="utf-8">
    <title>Forms</title>
    <meta  name="viewport"  content="width=device-width,  minimum-scale=1.0,  maximum-
scale=1.0;">
    <link rel="stylesheet" href="http://code.jquery.com/mobile/1.0/jquery.mobile-1.0.
min.css" />
    <style>
        label {
            float: left;
            width: 5em;
        }
        input.ui-input-text {
            display: inline !important;
            width: 12em !important;
        }
        form p {
            clear:left;
            margin:1px;
        }
    </style>
    <script src="http://code.jquery.com/jquery-1.6.4.min.js"></script>
    <script src="http://code.jquery.com/mobile/1.0/jquery.mobile-1.0.min.js"></script>
</head>
<body>

<div data-role="page" data-theme="b">
    <div data-role="header">
        <h1>输入文本</h1>
    </div>

    <div data-role="content">
      <form id="test" id="test" action="#" method="post">
          <p style="margin-bottom:8px;">
        <label for="search" class="ui-hidden-accessible">Search</label>
        <input  type="search"  name="search"  id="search"  value=""  placeholder="Search"
data-theme="d" />
        </p>
        <p>
        <label for="text">名字:</label>
        <input type="text" name="text" id="text" value="" placeholder="Text" data-theme=
"d"/>
        </p>
        <p>
        <label for="number">编号:</label>
        <input  type="number"  name="number"  id="number"  value=""  placeholder="Number"
data-theme="d" />
        </p>
            <p>
            <label for="email">邮箱:</label>
        <input   type="email"   name="email"   id="email"   value=""   placeholder="Email"
data-theme="d" />
        </p>
        <p>
        <label for="url">网址:</label>
        <input type="url" name="url" id="url" value="" placeholder="URL" data-theme="d" />
        </p>
        <p>
        <label for="tel">电话:</label>
        <input  type="tel"  name="tel"  id="tel"  value=""  placeholder="Telephone"  data-
theme="d" />
        </p>

        <!-- Future: http://www.w3.org/2011/02/mobile-web-app-state.html -->
      <!--
        <p>
        <label for="date">date:</label>
```

```
        <input type="date" name="date" id="date" value="" placeholder="Date" data-theme=
"d" />
        <p>
        -->

        <p>
        <label for="textarea">留言:</label>
        <textarea  cols="40"  rows="8"  name="textarea"  id="textarea"  placeholder=
"Textarea" data-theme="d"></textarea>
        </p>
      </form>
    </div>
</div>

</body>
</html>
```

在上述实例代码中，通过为输入元素添加属性 data-theme 的方法，为文本输入选择一个合适的主题，从而增强表单字段的对比。执行后，如果在“名字”文本框中输入信息，则自动弹出文字键盘，如图 13-15 所示。如果在“编号”文本框中输入信息，则自动弹出数字键盘，如图 13-16 所示。

▲图 13-15　自动弹出文字键盘

▲图 13-16　自动弹出数字键盘

另外，为了以一种可访问的方式来隐藏标签，可以为元素附加 ui-hidden- accessible 样式。例如可以将该技术应用到上述实例搜索字段中。这就可以在保留 508 兼容性的同时将标签隐藏起来。

在构建表单时，一定要将输入字段与其语义类型关联起来，这种关联有如下所示的两种优势。

（1）当输入字段接收到焦点时，它会为用户显示合适的键盘。例如，被指明为 type="number"的字段会自动向用户显示一个数字键盘。

（2）当使用 type="tel"进行关联的字段，则会显示一个特定的电话号码键盘。

并且，该规范允许浏览器针对字段类型应用验证规则。在用户填写表单期间，浏览器能够自动对每个字段类型进行实时验证。

所有移动浏览器都能够很好支持的另外一个特性是 placeholder 属性。该属性为文本输入添加了一个提示或标签，而且能够在字段接收到焦点时自动消失。

> **注意**　搜索字段（type="search"）的样式和行为与其他输入类型略微不同。它包含一个左对齐的“搜索”图标，而且它的左右两个圆角呈胶囊形状。当用户输入文本时，则会出现一个右对齐的“删除”图标，用于清除用户的输入。

13.6 列表

在 Web 应用中，列表是一种广受欢迎的用户界面组件，能够为用户提供简单而且有效的进行浏览的体验。列表也是一种能够以多种方式进行设计的灵活组件，能够很好地适应不同的屏幕尺寸。无论是浏览邮件、通讯录、音乐还是查看设置，这些应用程序都以一种略微不同的样式风格来显示一系列信息。本节将详细讲解在 jQuery Mobile 中设计（Style）和配置列表的知识，为读者步入本书后面知识的学习打下基础。

13.6.1 列表基础

在 jQuery Mobile 应用中，列表的实现代码其实是一个含有 data-role="listview" 属性的无序列表 ul。jQuery Mobile 会把所有必要的样式应用在列表上，使其成为易于触摸的控件。当单击列表项时，jQuery Mobile 会触发该列表项里的第一个链接，通过 Ajax 请求链接的 URL 地址，在 DOM 中创建一个新的页面并产生页面转场效果。

当为列表元素添加了 data-role="list"属性之后，jQuery Mobile 能够将任何本地 HTML 列表（<ul>或<ol>）自动增强为一个优化的移动视图。在默认情况下，在显示增强后的列表时会占据整个屏幕。如果列表条目包含链接，则会以容易触摸的按钮方式来显示，而且会带有一个右对齐的箭头图标。在默认情况下，列表会使用调色板颜色“c”（灰色）来样式化。要想应用其他主题，需要为列表元素或列表条目（<li>）添加 data-theme 属性。

接下来将通过一个具体实例的实现过程，详细讲解在 Android 中使用列表的方法。

题目	目的	源码路径
实例 13-11	在 Android 中使用列表	\codes\13\basic.html

实例文件 basic.html 的具体实现代码如下所示。

```
<!DOCTYPE html>
<html>
    <head>
    <meta charset="utf-8">
    <title>Lists</title>
    <meta  name="viewport"  content="width=device-width,  minimum-scale=1.0,  maximum-
scale=1.0">
    <link rel="stylesheet" href="http://code.jquery.com/mobile/1.0/jquery.mobile-1.0.
min.css" />
    <script src="http://code.jquery.com/jquery-1.19.4.min.js"></script>
    <script src="http://code.jquery.com/mobile/1.0/jquery.mobile-1.0.min.js"></script>
    </head>
<body>

<div data-role="page">
    <div data-role="header">
        <h1>使用列表</h1>
    </div>

    <div data-role="content">
        <ul data-role="listview" data-theme="c">
            <li><a href="#">AAA</a></li>
            <li><a href="#">BBB</a></li>
            <li><a href="#">CCC</a></li>
            <li><a href="#">DDD</a></li>
            <li><a href="#">EEE</a></li>
            <li><a href="#">FFF</a></li>
            <li><a href="#">GGG</a></li>
            <li><a href="#">HHH</a></li>
            <li><a href="#">IIIIII</a></li>
```

```
            </ul>
        </div>
    </div>

    </body>
    </html>
```

在上述实例代码中，使用“ul”和“ui”标记简单实现了一个列表效果。执行后的效果如图 13-17 所示。

13.6.2　内置列表

在 jQuery Mobile 应用中，在显示内置列表（Inset List）时不会占据整个屏幕。与之相反，会自动存在于带有圆角的区域块内部，而且具有额外空间的边距设置。要想在 jQuery Mobile 应用中创建一个内置列表，需要为列表元素添加 data-inset=“true”属性。

如果列表需要嵌入在有其他内容的页面中，内嵌列表会将列表设置为边缘圆角，并在周围留有 magin 的块级元素。给列表（ul 或 ol）添加 data-inset=“true”属性即可。例如下面的代码：

```
<ul data-role="listview" data-inset="true" >
    <li><a href="index.html">Inbox</a></li>
    <li><a href="index.html">Outbox</a></li>
</ul>
```

上述代码的执行效果如图 13-18 所示。

▲图 13-17　执行效果

▲图 13-18　内嵌的列表

接下来将通过一个具体实例的实现过程，详细讲解在 Android 中使用内置列表的方法。

题目	目的	源码路径
实例 13-12	在 Android 中使用内置列表	\codes\13\inset.html

实例文件 inset.html.的具体实现代码如下所示。

```
<div data-role="page" data-add-back-btn="true">
    <div data-role="header">
        <h1>联系亲们</h1>
    </div>

    <div data-role="content">
        <ul data-role="listview" data-inset="true">
            <li data-role="list-divider">选择联系方式</li>
            <li><a  href="#"><img  src="images/75-phone.png"  alt="Call"  class="ui-li-
icon">电话</a></li>
            <li><a href="#"><img src="images/13-envelope.png" alt="Email" class="ui-li-
icon">邮件</a></li>
            <li><a  href="#"><img  src="images/09-chat-2.png"  alt="SMS"  class="ui-li-
icon">短信</a></li>
            <li><a href="#"><img src="images/103-map.png" alt="Directions" class="ui-li-
icon">腹语术</a></li>
```

```
        </ul>
    </div>
</div>
```

上述代码的执行效果如图 13-19 所示。

13.6.3 列表分割线

在 jQuery Mobile 应用中，列表分割线（List Divider）可以实现一组列表条目的页眉效果。为了创建列表分割线，需要为任何列表条目添加如下所示的属性：

```
data-role= "list-divider"
```

这样列表分割线的默认文本在显示时是左对齐的。

列表项也可以转化为列表分割项，用来组织列表，使列表项成组。给任意列表项添加 data-role="list-divider"属性即可。在默认情况下，列表项的主题样式为“b”，表示浅灰，但是给列表（ul 或 ol）添加 data-divider-theme 属性后，可以设置列表分割项的主题样式。

在默认情况下，列表分割线使用调色板颜色“b”（浅蓝色）进行样式化。要应用其他主题，则需要为列表元素添加 data-divider-theme= "a"属性。

例如下面的代码：

```
<ul data-role="listview">
 <li data-role="list-divider">A</li>
  <li><a href="index.html">Adam Kinkaid</a></li>
  <li><a href="index.html">Alex Wickerham</a></li>
  <li><a href="index.html">Avery Johnson</a></li>
  <li data-role="list-divider">B</li>
  <li><a href="index.html">Bob Cabot</a></li>
</ul>
```

上述代码的执行效果如图 13-20 所示。

▲图 13-19　执行效果

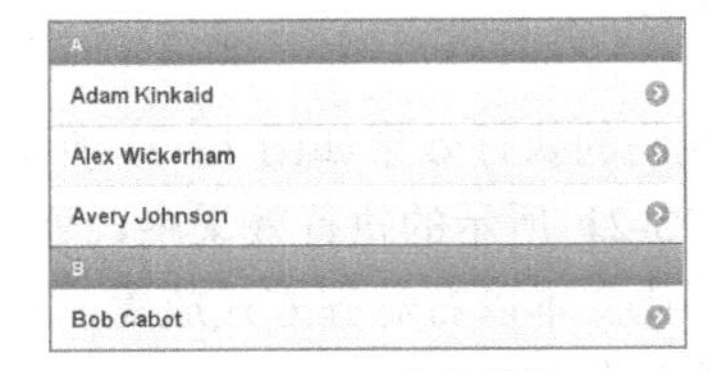

▲图 13-20　执行效果

接下来将通过一个具体实例的实现过程，详细讲解在 Android 中使用列表分割线的方法。

题目	目的	源码路径
实例 13-13	在 Android 中使用列表分割线	\codes\13\dividers.html

实例文件 dividers.html 的具体实现代码如下所示。

```
    <link rel="stylesheet" href="http://code.jquery.com/mobile/1.0/jquery.mobile-1.0.
min.css" />
    <style>
        .segmented-control { text-align:center;}
        .segmented-control .ui-controlgroup { margin: 0.2em; }
        .ui-control-active,.ui-control-inactive{border-style:solid;border-color:gray;}
        .ui-control-active { background: #BBB; }
        .ui-control-inactive { background: #DDD; }
    </style>
    <script src="http://code.jquery.com/jquery-1.19.4.min.js"></script>
```

```
    <script
src="http://code.jquery.com/mobile/1.0/jquery.mobile-1.0.min.js"></script>
</head>
<body>

<div data-role="page">
    <div data-role="header">
        <h1>宝贵的时间啊</h1>
    </div>
    <div data-role="content">
        <ul data-role="listview" data-filter="true" data-divider-theme="b">
            <li data-role="list-divider">周一
              <p class="ui-li-aside"><strong>Feb 6 2012</strong></p></li>
            <li><a href="#">
            <p><strong> 上 午  6  点 </strong><span  class="ui-li-aside"><strong> 生 日 聚 会
</strong></span></p></a></li>
            <li data-role="list-divider">周二
              <p class="ui-li-aside"><strong>Feb 8 2012</strong></p></li>
            <li><a href="#">
            <p><strong>上午 6 点</strong><span class="ui-li-aside"><strong>开会</strong>
</span></p></a></li>
            <li data-role="list-divider">周三
              <p class="ui-li-aside"><strong>Feb 10 2012</strong></p></li>
            <li><a href="#">
            <p><strong> 上 午  8  点 </strong><span  class="ui-li-aside"><strong> 约 会 网 友
</strong></span></p></a></li>
            <li><a href="#">
            <p><strong>  下  午   5   点  </strong><span   class="ui-li-aside"><strong>  看  球
</strong></span></p></a></li>
        </ul>
    </div>

    <!-- Toolbar with a segmented control -->
    <div  data-role="footer"  data-position="fixed"  data-theme="d"  class="segmented-
control">
        <div data-role="controlgroup" data-type="horizontal">
            <a href="#" data-role="button" class="ui-control-active">List</a>
            <a href="#" data-role="button" class="ui-control-inactive">Day</a>
            <a href="#" data-role="button" class="ui-control-inactive">Month</a>
        </div>
    </div>
</div>
```

上述代码的执行效果如图 13-21 所示。

在图 13-21 所示的执行效果中，列表条目同时包含左对齐和右对齐的文本。要让文本以右对齐方式放置，需要使用一个包含类 ui-li-aside 的元素对其进行包装。

▲图 13-21　执行效果

第 4 篇

典型网络应用篇

第 14 章　Wi-Fi 系统应用
第 15 章　蓝牙系统应用
第 16 章　邮件应用
第 17 章　RSS 处理
第 18 章　网络视频处理
第 19 章　网络流量监控

第 14 章　Wi-Fi 系统应用

Wi-Fi 是一种可以将个人电脑、手持设备（如 PDA、手机）等终端以无线方式互相连接的技术。本章将简要介绍在 Android 平台中开发 Wi-Fi 相关应用的基本知识。

14.1　了解 Wi-Fi 系统的结构

Wi-Fi 系统比较复杂，但是又比较常用，要想完全掌握 Wi-Fi 应用开发技术，需要从底层做起，先要了解它的底层结构。在本节中，将简要讲解 Wi-Fi 系统底层结构的基本知识。

14.1.1　Wi-Fi 概述

Wi-Fi 是一种可以将个人电脑、手持设备（如 PDA、手机）等终端以无线方式互相连接的技术。Wi-Fi 是一个无线网路通信技术的品牌，由 Wi-Fi 联盟（Wi-Fi Alliance）所持有。它用于改善基于 IEEE 802.11 标准的无线网路产品之间的互通性。很多人会把 Wi-Fi 及 IEEE 802.11 混为一谈，甚至把 Wi-Fi 等同于无线网际网路（WLAN），但事实上 Wi-Fi 仅是 WLAN 的重要组成部分。在 Android 系统中，存在了一个无线控制模块，其打开方式如下：依次单击“Menu”→“Settings”→“Wireless$networks”→“Mobile network settings”，来到图 14-1 所示界面，在此界面可以选择一个移动网络。

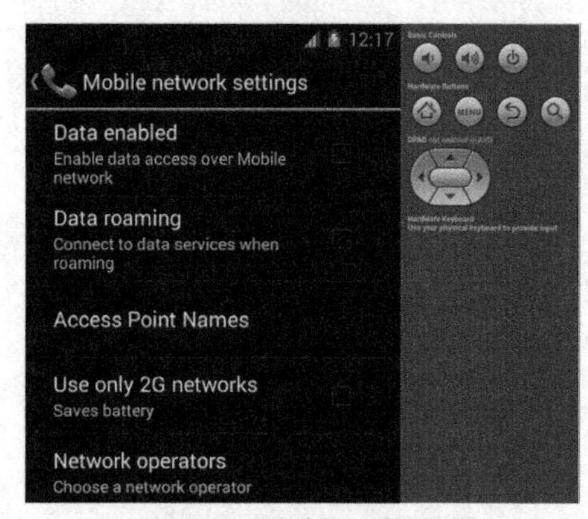

▲图 14-1　移动网络选择界面

14.1.2　Wi-Fi 层次结构

Wi-Fi 系统的上层接口包括数据部分和控制部分，数据部分通常是一个与以太网卡类似的网络设备，控制部分用于实现接入点操作和安全验证处理。

在软件层，Wi-Fi 系统包括 Linux 内核程序和协议，还包括本地部分、Java 框架类。Wi-Fi 系统向 Java 应用程序层提供了控制类的接口。

Android 平台中 Wi-Fi 系统的基本层次结构如图 14-2 所示。

由图 14-2 可知，Android 平台中 Wi-Fi 系统从上到下主要包括 Java 框架类、Android 适配器库、wpa_supplicant 守护进程、驱动程序和协议，这几部分的系统结构如图 14-3 所示。

图 14-3 中各个部分的具体说明如下所示。

（1）Wi-Fi 用户空间的程序和库，对应路径如下所示。

```
external/wpa_supplicant/
```

在此生成库 libwpaclient.so 和守护进程 wpa_supplicant。

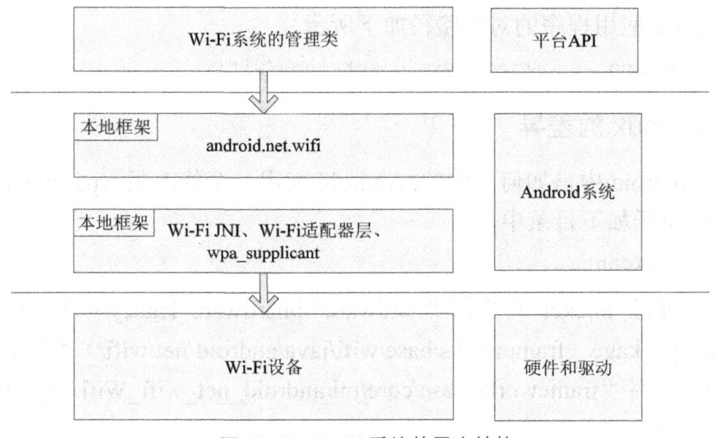

▲图 14-2 Wi-Fi 系统的层次结构

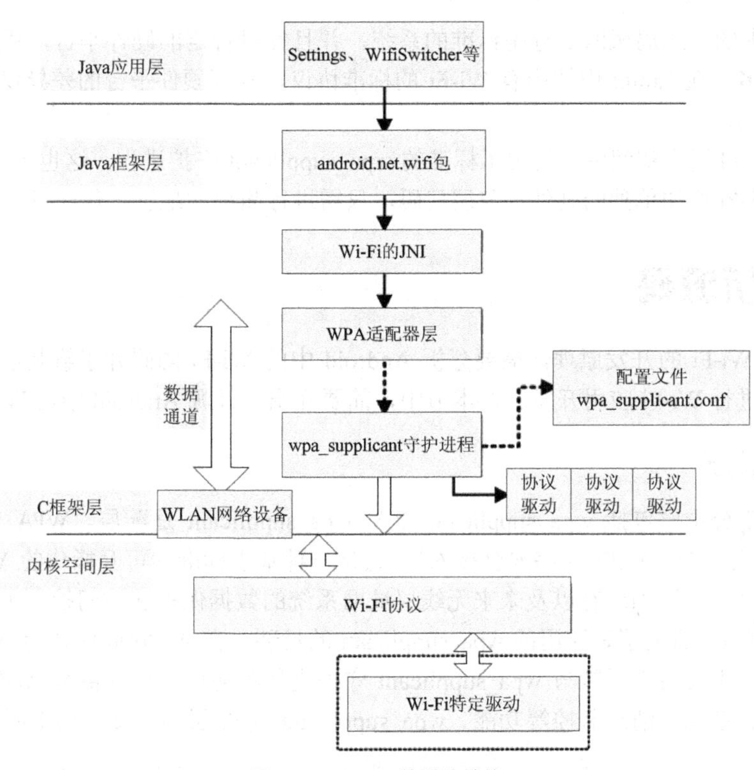

▲图 14-3 Wi-Fi 的系统结构

（2）Wi-Fi 管理库，即适配器库，通过调用库 libwpaclient.so 成为 wpa_supplicant 在 Android 中的客户端，对应路径如下所示。

```
hardware/libhardware_legary/wifi/
```

（3）JNI 部分的对应路径如下所示。

```
frameworks/base/core/jni/android_net_wifi_Wifi.cpp
```

（4）Java 框架部分的对应路径如下所示。

```
frameworks/base/services/java/com/android/server/
frameworks/base/wifi/java/android/net/wifi/
```

在 android.net.wifi 将作为 Android 平台的 API 供 Java 应用程序层使用。

（5）Wi-Fi Settings 应用程序的对应路径如下所示。

```
packages/apps/Settings/src/com/android/settings/wifi/
```

14.1.3 Wi-Fi 与 Linux 的差异

先看 Wi-Fi 在 Android 中是如何工作的：Android 使用一个修改版 wpa_supplicant 作为 daemon 来控制 Wi-Fi，代码位于如下目录中。

```
external/wpa_supplicant
```

wpa_supplicant 通过 Socket 与文件“hardware/libhardware_legacy/wifi/wifi.c”进行通信。UI 通过 android.net.wifi package（frameworks/base/wifi/java/android/net/wifi/）发送命令给文件 wifi.c。相应的 JNI 实现位于文件“frameworks/base/core/jni/android_net_wifi_Wifi.cpp”中，更高一级的网络管理位于如下目录中。

```
frameworks/base/core/java/android/net
```

Android 中的无线局域网部分是标准的系统，并且针对特定的硬件平台，所以需要移植和改动的内容并不多。在 Linux 内核中有 Wi-Fi 的标准协议，不同硬件平台的差异仅体现在 Wi-Fi 芯片驱动程序不同。

而在 Android 用户空间中，使用了标准的 wpa_supplicant 守护进程，这也是一个标准的实现，所以无需为 Wi-Fi 增加单独的硬件抽象层代码，只需进行简单的配置工作即可。

14.2 分析源码

要想掌握 Wi-Fi 的开发原理，需要分析 Android 中的 Wi-Fi 源码并了解其核心构造，这样才能游刃有余地进行 Wi-Fi 应用开发。在本节中，简要介绍了开源 Android 中与 Wi-Fi 相关的代码。

14.2.1 本地部分

本地实现部分主要包括 wpa_supplicant 以及 wpa_supplicant 适配层。WPA（Wi-Fi Protected Access），中文含义为“WiFi 网络安全接入”。它是一种基于标准的可互操作的 WLAN 安全性增强解决方案，可大大增强现有以及未来无线局域网系统的数据保护和访问控制水平。

wpa_supplicant 适配层是通用的 wpa_supplicant 的封装，在 Android 中作为 Wi-Fi 部分的硬件抽象层来使用，主要用于封装与 wpa_supplicant 守护进程的通信，以提供给 Android 框架使用。它实现了加载、控制和消息监控等功能。wpa_supplicant 适配层的头文件如下所示。

```
hardware/libhardware_legacy/include/hardware_legacy/wifi.h
```

wpa_supplicant 的标准结构框图如图 14-4 所示。

重点关注图 14-4 框图的下半部分，即 wpa_supplicant 是如何与 Driver 进行联系的。整个过程暂以 AP 发出 SCAN 命令为主线。由于现在大部分 Wi-Fi Driver 都支持 wext，所以假设设备进入 wext 这一分支。若用 ndis 也可以，整个流程与 wext 相似。

首先要说的是，在文件“Driver.h”中存在一个名为 wpa_driver_ops 的结构体，这个结构体在 Driver.c 中的声明代码如下。

```
#ifdef CONFIG_DRIVER_WEXT
extern struct wpa_driver_ops wpa_driver_wext_ops;
```

然后文件在 driver_wext.c 填写了该结构体的成员，其代码如下。

```
const struct wpa_driver_ops wpa_driver_wext_ops = {
    .name = "wext",
```

```
        .desc = "Linux wireless extensions (generic)",
        .get_bssid = wpa_driver_wext_get_bssid,
        .get_ssid = wpa_driver_wext_get_ssid,
        .set_key = wpa_driver_wext_set_key,
        .set_countermeasures = wpa_driver_wext_set_countermeasures,
        .scan2 = wpa_driver_wext_scan,
        .get_scan_results2 = wpa_driver_wext_get_scan_results,
        .deauthenticate = wpa_driver_wext_deauthenticate,
        .associate = wpa_driver_wext_associate,
        .init = wpa_driver_wext_init,
        .deinit = wpa_driver_wext_deinit,
        .add_pmkid = wpa_driver_wext_add_pmkid,
        .remove_pmkid = wpa_driver_wext_remove_pmkid,
        .flush_pmkid = wpa_driver_wext_flush_pmkid,
        .get_capa = wpa_driver_wext_get_capa,
        .set_operstate = wpa_driver_wext_set_operstate,
        .get_radio_name = wext_get_radio_name,
#ifdef ANDROID
        .sched_scan = wext_sched_scan,
        .stop_sched_scan = wext_stop_sched_scan,
#endif /* ANDROID */
};
```

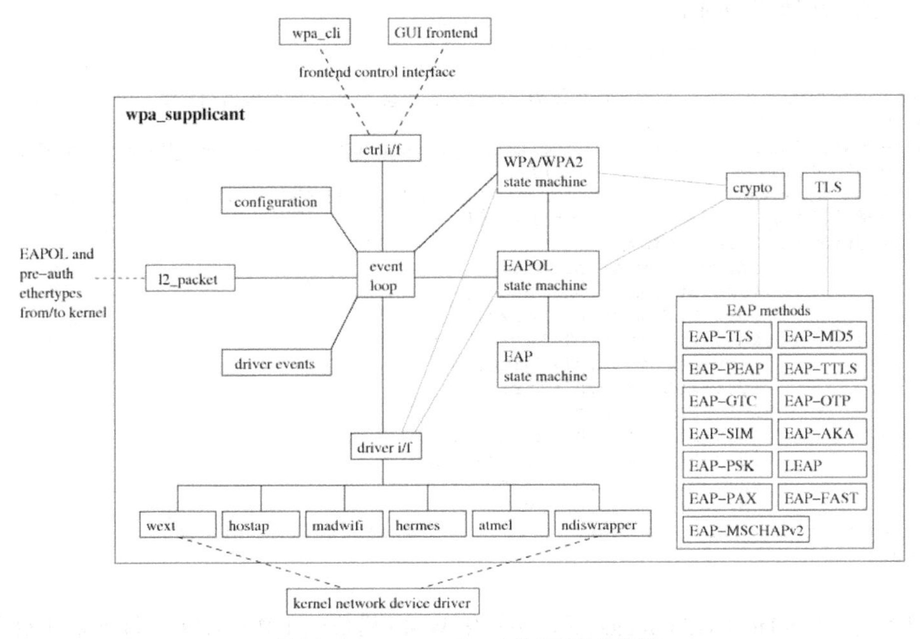

▲图 14-4　wpa_supplicant 的标准结构框图

上述成员其实都是驱动和 wpa_supplicant 的接口，以 SCAN 为例的代码如下。

```
int wpa_driver_wext_scan(void *priv, const u8 *ssid, size_t ssid_len)
```

通过如下代码可以看出 wpa_cupplicant 是通过 ioctl 来调用 Socket 与 Driver 进行通信的，并给 Driver 下达 SIOCSIWSCAN 命令。

```
if (ioctl(drv->ioctl_sock, SIOCSIWSCAN, &iwr) < 0)
```

这样，当一个命令依次从 AP、Framework、C++本地库到 wpa_supplicant 适配层，再由 wpa_supplicant 下达 CMD 给 Driver 的路线就打通了。

因为 Wi-Fi 模块是采用 SDIO 总线来控制的，所以应该先记录下 Client Driver 的 SDIO 部分的结构，此部分的 SDIO 分为 3 层，分别是 SdioDrv、SdioAdapter、SdioBusDrv。其中，SdioBusDrv 是 Client Driver 中 SDIO 与 Wi-Fi 模块的接口，SdioAdapter 是 SdioDrv 和 SdioBusDrv 之间的适配

层，SdioDrv 是 Client Driver 中 SDIO 与 Linux Kernel 中的 MMC SDIO 的接口。这三部分只需要关注一下 SdioDrv，另外两层都只是对它的封装。

在 SdioDrv 中提供了下面的功能。

```
static struct sdio_driver tiwlan_sdio_drv = {
    .probe          = tiwlan_sdio_probe,
    .remove         = tiwlan_sdio_remove,
    .name           = "sdio_tiwlan",
    .id_table        = tiwl12xx_devices,
};
int sdioDrv_EnableFunction(unsigned int uFunc)
int sdioDrv_EnableInterrupt(unsigned int uFunc)
```

SDIO 的读写实际上调用了“MMC\Core”中的如下功能函数。

```
static int mmc_io_rw_direct_host()
```

SDIO 的功能部分只需简单了解即可，一般 Host 部分芯片厂商都会提供完整的解决方案，主要任务还是掌握 Wi-Fi 模块的相关知识。

首先看 Wi-Fi 模块的入口函数 wlanDrvIf_ModuleInit()，此入口函数调用了函数 wlanDrvIf_Create()，主要代码如下所示。

```
static int wlanDrvIf_Create (void)
{
    TWlanDrvIfObj *drv; //这个结构体为代表设备，包含 Linux 网络设备结构体 net_device
    pDrvStaticHandle = drv;
    drv->pWorkQueue = create_singlethread_workqueue (TIWLAN_DRV_NAME);//创建了工作队列
    rc = wlanDrvIf_SetupNetif (drv);
    drv->wl_sock = netlink_kernel_create( NETLINK_USERSOCK, 0, NULL, NULL, THIS_MODULE );
    // 创建了接收 wpa_supplicant 的 Socket 接口
    rc = drvMain_Create (drv,
                &drv->tCommon.hDrvMain,
                &drv->tCommon.hCmdHndlr,
                &drv->tCommon.hContext,
                &drv->tCommon.hTxDataQ,
                &drv->tCommon.hTxMgmtQ,
                &drv->tCommon.hTxCtrl,
                &drv->tCommon.hTWD,
                &drv->tCommon.hEvHandler,
                &drv->tCommon.hCmdDispatch,
                &drv->tCommon.hReport,
                &drv->tCommon.hPwrState);
    rc = hPlatform_initInterrupt (drv, (void*)wlanDrvIf_HandleInterrupt);
   return 0;
}
```

在调用完函数 wlanDrvIf_Create()后，初始化 Wi-Fi 模块的工作即结束。接下来开始分析如何实现初始化，首先分析函数 wlanDrvIf_SetupNetif (drv)，其主要代码如下所示。

```
static int wlanDrvIf_SetupNetif (TWlanDrvIfObj *drv)
{
   struct net_device *dev;
   int res;
   dev = alloc_etherdev (0);//开始申请 Linux 网络设备
   if (dev == NULL)
     ether_setup (dev);//开始建立网络接口，这两个都是 Linux 网络设备驱动的标准函数
   dev->netdev_ops = &wlan_netdev_ops;
   wlanDrvWext_Init (dev);
   res = register_netdev (dev);
   hPlatform_SetupPm(wlanDrvIf_Suspend, wlanDrvIf_Resume, pDrvStaticHandle);
}
```

在初始化 wlanDrvWext_Inti(dev)后，接下来需要注册网络设备 dev，在 wlan_netdev_ops 中的定义代码如下所示。

```
static const struct net_device_ops wlan_netdev_ops = {
```

```
        .ndo_open               = wlanDrvIf_Open,
        .ndo_stop               = wlanDrvIf_Release,
        .ndo_do_ioctl            = NULL,
        .ndo_start_xmit          = wlanDrvIf_Xmit,
        .ndo_get_stats           = wlanDrvIf_NetGetStat,
        .ndo_validate_addr        = NULL,
};
```

上述代码名字对应的都是Linux网络设备驱动的命令字，最后需要调用“rc=drvMain_CreateI”，通过此函数完成了相关模块的初始化工作。

14.2.2 JNI部分

在Android系统中，Wi-Fi系统JNI部分的源代码文件如下。

```
frameworks/base/core/jni/android_net_wifi_Wifi.cpp
```

JNI层的接口注册到Java层的源代码文件如下。

```
frameworks/base/wifi/java/android/net/wifi/WifiNative.java
```

WifiNative将为WifiService、WifiStateTracker、WifiMonitor等几个Wi-Fi框架内部组件提供底层操作支持。

此处实现的本地函数都是通过调用wpa_supplicant适配层的接口（包含适配层的头文件wifi.h）来实现的。wpa_supplicant适配层是通用的wpa_supplicant的封装，在Android中作为Wi-Fi部分的硬件抽象层来使用，主要用于封装与wpa_supplicant守护进程的通信，以提供给Android框架使用。它实现了加载、控制和消息监控等功能。wpa_supplicant适配层的头文件如下所示。

```
hardware/libhardware_legacy/include/hardware_legacy/wifi.h
```

文件wifi.h是Wi-Fi适配器层对JNI部分的接口，在里面包含了一些加载和连接的控制接口，主要包括如下两个接口。

- wifi_command()：负责将命令发送到Wi-Fi下层；
- wifi_wait_for_event()：负责事件进入通道，此函数会阻塞接收传来的事件，一直到接收到一个Wi-Fi事件为止，并且以字符串的形式返回。

在文件wifi.h中定义上述接口的代码如下。

```
int wifi_command(const char *command, char *reply, size_t *reply_len);
int wifi_wait_for_event(char *buf, size_t len);
```

在文件wifi.c中实现了上述两个接口，其代码如下。

```
int wifi_command(const char *command, char *reply, size_t *reply_len)
{
    return wifi_send_command(ctrl_conn, command, reply, reply_len);
}
int wifi_wait_for_event(char *buf, size_t buflen)
{
    size_t nread = buflen - 1;
    int fd;
    fd_set rfds;
    int result;
    struct timeval tval;
    struct timeval *tptr;

    if (monitor_conn == NULL)
        return 0;

    result = wpa_ctrl_recv(monitor_conn, buf, &nread);
    if (result < 0) {
        LOGD("wpa_ctrl_recv failed: %s\n", strerror(errno));
        return -1;
    }
```

```
        buf[nread] = '\0';
        if (result == 0 && nread == 0) {
            /* Fabricate an event to pass up */
            LOGD("Received EOF on supplicant socket\n");
            strncpy(buf, WPA_EVENT_TERMINATING " - signal 0 received", buflen-1);
            buf[buflen-1] = '\0';
            return strlen(buf);
        }
        if (buf[0] == '<') {
            char *match = strchr(buf, '>');
            if (match != NULL) {
                nread -= (match+1-buf);
                memmove(buf, match+1, nread+1);
            }
        }
        return nread;
    }
```

14.2.3 Java FrameWork 部分

Wi-Fi 系统 Java 部分的代码目录如下所示。

```
frameworks/base/wifi/java/android/net/wifi/           // Wi-Fi 服务层的内容
frameworks/base/services/java/com/android/server/     // Wi-Fi 部分的接口
```

Wi-Fi 系统 Java 层的核心是根据 IWifiManger 接口所创建的 Binder 服务器端和客户端，服务器端是 WifiService，客户端是 WifiManger。

编译 IWifiManger.aidl 生成文件 IWifiManger.java，并生成 IWifiManger.Stub（服务器端抽象类）和 IWifiManger.Stub.Proxy（客户端代理实现类）。WifiService 通过继承 IWifiManger.Stub 实现，而客户端通过 getService()函数获取 IWifiManger.Stub.Proxy（即 Service 的代理类），将其作为参数传递给 WifiManger，供其与 WifiService 通信时使用。

Wi-Fi 系统 Java 部分的核心是根据 IWifiManager 接口所创建的 Binder 服务器端和客户端，服务器端是 WifiService，客户端是 WifiManager。JNI（Java Native Interface）结构如图 14-5 所示，主要构成元素的具体说明如下所示。

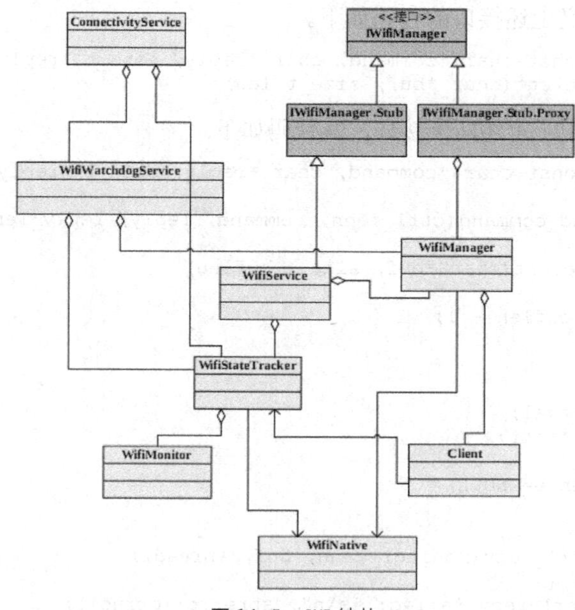

▲图 14-5 JNI 结构

（1）WifiManger

此部分是Wi-Fi部分与外界的接口，用户通过它来访问Wi-Fi的核心功能。WifiWatchdogService这一系统组件也通过它来执行一些具体操作。

（2）WifiService

此部分是服务器端的实现，它作为 Wi-Fi 的核心，用来处理驱动的加载、扫描、链接、断开等命令，以及底层上报的事件。对于主动的命令控制，Wi-Fi 是一个简单的封装，针对来自客户端的控制命令，调用相应的 WifiNative 来实现。

当接收到客户端的命令后，一般会将其转换成对应的自身消息塞入消息队列中，以便客户端的调用可以及时返回，然后在 WifiHandler 的 handleMessage()中处理对应的消息。对底层上报的事件，WifiService 则通过启动 WifiStateTracker 来处理。WifiStateTracker 和 WifiMonitor 的具体功能如下所示。

- WifiStateTracker：除了负责 Wi-Fi 的电源管理模式等功能外，其核心功能是 WifiMonitor 所实现的事件轮询机制，以及消息处理函数 handleMessage()。
- WifiMonitor：通过开启一个 MonitorThread 来实现事件的轮询，轮询的关键函数是前面提到的阻塞式函数 WifiNative.waitForEvent()。获取事件后，WifiMonitor 通过一系列的 Handler 通知给 WifiStateTracker。这里 WifiMonitor 的通知机制是将底层事件转换成 WifiStateTracker 所能识别的消息，塞入 WifiStateTracker 的消息循环中，最终在 handleMessage()中由 WifiStateTracker 完成对应的处理。

WifiStateTracker 也是 Wi-Fi 部分与外界的接口，它不像 WifiManger 那样直接被实例化，而是通过 Intent 机制发送消息通知客户端注册的 BroadcastReceiver，从而完成与客户端的连接。

（3）WifiWatchdogService

此部分是 ConnectivityService 所启动的服务，但它并不是通过 Binder 来实现的。它的作用是监控同一个网络内的接入点（Access Point），如果当前接入点的 DNS 无法 ping 通，就自动切换到下一个接入点。WifiWatchdogService 通过 WifiManger 和 WifiStateTracker 辅助完成具体的控制动作。在 WifiWatchdogService 初始化时，通过 registerForWifiBroadcasts 注册获取网络变化的 Broadcast Receiver，也就是捕获 WifiStateTracker 所发出的通知消息，并开启一个 WifiWatchdogThread 线程来处理获取的消息。通过更改 Setting.Secure.WIFI_WARCHDOG_ON 的配置，可以开启和关闭 WifiWatchdogService。

14.2.4 Setting 中的设置部分

Android 的 Settings 应用程序对 Wi-Fi 的使用，是典型的 Wi-Fi 应用方式，也是用户可见的 Android Wi-Fi 管理程序。此部分源代码的目录如下所示。

```
packages/apps/Settings/src/com/android/settings/wifi/
```

Setting 里的 Wi-Fi 部分是用户可见的设置界面，提供 Wi-Fi 开关、扫描 AP、连接/断开的基本功能。另外，通过实现 WifiLayer.Callback 接口提供了一组回调函数，用以响应用户关心的 Wi-Fi 状态的变化。

WifiEnabler 和 WifiLayer 都是 WifiSettings 的组成部分，通过 WifiManger 来完成实际的功能，且需注册一个 BroadcastReceiver 来响应 WifiStateTracker 所发出的通知消息。WifiEnabler 其实是一个比较简单的类，提供开启和关闭 Wi-Fi 的功能，如设置中的外层 Wi-Fi 开关菜单就是直接通过它来实现的。而 WifiLayer 则提供了一些更复杂的 Wi-Fi 功能，如 AP 选择等，以供用户自定义。

Setting 中的 Wi-Fi 设置结构如图 14-6 所示。

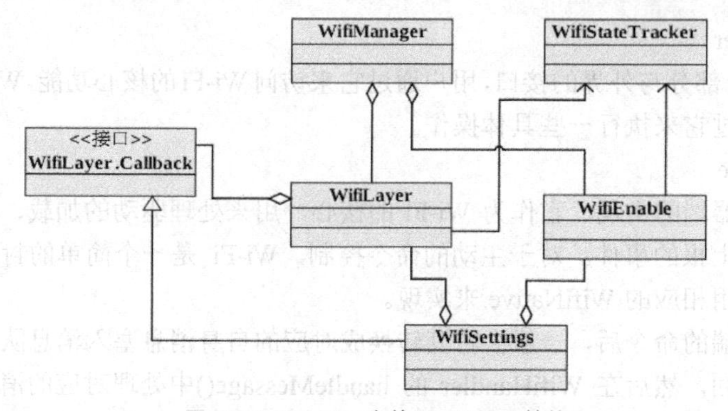

▲图 14-6　Setting 中的 Wi-Fi 设置结构

14.3　开发 Wi-Fi 应用程序

通过学习本章前面的内容，可了解 Android 系统 Wi-Fi 的基本知识，根据从底层到应用的学习，进一步了解了 Wi-Fi 的工作原理和机制。在本节中，会将前面所学的内容应用到具体实践中，通过具体实例使读者掌握在 Android 中开发 Wi-Fi 应用的基本知识。

14.3.1　类 WifiManager

在应用层开发 Wi-Fi 程序，其实就是使用类 WifiManager 来开发应用程序。在此类中提供了监控 Wi-Fi 状态的方法，主要有以下 5 种状态。

- WifiManager.WIFI_STATE_DISABLING：表示 Wi-Fi 正在关闭而无法关闭。
- WifiManager.WIFI_STATE_DISABLED：表示 Wi-Fi 已经关闭。
- WifiManager.WIFI_STATE_ENABLING：表示 Wi-Fi 正在打开而无法关闭。
- WifiManager.WIFI_STATE_ENABLED：表示 Wi-Fi 已经打开无法再打开。
- WifiManager.WIFI_STATE_UNKNOWN：表示 Wi-Fi 无法识别。

在具体实现上，先定义一个复选框 CheckBox，然后捕捉 CheckBox 的单击事件，根据相应的状态显示相应的提示。例如，可以用下面的代码检测 Wi-Fi 是否启动。

```
WifiManager wm = (WifiManager) context.getSystemService(Context.WIFI_SERVICE);
if(wm.getWifiState() == WifiManager.WIFI_STATE_ENABLED){
  return true;
}
```

设置 Wi-Fi 可用的代码如下所示。

```
wifimanager.setWifiEnabled(!wifiEnabled);
```

例如下面的一段代码是通用的 Wi-Fi 应用程序。

```
import java.util.List;

import android.content.Context;
import android.net.wifi.ScanResult;
import android.net.wifi.WifiConfiguration;
import android.net.wifi.WifiInfo;
import android.net.wifi.WifiManager;
import android.net.wifi.WifiManager.WifiLock;

public class WifiAdmin
{
    //定义 WifiManager 对象
    private WifiManager mWifiManager;
    //定义 WifiInfo 对象
```

```
private WifiInfo mWifiInfo;
//扫描出的网络连接列表
private List<ScanResult> mWifiList;
//网络连接列表
private List<WifiConfiguration> mWifiConfiguration;
//定义一个 WifiLock
WifiLock mWifiLock;
//构造器
public  WifiAdmin(Context context)
{
    //取得 WifiManager 对象
    mWifiManager = (WifiManager) context.getSystemService(Context.WIFI_SERVICE);
    //取得 WifiInfo 对象
    mWifiInfo = mWifiManager.getConnectionInfo();
}
//打开 Wi-Fi
public void OpenWifi()
{
    if (!mWifiManager.isWifiEnabled())
    {
        mWifiManager.setWifiEnabled(true);

    }
}
//关闭 Wi-Fi
public void CloseWifi()
{
    if (!mWifiManager.isWifiEnabled())
    {
        mWifiManager.setWifiEnabled(false);
    }
}
//锁定 WifiLock，当下载大文件时需要锁定
public void AcquireWifiLock()
{
    mWifiLock.acquire();
}
//解锁 WifiLock
public void ReleaseWifiLock()
{
    //判断时候锁定
    if (mWifiLock.isHeld())
    {
        mWifiLock.acquire();
    }
}
//创建一个 WifiLock
public void CreatWifiLock()
{
    mWifiLock = mWifiManager.createWifiLock("Test");
}
//得到配置好的网络
public List<WifiConfiguration> GetConfiguration()
{
    return mWifiConfiguration;
}
//指定配置好的网络进行连接
public void ConnectConfiguration(int index)
{
    //索引大于配置好的网络，索引返回
    if(index > mWifiConfiguration.size())
    {
        return;
    }
    //连接配置好的指定 ID 的网络
    mWifiManager.enableNetwork(mWifiConfiguration.get(index).networkId, true);
}
public void StartScan()
{
```

```
        mWifiManager.startScan();
        //得到扫描结果
        mWifiList = mWifiManager.getScanResults();
        //得到配置好的网络连接
        mWifiConfiguration = mWifiManager.getConfiguredNetworks();
    }
    //得到网络列表
    public List<ScanResult> GetWifiList()
    {
        return mWifiList;
    }
    //查看扫描结果
    public StringBuilder LookUpScan()
    {
        StringBuilder stringBuilder = new StringBuilder();
        for (int i = 0; i < mWifiList.size(); i++)
        {
            stringBuilder.append("Index "+new Integer(i + 1).toString() + ":");
            //将 ScanResult 信息转换成一个字符串包
            //其中包括：BSSID、SSID、capabilities、frequency、level
            stringBuilder.append((mWifiList.get(i)).toString());
            stringBuilder.append("\n");
        }
        return stringBuilder;
    }
    //得到 MAC 地址
    public String GetMacAddress()
    {
        return (mWifiInfo == null) ? "NULL" : mWifiInfo.getMacAddress();
    }
    //得到接入点的 BSSID
    public String GetBSSID()
    {
        return (mWifiInfo == null) ? "NULL" : mWifiInfo.getBSSID();
    }
    //得到 IP 地址
    public int GetIPAddress()
    {
        return (mWifiInfo == null) ? 0 : mWifiInfo.getIpAddress();
    }
    //得到连接的 ID
    public int GetNetworkId()
    {
        return (mWifiInfo == null) ? 0 : mWifiInfo.getNetworkId();
    }
    //得到 WifiInfo 的所有信息包
    public String GetWifiInfo()
    {
        return (mWifiInfo == null) ? "NULL" : mWifiInfo.toString();
    }
    //添加一个网络并连接
    public void AddNetwork(WifiConfiguration wcg)
    {
        int wcgID = mWifiManager.addNetwork(wcg);
        mWifiManager.enableNetwork(wcgID, true);
    }
    //断开指定 ID 的网络
    public void DisconnectWifi(int netId)
    {
        mWifiManager.disableNetwork(netId);
        mWifiManager.disconnect();
    }
}
```

在开发 Wi-Fi 应用程序时需要注意两点，第一点是需要检测当前设备是否有可用的 Wi-Fi。例如下面的检测代码。

```
mWifiManager = (WifiManager) context.getSystemService(Context.WIFI_SERVICE);
if (mWifiManager != null) {
```

```
                List<ScanResult> wifiScanResults = mWifiManager.getScanResults();
                if (wifiScanResults != null && wifiScanResults.size() != 0) {

                }
            }
```

第二点是需要在程序中声明一些相关的权限，Wi-Fi 的主要操作权限有如下四个。

- CHANGE_NETWORK_STATE：允许修改网络状态的权限。
- CHANGE_WIFI_STATE：允许修改 Wi-Fi 状态的权限。
- ACCESS_NETWORK_STATE：允许访问网络状态的权限。
- ACCESS_WIFI_STATE：允许访问 Wi-Fi 状态的权限。

例如下面的代码。

```
<uses-permission
          android:name="android.permission.ACCESS_WIFI_STATE"></uses- permission>
   <uses-permission
android:name="android.permission.ACCESS_CHECKIN_PROPERTIES"> </uses-permission>
   <uses-permission android:name="android.permission.WAKE_LOCK"></uses-permission>
   <uses-permission android:name="android.permission.INTERNET"></uses-permission>
   <uses-permission android:name="android.permission.CHANGE_WIFI_STATE"></uses-
permission>
   <uses-permission android:name="android.permission.MODIFY_PHONE_STATE"></uses-
permission>
```

14.3.2　实战演练——在 Android 系统中控制 Wi-Fi

了解了 Wi-Fi 的基本知识后，下面将通过具体的演示实例来讲解在 Android 系统中开发 Wi-Fi 应用程序的流程。本实例的功能是在 Android 系统中控制 Wi-Fi 的状态。

题目	目的	源码路径
实例 14-1	在 Android 系统中控制 Wi-Fi	\codes\14\control

本实例的具体实现流程如下所示。

（1）编写布局文件 main.xml，具体代码如下。

```
<?xml version="1.0" encoding="utf-8"?>
<LinearLayout
  xmlns:android="http://schemas.android.com/apk/res/android"
  android:background="@drawable/white"
  android:orientation="vertical"
  android:layout_width="fill_parent"
  android:layout_height="fill_parent"
  >
  <TextView
    android:id="@+id/myTextView1"
    android:layout_width="fill_parent"
    android:layout_height="wrap_content"
    android:textColor="@drawable/blue"
    android:text="@string/hello"
  />
  <CheckBox
    android:id="@+id/myCheckBox1"
    android:layout_width="wrap_content"
    android:layout_height="wrap_content"
    android:text="@string/str_checked"
    android:textColor="@drawable/blue"
  />
</LinearLayout>
```

（2）开始实现主程序文件 control.java，具体实现流程如下。

- 创建 Wi-fiManager 对象 mWi-FiManager01，具体代码如下。

```
public class control extends Activity
```

```
{
  private TextView mTextView01;
  private CheckBox mCheckBox01;

  /* 创建 Wi-fiManager 对象 */
  private WifiManager mWiFiManager01;
```

● 定义 mTextView01 和 mCheckBox01，分别用于显示提示文本和获取复选框的选择状态，具体代码如下。

```
  /** Called when the activity is first created. */
  @Override
  public void onCreate(Bundle savedInstanceState)
  {
    super.onCreate(savedInstanceState);
    setContentView(R.layout.main);

    mTextView01 = (TextView) findViewById(R.id.myTextView1);
    mCheckBox01 = (CheckBox) findViewById(R.id.myCheckBox1);
```

● 以 getSystemService 取得 WIFI_SERVICE，具体代码如下所示。

```
mWiFiManager01 = (WifiManager)
  this.getSystemService(Context.WIFI_SERVICE);
```

● 通过 if 语句判断运行程序后的 Wi-Fi 状态是否打开或处于打开中，这样便可显示对应的提示信息，具体代码如下所示。

```
/* 判断运行程序后的 Wi-Fi 状态是否打开或处于打开中 */
if(mWiFiManager01.isWifiEnabled())
{
  /* 判断 Wi-Fi 状态是否“已打开” */
  if(mWiFiManager01.getWifiState()==
     WifiManager.WIFI_STATE_ENABLED)
  {
    /* 若 Wi-Fi 已打开，将选取项打勾 */
    mCheckBox01.setChecked(true);
    /* 更改选取项文字为关闭 Wi-Fi*/
    mCheckBox01.setText(R.string.str_uncheck);
  }
  else
  {
    /* 若 Wi-Fi 未打开，将选取项勾选取消 */
    mCheckBox01.setChecked(false);
    /* 更改选取项文字为打开 Wi-Fi*/
    mCheckBox01.setText(R.string.str_checked);
  }
}
else
{
  mCheckBox01.setChecked(false);
  mCheckBox01.setText(R.string.str_checked);
}
```

● 通过 mCheckBox01.setOnClickListener 来捕捉 CheckBox 的单击事件，用 onClick(View v) 方法获取用户的单击，然后 if 语句根据操作需求执行对应的操作，并根据需要输出对应的提示信息，具体代码如下所示。

```
    mCheckBox01.setOnClickListener(
    new CheckBox.OnClickListener()
    {
      @Override
      public void onClick(View v)
      {
        // TODO Auto-generated method stub

        /* 当选取项为取消选取状态 */
        if(mCheckBox01.isChecked()==false)
```

```
{
  /* 尝试关闭 Wi-Fi 服务 */
  try
  {
    /* 判断 Wi-Fi 状态是否为已打开 */
    if(mWiFiManager01.isWifiEnabled() )
    {
      /* 关闭 Wi-Fi */
      if(mWiFiManager01.setWifiEnabled(false))
      {
        mTextView01.setText(R.string.str_stop_wifi_done);
      }
      else
      {
        mTextView01.setText(R.string.str_stop_wifi_failed);
      }
    }
    else
    {
      /* Wi-Fi 状态不为已打开状态时 */
      switch(mWiFiManager01.getWifiState())
      {
        /* Wi-Fi 正在打开过程中，导致无法关闭... */
        case WifiManager.WIFI_STATE_ENABLING:
          mTextView01.setText
          (
            getResources().getText
            (R.string.str_stop_wifi_failed)+":"+
            getResources().getText
            (R.string.str_wifi_enabling)
          );
          break;
        /* Wi-Fi 正在关闭过程中，导致无法关闭... */
        case WifiManager.WIFI_STATE_DISABLING:
          mTextView01.setText
          (
            getResources().getText
            (R.string.str_stop_wifi_failed)+":"+
            getResources().getText
            (R.string.str_wifi_disabling)
          );
          break;
        /* Wi-Fi 已经关闭 */
        case WifiManager.WIFI_STATE_DISABLED:
          mTextView01.setText
          (
            getResources().getText
            (R.string.str_stop_wifi_failed)+":"+
            getResources().getText
            (R.string.str_wifi_disabled)
          );
          break;
        /* 无法取得或辨识 Wi-Fi 状态 */
        case WifiManager.WIFI_STATE_UNKNOWN:
        default:
          mTextView01.setText
          (
            getResources().getText
            (R.string.str_stop_wifi_failed)+":"+
            getResources().getText
            (R.string.str_wifi_unknow)
          );
          break;
      }
      mCheckBox01.setText(R.string.str_checked);
    }
  }
  catch (Exception e)
  {
```

```
      Log.i("HIPPO", e.toString());
      e.printStackTrace();
    }
  }
  else if(mCheckBox01.isChecked()==true)
  {
    /* 尝试打开 Wi-Fi 服务 */
    try
    {
      /* 确认 Wi-Fi 服务是关闭且不处于打开作业中 */
      if(!mWiFiManager01.isWifiEnabled() &&
         mWiFiManager01.getWifiState()!=
         WifiManager.WIFI_STATE_ENABLING )
      {
        if(mWiFiManager01.setWifiEnabled(true))
        {
          switch(mWiFiManager01.getWifiState())
          {
            /* Wi-Fi 正在打开过程中，导致无法打开... */
            case WifiManager.WIFI_STATE_ENABLING:
              mTextView01.setText
              (
                getResources().getText
                (R.string.str_wifi_enabling)
              );
              break;
            /* Wi-Fi 已经为打开，无法再次打开... */
            case WifiManager.WIFI_STATE_ENABLED:
              mTextView01.setText
              (
                getResources().getText
                (R.string.str_start_wifi_done)
              );
              break;
            /* 其他未知的错误 */
            default:
              mTextView01.setText
              (
                getResources().getText
                (R.string.str_start_wifi_failed)+":"+
                getResources().getText
                (R.string.str_wifi_unknow)
              );
              break;
          }
        }
        else
        {
          mTextView01.setText(R.string.str_start_wifi_failed);
        }
      }
      else
      {
        switch(mWiFiManager01.getWifiState())
        {
          /* Wi-Fi 正在打开过程中，导致无法打开... */
          case WifiManager.WIFI_STATE_ENABLING:
            mTextView01.setText
            (
              getResources().getText
              (R.string.str_start_wifi_failed)+":"+
              getResources().getText
              (R.string.str_wifi_enabling)
            );
            break;
          /* Wi-Fi 正在关闭过程中，导致无法打开... */
          case WifiManager.WIFI_STATE_DISABLING:
            mTextView01.setText
            (
```

```
                getResources().getText
                (R.string.str_start_wifi_failed)+":"+
                getResources().getText
                (R.string.str_wifi_disabling)
              );
              break;
            /* Wi-Fi 已经关闭 */
            case WifiManager.WIFI_STATE_DISABLED:
              mTextView01.setText
              (
                getResources().getText
                (R.string.str_start_wifi_failed)+":"+
                getResources().getText
                (R.string.str_wifi_disabled)
              );
              break;
            /* 无法取得或识别 Wi-Fi 状态 */
            case WifiManager.WIFI_STATE_UNKNOWN:
            default:
              mTextView01.setText
              (
                getResources().getText
                (R.string.str_start_wifi_failed)+":"+
                getResources().getText
                (R.string.str_wifi_unknow)
              );
              break;
          }
        }
        mCheckBox01.setText(R.string.str_uncheck);
      }
      catch (Exception e)
      {
        Log.i("HIPPO", e.toString());
        e.printStackTrace();
      }
    }
  }
});
}
```

● 定义 mMakeTextToast(String str, boolean isLong)，用于根据当前操作显示对应的提示性信息，具体代码如下所示。

```
public void mMakeTextToast(String str, boolean isLong)
{
  if(isLong==true)
  {
    Toast.makeText(example110.this, str, Toast.LENGTH_LONG).show();
  }
  else
  {
    Toast.makeText(example110.this, str, Toast.LENGTH_SHORT).show();
  }
}

@Override
protected void onResume()
{
  // TODO Auto-generated method stub

  /* 在 onResume 重写事件，为取得打开程序时 Wi-Fi 的状态 */
  try
  {
    switch(mWiFiManager01.getWifiState())
    {
      /* Wi-Fi 已经处于打开状态... */
      case WifiManager.WIFI_STATE_ENABLED:
        mTextView01.setText
```

```
          (
            getResources().getText(R.string.str_wifi_enabling)
          );
          break;
        /* Wi-Fi 正在打开过程中... */
        case WifiManager.WIFI_STATE_ENABLING:
          mTextView01.setText
          (
            getResources().getText(R.string.str_wifi_enabling)
          );
          break;
        /* Wi-Fi 正在关闭过程中... */
        case WifiManager.WIFI_STATE_DISABLING:
          mTextView01.setText
          (
            getResources().getText(R.string.str_wifi_disabling)
          );
          break;
        /* Wi-Fi 已经关闭 */
        case WifiManager.WIFI_STATE_DISABLED:
          mTextView01.setText
          (
            getResources().getText(R.string.str_wifi_disabled)
          );
          break;
        /* 无法取得或识别 Wi-Fi 状态 */
        case WifiManager.WIFI_STATE_UNKNOWN:
        default:
          mTextView01.setText
          (
            getResources().getText(R.string.str_wifi_unknow)
          );
          break;
      }
    }
    catch(Exception e)
    {
      mTextView01.setText(e.toString());
      e.getStackTrace();
    }
    super.onResume();
  }

  @Override
  protected void onPause()
  {
    // TODO Auto-generated method stub
    super.onPause();
  }
}
```

（3）编写文件 strings.xml，在此设置了在屏幕中显示的文本内容，具体代码如下所示。

```
<?xml version="1.0" encoding="utf-8"?>
<resources>
  <string name="hello"></string>
  <string name="app_name"></string>
  <string name="str_checked">打开....</string>
  <string name="str_uncheck">关闭....</string>
  <string name="str_start_wifi_failed">打开失败</string>
  <string name="str_start_wifi_done">打开成功</string>
  <string name="str_stop_wifi_failed">打开失败</string>
  <string name="str_stop_wifi_done">关闭成功</string>
  <string name="str_wifi_enabling">正在启动....</string>
  <string name="str_wifi_disabling">正在关闭....</string>
  <string name="str_wifi_disabled">已关闭</string>
  <string name="str_wifi_unknow">未知....</string>
</resources>
```

（4）最后，在文件 AndroidManifest.xml 中添加对 Wi-Fi 的访问以及网络状态的权限，具体代码如下所示。

```
<uses-permission android:name="android.permission.CHANGE_NETWORK_STATE" />
<uses-permission android:name="android.permission.CHANGE_WIFI_STATE" />
<uses-permission android:name="android.permission.ACCESS_NETWORK_STATE" />
<uses-permission android:name="android.permission.ACCESS_WIFI_STATE" />
<uses-permission android:name="android.permission.INTERNET" />
<uses-permission android:name="android.permission.WAKE_LOCK" />
```

至此，整个实例介绍完毕，执行后会显示两个按钮，如图 14-7 所示。当选择复选框后会执行相应的操作，并显示相应的提示信息。

在此需要说明的，是由于 Android 模拟器不支持 Wi-Fi 和蓝牙，所以执行上述程序时返回的网卡状态都是 WIFI_STATE_UNKNOWN，即表示 Wi-Fi 网卡未知的状态。

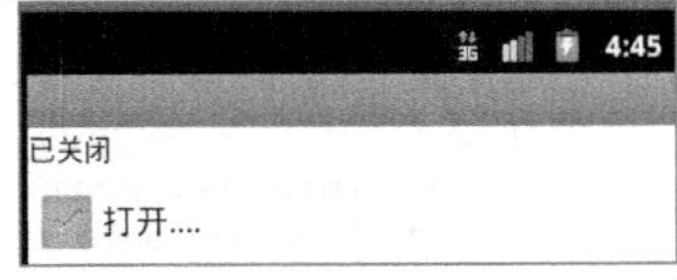

▲图 14-7　初始效果

14.3.3　实战演练——控制 Android 系统中的 Wi-Fi

在本实例中新建了一个 Android 应用程序，在 main.xml 中添加 3 个按钮，单击这 3 个按钮分别可以打开 Wi-Fi 网卡、关闭 Wi-Fi 网卡和检查网卡的当前状态。

题目	目的	源码路径
实例 14-2	控制 Android 系统中的 Wi-Fi	\codes\14\Android_Wifi

本实例的具体实现流程如下所示。

（1）编写界面布局文件 main.xml，具体代码如下。

```
<?xml version="1.0" encoding="utf-8"?>
<LinearLayout xmlns:android="http://schemas.android.com/apk/res/android"
    android:orientation="vertical"
    android:layout_width="fill_parent"
    android:layout_height="fill_parent"
    >
<TextView
    android:layout_width="fill_parent"
    android:layout_height="wrap_content"
    android:text="@string/hello"
    />
<Button
    android:id="@+id/startButton"
    android:layout_width="300dp"
    android:layout_height="wrap_content"
    android:text="打开 Wi-Fi 网卡"
    />
<Button
    android:id="@+id/stopButton"
    android:layout_width="300dp"
    android:layout_height="wrap_content"
    android:text="关闭 Wi-Fi 网卡"
    />
<Button
    android:id="@+id/checkButton"
    android:layout_width="300dp"
    android:layout_height="wrap_content"
    android:text="检查 Wi-Fi 网卡状态"
    />
</LinearLayout>
```

（2）编写主程序文件 Android_Wifi.java，主要代码如下。

```
public class Android_Wifi extends Activity {
    private Button startButton=null;
    private Button stopButton=null;
    private Button checkButton=null;
```

```
    WifiManager wifiManager=null;
    /** Called when the activity is first created. */
    @Override
    public void onCreate(Bundle savedInstanceState) {
        super.onCreate(savedInstanceState);
        setContentView(R.layout.main);
        startButton=(Button)findViewById(R.id.startButton);
        stopButton=(Button)findViewById(R.id.stopButton);
        checkButton=(Button)findViewById(R.id.checkButton);
        startButton.setOnClickListener(new startButtonListener());
        stopButton.setOnClickListener(new stopButtonListener());
        checkButton.setOnClickListener(new checkButtonListener());
    }
    class startButtonListener implements OnClickListener
    {
        /* (non-Javadoc)
         * @see android.view.View.OnClickListener#onClick(android.view.View)
         */
        @Override
        public void onClick(View v) {
            // TODO Auto-generated method stub
    wifiManager=(WifiManager)Android_Wifi.this.getSystemService (Context.WIFI_SERVICE);
            wifiManager.setWifiEnabled(true);
            System.out.println("wifi state --->"+wifiManager.getWifiState());
            Toast.makeText(Android_Wifi.this,"当前网卡状态为:"+wifiManager.getWifiState(),
            Toast.LENGTH_SHORT).show();
        }

    }
    class stopButtonListener implements OnClickListener
    {

        /* (non-Javadoc)
         * @see android.view.View.OnClickListener#onClick(android.view.View)
         */
        @Override
        public void onClick(View v) {
            // TODO Auto-generated method stub
            wifiManager=(WifiManager)Android_Wifi.this.getSystemService
            (Context.WIFI_SERVICE);
            wifiManager.setWifiEnabled(false);
            System.out.println("wifi state --->"+wifiManager.getWifiState());
            Toast.makeText(Android_Wifi.this,"当前网卡状态为:"+wifiManager.getWifiState(),
            Toast.LENGTH_SHORT).show();
        }

    }
    class checkButtonListener implements OnClickListener
    {

        /* (non-Javadoc)
         * @see android.view.View.OnClickListener#onClick(android.view.View)
         */
        @Override
        public void onClick(View v) {
            // TODO Auto-generated method stub

            wifiManager=(WifiManager)Android_Wifi.this.getSystemService
            (Context.WIFI_SERVICE);
            System.out.println("wifi state --->"+wifiManager.getWifiState());
            Toast.makeText(Android_Wifi.this,"当前网卡状态为:"+wifiManager.getWifiState(),
            Toast.LENGTH_SHORT).show();
        }
    }
}
```

（3）在文件 AndroidManifest.xml 中声明 Wi-Fi 权限，具体代码如下所示。

```
<uses-permission android:name="android.permission.CHANGE_NETWORK_STATE"/>
<uses-permission android:name="android.permission.CHANGE_WIFI_STATE"/>
<uses-permission android:name="android.permission.ACCESS_NETWORK_STATE"/>
<uses-permission android:name="android.permission.ACCESS_WIFI_STATE"/>
```

至止，整个实例介绍完毕，执行之后的效果如图 14-8 所示。

依次单击【打开 Wi-Fi 网卡】、【关闭 Wi-Fi 网卡】、【检查 Wi-Fi 网卡状态】这 3 个按钮，控制台会输出对应内容。在 Eclipse 中会显示对应的状态值，如图 14-9 所示。

▲图 14-8　执行效果

LogCat

Log (6)　System.out

Time		pid	tag	Message
05-27 04:04...	I	499	System.out	wifi state --->4
05-27 04:04...	I	499	System.out	wifi state --->4
05-27 04:04...	I	499	System.out	wifi state --->4

▲图 14-9　Eclipse 中的值

14.3.4　实战演练——Wi-Fi 综合演练

在本实例中新建了一个 Android 应用程序，在 main.xml 中添加 8 个按钮，单击这 8 个按钮可以控制手机中的 Wi-Fi。本实例几乎涵盖了实际应用中所有的 Wi-Fi 控制功能。

题目	目的	源码路径
实例 14-3	控制手机中的 Wi-Fi	\codes\14\Wifiguan

本实例的具体实现流程如下所示。

（1）编写界面布局文件 main.xml，具体代码如下。

```
<?xml version="1.0" encoding="utf-8"?>
<LinearLayout xmlns:android="http://schemas.android.com/apk/res/android"
    android:orientation="vertical"
    android:layout_width="fill_parent"
    android:layout_height="fill_parent"
    >
<TextView
    android:layout_width="fill_parent"
    android:layout_height="wrap_content"
    android:text="@string/hello"
    />
<Button
    android:id="@+id/startButton"
    android:layout_width="300dp"
    android:layout_height="wrap_content"
    android:text="打开 Wi-Fi 网卡"
    />
<Button
    android:id="@+id/stopButton"
    android:layout_width="300dp"
    android:layout_height="wrap_content"
    android:text="关闭 Wi-Fi 网卡"
    />
<Button
    android:id="@+id/checkButton"
    android:layout_width="300dp"
    android:layout_height="wrap_content"
    android:text="检查 Wi-Fi 网卡状态"
    />
</LinearLayout>
```

（2）编写文件 Main.java，在单击屏幕中的按钮后获取其焦点，通过单击按钮实现对应的功能。文件 Main.java 的主要实现代码如下。

```
public class Main extends Activity implements OnClickListener {
    // 右侧滚动条按钮
    private ScrollView sView;
    private Button openNetCard;
    private Button closeNetCard;
    private Button checkNetCardState;
    private Button scan;
    private Button getScanResult;
    private Button connect;
    private Button disconnect;
    private Button checkNetWorkState;
    private TextView scanResult;

    private String mScanResult;
    private WifiAdmin mWifiAdmin;

    /** Called when the activity is first created. */
    @Override
    public void onCreate(Bundle savedInstanceState) {
        super.onCreate(savedInstanceState);
        setContentView(R.layout.main);
        mWifiAdmin = new WifiAdmin(Main.this);
        init();
    }

    /**
     * 按钮等控件的初始化
     */
    public void init() {
        sView = (ScrollView) findViewById(R.id.mScrollView);
        openNetCard = (Button) findViewById(R.id.openNetCard);
        closeNetCard = (Button) findViewById(R.id.closeNetCard);
        checkNetCardState = (Button) findViewById(R.id.checkNetCardState);
        scan = (Button) findViewById(R.id.scan);
        getScanResult = (Button) findViewById(R.id.getScanResult);
        scanResult = (TextView) findViewById(R.id.scanResult);
        connect = (Button) findViewById(R.id.connect);
        disconnect = (Button) findViewById(R.id.disconnect);
        checkNetWorkState = (Button) findViewById(R.id.checkNetWorkState);

        openNetCard.setOnClickListener(Main.this);
        closeNetCard.setOnClickListener(Main.this);
        checkNetCardState.setOnClickListener(Main.this);
        scan.setOnClickListener(Main.this);
        getScanResult.setOnClickListener(Main.this);
        connect.setOnClickListener(Main.this);
        disconnect.setOnClickListener(Main.this);
        checkNetWorkState.setOnClickListener(Main.this);
    }

    /**
     * WIFI_STATE_DISABLING 0 WIFI_STATE_DISABLED 1 WIFI_STATE_ENABLING 2
     * WIFI_STATE_ENABLED 3
     */
    public void openNetCard() {
        mWifiAdmin.openNetCard();
    }

    public void closeNetCard() {
        mWifiAdmin.closeNetCard();
    }

    public void checkNetCardState() {
        mWifiAdmin.checkNetCardState();
    }

    public void scan() {
        mWifiAdmin.scan();
    }
```

```
    public void getScanResult() {
        mScanResult = mWifiAdmin.getScanResult();
        scanResult.setText(mScanResult);
    }

    public void connect() {
        mWifiAdmin.connect();
//startActivityForResult(new Intent(
//android.provider.Settings.ACTION_WIFI_SETTINGS), 0);
        startActivity(new Intent(android.provider.Settings.ACTION_WIFI_SETTINGS));
    }

    public void disconnect() {
        mWifiAdmin.disconnectWifi();
    }

    public void checkNetWorkState() {
        mWifiAdmin.checkNetWorkState();
    }

    @Override
    public void onClick(View v) {
        switch (v.getId()) {
        case R.id.openNetCard:
            openNetCard();
            break;
        case R.id.closeNetCard:
            closeNetCard();
            break;
        case R.id.checkNetCardState:
            checkNetCardState();
            break;
        case R.id.scan:
            scan();
            break;
        case R.id.getScanResult:
            getScanResult();
            break;
        case R.id.connect:
            connect();
            break;
        case R.id.disconnect:
            disconnect();
            break;
        case R.id.checkNetWorkState:
            checkNetWorkState();
            break;
        default:
            break;
        }
    }
}
```

（3）将 Wi-Fi 的相关操作都封装在类 WifiAdmin 中，以后开启或关闭等相关操作可以直接调用这个类的相关方法。类 WifiAdmin 在文件 WifiAdmin.java 中定义，主要实现代码如下。

```
public class WifiAdmin {
    private final static String TAG = "WifiAdmin";
    private StringBuffer mStringBuffer = new StringBuffer();
    private List<ScanResult> listResult;
    private ScanResult mScanResult;
    // 定义 WifiManager 对象
    private WifiManager mWifiManager;
    // 定义 WifiInfo 对象
    private WifiInfo mWifiInfo;
    // 网络连接列表
    private List<WifiConfiguration> mWifiConfiguration;
    // 定义一个 WifiLock
```

```
    WifiLock mWifiLock;

    /**
     * 构造方法
     */
    public WifiAdmin(Context context) {
        mWifiManager = (WifiManager) context
                .getSystemService(Context.WIFI_SERVICE);
        mWifiInfo = mWifiManager.getConnectionInfo();
    }
    /**
     * 打开 Wi-Fi 网卡
     */
    public void openNetCard() {
        if (!mWifiManager.isWifiEnabled()) {
            mWifiManager.setWifiEnabled(true);
        }
    }

    /**
     * 关闭 Wi-Fi 网卡
     */
    public void closeNetCard() {
        if (mWifiManager.isWifiEnabled()) {
            mWifiManager.setWifiEnabled(false);
        }
    }

    /**
     * 检查当前 Wi-Fi 网卡状态
     */
    public void checkNetCardState() {
        if (mWifiManager.getWifiState() == 0) {
            Log.i(TAG, "网卡正在关闭");
        } else if (mWifiManager.getWifiState() == 1) {
            Log.i(TAG, "网卡已经关闭");
        } else if (mWifiManager.getWifiState() == 2) {
            Log.i(TAG, "网卡正在打开");
        } else if (mWifiManager.getWifiState() == 3) {
            Log.i(TAG, "网卡已经打开");
        } else {
            Log.i(TAG, "---_---晕......没有获取到状态---_---");
        }
    }

    /**
     * 扫描周边网络
     */
    public void scan() {
        mWifiManager.startScan();
        listResult = mWifiManager.getScanResults();
        if (listResult != null) {
            Log.i(TAG, "当前区域存在无线网络，请查看扫描结果");
        } else {
            Log.i(TAG, "当前区域没有无线网络");
        }
    }

    /**
     * 得到扫描结果
     */
    public String getScanResult() {
        // 每次单击扫描之前清空上一次的扫描结果
        if (mStringBuffer != null) {
            mStringBuffer = new StringBuffer();
        }
        // 开始扫描网络
        scan();
```

```
        listResult = mWifiManager.getScanResults();
        if (listResult != null) {
            for (int i = 0; i < listResult.size(); i++) {
                mScanResult = listResult.get(i);
                mStringBuffer = mStringBuffer.append("NO.").append(i + 1)
                        .append(" :").append(mScanResult.SSID).append("->")
                        .append(mScanResult.BSSID).append("->")
                        .append(mScanResult.capabilities).append("->")
                        .append(mScanResult.frequency).append("->")
                        .append(mScanResult.level).append("->")
                        .append(mScanResult.describeContents()).append("\n\n");
            }
        }
        Log.i(TAG, mStringBuffer.toString());
        return mStringBuffer.toString();
    }

    /**
     * 连接指定网络
     */
    public void connect() {
        mWifiInfo = mWifiManager.getConnectionInfo();

    }

    /**
     * 断开当前连接的网络
     */
    public void disconnectWifi() {
        int netId = getNetworkId();
        mWifiManager.disableNetwork(netId);
        mWifiManager.disconnect();
        mWifiInfo = null;
    }

    /**
     * 检查当前网络状态
     *
     * @return String
     */
    public void checkNetWorkState() {
        if (mWifiInfo != null) {
            Log.i(TAG, "网络正常工作");
        } else {
            Log.i(TAG, "网络已断开");
        }
    }

    /**
     * 得到连接的 ID
     */
    public int getNetworkId() {
        return (mWifiInfo == null) ? 0 : mWifiInfo.getNetworkId();
    }

    /**
     * 得到 IP 地址
     */
    public int getIPAddress() {
        return (mWifiInfo == null) ? 0 : mWifiInfo.getIpAddress();
    }

    // 锁定 WifiLock
    public void acquireWifiLock() {
        mWifiLock.acquire();
    }

    // 解锁 WifiLock
    public void releaseWifiLock() {
```

```
        // 判断的时候锁定
        if (mWifiLock.isHeld()) {
            mWifiLock.acquire();
        }
    }

    // 创建一个 WifiLock
    public void creatWifiLock() {
        mWifiLock = mWifiManager.createWifiLock("Test");
    }

    // 得到配置好的网络
    public List<WifiConfiguration> getConfiguration() {
        return mWifiConfiguration;
    }

    // 指定配置好的网络进行连接
    public void connectConfiguration(int index) {
        // 索引大于配置好的网络索引返回
        if (index >= mWifiConfiguration.size()) {
            return;
        }
        // 连接配置好的指定 ID 的网络
        mWifiManager.enableNetwork(mWifiConfiguration.get(index).networkId,
                true);
    }

    // 得到 MAC 地址
    public String getMacAddress() {
        return (mWifiInfo == null) ? "NULL" : mWifiInfo.getMacAddress();
    }

    // 得到接入点的 BSSID
    public String getBSSID() {
        return (mWifiInfo == null) ? "NULL" : mWifiInfo.getBSSID();
    }

    // 得到 WifiInfo 的所有信息包
    public String getWifiInfo() {
        return (mWifiInfo == null) ? "NULL" : mWifiInfo.toString();
    }

    // 添加一个网络并连接
    public int addNetwork(WifiConfiguration wcg) {
        int wcgID = mWifiManager.addNetwork(mWifiConfiguration.get(3));
        mWifiManager.enableNetwork(wcgID, true);
        return wcgID;
    }
}
```

（4）在文件 AndroidManifest.xml 中声明 Wi-Fi 权限，具体代码如下所示。

```
<!-- 以下是使用 Wi-Fi 访问网络所需的权限 -->
<uses-permission
android:name="android.permission.CHANGE_NETWORK_STATE"></uses-permission>
<uses-permission
android:name="android.permission.CHANGE_WIFI_STATE"></uses-permission>
<uses-permission
android:name="android.permission.ACCESS_NETWORK_STATE"></uses-permission>
<uses-permission
android:name="android.permission.ACCESS_WIFI_STATE"></uses-permission>
```

至此，整个实例介绍完毕，执行之后的效果如图 14-10 所示。

本实例和 14.3.3 的实例相比，增加了“扫描结果”功能。单击【扫描结果】按钮后，会显示扫描到的 Wi-Fi 源，如图 14-11 所示。

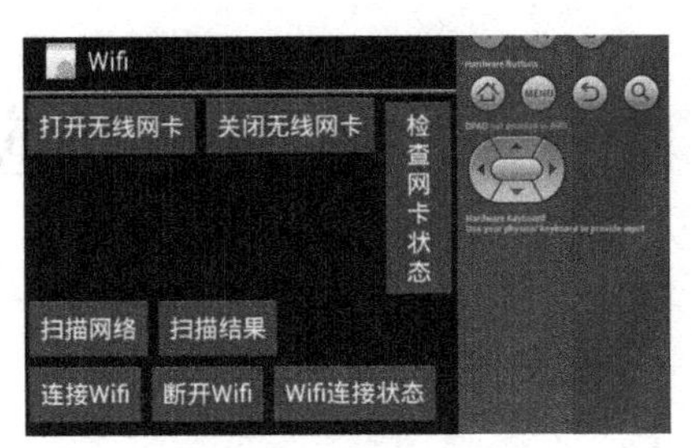

▲图 14-10 执行效果

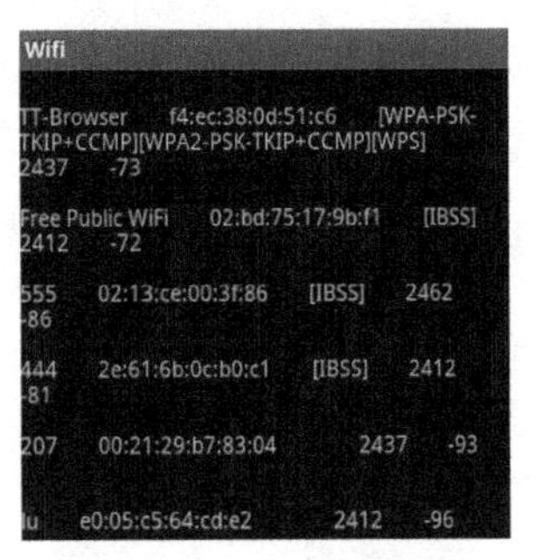

▲图 14-11 显示扫描结果

注意

在本实例中，连接 Wi-Fi 是比较复杂的，这需要在程序中进行连接，此时会有如下两种情况;

（1）Wi-Fi 没有密码，可以直接连接;

（2）Wi-Fi 有密码，在程序中给出密码，然后连接。

最简单的解决方案是直接让程序跳到系统设置的 Wi-Fi 的页面，然后让人手动去设置。其实 Android 版的 QQ 就是这么做的。

第 15 章　蓝牙系统应用

蓝牙（Bluetooth），是一种支持设备短距离通信（一般 10 m 内）的无线电技术。通过蓝牙，可在包括移动电话、PDA、无线耳机、笔记本电脑、相关外设等众多设备之间进行无线信息交换。在本章中，首先将讲解 Android 系统中蓝牙模块的底层源码和实现原理，然后介绍在 Android 平台中开发蓝牙相关应用的基本知识，为读者进入本书后面的学习打下基础。

15.1 了解蓝牙系统的结构

蓝牙系统比较复杂，但是又比较常用，要想完全掌握蓝牙应用开发技术，需要从底层做起，即先要了解它的底层结构。在本节中，将简要讲解蓝牙系统底层结构的基本知识。

15.1.1　蓝牙概述

利用“蓝牙”技术，能够有效地简化移动通信终端设备之间的通信，也能够成功地简化设备与互联网之间的通信，从而使数据传输变得更加迅速高效，为无线通信拓宽道路。蓝牙采用分散式网络结构以及快跳频和短包技术，支持点对点及点对多点通信，工作在全球通用的 2.4 GHz ISM（即工业、科学、医学）频段。其数据速率为 1 Mbit/s。采用时分双工传输方案实现全双工传输。

1. 特点

蓝牙技术是一项即时技术，它不要求固定的基础设施，且易于安装和设置，不需要电缆即可实现连接。新用户使用亦不费力，只需拥有 Bluetooth 品牌产品，检查可用的配置文件，将其连接至使用同一配置文件的另一蓝牙设备即可。后续的 PIN 码（Personal Identification Number，个人识别密码）流程就如同在 ATM 机器上操作一样简单。外出时，可以随身带上个人局域网（PAN），甚至可以与其他网络连接。

2. Android 中的蓝牙

Android 包含了对蓝牙网络协议栈的支持，这使蓝牙设备能够无线连接其他蓝牙设备并可交换数据。Android 的应用程序框架提供了访问蓝牙功能的 APIs，这些 APIs 让应用程序能够无线连接其他蓝牙设备，实现点对点或点对多点的无线交互功能。

通过使用蓝牙 APIs，一个 Android 应用程序能够实现如下功能：

- 扫描其他蓝牙设备；
- 查询本地蓝牙适配器（Local Bluetooth Adapter）用于配对蓝牙设备；
- 建立 RFCOMM 信道（Channels）；
- 通过服务发现（Service Discovery）连接其他设备；
- 数据通信；

● 管理多个连接。

15.1.2 蓝牙层次结构

Android平台的蓝牙系统是通过Linux中一套完整的蓝牙协议栈BlueZ开源实现的。当前BlueZ被广泛应用于各种Linux版本中，并被芯片公司移植到各种芯片平台上。在Linux 2.6内核中已经包含了完整的BlueZ协议栈，在Android系统中已经移植并嵌入了BlueZ的用户空间，并且随着硬件技术的发展而不断更新。

蓝牙技术实际上是一种短距离无线电技术。在Android系统中的蓝牙除了使用Kernel支持外，还需要用户空间的BlueZ的支持。

Android平台中蓝牙系统的基本层次结构如图15-1所示。

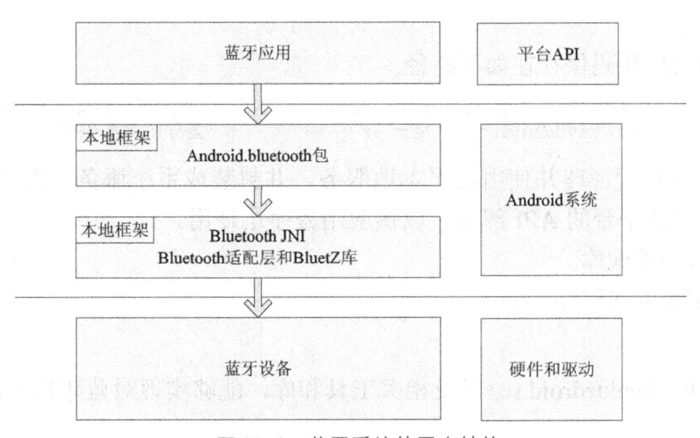

▲图 15-1 蓝牙系统的层次结构

Android平台中蓝牙系统从上到下主要包括Java框架中的BlueTooth类、Android适配库、BlueZ库、驱动程序和协议，这几部分的系统结构如图15-2所示。

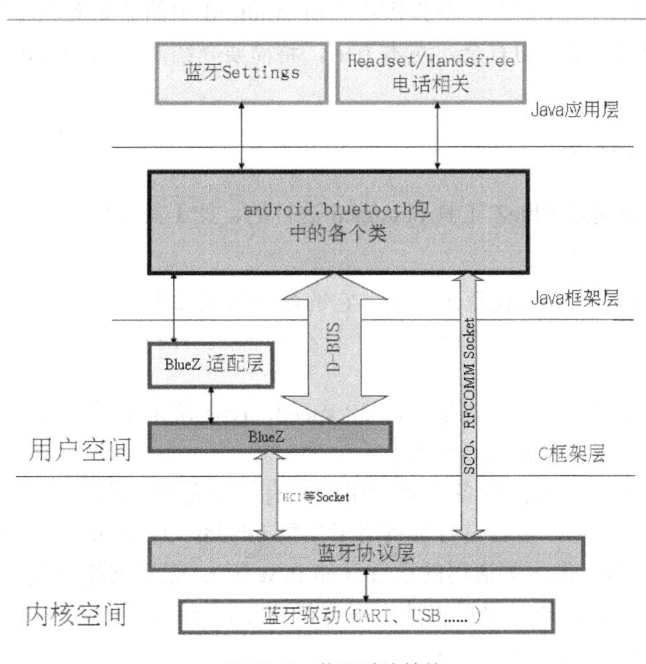

▲图 15-2 蓝牙系统结构

下面具体说明图 15-2 中各层次结构。

（1）BlueZ 库

Android 蓝牙设备管理的库的路径如下。

```
external/bluez/
```

BlueZ 库可以分别生成库 libbluetooth.so、libbluedroid.so 和 hcidump 等众多相关工具和库。它提供了对用户空间蓝牙的支持，其中包含了主机控制协议（HCI）以及其他众多内核实现协议的接口，并且实现了所有蓝牙应用模式 Profile。

（2）蓝牙的 JNI 部分

此部分的代码路径如下。

```
frameworks/base/core/jni/
```

（3）Java 框架层

Java 框架层的实现代码保存在如下路径。

```
frameworks/base/core/java/android/bluetooth          //蓝牙部分对应应用程序的 API
frameworks/base/core/java/android/Server             //蓝牙的服务部分
```

蓝牙的服务部分负责管理并使用底层本地服务，并封装成系统服务。而在 android.bluetooth 部分中包含了各个蓝牙平台的 API 部分，以供应用程序层使用。

（4）BlueTooth 的适配库

BlueTooth 适配库的代码路径如下。

```
system/bluetooth/
```

此层用于生成库 libbluedroid.so 以及相关工具和库，能够实现对蓝牙设备的管理，如蓝牙设备的电源管理。

15.2 分析蓝牙模块的源码

要想掌握蓝牙系统的开发原理，首先需要分析 Android 中的蓝牙源码并了解其核心构造，只有这样才能对蓝牙应用开发游刃有余。在本节中，将简要介绍开源 Android 中与蓝牙模块相关的代码。

15.2.1 初始化蓝牙芯片

初始化蓝牙芯片是通过 BlueZ 工具 hciattach 进行的，此工具在如下目录的文件中实现。

```
external/bluetooth/tools
```

hciattach 命令主要用来初始化蓝牙设备，它的命令格式如下。

```
hciattach [-n] [-p] [-b] [-t timeout] [-s initial_speed] <tty> <type | id> [speed]
[flow|noflow] [bdaddr]
```

在上述格式中，最重要的参数就是 type 和 speed，type 决定了需要初始化的设备型号，可以使用 hciattach -l 列出所支持的设备型号。

并不是所有的参数对所有的设备都是适用的，有些设备会省略一些参数设置，例如：查看 hciattach 的代码就可以看到，多数设备都省略了参数 bdaddr。hciattach 命令内部的工作步骤是：首先打开制定的 tty 设备，做一些通用的设置（如 flow 等）；设置波特率为 initial_speed，然后根据 type 调用各自的初始化代码；最后将波特率重新设置为 speed。所以调用 hciattach 时，要根据实际情况，设置好 initial_speed 和 speed。

对于 type BCSP 来说，它的初始化代码只做了一件事，就是完成 BCSP 协议（Blue core Serial Protocol）的同步操作，它并不对蓝牙芯片做任何的 pskey 的设置。

15.2.2 蓝牙服务

在蓝牙服务方面一般不需要用户自己定义，只需要使用初始化脚本文件 init.rc 中的默认内容即可，例如下面的代码。

```
service bluetoothd /system/bin/logwrapper /system/bin/bluetoothd -d -n
    socket bluetooth stream 660 bluetooth bluetooth
    socket dbus_bluetooth stream 660 bluetooth bluetooth
    # init.rc does not yet support applying capabilities, so run as root and
    # let bluetoothd drop uid to bluetooth with the right linux capabilities
    group bluetooth net_bt_admin misc
    disabled

# baudrate change 115200 to 1152000(Bluetooth)
service changebaudrate /system/bin/logwrapper /system/xbin/bccmd_115200 -t bcsp -d
/dev/s3c2410_serial1 psset -r 0x1be 0x126e
    user bluetooth
    group bluetooth net_bt_admin
    disabled
    oneshot

#service hciattach /system/bin/logwrapper /system/bin/hciattach -n -s 1152000
/dev/s3c2410_serial1 bcsp 1152000
service hciattach /system/bin/logwrapper /system/bin/hciattach -n -s 115200
/dev/s3c2410_serial1 bcsp 115200
    user bluetooth
    group bluetooth net_bt_admin misc
    disabled

service hfag /system/bin/sdptool add --channel=10 HFAG
    user bluetooth
    group bluetooth net_bt_admin
    disabled
    oneshot

service hsag /system/bin/sdptool add --channel=11 HSAG
    user bluetooth
    group bluetooth net_bt_admin
    disabled
    oneshot

service opush /system/bin/sdptool add --channel=12 OPUSH
    user bluetooth
    group bluetooth net_bt_admin
    disabled
    oneshot

service pbap /system/bin/sdptool add --channel=19 PBAP
    user bluetooth
    group bluetooth net_bt_admin
    disabled
    oneshot
```

在上述代码中，每一个“service”后面列出了一种 Android 服务。

15.2.3 管理蓝牙电源

在 Android 系统的如下目录中实现了 libbluedroid。

```
system/bluetooth/
```

可以调用 rfkill 接口来控制电源管理，如果已经实现了 rfkill 接口，则无需再进行配置。如果在文件 init.rc 中已经实现了 hciattach 服务，则说明在 libbluedroid 中已经实现对其调用，从而可以进行蓝牙的初始化。

15.3 与蓝牙相关的类

经过本章前面内容的学习，已经了解了 Android 系统中蓝牙的基本知识，并通过从底层到应用的学习，了解了蓝牙的工作原理和机制。在本节中，将详细讲解 Android 系统中与蓝牙相关的类。

15.3.1 BluetoothSocket 类

1. BluetoothSocket 类基础

类 BluetoothSocket 的定义格式如下所示。

```
public static class Gallery.LayoutParams extends ViewGroup.LayoutParams
```

类 BluetoothSocket 的定义结构如下所示。

```
java.lang.Object
android.view. ViewGroup.LayoutParams
android.widget.Gallery.LayoutParams
```

Android 的蓝牙系统和 Socket 套接字密切相关，蓝牙端的监听接口与 TCP 的端口类似，都使用了 Socket 和 ServerSocket 类。在服务器端，使用 BluetoothServerSocket 类来创建一个监听服务端口。当一个连接被 BluetoothServerSocket 所接受，它会返回一个新的 BluetoothSocket 来管理该连接。在客户端，使用一个单独的 BluetoothSocket 类去初始化一个外接连接和管理该连接。

最常使用的蓝牙端口是 RFCOMM，它是被 Android API 支持的类型。RFCOMM 是一个面向连接、通过蓝牙模块进行的数据流传输方式，也被称为串行端口规范（Serial Port Profile，SPP）。

为了创建一个可连接到已知设备 BluetoothSocket，使用方法为 BluetoothDevice.createRfcommSocketToServiceRecord()。然后调用 connect()方法去尝试一个面向远程设备的连接，且这个调用将被阻塞，直到建立另一个连接或者该连接失效。

为了创建一个 BluetoothSocket 作为服务端（或者“主机”），每当该端口连接成功后，无论它初始化为客户端，或者被接受作为服务器端，都通过方法 getInputStream()和 getOutputStream()来打开 IO 流，从而获得各自的 InputStream 和 OutputStream 对象。

BluetoothSocket 类的线程是安全的，因为 close()方法总会马上放弃外界操作并关闭服务器端口。

2. BluetoothSocket 类的公共方法

（1）public void close ()

功能：马上关闭该端口并且释放所有相关的资源。在其他线程的该端口中引起阻塞，从而使系统马上抛出一个 IO 异常。

异常：IOException。

（2）public void connect ()

功能：尝试连接到远程设备。该方法将阻塞，直到一个连接建立或者失效。如果该方法没有返回异常值，则该端口现在已经建立。当正在进行设备查找时，不要尝试创建对远程蓝牙设备的新连接。设备查找在蓝牙适配器上是一个占用资源比较多的过程，并且肯定会降低一个设备的连接。使用 cancelDiscovery()方法会取消一个外界的查询，因为这个查询并不由活动所管理，而是作为一个系统服务来运行，所以即使它不能直接请求一个查询，应用程序也总会调用 cancelDiscovery()方法。使用 close()方法可以用来放弃从另一线程而来的调用。

异常：IOException，表示一个错误，例如连接失败。

（3）public InputStream getInputStream ()

功能：通过连接的端口获得输入数据流。即使该端口未连接，该输入数据流也会返回，不过在该数据流上的操作将抛出异常，直到相关的连接已经建立。

返回值：输入流。

异常：IOException。

（4）public OutputStream getOutputStream ()

功能：通过连接的端口获得输出数据流。即使该端口未连接，该输出数据流也会返回，不过在该数据流上的操作将抛出异常，直到相关的连接已经建立。

返回值：输出流。

异常：IOException。

（5）public BluetoothDevice getRemoteDevice ()

功能：获得该端口正在连接或者已经连接的远程设备。

返回值：远程设备。

15.3.2 BluetoothServerSocket 类

1. BluetoothServerSocket 类基础

类 BluetoothServerSocket 的格式如下所示。

```
public final class BluetoothServerSocket extends Object implements Closeable
```

类 BluetoothServerSocket 的结构如下所示。

```
java.lang.Object
android.bluetooth.BluetoothServerSocket
```

2. BluetoothServerSocket 类的公共方法

（1）public BluetoothSocket accept (int timeout)

功能：阻塞直到超时时间内的连接建立。在一个成功建立的连接上返回一个已连接的 BluetoothSocket 类。每当该调用返回的时候，它可以再次调用去接收以后新来的连接。close()方法可以用来放弃从另一线程的调用。

参数 timeout：表示阻塞超时时间。

返回值：已连接的 BluetoothSocket。

异常：IOException，表示出现错误，例如该调用被放弃或者超时。

（2）public BluetoothSocket accept ()

功能：阻塞直到一个连接已经建立。在一个成功建立的连接上返回一个已连接的 BluetoothSocket 类。每当该调用返回的时候，它可以再次调用去接收以后新来的连接。使用 close()方法可以用来放弃从另一线程的调用。

返回值：已连接的 BluetoothSocket。

异常：IOException，表示出现错误，例如该调用被放弃或者超时。

（3）public void close ()

功能：马上关闭端口，并释放所有相关的资源。会在其他线程的该端口中引起阻塞，从而使系统马上抛出一个 IO 异常。关闭 BluetoothServerSocket 不会关闭接收自 accept()的任意 BluetoothSocket。

异常：IOException。

15.3.3　BluetoothAdapter 类

1. BluetoothAdapter 类基础

类 BluetoothAdapter 的格式如下。

```
public final class BluetoothAdapter extends Object
```

类 BluetoothAdapter 的结构如下。

```
java.lang.Object
android.bluetooth.BluetoothAdapter
```

BluetoothAdapter 代表本地的蓝牙适配器设备，通过此类可以让用户能执行基本的蓝牙任务。例如初始化设备的搜索，查询可匹配的设备集，使用一个已知的 MAC 地址来初始化一个 BluetoothDevice 类，创建一个 BluetoothServerSocket 类以监听其他设备对本机的连接请求等。

为了得到这个代表本地蓝牙适配器的BluetoothAdapter类，需要调用静态方法getDefaultAdapter()，这是所有蓝牙动作使用的第一步。当拥有本地适配器以后，用户可以获得一系列的 BluetoothDevice 对象，这些对象代表所有拥有 getBondedDevice()方法的已经匹配的设备。然后，用 startDiscovery()方法来开始设备的搜寻；或者创建一个 BluetoothServerSocket 类，通过 listenUsingRfcommWith ServiceRecord(String, UUID)方法来监听新来的连接请求。

注意　大部分方法需要BLUETOOTH权限，一些方法同时需要BLUETOOTH_ADMIN权限。

2. BluetoothAdapter 类的常量

（1）String ACTION_DISCOVERY_FINISHED

广播事件：本地蓝牙适配器已经完成设备的搜寻过程。它需要 BLUETOOTH 权限接收。

常量值：android.bluetooth.adapter.action.DISCOVERY_FINISHED。

（2）String ACTION_DISCOVERY_STARTED

广播事件：本地蓝牙适配器已经开始对远程设备的搜寻过程。它通常包括一个需要用时约 12s 的查询扫描过程，接着是一个对每个获取到自身蓝牙名称的新设备的页面扫描过程。用户会发现一个把ACTION_FOUND常量通知为远程蓝牙设备的注册。设备查找是一个占用资源较多的过程。当正在进行查找时，用户不能尝试对新的远程蓝牙设备进行连接，同时存在的连接将获得有限制的带宽以及长时间等待。用户可用 cancelDiscovery()类来取消正在执行的查找进程且需要 BLUETOOTH 权限接收。

常量值：android.bluetooth.adapter.action.DISCOVERY_STARTED。

（3）String ACTION_LOCAL_NAME_CHANGED

广播活动：本地蓝牙适配器已经更改了它的蓝牙名称。该名称对远程蓝牙设备是可见的，它总是包含了一个带有名称的 EXTRA_LOCAL_NAME 附加域，且需要 BLUETOOTH 权限接收。

常量值：android.bluetooth.adapter.action.LOCAL_NAME_CHANGED"。

（4）String ACTION_REQUEST_DISCOVERABLE

Activity 活动：显示一个请求被搜寻模式的系统活动。如果蓝牙模块当前未打开，该活动也将请求用户打开蓝牙模块。被搜寻模式和 SCAN_MODE_CONNECTABLE_DISCOVERABLE 等价。当远程设备执行查找进程的时候，它允许其发现该蓝牙适配器。从隐私安全考虑，Android 不会将被搜寻模式设置为默认状态。该意图的发送者可以选择性地运用 EXTRA_DISCOVERABLE_DURATION 这个附加域去请求发现设备的持续时间。普遍来说，对于每一个请求，默认的持续时间为 120s，最大值则可达到 300s。

Android 运用 onActivityResult(int, int, Intent)回收方法来传递该活动结果的通知。被搜寻的时间（以 s 为单位）将通过 resultCode 值来显示，如果用户拒绝被搜寻，或者设备产生了错误，则通过 RESULT_CANCELED 值来显示。

每当扫描模式变化的时候，应用程序可以为通过 ACTION_SCAN_MODE_CHANGED 值来监听全局的消息通知。例如，当设备停止被搜寻以后，该消息可以被系统通知给应用程序。需要 BLUETOOTH 权限。

常量值：android.bluetooth.adapter.action.REQUEST_DISCOVERABLE。

（5）String ACTION_REQUEST_ENABLE

Activity 活动：显示一个允许用户打开蓝牙模块的系统活动。当蓝牙模块完成打开工作，或者当用户决定不打开蓝牙模块时，系统活动将返回该值。Android 运用 onActivityResult(int, int, Intent)回收方法来传递该活动结果的通知。如果蓝牙模块被打开，将通过 resultCode 值 RESULT_OK 来显示；如果用户拒绝该请求，或者设备产生了错误，则通过 RESULT_CANCELED 值来显示。每当蓝牙模块被打开或者关闭，应用程序可以通过 ACTION_STATE_CHANGED 值来监听全局的消息通知，且需要 BLUETOOTH 权限

常量值：android.bluetooth.adapter.action.REQUEST_ENABLE。

（6）String ACTION_SCAN_MODE_CHANGED

广播活动：指明蓝牙扫描模块或者本地适配器已经发生变化。它总是包含 EXTRA_SCAN_MODE 和 EXTRA_PREVIOUS_SCAN_MODE。这两个附加域包含了各自新的和旧的扫描模式，且需要 BLUETOOTH 权限。

常量值：android.bluetooth.adapter.action.SCAN_MODE_CHANGED。

（7）String ACTION_STATE_CHANGED

广播活动：本来的蓝牙适配器的状态已经改变，例如蓝牙模块已经被打开或者关闭。它总是包含 EXTRA_STATE 和 EXTRA_PREVIOUS_STATE。这两个附加域包含了各自新的和旧的状态，且需要 BLUETOOTH 权限接收。

常量值：android.bluetooth.adapter.action.STATE_CHANGED。

（8）int ERROR

功能：标记该类的错误值。该值应确保与该类中任意其他的整数常量不相等，可为需要一个标记错误值的函数提供了便利。例如：

```
Intent.getIntExtra(BluetoothAdapter.EXTRA_STATE, BluetoothAdapter.ERROR)
```

常量值：-2147483648 (0x80000000)。

（9）String EXTRA_DISCOVERABLE_DURATION

功能：试图在 ACTION_REQUEST_DISCOVERABLE 常量中作为一个可选的整型附加域，为短时间内的设备发现请求一个特定的持续时间。其默认值为 120s，超过 300s 的请求将被限制，且这些值是可以变化的。

常量值：android.bluetooth.adapter.extra.DISCOVERABLE_DURATION。

（10）String EXTRA_LOCAL_NAME

功能：试图在 ACTION_LOCAL_NAME_CHANGED 常量中作为一个字符串附加域，用来请求本地蓝牙的名称。

常量值：android.bluetooth.adapter.extra.LOCAL_NAME。

（11）String EXTRA_PREVIOUS_SCAN_MODE

功能：试图在 ACTION_SCAN_MODE_CHANGED 常量中作为一个整型附加域，用来请求以

前的扫描模式。其取值如下所示。

- SCAN_MODE_NONE；
- SCAN_MODE_CONNECTABLE；
- SCAN_MODE_CONNECTABLE_DISCOVERABLE；

常量值：android.bluetooth.adapter.extra.PREVIOUS_SCAN_MODE。

（12）String EXTRA_PREVIOUS_STATE

功能：试图在 ACTION_STATE_CHANGED 常量中作为一个整型附加域，用来请求以前的供电状态。其可取值如下所示。

- STATE_OFF；
- STATE_TURNING_ON；
- STATE_ON；
- STATE_TURNING_OFF。

常量值：android.bluetooth.adapter.extra.PREVIOUS_STATE。

（13）String EXTRA_SCAN_MODE

功能：试图在 ACTION_SCAN_MODE_CHANGED 常量中作为一个整型附加域，用来请求当前的扫描模式。其可取值如下所示。

- SCAN_MODE_NONE；
- SCAN_MODE_CONNECTABLE；
- SCAN_MODE_CONNECTABLE_DISCOVERABLE。

常量值：android.bluetooth.adapter.extra.SCAN_MODE。

（14）String EXTRA_STATE

功能：试图在 ACTION_STATE_CHANGED 常量中作为一个整型附加域，用来请求当前的供电状态。其可取值如下所示。

- STATE_OFF；
- STATE_TURNING_ON；
- STATE_ON；
- STATE_TURNING_OFF。

常量值：android.bluetooth.adapter.extra.STATE。

（15）int SCAN_MODE_CONNECTABLE

功能：指明在本地蓝牙适配器中，查询扫描功能失效，但页面扫描功能有效。因此，该设备不能被远程蓝牙设备发现，但如果以前曾经发现过该设备，则远程设备能对其进行连接。

常量值：21 (0x00000015)。

（16）int SCAN_MODE_CONNECTABLE_DISCOVERABLE

功能：指明在本地蓝牙适配器中，查询扫描功能和页面扫描功能都有效。因此，该设备既能被远程蓝牙设备发现，也能被其连接。

常量值：23 (0x00000017)。

（17）int SCAN_MODE_NONE

功能：指明在本地蓝牙适配器中，查询扫描功能和页面扫描功能都失效。因此，该设备既不能被远程蓝牙设备发现，也不能被其连接。

常量值：20 (0x00000014)。

（18）int STATE_OFF

功能：指明本地蓝牙适配器模块已经关闭。

常量值：10 (0x0000000a)。

（19）int STATE_ON

功能：指明本地蓝牙适配器模块已经打开，并且准备好被使用。

（20）int STATE_TURNING_OFF

功能：指明本地蓝牙适配器模块正在关闭。本地客户端可以立刻尝试友好地断开任意外部连接。

常量值：13 (0x0000000d)。

（21）int　STATE_TURNING_ON

功能：指明本地蓝牙适配器模块正在打开。然而本地客户在尝试使用这个适配器之前需要为STATE_ON 状态而等待。

常量值：11 (0x0000000b)。

3. BluetoothAdapter 类的公共方法

（1）public boolean cancelDiscovery ()

功能：取消当前的设备发现查找进程，需要 BLUETOOTH_ADMIN 权限。因为对蓝牙适配器而言，查找是一个占用资源较多的过程，因此该方法必须在尝试连接到远程设备前使用 connect()方法进行调用。发现的过程不会由活动进行管理，但是它会作为一个系统服务来运行，因此即使它不能直接请求这样的一个查询动作，也必须取消该搜索进程。如果蓝牙状态不是 STATE_ON，这个 API 将返回 false。蓝牙打开后，等待 ACTION_STATE_CHANGED 更新成 STATE_ON。

返回值：成功则返回 true，有错误则返回 false。

（2）public static boolean checkBluetoothAddress (String address)

功能：验证诸如“00:43:A8:23:10:F0”之类的蓝牙地址，字母必须为大写才有效。

参数 address：字符串形式的蓝牙模块地址。

返回值：地址正确则返回 true，否则返回 false。

（3）public boolean disable ()

功能：关闭本地蓝牙适配器，且不能在没有明确关闭蓝牙的用户动作中使用。该方法友好地停止所有的蓝牙连接和蓝牙系统服务，并对所有基础蓝牙硬件进行断电。没有用户的直接同意，蓝牙永远不能被禁止。这个 disable()方法只提供了一个应用，该应用包含了一个改变系统设置的用户界面（如“电源控制”应用）。

这是一个异步调用方法，该方法将马上获得返回值，用户要通过监听 ACTION_STATE_CHANGED 值来获取随后的适配器状态改变的通知。如果该调用 返回 true 值，则该适配器状态会立刻从 STATE_ON 转向 STATE_TURNING_OFF，稍后则会转为 STATE_OFF 或者 STATE_ON。如果该调用返回 false，那么系统已经有一个保护蓝牙适配器被关闭的问题，例如该适配器已经被关闭了。该方法需要 BLUETOOTH_ADMIN 权限。

返回值：如果蓝牙适配器的停止进程已经开启则返回 true，如果产生错误则返回 false。

（4）public boolean enable ()

功能：打开本地蓝牙适配器，且不能在没有明确打开蓝牙的用户动作中使用。该方法将为基础的蓝牙硬件供电，并且启动所有的蓝牙系统服务。没有用户的直接同意，蓝牙永远不能被禁止。如果用户为了创建无线连接而打开了蓝牙模块，则其需要 ACTION_REQUEST_ENABLE 值，该值将提出一个请求用户允许以打开蓝牙模块的会话。这个 enable()值只提供了一个应用，该应用包含了一个改变系统设置的用户界面（如“电源控制”应用）。

这是一个异步调用方法，该方法将马上获得返回值，用户要通过监听 ACTION_STATE_CHANGED 值来获取随后的适配器状态改变的通知。如果该调用返回 true 值，则该适配器状态会立刻从 STATE_OFF 转向 STATE_TURNING_ON，稍后则会转为 STATE_OFF 或者 STATE_ON。如果该调用返回 false，那么说明系统已经有一个保护蓝牙适配器被打开的问题，例如飞行模式，或者该适配器已经被打开。该方法需要 BLUETOOTH_ADMIN 权限。

返回值：如果蓝牙适配器的打开进程已经开启则返回 true，如果产生错误则返回 false。

（5）public String getAddress ()

功能：返回本地蓝牙适配器的硬件地址，例如：

```
00:11:22:AA:BB:CC
```

该方法需要 BLUETOOTH 权限。

返回值：字符串形式的蓝牙模块地址。

（6）public Set<BluetoothDevice> getBondedDevices ()

功能：返回已经匹配到本地适配器的 BluetoothDevice 类的对象集合。如果蓝牙状态不是 STATE_ON，这个 API 将返回 false。蓝牙打开后，等待 ACTION_STATE_CHANGED 更新成 STATE_ON。该方法需要 BLUETOOTH 权限。

返回值：未被修改的 BluetoothDevice 类的对象集合，如果有错误则返回 null。

（7）public static synchronized BluetoothAdapter getDefaultAdapter ()

功能：获取对默认本地蓝牙适配器的操作权限。目前 Andoird 只支持一个蓝牙适配器，但是 API 可以被扩展为支持多个适配器。该方法总是返回默认的适配器。

返回值：返回默认的本地适配器，如果蓝牙适配器在该硬件平台上不被支持，则返回 null。

（8）public String getName ()

功能：获取本地蓝牙适配器的蓝牙名称，这个名称对于外界蓝牙设备而言是可见的。该方法需要 BLUETOOTH 权限。

返回值：该蓝牙适配器名称，如果有错误则返回 null。

（9）public BluetoothDevice getRemoteDevice (String address)

功能：为给予的蓝牙硬件地址获取一个 BluetoothDevice 对象。合法的蓝牙硬件地址必须为大写，格式类似于“00:11:22:33:AA:BB”。checkBluetoothAddress(String)方法可以用来验证蓝牙地址的正确性。BluetoothDevice 类对于合法的硬件地址总会产生返回值，即使这个适配器从未见过该设备。

参数：address 合法的蓝牙 MAC 地址。

异常：IllegalArgumentException，如果地址不合法。

（10）public int getScanMode ()

功能：获取本地蓝牙适配器的当前蓝牙扫描模式，蓝牙扫描模式决定本地适配器可连接并且/或者可被远程蓝牙设备所连接。该方法需要 BLUETOOTH 权限，可取值如下所示。

- SCAN_MODE_NONE；
- SCAN_MODE_CONNECTABLE；
- SCAN_MODE_CONNECTABLE_DISCOVERABLE。

如果蓝牙状态不是 STATE_ON，则这个 API 将返回 false。蓝牙打开后，等待 ACTION_STATE_CHANGED 更新成 STATE_ON。

返回值：扫描模式。

（11）public int getState ()

功能：获取本地蓝牙适配器的当前状态，需要 BLUETOOTH 类，其可取值如下所示。

- STATE_OFF；

- STATE_TURNING_ON；
- STATE_ON；
- STATE_TURNING_OFF。

返回值：蓝牙适配器的当前状态。

（12）public boolean isDiscovering ()

功能：如果当前蓝牙适配器正处于设备发现查找进程中，则返回真值。设备查找是一个占用资源较多的过程。当查找正在进行的时候，用户不能尝试对新的远程蓝牙设备进行连接，同时存在的连接将获得有限制的带宽以及高等待时间。用户可用 cencelDiscovery()类来取消正在执行的查找进程。

应用程序也可以为 ACTION_DISCOVERY_STARTED 或者 ACTION_DISCOVERY_FINISHED 进行注册，从而在查找开始或者完成时，可以获得通知。

如果蓝牙状态不是 STATE_ON，这个 API 将返回 false。蓝牙打开后，等待 ACTION_STATE_CHANGED 更新成 STATE_ON。该方法需要 BLUETOOTH 权限。

返回值：如果正在查找，则返回 true。

（13）public boolean isEnabled ()

功能：如果蓝牙正处于打开状态并可用，则返回真值，与 getBluetoothState()==STATE_ON 等价，且需要 BLUETOOTH 权限。

返回值：如果本地适配器已经打开，则返回 true。

（14）public BluetoothServerSocket listenUsingRfcommWithServiceRecord (String name, UUID uuid)

功能：创建一个正在监听的安全的带有服务记录的无线射频通信（RFCOMM）蓝牙端口。一个对该端口进行连接的远程设备将被认证，对该端口的通信将被加密。使用 accpet()方法可以获取从 BluetoothServerSocket 处监听到新的连接。该系统分配一个未被使用的 RFCOMM 通道进行监听。

该系统也将注册一个服务探索协议（SDP）记录，该记录带有一个包含了特定 的通用唯一识别码（Universally Unique Identifier，UUID），服务器名称和自动分配通道的本地 SDP 服务。远程蓝牙设备可以用相同的 UUID 来查询自己的 SDP 服务器，并搜寻连接 到了哪个通道上。如果该端口已经关闭，或者如果该应用程序异常退出，则这个 SDP 记录会被移除。使用 createRfcommSocketToServiceRecord(UUID)可以用另一个使用相同 UUID 的设备来连接到这个端口。该方法需要 BLUETOOTH 权限。

参数：

- name：SDP 记录下的服务器名；
- uuid：SDP 记录下的 UUID。

返回值：一个正在监听的无线射频通信蓝牙服务端口。

异常：IOException，表示产生错误，例如蓝牙设备不可用，或者许可无效，或者通道被占用。

（15）public boolean setName (String name)

功能：设置蓝牙或者本地蓝牙适配器的昵称，这个名字对于外界蓝牙设备而言是可见的。合法的蓝牙名称最多拥有 248 位 UTF-8 字符，但是很多外界设备只能显示前 40 个字符，有些可能被限制只显示前 20 个字符。

如果蓝牙状态不是 STATE_ON，这个 API 将返回 false。蓝牙打开后，等待 ACTION_STATE_CHANGED 更新成 STATE_ON。该方法需要 BLUETOOTH_ADMIN 权限。

参数 name：一个合法的蓝牙名称。

返回值：如果该名称已被设定，则返回 true，否则返回 false。

（16）public boolean startDiscovery ()

功能：开始对远程设备进行查找的进程，它通常包括一个大概需要用时约 12s 的查询扫描过程，接着是一个对每个获取到自身蓝牙名称的新设备的页面扫描过程。这是一个异步调用方法，且该方法将马上获得返回值，注册 ACTION_DISCOVERY_STARTED and ACTION_DISCOVERY_FINISHED 意图准确地确定该探索是处于开始阶段或者完成阶段。注册 ACTION_FOUND 以获得远程蓝牙设备已找到的通知。

设备查找是一个占用资源较多的过程。当查找正在进行的时候，用户不能尝试对新的远程蓝牙设备进行连接，同时存在的连接将获得有限制的带宽以及高等待时间。用户可用 cencelDiscovery()类来取消正在执行的查找进程。发现的过程不会由活动来进行管理，但是它会作为一个系统服务来运行，因此即使它不能直接请求这样的一个查询动作，也必须取消该搜索进程。设备搜寻只寻找已经被连接的远程设备。许多蓝牙设备默认不会被搜寻到，并且需要进入到一个特殊的模式当中。

如果蓝牙状态不是 STATE_ON，这个 API 将返回 false。蓝牙打开后，等待 ACTION_STATE_CHANGED 更新成 STATE_ON。该方法需要 BLUETOOTH_ADMIN 权限。

返回值：成功返回 true，错误返回 false。

15.3.4　BluetoothClass.Service 类

类 BluetoothClass.Service 的格式如下。

```
public static final class BluetoothClass.Service extends Object
```

类 BluetoothClass.Service 的结构如下。

```
java.lang.Object
android.bluetooth.BluetoothClass.Service
```

BluetoothClass.Service 类用于定义所有的服务类常量，任意 BluetoothClass 由 0 或多个服务类编码组成。类 BluetoothClass.Service 中包含如下常量。

- int AUDIO；
- int CAPTURE；
- int INFORMATION；
- int LIMITED_DISCOVERABILITY；
- int NETWORKING；
- int OBJECT_TRANSFER；
- int POSITIONING；
- int RENDER；
- int TELEPHONY。

15.3.5　BluetoothClass.Device 类

类 BluetoothClass.Device 的格式如下。

```
public final class BluetoothClass.Device extends Object
```

类 BluetoothClass.Device 的结构如下。

```
java.lang.Object
android.bluetooth.BluetoothClass.Device
```

类 BluetoothClass.Device 用于定义所有的设备类的常量，每个 BluetoothClass 有一个带有主要和较小部分的设备类用来进行编码。该类中的常量代表主要和较小的设备类部分（完整的设备类）

的组合。BluetoothClass.Device.Major 的常量只能代表主要设备类。

BluetoothClass.Device 有一个内部类，此内部类定义了所有的主要设备类常量。内部类的定义格式如下所示。

```
class BluetoothClass.Device.Major
```

注意 至此，Android 中的蓝牙类介绍完毕。在调用这些类时，首先要确保 API Level 至少为版本 5 以上，并且还需注意添加相应的权限，例如在使用通信需要在文件 androidmanifest.xml 中加入 <uses-permission android:name="android.permission.BLUETOOTH" />权限，而在开关蓝牙时需要假如 android.permission.BLUETOOTH_ADMIN 权限。

15.4 在 Android 平台开发蓝牙应用的过程

经过前面的学习，了解了 Android 系统中与蓝牙模块相关的 API 类。其实从查找蓝牙设备到能够相互通信需要经过几个基本步骤，这几个步骤缺一不可。各个步骤的具体说明如下所示。

（1）设置权限。

在文件 AndroidManifest.xml 中声明使用蓝牙的权限，例如下面所示的代码。

```
<uses-permission android:name="android.permission.BLUETOOTH"/>
<uses-permission android:name="android.permission.BLUETOOTH_ADMIN"/>
```

（2）启动蓝牙。

首先要查看本机是否支持蓝牙，然后获取蓝牙适配器对象，例如下面所示的代码。

```
BluetoothAdapter mBluetoothAdapter = BluetoothAdapter.getDefaultAdapter();
if(mBluetoothAdapter == null){
        //表明此手机不支持蓝牙
        return;
}
if(!mBluetoothAdapter.isEnabled()){    //蓝牙未开启，则开启蓝牙
            Intent enableIntent = new Intent(BluetoothAdapter.ACTION_REQUEST_ENABLE);
            startActivityForResult(enableIntent, REQUEST_ENABLE_BT);
}
//......
public void onActivityResult(int requestCode, int resultCode, Intent data){
       if(requestCode == REQUEST_ENABLE_BT){
              if(requestCode == RESULT_OK){
                   //蓝牙已经开启
              }
       }
}
```

（3）发现蓝牙设备。

● 使本机蓝牙处于可见（即处于易被搜索到的状态），便于其他设备发现本机蓝牙。例如下面所示的代码。

```
//使本机蓝牙在 300s 内可被搜索
private void ensureDiscoverable() {
        if (mBluetoothAdapter.getScanMode() !=
            BluetoothAdapter.SCAN_MODE_CONNECTABLE_DISCOVERABLE) {
            Intent discoverableIntent = new Intent(BluetoothAdapter.ACTION_REQUEST_
DISCOVERABLE);
            discoverableIntent.putExtra(BluetoothAdapter.EXTRA_DISCOVERABLE_DURATION,
300);
            startActivity(discoverableIntent);
        }
}
```

● 查找已经配对的蓝牙设备，即以前已经配对过的设备，例如下面所示的代码。

```
Set<BluetoothDevice> pairedDevices = mBluetoothAdapter.getBondedDevices();
if (pairedDevices.size() > 0) {
    findViewById(R.id.title_paired_devices).setVisibility(View.VISIBLE);
    for (BluetoothDevice device : pairedDevices) {
        //device.getName() +" "+ device.getAddress());
    }
} else {
    mPairedDevicesArrayAdapter.add("没有找到已配对的设备");
}
```

● 通过 mBluetoothAdapter.startDiscovery()来搜索设备，在此需要注册一个 BroadcastReceiver 来获得这个搜索结果。即先注册再获取信息，然后进行处理，例如下面所示的代码。

```
//注册，当一个设备被发现时调用 onReceive
IntentFilter filter = new IntentFilter(BluetoothDevice.ACTION_FOUND);
        this.registerReceiver(mReceiver, filter);
//当搜索结束后调用 onReceive
filter = new IntentFilter(BluetoothAdapter.ACTION_DISCOVERY_FINISHED);
        this.registerReceiver(mReceiver, filter);
//.......
private BroadcastReceiver mReceiver = new BroadcastReceiver() {
        @Override
        public void onReceive(Context context, Intent intent) {
            String action = intent.getAction();
            if(BluetoothDevice.ACTION_FOUND.equals(action)){
                BluetoothDevice device = intent.getParcelableExtra(BluetoothDevice.
                EXTRA_DEVICE);
                 // 已经配对的则跳过
                if (device.getBondState() != BluetoothDevice.BOND_BONDED) {
                    mNewDevicesArrayAdapter.add(device.getName() + "\n" + device.
                    getAddress());  //保存设备地址与名字
                }
            }else if (BluetoothAdapter.ACTION_DISCOVERY_FINISHED.equals(action)) {
            //搜索结束
                if (mNewDevicesArrayAdapter.getCount() == 0) {
                    mNewDevicesArrayAdapter.add("没有搜索到设备");
                }
            }
        }
};
```

（4）建立连接。

当查找到蓝牙设备后，接下来需要建立本机与其他设备之间的连接。一般在使用本机搜索其他蓝牙设备时，本机可以作为一个服务端来接收其他设备的连接。启动一个服务器端的线程，死循环等待客户端的连接，这与 ServerSocket 极为相似，此线程在准备连接之前启动。例如下面所示的代码。

```
//UUID 可以看作是一个端口号
private static final UUID MY_UUID =
UUID.fromString("fa87c0d0-afac-11de-8a39-0800200c9a66");
    //类似于一个服务器，时刻监听是否有连接建立
    private class AcceptThread extends Thread{
        private BluetoothServerSocket serverSocket;

        public AcceptThread(boolean secure){
            BluetoothServerSocket temp = null;
            try {
                temp = mBluetoothAdapter.listenUsingRfcommWithServiceRecord(
                        NAME_INSECURE, MY_UUID);
            } catch (IOException e) {
                Log.e("app", "listen() failed", e);
            }
            serverSocket = temp;
        }
```

```
        public void run(){
            BluetoothSocket socket=null;
            while(true){
                try {
                    socket = serverSocket.accept();
                } catch (IOException e) {
                     Log.e("app", "accept() failed", e);
                     break;
                }
            }
            if(socket!=null){
                //此时可以新建一个数据交换线程，把此 socket 传进去
            }
        }

        //取消监听
        public void cancel(){
            try {
                serverSocket.close();
            } catch (IOException e) {
                Log.e("app", "Socket Type" + socketType + "close() of server failed", e);
            }
        }
}
```

（5）交换数据。

当搜索到蓝牙设备后，接下来可以获取设备的地址，通过此地址获取一个 BluetoothDeviced 对象，可以将其看作是一个客户端，通过与对象 device.createRfcommSocketToServiceRecord (MY_UUID)相同的 UUID，可与服务器建立连接获取另一个 socket 对象。因为此服务端与客户端各有一个 socket 对象，所以此时它们可以互相交换数据。例如下面所示的代码。

```
//另一个设备去连接本机,相当于客户端
private class ConnectThread extends Thread{
    private BluetoothSocket socket;
    private BluetoothDevice device;
    public ConnectThread(BluetoothDevice device,boolean secure){
        this.device = device;
        BluetoothSocket tmp = null;
        try {
            tmp = device.createRfcommSocketToServiceRecord(MY_UUID_SECURE);
        } catch (IOException e) {
             Log.e("app", "create() failed", e);
        }
    }

    public void run(){
        mBluetoothAdapter.cancelDiscovery();    //取消设备查找
        try {
            socket.connect();
        } catch (IOException e) {
            try {
                socket.close();
            } catch (IOException e1) {
                 Log.e("app", "unable to close() "+
                           " socket during connection failure", e1);
            }
            connetionFailed();    //连接失败
            return;
        }
        //此时可以新建一个数据交换线程，把此 socket 传进去
    }

     public void cancel() {
         try {
             socket.close();
         } catch (IOException e) {
             Log.e("app", "close() of connect  socket failed", e);
```

```
        }
    }
}
```

（6）建立数据通信线程。

此阶段的任务是进行读取数据，例如下面所示的代码。

```
//建立连接后，进行数据通信的线程
private class ConnectedThread extends Thread{
    private BluetoothSocket socket;
    private InputStream inStream;
    private OutputStream outStream;

    public ConnectedThread(BluetoothSocket socket){

        this.socket = socket;
        try {
            //获得输入输出流
            inStream = socket.getInputStream();
            outStream = socket.getOutputStream();
        } catch (IOException e) {
            Log.e("app", "temp sockets not created", e);
        }
    }

    public void run(){
        byte[] buff = new byte[1024];
        int len=0;
        //读数据需不断监听，写则不需要
        while(true){
            try {
                len = inStream.read(buff);
                //把读取到的数据发送给UI进行显示
                Message msg = handler.obtainMessage(BluetoothChat.MESSAGE_READ,
                        len, -1, buff);
                msg.sendToTarget();
            } catch (IOException e) {
                Log.e("app", "disconnected", e);
                connectionLost();    //失去连接
                start();    //重新启动服务器
                break;
            }
        }
    }


    public void write(byte[] buffer) {
        try {
            outStream.write(buffer);
            handler.obtainMessage(BluetoothChat.MESSAGE_WRITE, -1, -1, buffer)
                    .sendToTarget();
        } catch (IOException e) {
            Log.e("app", "Exception during write", e);
        }
    }
    public void cancel() {
        try {
            socket.close();
        } catch (IOException e) {
            Log.e("app", "close() of connect socket failed", e);
        }
    }
}
```

至此，一个基本的蓝牙通信的基本操作已经全部完成。读者在开发此类项目时，只需按照上述流程进行即可。

15.5 实战演练

开发蓝牙项目是一件很麻烦的事情，这里说的麻烦不仅仅是类多、函数多，而且在测试时不能用模拟器来实现，需要用到真机，并且是两部具有蓝牙模块的设备。在本节的内容中，将通过具体实例的实现过程，来讲解在Android系统中开发蓝牙系统的基本知识。

15.5.1 实战演练——开发一个控制玩具车的蓝牙遥控器

本实例的功能是，在Android手机中开发一个蓝牙遥控器，通过这个遥控器可以控制玩具小车的运动。为了节省成本，笔者在淘宝网上网购了一个蓝牙模块，开始了这个实例之旅。

题目	目的	源码路径
实例15-1	通过蓝牙遥控指挥玩具车	\codes\15\lanya

本实例项目的具体实现流程如下。

（1）将购买的蓝牙模块放置在一辆玩具车上，并为其接通电源。

（2）打开Eclipse新建一个Android工程文件，命名为“lanya”。

（3）编写布局文件main.xml，在里面插入了5个控制按钮，分别实现对玩具车的向前、左转、右转、后退和停止的控制，具体代码如下所示。

```
<?xml version="1.0" encoding="utf-8"?>
<AbsoluteLayout
android:id="@+id/widget0"
android:layout_width="fill_parent"
android:layout_height="fill_parent"
xmlns:android="http://schemas.android.com/apk/res/android"
>
<Button
android:id="@+id/btnF"
android:layout_width="100px"
android:layout_height="60px"
android:text="向前"
android:layout_x="130px"
android:layout_y="62px"
>
</Button>
<Button
android:id="@+id/btnL"
android:layout_width="100px"
android:layout_height="60px"
android:text="左转"
android:layout_x="20px"
android:layout_y="152px"
>
</Button>
<Button
android:id="@+id/btnR"
android:layout_width="100px"
android:layout_height="60px"
android:text="右转"
android:layout_x="240px"
android:layout_y="152px"
>
</Button>
<Button
android:id="@+id/btnB"
android:layout_width="100px"
android:layout_height="60px"
android:text="后退"
android:layout_x="130px"
```

```
android:layout_y="242px"
>
</Button>
<Button
android:id="@+id/btnS"
android:layout_width="100px"
android:layout_height="60px"
android:text="停止"
android:layout_x="130px"
android:layout_y="152px"
>
</Button>
</AbsoluteLayout>
```

（4）编写蓝牙程序控制文件 lanya.java，其实现原理和前面中讲解的一致。具体实现流程如下。

- 定义类 lanya，然后设置 5 个按钮对象，具体代码如下所示。

```
public class lanya extends Activity {
    private static final String TAG = "THINBTCLIENT";
    private static final boolean D = true;
    private BluetoothAdapter mBluetoothAdapter = null;
    private BluetoothSocket btSocket = null;

    private OutputStream outStream = null;
    Button mButtonF;
    Button mButtonB;
    Button mButtonL;
    Button mButtonR;
    Button mButtonS;
```

- 为蓝牙设备上的标准串行和要连接的蓝牙设备 MAC 地址赋值，具体代码如下所示。

```
private static final UUID MY_UUID = UUID.fromString("00011101-0000-1000-8016-00805F9B34FB");//蓝牙设备上的标准串行
private static String address = "00:11:03:21:00:42"; // <==要连接的蓝牙设备 MAC 地址
```

- 编写单击【向前】按钮的处理事件，具体代码如下。

```
@Override
public void onCreate(Bundle savedInstanceState) {
        super.onCreate(savedInstanceState);
        setContentView(R.layout.main);
        //向前
        mButtonF=(Button)findViewById(R.id.btnF);
        mButtonF.setOnTouchListener(new Button.OnTouchListener(){

            @Override
            public boolean onTouch(View v, MotionEvent event) {
                // TODO Auto-generated method stub
                String message;
                byte[] msgBuffer;
                int action = event.getAction();
                switch(action)
                {
                case MotionEvent.ACTION_DOWN:
                try {
                    outStream = btSocket.getOutputStream();
                  } catch (IOException e) {
                    Log.e(TAG, "ON RESUME: Output stream creation failed.", e);
                  }
                  message = "1";
                 msgBuffer = message.getBytes();
                  try {
                    outStream.write(msgBuffer);
                  } catch (IOException e) {
                        Log.e(TAG, "ON RESUME: Exception during write.", e);
                  }
                break;
                case MotionEvent.ACTION_UP:
                    try {
```

```
                outStream = btSocket.getOutputStream();
            } catch (IOException e) {
                Log.e(TAG, "ON RESUME: Output stream creation failed.", e);
            }
            message = "0";
            msgBuffer = message.getBytes();
            try {
                outStream.write(msgBuffer);
            } catch (IOException e) {
                    Log.e(TAG, "ON RESUME: Exception during write.", e);
            }
                break;
        }
        return false;
    }
    });
```

● 编写单击【后退】按钮的处理事件，具体代码如下。

```
mButtonB=(Button)findViewById(R.id.btnB);
mButtonB.setOnTouchListener(new Button.OnTouchListener(){
    @Override
    public boolean onTouch(View v, MotionEvent event) {
        // TODO Auto-generated method stub
        String message;
        byte[] msgBuffer;
        int action = event.getAction();
        switch(action)
        {
        case MotionEvent.ACTION_DOWN:
        try {
        outStream = btSocket.getOutputStream();
          } catch (IOException e) {
             Log.e(TAG, "ON RESUME: Output stream creation failed.", e);
          }
          message = "3";
         msgBuffer = message.getBytes();
          try {
          outStream.write(msgBuffer);
          } catch (IOException e) {
                 Log.e(TAG, "ON RESUME: Exception during write.", e);
          }
        break;

        case MotionEvent.ACTION_UP:
            try {
                   outStream = btSocket.getOutputStream();
              } catch (IOException e) {
                 Log.e(TAG, "ON RESUME: Output stream creation failed.", e);
              }
              message = "0";
              msgBuffer = message.getBytes();
              try {
                   outStream.write(msgBuffer);
              } catch (IOException e) {
                       Log.e(TAG, "ON RESUME: Exception during write.", e);
              }
                   break;
        }

        return false;
    }
});
```

● 编写单击【左转】按钮的处理事件，具体代码如下。

```
mButtonL=(Button)findViewById(R.id.btnL);
mButtonL.setOnTouchListener(new Button.OnTouchListener(){
    @Override
    public boolean onTouch(View v, MotionEvent event) {
```

```
        // TODO Auto-generated method stub
        String message;
        byte[] msgBuffer;
        int action = event.getAction();
        switch(action)
        {
        case MotionEvent.ACTION_DOWN:
        try {
        outStream = btSocket.getOutputStream();
          } catch (IOException e) {
              Log.e(TAG, "ON RESUME: Output stream creation failed.", e);
          }
          message = "2";
         msgBuffer = message.getBytes();
          try {
          outStream.write(msgBuffer);
          } catch (IOException e) {
                  Log.e(TAG, "ON RESUME: Exception during write.", e);
          }
        break;

        case MotionEvent.ACTION_UP:
            try {
                outStream = btSocket.getOutputStream();
            } catch (IOException e) {
                Log.e(TAG, "ON RESUME: Output stream creation failed.", e);
            }
            message = "0";
            msgBuffer = message.getBytes();
            try {
                outStream.write(msgBuffer);
            } catch (IOException e) {
                    Log.e(TAG, "ON RESUME: Exception during write.", e);
            }
                break;
        }

        return false;

    }
});
```

- 编写单击【右转】按钮的处理事件，具体代码如下。

```
mButtonR=(Button)findViewById(R.id.btnR);
mButtonR.setOnTouchListener(new Button.OnTouchListener(){
    @Override
    public boolean onTouch(View v, MotionEvent event) {
        // TODO Auto-generated method stub
        String message;
        byte[] msgBuffer;
        int action = event.getAction();
        switch(action)
        {
        case MotionEvent.ACTION_DOWN:
        try {
        outStream = btSocket.getOutputStream();
          } catch (IOException e) {
              Log.e(TAG, "ON RESUME: Output stream creation failed.", e);
          }
          message = "4";
         msgBuffer = message.getBytes();
          try {
              outStream.write(msgBuffer);
          } catch (IOException e) {
                  Log.e(TAG, "ON RESUME: Exception during write.", e);
          }
              break;

        case MotionEvent.ACTION_UP:
```

```
        try {
        outStream = btSocket.getOutputStream();
          } catch (IOException e) {
              Log.e(TAG, "ON RESUME: Output stream creation failed.", e);
          }
          message = "0";
          msgBuffer = message.getBytes();
          try {
              outStream.write(msgBuffer);
          } catch (IOException e) {
                  Log.e(TAG, "ON RESUME: Exception during write.", e);
          }
              break;
      }

      return false;
    }
});
```

- 编写单击【停止】按钮的处理事件，具体代码如下。

```
    mButtonS=(Button)findViewById(R.id.btnS);
    mButtonS.setOnTouchListener(new Button.OnTouchListener(){
        @Override
        public boolean onTouch(View v, MotionEvent event) {
            // TODO Auto-generated method stub
            if(event.getAction()==MotionEvent.ACTION_DOWN)
             try {
                    outStream = btSocket.getOutputStream();
                } catch (IOException e) {
                    Log.e(TAG, "ON RESUME: Output stream creation failed.", e);
                }
                String message = "0";
                byte[] msgBuffer = message.getBytes();
                try {
                    outStream.write(msgBuffer);
                } catch (IOException e) {
                        Log.e(TAG, "ON RESUME: Exception during write.", e);
                }
                return false;
        }
    });
    if (D)
        Log.e(TAG, "+++ ON CREATE +++");
        mBluetoothAdapter = BluetoothAdapter.getDefaultAdapter();
    if (mBluetoothAdapter == null) {
        Toast.makeText(this, "蓝牙设备不可用，请打开蓝牙！", Toast.LENGTH_LONG).show();
            finish();
            return;
    }
    if (!mBluetoothAdapter.isEnabled()) {
            Toast.makeText(this,"请打开蓝牙并重新运行程序！",Toast.LENGTH_LONG).show();
            finish();
            return;
    }
    if (D)
    Log.e(TAG, "+++ DONE IN ON CREATE, GOT LOCAL BT ADAPTER +++");
}
```

- 通过套接字（Socket）建立蓝牙连接，如果失败则输出失败提示，其主要代码如下。

```
@Override
public void onStart() {
        super.onStart();
        if (D) Log.e(TAG, "++ ON START ++");
}
@Override
public void onResume() {
        super.onResume();
        if (D) {
```

```
        Log.e(TAG, "+ ON RESUME +");
     Log.e(TAG, "+ ABOUT TO ATTEMPT CLIENT CONNECT +");
    }
    DisplayToast("正在尝试连接智能小车，请稍后…");
    BluetoothDevice device = mBluetoothAdapter.getRemoteDevice(address);
    try {
       btSocket = device.createRfcommSocketToServiceRecord(MY_UUID);
    } catch (IOException e) {
         DisplayToast("套接字创建失败！");
    }
    DisplayToast("成功连接智能小车！可以开始操控了~~~");
    mBluetoothAdapter.cancelDiscovery();
    try {
            btSocket.connect();
            DisplayToast("连接成功建立，数据连接打开！");

    } catch (IOException e) {
            try {
                btSocket.close();
            } catch (IOException e2) {

                    DisplayToast("连接没有建立，无法关闭套接字！");
            }
    }
    if (D)
        Log.e(TAG, "+ ABOUT TO SAY SOMETHING TO SERVER +");
}
@Override
public void onPause() {
    super.onPause();
    if (D)
        Log.e(TAG, "- ON PAUSE -");
    if (outStream != null) {
            try {
                    outStream.flush();
            } catch (IOException e) {
                    Log.e(TAG, "ON PAUSE: Couldn't flush output stream.", e);
            }
    }
    try {
            btSocket.close();
    } catch (IOException e2) {

            DisplayToast("套接字关闭失败！");
    }
}
@Override
public void onStop() {
        super.onStop();
        if (D)Log.e(TAG, "-- ON STOP --");
}
@Override
public void onDestroy() {
        super.onDestroy();
        if (D) Log.e(TAG, "--- ON DESTROY ---");
}
public void DisplayToast(String str)
{
    Toast toast=Toast.makeText(this, str, Toast.LENGTH_LONG);
    toast.setGravity(Gravity.TOP, 0, 220);
    toast.show();
 }
}
```

（5）在文件 AndroidManifest.xml 中声明蓝牙权限，对应的代码如下。

```
<uses-permission android:name="android.permission.BLUETOOTH_ADMIN" />
 <uses-permission android:name="android.permission.BLUETOOTH" />
    <application android:icon="@drawable/icon" android:label="@string/app_name">
        <activity android:name=".lanya"
```

```
        android:label="@string/app_name">
    <intent-filter>
        <action android:name="android.intent.action.MAIN" />
        <category android:name="android.intent.category.LAUNCHER" />
    </intent-filter>
</activity>
```

至此，蓝牙控制玩具车的实例就介绍完毕了。本实例的实现比较简单，难度较大的是双向控制，即实现每个设备都可以操控另外一个设备的功能，此时就需要具有蓝牙功能的电脑或第二部Andorid 手机来完成测试了。在模拟器中因为不具备蓝牙设备，程序执行后会显示“蓝牙设备不可用，请打开蓝牙！”的提示，如图 15-3 所示。

蓝牙设备不可用，请打开蓝牙！

▲图 15-3　模拟器的运行效果

15.5.2　实战演练——开发一个 Android 蓝牙控制器

本实例的功能是，在 Android 手机中开发一个蓝牙控制器，通过这个控制器可以实现如下功能：

- 打开蓝牙；
- 关闭蓝牙；
- 允许搜索；
- 开始搜索；
- 客户端；
- 服务器端；
- OBEX（Objext Exchange，对象交换）服务器。

题目	目的	源码路径
实例 15-2	开发一个 Android 蓝牙控制器	\codes\15\Activity01

本实例项目的具体实现流程如下。

（1）编写布局文件。首先编写系统主界面的布局文件 main.xml，主要实现代码如下。

```
<?xml version="1.0" encoding="utf-8"?>
<LinearLayout xmlns:android="http://schemas.android.com/apk/res/android"
    android:orientation="vertical" android:layout_width="fill_parent"
    android:layout_height="fill_parent" android:padding="10dip">
    <Button android:layout_width="fill_parent"
        android:layout_height="wrap_content" android:text="打开蓝牙"
        android:onClick="onEnableButtonClicked" />
    <Button android:layout_width="fill_parent"
        android:layout_height="wrap_content" android:text="关闭蓝牙"
        android:onClick="onDisableButtonClicked" />
    <Button android:layout_width="fill_parent"
        android:layout_height="wrap_content" android:text="允许搜索"
        android:onClick="onMakeDiscoverableButtonClicked" />
    <Button android:layout_width="fill_parent"
        android:layout_height="wrap_content" android:text="开始搜索"
        android:onClick="onStartDiscoveryButtonClicked" />
    <Button android:layout_width="fill_parent"
        android:layout_height="wrap_content" android:text="客户端"
        android:onClick="onOpenClientSocketButtonClicked" />
    <Button android:layout_width="fill_parent"
        android:layout_height="wrap_content" android:text="服务器端"
        android:onClick="onOpenServerSocketButtonClicked" />
    <Button android:layout_width="fill_parent"
        android:layout_height="wrap_content" android:text="OBEX 服务器"
        android:onClick="onOpenOBEXServerSocketButtonClicked" />
```

```
</LinearLayout>
```

代码执行后的界面效果如图 15-4 所示。

▲图 15-4　执行效果

服务器端的界面布局文件是 server_socket.xml，主要实现代码如下。

```
<?xml version="1.0" encoding="utf-8"?>
<LinearLayout xmlns:android="http://schemas.android.com/apk/res/android"
   android:orientation="vertical" android:layout_width="fill_parent"
   android:layout_height="fill_parent" android:padding="10dip">
   <Button android:layout_width="fill_parent"
      android:layout_height="wrap_content" android:text="Stop server"
      android:onClick="onButtonClicked" />

   <ListView android:id="@+id/android:list" android:layout_width="fill_parent"
      android:layout_height="fill_parent" />
</LinearLayout>
```

其他几个界面的布局文件与上述文件类似，为节省本书篇幅，将不再一一列出。

（2）编写主界面的程序文件 Activity01.java。其功能是根据用户在屏幕上单击的按钮来调用对应的处理函数。例如，单击“服务器端”按钮会执行函数 onOpenServerSocketButtonClicked(View view)。文件 Activity01.java 的主要实现代码如下。

```
public class Activity01 extends Activity
{
   /* 取得默认的蓝牙适配器 */
   private BluetoothAdapter _bluetooth = BluetoothAdapter.getDefaultAdapter();
   /* 请求打开蓝牙 */
   private static final int REQUEST_ENABLE = 0x1;
   /* 请求能够被搜索 */
   private static final int REQUEST_DISCOVERABLE  = 0x2;
   /** Called when the activity is first created. */
   @Override
   public void onCreate(Bundle savedInstanceState)
   {
      super.onCreate(savedInstanceState);
      setContentView(R.layout.main);
   }
   /* 开启蓝牙 */
   public void onEnableButtonClicked(View view)
   {
      // 用户请求打开蓝牙
      //Intent enabler = new Intent(BluetoothAdapter.ACTION_REQUEST_ENABLE);
      //startActivityForResult(enabler, REQUEST_ENABLE);
      //打开蓝牙
      _bluetooth.enable();
   }
   /* 关闭蓝牙 */
```

```
    public void onDisableButtonClicked(View view)
    {
        _bluetooth.disable();
    }
    /* 使设备能够被搜索 */
    public void onMakeDiscoverableButtonClicked(View view)
    {
        Intent enabler = new Intent(BluetoothAdapter.ACTION_REQUEST_DISCOVERABLE);
        startActivityForResult(enabler, REQUEST_DISCOVERABLE);
    }
    /* 开始搜索 */
    public void onStartDiscoveryButtonClicked(View view)
    {
        Intent enabler = new Intent(this, DiscoveryActivity.class);
        startActivity(enabler);
    }
    /* 客户端 */
    public void onOpenClientSocketButtonClicked(View view)
    {
        Intent enabler = new Intent(this, ClientSocketActivity.class);
        startActivity(enabler);
    }
    /* 服务端 */
    public void onOpenServerSocketButtonClicked(View view)
    {
        Intent enabler = new Intent(this, ServerSocketActivity.class);
        startActivity(enabler);
    }
    /* OBEX 服务器 */
    public void onOpenOBEXServerSocketButtonClicked(View view)
    {
        Intent enabler = new Intent(this, OBEXActivity.class);
        startActivity(enabler);
    }
}
```

（3）编写程序文件 ClientSocketActivity.java。其功能是创建一个 Socket 连接，与指定的服务器建立连接。文件 ClientSocketActivity.java 的主要实现代码如下。

```
public class ClientSocketActivity  extends Activity
{
    private static final String TAG = ClientSocketActivity.class.getSimpleName();
    private static final int REQUEST_DISCOVERY = 0x1;;
    private Handler _handler = new Handler();
    private BluetoothAdapter _bluetooth = BluetoothAdapter.getDefaultAdapter();
    protected void onCreate(Bundle savedInstanceState) {
        super.onCreate(savedInstanceState);
        getWindow().setFlags(WindowManager.LayoutParams.FLAG_BLUR_BEHIND,
        WindowManager.LayoutParams.FLAG_BLUR_BEHIND);
        setContentView(R.layout.client_socket);
        if (!_bluetooth.isEnabled()) {
            finish();
            return;
        }
        Intent intent = new Intent(this, DiscoveryActivity.class);
        /* 提示选择一个想要连接的服务器 */
        Toast.makeText(this, "select device to connect", Toast.LENGTH_SHORT).show();
        /* 跳转到搜索的蓝牙设备列表区，进行选择 */
        startActivityForResult(intent, REQUEST_DISCOVERY);
    }
    /* 选择了服务器之后进行连接 */
    protected void onActivityResult(int requestCode, int resultCode, Intent data) {
        if (requestCode != REQUEST_DISCOVERY) {
            return;
        }
        if (resultCode != RESULT_OK) {
            return;
        }
        final BluetoothDevice device=data.getParcelableExtra(BluetoothDevice.EXTRA_DEVICE);
```

```
        new Thread() {
           public void run() {
              /* 连接 */
              connect(device);
           };
        }.start();
    }
    protected void connect(BluetoothDevice device) {
        BluetoothSocket socket = null;
        try {
           //创建一个 Socket 连接：只需要服务器在注册时的 UUID 号
           //  socket  =  device.createRfcommSocketToServiceRecord(BluetoothProtocols.
OBEX_OBJECT_PUSH_PROTOCOL_UUID);
           socket = device.createRfcommSocketToServiceRecord(UUID.fromString
           ("a60f35f0-b93a-11de-8a39-08002009c666"));
           //连接
           socket.connect();
        } catch (IOException e) {
           Log.e(TAG, "", e);
        } finally {
           if (socket != null) {
              try {
                 socket.close();
              } catch (IOException e) {
                 Log.e(TAG, "", e);
              }
           }
        }
    }
}
```

（4）编写程序文件 DiscoveryActivity.java。其功能是搜索设备附近的蓝牙设备，并在列表中显示搜索到的蓝牙设备。文件 DiscoveryActivity.java 的主要实现代码如下。

```
public class DiscoveryActivity  extends ListActivity
{
    private Handler _handler = new Handler();
    /* 取得默认的蓝牙适配器 */
    private BluetoothAdapter _bluetooth = BluetoothAdapter.getDefaultAdapter();
    /* 用来存储搜索到的蓝牙设备 */
    private List<BluetoothDevice> _devices = new ArrayList<BluetoothDevice>();
    /* 是否完成搜索 */
    private volatile boolean _discoveryFinished;
    private Runnable _discoveryWorkder = new Runnable() {
        public void run()
        {
           /* 开始搜索 */
           _bluetooth.startDiscovery();
           for (;;)
           {
              if (_discoveryFinished)
              {
                 break;
              }
              try
              {
                 Thread.sleep(100);
              }
              catch (InterruptedException e){}
           }
        }
    };
    /**
     * 接收器
     * 当搜索蓝牙设备完成时调用
     */
    private BroadcastReceiver _foundReceiver = new BroadcastReceiver() {
        public void onReceive(Context context, Intent intent) {
           /* 从 intent 中取得搜索结果数据 */
```

```
            BluetoothDevice device = intent
                    .getParcelableExtra(BluetoothDevice.EXTRA_DEVICE);
            /* 将结果添加到列表中 */
            _devices.add(device);
            /* 显示列表 */
            showDevices();
        }
    };
    private BroadcastReceiver _discoveryReceiver = new BroadcastReceiver() {

        @Override
        public void onReceive(Context context, Intent intent)
        {
            /* 卸载注册的接收器 */
            unregisterReceiver(_foundReceiver);
            unregisterReceiver(this);
            _discoveryFinished = true;
        }
    };
    protected void onCreate(Bundle savedInstanceState)
    {
        super.onCreate(savedInstanceState);
        getWindow().setFlags(WindowManager.LayoutParams.FLAG_BLUR_BEHIND,
        WindowManager.LayoutParams.FLAG_BLUR_BEHIND);
        setContentView(R.layout.discovery);
        /* 如果蓝牙适配器没有打开*/
        if (!_bluetooth.isEnabled())
        {

            finish();
            return;
        }
        /* 注册接收器 */
        IntentFilter discoveryFilter = new IntentFilter(BluetoothAdapter.ACTION_
        DISCOVERY_FINISHED);
        registerReceiver(_discoveryReceiver, discoveryFilter);
        IntentFilter foundFilter = new IntentFilter(BluetoothDevice.ACTION_FOUND);
        registerReceiver(_foundReceiver, foundFilter);
        /* 显示一个对话框,正在搜索蓝牙设备 */
        SamplesUtils.indeterminate(DiscoveryActivity.this, _handler, "Scanning...",
        _discoveryWorkder, new OnDismissListener() {
            public void onDismiss(DialogInterface dialog)
            {

                for (; _bluetooth.isDiscovering();)
                {
                    _bluetooth.cancelDiscovery();
                }
                _discoveryFinished = true;
            }
        }, true);
    }
    /* 显示列表 */
    protected void showDevices()
    {
        List<String> list = new ArrayList<String>();
        for (int i = 0, size = _devices.size(); i < size; ++i)
        {
            StringBuilder b = new StringBuilder();
            BluetoothDevice d = _devices.get(i);
            b.append(d.getAddress());
            b.append('\n');
            b.append(d.getName());
            String s = b.toString();
            list.add(s);
        }
        final ArrayAdapter<String> adapter = new ArrayAdapter<String>(this, android.R.
        layout.simple_list_item_1, list);
        _handler.post(new Runnable() {
```

```
            public void run()
            {
                setListAdapter(adapter);
            }
        });
    }
    protected void onListItemClick(ListView l, View v, int position, long id)
    {
        Intent result = new Intent();
        result.putExtra(BluetoothDevice.EXTRA_DEVICE, _devices.get(position));
        setResult(RESULT_OK, result);
        finish();
    }
}
```

（5）编写程序文件 OBEXActivity.java。其功能是建立和 OBEX 服务器的数据传输。OBEX 协议通过使用简单的“PUT”和“GET”命令实现在不同设备、不同平台之间方便、高效地交换信息。该协议支持的设备广泛，例如计算机、PDA、电话、摄像头、自动答录机、计算器、数据采集器和手表等。文件 OBEXActivity.java 的主要实现代码如下。

```
public class OBEXActivity extends Activity
{
    private static final String TAG = "@MainActivity";
    private Handler _handler = new Handler();
    private BluetoothServerSocket _server;
    private BluetoothSocket _socket;
    private static final int OBEX_CONNECT = 0x80;
    private static final int OBEX_DISCONNECT = 0x81;
    private static final int OBEX_PUT = 0x02;
    private static final int OBEX_PUT_END = 0x82;
    private static final int OBEX_RESPONSE_OK = 0xa0;
    private static final int OBEX_RESPONSE_CONTINUE  = 0x90;
    private static final int BIT_MASK = 0x000000ff;
    Thread t = new Thread()
    {
        public void run()
        {
            try
            {
                _server = BluetoothAdapter.getDefaultAdapter().listenUsingRfcommWith
                ServiceRecord("OBEX", null);
                new Thread()
                {
                    public void run()
                    {
                        Log.d("@Rfcom", "begin close");
                        try
                        {
                            _socket.close();
                        }
                        catch (IOException e)
                        {
                            Log.e(TAG, "", e);
                        }
                        Log.d("@Rfcom", "end close");
                    };
                }.start();
                _socket = _server.accept();
                reader.start();
                Log.d(TAG, "shutdown thread");
            }
            catch (IOException e)
            {
                e.printStackTrace();
            }
        };
    };
```

```
Thread reader = new Thread()
{
    public void run()
    {
        try
        {
            Log.d(TAG, "getting inputstream");
            InputStream inputStream = _socket.getInputStream();
            OutputStream outputStream = _socket.getOutputStream();
            Log.d(TAG, "got inputstream");
            int read = -1;
            byte[] bytes = new byte[2048];
            ByteArrayOutputStream baos = new ByteArrayOutputStream(bytes.length);
            while ((read = inputStream.read(bytes)) != -1)
            {
                baos.write(bytes, 0, read);
                byte[] req = baos.toByteArray();
                int op = req[0] & BIT_MASK;
                Log.d(TAG, "read:" + Arrays.toString(req));
                Log.d(TAG, "op:" + Integer.toHexString(op));
                switch (op)
                {
                    case OBEX_CONNECT:
                        outputStream.write(new byte[] { (byte) OBEX_RESPONSE_OK, 0, 7,
                        16, 0, 4, 0 });
                        break;
                    case OBEX_DISCONNECT:
                        outputStream.write(new byte[] { (byte) OBEX_RESPONSE_OK, 0, 3, 0 });
                        break;

                    case OBEX_PUT:
                        outputStream.write(new byte[] { (byte) OBEX_RESPONSE_CONTINUE,
                        0, 3, 0 });
                        break;
                    case OBEX_PUT_END:

                        outputStream.write(new byte[] { (byte) OBEX_RESPONSE_OK, 0, 3, 0 });
                        break;

                    default:
                        outputStream.write(new byte[] { (byte) OBEX_RESPONSE_OK, 0, 3, 0 });
                }
                Log.d(TAG, new String(baos.toByteArray(), "utf-8"));
                baos = new ByteArrayOutputStream(bytes.length);
            }
            Log.d(TAG, new String(baos.toByteArray(), "utf-8"));
        }
        catch (IOException e)
        {
            e.printStackTrace();
        }
    };
};
private Thread put = new Thread() {
    public void run()
    {
    };
};
public void onCreate(Bundle savedInstanceState)
{
    super.onCreate(savedInstanceState);
    setContentView(R.layout.obex_server_socket);
    t.start();
}
protected void onActivityResult(int requestCode, int resultCode, Intent data)
{
    Log.d(TAG, data.getData().toString());
    switch (requestCode)
    {
```

```
            case (1):
                if (resultCode == Activity.RESULT_OK)
                {
                    Uri contactData = data.getData();
                    @SuppressWarnings("deprecation")
                    Cursor c = managedQuery(contactData, null, null, null, null);
                    for (; c.moveToNext();)
                    {
                        Log.d(TAG, "c1---------------------------------------");
                        dump(c);
                        Uri uri = Uri.withAppendedPath(data.getData(), ContactsContract.
                        Contacts.Photo.CONTENT_DIRECTORY);
                        @SuppressWarnings("deprecation")
                        Cursor c2 = managedQuery(uri, null, null, null, null);
                        for (; c2.moveToNext();)
                        {
                            Log.d(TAG, "c2---------------------------------------");
                            dump(c2);
                        }
                    }
                }
                break;
        }
    }
```

（6）编写文件 ServerSocketActivity.java。其功能是实现蓝牙服务器端的数据处理，建立服务器端和客户端的连接和监听工作，其中的监听工作和停止服务器工作由独立的函数实现。文件 ServerSocketActivity.java 的主要实现代码如下。

```
public class ServerSocketActivity extends ListActivity
{
    /* 一些常量，代表服务器的名称 */
    public static final String PROTOCOL_SCHEME_L2CAP = "btl2cap";
    public static final String PROTOCOL_SCHEME_RFCOMM = "btspp";
    public static final String PROTOCOL_SCHEME_BT_OBEX = "btgoep";
    public static final String PROTOCOL_SCHEME_TCP_OBEX = "tcpobex";
    private static final String TAG = ServerSocketActivity.class.getSimpleName();
    private Handler _handler = new Handler();
    /* 取得默认的蓝牙适配器 */
    private BluetoothAdapter _bluetooth = BluetoothAdapter.getDefaultAdapter();
    /* 蓝牙服务器 */
    private BluetoothServerSocket _serverSocket;
    /* 线程-监听客户端的连接 */
    private Thread _serverWorker = new Thread() {
        public void run() {
            listen();
        };
    };
    protected void onCreate(Bundle savedInstanceState) {
        super.onCreate(savedInstanceState);
        getWindow().setFlags(WindowManager.LayoutParams.FLAG_BLUR_BEHIND,
                WindowManager.LayoutParams.FLAG_BLUR_BEHIND);
        setContentView(R.layout.server_socket);
        if (!_bluetooth.isEnabled()) {
            finish();
            return;
        }
        /* 开始监听 */
        _serverWorker.start();
    }
    protected void onDestroy() {
        super.onDestroy();
        shutdownServer();
    }
    protected void finalize() throws Throwable {
        super.finalize();
        shutdownServer();
    }
```

```
    /* 停止服务器 */
    private void shutdownServer() {
        new Thread() {
            public void run() {
                _serverWorker.interrupt();
                if (_serverSocket != null) {
                    try {
                        /* 关闭服务器 */
                        _serverSocket.close();
                    } catch (IOException e) {
                        Log.e(TAG, "", e);
                    }
                    _serverSocket = null;
                }
            };
        }.start();
    }
    public void onButtonClicked(View view) {
        shutdownServer();
    }
    protected void listen() {
        try {
            /* 创建一个蓝牙服务器
             * 参数分别：服务器名称、UUID
             */
            _serverSocket = _bluetooth.listenUsingRfcommWithServiceRecord(PROTOCOL_
            SCHEME_RFCOMM,
                    UUID.fromString("a60f35f0-b93a-11de-8a39-08002009c666"));
            /* 客户端连线列表 */
            final List<String> lines = new ArrayList<String>();
            _handler.post(new Runnable() {
                public void run() {
                    lines.add("Rfcomm server started...");
                    ArrayAdapter<String> adapter = new ArrayAdapter<String>(
                            ServerSocketActivity.this,
                            android.R.layout.simple_list_item_1, lines);
                    setListAdapter(adapter);
                }
            });
            /* 接受客户端的连接请求 */
            BluetoothSocket socket = _serverSocket.accept();
            /* 处理请求内容 */
            if (socket != null) {
                InputStream inputStream = socket.getInputStream();
                int read = -1;
                final byte[] bytes = new byte[2048];
                for (; (read = inputStream.read(bytes)) > -1;) {
                    final int count = read;
                    _handler.post(new Runnable() {
                        public void run() {
                            StringBuilder b = new StringBuilder();
                            for (int i = 0; i < count; ++i) {
                                if (i > 0) {
                                    b.append(' ');
                                }
                                String s = Integer.toHexString(bytes[i] & 0xFF);
                                if (s.length() < 2) {
                                    b.append('0');
                                }
                                b.append(s);
                            }
                            String s = b.toString();
                            lines.add(s);
                            ArrayAdapter<String> adapter = new ArrayAdapter<String>(
                                    ServerSocketActivity.this,
                                    android.R.layout.simple_list_item_1, lines);
                            setListAdapter(adapter);
                        }
                    });
```

```
            }
        }
    } catch (IOException e) {
      Log.e(TAG, "", e);
    } finally {
    }
  }
}
```

（7）在文件 AndroidManifest.xml 中声明对蓝牙设备的使用权限，具体代码如下。

```
<uses-permission android:name="android.permission.BLUETOOTH" />
<uses-permission android:name="android.permission.BLUETOOTH_ADMIN" />
<uses-permission android:name="android.permission.READ_CONTACTS"/>
```

至此，整个实例全部实现完毕，本实例需要在真机上进行测试。

15.5.3　实战演练——开发一个 Android 蓝牙通信系统

本实例的功能是，在 Android 手机中开发一个蓝牙通信系统，通过此系统可以实现客户端和服务器端的通信功能。

题目	目的	源码路径
实例 15-3	开发一个 Android 蓝牙通信系统	\codes\15\tongxun

本实例项目的具体实现流程如下。

（1）编写布局文件。首先编写系统主界面的布局文件 main.xml，主要实现代码如下。

```
<?xml version="1.0" encoding="utf-8"?>
<LinearLayout xmlns:android="http://schemas.android.com/apk/res/android"
   android:orientation="vertical" android:layout_width="fill_parent"
   android:layout_height="fill_parent">
   <TextView
      android:layout_width="fill_parent"
      android:layout_height="wrap_content"
      android:text="\r\n 蓝牙测试程序\r\n"
   ></TextView>
   <Button
      android:id="@+id/startServerBtn"
      android:layout_width="fill_parent"
      android:layout_height="wrap_content"
      android:text="打开服务器"
   ></Button>
   <Button
      android:id="@+id/startClientBtn"
      android:layout_width="fill_parent"
      android:layout_height="wrap_content"
      android:text="打开客户端"></Button>
</LinearLayout>
```

然后编写客户端的界面布局文件 client.xml，在此界面中设置了通信目标蓝牙设备，并提供了信息输入框，主要实现代码如下。

```
<?xml version="1.0" encoding="utf-8"?>
<LinearLayout xmlns:android="http://schemas.android.com/apk/res/android"
   android:orientation="vertical" android:layout_width="fill_parent"
   android:layout_height="fill_parent">
   <Button
      android:id="@+id/startSearchBtn"
      android:layout_width="fill_parent"
      android:layout_height="wrap_content"
      android:text="开始搜索"
   ></Button>
   <TextView
      android:id="@+id/clientServersText"
      android:layout_width="fill_parent"
      android:layout_height="wrap_content"
```

```
        android:layout_marginTop="10dip"
        android:layout_marginBottom="10dip"
    ></TextView>
    <Button
        android:id="@+id/selectDeviceBtn"
        android:layout_width="fill_parent"
        android:layout_height="wrap_content"
        android:text="选择第一个设备"
    ></Button>
    <EditText
        android:id="@+id/clientChatEditText"
        android:layout_width="fill_parent"
        android:layout_height="200dip"
        android:singleLine="false"
        android:gravity="top"
        android:editable="false"
        android:cursorVisible="false"
        android:background="#aaa"
        android:layout_margin="5dip"
    ></EditText>

    <EditText
        android:id="@+id/clientSendEditText"
        android:layout_width="fill_parent"
        android:layout_height="wrap_content"
    ></EditText>
    <Button
        android:id="@+id/clientSendMsgBtn"
        android:layout_width="fill_parent"
        android:layout_height="wrap_content"
        android:text="发送"
    ></Button>
</LinearLayout>
```

服务器端的界面布局文件server.xml的实现过程与文件client.xml类似，在此不再进行详细讲解。

（2）编写控制服务类和线程实现类，各个类的对应关系和具体结构如图15-5所示。

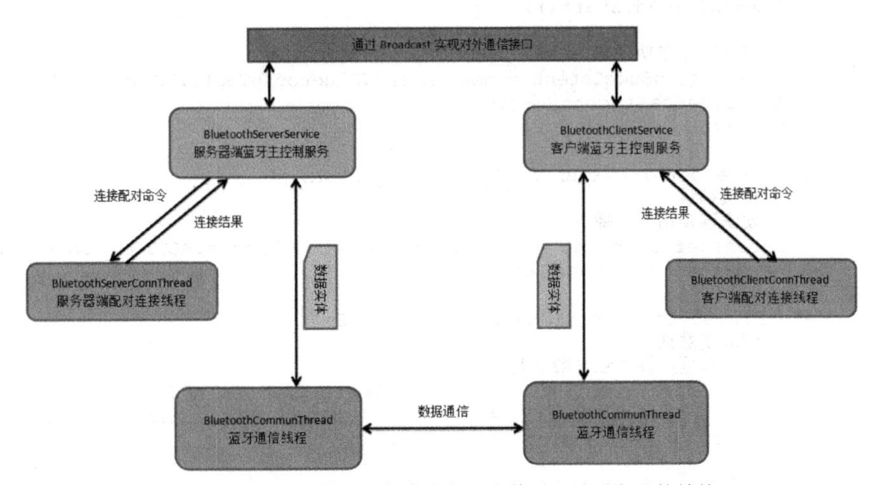

▲图15-5　控制服务类和线程实现类的对应关系和具体结构

① 类BluetoothServerService在文件BluetoothServerService.java中定义，用于实现服务器端蓝牙主控制服务，此文件的主要实现代码如下。

```
/**
 * 蓝牙模块服务器端主控制 Service
 */
public class BluetoothServerService extends Service {
    //蓝牙适配器
    private final BluetoothAdapter bluetoothAdapter = BluetoothAdapter.getDefaultAdapter();
```

```
//蓝牙通信线程
private BluetoothCommunThread communThread;

//控制信息广播接收器
private BroadcastReceiver controlReceiver = new BroadcastReceiver() {
    @Override
    public void onReceive(Context context, Intent intent) {
        String action = intent.getAction();

        if (BluetoothTools.ACTION_STOP_SERVICE.equals(action)) {
            //停止后台服务
            if (communThread != null) {
                communThread.isRun = false;
            }
            stopSelf();

        } else if (BluetoothTools.ACTION_DATA_TO_SERVICE.equals(action)) {
            //发送数据
            Object data = intent.getSerializableExtra(BluetoothTools.DATA);
            if (communThread != null) {
                communThread.writeObject(data);
            }

        }
    }
};
//接收其他线程消息的Handler
private Handler serviceHandler = new Handler() {
    @Override
    public void handleMessage(Message msg) {

        switch (msg.what) {
        case BluetoothTools.MESSAGE_CONNECT_SUCCESS:
            //连接成功
            //开启通信线程
            communThread = new BluetoothCommunThread(serviceHandler, (BluetoothSocket)
            msg.obj);
            communThread.start();

            //发送连接成功消息
            Intent connSuccIntent = new Intent(BluetoothTools.ACTION_CONNECT_SUCCESS);
            sendBroadcast(connSuccIntent);
            break;

        case BluetoothTools.MESSAGE_CONNECT_ERROR:
            //连接错误
            //发送连接错误广播
            Intent errorIntent = new Intent(BluetoothTools.ACTION_CONNECT_ERROR);
            sendBroadcast(errorIntent);
            break;
        case BluetoothTools.MESSAGE_READ_OBJECT:
            //读取到数据
            //发送数据广播（包含数据对象）
            Intent dataIntent = new Intent(BluetoothTools.ACTION_DATA_TO_GAME);
            dataIntent.putExtra(BluetoothTools.DATA, (Serializable)msg.obj);
            sendBroadcast(dataIntent);

            break;
        }
        super.handleMessage(msg);
    }
};
/**
 * 获取通信线程
 * @return
 */
public BluetoothCommunThread getBluetoothCommunThread() {
    return communThread;
}
```

```
    @Override
    public void onCreate() {
        //ControlReceiver的IntentFilter
        IntentFilter controlFilter = new IntentFilter();
        controlFilter.addAction(BluetoothTools.ACTION_START_SERVER);
        controlFilter.addAction(BluetoothTools.ACTION_STOP_SERVICE);
        controlFilter.addAction(BluetoothTools.ACTION_DATA_TO_SERVICE);

        //注册BroadcastReceiver
        registerReceiver(controlReceiver, controlFilter);

        //开启服务器
        bluetoothAdapter.enable();    //打开蓝牙
        //开启蓝牙发现功能（300s）
        Intent discoveryIntent = new Intent(BluetoothAdapter.ACTION_REQUEST_DISCOVERABLE);
        discoveryIntent.putExtra(BluetoothAdapter.EXTRA_DISCOVERABLE_DURATION, 300);
        discoveryIntent.setFlags(Intent.FLAG_ACTIVITY_NEW_TASK);
        startActivity(discoveryIntent);
        //开启后台连接线程
        new BluetoothServerConnThread(serviceHandler).start();
        super.onCreate();
    }
```

② 类BluetoothClientService是客户端蓝牙的主控制服务，在文件BluetoothClientService.java中定义，主要实现代码如下。

```
/**
 * 蓝牙模块客户端主控制Service
 */
public class BluetoothClientService extends Service {

    //搜索到的远程设备集合
    private List<BluetoothDevice> discoveredDevices = new ArrayList<BluetoothDevice>();
    //蓝牙适配器
    private    final    BluetoothAdapter    bluetoothAdapter    =    BluetoothAdapter.
getDefaultAdapter();
    //蓝牙通信线程
    private BluetoothCommunThread communThread;
    //控制信息广播的接收器
    private BroadcastReceiver controlReceiver = new BroadcastReceiver() {
        @Override
        public void onReceive(Context context, Intent intent) {
            String action = intent.getAction();
            if (BluetoothTools.ACTION_START_DISCOVERY.equals(action)) {
                //开始搜索
                discoveredDevices.clear();    //清空存放设备的集合
                bluetoothAdapter.enable();    //打开蓝牙
                bluetoothAdapter.startDiscovery();    //开始搜索
            } else if (BluetoothTools.ACTION_SELECTED_DEVICE.equals(action)) {
                //选择了连接的服务器设备
                BluetoothDevice device = (BluetoothDevice)intent.getExtras().get
                (BluetoothTools.DEVICE);
                //开启设备连接线程
                new BluetoothClientConnThread(handler, device).start();
            } else if (BluetoothTools.ACTION_STOP_SERVICE.equals(action)) {
                //停止后台服务
                if (communThread != null) {
                    communThread.isRun = false;
                }
                stopSelf();
            } else if (BluetoothTools.ACTION_DATA_TO_SERVICE.equals(action)) {
                //获取数据
                Object data = intent.getSerializableExtra(BluetoothTools.DATA);
                if (communThread != null) {
                    communThread.writeObject(data);
                }

            }
```

```
        }
    };
    //蓝牙搜索广播的接收器
    private BroadcastReceiver discoveryReceiver = new BroadcastReceiver() {
        @Override
        public void onReceive(Context context, Intent intent) {
            //获取广播的 Action
            String action = intent.getAction();
            if (BluetoothAdapter.ACTION_DISCOVERY_STARTED.equals(action)) {
                //开始搜索
            } else if (BluetoothDevice.ACTION_FOUND.equals(action)) {
                //发现远程蓝牙设备
                //获取设备
                BluetoothDevice bluetoothDevice = intent.getParcelableExtra(Bluetooth
                Device.EXTRA_DEVICE);
                discoveredDevices.add(bluetoothDevice);
                //发送发现设备广播
                Intent deviceListIntent = new Intent(BluetoothTools.ACTION_FOUND_DEVICE);
                deviceListIntent.putExtra(BluetoothTools.DEVICE, bluetoothDevice);
                sendBroadcast(deviceListIntent);
            } else if (BluetoothAdapter.ACTION_DISCOVERY_FINISHED.equals(action)) {
                //搜索结束
                if (discoveredDevices.isEmpty()) {
                    //若未找到设备，则发起未发现设备广播
                    Intent foundIntent = new Intent(BluetoothTools.ACTION_NOT_FOUND_SERVER);
                    sendBroadcast(foundIntent);
                }
            }
        }
    };
    //接收其他线程消息的 Handler
    Handler handler = new Handler() {
        @Override
        public void handleMessage(Message msg) {
            //处理消息
            switch (msg.what) {
            case BluetoothTools.MESSAGE_CONNECT_ERROR:
                //连接错误
                //发送连接错误广播
                Intent errorIntent = new Intent(BluetoothTools.ACTION_CONNECT_ERROR);
                sendBroadcast(errorIntent);
                break;
            case BluetoothTools.MESSAGE_CONNECT_SUCCESS:
                //连接成功

                //开启通信线程
                communThread=new BluetoothCommunThread(handler, (BluetoothSocket)msg.obj);
                communThread.start();

                //发送连接成功广播
                Intent succIntent = new Intent(BluetoothTools.ACTION_CONNECT_SUCCESS);
                sendBroadcast(succIntent);
                break;
            case BluetoothTools.MESSAGE_READ_OBJECT:
                //读取到对象
                //发送数据广播（包含数据对象）
                Intent dataIntent = new Intent(BluetoothTools.ACTION_DATA_TO_GAME);
                dataIntent.putExtra(BluetoothTools.DATA, (Serializable)msg.obj);
                sendBroadcast(dataIntent);
                break;
            }
            super.handleMessage(msg);
        }
    };
    /**
     * 获取通信线程
     * @return
     */
    public BluetoothCommunThread getBluetoothCommunThread() {
```

```
        return communThread;
    }
    @Override
    public void onStart(Intent intent, int startId) {

        super.onStart(intent, startId);
    }

    @Override
    public IBinder onBind(Intent arg0) {
        return null;
    }
    /**
     * Service 创建时的回调函数
     */
    @Override
    public void onCreate() {
        //discoveryReceiver 的 IntentFilter
        IntentFilter discoveryFilter = new IntentFilter();
        discoveryFilter.addAction(BluetoothAdapter.ACTION_DISCOVERY_STARTED);
        discoveryFilter.addAction(BluetoothAdapter.ACTION_DISCOVERY_FINISHED);
        discoveryFilter.addAction(BluetoothDevice.ACTION_FOUND);

        //controlReceiver 的 IntentFilter
        IntentFilter controlFilter = new IntentFilter();
        controlFilter.addAction(BluetoothTools.ACTION_START_DISCOVERY);
        controlFilter.addAction(BluetoothTools.ACTION_SELECTED_DEVICE);
        controlFilter.addAction(BluetoothTools.ACTION_STOP_SERVICE);
        controlFilter.addAction(BluetoothTools.ACTION_DATA_TO_SERVICE);

        //注册 BroadcastReceiver
        registerReceiver(discoveryReceiver, discoveryFilter);
        registerReceiver(controlReceiver, controlFilter);
        super.onCreate();
    }
    /**
     * Service 销毁时的回调函数
     */
    @Override
    public void onDestroy() {
        if (communThread != null) {
            communThread.isRun = false;
        }
        //解除绑定
        unregisterReceiver(discoveryReceiver);
        super.onDestroy();
    }
}
```

③ 类 BluetoothServerConnThread 是服务器端配对的连接线程，在文件 BluetoothServerConnThread.java 中定义，主要实现代码如下。

```
/**
 * 服务器连接线程
 */
public class BluetoothServerConnThread extends Thread {
    private Handler serviceHandler;        //用于同 Service 通信的 Handler
    private BluetoothAdapter adapter;
    private BluetoothSocket socket;        //用于通信的 Socket
    private BluetoothServerSocket serverSocket;

    /**
     * 构造函数
     * @param handler
     */
    public BluetoothServerConnThread(Handler handler) {
        this.serviceHandler = handler;
        adapter = BluetoothAdapter.getDefaultAdapter();
    }
```

```
        @Override
        public void run() {
            try {
                serverSocket = adapter.listenUsingRfcommWithServiceRecord("Server",
                BluetoothTools.PRIVATE_UUID);
                socket = serverSocket.accept();
            } catch (Exception e) {
                //发送连接失败消息
        serviceHandler.obtainMessage(BluetoothTools.MESSAGE_CONNECT_ERROR).sendToTarget();
                e.printStackTrace();
                return;
            } finally {
                try {
                    serverSocket.close();
                } catch (Exception e) {
                    e.printStackTrace();
                }
            }
            if (socket != null) {
                //发送连接成功消息，消息的obj字段为连接的socket
                Message msg = serviceHandler.obtainMessage();
                msg.what = BluetoothTools.MESSAGE_CONNECT_SUCCESS;
                msg.obj = socket;
                msg.sendToTarget();
            } else {
                //发送连接失败消息
        serviceHandler.obtainMessage(BluetoothTools.MESSAGE_CONNECT_ERROR).sendToTarget();
                return;
            }
        }
    }
```

④ 类 BluetoothClientConnThread 是客户端配对的连接线程，在文件 BluetoothClientConnThread.java 中定义，此文件的主要实现代码如下。

```
/**
 * 蓝牙客户端连接线程
 */
public class BluetoothClientConnThread extends Thread{
    private Handler serviceHandler;            //用于向客户端 Service 回传消息的 Handler
    private BluetoothDevice serverDevice;      //服务器设备
    private BluetoothSocket socket;            //通信 Socket
    /**
     * 构造函数
     * @param handler
     * @param serverDevice
     */
    public BluetoothClientConnThread(Handler handler, BluetoothDevice serverDevice) {
        this.serviceHandler = handler;
        this.serverDevice = serverDevice;
    }
    @Override
    public void run() {
        BluetoothAdapter.getDefaultAdapter().cancelDiscovery();
        try {
            socket = serverDevice.createRfcommSocketToServiceRecord(BluetoothTools.
            PRIVATE_UUID);
            BluetoothAdapter.getDefaultAdapter().cancelDiscovery();
            socket.connect();

        } catch (Exception ex) {
            try {
                socket.close();
            } catch (IOException e) {
                e.printStackTrace();
            }
            //发送连接失败消息
    serviceHandler.obtainMessage(BluetoothTools.MESSAGE_CONNECT_ERROR).sendToTarget();
            return;
```

```
        }
        //发送连接成功消息，消息的 obj 参数为连接的 socket
        Message msg = serviceHandler.obtainMessage();
        msg.what = BluetoothTools.MESSAGE_CONNECT_SUCCESS;
        msg.obj = socket;
        msg.sendToTarget();
    }
}
```

⑤ 类 BluetoothCommunThread 是蓝牙通信线程类，在文件 BluetoothCommunThread.java 中定义，此文件的主要实现代码如下。

```
/**
 * 蓝牙通信线程
 */
public class BluetoothCommunThread extends Thread {

    private Handler serviceHandler;              //与 Service 通信的 Handler
    private BluetoothSocket socket;
    private ObjectInputStream inStream;          //对象输入流
    private ObjectOutputStream outStream;        //对象输出流
    public volatile boolean isRun = true;        //运行标识位

    /**
     * 构造函数
     * @param handler 用于接收消息
     * @param socket
     */
    public BluetoothCommunThread(Handler handler, BluetoothSocket socket) {
        this.serviceHandler = handler;
        this.socket = socket;
        try {
            this.outStream = new ObjectOutputStream(socket.getOutputStream());
            this.inStream = new ObjectInputStream(new BufferedInputStream(socket.
            getInputStream()));
        } catch (Exception e) {
            try {
                socket.close();
            } catch (IOException e1) {
                e1.printStackTrace();
            }
            //发送连接失败消息
            serviceHandler.obtainMessage(BluetoothTools.MESSAGE_CONNECT_ERROR).
            sendToTarget();
            e.printStackTrace();
        }
    }

    @Override
    public void run() {
        while (true) {
            if (!isRun) {
                break;
            }
            try {
                Object obj = inStream.readObject();
                //发送成功读取到对象的消息，消息的 obj 参数为读取到的对象
                Message msg = serviceHandler.obtainMessage();
                msg.what = BluetoothTools.MESSAGE_READ_OBJECT;
                msg.obj = obj;
                msg.sendToTarget();
            } catch (Exception ex) {
                //发送连接失败消息
                serviceHandler.obtainMessage(BluetoothTools.MESSAGE_CONNECT_ERROR).
                sendToTarget();
                ex.printStackTrace();
                return;
            }
        }
```

```
        //关闭流
        if (inStream != null) {
            try {
                inStream.close();
            } catch (IOException e) {
                e.printStackTrace();
            }
        }
        if (outStream != null) {
            try {
                outStream.close();
            } catch (IOException e) {
                e.printStackTrace();
            }
        }
        if (socket != null) {
            try {
                socket.close();
            } catch (IOException e) {
                e.printStackTrace();
            }
        }
    }

    /**
     * 写入一个可序列化的对象
     * @param obj
     */
    public void writeObject(Object obj) {
        try {
            outStream.flush();
            outStream.writeObject(obj);
            outStream.flush();
        } catch (IOException e) {
            // TODO Auto-generated catch block
            e.printStackTrace();
        }

    }
}
```

（3）编写测试程序文件，其中文件 MainActivity.java 用于监听用户在主界面中的单击按钮事件，即监听是单击了【打开服务器】按钮还是单击了【打开客户端】按钮。文件 MainActivity.java 的主要实现代码如下。

```
    class ButtonClickListener implements OnClickListener {
        @Override
        public void onClick(View arg0) {
            switch (arg0.getId()) {

            case R.id.startServerBtn:
                //打开服务器
                Intent serverIntent = new Intent(MainActivity.this, ServerActivity.class);
                serverIntent.setFlags(Intent.FLAG_ACTIVITY_NEW_TASK);
                startActivity(serverIntent);
                break;

            case R.id.startClientBtn:
                //打开客户端
                Intent clientIntent = new Intent(MainActivity.this, ClientActivity.class);
                clientIntent.setFlags(Intent.FLAG_ACTIVITY_NEW_TASK);
                startActivity(clientIntent);
                break;
            }
        }
    }
}
```

① 文件 ServerActivity.java 实现了服务器端的数据接收和发送功能，主要实现代码如下。

```
//广播接收器
private BroadcastReceiver broadcastReceiver = new BroadcastReceiver() {

    @Override
    public void onReceive(Context context, Intent intent) {

        String action = intent.getAction();

        if (BluetoothTools.ACTION_DATA_TO_GAME.equals(action)) {
            //接收数据
            TransmitBean data = (TransmitBean)intent.getExtras().getSerializable
            (BluetoothTools.DATA);
            String msg = "from remote " + new Date().toLocaleString() + " :\r\n" +
            data.getMsg() + "\r\n";
            msgEditText.append(msg);

        } else if (BluetoothTools.ACTION_CONNECT_SUCCESS.equals(action)) {
            //连接成功
            serverStateTextView.setText("连接成功");
            sendBtn.setEnabled(true);
        }

    }
};
@Override
protected void onStart() {
    //开启后台 Service
    Intent startService = new Intent(ServerActivity.this, BluetoothServerService.class);
    startService(startService);
    //注册 BoradcasrReceiver
    IntentFilter intentFilter = new IntentFilter();
    intentFilter.addAction(BluetoothTools.ACTION_DATA_TO_GAME);
    intentFilter.addAction(BluetoothTools.ACTION_CONNECT_SUCCESS);

    registerReceiver(broadcastReceiver, intentFilter);
    super.onStart();
}
@Override
protected void onCreate(Bundle savedInstanceState) {
    super.onCreate(savedInstanceState);
    setContentView(R.layout.server);
    serverStateTextView = (TextView)findViewById(R.id.serverStateText);
    serverStateTextView.setText("正在连接...");
    msgEditText = (EditText)findViewById(R.id.serverEditText);
    sendMsgEditText = (EditText)findViewById(R.id.serverSendEditText);
    sendBtn = (Button)findViewById(R.id.serverSendMsgBtn);
    sendBtn.setOnClickListener(new OnClickListener() {
        @Override
        public void onClick(View v) {
            if ("".equals(sendMsgEditText.getText().toString().trim())) {
                Toast.makeText(ServerActivity.this, "输入不能为空", Toast.LENGTH_
                SHORT).show();
            } else {
                //发送消息
                TransmitBean data = new TransmitBean();
                data.setMsg(sendMsgEditText.getText().toString());
                Intent sendDataIntent = new Intent(BluetoothTools.ACTION_DATA_TO_
                SERVICE);
                sendDataIntent.putExtra(BluetoothTools.DATA, data);
                sendBroadcast(sendDataIntent);
            }
        }
    });
    sendBtn.setEnabled(false);
}
@Override
protected void onStop() {
```

```
        //关闭后台 Service
        Intent startService = new Intent(BluetoothTools.ACTION_STOP_SERVICE);
        sendBroadcast(startService);

        unregisterReceiver(broadcastReceiver);
        super.onStop();
    }
}
```

② 文件 ClientActivity.java 实现了客户端的数据接收和发送功能，主要实现代码如下。

```
    //广播接收器
    private BroadcastReceiver broadcastReceiver = new BroadcastReceiver() {

        @Override
        public void onReceive(Context context, Intent intent) {
            String action = intent.getAction();

            if (BluetoothTools.ACTION_NOT_FOUND_SERVER.equals(action)) {
                //未发现设备
                serversText.append("not found device\r\n");

            } else if (BluetoothTools.ACTION_FOUND_DEVICE.equals(action)) {
                //获取到设备对象
                BluetoothDevice device = (BluetoothDevice)intent.getExtras().get
                (BluetoothTools.DEVICE);
                deviceList.add(device);
                serversText.append(device.getName() + "\r\n");

            } else if (BluetoothTools.ACTION_CONNECT_SUCCESS.equals(action)) {
                //连接成功
                serversText.append("连接成功");
                sendBtn.setEnabled(true);

            } else if (BluetoothTools.ACTION_DATA_TO_GAME.equals(action)) {
                //接收数据
                TransmitBean data = (TransmitBean)intent.getExtras().getSerializable
                (BluetoothTools.DATA);
                String msg = "from remote " + new Date().toLocaleString() + " :\r\n" +
                data.getMsg() + "\r\n";
                chatEditText.append(msg);

            }
        }
    };


    @Override
    protected void onStart() {
        //清空设备列表
        deviceList.clear();

        //开启后台 Service
        Intent startService = new Intent(ClientActivity.this, BluetoothClientService.
        class);
        startService(startService);

        //注册 BoradcasrReceiver
        IntentFilter intentFilter = new IntentFilter();
        intentFilter.addAction(BluetoothTools.ACTION_NOT_FOUND_SERVER);
        intentFilter.addAction(BluetoothTools.ACTION_FOUND_DEVICE);
        intentFilter.addAction(BluetoothTools.ACTION_DATA_TO_GAME);
        intentFilter.addAction(BluetoothTools.ACTION_CONNECT_SUCCESS);

        registerReceiver(broadcastReceiver, intentFilter);

        super.onStart();
    }

    @Override
```

```
    protected void onCreate(Bundle savedInstanceState) {
        super.onCreate(savedInstanceState);
        setContentView(R.layout.client);

        serversText = (TextView)findViewById(R.id.clientServersText);
        chatEditText = (EditText)findViewById(R.id.clientChatEditText);
        sendEditText = (EditText)findViewById(R.id.clientSendEditText);
        sendBtn = (Button)findViewById(R.id.clientSendMsgBtn);
        startSearchBtn = (Button)findViewById(R.id.startSearchBtn);
        selectDeviceBtn = (Button)findViewById(R.id.selectDeviceBtn);

        sendBtn.setOnClickListener(new OnClickListener() {

            @Override
            public void onClick(View v) {
                //发送消息
                if ("".equals(sendEditText.getText().toString().trim())) {
                    Toast.makeText(ClientActivity.this, "输入不能为空", Toast.LENGTH_
                    SHORT).show();
                } else {
                    //发送消息
                    TransmitBean data = new TransmitBean();
                    data.setMsg(sendEditText.getText().toString());
                    Intent sendDataIntent = new Intent(BluetoothTools.ACTION_DATA_TO_
                    SERVICE);
                    sendDataIntent.putExtra(BluetoothTools.DATA, data);
                    sendBroadcast(sendDataIntent);
                }
            }
        });

        startSearchBtn.setOnClickListener(new OnClickListener() {

            @Override
            public void onClick(View v) {
                //开始搜索
                Intent startSearchIntent = new Intent(BluetoothTools.ACTION_START_
                DISCOVERY);
                sendBroadcast(startSearchIntent);
            }
        });

        selectDeviceBtn.setOnClickListener(new OnClickListener() {

            @Override
            public void onClick(View v) {
                //选择第一个设备
                Intent selectDeviceIntent = new Intent(BluetoothTools.ACTION_SELECTED_
                DEVICE);
                selectDeviceIntent.putExtra(BluetoothTools.DEVICE, deviceList.get(0));
                sendBroadcast(selectDeviceIntent);
            }
        });
    }

    @Override
    protected void onStop() {
        //关闭后台 Service
        Intent startService = new Intent(BluetoothTools.ACTION_STOP_SERVICE);
        sendBroadcast(startService);

        unregisterReceiver(broadcastReceiver);
        super.onStop();
    }
}
```

在本部分的代码中，涉及到了蓝牙模块中的各种 Action。在 Android 的蓝牙通信模块中，用户通过 Broadcast（广播）与后台通信模块 Service 进行通信（控制 Service 或者接收反馈信息）。

下面列出了对应的广播 Action 的类型。

- 第一类：服务器与客户端公用 Action 列表

➢ ACTION_STOP_SERVICE：关闭后台服务。当程序退出或需要停止蓝牙服务时发送此广播。

➢ ACTION_DATA_TO_SERVICE：数据传送至后台 Service。它包含一个 key 为 DATA 的参数，该参数类型为实现了 Serializable 接口的类（该类为用户自己编写的数据实体类）。

➢ ACTION_CONNECT_SUCCESS：连接成功。从后台 Service 发送出连接成功建立的广播。

➢ ACTION_CONNECT_ERROR：连接错误。从后台 Serivce 发送出连接发生错误的广播。

➢ ACTION_DATA_TO_GAME：从后台 Service 传送出数据。它包含一个 key 为 DATA 的参数，该参数类型为实现了 Serializable 接口的类（该类为用户自己编写的数据实体类）。

- 客户端 Action 列表

➢ ACTION_START_DISCOVERY：开启蓝牙搜索。命令后台 Service 开始蓝牙搜索。

➢ ACTION_SELECTED_DEVICE：选中的蓝牙设备。它包含一个 key 为 DEVICE 的参数，该参数类型为 BluetoothDevice（蓝牙设备类）。用户需要从搜索到的蓝牙设备中选择服务器设备，选择设备后发送 Broadcast，告知后台 Service 已选择的蓝牙设备。

➢ ACTION_FOUND_DEVICE：发现设备。后台 Service 进行搜索蓝牙设备过程中，每发现一个设备便会发送该 Broadcast。

➢ ACTION_NOT_FOUND_SERVER：未发现服务器设备。后台 Service 通过搜索并未发现可连接的蓝牙设备，并发送此 Broadcast。

至此，整个实例介绍完毕，Android 蓝牙通信系统界面如图 15-6 所示。

客户端界面如图 15-7 所示，在此界面中可以实现与服务器端的数据传送功能。

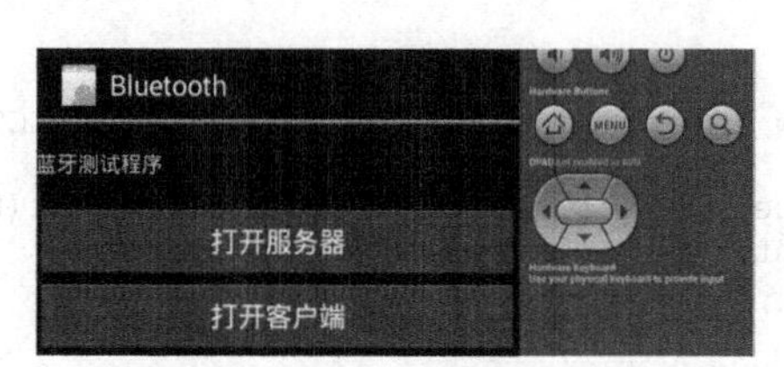

▲图 15-6　Android 蓝牙通信系统界面

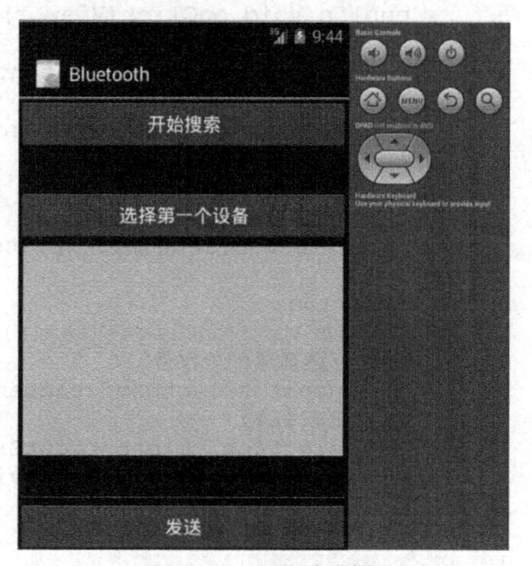

▲图 15-7　客户端界面

第 16 章　邮件应用

自从互联网诞生以来，电子邮件（E-mail）就成为用户使用网络的主要用途之一。无论是亲朋好友之间的祝福和交流，还是商务中的信息交换，都离不开电子邮件。在本章中，将详细介绍在 Android 平台中开发邮件相关应用的基本知识，为读者进入本书后面的学习打下基础。

16.1 使用 Android 内置的邮件系统

在 Android 系统中，Google 公司内置了功能强大的 Gmail 邮件系统，无需开发人员伤脑筋，只需对其进行相关设置，就可以使用内置的邮件系统收发邮件。

16.1.1 实战演练——在发送短信时实现 E-mail 邮件通知

在 Android 系统中，可以用编程的方式调用内置的邮件系统来发送邮件，并需要用 Intent 来配合实现。为了说明该功能的原理，先看下面的一段代码。

```
Intent intent = new Intent(android.content.Intent.ACTION_SEND);
intent.putExtra(android.content.Intent.EXTRA_EMAIL, new String[]{"test@test.com"});
intent.putExtra(android.content.Intent.EXTRA_SUBJECT, "SUBJECT");
intent.putExtra(android.content.Intent.EXTRA_TEXT, "TEXT");
intent.setType("text/html");
startActivity(Intent.createChooser(intent, "Chooser"));
Intent intent = new Intent(android.content.Intent.ACTION_SEND);
```

在上述代码中，将所有具有发送功能的 App 做成一个列表以供选择，然后用 putExtra()方法向邮件的各个部分发送 e-mail 程序。putExtra()方法的语法格式如下所示。

```
intent.putExtra(android.content.Intent.EXTRA_STREAM,URL url);
```

① 参数 EXTRA_STREAM 表示传输的数据，具体说明如下。

- EXTRA_EMAIL：发送的是收件人地址。
- EXTRA_SUBJECT：邮件标题。
- EXTRA_TEXT：邮件文本内容。
- EXTRA_STREAM：邮件附件。

② 参数 url 表示传递对象的 URL 地址。

请看下面的实例：当用户收到一条短信后，先用 Toast 提示获取了短信，然后使用 E-mail 发送提示到用户的邮箱中，这样就可以将重要的短信放在邮箱中保存，从而不用担心短信容量的问题了。在具体实现上，先在后台设计一个 BroadcastReceiver 用于等待接收短信。当接收到短信以后，使用 Bundle 的方式来封装短信的内容，然后通过 Intent 方式返回给主程序 Activity。因为 Receiver 无法直接发送 E-mail，所以需要将控制权交回给主程序，通过主程序来运行发送 E-mail 的工作。当主程序收到 Bundle 后，会以 Bundle.getString 的方法来取得返回短信的内容，然后使用

Intent.setType("plain/text")设置要打开的 Intent 类型，并使用关键程序 Intent.putExtra(android.content. Intent.EXTRA_EMAIL,strEmailReciver)指定要打开的是 e-mail 所需要的 Extra 参数，当 Android 系统收到这些参数后，就会打开内置的 e-mail 发送程序。需要注意的是，在模拟器运行后会显示"No application can perform this action"的提示，而在真实机器上不会出现此问题。

题目	目的	源码路径
实例 16-1	在收到短信时实现 e-mail 邮件通知	\codes\16\tong

本实例的具体实现流程如下。

（1）编写文件 tong.java，其具体实现流程如下。

- 分别声明一个 TextView、String 数组和两个文本字符串变量，主要代码如下。

```
/*声明一个 TextView,String 数组与两个文本字符串变量*/
private TextView mTextView1;
public String[] strEmailReciver;
public String strEmailSubject;
public String strEmailBody;
```

- 通过 findViewById 构造器来创建 TextView 对象，并通过 TextView 来显示"等待中..."的提示，主要代码如下。

```
public void onCreate(Bundle savedInstanceState)
{
  super.onCreate(savedInstanceState);
  setContentView(R.layout.main);
  /*通过 findViewById 构造器创建 TextView 对象*/
  mTextView1 = (TextView) findViewById(R.id.myTextView1);
  mTextView1.setText("等待中...");
```

- 通过 try 语句获取短信传来的 Bundle 堆信息，并取出 bunde 中的字符串，然后自定义 Intent 来寄送 e-mail 邮件信息，同时设置邮件格式为"plain/text"，并分别取得 EditText01、EditText02、EditText03 和 EditText04 的值作为收件人地址、附件、主题和正文，最后将取得的字符串放入 mEmailIntent 中，主要代码如下。

```
    try {
      /*取得短信传来的 Bundle 堆信息*/
      Bundle bunde = this.getIntent().getExtras();
      if (bunde!= null)
      {
        /*将 bunde 内的字符串取出*/
        String sb = bunde.getString("STR_INPUT");
        /*自定义一 Intent 来运行寄送 e-mail 的工作*/
        Intent mEmailIntent =
        new Intent(android.content.Intent.ACTION_SEND);
        /*设置邮件格式为"plain/text"*/
        mEmailIntent.setType("plain/text");

        /*取得 EditText01, EditText02, EditText03, EditText04 的值作为收件人地址,附件,主题,
正文*/
        strEmailReciver =new String[]{"jay.mingchieh@gmail.com"};
        strEmailSubject = "你有一封短信!!";
        strEmailBody = sb.toString();

        /*将取得的字符串放入 mEmailIntent 中*/
        mEmailIntent.putExtra(android.content.Intent.EXTRA_EMAIL,
        strEmailReciver);
        mEmailIntent.putExtra(android.content.Intent.EXTRA_SUBJECT,
        strEmailSubject);
        mEmailIntent.putExtra(android.content.Intent.EXTRA_TEXT,
        strEmailBody);
        startActivity(Intent.createChooser(mEmailIntent,
        getResources().getString(R.string.str_message)));
      }
```

```
        else
        {
          finish();
        }
      }
      catch(Exception e)
      {
        e.printStackTrace();
      }
    }
  }
```

（2）编写文件 SMSreceiver.java，其具体实现流程如下。

- 引用 BroadcastReceiver 类，使用 telephoney.gsm.SmsMessage 接收短信，使用 Toast 类通知用户收到短信，主要代码如下。

```
/*引用 telephoney.gsm.SmsMessage 收取短信*/
import android.telephony.gsm.SmsMessage;
/*引用 Toast 类告知用户收到短信*/
import android.widget.Toast;
```

- 自定义继承自 BroadcastReceiver 类，用于接收系统服务广播的信息，然后声明静态字符串并作为 Action 启动短信的依据，主要代码如下。

```
public class SMSreceiver extends BroadcastReceiver
{
  * android.provider.Telephony.SMS_RECEIVED
  private static final String mACTION =
  "android.provider.Telephony.SMS_RECEIVED";

  private String str_receive="收到短信!";
```

- 定义 onReceive（Context context, Intent intent）方法来获取短信，先通过 if 语句判断传来的 Intent 是否为短信，是则构造一字符串集合变量 sb 并接收由 Intent 传来的数据，主要代码如下。

```
  public void onReceive(Context context, Intent intent)
  {
    Toast.makeText(context, str_receive.toString(),
    Toast.LENGTH_LONG).show();
    /*判断传来的 Intent 是否为短信*/
    if (intent.getAction().equals(mACTION))
    {
      /*构造一字符串集合变量 sb*/
      StringBuilder sb = new StringBuilder();
      /*接收由 Intent 传来的数据*/
      Bundle bundle = intent.getExtras();
```

- 使用 if 语句判断在 Intent 中是否有数据，用 pdus 作为 android 内置短信参数 identifier，并通过 bundle.get("")返回一个包含 pdus 的对象，主要代码如下。

```
/*判断 Intent 中是否有数据*/
if (bundle != null)
{
  Object[] myOBJpdus = (Object[]) bundle.get("pdus");
```

- 构造短信对象 array，然后依据收到的对象长度来创建相应大小的 array，主要代码如下。

```
SmsMessage[] messages = new SmsMessage[myOBJpdus.length];

for (int i = 0; i<myOBJpdus.length; i++)
{
  messages[i] =
  SmsMessage.createFromPdu((byte[]) myOBJpdus[i]);
}
```

- 分别获取收信人的电话号码，并将传来的信息保存在 Body，主要代码如下。

```
    for (SmsMessage currentMessage : messages)
    {
      sb.append("接收到来自:\n");
      /* 收信人的电话号码 */
      sb.append(currentMessage.getDisplayOriginatingAddress());
      sb.append("\n------传来的短信------\n");
      /* 取得传来信息的 Body */
      sb.append(currentMessage.getDisplayMessageBody());
      Toast.makeText
      (
        context, sb.toString(), Toast.LENGTH_LONG
      ).show();
    }
  }
```

- 使用 Notification(Toase)提醒来显示提示信息，主要代码如下。

```
Toast.makeText
(
  context, sb.toString(), Toast.LENGTH_LONG
).show();
```

- 返回主 Activity，然后自定义一个 Bundle，将短信以 putString()方法存入自定义的 Bundle 内，最后设置 Intent 的 Flag 以一个全新的 Task 来运行，主要代码如下。

```
        Intent i = new Intent(context, GMail.class);
        /*自定义一个 Bundle*/
        Bundle mbundle = new Bundle();
        /*将短信以 putString()方法存入自定义的 Bundle 内*/
        mbundle.putString("STR_INPUT",  sb.toString());
        /*将自定义 bundle 写入 Intent 中*/
        i.putExtras(mbundle);
        /*设置 Intent 的 Flag 以一个全新的 Task 来运行*/
        i.addFlags(Intent.FLAG_ACTIVITY_NEW_TASK);
        context.startActivity(i);
      }
    }
  }
```

（3）编写文件 AndroidManifest.xml，向系统注册一个常驻的 BroadcastReseiver，并设置这个 Reseiver 的 intent-filter，让其 SMSreceiver 针对收到的短信事件做出反应，并声明 android.permission.RECEIVE_SMS 权限，主要代码如下。

```
  <intent-filter>
    <action android:name="android.intent.action.MAIN" />
    <category android:name="android.intent.category.LAUNCHER" />
    </intent-filter>
    </activity>
    <!-- 建立 receiver 来收听系统广播信息 -->
    <receiver android:name="irdc.tong.SMSreceiver">
    <!-- 设置要捕捉的信息名是 provider 中 Telephony.SMS_RECEIVED -->
  <intent-filter>
    <action
      android:name="android.provider.Telephony.SMS_RECEIVED" />
  </intent-filter>
  </receiver>
    </application>
<uses-permission android:name="android.permission.RECEIVE_SMS"></uses-permission>
</manifest>
```

实例执行后，如果收到一条短信则会显示提示信息，并自动生成一条邮件提示，如图 16-1 所示。

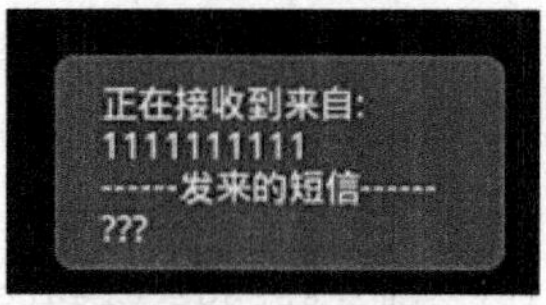

▲图 16-1　运行效果

16.1.2　实战演练——来电时自动邮件通知

在实例 16-1 中，介绍了收到短信后自动发送邮件通知的实现过程。同理，也可以编写一个程序实现当来电时自动用邮件进行通知。在本实例中，通过 TelephoneManager 判断来电状态，并实现来电通知。程序通过 e-mail 通知来电记录，本实例继承了前面的实例，并通过 PhoneCallListener 判断电话事件，然后根据来电状态发送 e-mail。

题目	目的	源码路径
实例 16-2	在来电时实现 e-mail 邮件通知	\codes\16\dian

本实例的具体实现流程如下。

（1）编写值文件 strings.xml，设置在屏幕中显示的文本，具体代码如下。

```
<?xml version="1.0" encoding="utf-8"?>
<resources>
  <string name="hello"></string>
  <string name="app_name"></string>
  <string name="str_button1">获取信息</string>
  <string name="str_CALL_STATE_IDLE">待机状态中</string>
  <string name="str_CALL_STATE_OFFHOOK">通话中...</string>
  <string name="str_CALL_STATE_RINGING">有电话...</string>
  <string name="str_EmailBody">有电话....</string>
  <string name="str_message">发信中....</string>
</resources>
```

（2）编写文件 dian.java，具体实现流程如下。

● 定义 TelephonyManager 对象 telMgr，通过此对象获取 TELEPHONY_SERVICE 系统信息，主要代码如下。

```
public void onCreate(Bundle savedInstanceState)
{
  super.onCreate(savedInstanceState);
  setContentView(R.layout.main);

  mPhoneCallListener phoneListener=new mPhoneCallListener();
  /*对象 telMgr，用于获取 TELEPHONY_SERVICE 系统信息*/
  TelephonyManager telMgr = (TelephonyManager)getSystemService
            (TELEPHONY_SERVICE);
  telMgr.listen(phoneListener, mPhoneCallListener.
            LISTEN_CALL_STATE);
  mTextView1 = (TextView)findViewById(R.id.myTextView1);
}
```

● 使用 PhoneCallListener 收听电话状态并更改事件， onCallStateChanged 方法的具体实现流程如下：

➢ 分别获取电话待机状态、通话状态和来电状态；
➢ 显示号码；
➢ 有电话时发送邮件；
➢ 设置收信人邮箱地址；
➢ 设置邮件标题；
➢ 设置邮件内容；
➢ 实现发送邮件。

上述功能的主要代码如下。

```
public class mPhoneCallListener extends PhoneStateListener
{
  @Override
  public void onCallStateChanged(int state, String incomingNumber)
  {
    switch(state)
    {
      /*获取电话待机状态*/
      case TelephonyManager.CALL_STATE_IDLE:
```

```
        mTextView1.setText(R.string.str_CALL_STATE_IDLE);
        break;
      /*获取电话通话状态*/
      case TelephonyManager.CALL_STATE_OFFHOOK:
        mTextView1.setText(R.string.str_CALL_STATE_OFFHOOK);
        break;
      /*获取电话来电状态*/
      case TelephonyManager.CALL_STATE_RINGING:
        mTextView1.setText
        (
          /*显示号码*/
          getResources().getText(R.string.str_CALL_STATE_RINGING)+
          incomingNumber
        );
        /*有电话时发送邮件*/
        Intent mEmailIntent = new Intent(android.content.Intent
             .ACTION_SEND);
        mEmailIntent.setType("plain/text");
        /*设置收信人邮箱地址*/
        mEmailIntent.putExtra(android.content.Intent.EXTRA_EMAIL,
             new String[]{mEditText01.toString()});
        /*设置邮件标题*/
        mEmailIntent.putExtra(android.content.Intent.EXTRA_SUBJECT,
             strEmailSubject);
        /*设置邮件内容*/
        mEmailIntent.putExtra(android.content.Intent.EXTRA_TEXT,
             R.string.str_EmailBody+incomingNumber);
        /*实现发送邮件*/
        startActivity(Intent.createChooser(mEmailIntent,
             getResources().getString(R.string.str_message)));
        break;
      default:
        break;
    }
    super.onCallStateChanged(state, incomingNumber);
  }
 }
}
```

执行后当来电时会显示提示信息，有短信时也会显示对应的提示，如图 16-2 所示。

▲图 16-2　来电时界面

16.1.3　实战演练——实现一个简易邮件发送系统

在使用 Intent 调用内置邮件系统时，使用的行为是 android.content.Intent.ACTION_SEND。实际上在 Android 系统中使用邮件发送服务调用的是 Gmail 程序，而并不是直接使用 SMTP 的 Protocol。

题目	目的	源码路径
实例 16-3	简易 e-mail 邮件发送系统	\codes\16\sendEmail

本实例的具体实现流程如下。

（1）编写布局文件 main.xml，具体代码如下。

```
<?xml version="1.0" encoding="utf-8"?>
<AbsoluteLayout
  android:id="@+id/widget34"
  android:layout_width="fill_parent"
  android:layout_height="fill_parent"
```

```
android:background="@drawable/white"
xmlns:android="http://schemas.android.com/apk/res/android"
>
<TextView
  android:id="@+id/myTextView1"
  android:layout_width="wrap_content"
  android:layout_height="wrap_content"
  android:text="@string/str_receive"
  android:layout_x="60px"
  android:layout_y="22px"
>
</TextView>
<TextView
  android:id="@+id/myTextView2"
  android:layout_width="wrap_content"
  android:layout_height="wrap_content"
  android:text="@string/str_cc"
  android:layout_x="60px"
  android:layout_y="82px"
>
</TextView>
<EditText
  android:id="@+id/myEditText1"
  android:layout_width="fill_parent"
  android:layout_height="wrap_content"
  android:textSize="18sp"
  android:layout_x="120px"
  android:layout_y="12px"
>
</EditText>
<EditText
  android:id="@+id/myEditText2"
  android:layout_width="fill_parent"
  android:layout_height="wrap_content"
  android:textSize="18sp"
  android:layout_x="120px"
  android:layout_y="72px"
>
</EditText>
<Button
  android:id="@+id/myButton1"
  android:layout_width="wrap_content"
  android:layout_height="124px"
  android:text="@string/str_button"
  android:layout_x="0px"
  android:layout_y="2px"
>
</Button>
<TextView
  android:id="@+id/myTextView3"
  android:layout_width="wrap_content"
  android:layout_height="wrap_content"
  android:text="@string/str_subject"
  android:layout_x="60px"
  android:layout_y="142px"
>
</TextView>
<EditText
  android:id="@+id/myEditText3"
  android:layout_width="fill_parent"
  android:layout_height="wrap_content"
  android:textSize="18sp"
  android:layout_x="120px"
  android:layout_y="132px"
>
</EditText>
<EditText
  android:id="@+id/myEditText4"
  android:layout_width="fill_parent"
```

```
    android:layout_height="209px"
    android:textSize="18sp"
    android:layout_x="0px"
    android:layout_y="202px"
  >
  </EditText>
</AbsoluteLayout>
```

（2）编写主程序文件 sendEmailActivity，其具体实现流程如下。

- 定义方法 boolean isEmail()用于判断用户输入邮箱是否正确，具体代码如下。

```
public static boolean isEmail(String strEmail) {
    String strPattern = "^[a-zA-Z][\\w\\.-]*[a-zA-Z0-9]@[a-zA-Z0-9][\\w\\.-]*[a-zA-Z0-
9]\\.[a-zA-Z][a-zA-Z\\.]*[a-zA-Z]$";

    Pattern p = Pattern.compile(strPattern);
    Matcher m = p.matcher(strEmail);
    return m.matches();
   }
```

- 当用户长按文本框后，通过 Content Provider 查找可跳转到联系人中心，查找用户并返回邮箱其实现代码如下。

```
private OnLongClickListener searhEmail=new OnLongClickListener(){
        public boolean onLongClick(View arg0) {
            Uri uri=Uri.parse("content://contacts/people");
            Intent intent=new Intent(Intent.ACTION_PICK,uri);
            startActivityForResult(intent, PICK_CONTACT_SUBACTIVITY);
           return false;
           }
        ;
    };

    protected void onActivityResult(int requestCode, int resultCode, Intent data) {

       switch (requestCode) {
       case PICK_CONTACT_SUBACTIVITY:
           final Uri uriRet=data.getData();
           if(uriRet!=null)
           {
               try {
                   Cursor c=managedQuery(uriRet, null, null, null, null);
                   c.moveToFirst();
                   //取得联系人的姓名
                   String strName=c.getString(c.getColumnIndexOrThrow(People.NAME));
                   //取得联系人的 e-mail
                   String[] PROJECTION=new String[]{
                         Contacts.ContactMethods._ID,
                         Contacts.ContactMethods.KIND,
                         Contacts.ContactMethods.DATA
                   };
                   //查询指定人的 e-mail
                    Cursor newcur=managedQuery(
                          Contacts.ContactMethods.CONTENT_URI,
                          PROJECTION,
                          Contacts.ContactMethods.PERSON_ID+"=\'"
                          +c.getLong(c.getColumnIndex(People._ID))+"\'",
                          null, null);
                   startManagingCursor(newcur);
                   String email="";
                   if(newcur.moveToFirst())
                   {
                       email=newcur.getString(newcur.getColumnIndex
                            (Contacts.ContactMethods.DATA));
                       myEditText.setText(email);
                   }

               } catch (Exception e) {
                   // TODO: handle exception
```

```
                Toast.makeText(sendEmailActivity.this, e.toString(), 1000).show();
            }
        }
        break;

    default:
        break;
    }
    super.onActivityResult(requestCode, resultCode, data);
};
```

想实现跳转并取值返回，就需要用到 startActivityForResult(intent,requestCode)。其中，requestCode 表示一个 Activity 要返回值的依据，可以是任意的 int 类型，可以自定义常量，也可以指定数字。在程序中覆盖了 onActivityResult()方法，当程序收到 result 后，再重新加载写回到原本需要加载的控件上。在本例中调了文本框的长按事件，当文本框长按即自行跳转到联系人页面上，单击需要的联系人名称，将该联系人的邮箱地址返回到主程序窗口，并加载到文本上。

- 单击【发送】按钮后触发事件开始发送。邮件发送程序并不复杂，主要是构造 EditText、Button 控件。通过构造一个自定义的 Intent（android.content.Intent.ACTION_SEND）作为传送 e-mail 的 Activity，在该 Intent 中，还必须使用 setType()来决定 e-mail 的格式，使用 putExtra()置入寄件人（EXTRA_EMAIL）、主题（EXTRA_SUBJECT）、邮件内容（EXTRA_TEXT）以及其他 e-mail 的字段（EXTRA_BCC、EXTRA_CC）。其对应代码如下。

```
myButton.setOnClickListener(new OnClickListener() {
    @Override
    public void onClick(View v) {
        // TODO Auto-generated method stub
        Intent mailIntent=new Intent(android.content.Intent.ACTION_SEND);
        mailIntent.setType("plain/test");
        strEmailReciver=new String[]{ myEditText.getText().toString() };
        strEmailCC=new String[]{myEditText2.getText().toString()};
        strEmailSubject=myEditText3.getText().toString();
        strEmailBody=myEditText4.getText().toString();
        mailIntent.putExtra(android.content.Intent.EXTRA_EMAIL, strEmailReciver);
        mailIntent.putExtra(android.content.Intent.EXTRA_CC, strEmailCC);
        mailIntent.putExtra(android.content.Intent.EXTRA_SUBJECT, strEmailSubject);
        mailIntent.putExtra(android.content.Intent.EXTRA_TEXT, strEmailBody);
    startActivity(Intent.createChooser(mailIntent, getResources().getString(R.string.
send)));
    }
});
```

（3）在文件 AndroidManifest.xml 中声明权限，即当使用 Content Provider 查找联系时必须在此配置文件中声明如下权限。

```
<uses-permission android:name="android.permission.READ_CONTACTS"/>
```

执行后的效果如图 16-3 所示。

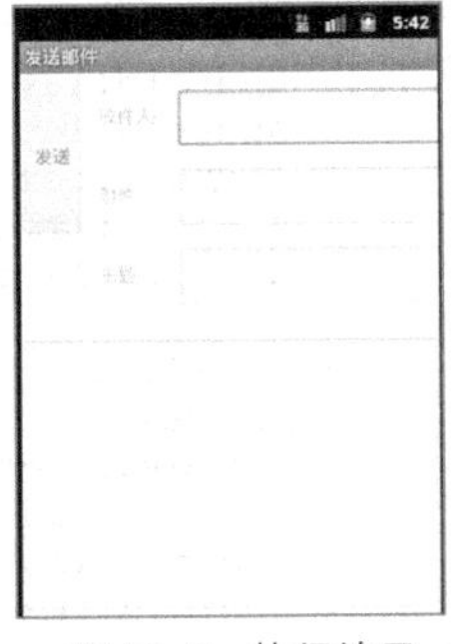

▲图 16-3　执行效果

16.1.4　实战演练——调用内置 Gmail 发送邮件

在本实例中自定义了一个 Intent，使用 Android.content.Intent.ACTION_SEND 参数，通过手机实现发送 e-mail 的服务，整个过程比较简单。邮件的收发过程是通过 Android 内置的 Gmail 程序实现的，而并不是使用 SMTP 的 Protocol 实现的。为了确保邮件能够发出，必须在收件人字段上输入标准的邮件地址格式，如果格式不规范，则发送按钮处于不可用状态。

题目	目的	源码路径
实例 16-4	调用内置 Gmail 发送邮件	\codes\16\GMail

本实例的具体实现流程如下。

（1）编写布局文件 main.xml，主要代码如下。

```
<TextView
  android:id="@+id/myTextView1"
  android:layout_width="wrap_content"
  android:layout_height="wrap_content"
  android:text="@string/str_receive"
  android:layout_x="60px"
  android:layout_y="22px"
>
</TextView>
<TextView
  android:id="@+id/myTextView2"
  android:layout_width="wrap_content"
  android:layout_height="wrap_content"
  android:text="@string/str_cc"
  android:layout_x="60px"
  android:layout_y="82px"
>
</TextView>
<EditText
  android:id="@+id/myEditText1"
  android:layout_width="fill_parent"
  android:layout_height="wrap_content"
  android:textSize="18sp"
  android:layout_x="120px"
  android:layout_y="12px"
>
</EditText>
<EditText
  android:id="@+id/myEditText2"
  android:layout_width="fill_parent"
  android:layout_height="wrap_content"
  android:textSize="18sp"
  android:layout_x="120px"
  android:layout_y="72px"
>
</EditText>
<TextView
  android:id="@+id/myTextView3"
  android:layout_width="wrap_content"
  android:layout_height="wrap_content"
  android:text="@string/str_subject"
  android:layout_x="60px"
  android:layout_y="142px"
>
</TextView>
<EditText
  android:id="@+id/myEditText3"
  android:layout_width="fill_parent"
  android:layout_height="wrap_content"
  android:textSize="18sp"
  android:layout_x="120px"
  android:layout_y="132px"
>
</EditText>
<EditText
  android:id="@+id/myEditText4"
  android:layout_width="fill_parent"
  android:layout_height="209px"
  android:textSize="18sp"
  android:layout_x="0px"
  android:layout_y="202px"
>
  </EditText><Button android:id="@+id/myButton1" android:layout_width="wrap_content"
android:layout_height="124px"  android:text="@string/str_button"  android:layout_x=
"0px" android:layout_y="2px">
```

```
</Button>
```

（2）编写主程序文件 GMail.java，其具体实现流程如下。

- 引用 content.Intent 类打开 e-mail 客户端，具体代码如下。

```
package irdc.GMail;

import irdc.GMail.R;

import java.util.regex.Matcher;
import java.util.regex.Pattern;
import android.app.Activity;
/*必须引用 content.Intent 类来打开 email client*/
import android.content.Intent;
import android.os.Bundle;
import android.view.KeyEvent;
import android.view.View;
import android.widget.Button;
import android.widget.EditText;
```

- 分别声明 4 个 EditText、1 个 Button 及 4 个 String 变量，用于输入邮箱地址、邮件主题、副本和附件，具体代码如下。

```
public class GMail extends Activity
{
  /*声明 4 个 EditText, 1 个 Button 以及 4 个 String 变量*/
  private EditText mEditText01;
  private EditText mEditText02;
  private EditText mEditText03;
  private EditText mEditText04;
  private Button mButton01;
  private String[] strEmailReciver;
  private String strEmailSubject;
  private String[] strEmailCc;
  private String strEmailBody ;

  /** Called when the activity is first created. */
  @Override
  public void onCreate(Bundle savedInstanceState)
  {
    super.onCreate(savedInstanceState);
    setContentView(R.layout.main);
    /*通过 findViewById 构造器构造 Button 对象*/
    mButton01 = (Button)findViewById(R.id.myButton1);
    /*通过 findViewById 构造器构造所有 EditText 对象*/
    mButton01.setEnabled(false);
    /*设置 OnKeyListener,当 key 事件发生时进行反应*/
    mEditText01 = (EditText)findViewById(R.id.myEditText1);
    mEditText02 = (EditText)findViewById(R.id.myEditText2);
    mEditText03 = (EditText)findViewById(R.id.myEditText3);
    mEditText04 = (EditText)findViewById(R.id.myEditText4);
```

- 定义 setOnKeyListener 方法，如果用户输入为正规的 e-mail 文字,则按钮可用，反之则按钮不可用，具体代码如下。

```
/*若用户键入为正规的 e-mail 文字,则为 enable 按钮, 反之则为 disable 按钮*/
mEditText01.setOnKeyListener(new EditText.OnKeyListener()
{
  @Override
  public boolean onKey(View v, int keyCode, KeyEvent event)
  {
    // TODO Auto-generated method stub
    /*如果是邮件地址格式, 则按钮可按下*/
    if(isEmail(mEditText01.getText().toString()))
    {
      mButton01.setEnabled(true);
    }
    else
    {
```

```
        mButton01.setEnabled(false);
      }
      return false;
    }
  });
```

- 定义 onClickListener 响应按钮，当单击按钮后实现邮件发送，具体代码如下。

```
    /*定义 onClickListener 响应按钮*/
    mButton01.setOnClickListener(new Button.OnClickListener()
    {
      @Override
      public void onClick(View v)
      {
        // TODO Auto-generated method stub
        Intent mEmailIntent = new Intent(android.content.Intent.ACTION_SEND);
        mEmailIntent.setType("plain/text");

        strEmailReciver = new String[]{mEditText01.getText().toString()};
        strEmailCc = new String[]{mEditText02.getText().toString()};
        strEmailSubject = mEditText03.getText().toString();
        strEmailBody = mEditText04.getText().toString();

        mEmailIntent.putExtra(android.content.Intent.EXTRA_EMAIL, strEmailReciver);
        mEmailIntent.putExtra(android.content.Intent.EXTRA_CC, strEmailCc);
        mEmailIntent.putExtra(android.content.Intent.EXTRA_SUBJECT, strEmailSubject);
        mEmailIntent.putExtra(android.content.Intent.EXTRA_TEXT, strEmailBody);
        startActivity(Intent.createChooser(mEmailIntent,
        getResources().getString(R.string.str_message)));
      }
    });
  }
```

- 定义 isEmail(String strEmail)方法，检查是否为规范的邮件地址格式，具体代码如下所示。

```
  public static boolean isEmail(String strEmail)
  {
    String strPattern = "^[a-zA-Z][\\w\\.-]*[a-zA-Z0-9]@[a-zA-Z0-9][\\w\\.-]*[a-zA-Z0
-9]\\.[a-zA-Z][a-zA-Z\\.]*[a-zA-Z]$";
    Pattern p = Pattern.compile(strPattern);
    Matcher m = p.matcher(strEmail);
    return m.matches();
  }
}
```

执行后的效果如图 16-4 所示，输入手机号码，编写短信内容后，单击【发送】按钮即可完成短信发送功能，系统会提示成功信息。发送中的提示如图 16-5 所示。

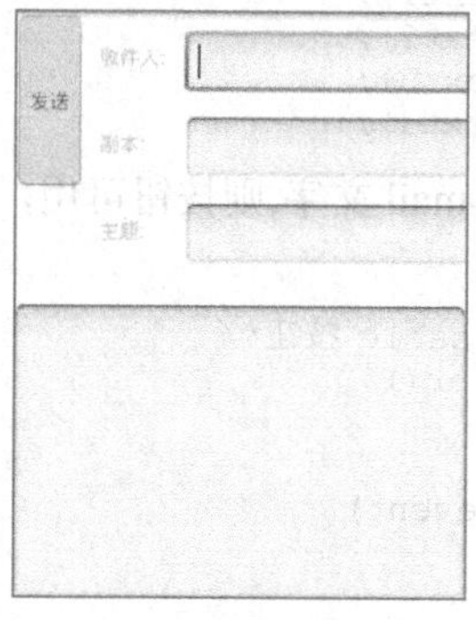

▲图 16-4　初始效果

▲图 16-5　发送中提示

因为 Android 模拟器中没有内置 Gmail Client 端程序，所以当使用本实例发送邮件后，会显示“No Application can perform this action”的提示。但是在手机设备上，如果运行本实例程序，会调用 Gmail 程序，成功实现邮件发送。

16.1.5 其他方法

在 Android 开发应用中，还有其他几种使用 Intent 调用内置邮件程序发送邮件的方法，在接下来将一一进行讲解。

（1）直接设置具体的 e-mail 地址。

例如通过下面的代码可以向地址为 aaa@gmail.com 的邮箱发送邮件。

```
Uri uri=Uri.parse("mailto:aaa@gmail.com");
Intent MymailIntent=new Intent(Intent.ACTION_SEND,uri);
startActivity(MymailIntent);
```

（2）群发邮件。

在使用直接声明地址方式发送邮件时，可以实现群发功能。例如，下面的代码同时向两个邮件地址发送邮件。

```
Intent testintent=new Intent(Intent.ACTION_SEND);
String[] tos={"aaa@gmail.com"};
String[] ccs={"bbb@hotmail.com"};
testintent.putExtra(Intent.EXTRA_EMAIL, tos);
testintent.putExtra(Intent.EXTRA_CC, ccs);
testintent.putExtra(Intent.EXTRA_TEXT, "这是内容");
testintent.putExtra(Intent.EXTRA_SUBJECT, "这是标题");
testintent.setType("message/rfc822");
startActivity(Intent.createChooser(testintent, "发送"));
```

（3）发送有附件的邮件。

putExtra()方法的两个参数是 URL 地址，即在传递时第二个参数必须是 URI 格式。例如发送附件为图片的邮件，不能直接将图片传送出去，而是先要取得图片的 URI。在传送完毕后，e-mail 程序用这个 URI 重新获取图片。为了获取 URI，需要先保存图片。其具体代码如下。

```
//创建保存文件
 String sdCardDir = Environment.getExternalStorageDirectory()+"/cameraApp/";
    File dirFile = new File(sdCardDir);
          if(!dirFile.exists()){
               dirFile.mkdir();
          }
    //创建保存文件
 bitmapFile = new File(dirFile,"Image"+picId+".jpg");
BufferedOutputStream bos = new BufferedOutputStream(new FileOutputStream(bitmapFile));
Bm.compress(Bitmap.CompressFormat.JPEG, 80, bos);
bos.flush();
bos.close();
```

通过下面的代码向指定的地址发送了一幅图片。

```
Intent emailIntent = new Intent(Intent.ACTION_SEND);
Uri U=Uri.parse("file:///sdcard/logo.png");
emailIntent.putExtra(android.content.Intent.EXTRA_EMAIL,"aaae@yahoo.com");
emailIntent.putExtra(android.content.Intent.EXTRA_SUBJECT, "Test");
emailIntent.putExtra(android.content.Intent.EXTRA_TEXT, "This is email's message");
emailIntent.setType("image/png");
emailIntent.putExtra(android.content.Intent.EXTRA_STREAM,U);
startActivity(Intent.createChooser(emailIntent, "Email:"));
```

通过下面的代码发送了附件为音乐文件的邮件。

```
Intent testN=new Intent(Intent.ACTION_SEND);
  testN.putExtra(Intent.EXTRA_SUBJECT, "标题");
  testN.putExtra(Intent.EXTRA_STREAM, "file:///sdcard/music.mp3");
  startActivity(Intent.createChooser(testN, "发送"));
```

另外也可以将附件作为 File 对象来处理，例如下面的代码。

```
File file = new File("\sdcard\android123.cwj"); //附件文件地址
 Intent intent = new Intent(Intent.ACTION_SEND);
```

```
    intent.putExtra("subject", file.getName()); //
    intent.putExtra("body", "android123 - email sender"); //正文
    intent.putExtra(Intent.EXTRA_STREAM, Uri.fromFile(file)); //添加附件，附件为 File 对象
        if (file.getName().endsWith(".gz")) {
          intent.setType("application/x-gzip"); //如果是 gz 使用 gzip 的 MIME
        } else if (file.getName().endsWith(".txt")) {
         intent.setType("text/plain"); //纯文本则用 text/plain 的 MIME
        } else {
        intent.setType("application/octet-stream"); //其他的均使用流当作二进制数据来发送
        }
  startActivity(intent); //调用系统的 mail 客户端进行发送。
```

16.2 使用 SmsManager 收发邮件

在 Android 系统中，除了可以使用 Intent 调用内置邮件系统发送邮件外，还可以使用类 SmsManager 来收发邮件。在本节中，将详细讲解用 SmsManager 实现邮件收发的基本知识。

16.2.1 SmsManager 基础

在 Android 平台中，类 SmsManager 用于管理短信服务操作，例如发送数据、文本和数据单元等短信服务消息，可以通过调用 SmsManager.getDefault()来获取 SmsManager 对象。

1. 常量

类 SmsManager 中的常量如下所示。

- public static final int RESULT_ERROR_GENERIC_FAILURE：表示普通错误，值为 1(0x00000001)。
- public static final int RESULT_ERROR_NO_SERVICE：表示服务当前不可用，值为 4 (0x00000004)。
- public static final int RESULT_ERROR_NULL_PDU：表示没有提供 pdu，值为 3 (0x00000003)。
- public static final int RESULT_ERROR_RADIO_OFF：表示无线广播被明确地关闭，值为 2 (0x00000002)。
- public static final int STATUS_ON_ICC_FREE：表示自由空间，值为 0 (0x00000000)。
- public static final int STATUS_ON_ICC_READ：表示接收且已读，值为 1 (0x00000001)。
- public static final int STATUS_ON_ICC_SENT：表示存储且已发送，值为 5 (0x00000005)。
- public static final int STATUS_ON_ICC_UNREAD：表示接收但未读，值为 3 (0x00000003)。
- public static final int STATUS_ON_ICC_UNSENT：表示存储但未发送，值为 7 (0x00000007)。

2. 公有方法

（1）ArrayList<String> divideMessage(String text)

功能：当短信超过 SMS 消息的最大长度时，将短信分割为几部分。

参数 text：初始消息，不能为空。

返回值：有序的 ArrayList<String>，可以重新组合为初始消息。

（2）static SmsManager getDefault()

功能：获取 SmsManager 的默认实例。

返回值：SmsManager 的默认实例。

（3）void SendDataMessage(String destinationAddress, String scAddress, short destinationPort, byte[] data, PendingIntent sentIntent, PendingIntent deliveryIntent)

功能：发送一个基于 SMS 的数据到指定的应用程序端口。

参数介绍如下。

- destinationAddress：消息的目标地址。
- scAddress：服务中心的地址告为空则使用当前默认的 SMSC。
- destinationPort：消息的目标端口号。
- data：消息的主体，即消息要发送的数据。
- sentIntent：如果不为空，当消息成功发送或失败，这个 PendingIntent 就广播。结果代码若为 Activity.RESULT_OK 则表示成功；若为 RESULT_ERROR_GENERIC_FAILURE、RESULT_ERROR_RADIO_OFF、RESULT_ERROR_NULL_PDU 之一则表示错误。不同于 RESULT_ERROR_GENERIC_FAILURE，sentIntent 可能包括额外的“错误代码”，即包含一个无线电广播技术特定的值，通常只在修复故障时有用。每一个基于 SMS 的应用程序控制均可检测 sentIntent。如果 sentIntent 为空，调用者将检测所有未知的应用程序，这将导致在检测的时候发送较小数量的 SMS。
- deliveryIntent：如果不为空，当消息成功传送到接收者，这个 PendingIntent 就广播。

异常：如果 destinationAddress 或 data 为空时，抛出 IllegalArgumentException 异常。

（4）void sendMultipartTextMessage(String destinationAddress, String scAddress, ArrayList<String> parts, ArrayList<PendingIntent> sentIntents, ArrayList<PendingIntent> deliverIntents)

功能：发送一个基于 SMS 的多部分文本，调用者已经通过调用 divideMessage(String text)将消息分割成正确的大小。

参数介绍如下。

- parts：有序的 ArrayList<String>，可以重新组合为初始的消息。
- sentIntents：与 SendDataMessage 方法中一样，只不过本方法中是一组 PendingIntent。
- deliverIntents：与 SendDataMessage 方法中一样，只不过本方法中是一组 PendingIntent。
- destinationAddress、scAddress 的参数含义与 SendDataMessage 方法中一样。

异常：如果 destinationAddress 或 data 为空时，抛出 IllegalArgumentException 异常。

（5）void sendTextMessage(String destinationAddress, String scAddress, String text, PendingIntent sentIntent, PendingIntent deliveryIntent)

功能：发送一个基于 SMS 的文本。

参数的含义和异常与 sentIntents 方法中一样。

16.2.2 实战演练——使用 SmsManager 实现一个邮件发送程序

在本实例中，定义了两个 EditText 控件，分别用于获取收信人电话和短信正文，并设置了判断手机号码规范化的方法和短信的字数（不能超过 70 个字符），可通过 SmsManage 对象的 sendTextMessage()方法来完成的。在 sendTextMessage()方法中要传入 5 个值，分别是收件人地址 String、发送地址 String、正文 String、发送服务 PendingIntent 和送达服务 PendingIntent。

题目	目的	源码路径
实例 16-5	使用 SmsManager 实现邮件发送程序	\codes\16\jiandan

本实例的具体实现流程如下。

（1）编写布局文件 main.xml，主要代码如下。

```
<TextView
  android:id="@+id/widget27"
  android:layout_width="wrap_content"
  android:layout_height="wrap_content"
  android:text="@string/str_textview"
  android:textSize="16sp"
  android:layout_x="0px"
  android:layout_y="12px"
```

```
  >
  </TextView>
  <EditText
    android:id="@+id/myEditText1"
    android:layout_width="fill_parent"
    android:layout_height="wrap_content"
    android:text=""
    android:textSize="18sp"
    android:layout_x="60px"
    android:layout_y="2px"
  >
  </EditText>
  <EditText
    android:id="@+id/myEditText2"
    android:layout_width="fill_parent"
    android:layout_height="223px"
    android:text=""
    android:textSize="18sp"
    android:layout_x="0px"
    android:layout_y="52px"
  >
  </EditText>
  <Button
    android:id="@+id/myButton1"
    android:layout_width="162px"
    android:layout_height="wrap_content"
    android:text="@string/str_button1"
    android:layout_x="80px"
    android:layout_y="302px"
  >
  </Button>
```

（2）编写主程序文件 jiandan.java，其具体实现流程如下。

- 引用 PendingIntent 类和 telephony.gsm.SmsManager 类，具体代码如下。

```
package irdc.jiandan;
import android.app.Activity;
/*引用 PendingIntent 类才能使用 getBrocast()*/
import android.app.PendingIntent;
import android.content.Intent;
import android.os.Bundle;
/*引用 telephony.gsm.SmsManager 类才能使用 sendTextMessage()*/
import android.telephony.gsm.SmsManager;
import android.view.View;
import android.widget.Button;
import android.widget.EditText;
import android.widget.Toast;
import irdc.jiandan.R;

import java.util.regex.Matcher;
import java.util.regex.Pattern;
```

- 声明变量包括 1 个 Button 和 2 个 EditText。EditText 用于获取输入收信人电话号码和短信内容；Button 按钮用于激活发信处理程序。其具体代码如下。

```
public class jiandan extends Activity
{
  /*声明变量 1 个 Button 与 2 个 EditText*/
  private Button mButton1;
  private EditText mEditText1;
  private EditText mEditText2;

  /** Called when the activity is first created. */
  @Override
  public void onCreate(Bundle savedInstanceState)
  {
    super.onCreate(savedInstanceState);
    setContentView(R.layout.main);
```

```
/*
* 通过 findViewById 构造器来构造
* EditText1,EditText2 与 Button 对象
*/
mEditText1 = (EditText) findViewById(R.id.myEditText1);
mEditText2 = (EditText) findViewById(R.id.myEditText2);
mButton1 = (Button) findViewById(R.id.myButton1);

/*将默认文字加载到 EditText 中*/
mEditText1.setText("请输入号码");
mEditText2.setText("请输入内容!!");

/*设置 onClickListener，让用户单击 EditText 时做出反应*/
mEditText1.setOnClickListener(new EditText.OnClickListener()
{
  public void onClick(View v)
  {
    /*单击 EditText 时清空正文*/
    mEditText1.setText("");
  }
}
);
```

- 设置 onClickListener()方法，用于响应用户单击 EditText，其具体代码如下。

```
/*设置 onClickListener，让用户单击 EditText 时做出反应*/
mEditText2.setOnClickListener(new EditText.OnClickListener()
{
  public void onClick(View v)
  {
    /*单击 EditText 时清空正文*/
    mEditText2.setText("");
  }
}
);
```

- 设置 onClickListener 方法，用于用户单击 Button 时做出反应，具体代码如下。

```
/*设置 onClickListener，让用户单击 Button 时做出反应*/
mButton1.setOnClickListener(new Button.OnClickListener()
{
  @Override
  public void onClick(View v)
  {
    /*由 EditText1 取得短信收件人电话*/
    String strDestAddress = mEditText1.getText().toString();
    /*由 EditText2 取得短信文字内容*/
    String strMessage = mEditText2.getText().toString();
    /*构造一取得 default instance 的 SmsManager 对象 */
    SmsManager smsManager = SmsManager.getDefault();

    // TODO Auto-generated method stub
```

- 检查收件人电话格式与短信字数是否超过 70 个字符，通过 smsManager.sendTextMessage 实现发送短信的功能，具体实现代码如下。

```
/*检查收件人电话格式与短信字数是否超过 70 个字符*/
if(isPhoneNumberValid(strDestAddress)==true &&
   iswithin70(strMessage)==true)
{
  try
  {
    /*
    * 两个条件都检查通过的情况下,发送短信
    * 先构造 1 个 PendingIntent 对象并使用 getBroadcast()广播
    * 将 PendingIntent,电话,短信文字等参数
    * 传入 sendTextMessage()方法发送短信
    */
    PendingIntent mPI = PendingIntent.getBroadcast
    (jiandan.this, 0, new Intent(), 0);
```

```
          smsManager.sendTextMessage
          (strDestAddress, null, strMessage, mPI, null);
        }
        catch(Exception e)
        {
          e.printStackTrace();
        }
        Toast.makeText
        (
          jiandan.this,"送出成功!!" ,
          Toast.LENGTH_SHORT
        ).show();
        mEditText1.setText("");
        mEditText2.setText("");
      }
      else
      {
        /* 电话格式与短信文字不符合条件时,以 Toast 提醒 */
        if (isPhoneNumberValid(strDestAddress)==false)
        { /*且字数超过 70 字符*/
          if(iswithin70(strMessage)==false)
          {
            Toast.makeText
            (
              jiandan.this,
              "电话号码格式错误+短信内容超过 70 字,请检查!!",
              Toast.LENGTH_SHORT
            ).show();
          }
          else
          {
            Toast.makeText
            (
              jiandan.this,
              "电话号码格式错误,请检查!!" ,
              Toast.LENGTH_SHORT
            ).show();
          }
        }
        /*字数超过 70 字符*/
        else if (iswithin70(strMessage)==false)
        {
          Toast.makeText
          (
            jiandan.this,
            "短信内容超过 70 字,请删除部分内容!!",
            Toast.LENGTH_SHORT
          ).show();
        }
      }
    }
  });
 }
 /*检查字符串是否为电话号码的方法,并返回 true 或 false 的判断值*/
 public static boolean isPhoneNumberValid(String phoneNumber)
 {
   boolean isValid = false;
   /* 可接受的电话格式有:
    * ^\\(? : 可以使用 "(" 作为开头
    * (\\d{3}): 紧接着 3 个数字
    * \\)? : 可以使用")"接续
    * [- ]? : 在上述格式后可以使用具选择性的 "-".
    * (\\d{3}) : 再紧接着 3 个数字
    * [- ]? : 可以使用具选择性的 "-" 接续.
    * (\\d{5})$: 以 5 个数字结束.
    * 可以比较下列数字格式:
    * (123)456-7890, 123-456-7890, 1234567890, (123)-456-7890
   */
```

```
      String expression =
      "^\\(?(\\d{3})\\)?[- ]?(\\d{3})[- ]?(\\d{5})$";

      /* 可接受的电话格式有:
       * ^\\(? : 可以使用 "(" 作为开头
       * (\\d{2}): 紧接着 2 个数字
       * \\)? : 可以使用")"接续
       * [- ]? : 在上述格式后可以使用具选择性的 "-".
       * (\\d{4}) : 再紧接着 4 个数字
       * [- ]? : 可以使用具选择性的 "-" 接续.
       * (\\d{4})$: 以 4 个数字结束.
       * 可以比较下列数字格式:
       * (02)3456-7890, 02-3456-7890, 0234567890, (02)-3456-7890
      */
      String expression2=
      "^\\(?(\\d{3})\\)?[- ]?(\\d{4})[- ]?(\\d{4})$";

      CharSequence inputStr = phoneNumber;
      /*创建 Pattern*/
      Pattern pattern = Pattern.compile(expression);
      /*将 Pattern 以参数传入 Matcher 作为 Regular expression*/
      Matcher matcher = pattern.matcher(inputStr);
      /*创建 Pattern2*/
      Pattern pattern2 =Pattern.compile(expression2);
      /*将 Pattern2 以参数传入 Matcher2 作为 Regular expression*/
      Matcher matcher2= pattern2.matcher(inputStr);
      if(matcher.matches()||matcher2.matches())
      {
        isValid = true;
      }
      return isValid;
    }

    public static boolean iswithin70(String text)
    {
      if (text.length()<= 70)
      {
        return true;
      }
      else
      {
        return false;
      }
    }
  }
```

在上述代码中，通过方法 PendingIntent.getBroadcast()自定义了 PendingIntent 并进行 Broadcast 广播，然后使用 SmsManager.getDefault()预先构造的 SmsManager 对象，使用 sendTextMessage()方法将有关的数据以参数形式带入，这样即可完成发送短信的任务。

执行后的效果如图 16-6 所示。输入手机号码，编写短信内容后，单击【发送】按钮后即可完成短信发送功能，系统会提示成功信息，如图 16-7 所示。

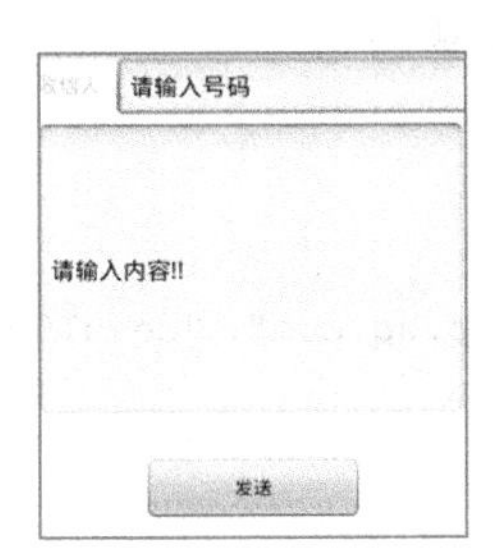

▲图 16-6　初始效果

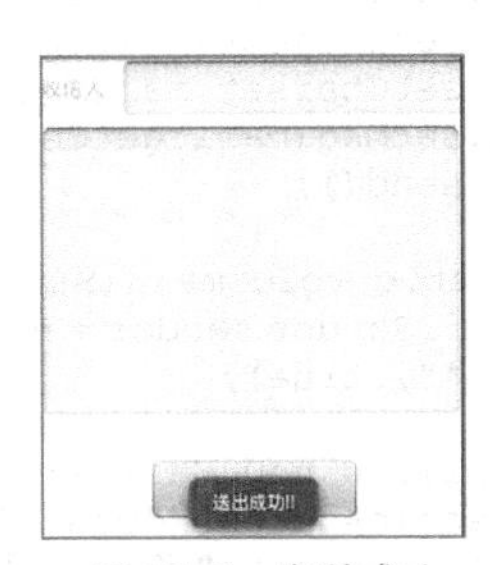
▲图 16-7　发送成功

如果短信内容和收信人号码格式不规范，会输出对应的错误提示。

16.3 commons-mail.jar 和 mail.jar

commons-mail.jar 和 mail.jar 是 Java 中两个比较重要的包，前者用于邮件发送，后者用于邮件接收。在 Android 中可以使用这两个包来编写收发邮件程序。

16.3.1　使用 commons-mail.jar 发送邮件

commons-mail.jar 包的使用方法，相信只要学过 Java 的读者都会有印象。本书将不再详述其用法，直接用演示代码来讲解其用法。使用 commons-mail.jar 发送邮件的基本流程如下。

（1）首先定义 Mail 的一个 Bean，例如下面的代码。

```
public class Mail {
    private String toAddress;   // 邮件接收者
    private String nickname;    // 收件人昵称
    private String subject;  // 邮件主题
    private String content;  // 邮件内容
    private String ChartSet;  //字符集
    private Map<String, String> AttachmentsPath;   //附件路径列表
    /////setter() and getter()...
}
```

（2）实现发送文本形式的邮件。设置接收者邮箱的信息参数，然后就可以不断发送邮件而不需再定义邮箱信息，例如下面的代码。

```
public class TextMailSender {

    private String hostname;
    private String username;
    private String password;
    private String address;
    private Boolean TLS;
    public TextMailSender(String hostname, String address, String username, String
    password, Boolean TLS) {
        this.hostname = hostname;
        this.username = username;
        this.password = password;
        this.address = address;
        this.TLS = TLS;
    }
    public void execute(Mail mail) throws EmailException{

        SimpleEmail email = new SimpleEmail();
        email.setTLS(TLS);
        email.setHostName(hostname);
        email.setAuthentication(username, password); // 用户名和密码
        email.setFrom(address); // 发送地址

        email.addTo(mail.getToAddress()); // 接收地址
        email.setSubject(mail.getSubject()); // 邮件标题
        email.setCharset(mail.getChartSet());
        email.setMsg(mail.getContent()); // 邮件内容
        email.send();
    }
    public static void main(String[] args) {
        TextMailSender sender = new TextMailSender("smtp.qq.com", "cesul@qq.com", "cesul",
        "******", true);

        Mail mail = new Mail();
        mail.setToAddress("cesul@qq.com");
        mail.setSubject("这又是一封测试邮件！");
        mail.setContent("呵呵呵呵呵");
        mail.setChartSet("utf-8");
        try {
```

```
            sender.execute(mail);
        } catch (EmailException e) {
            e.printStackTrace();
        }
        System.out.println("Finished");
    }
}
```

（3）使用 commons-mail 定义另一个类，实现添加多个附件的功能，例如下面的代码。

```
public class AttachmentSender {

    private String hostname;  //"SMTP 服务器"
    private String username;
    private String password;
    private String address;
    private String nickname;
    private Boolean TLS;

    public AttachmentSender(String hostname, String address, String nickname, String
    username, String password, Boolean TLS) {
        this.hostname = hostname;
        this.nickname = nickname;
        this.username = username;
        this.password = password;
        this.address = address;
        this.TLS = TLS;
    }

    @SuppressWarnings("unchecked")
    public void execute(Mail mail) throws UnsupportedEncodingException, EmailException{
        // Create the email message
        MultiPartEmail email = new MultiPartEmail();
        email.setHostName(hostname);
        email.setAuthentication(username, password);
        email.setFrom(address, nickname);   //可以加入发信人称呼
        email.setTLS(TLS);

        email.setCharset(mail.getChartSet());
        email.addTo(mail.getToAddress(), mail.getNickname());
        email.setSubject(mail.getSubject());
        email.setMsg(mail.getContent());

        EmailAttachment attachment;
        //附件是多个 ，遍历
        Iterator<? extends Object> it = mail.getAttachmentsPath().entrySet().iterator();
        while (it.hasNext()) {
            Map.Entry<String, String> entry = (Map.Entry<String, String>)it.next();
            attachment = new EmailAttachment();
            attachment.setPath(entry.getKey());  //键是附件路径
            attachment.setDisposition(EmailAttachment.ATTACHMENT);
            attachment.setDescription(MimeUtility.encodeWord("附件","UTF-8",null));
            //值是附件描述名
            attachment.setName(MimeUtility.encodeWord(entry.getValue(),"UTF-8",null));
            email.attach(attachment);  // add the attachment
        }
        email.send(); // 开始发送
    }


    public static void main(String[] args) {

        AttachmentSender sender = new AttachmentSender("smtp.qq.com", "cesul@qq.com", "
        陈志钊", "cesul", "******", true);

        Mail mail = new Mail();
        mail.setToAddress("cesul@qq.com");
        mail.setNickname("你好");
        mail.setSubject("Here is the picture you wanted");
        mail.setContent("呵呵呵呵呵");
```

```
        mail.setChartSet("utf-8");

        Map<String, String> attachment = new HashMap<String, String>();
        attachment.put("E:\\Photos\\2123.bmp", "这是你要的图片.bmp");
        attachment.put("E:\\Photos\\456.bmp", "这也是你要的图片.bmp");
        //不要把相同路径的文件发两次
        mail.setAttachmentsPath(attachment);

        try {
            sender.execute(mail);
        } catch (UnsupportedEncodingException e) {
            e.printStackTrace();
        } catch (EmailException e) {
            e.printStackTrace();
        }
        System.out.println("Finished");
    }
}
```

经过上述流程，就实现了邮件发送功能。

16.3.2　使用 mail.jar 接收邮件

在实际应用中，mail.jar 包的功能比较强大，随之带来了一个问题——使用方法也比较麻烦。为此笔者专门编写了一段使用 mail.jar 接收邮件的通用代码，读者可以直接使用，也可以以此为基础进行扩充。下面是通过 mail.jar 对邮件进行接收并读取的通用代码。

```
package org.mail.core;

import java.io.*;
import java.text.*;
import java.util.*;
import javax.mail.*;
import javax.mail.internet.*;

public class ReceiveMail {

    private MimeMessage mimeMessage = null;
    private String saveAttachPath = ""; // 附件下载后的存放目录
    private StringBuffer bodytext = new StringBuffer();
    // 存放邮件内容的 StringBuffer 对象
    private String dateformat = "yy-MM-dd HH:mm"; // 默认的日期显示格式
    /*构造函数,初始化一个 MimeMessage 对象*/
    public ReceiveMail() {
    }
    public ReceiveMail(MimeMessage mimeMessage) {
        this.mimeMessage = mimeMessage;
        System.out.println("create a ReceiveMail object........");
    }
    public void setMimeMessage(MimeMessage mimeMessage) {
        this.mimeMessage = mimeMessage;
    }
    /* 获得发件人的地址和姓名*/
    public String getFrom() throws Exception {
        InternetAddress address[] = (InternetAddress[]) mimeMessage.getFrom();
        String from = address[0].getAddress();
        if (from == null)
            from = "";
        String personal = address[0].getPersonal();
        if (personal == null)
            personal = "";
        String fromaddr = personal + "<" + from + ">";
        return fromaddr;
    }

    /**
     **获得邮件的收件人，抄送，及密送的地址和姓名，根据所传递的参数的不同 * "TO"----收件人，"CC"---
```

```
抄送人，地址，"BCC"---密送人地址
     */

    public String getMailAddress(String type) throws Exception {
        String mailaddr = "";
        String addtype = type.toUpperCase();
        InternetAddress[] address = null;
        if (addtype.equals("TO") || addtype.equals("CC")
                || addtype.equals("BCC")) {
            if (addtype.equals("TO")) {
                address = (InternetAddress[]) mimeMessage
                        .getRecipients(Message.RecipientType.TO);
            } else if (addtype.equals("CC")) {
                address = (InternetAddress[]) mimeMessage
                        .getRecipients(Message.RecipientType.CC);
            } else {
                address = (InternetAddress[]) mimeMessage
                        .getRecipients(Message.RecipientType.BCC);
            }
            if (address != null) {
                for (int i = 0; i < address.length; i++) {
                    String email = address[i].getAddress();
                    if (email == null)
                        email = "";
                    else {
                        email = MimeUtility.decodeText(email);
                    }
                    String personal = address[i].getPersonal();
                    if (personal == null)
                        personal = "";
                    else {
                        personal = MimeUtility.decodeText(personal);
                    }
                    String compositeto = personal + "<" + email + ">";
                    mailaddr += "," + compositeto;
                }
                mailaddr = mailaddr.substring(1);
            }
        } else {
            throw new Exception("Error emailaddr type!");
        }
        return mailaddr;
    }
    /* 获得邮件主题*/
    public String getSubject() throws MessagingException {
        String subject = "";
        try {
            subject = MimeUtility.decodeText(mimeMessage.getSubject());
            if (subject == null)
                subject = "";
        } catch (Exception exce) {
        }
        return subject;
    }

    /*获得邮件发送日期*/
    public String getSentDate() throws Exception {
        Date sentdate = mimeMessage.getSentDate();
        SimpleDateFormat format = new SimpleDateFormat(dateformat);
        return format.format(sentdate);
    }
    /*获得邮件正文内容*/
    public String getBodyText() {
        return bodytext.toString();
    }

    /*解析邮件，把得到的邮件内容保存到一个 StringBuffer 对象中，在解析邮件的过程中，主要是根据
MimeType 的不同类型执行不同的操作，一步一步进行解析*/
    public void getMailContent(Part part) throws Exception {
```

```
        String contenttype = part.getContentType();
        int nameindex = contenttype.indexOf("name");
        boolean conname = false;
        if (nameindex != -1)
            conname = true;
        System.out.println("CONTENTTYPE: " + contenttype);
        if (part.isMimeType("text/plain") && !conname) {
            bodytext.append((String) part.getContent());
        } else if (part.isMimeType("text/html") && !conname) {
            bodytext.append((String) part.getContent());
        } else if (part.isMimeType("multipart/*")) {
            Multipart multipart = (Multipart) part.getContent();
            int counts = multipart.getCount();
            for (int i = 0; i < counts; i++) {
                getMailContent(multipart.getBodyPart(i));
            }
        } else if (part.isMimeType("message/rfc822")) {
            getMailContent((Part) part.getContent());
        } else {
        }
    }

    /*判断此邮件是否需要回执，如果需要回执返回"true",否则返回"false"*/
    public boolean getReplySign() throws MessagingException {
        boolean replysign = false;
        String needreply[] = mimeMessage
                .getHeader("Disposition-Notification-To");
        if (needreply != null) {
            replysign = true;
        }
        return replysign;
    }

    /*获得此邮件的Message-ID*/
    public String getMessageId() throws MessagingException {
        return mimeMessage.getMessageID();
    }

    /*判断此邮件是否已读，如果未读返回"false",反之返回"true"*/
    public boolean isNew() throws MessagingException {
        boolean isnew = false;
        Flags flags = ((Message) mimeMessage).getFlags();
        Flags.Flag[] flag = flags.getSystemFlags();
        System.out.println("flags's length: " + flag.length);
        for (int i = 0; i < flag.length; i++) {
            if (flag[i] == Flags.Flag.SEEN) {
                isnew = true;
                System.out.println("seen Message.......");
                break;
            }
        }
        return isnew;
    }
    /*判断此邮件是否包含附件*/
    public boolean isContainAttach(Part part) throws Exception {
        boolean attachflag = false;
        String contentType = part.getContentType();
        if (part.isMimeType("multipart/*")) {
            Multipart mp = (Multipart) part.getContent();
            for (int i = 0; i < mp.getCount(); i++) {
                BodyPart mpart = mp.getBodyPart(i);
                String disposition = mpart.getDisposition();
                if ((disposition != null)
                        && ((disposition.equals(Part.ATTACHMENT)) || (disposition
                                .equals(Part.INLINE))))
                    attachflag = true;
                else if (mpart.isMimeType("multipart/*")) {
                    attachflag = isContainAttach((Part) mpart);
                } else {
```

```
                String contype = mpart.getContentType();
                if (contype.toLowerCase().indexOf("application") != -1)
                    attachflag = true;
                if (contype.toLowerCase().indexOf("name") != -1)
                    attachflag = true;
            }
        }
    } else if (part.isMimeType("message/rfc822")) {
        attachflag = isContainAttach((Part) part.getContent());
    }
    return attachflag;
}

/*保存附件*/
public void saveAttachMent(Part part) throws Exception {
    String fileName = "";
    if (part.isMimeType("multipart/*")) {
        Multipart mp = (Multipart) part.getContent();
        for (int i = 0; i < mp.getCount(); i++) {
            BodyPart mpart = mp.getBodyPart(i);
            String disposition = mpart.getDisposition();
            if ((disposition != null)
                    && ((disposition.equals(Part.ATTACHMENT)) || (disposition
                        .equals(Part.INLINE)))) {
                fileName = mpart.getFileName();
                if (fileName.toLowerCase().indexOf("gb2312") != -1) {
                    fileName = MimeUtility.decodeText(fileName);
                }
                saveFile(fileName, mpart.getInputStream());
            } else if (mpart.isMimeType("multipart/*")) {
                saveAttachMent(mpart);
            } else {
                fileName = mpart.getFileName();
                if ((fileName != null)
                        && (fileName.toLowerCase().indexOf("GB2312") != -1)) {
                    fileName = MimeUtility.decodeText(fileName);
                    saveFile(fileName, mpart.getInputStream());
                }
            }
        }
    } else if (part.isMimeType("message/rfc822")) {
        saveAttachMent((Part) part.getContent());
    }
}

/*设置附件存放路径*/
public void setAttachPath(String attachpath) {
    this.saveAttachPath = attachpath;
}
/*设置日期显示格式*/
public void setDateFormat(String format) throws Exception {
    this.dateformat = format;
}

/*获得附件存放路径*/
public String getAttachPath() {
    return saveAttachPath;
}
/*保存附件到指定目录里*/
private void saveFile(String fileName, InputStream in) throws Exception {
    String osName = System.getProperty("os.name");
    String storedir = getAttachPath();
    String separator = "";
    if (osName == null)
        osName = "";
    if (osName.toLowerCase().indexOf("win") != -1) {
        separator = "//";
        if (storedir == null || storedir.equals(""))
            storedir = "c://tmp";
```

```
        } else {
            separator = "/";
            storedir = "/tmp";
        }
        File storefile = new File(storedir + separator + fileName);
        System.out.println("storefile's path: " + storefile.toString());
        BufferedOutputStream bos = null;
        BufferedInputStream bis = null;
        try {
            bos = new BufferedOutputStream(new FileOutputStream(storefile));
            bis = new BufferedInputStream(in);
            int c;
            while ((c = bis.read()) != -1) {
                bos.write(c);
                bos.flush();
            }
        } catch (Exception exception) {
            exception.printStackTrace();
            throw new Exception("文件保存失败!");
        } finally {
            bos.close();
            bis.close();
        }
    }
    /*ReceiveMail类测试*/
    public static void main(String args[]) throws Exception {
        String host = "pop.163.com";
        String username = "demo";//在此填写您的邮箱用户名
        String password ="******";//在此填写您的邮箱密码
        Properties props = new Properties();
        Session session = Session.getDefaultInstance(props, null);
        Store store = session.getStore("pop3");
        store.connect(host, username, password);
        Folder folder = store.getFolder("INBOX");
        folder.open(Folder.READ_ONLY);
        Message message[] = folder.getMessages();
        System.out.println("Messages's length: " + message.length);
        ReceiveMail pmm = null;
        for (int i = 0; i < message.length; i++) {
            pmm = new ReceiveMail((MimeMessage) message[i]);
            System.out
                    .println("Message "+ i + " subject: " + pmm.getSubject());
            System.out.println("Message " + i + " sentdate: "
                    + pmm.getSentDate());
            System.out.println("Message " + i + " replysign: "
                    + pmm.getReplySign());
            System.out.println("Message " + i + " hasRead: " + pmm.isNew());
            System.out.println("Message " + i + " containAttachment: "
                    + pmm.isContainAttach((Part) message[i]));
            System.out.println("Message " + i + " form: " + pmm.getFrom());
            System.out.println("Message " + i + " TO: "
                    + pmm.getMailAddress("TO"));
            System.out.println("Message " + i + " CC: "
                    + pmm.getMailAddress("CC"));
            System.out.println("Message " + i + " BCC: "
                    + pmm.getMailAddress("BCC"));
            pmm.setDateFormat("yy年MM月dd日 HH:mm");
            System.out.println("Message " + i + " sentdate: "
                    + pmm.getSentDate());
            System.out.println("Message " + i + " Message-ID: "
                    + pmm.getMessageId());
            pmm.getMailContent((Part) message[i]);
            System.out.println("Message " + i + " bodycontent: /r/n"
                    + pmm.getBodyText());
            pmm.setAttachPath("c://tmp//coffeecat1124");
            pmm.saveAttachMent((Part) message[i]);
        }
    }
}
```

第 17 章　RSS 处理

简易信息聚合（Really Simple Syndication，RSS）是一种在线共享内容的简易方式，也叫聚合内容。通常在内容时效性比较强时使用 RSS 订阅能更快速地获取信息，网站提供 RSS 输出，有利于让用户获取网站内容的最新更新。在本章中，将讲解在 Android 手机中实现 RSS 处理的基本知识，为读者进入本书后面的学习打下基础。

17.1 RSS 基础

RSS 通常被用于内容时效性比较强的文章，通过使用 RSS 订阅可以更快速地获取信息。在本节中，将简要讲解 RSS 技术的基本知识。

17.1.1　RSS 的用途

在实际应用中，RSS 的主要用途如下。

① 可以订阅 Blog（网络日志）。例如，订阅工作中所需的技术文章；与你有共同爱好的作者的 Blog 等。

② 订阅新闻。无论是奇闻怪事、明星消息、体坛风云，只要想知道的，都可以订阅。

③ RSS 阅读器不必为了一个急切想知道的消息而不断地刷新网页，因为一旦有了更新，RSS 阅读器就会自动通知你。

具体步骤如下。

- 选择有价值的 RSS 信息源；
- 启动 RSS 订阅程序，将信息源添加到自己的 RSS 阅读器或者在线 RSS；
- 接收并获取定制的 RSS 信息。

17.1.2　RSS 的基本语法

RSS 2.0 的语法规则非常简单并十分严格，如下面所示的代码。

```
<?xml version="1.0" encoding="ISO-8859-1" ?>
<rss version="2.0">
<channel>

<title>W3Schools</title>
<link>http://www.w3schools.com</link>
<description>W3Schools Web Tutorials </description>

<item>
<title>RSS Tutorial</title>
<link>http://www.w3schools.com/rss</link>
<description>Check out the RSS tutorial
on W3Schools.com</description>
</item>
```

```
</channel>
</rss>
```

RSS 中，<channel>元素是项目内容显示的地方，用于描述 RSS Feed 的地方，它就像 RSS 的标题，一般来讲它不会频繁地改动。<channel>中有 3 个内部元素也是必须有的，分别是<title>、<link>和<description>，具体说明如下。

- <title>：包含你的站和你的 RSS Feed 的简短说明。
- <link>：用于定义网站主页的连接。
- <description>元素：用于描述你的 RSS Feed。

<channel>中的可选元素如下。

- <category>：定义一个或多个频道分类。
- <cloud>：允许更新通告。
- <copyright>：提醒版权信息。
- <docs>：频道所使用的 RSS 版本文档 URL。
- <generator>：如果频道是自动生成器产生的，就在这里定义。
- <image>：给频道添加图片。
- <language>：描述了频道所使用的语言。
- <lastBuildDate>：定义频道最新一次改动的时间。
- <managingEditor>：定义编辑站点人员的 e-mail 地址。
- <pubDate>：定义频带最新的发布时间。
- <rating>：页面评估。
- <ttl>：存活的有效时间。
- <webMaster>：定义站长的邮件地址。

<item>元素内是网站连接和描述更新内容的地方。<item>用于显示 RSS 更新内容的地方，它就像是文章的标题。当站点更新时，RSS Feed 中的<item>元素就会被建立起来。<item>元素里有几个可选的元素，但<title>和<description>是必须有的。

一个 RSS 的<item>应该包括：<title>、<link>和<description>元素。

- <title>：项目的题目，应该用十分简短的语句描述。
- <link>：项目所关联的连接。
- <description>：RSS Feed 的描述部分，应该是用于描述 RSS Feed 项目的。

可选的<item>元素如下所示。

- <author>：定义作者。
- <category>：类别。
- <comments>：针对项目的评论页 URL。
- <enclosure>：描述一个与项目有关的媒体对象。
- <guid>：针对项目定义独特的标识。
- <pubDate>：项目发布时间。
- <source>：转载地址（源地址）。

在<description>中建议使用<![CDATA[ ]]>，所有在 CDATA 部件之间的文本都会被解析器忽略。

注意　CDATA 部件之间不能再包含 CDATA 部件（不能嵌套）。如果 CDATA 部件包含了字符“]]>”或者 CDATA，将很有可能出错。同样要注意的是，在字符串“]]>”之间没有空格或者换行符。

17.2 SAX 技术介绍

SAX（Simple API for XML）既是一种接口，也是一个软件包。SAX 最初是由 David Megginson 采用 Java 语言开发，之后 SAX 很快在 Java 开发者中流行起来。San 现在负责管理其原始 API 的开发工作，这是一种公开的、开放源代码的软件。不同于其他大多数 XML 标准的是，SAX 没有语言开发商必须遵守的标准 SAX 参考版本。因此，SAX 的不同实现可能采用不同的接口，且这些接口会有很大差别。在本节中，将简要介绍 SAX 技术的基本知识。

17.2.1 SAX 的原理

作为接口，SAX 是事件驱动型 XML 解析的一个标准接口（Standard Interface），这已被 OASIS（Organization for the Advancement of Structured Information Standards）所采纳。作为软件包，SAX 最早的开发始于 1997 年 12 月，由一些在互联网上分散的程序员合作进行。后来，参与开发的程序员越来越多，组成了互联网上的 XML-DEV 社区。5 个月以后，1998 年 5 月，SAX 1.0 版由 XML-DEV 正式发布。目前，最新的版本是 SAX 2.0。2.0 版本在多处与 1.0 版本不兼容，包括一些类和方法的名字。

SAX 的工作原理简单地说就是对文档进行顺序扫描，当扫描到文档（Document）开始与结束、元素（Element）开始与结束、文档（Document）结束等地方时通知事件处理函数，由事件处理函数做相应动作，然后继续同样的扫描，直至文档结束。

大多数 SAX 实现都会产生以下 5 种类型的事件。

- 在文档的开始和结束时触发文档处理事件。
- 在文档内每一 XML 元素接受解析的前后触发元素事件。
- 任何元数据通常都由单独的事件交付。
- 在处理文档的 DTD 或 Schema 时产生 DTD 或 Schema 事件。
- 产生错误事件，从而通知主机应用程序解析错误。

17.2.2 基于对象和基于事件的接口

语法分析器有两类接口：基于对象的接口和基于事件的接口。文件对象模型（Document Object Model，DOM）是基于对象的语法分析器的标准 API。作为基于对象的接口，DOM 通过在内存中显示地构建对象树来与应用程序通信。对象树是 XML 文件中元素树的精确映射。

DOM 易于学习和使用，因为它与基本 XML 文档紧密匹配，对于以 XML 为中心的应用程序（如浏览器和编辑器）也是很理想的。以 XML 为中心的应用程序仅用于操纵 XML 文档，然而，对于大多数应用程序，处理 XML 文档只是其众多任务中的一种。例如，记账软件包可能导入 XML 发票，但这不是其主要活动，计算账户余额、跟踪支出以及使付款与发票匹配才是其主要活动。记账软件包可能已经具有一个数据结构（最有可能是数据库），DOM 不太适合记账应用程序，因为在那种情况下，应用程序必须在内存中维护数据的两份副本（一个是 DOM 树，另一个是应用程序自己的结构），而在内存维护两次数据会使效率下降。对于桌面应用程序来说，这可能不是主要问题，但是它可能导致服务器瘫痪。对于不以 XML 为中心的应用程序，SAX 是明智的选择。实际上，SAX 并不在内存中显式地构建文档树。它使应用程序能用最有效率的方法存储数据。

图 17-1 说明了应用程序如何在 XML 树及其自身数据结构之间进行映射。

SAX 是基于事件的接口，正如其名称所暗示的，基于事件的语法分析器将事件发送给应用程序。这些事件类似于用户界面事件，例如，浏览器中的 ONCLICK 事件或者 Java 中的 AWT/Swing 事件。

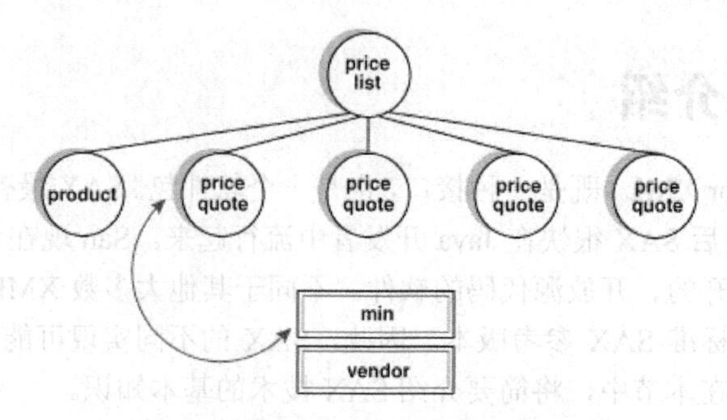

▲图 17-1　将 XML 结构映射成应用程序结构

事件通知应用程序发生了某件事并需要应用程序做出反应。在浏览器中，通常为响应用户操作而生成事件，即当用户单击按钮时，按钮产生一个 ONCLICK 事件。

在 XML 语法分析器中，事件与用户操作无关，而与正在读取的 XML 文档中的元素有关，包括：

- 元素开始和结束标识；
- 元素内容；
- 实体；
- 语法分析错误。

图 17-2 显示语法分析器在读取文档时如何生成事件。

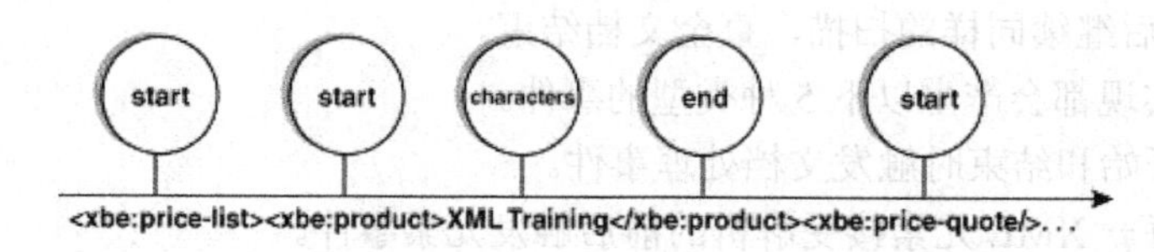

▲图 17-2　语法分析器生成事件

DOM 和 SAX 这两种 API 中没有哪一种在本质上更好，它们适用于不同的需求。经验法则是在需要更多控制时使用 SAX；要增加方便性时，则使用 DOM。例如，DOM 在脚本语言中很流行。

采用 SAX 的主要原因是效率。SAX 比 DOM 做的事要少，但提供了对语法分析器的更多控制。当然，如果语法分析器的工作减少，则意味着开发者有更多的工作要做。而且，SAX 比 DOM 消耗的资源要少，因为它不需要构建文档树。在 XML 早期，DOM 得益于 W3C 批准的官方 API 这一身份。逐渐地，开发者选择了功能性而放弃了方便性，并转向了 SAX。

SAX 的主要限制是它无法向后浏览文档。实际上，激发一个事件后，语法分析器就将其忘记，应用程序必须显式地缓冲其感兴趣的事件。

17.2.3　常用的接口和类

SAX 将其事件分为如下几个接口。

- ContentHandler：定义与文档本身关联的事件（例如，开始和结束标识），且大多数应用程序都注册这些事件。
- DTDHandler：定义与 DTD 关联的事件。但它不定义足够的事件来完整地报告 DTD，如果需要对 DTD 进行语法分析，可使用可选的 DeclHandler。DeclHandler 是 SAX 的扩展，并且不是所有的语法分析器都支持它。
- EntityResolver：定义与装入实体关联的事件，且只有少数几个应用程序注册这些事件。
- ErrorHandler：定义错误事件。许多应用程序注册这些事件以便用它们自己的方式报错。

为简化工作，SAX 在 DefaultHandler 类中提供了这些接口的缺省实现。在大多数情况下，为应用程序扩展 DefaultHandler 并覆盖相关的方法要比直接实现一个接口更容易。

下面具体介绍 SAX 常用的接口和类。

1. XMLReader

为注册事件处理器并启动语法分析器，应用程序使用 XMLReader 接口。例如，parse()这种 XMLReader 方法，用于启动语法分析，其代码如下。

```
parser.parse(args[0]);
```

XMLReader 的主要方法如下。

① parse()：对 XML 文档进行语法分析。parse()有两个版本，一个接受文件名或 URL，另一个接受 InputSource 对象。

② setContentHandler()、setDTDHandler()、setEntityResolver()和 setErrorHandler()：让应用程序注册事件处理器。

③ setFeature()和 setProperty()：控制语法分析器如何工作。它们采用一个特性或功能标识（一个类似于名称空间的 URI 和值），功能采用 Boolean 值，而特性采用“对象”。

最常用的 XMLReaderFactory 功能如下。

① http:// xml.org/sax/features/namespaces：所有 SAX 语法分析器都能识别它。如果将它设置为 true（缺省值），则在调用 ContentHandler 方法时，语法分析器将识别出名称空间并解析前缀。

② http://xml.org/sax/features/validation：它是可选的。如果将它设置为 true，则验证语法分析器将验证该文档。非验证语法分析器忽略该功能。

2. XMLReaderFactory

XMLReaderFactory 用于创建语法分析器对象。它定义 createXMLReader()的两个版本：一个采用语法分析器的类名作为参数，另一个从 org.xml.sax.driver 系统特性中获得类名称。

对于 Xerces，类是 org.apache.xerces.parsers.SAXParser。应该使用 XMLReaderFactory，因为它易于切换至另一种 SAX 语法分析器。实际上，只需要更改一行然后重新编译即可。

```
XMLReaderparser=XMLReaderFactory.createXMLReader(
"org.apache.xerces.parsers.SAXParser");
```

为获得更大的灵活性，应用程序可以从命令行读取类名或使用不带参数的 createXMLReader()。因此，甚至可以不重新编译就直接更改语法分析器。

3. InputSource

InputSource 控制语法分析器如何读取文件，包括 XML 文档和实体。在大多数情况下，文档是从 URL 装入的。但是，有特殊需求的应用程序可以覆盖 InputSource。例如，从数据库中装入文档。

4. ContentHandler

ContentHandler 是最常用的 SAX 接口，因为它定义 XML 文档的事件。ContentHandler 声明如下几个事件。

① startDocument()/endDocument()：通知应用程序文档的开始或结束。

② startElement()/endElement()：通知应用程序标记的开始或结束。属性作为 Attributes 参数传递（请参阅下文中的“属性”）。即使只有一个标识，“空”元素（例如，<imghref="logo.gif"/>）

也生成 startElement()和 endElement()。

③ startPrefixMapping()/endPrefixMapping()：通知应用程序名称空间作用域。几乎不需要该信息，因为当 http://xml.org/sax/features/namespaces 为 true 时，语法分析器已经解析了名称空间。

④ characters()/ignorableWhitespace()：当语法分析器在元素中发现文本（已经过语法分析的字符数据）时，会通知应用程序。该事件用于由 XML 标准定义的可忽略空格。语法分析器负责将文本分配到几个事件，从而更好地管理其缓冲区。

⑤ processingInstruction()：将处理指令通知应用程序。

⑥ skippedEntity()：通知应用程序已经跳过了一个实体，即当语法分析器未在 DTD/schema 中发现实体声明时。

⑦ setDocumentLocator()：将 Locator 对象传递到应用程序（请参阅下文中的定位器（Locator））。SAX 语法分析器不需要提供 Locator，但是如果它提供了，则必须在其他事件之前激活该事件。

5. 属性

在 startElement()事件中，应用程序在 Attributes 参数中接收属性列表。

```
Stringattribute=attributes.getValue("","price");
```

Attributes 定义方法如下。

- getValue(i)/getValue(qName)/getValue(uri,localName)：返回第 i 个属性值或给定名称的属性值。
- getLength()：返回属性数目。
- getQName(i)/getLocalName(i)/getURI(i)：返回限定名（带前缀）、本地名（不带前缀）和第 i 个属性的名称空间 URI。
- getType(i)/getType(qName)/getType(uri,localName)：返回第 i 个属性的类型或者给定名称的属性类型。类型为字符串，即在 DTD 所使用的“CDATA”“ID”“IDREF”“IDREFS”“NMTOKEN”“NMTOKENS”“ENTITY”“ENTITIES”或“NOTATION”。

注意　Attributes 参数仅在 startElement()事件期间可用，如果在事件之间需要它，则用 AttributesImpl 复制一个。

6. 定位器（Locator）

Locator 为应用程序提供行和列的位置，不需要语法分析器来提供 Locator 对象。Locator 定义方法如下。

- getColumnNumber()：返回当前事件结束时所在的列。在 endElement()事件中，它将返回结束标识所在的最后一列。
- getLineNumber()：返回当前事件结束时所在的行。在 endElement()事件中，它将返回结束标识所在的行。
- getPublicId()：返回当前文档事件的公共标识。
- getSystemId()：返回当前文档事件的系统标识。

7. DTDHandler

DTDHandler 声明两个与 DTD 语法分析器相关的事件，具体方法如下。

- notationDecl()：通知应用程序已经声明了一个标识。

- nparsedEntityDecl()：通知应用程序已经发现了一个未经过语法分析的实体声明。

8. EntityResolver

EntityResolver 接口仅定义一个事件 resolveEntity()，它返回 InputSource。因为 SAX 语法分析器已经可以解析大多数 URL，所以很少应用程序实现 EntityResolver。例外情况是目录文件，它将公共标识解析成系统标识。如果在应用程序中需要目录文件，请下载 NormanWalsh 的目录软件包。

9. ErrorHandler

ErrorHandler 接口定义错误事件。处理这些事件的应用程序可以提供定制错误处理。安装了定制错误处理器后，语法分析器不再抛出异常，抛出异常是事件处理器的责任。接口定义了与错误的 3 个级别或严重性对应的 3 个方法：

- warning()：警示那些不是由 XML 规范定义的错误。例如，当没有 XML 声明时，某些语法分析器发出警告。它们不是错误（因为声明是可选的），但是值得注意。
- error()：警示那些由 XML 规范定义的错误。
- fatalError()：警示那些由 XML 规范定义的致命错误。

10. SAXException

SAX 定义的大多数方法都可以抛出 SAXException。当对 XML 文档进行语法分析时，SAXException 通知一个错误，错误可以是语法分析错误也可以是事件处理器中的错误。此外，SAXException 还要报告来自事件处理器的其他异常，并将异常封装。

17.3 实战演练——开发一个 RSS 程序

在使用 RSS 订阅时，通常通过网站提供的“订阅 RSS”连接或小 ICON 实现，当单击链接后，会弹出包含 RSS 内容的页面，此页面的网址是网站的 RSS 网址。当连接到这个网址后，服务器端会返回 RSS 标准规格的 XML 文件。只要按照统一格式来解析这个 XML 文件，就可以得到 RSS 内的相关信息。在本节中，将通过实现一个具体实例，讲解在 Android 系统中开发一个 RSS 项目的基本过程。

题目	目的	源码路径
实例 17-1	开发一个 RSS 系统	\codes\17\RSSC

在本实例中，用户只需要输入一个 RSS Feed 网址，通过 SAXParser 解析后就可以直接在手机上浏览在线时事新闻。本实例的具体实现流程如下。

（1）编写主布局文件 main.xml，上方显示文字“设置 RSS 连接”，中间显示了一个可输入文本框，下方显示一个按钮，主要代码如下。

```
<EditText
  android:id="@+id/myEdit"
  android:layout_width="280px"
  android:layout_height="wrap_content"
  android:text="http://"
  android:textSize="12sp"
  android:layout_x="20px"
  android:layout_y="42px"
>
</EditText>
<TextView
```

```
    android:id="@+id/myText"
    android:layout_width="wrap_content"
    android:layout_height="wrap_content"
    android:text="@string/str_title"
    android:textColor="@drawable/black"
    android:textSize="16sp"
    android:layout_x="20px"
    android:layout_y="12px"
  >
  </TextView>
  <Button
    android:id="@+id/myButton"
    android:layout_width="86px"
    android:layout_height="46px"
    android:text="@string/str_button"
    android:textColor="@drawable/black"
    android:layout_x="100px"
    android:layout_y="112px"
  >
  </Button>
```

（2）编写布局文件 newslist.xml，在里面设置了一个 ListView 控件，用于列表显示获取的 RSS 信息标题，主要代码如下。

```
  <TextView
    android:id="@+id/myText"
    android:layout_width="wrap_content"
    android:layout_height="wrap_content"
    android:padding="5px"
    android:textSize="18sp"
    android:textColor="@drawable/blue"
  >
  </TextView>
  <ListView
    android:id="@android:id/list"
    android:layout_width="wrap_content"
    android:layout_height="wrap_content"
  >
  </ListView>
```

（3）编写布局文件 news_row.xml，在里面设置了一个 TextView 控件，用于显示某一条 RSS 信息，主要代码如下。

```
  <ImageView android:id="@+id/icon"
    android:layout_width="20dip"
    android:layout_height="20dip"
    android:src="@drawable/news"
  >
  </ImageView>
  <TextView android:id="@+id/text"
    android:layout_gravity="center_vertical"
    android:layout_width="wrap_content"
    android:layout_height="wrap_content"
    android:textColor="@drawable/black"
  >
  </TextView>
```

（4）编写布局文件 newscontent.xml，在里面设置了 3 个 TextView 控件，用于显示某条 RSS 信息的详细信息内容，主要代码如下。

```
  <TextView
    android:id="@+id/myTitle"
    android:layout_width="300px"
    android:layout_height="wrap_content"
    android:textSize="16sp"
    android:layout_x="10px"
    android:layout_y="12px"
    android:textColor="@drawable/blue"
```

```
>
</TextView>
<TextView
  android:id="@+id/myDesc"
  android:layout_width="300px"
  android:layout_height="120px"
  android:layout_x="10px"
  android:layout_y="70px"
  android:textColor="@drawable/black"
>
</TextView>
<TextView
  android:id="@+id/myLink"
  android:layout_width="300px"
  android:layout_height="wrap_content"
  android:layout_x="10px"
  android:layout_y="210px"
>
</TextView>
```

（5）编写主程序文件 RSSC.java，其功能是以 EditText 作为输入 RSS 连接组件，当输入网址后，单击【解析】按钮后，按钮的 onClick 会被触发，运行 EditText 的空白检查。当检查无误后，将输入的网址写入 Bundle 对象中，再将 Bundle 对象 assign 给 Intent，并通过 startActivityForResult() 来触发 RSSC_1 这个 Activity。文件 RSSC.java 的实现代码如下。

```
package irdc.RSSC;

/* import 相关 class */
import irdc.RSSC.R;
import android.app.Activity;
import android.app.AlertDialog;
import android.content.DialogInterface;
import android.content.Intent;
import android.os.Bundle;
import android.view.View;
import android.widget.Button;
import android.widget.EditText;

public class RSSC extends Activity
{
  /* 变量声明 */
  private Button mButton;
  private EditText mEditText;

  @Override
  public void onCreate(Bundle savedInstanceState)
  {
    super.onCreate(savedInstanceState);
    setContentView(R.layout.main);
    /* 初始化对象 */
    mEditText=(EditText) findViewById(R.id.myEdit);
    mButton=(Button) findViewById(R.id.myButton);
    /* 设置 Button 的 onClick 事件 */
    mButton.setOnClickListener(new Button.OnClickListener()
    {
      @Override
      public void onClick(View v)
      {
        String path=mEditText.getText().toString();
        if(path.equals(""))
        {
          showDialog("网址不可为空白!");
        }
        else
        {
          /* new 一个 Intent 对象，并指定 class */
          Intent intent = new Intent();
          intent.setClass(RSSC.this,RSSC_1.class);
```

```
        /* new 一个 Bundle 对象，并将要传递的数据传入 */
        Bundle bundle = new Bundle();
        bundle.putString("path",path);
        /* 将 Bundle 对象 assign 给 Intent */
        intent.putExtras(bundle);
        /* 调用 Activity RSSC_1 */
        startActivityForResult(intent,0);
      }
    }
  });
}

/* 覆盖 onActivityResult()*/
@Override
protected void onActivityResult(int requestCode,int resultCode,
                                Intent data)
{
  switch (resultCode)
  {
   case 99:
     /* 返回错误时以 Dialog 显示 */
     Bundle bunde = data.getExtras();
     String error = bunde.getString("error");
     showDialog(error);
     break;
   default:
     break;
  }
 }

/* 显示 Dialog 的方法 */
private void showDialog(String mess){
  new AlertDialog.Builder(RSSC.this).setTitle("Message")
  .setMessage(mess)
  .setNegativeButton("确定", new DialogInterface.OnClickListener()
  {
   public void onClick(DialogInterface dialog, int which)
   {
   }
  })
  .show();
}
}
```

（6）编写文件 RSSC_1.java，此文件是一个 ListActivity，是通过主程序 RSSC.java 调用的，用于显示订阅的 RSS 内容列表，其实现流程如下。

- 引用相关 class，分别变量声明 TextView mText、title 和 li。具体代码如下所示。

```
package irdc.RSSC;

/* import 相关 class */
import irdc.RSSC.R;

import java.net.URL;
import java.util.ArrayList;
import java.util.List;
import android.app.ListActivity;
import android.content.Intent;
import android.os.Bundle;
import android.view.View;
import android.widget.ListView;
import android.widget.TextView;
import javax.xml.parsers.*;
import org.xml.sax.InputSource;
import org.xml.sax.XMLReader;

public class RSSC_1 extends ListActivity
```

```
{
  /* 变量声明 */
  private TextView mText;
  private String title="";
  private List<News> li=new ArrayList<News>();
```

● 设置 layout 为 newslist.xml，取得 Intent 中的 Bundle 对象，并取得 Bundle 对象中的数据，然后调用 getRss()取得解析后的 List，具体代码如下。

```
@Override
public void onCreate(Bundle savedInstanceState) {
  super.onCreate(savedInstanceState);
  /* 设置 layout 为 newslist.xml */
  setContentView(R.layout.newslist);

  mText=(TextView) findViewById(R.id.myText);
  /* 取得 Intent 中的 Bundle 对象 */
  Intent intent=this.getIntent();
  Bundle bunde = intent.getExtras();
  /* 取得 Bundle 对象中的数据 */
  String path = bunde.getString("path");
  /* 调用 getRss()取得解析后的 List */
  li=getRss(path);
  mText.setText(title);
  /* 设置自定义的 MyAdapter */
  setListAdapter(new MyAdapter(this,li));
}
```

● 定义 onListItemClick，定义监听 ListItem 被单击时要做的动作。先获取 News 对象，新建一个 Intent 对象，并指定其 class。然后新建一个 Bundle 对象，并将要传递的数据传入。接着将 Bundle 对象 assign 给 Intent，最后调用 Activity RSSC_2。其具体代码如下。

```
/* 设置 ListItem 被单击时要做的动作 */
@Override
protected void onListItemClick(ListView l,View v,int position,
                              long id)
{
  /* 取得 News 对象 */
  News ns=(News)li.get(position);
  /* new 一个 Intent 对象，并指定 class */
  Intent intent = new Intent();
  intent.setClass(RSSC_1.this,RSSC_2.class);
  /* new 一个 Bundle 对象，并将要传递的数据传入 */
  Bundle bundle = new Bundle();
  bundle.putString("title",ns.getTitle());
  bundle.putString("desc",ns.getDesc());
  bundle.putString("link",ns.getLink());
  /* 将 Bundle 对象 assign 给 Intent */
  intent.putExtras(bundle);
  /* 调用 Activity RSSC_2 */
  startActivity(intent);
}
```

● 定义 getRss(String path) 方法解析 XML，具体代码如下。

```
/* 解析 XML 的方法 */
private List<News> getRss(String path)
{
  List<News> data=new ArrayList<News>();
  URL url = null;
  try
  {
    url = new URL(path);
    /* 产生 SAXParser 对象 */
    SAXParserFactory spf = SAXParserFactory.newInstance();
    SAXParser sp = spf.newSAXParser();
    /* 产生 XMLReader 对象 */
    XMLReader xr = sp.getXMLReader();
```

```
      /* 设置自定义的 MyHandler 给 XMLReader */
      MyHandler myExampleHandler = new MyHandler();
      xr.setContentHandler(myExampleHandler);
      /* 解析 XML */
      xr.parse(new InputSource(url.openStream()));
      /* 取得 RSS 标题与内容列表 */
      data =myExampleHandler.getParsedData();
      title=myExampleHandler.getRssTitle();
    }
```

● 如果有异常则输出错误提示对话框，具体代码如下。

```
    catch (Exception e)
    {
      /* 发生错误时返回 result，回到上一个 activity */
      Intent intent=new Intent();
      Bundle bundle = new Bundle();
      bundle.putString("error",""+e);
      intent.putExtras(bundle);
      /* 错误的返回值设置为 99 */
      RSSC_1.this.setResult(99, intent);
      RSSC_1.this.finish();
    }
    return data;
  }
}
```

（7）编写文件 RSSC_2.java，此 Activity 由 RSSC_1 唤起，用于显示上一个 Activity 所单击的新闻内容。当程序被唤起后，会首先从 Bundle 对象中获取 News 的 title、link 和 desc，并显示在画面中。并用 Linkify.addLinks()将 link 设置为一个 WEB_URLS 形式的链接。当用户单击链接后，会通过设置的网址直接打开 Web 浏览器并浏览网页。其具体代码如下。

```
package irdc.RSSC;

/* import 相关 class */
import irdc.RSSC.R;
import android.app.Activity;
import android.content.Intent;
import android.os.Bundle;
import android.text.util.Linkify;
import android.widget.TextView;

public class RSSC_2 extends Activity
{
  /* 变量声明 */
  private TextView mTitle;
  private TextView mDesc;
  private TextView mLink;

  @Override
  public void onCreate(Bundle savedInstanceState)
  {
    super.onCreate(savedInstanceState);
    /* 设置 layout 为 newscontent.xml */
    setContentView(R.layout.newscontent);
    /* 初始化对象 */
    mTitle=(TextView) findViewById(R.id.myTitle);
    mDesc=(TextView) findViewById(R.id.myDesc);
    mLink=(TextView) findViewById(R.id.myLink);

    /* 取得 Intent 中的 Bundle 对象 */
    Intent intent=this.getIntent();
    Bundle bunde = intent.getExtras();
    /* 取得 Bundle 对象中的数据 */
    mTitle.setText(bunde.getString("title"));
    mDesc.setText(bunde.getString("desc")+"....");
    mLink.setText(bunde.getString("link"));
    /* 设置 mLink 为网页链接 */
```

```
      Linkify.addLinks(mLink,Linkify.WEB_URLS);
    }
  }
```

（8）编写文件 News.java，在此定义了一个 JavaBean 类，用于存放每一篇新闻信息。每一个 News 对象代表了一条新闻，在 News 对象中定义了新闻的标题、描述、网站链接和发布时间这 4 个属性。JavaBean 类中的方法都是以 setAAA()和 getAAA()方式来命名的，所以用 setAAA()来设置属性值，或通过 getAAA()来获取属性值。其具体代码如下。

```
package irdc.RSSC;

public class News
{
  /* 新建变量初始值为空 */
  private String _title="";
  private String _link="";
  private String _desc="";
  private String _date="";

  public String getTitle()
  {
    return _title;
  }
  public String getLink()
  {
    return _link;
  }
  public String getDesc()
  {
    return _desc;
  }
  public String getDate()
  {
    return _date;
  }
  public void setTitle(String title)
  {
    _title=title;
  }
  public void setLink(String link)
  {
    _link=link;
  }
  public void setDesc(String desc)
  {
    _desc=desc;
  }
  public void setDate(String date)
  {
    _date=date;
  }
}
```

（9）编写文件 MyAdapter.java，在此定义了 Adapter 对象，它继承自 android.widget.BaseAdapter，用于设置 ListView 中要显示的信息，以 news_row.xml 作为 Layout。其具体代码如下。

```
package irdc.RSSC;

/* import 相关 class */
import irdc.RSSC.R;

import java.util.List;
import android.content.Context;
import android.view.LayoutInflater;
import android.view.View;
import android.view.ViewGroup;
import android.widget.BaseAdapter;
```

```
import android.widget.TextView;

/* 自定义的Adapter，继承自android.widget.BaseAdapter */
public class MyAdapter extends BaseAdapter
{
  /* 变量声明 */
  private LayoutInflater mInflater;
  private List<News> items;

  /* MyAdapter的构造器，传递两个参数 */
  public MyAdapter(Context context,List<News> it)
  {
    /* 参数初始化 */
    mInflater = LayoutInflater.from(context);
    items = it;
  }

  /* 因继承自BaseAdapter，需重写以下方法 */
  @Override
  public int getCount()
  {
    return items.size();
  }

  @Override
  public Object getItem(int position)
  {
    return items.get(position);
  }

  @Override
  public long getItemId(int position)
  {
    return position;
  }

  @Override
  public View getView(int position,View convertView,ViewGroup par)
  {
    ViewHolder holder;

    if(convertView == null)
    {
      /* 使用自定义的news_row作为Layout */
      convertView = mInflater.inflate(R.layout.news_row, null);
      /* 初始化holder的text与icon */
      holder = new ViewHolder();
      holder.text = (TextView) convertView.findViewById(R.id.text);
      convertView.setTag(holder);
    }
    else
    {
      holder = (ViewHolder) convertView.getTag();
    }
    News tmpN=(News)items.get(position);
    holder.text.setText(tmpN.getTitle());

    return convertView;
  }

  /* class ViewHolder */
  private class ViewHolder
  {
    TextView text;
  }
}
```

（10）编写文件 MyHandler.java，在此定义了 MyHandler 对象，它继承自 org.xml.sax.helpers. DefaultHandler，用于解析 XML 文件，并获取对应的信息。文件 MyHandler.java 的具体实现流程

如下。

- 引入相关 class，然后分别声明各个变量，具体代码如下。

```
package irdc.RSSC;

/* import 相关 class */
import java.util.ArrayList;
import java.util.List;
import org.xml.sax.Attributes;
import org.xml.sax.SAXException;
import org.xml.sax.helpers.DefaultHandler;

public class MyHandler extends DefaultHandler
{
  /* 变量声明 */
  private boolean in_item = false;
  private boolean in_title = false;
  private boolean in_link = false;
  private boolean in_desc = false;
  private boolean in_date = false;
  private boolean in_mainTitle = false;
  private List<News> li;
  private News news;
  private String title="";
  private StringBuffer buf=new StringBuffer();
```

- 将转换成 List<News>的 XML 数据返回，将解析出的 RSS title 返回。然后调用 startDocument()，开始解析操作。当解析结束时，调用 endDocument()；当解析到 Element 开头时，调用 startElement 方法。其具体代码如下。

```
  /* 将转换成 List<News>的 XML 数据返回 */
  public List<News> getParsedData()
  {
    return li;
  }
  /* 将解析出的 RSS title 返回 */
  public String getRssTitle()
  {
    return title;
  }
  /* XML 文件开始解析时调用此方法 */
  @Override
  public void startDocument() throws SAXException
  {
    li = new ArrayList<News>();
  }
  /* XML 文件结束解析时调用此方法 */
  @Override
  public void endDocument() throws SAXException
  {
  }
  /* 解析到 Element 的开头时调用此方法 */
  @Override
  public void startElement(String namespaceURI, String localName,
              String qName, Attributes atts) throws SAXException
  {
    if (localName.equals("item"))
    {
      this.in_item = true;
      /* 解析到 item 的开头时 new 一个 News 对象 */
      news=new News();
    }
    else if (localName.equals("title"))
    {
      if(this.in_item)
      {
        this.in_title = true;
      }
```

```
        else
        {
          this.in_mainTitle = true;
        }
      }
      else if (localName.equals("link"))
      {
        if(this.in_item)
        {
          this.in_link = true;
        }
      }
      else if (localName.equals("description"))
      {
        if(this.in_item)
        {
          this.in_desc = true;
        }
      }
      else if (localName.equals("pubDate"))
      {
        if(this.in_item)
        {
          this.in_date = true;
        }
      }
    }
```

- 当解析到 Element 的结尾时调用 endElement 方法，具体代码如下。

```
    /* 解析到 Element 的结尾时调用此方法 */
    @Override
    public void endElement(String namespaceURI, String localName,
                           String qName) throws SAXException
    {
      if (localName.equals("item"))
      {
        this.in_item = false;
        /* 解析到 item 的结尾时将 News 对象写入 List 中 */
        li.add(news);
      }
      else if (localName.equals("title"))
      {
        if(this.in_item)
        {
          /* 设置 News 对象的 title */
          news.setTitle(buf.toString().trim());
          buf.setLength(0);
          this.in_title = false;
        }
        else
        {
          /* 设置 RSS 的 title */
          title=buf.toString().trim();
          buf.setLength(0);
          this.in_mainTitle = false;
        }
      }
      else if (localName.equals("link"))
      {
        if(this.in_item)
        {
          /* 设置 News 对象的 link */
          news.setLink(buf.toString().trim());
          buf.setLength(0);
          this.in_link = false;
        }
      }
      else if (localName.equals("description"))
      {
```

```
        if(in_item)
        {
          /* 设置 News 对象的 description */
          news.setDesc(buf.toString().trim());
          buf.setLength(0);
          this.in_desc = false;
        }
      }
      else if (localName.equals("pubDate"))
      {
        if(in_item)
        {
          /* 设置 News 对象的 pubDate */
          news.setDate(buf.toString().trim());
          buf.setLength(0);
          this.in_date = false;
        }
      }
    }
```

- 定义方法 characters 获取 Element 开头和结尾之间的字符串，具体代码如下。

```
  /* 取得 Element 的开头和结尾之间的字符串 */
  @Override
  public void characters(char ch[], int start, int length)
  {
    if(this.in_item||this.in_mainTitle)
    {
      /* 将 char[]添加 StringBuffer */
      buf.append(ch,start,length);
    }
  }
}
```

执行后的效果如图 17-3 所示。在文本框中输入 RSS 网址 http://rss.sina.com.cn/news/marquee/ddt.xml，然后单击【解析】按钮后，会在屏幕中列表显示 RSS 新闻，如图 17-4 所示。单击某条新闻后，会显示此新闻的简介，如图 17-5 所示。单击简介下面的链接后会显示此 RSS 的详细信息，如图 17-6 所示。

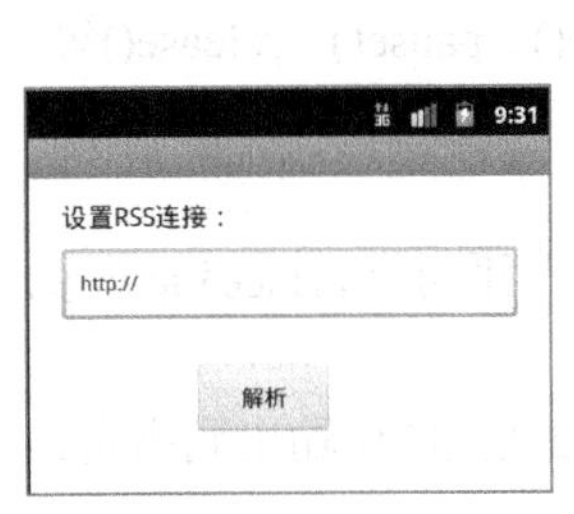

▲图 17-3　初始效果

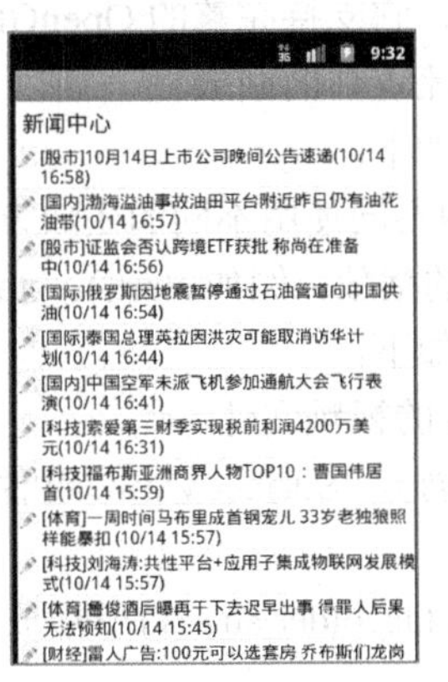

▲图 17-4　RSS 列表

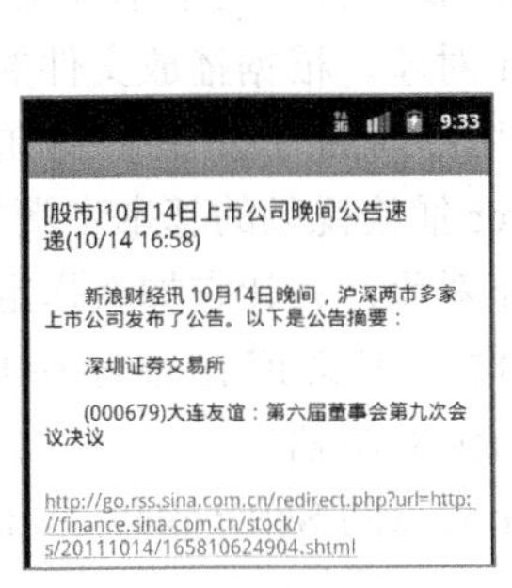

▲图 17-5　某条 RSS

▲图 17-6　RSS 详情

第 18 章　网络视频处理

在移动手机应用中，多媒体是一个重要的应用领域。从严格意义上讲，多媒体包含了屏保、图片、音频、视频和相机等应用。如果将多媒体和网络相结合，则能给用户带来更加绚丽的视觉享受。在本章中，将详细介绍在 Android 系统中处理网络视频数据的相关技术，并通过实现一个播放网络视频播放器，讲解在 Android 系统中处理网络视频数据的基本流程，为读者进入本书后面的学习打下基础。

18.1　MediaPlayer 视频技术

在 Android 系统中，通常使用 MediaPlayer 接口实现音频和视频的播放功能。在本节中，将简要介绍 MediaPlayer 接口的基本知识。

18.1.1　MediaPlayer 基础

MediaPlayer 的功能比较强大，既可以播放音频，也可以播放视频。另外，也可以通过 VideoView 播放视频，虽然 VideoView 比 MediaPlayer 简单易用，但定制性不如用 MediaPlayer，要视情况进行选择。MediaPlayer 播放音频比较简单，但是要播放视频就需要 SurfaceView 控件。SurfaceView 与普通的自定义 View 相比，在绘图上更具优势，它支持完整的 OpenGL ES 库。

MediaPlayer 可被用来控制音频/视频文件或流媒体的回放。

（1）使用 MediaPlayer 播放音频的基本步骤如下。

① 生成 MediaPlayer 对象，根据播放文件的不同使用不同的生成方式。

② 根据实际需要调用不同的方法控制音频的播放，例如 start()、stop()、pause()、release()等。

（2）使用 MediaPlayer 播放视频的基本步骤如下。

① 生成 MediaPlayer 对象，并让它加载指定的视频文件。

② 在定面布局文件中定义或在程序中创建 SurfaceView 组件，并为 SurfaceView 的 SurfaceHolder 添加 Callback 监听器。

③ 调用 MediaPlayer 对象的 SetDisplay（Surfaceolder sh）将所播放的视频图像输出到指定的 SurfaceView 对象。

④ 调用不同的方法控制视频的播放，例如 start()、stop()、pause()等。

需要注意的是，在不需要播放的时候应及时释放掉与 MediaPlayer 对象相连接的播放文件，因为直接使用 MediaPlayer 对象一般都是进行音频播放。

18.1.2　MediaPlayer 的状态

图 18-1 显示了一个 MediaPlayer 对象被支持的播放控制操作驱动的生命周期和状态。椭圆代表 MediaPlayer 对象可能驻留的状态；弧线表示驱动 MediaPlayer 在各个状态之间迁移的播放控制

操作，有两种类型的直线：由一个箭头开始的直线代表同步方法调用，而以双箭头开头的直线代表异步方法调用。

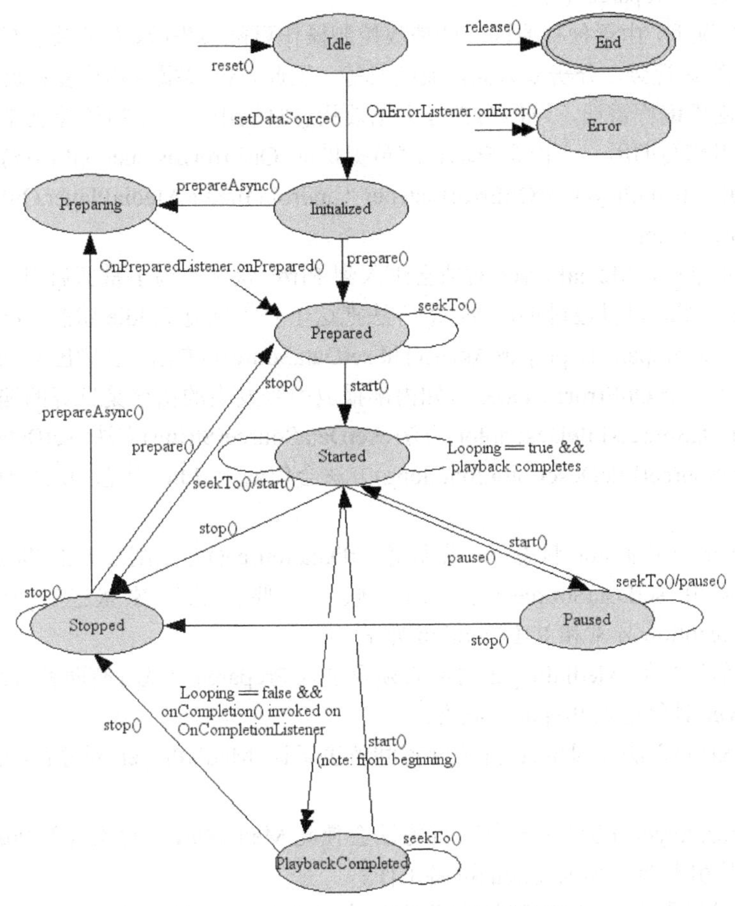

▲图 18-1　MediaPlayer 对象的生命周期和状态

（1）当一个 MediaPlayer 对象刚刚被 new 操作符创建或是调用了 reset()方法后，它就处于 Idle 状态。当调用了 release()方法后，它就处于 End 状态。这两种状态之间是 MediaPlayer 对象的生命周期。

一个新构建的 MediaPlayer 对象与一个调用 reset()方法的 MediaPlayer 对象有一个微小但是十分重要的差别，即在处于 Idle 状态时，新构建的 MediaPlayer 无法调用 getCurrentPosition()、getDuration()、getVideoHeight()、getVideoWidth()、setAudioStreamType(int)、setLooping(boolean)、setVolume(float，float)、pause()、start()、stop()、seekTo(int)、prepare()或者 prepareAsync()方法。因为当一个 MediaPlayer 对象刚被构建的时候，内部的播放引擎和对象的状态都没有改变，在这个时候调用以上的这些方法，框架将无法回调客户端程序注册的 OnErrorListener.onError()方法。但若这个 MediaPlayer 对象调用了 reset()方法之后，再调用以上的这些方法，内部的播放引擎就会回调客户端程序注册的 OnErrorListener.onError()方法，并将错误的状态传入。

因此，一旦一个 MediaPlayer 对象不再被使用，应立即调用 release()方法释放在内部的播放引擎中与这个 MediaPlayer 对象关联的资源，如硬件加速组件的单态组件。若没有调用 release()方法可能会导致之后的 MediaPlayer 对象实例无法使用这种单态硬件资源，从而退回到软件实现或运行失败。一旦 MediaPlayer 对象进入了 End 状态，它不能再被使用，也没有办法再迁移到其他状态。

此外，由 new 操作符创建的 MediaPlayer 对象处于 Idle 状态，而那些通过重载的 create()方法创建的 MediaPlayer 对象却不是处于 Idle 状态。事实上，如果成功调用了重载的 create()方法，那么这些对象已经处于 Prepared 状态了。

（2）在一般情况下，由于种种原因一些播放控制操作可能会失败，如不支持的音频/视频格式，缺少隔行扫描的音频/视频，分辨率太高，流超时等。因此，错误报告和恢复在这种情况下是非常重要的。有时，由于编程错误，可能会在处于无效状态时调用了一个播放控制操作。在错误条件下，内部的播放引擎会调用一个由客户端程序员提供的 OnErrorListener.onError()方法。客户端程序员可以通过调用 MediaPlayer.setOnErrorListener（android.media.MediaPlayer.OnErrorListener）方法来注册 OnErrorListener。

如果一旦发生错误，MediaPlayer 对象会进入到 Error 状态。为了重新启用一个处于 Error 状态的 MediaPlayer 对象，可以通过调用 reset()方法把这个对象恢复成 Idle 状态。若在不合法的状态下调用一些方法，如 prepare()、prepareAsync()和 setDataSource()方法，会抛出 IllegalStateException 异常。因此，注册一个 OnErrorListener 获知内部播放引擎发生的错误是良好的编程习惯。

（3）调用 setDataSource(FileDescriptor)方法、setDataSource(String)方法、setDataSource(Context, Uri)方法、setDataSource(FileDescriptor,long,long)方法会使处于 Idle 状态的对象迁移到 Initialized 状态。

当 MediaPlayer 处于非 Idle 状态下，若调用 setDataSource()方法则会抛出 IllegalStateException 异常。因此，调用 setDataSource()方法的时候一定要注意对象状态，否则可能会抛出 IllegalArgumentException 异常和 IOException 异常。

（4）在开始播放之前，MediaPlayer 对象必须要进入 Prepared 状态。有两种方法（同步和异步）可以使 MediaPlayer 对象进入 Prepared 状态。

- 调用 prepare()方法（同步）：此方法返回就表示该 MediaPlayer 对象已经进入了 Prepared 状态；
- 调用 prepareAsync()方法（异步）：此方法会使此 MediaPlayer 对象进入 Preparing 状态并返回，而内部的播放引擎会继续未完成的准备工作。

当同步版本返回时或异步版本的准备工作完全完成时会调用客户端程序员提供的 OnPreparedListener.onPrepared()监听方法。可以调用 MediaPlayer.setOnPreparedListener(android.media.MediaPlayer.OnPreparedListener)方法注册 OnPreparedListener。

Preparing 是一个中间状态，在此状态下调用任何方法的结果都是未知的。在不合适的状态下调用 prepare()和 prepareAsync()方法会抛出 IllegalStateException 异常。当 MediaPlayer 对象处于 Prepared 状态的时候，可以调整音频/视频的属性，如音量，播放时是否一直亮屏，循环播放等。

（5）当要开始播放时必须调用 start()方法。当此方法成功返回时，MediaPlayer 的对象处于 Started 状态。可以调用 isPlaying()方法测试某个 MediaPlayer 对象是否处于 Started 状态。

当处于 Started 状态时，内部播放引擎会调用客户端程序员提供的 OnBufferingUpdateListener.onBufferingUpdate()回调方法，此回调方法允许应用程序追踪流播放的缓冲状态。对一个已经处于 Started 状态的 MediaPlayer 对象，调用 start()方法没有影响。

（6）播放可以被暂停或停止，以及调整当前的播放位置。当调用 pause()方法并返回时，会使 MediaPlayer 对象进入 Paused 状态。注意 Started 与 Paused 状态的相互转换在内部的播放引擎中是异步的。所以可能需要一点儿时间在 isPlaying()方法中更新状态，对于流媒体，这段时间可能会是几秒钟。

调用 start()方法会让一个处于 Paused 状态的 MediaPlayer 对象从之前暂停的地方恢复播放。当调用 start()方法返回的时候，MediaPlayer 对象的状态会又变成 Started 状态。对一个已经处于

Paused 状态的 MediaPlayer 对象 pause()方法没有影响。

（7）调用 stop()方法会停止播放，并且还会让一个处于 Started、Paused、Prepared 或 Playback Completed 状态的 MediaPlayer 进入 Stopped 状态。对一个已经处于 Stopped 状态的 MediaPlayer 对象，调用 stop()方法没有影响。

（8）调用 seekTo()方法可以调整播放的位置。seekTo(int)方法是异步执行的，所以它可以马上返回，但是实际的定位播放操作可能需要一段时间才能完成，尤其是在播放流媒体时。当实际的定位播放操作完成之后，内部的播放引擎会调用客户端程序员提供的 OnSeekComplete.onSeek Complete()回调方法，且可以通过 setOnSeekCompleteListener(OnSeekCompleteListener)方法注册。

需要注意的是，seekTo(int)方法也可以在其他状态下被调用，如 Prepared、Paused 和 PlaybackCompleted 状态。此外，目前的播放位置实际可以调用 getCurrentPosition()方法得到，该方法可以帮助音乐播放器应用程序不断更新播放进度。

（9）当播放到流的末尾时完成播放。如果调用了 setLooping(boolean)方法开启了循环模式，那么这个 MediaPlayer 对象会重新进入 Started 状态。如果没有开启循环模式，那么内部的播放引擎会调用客户端程序员提供的 OnCompletion.onCompletion()回调方法，可以通过调用 MediaPlayer. setOnCompletionListener(OnCompletionListener) 方法来设置。内部的播放引擎一旦调用了 OnCompletion.onCompletion()回调方法，说明这个 MediaPlayer 对象进入了 PlaybackCompleted 状态。此时，可以通过调用 start()方法让这个 MediaPlayer 对象再进入 Started 状态。

18.1.3 MediaPlayer 方法的有效状态和无效状态

- getCurrentPosition {Idle, Initialized, Prepared, Started, Paused, Stopped, PlaybackCompleted} {Error}：在有效状态成功调用该方法不会改变此时的状态，在无效状态调用该方法则会使该状态转换到错误状态中；
- getDuration {Prepared, Started, Paused, Stopped, PlaybackCompleted} {Idle, Initialized, Error}：在有效状态成功调用该方法不会改变此时的状态，在无效状态调用该方法则会使该状态转换到错误状态中；
- getVideoHeight {Idle, Initialized, Prepared, Started, Paused, Stopped, PlaybackCompleted} {Error}：在有效状态成功调用该方法不会改变此时的状态，在无效状态调用该方法则会使该状态转换到错误状态中；
- getVideoWidth {Idle, Initialized, Prepared, Started, Paused, Stopped, PlaybackCompleted} {Error}：在有效状态成功调用该方法不会改变此时的状态，在无效状态调用该方法则会使该状态转换到错误状态中；
- isPlaying {Idle, Initialized, Prepared, Started, Paused, Stopped, PlaybackCompleted} {Error}：在有效状态成功调用该方法不会改变此时的状态，在无效状态调用该方法则会使该状态转换到错误状态中；
- pause {Started, Paused} {Idle, Initialized, Prepared, Stopped, PlaybackCompleted, Error}：在有效状态成功调用该方法改变此时的状态到暂停状态，在无效状态调用该方法则会使该状态转换到错误状态中；
- prepare {Initialized, Stopped} {Idle, Prepared, Started, Paused, PlaybackCompleted, Error}：在有效状态成功调用该方法改变此时的状态到准备状态，在无效状态调用该方法则会抛出错误状态异常；
- prepareAsync {Initialized, Stopped} {Idle, Prepared, Started, Paused, PlaybackCompleted, Error}：在有效状态成功调用该方法改变此时的状态到准备状态，在无效状态调用该方法则会抛

出错误状态异常；

- release any {}：release()方法后该对象不再是可用的；有效状态，无效状态均为“—”；
- reset {Idle, Initialized, Prepared, Started, Paused, Stopped, PlaybackCompleted, Error} {}：在reset()后该对象如刚创建的一样；无效状态为“—”；
- seekTo {Prepared, Started, Paused, PlaybackCompleted} {Idle, Initialized, Stopped, Error}：在有效状态成功调用该方法改变此时的状态到暂停状态，在无效状态调用该方法则会使该状态转换到错误状态中；
- setAudioStreamType {Idle, Initialized, Stopped, Prepared, Started, Paused, PlaybackCompleted} {Error} 在有效状态成功调用该方法改变此时的状态到暂停状态，在无效状态调用该方法则会使该状态转换到错误状态中；
- setDataSource {Idle} {Initialized, Prepared, Started, Paused, Stopped, PlaybackCompleted, Error}：在有效状态成功调用该方法改变此时的状态到初始化状态，在无效状态调用该方法则会抛出错误状态异常；
- setDisplay any {}：在任何状态都可以调用该方法且不会改变当前对象的状态；有效“任何状态”，无效“—”；
- setLooping {Idle, Initialized, Stopped, Prepared, Started, Paused, PlaybackCompleted} {Error}：在有效状态成功调用该方法不会改变此时的状态，在无效状态调用该方法则会使该状态转换到错误状态中；
- isLooping any {}：在任何状态都可以调用该方法且不会改变当前对象的状态；有效“任何状态”，无效“—”；
- setOnBufferingUpdateListener any {}：在任何状态都可以调用该方法且不会改变当前对象的状态；
- setOnCompletionListener any {}：在任何状态都可以调用该方法且不会改变当前对象的状态；有效“任何状态”，无效“—”；
- setOnErrorListener any {}：在任何状态都可以调用该方法且不会改变当前对象的状态；有效“任何状态”，无效“—”；
- setOnPreparedListener any {}：在任何状态都可以调用该方法且不会改变当前对象的状态；有效“任何状态”，无效“—”；
- setOnSeekCompleteListener any {}：在任何状态都可以调用该方法且不会改变当前对象的状态；有效“任何状态”，无效“—”；
- setScreenOnWhilePlaying any {}：在任何状态都可以调用该方法且不会改变当前对象的状态；有效“任何状态”，无效“—”；
- setVolume {Idle, Initialized, Stopped, Prepared, Started, Paused, PlaybackCompleted} {Error}：成功调用该方法不会改变当前的状态；
- setWakeMode any {}：在任何状态都可以调用该方法且不会改变当前对象的状态；有效“任何状态”，无效“—”；
- start {Prepared, Started, Paused, PlaybackCompleted} {Idle, Initialized, Stopped, Error}：在有效状态成功调用该方法改变此时的状态到开始状态，在无效状态调用该方法则会转换到错误状态；
- stop {Prepared, Started, Stopped, Paused, PlaybackCompleted} {Idle, Initialized, Error}：在有效状态成功调用该方法改变此时的状态到停止状态，在无效状态调用该方法则会转换到错误状态。

18.1.4 MediaPlayer 的接口

MediaPlayer 的接口如下。

- MediaPlayer.OnBufferingUpdateListener：用于唤起指明网络上的媒体资源，并以缓冲流的形式播放；
- MediaPlayer.OnCompletionListener：用于唤起当媒体资源的播放完成后的回放；
- MediaPlayer.OnErrorListener：用于当异步操作，出现错误后调用回放操作，其他错误将会在调用方法时抛出异常；
- MediaPlayer.OnInfoListener：用于有与媒体相关的播放信息或警告出现时的回放；
- MediaPlayer.OnPreparedListener：用于为媒体的资源准备播放时唤起回放；
- MediaPlayer.OnSeekCompleteListener：指明查找操作完成后唤起的回放操作；
- MediaPlayer.OnVideoSizeChangedListener：用于当视频大小被首次通知或更新的时候唤起的回放。

18.1.5 MediaPlayer 的常量

MediaPlayer 的常量如下。

- int MEDIA_ERROR_NOT_VALID_FOR_PROGRESSIVE_PLAYBACK：视频流及其容器不支持连续的、非处于播放文件内的播放视频序列；
- int MEDIA_ERROR_SERVER_DIED：媒体服务终止；
- int MEDIA_ERROR_UNKNOWN：未指明的媒体播放错误；
- int MEDIA_INFO_BAD_INTERLEAVING：不正确的交叉存储技术意味着媒体被不适当的交叉存储或者根本就没有交叉存储；
- int MEDIA_INFO_METADATA_UPDATE：一套新的可用的元数据；
- int MEDIA_INFO_NOT_SEEKABLE：媒体位置不可查找；
- int MEDIA_INFO_UNKNOWN：未指明的媒体播放信息；
- int MEDIA_INFO_VIDEO_TRACK_LAGGING：视频对于解码器太复杂，以至于不能解码非常快的帧率。

18.1.6 MediaPlayer 的公共方法

MediaPlayer 的公共方法如下。

- static MediaPlayer create（Context context, Uri uri）：指定从 Uri 对应的资源文件中装载音乐文件，并返回 MediaPlayer 对象；
- static MediaPlayer create（Context context, int resid）：指定从资源 ID 对应的资源文件中装载音乐文件，并返回 MediaPlayer 对象；
- static MediaPlayer create（Context context, Uri uri, SurfaceHolder holder）：指定从资源 ID 对应的资源文件中装载音乐文件，同时指定了 SurfaceHolder 对象并返回 MediaPlayer 对象；
- int getCurrentPosition()：获得当前的播放位置；
- int getDuration()：获得文件段；
- int getVideoHeight()：获得视频的高度；
- int getVideoWidth()：获得视频的宽度；
- boolean isLooping()：检查 MedioPlayer 是否处于循环；
- boolean isPlaying()：检查 MedioPlayer 是否在播放；

- void pause()：暂停播放；
- void prepare()：让播放器处于准备状态（同步）；
- void prepareAsync()：让播放器处于准备状态（异步）；
- void release()：释放与 MediaPlayer 相关的资源；
- void reset()：重置 MediaPlayer 到初始化状态；
- void seekTo（int msec）：搜寻指定的时间位置；
- void setAudioStreamType（int streamtype）：为 MediaPlayer 设定音频流类型；
- void setDataSource（String path）：设定使用的数据源（文件路径或 http/rtsp 地址）；
- void setDataSource（FileDescriptor fd，long offset，long length）：设定使用的数据源（filedescriptor）；
- void setDataSource（FileDescriptor fd）：设定使用的数据源（filedescriptor）；
- void setDataSource（Context context, Uri uri）：设定一个如 Uri 内容的数据源；
- void setDisplay（SurfaceHolder sh）：设定播放该视频的媒体播放器的 SurfaceHolder；
- void setLooping（boolean looping）：设定播放器循环或是不循环；
- void setOnBufferingUpdateListener（MediaPlayer.OnBufferingUpdateListener listener）：注册一个当网络缓冲数据流变化的时候唤起的播放事件；
- void setOnCompletionListener（MediaPlayer.OnCompletionListener listener）：注册一个当媒体资源播放到达终点时唤起的播放事件；
- void setOnErrorListener（MediaPlayer.OnErrorListener listener）：注册一个在异步操作过程中发生错误时唤起的播放事件；
- void setOnInfoListener（MediaPlayer.OnInfoListener listener）：注册一个当有信息/警告出现的时候唤起的播放事件；
- void setOnPreparedListener（MediaPlayer.OnPreparedListener listener）：注册一个媒体资源准备播放时唤起的播放事件；
- void setOnSeekCompleteListener（MediaPlayer.OnSeekCompleteListener listener）：注册一个当搜寻操作完成后唤起的播放事件；
- void setOnVideoSizeChangedListener（MediaPlayer.OnVideoSizeChangedListener listener）：注册一个当视频大小告知或更新后唤起的播放事件；
- void setScreenOnWhilePlaying（boolean screenOn）：控制当视频播放发生时是否使用 SurfaceHolder 保持屏幕；
- void setVolume（float leftVolume, float rightVolume）：设置播放器的音量；
- void setWakeMode（Context context, int mode）：为 MediaPlayer 设置低等级的电源管理状态；
- void start()：开始或恢复播放；
- void stop()：停止播放。

18.2 VideoView 技术

VideoView 的用法和其他 Widget 私用方法类似，在使用时必须先在 Layout XML 中定义 VideoView 属性，然后在程序中通过 findViewById()方法即可创建 VideoView 对象。VideoView 的最大用途是播放视频文件。VideoView 类可以从不同的来源（如资源文件或内容提供器）读取图像，计算和维护视频的画面尺寸以使其适用于任何布局管理器，并提供一些诸如缩放、着色之类的显示选项。在本节中，将简要介绍 VideoView 技术的基本知识。

18.2.1 构造函数

VideoView 有 3 个构造函数，分别如下。

① 第一个构造函数。

通过此函数可以创建一个默认属性的 VideoView 实例，参数 context 表示视图运行的应用程序上下文，通过它可以访问当前主题、资源等。其语法格式如下。

```
public VideoView (Context context)
```

② 第二个构造函数。

通过此函数可以创建一个带有 attrs 属性的 VideoView 实例，其语法格式如下。

```
public VideoView (Context context, AttributeSet attrs)
```

③ 第三个构造函数。

通过上述函数可以创建一个带有 attrs 属性，并且指定其默认样式的 VideoView 实例，其语法格式如下。

```
public VideoView (Context context, AttributeSet attrs, int defStyle)
```

上述三个构造函数中，参数的具体说明如下。

- context：视图运行的应用程序上下文，通过它可以访问当前主题、资源等。
- attrs：用于视图的 XML 标签属性集合。
- defStyle：应用到视图的默认风格。如果为 0 则不应用（包括当前主题中的）风格。该值可以是当前主题中的属性资源，或者是明确的风格资源 ID。

18.2.2 公共方法

VideoView 中各个公共方法的具体说明如下。

（1）public boolean canPause ()：判断是否能够暂停播放视频。

（2）public boolean canSeekBackward ()：判断是否能够倒退。

（3）public boolean canSeekForward ()：判断是否能够快进。

（4）public int getBufferPercentage ()：获得缓冲区的百分比。

（5）public int getCurrentPosition ()：获得当前的位置。

（6）public int getDuration ()：获得所播放视频的总时间。

（7）public boolean isPlaying ()：判断是否正在播放视频。

（8）public boolean onKeyDown (int keyCode, KeyEvent event)：是 KeyEvent.Callback.onKeyMultiple()的默认实现。如果视图可用并可按，当按下 KEYCODE_DPAD_CENTER 或 KEYCODE_ENTER 时执行视图的按下事件。如果处理了事件则返回真。如果允许下一个事件接受器处理该事件，则返回假。

此函数参数的具体说明如下所示。

- keyCode：表示按下的键在 KEYCODE_ENTER 中定义的键盘代码；
- event：KeyEvent 对象，定义了按钮动作。

（9）public boolean onTouchEvent (MotionEvent ev)：通过该方法来处理触屏事件，参数 event 表示触屏事件。如果事件已经处理返回 True，否则返回 false。

（10）public boolean onTrackballEvent (MotionEvent ev)：这个方法用于处理轨迹球的动作事件，轨迹球相对于上次事件移动的位置能用 MotionEvent.getX()和 MotionEvent.getY()函数取回。用户按下一次方向键，通常作为一次移动处理，为了表现来自轨迹球的更小粒度的移动信息，会返回小数。参数 ev 表示动作的事件。

（11）public void pause ()：暂停播放。

（12）public int resolveAdjustedSize (int desiredSize, int measureSpec)：取得调整后的尺寸。如果 measureSpec 对象传入的模式是 UNSPECIFIED 那么返回的是 desiredSize；如果 measureSpec 对象传入的模式是 AT_MOST，返回的将是 desiredSize 和 measureSpec 这两个对象中尺寸小的那个。如果 measureSpec 对象传入的模式是 EXACTLY，那么返回的是 measureSpec 对象中的尺寸大小值。

> 注意　MeasureSpec 是一个 android.view.View 的内部类。它封装了从父类传送到子类的布局要求信息。每个 MeasureSpec 对象描述了控件的高度或者宽度。MeasureSpec 对象是由 MeasureSpec.makeMeasureSpec()函数创建，由尺寸和模式组成的，包括 3 个模式：UNSPECIFIED、EXACTLY、AT_MOST。

（13）public void resume ()：用于恢复挂起的播放器。

（14）public void seekTo (int msec)：设置播放位置。

（15）public void setMediaController (MediaController controller)：设置媒体控制器。

（16）public void setOnCompletionListener (MediaPlayer.OnCompletionListener l)：注册在媒体文件播放完毕时调用的回调函数。参数 l 表示要执行的回调函数。

（17）public void setOnErrorListener (MediaPlayer.OnErrorListener l)：注册在设置或播放过程中发生错误时调用的回调函数。如果未指定回调函数或回调函数返回假，VideoView 会通知用户发生了错误。参数 l 表示要执行的回调函数。

（18）public void setOnPreparedListener (MediaPlayer.OnPreparedListener l)：用于注册已在媒体文件加载完毕、可以在播放时调用的回调函数。参数 l 表示要执行的回调函数。

（19）public void setVideoPath (String path)：用于设置视频文件的路径名。

（20）public void setVideoURI (Uri uri)：设置视频文件的统一资源标识符。

（21）public void start ()：开始播放视频文件。

（22）public void stopPlayback ()：停止回放视频文件。

（23）public void suspend ()：挂起视频文件的播放。

18.3 实战演练——开发一个网络视频播放器

在本章前面的两节中讲解了 MediaPlayer 的基本知识，将通过一个具体实例的实现过程，介绍用 MediaPlayer 开发一个网络视频播放器的基本流程。

当前，智能手机可以远程观看在线视频，但视频一般都比较大，所以必须保证手机有足够的存储空间，同时还要确保下载的视频能够被 MediaPlayer 所支持。在本实例中，通过 EditText 获取远程视频的 URL，然后将此网址的视频下载并以暂存的方式将其保存到手机的存储卡中，之后通过控制按钮来控制对视频的处理。在播放完毕并终止程序后，将暂存到存储卡中的临时视频删除。

题目	目的	源码路径
实例 18-1	使用 MediaPlayer 播放网络中的视频	\codes\18\bof

本实例的主程序文件是 bof.java，其具体实现流程如下。

（1）定义 bIsReleased 标识 MediaPlayer 是否已被释放，识别 MediaPlayer 是否正处于暂停，

并用 LogCat 输出 TAG filter，具体代码如下。

```
/* 识别 MediaPlayer 是否已被释放*/
private boolean bIsReleased = false;
/* 识别 MediaPlayer 是否正处于暂停*/
private boolean bIsPaused = false;
/* LogCat 输出 TAG filter */
private static final String TAG = "HippoMediaPlayer";
private String currentFilePath = "";
private String currentTempFilePath = "";
private String strVideoURL = "";
```

（2）设置播放视频的 URL 地址，使用 mSurfaceView01 绑定 Layout 上的 SurfaceView，然后设置 SurfaceHolder 为 Layout SurfaceView，具体代码如下。

```
public void onCreate(Bundle savedInstanceState)
{
    super.onCreate(savedInstanceState);
    setContentView(R.layout.main);
    /* 存放.3gp 图像文件的 URL 网址*/
    strVideoURL =
    "http://new4.sz.3gp2.com//20100205xyy/喜羊羊与灰太狼%20 踩高跷(www.3gp2.com).3gp";
    //http://www.dubblogs.cc:8751/Android/Test/Media/3gp/test2.3gp

    mTextView01 = (TextView)findViewById(R.id.myTextView1);
    mEditText01 = (EditText)findViewById(R.id.myEditText1);
    mEditText01.setText(strVideoURL);

    /* 绑定 Layout 上的 SurfaceView */
    mSurfaceView01 = (SurfaceView) findViewById(R.id.mSurfaceView1);

    /* 设置 PixnelFormat */
    getWindow().setFormat(PixelFormat.TRANSPARENT);
    /* 设置 SurfaceHolder 为 Layout SurfaceView */
    mSurfaceHolder01 = mSurfaceView01.getHolder();
    mSurfaceHolder01.addCallback(this);
```

（3）为影片设置大小比例，并分别设置【mPlay】、【mReset】、【mPause】和【mStop】四个控制按钮，具体代码如下。

```
/* 由于原有的影片 Size 较小，故指定其为固定比例*/
mSurfaceHolder01.setFixedSize(160, 128);
mSurfaceHolder01.setType(SurfaceHolder.SURFACE_TYPE_PUSH_BUFFERS);
mPlay = (ImageButton) findViewById(R.id.play);
mReset = (ImageButton) findViewById(R.id.reset);
mPause = (ImageButton) findViewById(R.id.pause);
mStop = (ImageButton) findViewById(R.id.stop);
```

（4）编写单击【播放】按钮的处理事件，具体代码如下。

```
/* 播放按钮*/
mPlay.setOnClickListener(new ImageButton.OnClickListener()
{
  public void onClick(View view)
  {
    if(checkSDCard())
    {
      strVideoURL = mEditText01.getText().toString();
      playVideo(strVideoURL);
      mTextView01.setText(R.string.str_play);
    }
    else
    {
      mTextView01.setText(R.string.str_err_nosd);
    }
  }
});
```

（5）编写单击【重播】按钮的处理事件，具体代码如下。

```
/* 重新播放按钮*/
mReset.setOnClickListener(new ImageButton.OnClickListener()
{
  public void onClick(View view)
  {
    if(checkSDCard())
    {
      if(bIsReleased == false)
      {
        if (mMediaPlayer01 != null)
        {
          mMediaPlayer01.seekTo(0);
          mTextView01.setText(R.string.str_play);
        }
      }
    }
    else
    {
      mTextView01.setText(R.string.str_err_nosd);
    }
  }
});
```

（6）编写单击【暂停】按钮的处理事件，具体代码如下。

```
/* 暂停按钮*/
mPause.setOnClickListener(new ImageButton.OnClickListener()
{
  public void onClick(View view)
  {
    if(checkSDCard())
    {
      if (mMediaPlayer01 != null)
      {
        if(bIsReleased == false)
        {
          if(bIsPaused==false)
          {
            mMediaPlayer01.pause();
            bIsPaused = true;
            mTextView01.setText(R.string.str_pause);
          }
          else if(bIsPaused==true)
          {
            mMediaPlayer01.start();
            bIsPaused = false;
            mTextView01.setText(R.string.str_play);
          }
        }
      }
    }
    else
    {
      mTextView01.setText(R.string.str_err_nosd);
    }
  }
});
```

（7）编写单击【停止】按钮的处理事件，具体代码如下。

```
/* 终止按钮*/
mStop.setOnClickListener(new ImageButton.OnClickListener()
{
  public void onClick(View view)
  {
    if(checkSDCard())
    {
      try
      {
        if (mMediaPlayer01 != null)
```

```
          {
            if(bIsReleased==false)
            {
              mMediaPlayer01.seekTo(0);
              mMediaPlayer01.pause();
              mTextView01.setText(R.string.str_stop);
            }
          }
        }
        catch(Exception e)
        {
          mTextView01.setText(e.toString());
          Log.e(TAG, e.toString());
          e.printStackTrace();
        }
      }
      else
      {
        mTextView01.setText(R.string.str_err_nosd);
      }
    }
  }
});
```

（8）定义 playVideo 方法下载指定 URL 地址的影片，并在下载后进行播放处理，具体代码如下。

```
/* 自定义下载 URL 影片并播放*/
private void playVideo(final String strPath)
{
  try
  {
    /* 若传入的 strPath 为现有播放的连接，则直接播放*/
    if (strPath.equals(currentFilePath) && mMediaPlayer01 != null)
    {
      mMediaPlayer01.start();
      return;
    }
    else if(mMediaPlayer01 != null)
    {
      mMediaPlayer01.stop();
    }
    currentFilePath = strPath;
    /* 重新构建 MediaPlayer 对象*/
    mMediaPlayer01 = new MediaPlayer();
    /* 设置播放音量*/
    mMediaPlayer01.setAudioStreamType(2);
    /* 设置显示在 SurfaceHolder */
    mMediaPlayer01.setDisplay(mSurfaceHolder01);
    mMediaPlayer01.setOnErrorListener
    (new MediaPlayer.OnErrorListener()
    {
      @Override
      public boolean onError(MediaPlayer mp, int what, int extra)
      {
        // TODO Auto-generated method stub
        Log.i
        (
          TAG,
          "Error on Listener, what: " + what + "extra: " + extra
        );
        return false;
      }
    });
```

（9）定义 onBufferingUpdate 事件监听缓冲进度，具体代码如下。

```
mMediaPlayer01.setOnBufferingUpdateListener
(new MediaPlayer.OnBufferingUpdateListener()
{
  @Override
```

```
    public void onBufferingUpdate(MediaPlayer mp, int percent)
    {
      // TODO Auto-generated method stub
      Log.i
      (
        TAG, "Update buffer: " +
        Integer.toString(percent) + "%"
      );
    }
  });
```

（10）定义 run()方法接受连接并记录线程信息。先在运行线程时调用自定义函数抓取下文，当下载完后调用 prepare 准备动作，当有异常发生时输出错误信息，具体代码如下。

```
    Runnable r = new Runnable()
    {
      public void run()
      {
        try
        {
          /* 在线程运行中，调用自定义函数抓取下文*/
          setDataSource(strPath);
          /* 下载完后调用 prepare */
          mMediaPlayer01.prepare();
          Log.i
          (
            TAG, "Duration: " + mMediaPlayer01.getDuration()
          );
          mMediaPlayer01.start();
          bIsReleased = false;
        }
        catch (Exception e)
        {
          Log.e(TAG, e.getMessage(), e);
        }
      }
    };
    new Thread(r).start();
  }
  catch(Exception e)
  {
    if (mMediaPlayer01 != null)
    {
      mMediaPlayer01.stop();
      mMediaPlayer01.release();
    }
  }
```

（11）定义 setDataSource 方法使用线程启动的方式播放视频，具体代码如下。

```
/* 自定义 setDataSource，由线程启动*/
private void setDataSource(String strPath) throws Exception
{
  if (!URLUtil.isNetworkUrl(strPath))
  {
    mMediaPlayer01.setDataSource(strPath);
  }
  else
  {
    if(bIsReleased == false)
    {
      URL myURL = new URL(strPath);
      URLConnection conn = myURL.openConnection();
      conn.connect();
      InputStream is = conn.getInputStream();
      if (is == null)
      {
        throw new RuntimeException("stream is null");
      }
      File myFileTemp = File.createTempFile
```

```
      ("hippoplayertmp", "."+getFileExtension(strPath));

      currentTempFilePath = myFileTemp.getAbsolutePath();

      /*currentTempFilePath = /sdcard/mediaplayertmp39327.dat */

      FileOutputStream fos = new FileOutputStream(myFileTemp);
      byte buf[] = new byte[128];
      do
      {
        int numread = is.read(buf);
        if (numread <= 0)
        {
          break;
        }
        fos.write(buf, 0, numread);
      }while (true);
      mMediaPlayer01.setDataSource(currentTempFilePath);
      try
      {
        is.close();
      }
      catch (Exception ex)
      {
        Log.e(TAG, "error: " + ex.getMessage(), ex);
      }
    }
  }
}
```

（12）定义 getFileExtension 方法获取视频的扩展名，具体代码如下。

```
private String getFileExtension(String strFileName)
{
  File myFile = new File(strFileName);
  String strFileExtension=myFile.getName();
  strFileExtension=(strFileExtension.substring
  (strFileExtension.lastIndexOf(".")+1)).toLowerCase();

  if(strFileExtension=="")
  {
    /* 若无法顺利取得扩展名，默认为.dat */
    strFileExtension = "dat";
  }
  return strFileExtension;
}
```

（13）定义方法 checkSDCard()判断存储卡是否存在，具体代码如下。

```
private boolean checkSDCard()
{
  /* 判断存储卡是否存在*/
  if(android.os.Environment.getExternalStorageState().equals
  (android.os.Environment.MEDIA_MOUNTED))
  {
    return true;
  }
  else
  {
    return false;
  }
}
@Override
public void surfaceChanged
(SurfaceHolder surfaceholder, int format, int w, int h)
{
  Log.i(TAG, "Surface Changed");
}
public void surfaceCreated(SurfaceHolder surfaceholder)
{
```

```
    Log.i(TAG, "Surface Changed");
  }

  @Override
  public void surfaceDestroyed(SurfaceHolder surfaceholder)
  {
    Log.i(TAG, "Surface Changed");
  }
}
```

在本实例中，MediaProvider 相当于一个数据中心，其里面记录了存储卡中的所有数据，而 Gallery 的作用是展示和操作这个数据中心，每次用户启动 Gallery 时，Gallery 只是读取 MediaProvider 里面的记录并显示用户。如果用户在 Gallery 里删除一个媒体时，Gallery 通过调用 MediaProvider 开放的接口来实现。执行后在文本框中显示指定播放视频的 URL，当下载完毕后能进行播放，执行效果如图 18-2 所示。

▲图 18-2 执行效果

第 19 章　网络流量监控

流量监控是指统计当前网络内的数据流量，帮助用户及时了解系统使用了多少数据。在任何手机中，流量监控系统非常重要，及时监控自己手机的网络流量，从而避免因超流量产生巨额费用。在本章中，将简要介绍在 Android 平台中开发流量监控系统的方法，并通过一个流量统计系统实例的实现过程，讲解在 Android 平台中开发流量监控系统的基本思路和流程，为读者进入本书后面的学习打下打下基础。

19.1 TrafficStats 类详解

流量统计功能十分重要，通过流量统计可以及时获取使用过的网络流量信息，避免超出各种包月流量的限制。Android 系统从 Android2.2 开始加入了 TrafficStats 类，通过此类可以轻松获取 Android 手机的流量信息。TrafficStats 类是通过读取 Linux 提供的文件对象系统类型的文本进行解析的。在 android.net.TrafficStats 类中提供了多种静态方法，通过调用这些方法可以直接获取流量信息，返回类型均为 long 型，如果返回等于-1 则代表 UNSUPPORTED，即当前设备不支持统计。在本节中，将详细讲解 TrafficStats 类的基本知识。

19.1.1　常量和公共方法

TrafficStats 类中的统计内容包括通过所有网络接口、Mobile 接口和 UID 网络接口的发送和接收字节和网络数据包数量，其继承关系如下。

```
public class TrafficStatsextends Object
java.lang.Object
android.net.TrafficStats
```

功能：获取通过 Mobile 接口发送的数据包总数。

返回值：数据包总数。如果设备不支持统计，则返回 UNSUPPORTED。

（1）常量

public static final int UNSUPPORTED：返回值表示该设备不支持统计，常量值是-1(0xffffffff)。

（2）公共方法

- public static long getMobileRxBytes()：获取通过 Mobile 接口接收到的字节总数，不包含 Wi-Fi，返回值是字节总数。如果设备不支持统计，将返回 UNSUPPORTED。
- public static long getMobileRxPackets()：获取通过 Mobile 接口接收到的数据包总数，返回值是数据包总数。如果设备不支持统计，将返回 UNSUPPORTED。
- public static long getMobileTxBytes()：获取通过 Mobile 接口发送的字节总数，返回值是字节总数。如果设备不支持统计，将返回 UNSUPPORTED。
- public static long getMobileTxPackets()：获取通过 Mobile 接口发送的数据包总数，返回值是数据包总数。如果设备不支持统计，将返回 UNSUPPORTED。

- public static long getTotalRxBytes():获取通过所有网络接口接收到的字节总数,包含 Mobile 和 Wi-Fi 等,返回值是字节总数。如果设备不支持统计,将返回 UNSUPPORTED。
- public static long getTotalRxPackets():获取通过所有网络接口接收到的数据包总数,包含 Mobile 和 Wi-Fi 等,返回值是数据包总数。如果设备不支持统计,将返回 UNSUPPORTED。
- public static long getTotalTxBytes():获取通过所有网络接口发送的字节总数,包含 Mobile 和 Wi-Fi 等,返回值是字节总数。如果设备不支持统计,将返回 UNSUPPORTED。
- public static long getTotalTxPackets():获取通过所有网络接口发送的数据包总数,包含 Mobile 和 Wi-Fi 等,返回值是数据包总数。如果设备不支持统计,将返回 UNSUPPORTED。
- public static long getUidRxBytes (int uid):获取通过 UID 网络接口收到的字节数,统计包含所有网络接口。参数 uid 表示待检查的进程的 uid。返回值是字节数。
- public static long getUidTxBytes (int uid):获取通过 UID 网络接口发送的字节数,统计包含所有网络接口。参数 uid 表示待检查的进程的 uid。返回值是字节总数,如果设备不支持统计,将返回 UNSUPPORTED。

19.1.2　使用类 TrafficStats 统计流量

为了便于读者使用 TrafficStats 类,笔者编写了几个流量统计函数供读者们使用。这些函数保存在文件“daima\20\TrafficStatsLL.java”中,具体代码如下。

```
package com.AAJM;

import java.io.ByteArrayOutputStream;
import java.io.File;
import java.io.FileInputStream;
import java.io.FileNotFoundException;
import java.io.IOException;
import java.util.regex.Matcher;
import java.util.regex.Pattern;
import android.util.Log;
public class TrafficStatsLL {
/**
 * 获取网络流量信息
 * 利用读取系统文件的方法获取网络流量
 * 主要意义在于可以应用于 Android2.2 以前的没有提供 TrafficStats 接口的版本
 */
    public static String readInStream(FileInputStream inStream){
          try {
           ByteArrayOutputStream outStream = new ByteArrayOutputStream();
           byte[] buffer = new byte[1024];
           int length = -1;
           while((length = inStream.read(buffer)) != -1 ){
            outStream.write(buffer, 0, length);
           }
           outStream.close();
           inStream.close();
           return outStream.toString();
          } catch (IOException e){
           Log.i("FileTest", e.getMessage());
          }
          return null;
    }
    //获取手机 2G/3G 的下载流量
    public static long getMobileRxBytes()
    {
        long ReturnLong=0;                          //查询到的结果
        try {
            File file = new File("/proc/net/dev");
            FileInputStream inStream = new FileInputStream(file);
            String a=readInStream(inStream);
            int startPos=a.indexOf("rmnet0:");
```

```
            a=a.substring(startPos);
            Pattern p=Pattern.compile(" \\d+ ");
            Matcher m=p.matcher(a);
            while(m.find()){
                ReturnLong=Long.parseLong(m.group().trim());
                break;
            }

        } catch (FileNotFoundException e1) {
            e1.printStackTrace();
        }
        return ReturnLong;
    }

///获取手机 2G/3G 的上传流量    public static long getMobileTxBytes()
    {
        long ReturnLong=0;                              //查询到的结果
        try {
            int count=0;                             //返回结果时的计数器
            File file = new File("/proc/net/dev");
            FileInputStream inStream = new FileInputStream(file);
            String a=readInStream(inStream);
            int startPos=a.indexOf("rmnet0:");
            a=a.substring(startPos);
            Pattern p=Pattern.compile(" \\d+ ");
            Matcher m=p.matcher(a);
            while(m.find()){
                if(count==8)
                {
                    ReturnLong=Long.parseLong(m.group().trim());
                    break;
                }
                count++;

            }

        } catch (FileNotFoundException e1) {
            e1.printStackTrace();
        }
        return ReturnLong;
    }
//获取手机 Wi-Fi 的下载流量
    public static long getWifiRxBytes()
    {
        long ReturnLong=0;                  //查询到的结果
        try {
            File file = new File("/proc/net/dev");
            FileInputStream inStream = new FileInputStream(file);
            String a=readInStream(inStream);
            int startPos=a.indexOf("wlan0:");
            a=a.substring(startPos);
            Pattern p=Pattern.compile(" \\d+ ");
            Matcher m=p.matcher(a);
            while(m.find()){
                    ReturnLong=Long.parseLong(m.group().trim());
                    break;
            }

        } catch (FileNotFoundException e1) {
            e1.printStackTrace();
        }
        return ReturnLong;
    }


//获取手机 Wi-Fi 的上传流量/
    public static long getWifiTxBytes()
    {
        long ReturnLong=0;                                          //查询到的结果
```

```
        try {
            int count=0;                                //返回结果时的计数器
            File file = new File("/proc/net/dev");
            FileInputStream inStream = new FileInputStream(file);
            String a=readInStream(inStream);
            int startPos=a.indexOf("wlan0:");
            a=a.substring(startPos);
            Pattern p=Pattern.compile(" \\d+ ");
            Matcher m=p.matcher(a);
            while(m.find()){
                if(count==8)
                {
                    ReturnLong=Long.parseLong(m.group().trim());
                    break;
                }
                count++;
            }

        } catch (FileNotFoundException e1) {
            e1.printStackTrace();
        }
        return ReturnLong;
    }
//根据 uid 获取进程的下载流量
    public static long getUidRxBytes(int uid)
    {
        long ReturnLong=0;                          //查询到的结果

            try {
                String url="/proc/uid_stat/"+String.valueOf(uid)+"/tcp_rcv";
                File file = new File(url);
                FileInputStream inStream;
                if(file.exists())
                {
                    inStream = new FileInputStream(file);
                    ReturnLong=Long.parseLong(readInStream(inStream).trim());
                }
            } catch (FileNotFoundException e) {
                // TODO Auto-generated catch block
                e.printStackTrace();
            }
            //Log.i(url+"文件并不存在","可能原因为该文件在开机后并没有上过网, 所以没有流量记录");
        return ReturnLong;
    }
//根据 uid 获取进程的上传流量
    public static long getUidTxBytes(int uid)
    {
        long ReturnLong=0;                          //查询到的结果
        try {
            String url="/proc/uid_stat/"+String.valueOf(uid)+"/tcp_snd";
            File file = new File(url);
            if(file.exists())
            {
                FileInputStream inStream = new FileInputStream(file);
                ReturnLong=Long.parseLong(readInStream(inStream).trim());
            }
        } catch (FileNotFoundException e1) {
            e1.printStackTrace();
        }
        return ReturnLong;
    }
}
```

19.2 实战演练——开发一个流量统计系统

流量统计是指对数据流进行的监控，计算出诸如出数据、入数据的速度和总流量。在使用 Android 移动设备上网时，通常使用流量统计软件可以随时获得哪些程序正在访问互联网，以及它们的实时下载速度和上传速度等信息。在本节中，将通过一个流量统计系统实例的实现过程，详细讲解在 Android 平台中开发流量监控系统的基本思路和具体流程。

题目	目的	源码路径
实例 19-1	开发一个 Android 流量统计系统	\codes\19\liuliangtongji

19.2.1 实现界面布局

编写界面布局文件，首先编写主界面的布局文件 mian.xml，主要代码如下。

```
<?xml version="1.0" encoding="utf-8"?>
<RelativeLayout xmlns:android="http://schemas.android.com/apk/res/android"
    android:background="#EEE9E9" android:layout_width="fill_parent"
    android:layout_height="fill_parent">
    <TextView android:id="@+id/liuliang_biaoti"
        android:layout_alignParentTop="true" android:layout_width="fill_parent"
        android:layout_height="@dimen/liuliang_total_height" android:text="@string/now_
liuliang_total"
        android:textSize="@dimen/total_text_size" android:gravity="center"
        android:layout_centerInParent="true" android:layout_marginTop="10dp" />
    <TextView android:id="@+id/all_line" android:layout_width="fill_parent"
        android:layout_height="@dimen/line_height"          android:layout_below="@+id/
liuliang_biaoti"
        android:background="#00BFFF" />
    <TextView android:id="@+id/g_down" android:layout_width="@dimen/liuliang_mintotal_
width"
        android:layout_height="@dimen/liuliang_mintotal_height"
        android:layout_below="@+id/all_line" android:text="@string/g_down_total"
        android:layout_marginLeft="@dimen/margin_left"   android:textSize="@dimen/mid_
text_size"
        android:layout_marginTop="@dimen/margin_top_juli" />
    <TextView android:id="@+id/g_down_edit"
        android:layout_toRightOf="@+id/g_down"  android:layout_width="@dimen/liuliang_
mintotal_width"
        android:layout_height="@dimen/liuliang_mintotal_height"
        android:layout_below="@+id/liuliang_biaoti"
android:textSize="@dimen/mid_text_size"
        android:layout_marginTop="@dimen/margin_top_juli" />
    <TextView  android:id="@+id/g_up"  android:layout_width="@dimen/liuliang_mintotal_
width"
        android:layout_height="@dimen/liuliang_mintotal_height"
        android:layout_below="@+id/g_down" android:text="@string/g_up_total"
        android:layout_marginLeft="@dimen/margin_left"   android:textSize="@dimen/mid_
text_size"
        android:layout_marginTop="@dimen/margin_top_juli" />
    <TextView android:id="@+id/g_up_edit"
        android:layout_toRightOf="@+id/g_up"    android:layout_width="@dimen/liuliang_
mintotal_width"
        android:layout_height="@dimen/liuliang_mintotal_height"
        android:layout_below="@+id/g_down_edit" android:textSize="@dimen/mid_text_size"
        android:layout_marginTop="@dimen/margin_top_juli" />
    <TextView     android:id="@+id/g_total"     android:layout_width="@dimen/liuliang_
mintotal_width"
        android:layout_height="@dimen/liuliang_mintotal_height"
        android:layout_below="@+id/g_up" android:text="@string/g_total"
        android:layout_marginLeft="@dimen/margin_left"   android:textSize="@dimen/mid_
text_size"
        android:layout_marginTop="@dimen/margin_top_juli" />
    <TextView android:id="@+id/g_total_edit"
        android:layout_toRightOf="@+id/g_total" android:layout_width="@dimen/liuliang_
mintotal_width"
        android:layout_height="@dimen/liuliang_mintotal_height"
        android:layout_below="@+id/g_up_edit" android:textSize="@dimen/mid_text_size"
        android:layout_marginTop="@dimen/margin_top_juli" />
    <TextView   android:id="@+id/total_down"   android:layout_width="@dimen/liuliang_
mintotal_width"
        android:layout_height="@dimen/liuliang_mintotal_height"
```

```
        android:layout_below="@+id/g_total" android:text="@string/down_total"
        android:layout_marginLeft="@dimen/margin_left"   android:textSize="@dimen/mid_
text_size"
        android:layout_marginTop="@dimen/margin_top_juli" />
    <TextView android:id="@+id/total_down_edit"
        android:layout_toRightOf="@+id/total_down"       android:layout_width="@dimen/
liuliang_mintotal_width"
        android:layout_height="@dimen/liuliang_mintotal_height"
        android:layout_below="@+id/g_total_edit" android:textSize="@dimen/mid_text_size"
        android:layout_marginTop="@dimen/margin_top_juli" />
    <TextView    android:id="@+id/total_up"    android:layout_width="@dimen/liuliang_
mintotal_width"
        android:layout_height="@dimen/liuliang_mintotal_height"
        android:layout_below="@+id/total_down" android:text="@string/up_total"
        android:layout_marginLeft="@dimen/margin_left"   android:textSize="@dimen/mid_
text_size"
        android:layout_marginTop="@dimen/margin_top_juli" />
    <TextView android:id="@+id/total_up_edit"
        android:layout_toRightOf="@+id/total_up"         android:layout_width="@dimen/
liuliang_mintotal_width"
        android:layout_height="@dimen/liuliang_mintotal_height"
        android:layout_below="@+id/total_down_edit" android:textSize="@dimen/mid_text_
size"
        android:layout_marginTop="@dimen/margin_top_juli" />
    <TextView android:id="@+id/liuliang_total"
        android:layout_width="@dimen/liuliang_mintotal_width"
        android:layout_height="@dimen/liuliang_mintotal_height"
        android:layout_below="@+id/total_up" android:text="@string/total_liuliang"
        android:layout_marginLeft="@dimen/margin_left"   android:textSize="@dimen/mid_
text_size"
        android:layout_marginTop="@dimen/margin_top_juli" />
    <TextView android:id="@+id/liuliang_total_edit"
        android:layout_toRightOf="@+id/liuliang_total"   android:layout_width="@dimen/
liuliang_mintotal_width"
        android:layout_height="@dimen/liuliang_mintotal_height"
        android:layout_below="@+id/total_up_edit" android:textSize="@dimen/mid_text_size"
        android:layout_marginTop="@dimen/margin_top_juli" />
    <TextView android:id="@+id/all_line_mid" android:layout_width="fill_parent"
        android:layout_height="@dimen/line_height"         android:layout_below="@+id/
liuliang_total"
        android:background="#00BFFF" />
    <TextView android:id="@+id/date_start" android:layout_width="@dimen/date_textview_
width"
        android:layout_height="@dimen/date_kongjian_height"
        android:layout_below="@+id/all_line_mid"     android:layout_marginTop="@dimen/
margin_top_juli"
        android:gravity="center" android:layout_marginLeft="@dimen/margin_left"
        android:textSize="@dimen/mid_text_size" />
    <Button    android:id="@+id/date_start_btn"    android:layout_height="@dimen/date_
kongjian_height"
        android:layout_width="@dimen/date_button_width"
        android:layout_toRightOf="@+id/date_start" android:layout_alignTop="@+id/date_
start"
        android:textSize="@dimen/mid_text_size"       android:text="@string/date_chose_
start"></Button>
    <TextView      android:id="@+id/date_over"       android:layout_width="@dimen/date_
textview_width"
        android:layout_height="@dimen/date_kongjian_height"
        android:layout_below="@+id/date_start"       android:layout_marginTop="@dimen/
margin_top_juli"
        android:gravity="center" android:layout_marginLeft="@dimen/margin_left"
        android:textSize="@dimen/mid_text_size" />
    <Button     android:id="@+id/date_over_btn"     android:layout_height="@dimen/date_
kongjian_height"
        android:layout_width="@dimen/date_button_width"
        android:layout_toRightOf="@+id/date_start" android:layout_alignTop="@+id/date_
over"
        android:textSize="@dimen/mid_text_size"       android:text="@string/date_chose_
over"></Button>
```

```
    <LinearLayout android:layout_height="wrap_content"
       android:id="@+id/search_button1" android:layout_width="fill_parent"
       android:layout_below="@+id/date_over">

       <Button  android:id="@+id/shownow_button"  android:layout_height="@dimen/date_
kongjian_height"
          android:layout_width="wrap_content" android:textSize="@dimen/mid_text_size"
          android:layout_weight="1" android:text="@string/show_now"></Button>
       <Button  android:id="@+id/search_button"  android:layout_height="@dimen/date_
kongjian_height"
          android:layout_width="wrap_content" android:textSize="@dimen/mid_text_size"
          android:layout_weight="1" android:text="@string/search_now"></Button>
    </LinearLayout>
    <TextView android:id="@+id/all_line_bottom"
       android:layout_marginTop="@dimen/margin_top_juli"
       android:layout_width="fill_parent" android:layout_height="@dimen/line_height"
       android:layout_below="@+id/search_button1" android:background="#00BFFF" />
    <Button android:id="@+id/chakan_apps_data"
       android:layout_height="@dimen/date_kongjian_height"
       android:layout_marginTop="@dimen/margin_top_juli"
       android:layout_width="fill_parent" android:layout_below="@+id/all_line_bottom"
       android:textSize="@dimen/mid_text_size" android:text="@string/every_apps_data">
</Button>
</RelativeLayout>
```

在上述代码中，将整个界面划分为上、下两个部分，其中上部分显示流量统计结果，下部分显示操作按钮，通过触摸单击按钮可以设置所要显示的流量统计数据。设计后的界面效果如图 19-1 所示。

▲图 19-1　系统主界面的执行效果

然后编写“程序流量详情”界面的布局文件 appsdatamain.xml，具体代码如下。

```
<?xml version="1.0" encoding="utf-8"?>
<LinearLayout
xmlns:android="http://schemas.android.com/apk/res/android"
   android:orientation="vertical"
android:layout_width="match_parent"
   android:layout_height="match_parent">
   <LinearLayout android:orientation="horizontal"
      android:layout_width="wrap_content" android:layout_height="wrap_content">

      <TextView android:id="@+id/apps_name_tv"
         android:layout_height="@dimen/item_height" android:layout_width="110dp"
         android:text="程序名称"
          />
      <TextView android:id="@+id/apps_rx_name"
         android:layout_height="@dimen/item_height"
android:layout_width="@dimen/item_data_width"
         android:text="@string/show_textview_rx"
         />
      <TextView android:id="@+id/apps_tx_name"
         android:layout_height="@dimen/item_height"
android:layout_width="@dimen/item_data_width"
         android:text="@string/show_textview_tx"
         />
      <TextView android:id="@+id/apps_total_name" android:layout_height="@dimen/item
_height"
         android:layout_width="@dimen/item_data_width"
         android:text="@string/show_textview_total"
         />
   </LinearLayout>
   <ListView android:id="@+id/apps_data_listview"
      android:layout_width="match_parent" android:layout_height="match_parent">
   </ListView>
</LinearLayout>
```

在上述代码中，通过 ListView 控件列表显示了设备中每个进程所占用的流量。

19.2.2　实现 Activity 文件

首先编写文件 Appsdata.java，在此定义函数 show_data_onlistviw 以列表显示流量统计的结果。文件 Appsdata.java 的主要代码如下。

```
    protected void onCreate(Bundle savedInstanceState) {
        // TODO Auto-generated method stub
        super.onCreate(savedInstanceState);
        setContentView(R.layout.appsdatamain);
        showListview = (ListView) findViewById(R.id.apps_data_listview);
        show_data_onlistviw();
    }
    private void show_data_onlistviw() {
        PackageManager pckMan = getPackageManager();
        List<PackageInfo> packs = pckMan.getInstalledPackages(0);
        ArrayList<HashMap<String, Object>> item = new ArrayList<HashMap<String,
        Object>>();
        for (PackageInfo p:packs) {
            if((p.applicationInfo.flags&ApplicationInfo.FLAG_SYSTEM)==0&&
        (p.applicationInfo.flags&ApplicationInfo.FLAG_UPDATED_SYSTEM_APP)==0){
            int appid = p.applicationInfo.uid;
            long rxdata = TrafficStats.getUidRxBytes(appid);
            rxdata = rxdata / 1024 ;
            long txdata = TrafficStats.getUidTxBytes(appid);
            txdata = txdata / 1024 ;
            long data_total = rxdata + txdata;
            HashMap<String, Object> items = new HashMap<String, Object>();
            Drawable drawable=p.applicationInfo.loadIcon(getPackageManager());
            Log.i("TAG", ""+drawable);
            items.put("appsimage",p.applicationInfo.loadIcon(getPackageManager()));
            items.put("appsname", p.applicationInfo.loadLabel(getPackageManager()).
            toString());
            items.put("rxdata", rxdata + "");
            items.put("txdata", txdata + "");
            items.put("alldata", data_total + "");
            item.add(items);
            }
        }
        Adapterforimage adapter=new Adapterforimage(this, item);

        showListview.setAdapter(adapter);
    }
}
```

然后编写文件 Showmain.java，其功能是定义系统中需要的变量和常量，并操作获取的系统数据，将计算后的流量统计数据显示在主屏幕界面中。文件 Showmain.java 的具体实现流程如下。

● 定义系统中需要的变量和常量，具体代码如下所示。

```
private TextView mg_up_total, mg_down_total, mg_total, mUp_total,
        mDown_total, mliuliang_total, date_start_textview,
        date_over_textview, liuliangzongbiaoti;
private  Button  date_start_btn,  date_over_btn,  search_btn,  detail_data_app,show_
now_button;
private int id_number_r = 0, id_number_t = 0;
public static final String RXG = "rxg";
public static final String TXG = "txg";
public static final String RX = "rx";
public static final String TX = "tx";
public static final String SHUTDOWN = "d";
public static final String NORMAL = "n";
public static final String RX3G = "3G下载流量";
public static final String TX3G = "3G上传流量";
public static final String RXT = "下载总流量";
public static final String TXT = "上传总流量";
public static final String flag = "first";
public static final String flagname = "nomber1";
public static boolean isLog = false;
```

```
private DataSupport minsert = new DataSupport(this);
private Calendar calendar = Calendar.getInstance();
private Calendar mcalendar = Calendar.getInstance();
```

● 定义函数 init()实现数据初始化，即执行后在 TextView 控件中显示统计的各类流量，具体代码如下。

```
private void init() {
    mg_down_total = (TextView) findViewById(R.id.g_down_edit);
    mg_up_total = (TextView) findViewById(R.id.g_up_edit);
    mg_total = (TextView) findViewById(R.id.g_total_edit);
    mUp_total = (TextView) findViewById(R.id.total_up_edit);
    mDown_total = (TextView) findViewById(R.id.total_down_edit);
    mliuliang_total = (TextView) findViewById(R.id.liuliang_total_edit);
    liuliangzongbiaoti = (TextView) findViewById(R.id.liuliang_biaoti);
    date_over_btn = (Button) findViewById(R.id.date_over_btn);
    date_start_btn = (Button) findViewById(R.id.date_start_btn);
    search_btn = (Button) findViewById(R.id.search_button);
    detail_data_app = (Button) findViewById(R.id.chakan_apps_data);
    show_now_button=(Button)findViewById(R.id.shownow_button);
    show_now_button.setOnClickListener(new OnClickListener() {
        @Override
        public void onClick(View v) {
liuliangzongbiaoti.setText(getResources().getString(R.string.now_liuliang_total));
        showdata();
        }
    });
    SimpleDateFormat sdf = new SimpleDateFormat("yyyy-MM-dd");
    date_over_textview = (TextView) findViewById(R.id.date_over);
    date_over_textview.setText(sdf.format(new Date()));
    date_start_textview = (TextView) findViewById(R.id.date_start);
    date_start_textview.setText(sdf.format(new Date()));

    detail_data_app.setOnClickListener(new OnClickListener() {
        @Override
        public void onClick(View v) {
            Intent it = new Intent(Showmain.this, Appsdata.class);
            startActivity(it);
        }
    });
    date_over_btn.setOnClickListener(new OnClickListener() {
        @Override
        public void onClick(View v) {
            selectdate(date_over_textview);
        }
    });
    date_start_btn.setOnClickListener(new OnClickListener() {
        @Override
        public void onClick(View v) {
            selectdate(date_start_textview);
        }
    });
    search_btn.setOnClickListener(new OnClickListener() {
        @Override
        public void onClick(View v) {
            search_result();
        }
    });
}
```

● 定义函数 search_result()，其功能是根据用户选择的开始时间和结束时间，统计这个时间段中发生的各种流量，具体代码如下。

```
private void search_result() {
    long g3down = 0, g3up = 0, g3total = 0, rxdown = 0, txup = 0, alltotal = 0;
    String startdate = date_start_textview.getText().toString();
    String overdate = date_over_textview.getText().toString();
    Cursor r3gst = minsert.selectBettweenstart(startdate, overdate, RX3G);
    Cursor r3gov = minsert.selectBettweenstop(startdate, overdate, RX3G);
```

```
Cursor t3gst = minsert.selectBettweenstart(startdate, overdate, TX3G);
Cursor t3gov = minsert.selectBettweenstop(startdate, overdate, TX3G);
Cursor r3gshutdown = minsert.selectbetweenday(RX3G, SHUTDOWN,
      startdate, overdate);
Cursor t3gshutdown = minsert.selectbetweenday(TX3G, SHUTDOWN,
      startdate, overdate);
liuliangzongbiaoti.setText(startdate + "至" + overdate + "的流量");
if (r3gst.moveToNext()) {
   int number = r3gst.getColumnIndex("liuliang");
   g3down = r3gst.getLong(number);
   int number_id_r3s = r3gst.getColumnIndex("id");
   id_number_r = r3gst.getInt(number_id_r3s);
   if (Showmain.isLog) {
      Log.i("liuliang", "rxsearch_result_start_between_rx3g>>>"
            + g3down + ">>>>>>uppstart");
   }
   if (r3gov.moveToNext()) {
      int number_id_r3o = r3gov.getColumnIndex("id");
      id_number_t = r3gov.getInt(number_id_r3o);
      if (id_number_r == id_number_t) {

      } else {
         int number1 = r3gov.getColumnIndex("liuliang");
         g3down = r3gov.getLong(number1) - g3down;
      }
   }
   while (r3gshutdown.moveToNext()) {
      int number2 = r3gshutdown.getColumnIndex("liuliang");
      g3down = r3gshutdown.getLong(number2) + g3down;
   }
   g3down = g3down / 1024 / 1024;
   mg_down_total.setText(g3down + "MB");
}
if (t3gst.moveToNext()) {
   int number3 = t3gst.getColumnIndex("liuliang");
   g3up = t3gst.getLong(number3);
   int number_id_t3s = t3gst.getColumnIndex("id");
   id_number_r = t3gst.getInt(number_id_t3s);

   if (t3gov.moveToNext()) {
      int number_id_t3o = t3gov.getColumnIndex("id");
      id_number_t = t3gov.getInt(number_id_t3o);
      if (id_number_r == id_number_t) {
      } else {
         int number4 = t3gov.getColumnIndex("liuliang");
         g3up = t3gov.getLong(number4) - g3up;
      }
   }
   while (t3gshutdown.moveToNext()) {
      int number5 = t3gshutdown.getColumnIndex("liuliang");
      g3up = g3up + t3gshutdown.getLong(number5);
   }
   g3up = g3up / 1024 / 1024;
   mg_up_total.setText(g3up + "MB");
   g3total = g3down + g3up;
   mg_total.setText(g3total + "MB");

}
Cursor rst = minsert.selectBettweenstart(startdate, overdate, RX);
Cursor rov = minsert.selectBettweenstop(startdate, overdate, RX);
Cursor tst = minsert.selectBettweenstart(startdate, overdate, TX);
Cursor tov = minsert.selectBettweenstop(startdate, overdate, TX);
Cursor rshutdown = minsert.selectbetweenday(RX, SHUTDOWN, startdate,
      overdate);
Cursor tshutdown = minsert.selectbetweenday(TX, SHUTDOWN, startdate,
      overdate);
if (rst.moveToNext()) {
   int number6 = rst.getColumnIndex("liuliang");
   rxdown = rst.getLong(number6);
```

```
        int number_id_rs = rst.getColumnIndex("id");
        id_number_r = rst.getInt(number_id_rs);

        if (Showmain.isLog) {
            Log.i("liuliang", "rxsearch_result_start_rxrx>>>" + rxdown
                    + ">>>>>>>uppstart");
        }
        if (rov.moveToNext()) {
            int number_id_ro = rov.getColumnIndex("id");
            id_number_t = rst.getInt(number_id_ro);
            if (id_number_r == id_number_t) {
            } else {
                int number7 = rov.getColumnIndex("liuliang");
                rxdown = rov.getLong(number7) - rxdown;

                if (Showmain.isLog) {
                    Log.i("liuliang", "rxsearch_result_rx_stop_ssss>>>>"
                            + rxdown + ">>>>>>uppstart");
                    Log.i("liuliang",
                            "rxsearch_result_rx_stop_ssss_resa>>>>"
                                    + rov.getLong(number7)
                                    + ">>>>>>uppstart");
                }
            }
        }
        while (rshutdown.moveToNext()) {
            int number8 = rshutdown.getColumnIndex("liuliang");
            rxdown = rxdown + rshutdown.getLong(number8);
        }
        rxdown = rxdown / 1024 / 1024;
        mDown_total.setText(rxdown + "MB");
    }
    if (tst.moveToNext()) {
        int number9 = tst.getColumnIndex("liuliang");
        txup = tst.getLong(number9);
        int number_id_ts = tst.getColumnIndex("id");
        id_number_r = tst.getInt(number_id_ts);
        if (tov.moveToNext()) {
            int number_id_to = tst.getColumnIndex("id");
            id_number_t = tst.getInt(number_id_to);
            if (id_number_r == id_number_t) {
            } else {
                int number10 = tov.getColumnIndex("liuliang");
                txup = tov.getLong(number10) - txup;
            }
        }
        while (tshutdown.moveToNext()) {
            int number11 = tshutdown.getColumnIndex("liuliang");
            txup = txup + tshutdown.getLong(number11);
        }
        txup = txup / 1024 / 1024;
        mUp_total.setText(txup + "MB");
    }
    alltotal = rxdown + txup;
    mliuliang_total.setText(alltotal + "MB");
}
```

- 编写函数 selectdate()，其功能是单击【选择开始时间】按钮或【选择结束时间】按钮后，弹出一个时间对话框供用户选择，具体代码如下。

```
private void selectdate(final TextView tex) {
    new MyDatePickerDialog(this,
            new DatePickerDialog.OnDateSetListener() {
                public void onDateSet(DatePicker view, int year,
                        int monthOfYear, int dayOfMonth) {
                    String monthstr, daystr;
                    monthOfYear = monthOfYear + 1;
                    if (monthOfYear < 10) {
                        monthstr = "" + 0 + monthOfYear;
```

```
                } else {
                    monthstr = "" + monthOfYear;
                }
                if (dayOfMonth < 10) {
                    daystr = "" + 0 + dayOfMonth;
                } else {
                    daystr = "" + dayOfMonth;
                }
                tex.setText(year + "-" + monthstr + "-" + daystr);
            }
        }, mcalendar.get(Calendar.YEAR), mcalendar.get(Calendar.MONTH),
        mcalendar.get(Calendar.DAY_OF_MONTH)).show();
}
```

- 编写函数 datainsert()，其功能是把收集到的统计数据插入到系统数据库中，具体代码如下。

```
private void datainsert() {
    long g3_down_total = TrafficStats.getMobileRxBytes(); // 获取通过 Mobile 连接收到的字节总数，在此提示大家不包含 Wi-Fi
    long g3_up_total = TrafficStats.getMobileTxBytes(); // Mobile 发送的总字节数
    long mrdown_total = TrafficStats.getTotalRxBytes(); // 获取接收的总字节数，包含 Mobile 和 Wi-Fi 等
    long mtup_total=TrafficStats.getTotalTxBytes();//发送的总字节数，包含 Mobile 和 Wi-Fi 等
    //检测 Wi-Fi 是否存在
    WifiManager wifi=(WifiManager)getSystemService(Context.WIFI_SERVICE);
    ConnectivityManager        connect=(ConnectivityManager)getSystemService(Context.CONNECTIVITY_SERVICE);
    NetworkInfo info=connect.getActiveNetworkInfo();
    if(info!=null){
        if(wifi.isWifiEnabled()){
        minsert.insertNow(mrdown_total, RX, RXT, NORMAL);
        minsert.insertNow(mtup_total, TX, TXT, NORMAL);
        minsert.insertNow(g3_down_total, RXG, RX3G, NORMAL);
        minsert.insertNow(g3_up_total, TXG, TX3G, NORMAL);
        }
        if(info.getType()==ConnectivityManager.TYPE_MOBILE){
    minsert.insertNow(g3_down_total, RXG, RX3G, NORMAL);
    minsert.insertNow(g3_up_total, TXG, TX3G, NORMAL);}
    }
    }
```

- 编写函数 showdata()，其功能是显示系统数据库中的统计数据，并且经过字节转换，统一使用“MB”作为显示单位，具体代码如下。

```
private void showdata() {
    long grx = 0, gtx = 0, rx = 0, tx = 0;
    Cursor rcursor = minsert.selectNow(RXG);
    Cursor rdaycursor = minsert.selectday(RXG, SHUTDOWN);
    Cursor tcursor = minsert.selectNow(TXG);
    Cursor tdaycursor = minsert.selectday(TXG, SHUTDOWN);
    if (rcursor.moveToNext()) {
        int rnumbor = rcursor.getColumnIndex("liuliang");
        grx = rcursor.getLong(rnumbor);
        while (rdaycursor.moveToNext()) {
            int rnumborday = rdaycursor.getColumnIndex("liuliang");
            grx = grx + rdaycursor.getLong(rnumborday);
        }
        grx = grx / 1024 / 1024;
        mg_down_total.setText(grx + "MB");
    }
    if (tcursor.moveToNext()) {
        int tnumbor = tcursor.getColumnIndex("liuliang");
        gtx = tcursor.getLong(tnumbor);
        while (tdaycursor.moveToNext()) {
            int tnumborday = tdaycursor.getColumnIndex("liuliang");
            gtx = gtx + tdaycursor.getLong(tnumborday);
        }
        gtx = gtx / 1024 / 1024;
        mg_up_total.setText(gtx + "MB");
    }
```

```
        long g_total = grx + gtx;
        mg_total.setText(g_total + "MB");
        Cursor mrcursor = minsert.selectNow(RX);
        Cursor mrdaycursor = minsert.selectday(RX, SHUTDOWN);
        Cursor mtcursor = minsert.selectNow(TX);
        Cursor mtdaycursor = minsert.selectday(TX, SHUTDOWN);
        if (mrcursor.moveToNext()) {
            int numberRx = mrcursor.getColumnIndex("liuliang");
            rx = mrcursor.getLong(numberRx);
            while (mrdaycursor.moveToNext()) {
                int numberRxDay = mrdaycursor.getColumnIndex("liuliang");
                rx = rx + mrdaycursor.getLong(numberRxDay);
            }
            rx = rx / 1024 / 1024;
            mDown_total.setText(rx + "MB");
        }
        if (mtcursor.moveToNext()) {
            int numberTx = mtcursor.getColumnIndex("liuliang");
            tx = mtcursor.getLong(numberTx);
            while (mtdaycursor.moveToNext()) {
                int numberTxDay = mtdaycursor.getColumnIndex("liuliang");
                tx = tx + mtdaycursor.getLong(numberTxDay);
            }
            tx = tx / 1024 / 1024;
            mUp_total.setText(tx + "MB");
        }
        long z_total = rx + tx;
        mliuliang_total.setText(z_total + "MB");
        mrcursor.close();
        mrdaycursor.close();
        mtcursor.close();
        mtdaycursor.close();
        rcursor.close();
        rdaycursor.close();
        tcursor.close();
        tdaycursor.close();
    }
```

19.2.3 实现数据处理模块的功能

首先编写文件 DataSupport.java，其功能是创建系统数据库和名为“liuliangtable”的数据表，并依此定义了系统中各个功能需要的数据查询操作。例如，查询两个时间段之间发生的流量数据，插入带有关机标志的数据等，上述查询操作都是通过专用函数实现的。文件 DataSupport.java 的主要代码如下。

```
public class DataSupport extends SQLiteOpenHelper {
    /**
     * @param context
     * @param name
     * @param factory
     * @param version
     */
    public DataSupport(Context context) {
        // 创建名为 liuliangdata 的数据库
        super(context, "liuliangdata", null, 1);
    if(Showmain.isLog){
        Log.i("liuliang","support>>>>>>>>start");
    }
    }
    @Override
    public void onCreate(SQLiteDatabase db) {
        // 创建名为 liuliangtable 的数据表
        String sql = "create table liuliangtable (id integer primary key autoincrement,date
datetime not null ,liuliang integer ,type text,typename text,history text)";
        db.execSQL(sql);
        String sqlbiaozhi = "create table biaozhi (id integer primary key autoincrement,
date datetime not null ,flagtype text,flagtypename text)";
        db.execSQL(sqlbiaozhi);
```

```
        if(Showmain.isLog){
            Log.i("liuliang","onCreate>>>>>>>>>>>start");
        };
    }
    @Override
    public void onUpgrade(SQLiteDatabase db, int oldVersion, int newVersion) {
        // TODO Auto-generated method stub
        String sql = "drop table if exits liuliangtable ";
        db.execSQL(sql);
        onCreate(db);
        if(Showmain.isLog){
            Log.i("liuliang","onupgrade>>>>>>>>>start");
        }
    }
/**
* 方法说明：查询并曾经有多少次关机保存
*/
    public Cursor selectday(String type, String history) {
        SQLiteDatabase db = getReadableDatabase();

        String sql="select date,typename,liuliang from liuliangtable where type = ? and
        history=?";
        Cursor daycursor = db.rawQuery(sql, new String[]{type,history});
        if(Showmain.isLog){
            Log.i("liuliang","selectday>>>>>>>>>>uppstart");
        }
        return daycursor;
    }
    /**
     * 方法说明：在某个时间段有多少个关机保存
     */
    public Cursor selectbetweenday(String type, String history,String datestart,String
    dateover) {
        SQLiteDatabase db = getReadableDatabase();
        String sql="select date,typename,liuliang from liuliangtable where type = ? and
        history=? and date between datetime(?) and datetime(?)";
        Cursor daycursor = db.rawQuery(sql, new String[]{type,history,datestart,
        dateover});
        if(Showmain.isLog){
            Log.i("liuliang","selectbetweenday>>>>>>>>>>uppstart");
        }
        return daycursor;
    /**
     * 方法说明：查询最新的数据
     */
    public Cursor selectNow(String type) {
        SQLiteDatabase db = getReadableDatabase();
        String sql = "select * from liuliangtable where id in (select max(id) from
        liuliangtable where type = ?)";
        Cursor nowcursor = db.rawQuery(sql, new String[] { type });
        if(Showmain.isLog){
            Log.i("liuliang","selectNow>>>>>>>>>>uppstart");
        }
        return nowcursor;
    }
    /**
     *
     * 方法说明：看是否是第一次安装
     *
     */
    public Cursor selectbiaozhi(String flagtype) {
        SQLiteDatabase db = getReadableDatabase();
        String sql = "select * from biaozhi where flagtype = ?";
        Cursor nowcursor = db.rawQuery(sql, new String[] { flagtype });
        if(Showmain.isLog){
            Log.i("liuliang","selectbiaozhi>>>>>>>>>>uppstart");
        }
        return nowcursor;
```

```
    }
    /**
     *
     * 方法说明：查询两个时间段之间的数据
     *
     */
public Cursor selectBettweenstart(String datestart,String datestop ,String type){

    SQLiteDatabase db=getReadableDatabase();
    String sql="select * from liuliangtable where id in (select min(id) from liuliangtable
    where type=? and date between datetime(?) and datetime(?))";
    Cursor cursor = db.rawQuery(sql, new String[]{type,datestart,datestop});
    if(Showmain.isLog){
        Log.i("liuliang","selectBettweenstart>>>>>>>>>>uppstart");
    }
   return cursor;

}
/**
 *
 * 方法说明：两个时间段之间最大的数据
 *
*/
public Cursor selectBettweenstop(String datestart,String datestop ,String type){

    SQLiteDatabase db=getReadableDatabase();
    String sql="select * from liuliangtable where id in (select max(id)from liuliangtable
    where type=? and date between datetime(?) and datetime(?))";
    Cursor cursor = db.rawQuery(sql, new String[]{type,datestart,datestop});
    if(Showmain.isLog){
        Log.i("liuliang","selectBettweenstop>>>>>>>>>>uppstart");
    }
    return cursor;

}
/**
 *
 * 方法说明：插入数据
 *
*/
    public void insertNow( long  liuliang, String type, String typename,
            String history) {
        SQLiteDatabase db = getWritableDatabase();
        String insertstr="insert into liuliangtable(date,liuliang,type,typename,history)
        values(datetime('now'),?,?,?,?) ";
        db.execSQL(insertstr, new Object[]{liuliang,type,typename,history});
        db.close();
        if(Showmain.isLog){
            Log.i("liuliang","insertNow>>>>>>>>>>uppstart");
        }
    }
    /**
     *
     * 方法说明：插入带有关机标志的数据
     *
     */
    public void insertbiaozhi(String flagtype, String flagtypename) {
        SQLiteDatabase db = getWritableDatabase();
        String insertbiaozhi="insert into biaozhi(date,flagtype,flagtypename)
        values(datetime('now'),?,?) ";
        db.execSQL(insertbiaozhi, new Object[]{flagtype,flagtypename});
        db.close();
        if(Showmain.isLog){
            Log.i("liuliang","insertbiaozhi>>>>>>>>>>uppstart");
        }
    }
}
```

- 编写文件 MyReceiver.java，用于统计各种类型的流量数据，具体代码如下。

```
public void onReceive(Context context, Intent intent) {
DataSupport minsert = new DataSupport(context);
long g3_down_total = TrafficStats.getMobileRxBytes(); // 获取通过 Mobile 连接收到的字节总数，这里不包含 Wi-Fi
long g3_up_total = TrafficStats.getMobileTxBytes(); // Mobile 发送的总字节数
long mrdown_total = TrafficStats.getTotalRxBytes(); // 获取接收的总字节数，包含 Mobile 和 Wi-Fi 等
long mtup_total = TrafficStats.getTotalTxBytes(); // 总的发送字节数，包含Mobile和WiFi 等
minsert.insertNow(g3_down_total, Showmain.RXG, Showmain.RX3G,
        Showmain.SHUTDOWN);
minsert.insertNow(g3_up_total, Showmain.TXG, Showmain.TX3G,
        Showmain.SHUTDOWN);
minsert.insertNow(mrdown_total, Showmain.RX, Showmain.RXT,
        Showmain.SHUTDOWN);
minsert.insertNow(mtup_total, Showmain.TX, Showmain.TXT,
        Showmain.SHUTDOWN);
if (Showmain.isLog) {
    Log.i("liuliang", "shutdown>>>>>>>>>start");
}
```

- 编写文件 MyReceiverDay.java，用于统计一整天的各种类型的流量数据，具体代码如下。

```
public void onReceive(Context context, Intent intent) {
    DataSupport minsert = new DataSupport(context);
    long g3_down_total = TrafficStats.getMobileRxBytes(); // 获取通过 Mobile 连接收到的总字节数，这里不包含 Wi-Fi
    long g3_up_total = TrafficStats.getMobileTxBytes(); // Mobile 发送的总字节数
    long mrdown_total = TrafficStats.getTotalRxBytes(); // 获取接收的总字节数，包含 Mobile 和 Wi-Fi 等
    long mtup_total = TrafficStats.getTotalTxBytes();//发送的总字节数，包含Mobile和Wi-Fi 等
    minsert.insertNow(g3_down_total, Showmain.RXG, Showmain.RX3G, Showmain.NORMAL);
    minsert.insertNow(g3_up_total, Showmain.TXG, Showmain.TX3G, Showmain.NORMAL);
    minsert.insertNow(mrdown_total, Showmain.RX, Showmain.RXT, Showmain.NORMAL);
    minsert.insertNow(mtup_total, Showmain.TX, Showmain.TXT, Showmain.NORMAL);
}
```

19.2.4 设置权限

在文件 AndroidManifest.xml 中声明网络和无线权限，具体代码如下。

```
<uses-permission android:name="android.permission.ACCESS_NETWORK_STATE" />
<uses-permission android:name="android.permission.ACCESS_WIFI_STATE" />
```

至此，整个实例介绍完毕，执行后会统计当前设备中的网络流量，如图 19-2 所示。

▲图 19-2 显示流量统计结果

> 注意 图 19-2 所显示的效果是在模拟器中运行得到的，所以结果都为“0”，如果在真机中运行会得到正确的流量统计结果。

第 5 篇

综合实战篇

- 第 20 章　网络 RSS 阅读器
- 第 21 章　开发一个邮件系统
- 第 22 章　在 Android 中开发移动微博应用
- 第 23 章　网络流量防火墙系统
- 第 24 章　开发 Web 版的电话本管理系统
- 第 25 章　移动微信系统

第 20 章　网络 RSS 阅读器

在第 18 章中介绍过 RSS 是一种在线共享内容的简易方式通过使用 RSS 订阅能更快速获取信息。在本书 18.3 节讲解过一个简单 RSS 系统的实现流程，在本章中，将通过一个综合实例的实现过程，详细讲解在 Android 手机开发一个 RSS 阅读器的方法。

20.1 实现流程

本项目实例的功能是，在手机中显示指定 RSS 的信息，即设置显示网易博客 http://woshiyigebing12345.blog.163.com 用户的日志信息。

本项目的具体实现流程如图 20-1 所示。

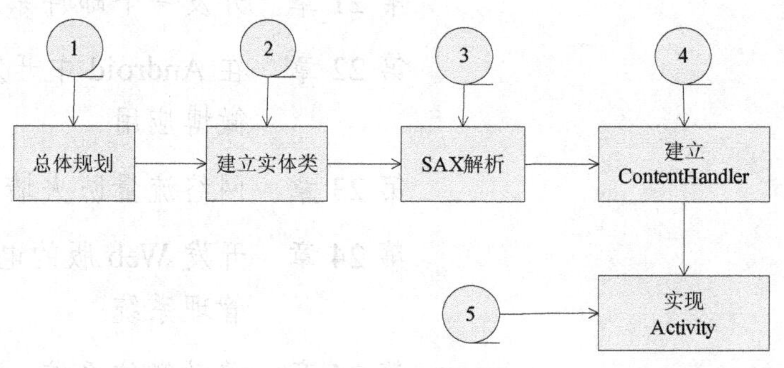

▲图 20-1　实现流程图

20.2 具体实现

下面将介绍本项目的实现过程，针对给出的实例代码，详细讲解各代码的编写技巧和要点，帮助读者提高应用开发水平。

题目	目的	源码路径
实例 20-1	开发一个 RSS 阅读器	\codes\20\RSSREAD

20.2.1　建立实体类

一个 RSS 文件可以被认为是由一个 RSS 的一些描述性信息和里面的 item 元素组成的。

① RSS 的描述性信息如下。

- title：标题信息。
- link：链接信息。
- description：描述信息。

② item 里面的信息如下。

- title：标题信息。
- link：链接信息。
- description：描述信息。
- pubDate：发布的日期。

③ 在本项目实例中需要建立以下两个实体类。

- RSSFeed：用于与一个 RSS 的完整 xml 文件相对应。
- RSSItem：用于与一个 RSS 中 Item 标签相对应。

在解析 RSS 文件时，可以将文件里的信息解析出来放到实体类里面，这样就可以直接操作该实体类了。下面开始讲解上述两个实体类的具体实现过程。

1. RSSFeed 类

RSSFeed 类的功能是用于与一个 RSS 的完整 xml 文件相对应，其中 addItem()方法用于将一个 RSSItem 添加到 RSSFeed 类里面；getAllItemsForListView()方法负责从 RSSFeed 类里面生成 ListView 列表所需要的数据。RSSFeed 类的具体代码如下。

```
package com.rss_reader.data;
import java.util.ArrayList;
import java.util.HashMap;
import java.util.List;
import java.util.Map;
import java.util.Vector;

public class RSSFeed
{
    private String title = null;
    private String pubdate = null;
    private int itemcount = 0;
    private List<RSSItem> itemlist;


     public RSSFeed()
    {
        itemlist = new Vector(0);
    }
    public int addItem(RSSItem item)
    {
        itemlist.add(item);
        itemcount++;
        return itemcount;
    }
    public RSSItem getItem(int location)
    {
        return itemlist.get(location);
    }
    public List getAllItems()
    {
        return itemlist;
    }
    public List getAllItemsForListView(){
        List<Map<String, Object>> data = new ArrayList<Map<String, Object>>();
        int size = itemlist.size();
        for(int i=0;i<size;i++){
            HashMap<String, Object> item = new HashMap<String, Object>();
            item.put(RSSItem.TITLE, itemlist.get(i).getTitle());
            item.put(RSSItem.PUBDATE, itemlist.get(i).getPubDate());
            data.add(item);
        }
        return data;
    }
```

```
    int getItemCount()
    {
        return itemcount;
    }
    public void setTitle(String title)
    {
        this.title = title;
    }
    public void setPubDate(String pubdate)
    {
        this.pubdate = pubdate;
    }
    public String getTitle()
    {
        return title;
    }
    public String getPubDate()
    {
        return pubdate;
    }
}
```

2. RSSItem 类

RSSItem 类的功能是用于与一个 RSS 中 Item 标签相对应，该类的属性和 Feed 里面的属性一样。RSSItem 类的具体代码如下。

```
package com.rss_reader.data;

public class RSSItem
{
    public static final String TITLE="title";
    public static final String PUBDATE="pubdate";
    private String title = null;
    private String description = null;
    private String link = null;
    private String category = null;
    private String pubdate = null;


    public RSSItem()
    {
    }
    public void setTitle(String title)
    {
        this.title = title;
    }
    public void setDescription(String description)
    {
        this.description = description;
    }
    public void setLink(String link)
    {
        this.link = link;
    }
    public void setCategory(String category)
    {
        this.category = category;
    }
    public void setPubDate(String pubdate)
    {
        this.pubdate = pubdate;
    }
    public String getTitle()
    {
```

```
        return title;
    }
    public String getDescription()
    {
        return description;
    }
    public String getLink()
    {
        return link;
    }
    public String getCategory()
    {
        return category;
    }
    public String getPubDate()
    {
        return pubdate;
    }
    public String toString()
    {
        if (title.length() > 20)
        {
            return title.substring(0, 42) + "...";
        }
        return title;
    }
}
```

20.2.2 主程序文件 ActivityMain.java

主程序文件 ActivityMain.java 是本项目的入口，此 Activity 中得到了服务器端的 RSSFeed，经过解析后将里面的内容以 ListView 的形式显示出来。下面开始讲解其具体实现流程。

（1）先引入相关 class 类，然后设置目标 RSS 的源地址为 http:// woshiyigebing12345，最后通过 showListView()方法将获取的 RSS 信息以列表形式显示出来，具体代码如下。

```
package com.rss_reader;

import java.net.URL;

import javax.xml.parsers.SAXParser;
import javax.xml.parsers.SAXParserFactory;

import org.xml.sax.InputSource;
import org.xml.sax.XMLReader;

import android.app.Activity;
import android.content.Intent;
import android.os.Bundle;
import android.view.View;
import android.widget.AdapterView;
import android.widget.ListView;
import android.widget.SimpleAdapter;
import android.widget.AdapterView.OnItemClickListener;

import com.rss_reader.data.RSSFeed;
import com.rss_reader.data.RSSItem;
import com.rss_reader.sax.RSSHandler;

public class ActivityMain extends Activity implements OnItemClickListener
{
//public final String RSS_URL = "http://rubyjin.cn/blog/rss";

    public final String RSS_URL = " http://feed.feedsky.com/woshiyigebing12345";

 public final String tag = "RSSReader";
 private RSSFeed feed = null;
```

```
    /** Called when the activity is first created. */

    public void onCreate(Bundle icicle) {
        super.onCreate(icicle);
        setContentView(R.layout.main);
        feed = getFeed(RSS_URL);
        showListView();

    }
```

（2）定义 getFeed(String urlString)方法，用于得到一个 RSSFeed，即从服务器端请求了 RSS feed，并进行了解析，将解析后的内容都放在 RSSFeed 的一个实例里面。上述解析过程是通过 SAX 实现的，具体流程如下。

① 新建工厂类 SAXParserFactory。

② 工厂类产出一个 SAX 解析类 SAXParser。

③ 从 SAXParser 中得到一个 XMLReader 实例，XMLReader 是一个接口，此接口中定义了一些解析 XML 的回调函数。

④ 把编写的 Handler 注册到 XMLReader 中去。

⑤ 将一个 XML 文档或资源变成一个 Java 可以处理的 InputStream 流后，解析工作开始。

getFeed(String urlString)方法的代码如下。

```
    private RSSFeed getFeed(String urlString)
    {
        try
        {
            URL url = new URL(urlString);
            /*新建工厂类 SAXParserFactory*/
            SAXParserFactory factory = SAXParserFactory.newInstance();
            /*工厂类产出一个 SAX 解析类 SAXParser */
            SAXParser parser = factory.newSAXParser();
           /*从 SAXParser 中得到一个 XMLReader 实例*/
            XMLReader xmlreader = parser.getXMLReader();
            /*把编写的 Handler 注册到 XMLReader 中 */
            RSSHandler rssHandler = new RSSHandler();
            xmlreader.setContentHandler(rssHandler);

            /*将一个 XML 文档或资源变成一个 Java 可以处理的 InputStream 流后，解析工作开始*/
            InputSource is = new InputSource(url.openStream());

            xmlreader.parse(is);

            return rssHandler.getFeed();
        }
        catch (Exception ee)
        {

            return null;
        }
    }
```

（3）定义 showListView()方法列表显示获取的 RSS，这样 ListView 就与一个 SimpleAdapter 实现了绑定，具体代码如下。

```
    private void showListView()
    {
        ListView itemlist = (ListView) findViewById(R.id.itemlist);
        if (feed == null)
        {
            setTitle("访问的 RSS 无效");
            return;
        }
        SimpleAdapter adapter = new SimpleAdapter(this, feed.getAllItemsForListView(),
                android.R.layout.simple_list_item_2, new String[] { RSSItem.TITLE,RSSItem.
```

```
PUBDATE },
            new int[] { android.R.id.text1 , android.R.id.text2});
      itemlist.setAdapter(adapter);
      itemlist.setOnItemClickListener(this);
      itemlist.setSelection(0);

   }
```

（4）定义 onItemClick()方法，用于处理列表的单击事件。当单击后会显示此 RSS 信息的链接地址，用户单击链接后可以在浏览器中打开目标地址，具体代码如下。

```
public void onItemClick(AdapterView parent, View v, int position, long id)
{
   Intent itemintent = new Intent(this,ActivityShowDescription.class);

   Bundle b = new Bundle();
   b.putString("title", feed.getItem(position).getTitle());
   b.putString("description", feed.getItem(position).getDescription());
   b.putString("link", feed.getItem(position).getLink());
   b.putString("pubdate", feed.getItem(position).getPubDate());

   itemintent.putExtra("android.intent.extra.rssItem", b);
   startActivityForResult(itemintent, 0);
}
```

20.2.3 实现 ContentHandler

ContentHandler 是一个特殊的 SAX 接口，位于 org.xml.sax.ContentHandler。在解析 XML 时，大多数步骤都是固定不变的，但是实现 ContentHandler 的步骤却是不同的。实现 ContentHandler 是解析 XML 中最重要、最关键的步骤之一，下面将开始讲解其具体实现流程。

（1）声明 RSSHandler 类，并声明继承与 DefaultHandler 的类。DefaultHandler 类是一个基类，此类中实现了一个最简单的 ContentHandler，只需在里面重写重要的方法即可，具体代码如下。

```
package com.rss_reader.sax;

import org.xml.sax.Attributes;
import org.xml.sax.SAXException;
import org.xml.sax.helpers.DefaultHandler;

import android.util.Log;

import com.rss_reader.data.RSSFeed;
import com.rss_reader.data.RSSItem;

public class RSSHandler extends DefaultHandler
{

   RSSFeed rssFeed;
   RSSItem rssItem;
   String lastElementName = "";
   final int RSS_TITLE = 1;
   final int RSS_LINK = 2;
   final int RSS_DESCRIPTION = 3;
   final int RSS_CATEGORY = 4;
   final int RSS_PUBDATE = 5;

   int currentstate = 0;

   public RSSHandler()
   {
   }

   public RSSFeed getFeed()
   {
      return rssFeed;
   }
```

（2）分别重写 startDocument()和 endDocument()。通常将正式解析前的初始化工作放到startDocument()中，将一些收尾性工作放到endDocument()中，具体代码如下。

```
public void startDocument() throws SAXException
{
    rssFeed = new RSSFeed();
    rssItem = new RSSItem();
}
public void endDocument() throws SAXException
{
}
```

（3）重写 startElement。当 XML 解析器遇到 xml 文档流里面的 tag 时，将会调用此函数。在此函数内部通常是通过参数 localName 进行判断并进行一些操作处理的，具体代码如下。

```
public void startElement(String namespaceURI, String localName,String qName, Attributes
atts) throws SAXException
{
    if (localName.equals("channel"))
    {
        currentstate = 0;
        return;
    }
    if (localName.equals("item"))
    {
        rssItem = new RSSItem();
        return;
    }
    if (localName.equals("title"))
    {
        currentstate = RSS_TITLE;
        return;
    }
    if (localName.equals("description"))
    {
        currentstate = RSS_DESCRIPTION;
        return;
    }
    if (localName.equals("link"))
    {
        currentstate = RSS_LINK;
        return;
    }
    if (localName.equals("category"))
    {
        currentstate = RSS_CATEGORY;
        return;
    }
    if (localName.equals("pubDate"))
    {
        currentstate = RSS_PUBDATE;
        return;
    }

    currentstate = 0;
}
```

（4）重写 endElement。此方法与 startElement 方法相对应，当解析 tag 完毕后执行此方法。如果解析一个 item 节点结束，就将 RSSItem 添加到 RSSFeed 中去，具体代码如下。

```
public void endElement(String namespaceURI, String localName, String qName) throws
SAXException
{

    //如果解析一个item节点结束，就将rssItem添加到rssFeed中。
    if (localName.equals("item"))
    {
```

```
            rssFeed.addItem(rssItem);
            return;

        }
    }
```

（5）重写 characters。此方法是一个回调方法，当解析完 startElement 方法和节点内容后会执行此方法，并且参数 ch[]就是节点的内容，具体代码如下。

```
    public void characters(char ch[], int start, int length)
    {
        String theString = new String(ch,start,length);

        switch (currentstate)
        {
            case RSS_TITLE:
                rssItem.setTitle(theString);
                currentstate = 0;
                break;
            case RSS_LINK:
                rssItem.setLink(theString);
                currentstate = 0;
                break;
            case RSS_DESCRIPTION:
                rssItem.setDescription(theString);
                currentstate = 0;
                break;
            case RSS_CATEGORY:
                rssItem.setCategory(theString);
                currentstate = 0;
                break;
            case RSS_PUBDATE:
                rssItem.setPubDate(theString);
                currentstate = 0;
                break;
            default:
                return;
        }

    }
}
```

20.2.4 主程序文件 ActivityShowDescription.java

主程序文件 ActivityShowDescription.java 的功能是显示某列表信息的详细信息。当单击列表中的某一项后，会进入到此界面。如果程序出错，则 content 显示出错提示；运行正确则在 content 中分别显示 title、pubdate 和 description。其具体代码如下。

```
package com.rss_reader;

import android.app.Activity;
import android.os.Bundle;
import android.widget.Button;
import android.widget.TextView;
import android.content.Intent;
import android.view.*;

public class ActivityShowDescription extends Activity {
    public void onCreate(Bundle icicle) {
        super.onCreate(icicle);
        setContentView(R.layout.showdescription);
        String content = null;
        Intent startingIntent = getIntent();

        if (startingIntent != null) {
            Bundle bundle = startingIntent
                    .getBundleExtra("android.intent.extra.rssItem");
```

```
            if (bundle == null) {
                content = "不好意思程序出错啦";
            } else {
                content = bundle.getString("title") + "\n\n"
                        + bundle.getString("pubdate") + "\n\n"
                        + bundle.getString("description").replace('\n', ' ')
                        + "\n\n详细信息请访问以下网址:\n" + bundle.getString("link");
            }
        } else {
            content = "不好意思程序出错啦";

        }

        TextView textView = (TextView) findViewById(R.id.content);
        textView.setText(content);

        Button backbutton = (Button) findViewById(R.id.back);

        backbutton.setOnClickListener(new Button.OnClickListener() {
            public void onClick(View v) {
                finish();
            }
        });
    }
}
```

20.2.5 主布局文件 main.xml

主布局文件 main.xml 用于定义系统初始主界面，即列表显示获取的 RSS 信息，具体代码如下。

```
<?xml version="1.0" encoding="utf-8"?>
<LinearLayout xmlns:android="http://schemas.android.com/apk/res/android"
    android:orientation="vertical"
    android:layout_width="fill_parent"
    android:layout_height="fill_parent"
    >
<ListView
    android:layout_width="fill_parent"
    android:layout_height="fill_parent"
    android:id="@+id/itemlist"

    />
</LinearLayout>
```

20.2.6 详情主布局文件 showdescription.xml

当用户单击列表信息后，会进入信息详情界面，此界面是由布局文件 showdescription.xml 定义的，具体代码如下。

```
<?xml version="1.0" encoding="utf-8"?>
<LinearLayout xmlns:android="http://schemas.android.com/apk/res/android"
    android:orientation="vertical"
    android:layout_width="fill_parent"
    android:layout_height="fill_parent"
    >
<TextView
    android:layout_width="fill_parent"
    android:layout_height="wrap_content"
    android:autoLink="all"
    android:text=""
    android:id="@+id/content"
    android:layout_weight="1.0"
    />
<Button
    android:layout_width="fill_parent"
    android:layout_height="wrap_content"
    android:text="返回"
    android:id="@+id/back"
```

```
        />
</LinearLayout>
```

至此，整个实例介绍完毕。运行后将获取指定 RSS 中的信息，如图 20-2 所示。单击某条信息后会显示此信息的相关描述性信息，如图 20-3 所示。

▲图 20-2　初始效果

▲图 20-3　相关描述性信息

单击图 20-3 中的链接后，能够显示此条 RSS 的详细信息，如图 20-4 所示。

本实例默认显示的是博客 http://woshiyigebing12345.blog.163.com/中的信息，读者也可以指定显示其他 RSS 信息。在使用时可以登录 http://www.feedsky.com/来设置不同的 RSS 订阅，具体设置流程如下。

（1）来到 http://www.feedsky.com/主界面，如图 20-5 所示。

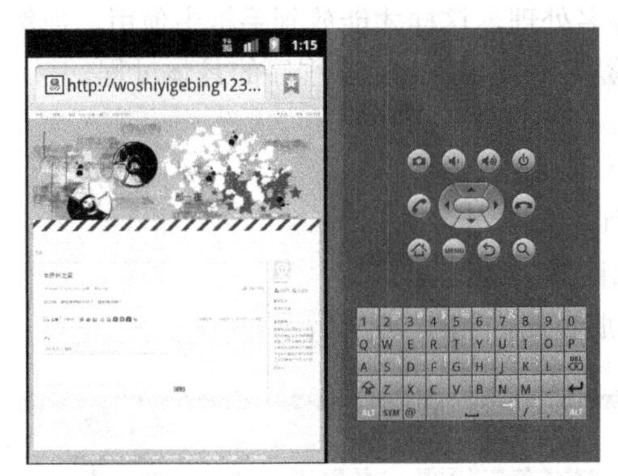

▲图 20-4　详细信息

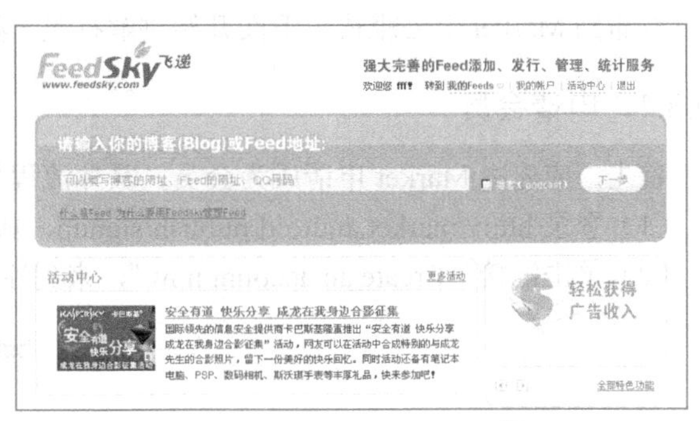

▲图 20-5　feedsky.com 主界面

（2）在图 20-5 顶部的文本框中输入要显示信息的博客地址、Feed 地址或 QQ 号码，按后单击【下一步】按钮，如图 20-6 所示。

▲图 20-6　输入设置的博客、QQ 或 Feed 地址

（3）在弹出界面中分别输入“Feed 名称”“Feed 描述”和“tag”，并设定永久性 Feed 地址，如图 20-7 所示。

图 20-7 中的永久 Feed 地址就是 RSS 的源地址，这样就可以将此地址添加到实例中，从而显示此地址的 RSS 资源信息，也就是显示博客 http://woshiyigebing12345.blog.163.com/中的信息。

添加Feed

第二步: 设置Feed相关信息

Feed名称： 那一夜

Feed描述：

Tag：

你可以为你的feed填写简单的描述，如"音乐.blog"等，用逗号或空格分隔

设定永久Feed地址： http://feed.feedsky.com/ woshiyigebin2

请设定你的永久Feed地址，此地址一旦注册不能修改。即使你的博客（Blog）搬家了，订阅读者也不会丢失。

快速注册Feedsky用户，如果你已经注册，请点击这里快速登陆

E-mail：

昵称：

密码：

确认密码：

下一步

▲图 20-7　添加 Feed 界面

20.3 打包、签名和发布

当一个 Android 项目开发完毕后，需要打包和签名处理，这样才能放到手机中使用，当然也可以发布到 Market 上去赚钱。下面开始讲解打包、签名、发布 Android 程序的具体过程。

20.3.1　申请会员

首先，应先去 Market 申请成为会员，具体流程如下。

（1）登录 http://market.android/publish/signup，如图 20-8 所示。

（2）单击链接"Create an account now"，来到注册页面，如图 20-9 所示。

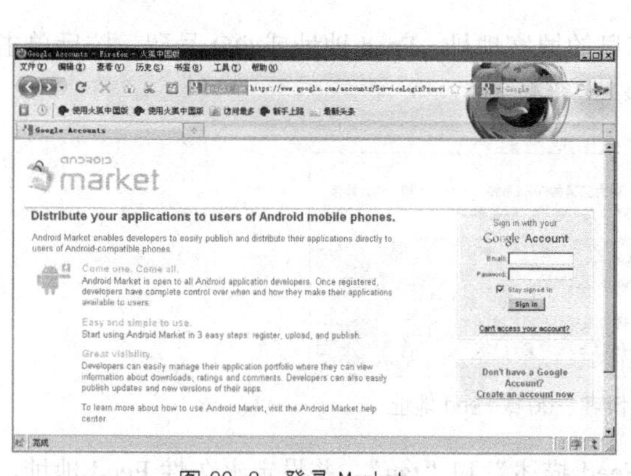

▲图 20-8　登录 Market

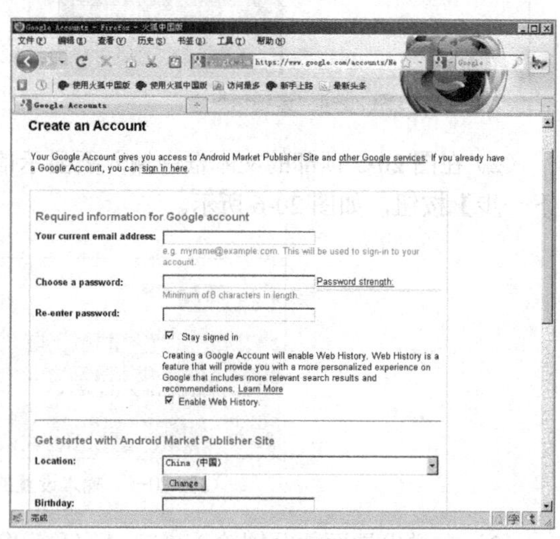

▲图 20-9　注册界面

（3）单击【同意协议】后来到下一步页面，在此输入手机号码，如图 20-10 所示。

（4）在新界面中输入手机获取的验证码，如图 20-11 所示。

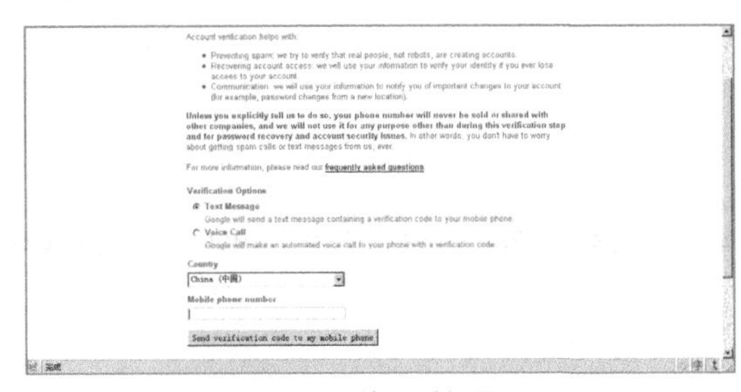

▲图 20-10 输入手机号码

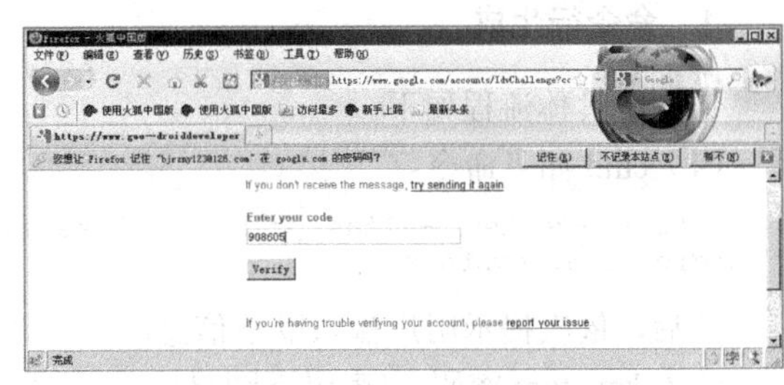

▲图 20-11 输入验证码

（5）验证通过后，在新界面中继续输入信息，如图 20-12 所示。

（6）单击【Continue »】按钮后，提示需要花费 25 美元，支付后才能成为正式会员，如图 20-13 所示。

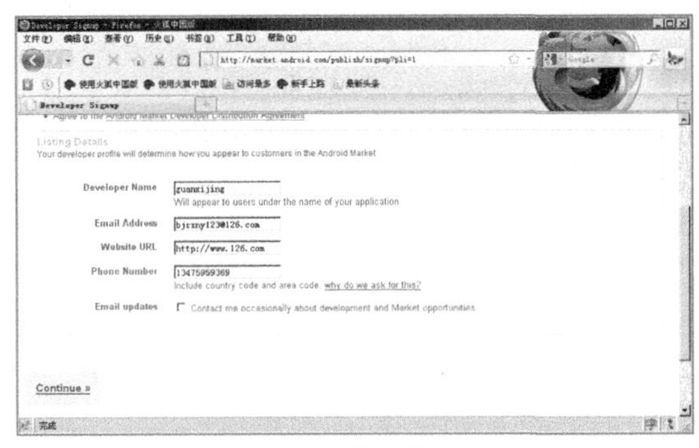

▲图 20-12 输入信息

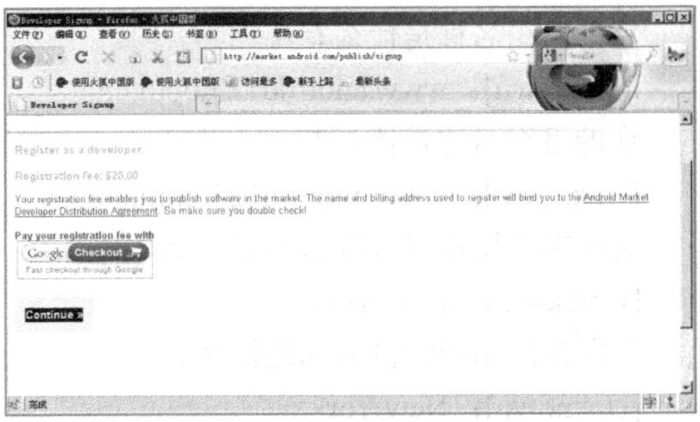

▲图 20-13 需要支付界面

（7）单击 Google Checkout 按钮来到支付界面，如图 20-14 所示。

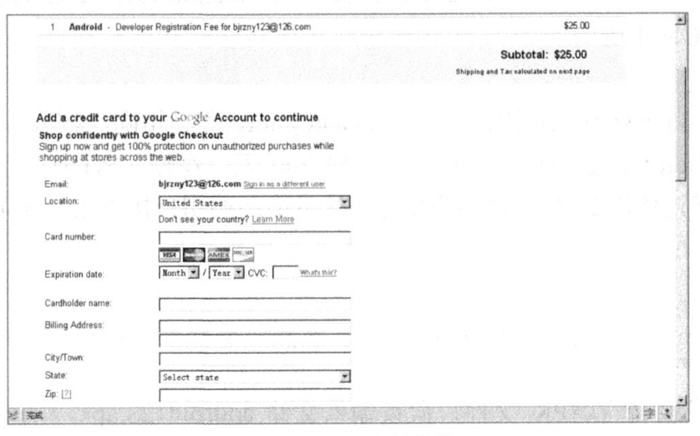

▲图 20-14 支付界面

在此输入信用卡信息，完成支付后即可成为正式会员。

20.3.2 生成签名文件

Android 程序的签名和 Symbian 类似，都可以自签名（Self-signed），但是在 Android 平台中证书还显得形同虚设，平时开发时通过 ADB 接口上传的程序会自动被签有 Debug 权限的程序，需要签名验证再上传程序到 Android Market 上。

Android 签名文件的制作方法有以下两种。

1. 命令行生成

该方法具体流程如下。

（1）cmd 如下命令。

```
keytool -genkey -alias android123.keystore -keyalg RSA -validity 20000 -keystore android123.keystore
```

然后，依次提示用户输入以下信息。

输入 keystore 密码：[密码不回显]

再次输入新密码：[密码不回显]

您的名字与姓氏是什么？

[Unknown]：android123

您的组织单位名称是什么？

[Unknown]：www.android123.com.cn

您的组织名称是什么？

[Unknown]：www.android123.com.cn

您的组织名称是什么？

[Unknown]：www.android123.com.cn

您所在的城市或区域名称是什么？

[Unknown]：New York

您所在的州或省份名称是什么？

[Unknown]：New York

该单位的两字母国家代码是什么

[Unknown]：CN

CN=android123, OU=www.android123.com.cn, O=www.android123.com.cn, L=New York, ST =New York, C=CN 正确吗？

[否]：Y

输入<android123.keystore>的主密码（如果和 keystore 密码相同，按回车）：

其中，参数-validity 为证书有效天数，这里写 200 天；在输入密码时没有回显，只管输入就可以了，一般位数建议使用 20 位，最后需要记下来后面还要用。接下来，就可以为 APK 文件签名了。

（2）执行。

```
jarsigner -verbose -keystore android123.keystore -signedjar android123_signed.apk android123.apk android123.keystore
```

这样就可以生成签名的 APK 文件，假设输入文件 android123.apk，则最终生成 android123_signed.apk 为 Android 签名后的 APK 执行文件。

注意：keytool 用法和 jarsigner 用法总结。

（1）keytool 用法。

```
-certreq     [-v] [-protected]
             [-alias <别名>] [-sigalg <sigalg>]
             [-file <csr_file>] [-keypass <密钥库口令>]
             [-keystore <密钥库>] [-storepass <存储库口令>]
             [-storetype <存储类型>] [-providername <名称>]
             [-providerclass <提供方类名称> [-providerarg <参数>]] ...
```

```
                 [-providerpath <路径列表>]

-changealias [-v] [-protected] -alias <别名> -destalias <目标别名>
                 [-keypass <密钥库口令>]
                 [-keystore <密钥库>] [-storepass <存储库口令>]
                 [-storetype <存储类型>] [-providername <名称>]
                 [-providerclass <提供方类名称> [-providerarg <参数>]] ...
                 [-providerpath <路径列表>]

-delete          [-v] [-protected] -alias <别名>
                 [-keystore <密钥库>] [-storepass <存储库口令>]
                 [-storetype <存储类型>] [-providername <名称>]
                 [-providerclass <提供方类名称> [-providerarg <参数>]] ...
                 [-providerpath <路径列表>]

-exportcert [-v] [-rfc] [-protected]
                 [-alias <别名>] [-file <认证文件>]
                 [-keystore <密钥库>] [-storepass <存储库口令>]
                 [-storetype <存储类型>] [-providername <名称>]
                 [-providerclass <提供方类名称> [-providerarg <参数>]] ...
                 [-providerpath <路径列表>]

-genkeypair [-v] [-protected]
                 [-alias <别名>]
                 [-keyalg <keyalg>] [-keysize <密钥大小>]
                 [-sigalg <sigalg>] [-dname <dname>]
                 [-validity <valDays>] [-keypass <密钥库口令>]
                 [-keystore <密钥库>] [-storepass <存储库口令>]
                 [-storetype <存储类型>] [-providername <名称>]
                 [-providerclass <提供方类名称> [-providerarg <参数>]] ...
                 [-providerpath <路径列表>]

-genseckey       [-v] [-protected]
                 [-alias <别名>] [-keypass <密钥库口令>]
                 [-keyalg <keyalg>] [-keysize <密钥大小>]
                 [-keystore <密钥库>] [-storepass <存储库口令>]
                 [-storetype <存储类型>] [-providername <名称>]
                 [-providerclass <提供方类名称> [-providerarg <参数>]] ...
                 [-providerpath <路径列表>]

-help
-importcert [-v] [-noprompt] [-trustcacerts] [-protected]
```

```
                [-alias <别名>]
                [-file <认证文件>] [-keypass <密钥库口令>]
                [-keystore <密钥库>] [-storepass <存储库口令>]
                [-storetype <存储类型>] [-providername <名称>]
                [-providerclass <提供方类名称> [-providerarg <参数>]] ...
                [-providerpath <路径列表>]

-importkeystore [-v]
                [-srckeystore <源密钥库>] [-destkeystore <目标密钥库>]
                [-srcstoretype <源存储类型>] [-deststoretype <目标存储类型>]
                [-srcstorepass <源存储库口令>] [-deststorepass <目标存储库口令>]
                [-srcprotected] [-destprotected]
                [-srcprovidername <源提供方名称>]
                [-destprovidername <目标提供方名称>]
                [-srcalias <源别名> [-destalias <目标别名>]
                  [-srckeypass <源密钥库口令>] [-destkeypass <目标密钥库口令>]]
                [-noprompt]
                [-providerclass <提供方类名称> [-providerarg <参数>]] ...
                [-providerpath <路径列表>]

-keypasswd      [-v] [-alias <别名>]
                [-keypass <旧密钥库口令>] [-new <新密钥库口令>]
                [-keystore <密钥库>] [-storepass <存储库口令>]
                [-storetype <存储类型>] [-providername <名称>]
                [-providerclass <提供方类名称> [-providerarg <参数>]] ...
                [-providerpath <路径列表>]

-list           [-v | -rfc] [-protected]
                [-alias <别名>]
                [-keystore <密钥库>] [-storepass <存储库口令>]
                [-storetype <存储类型>] [-providername <名称>]
                [-providerclass <提供方类名称> [-providerarg <参数>]] ...
                [-providerpath <路径列表>]

-printcert      [-v] [-file <认证文件>]

-storepasswd [-v] [-new <新存储库口令>]
                [-keystore <密钥库>] [-storepass <存储库口令>]
                [-storetype <存储类型>] [-providername <名称>]
                [-providerclass <提供方类名称> [-providerarg <参数>]] ...
                [-providerpath <路径列表>]
```

（2）jarsigner 用法。

```
[选项] jar 文件别名
jarsigner -verify [选项] jar 文件

[-keystore <url>]                密钥库位置
[-storepass <口令>]              用于密钥库完整性的口令
[-storetype <类型>]              密钥库类型
[-keypass <口令>]                专用密钥的口令（如果不同）
[-sigfile <文件>]                .SF/.DSA 文件的名称
[-signedjar <文件>]              已签名的 JAR 文件的名称
[-digestalg <算法>]              摘要算法的名称
[-sigalg <算法>]                 签名算法的名称
[-verify]                        验证已签名的 JAR 文件
[-verbose]                       签名/验证时输出详细信息
[-certs]                         输出详细信息和验证时显示证书
[-tsa <url>]                     时间戳机构的位置
[-tsacert <别名>]                时间戳机构的公共密钥证书
[-altsigner <类>]                替代的签名机制的类名
[-altsignerpath <路径列表>]      替代的签名机制的位置
[-internalsf]                    在签名块内包含 .SF 文件
[-sectionsonly]                  不计算整个清单的散列
[-protected]                     密钥库已保护验证路径
[-providerName <名称>]           提供者名称
[-providerClass <类>             加密服务提供者的名称
[-providerArg <参数>]] ...       主类文件和构造函数参数
```

2. eclipse 的 ADT 生成

实际上，使用 eclipse 可以更加直观、方便地生成签名文件，具体流程如下。

（1）右键单击 eclipse 项目名，依次选择“Android 工具（Android Tools）”→“导出已签名的应用包（Export Signed Application Package…）”，如图 20-15 所示。

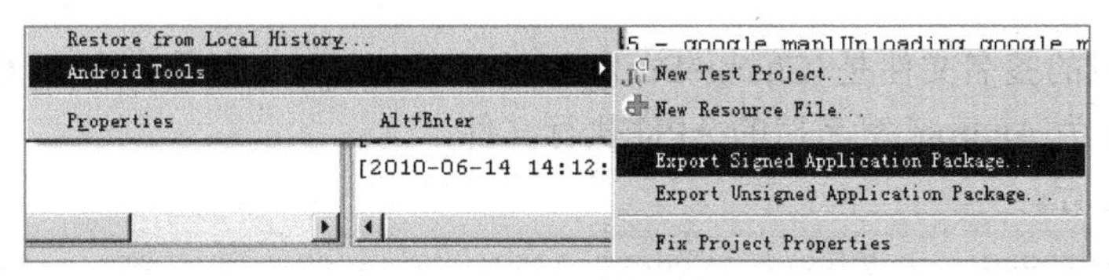

▲图 20-15　选择导出

（2）在弹出界面中选择要导出的项目，如图 20-16 所示。

（3）单击【下一步（Next)】按钮，在弹出界面中选择“创建新密钥（Create new keystore)”，然后分别输入文件名和密码，如图 20-17 所示。

（4）单击【下一步（Next)】按钮，在弹出界面中输入签名文件路径，如图 20-18 所示。

（5）单击【下一步（Next)】按钮，在弹出界面中依次输入签名文件的相关信息，如图 20-19 所示。

（6）单击【下一步（Next）】按钮后完成签名文件的创建。

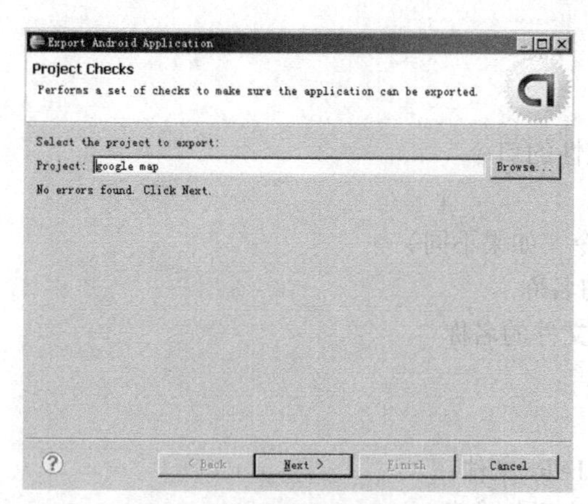

▲图 20-16　选择要导出的项目

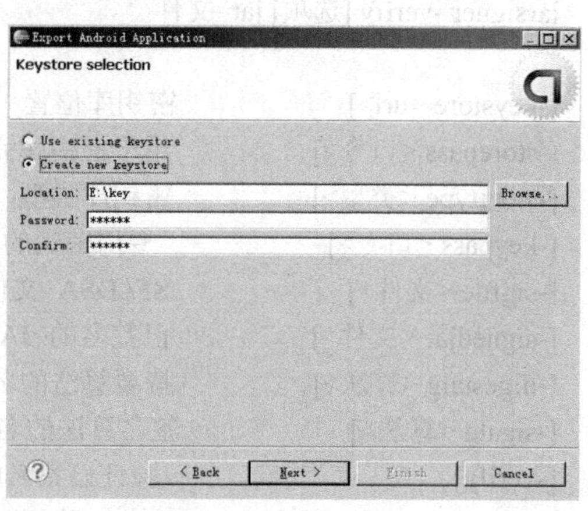

▲图 20-17　文件名和密码

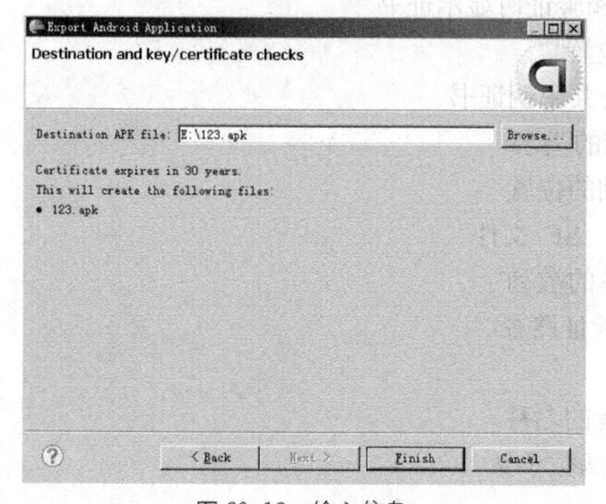

▲图 20-18　输入信息

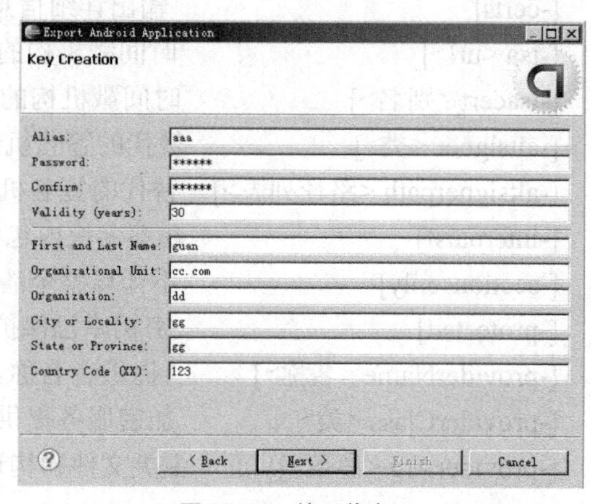

▲图 20-19　输入信息

20.3.3　使用签名文件

生成签名文件后，就可以使用它了，在此也有两种方式。

命令行

（1）假设生成的签名文件是 ChangeBackgroundWidget.apk，则最终生成 ChangeBackground Widget_signed.apk 为 Android 签名后的 APK 执行文件。

输入以下命令行：

```
jarsigner -verbose -keystore ChangeBackgroundWidget.keystore -signedjar Change
BackgroundWidget_signed.apk ChangeBackgroundWidget.apk ChangeBackgroundWidget.keystore
```

上面命令中间不换行。

（2）按【Enter】键，根据提示输入密钥库的口令短语（即密码），输入密钥库的口令短语如下。

```
正在添加：META-INF/MANIFEST.MF
正在添加：META-INF/CHANGEBA.SF
正在添加：META-INF/CHANGEBA.RSA
正在签名：res/drawable/icon.png
正在签名：res/drawable/icon_audio.png
正在签名：res/drawable/icon_exit.png
正在签名：res/drawable/icon_folder.png
正在签名：res/drawable/icon_home.png
```

```
正在签名: res/drawable/icon_img.png
正在签名: res/drawable/icon_left.png
正在签名: res/drawable/icon_mantou.png
正在签名: res/drawable/icon_other.png
正在签名: res/drawable/icon_pause.png
正在签名: res/drawable/icon_play.png
正在签名: res/drawable/icon_return.png
正在签名: res/drawable/icon_right.png
正在签名: res/drawable/icon_set.png
正在签名: res/drawable/icon_text.png
正在签名: res/drawable/icon_xin.png
正在签名: res/layout/fileitem.xml
正在签名: res/layout/filelist.xml
正在签名: res/layout/main.xml
正在签名: res/layout/widget.xml
正在签名: res/xml/widget_info.xml
正在签名: AndroidManifest.xml
正在签名: resources.arsc
正在签名: classes.dex
```

通过上述过程处理后，即可将未签名文件 ChangeBackgroundWidget.apk 签名为 ChangeBackground Widget_signed.apk。

在上述方式中，读者可能会遇到以下问题：

① jarsigner 无法打开 JAR 文件 ChangeBackgroundWidget.apk。

解决方法：将要进行签名的 APK 放到对应的文件下，把要签名的 ChangeBackgroundWidget.apk 放到 JDK 的 bin 文件里。

② jarsigner 无法对 JAR 进行签名：java.util.zip.ZipException: invalid entry comp。

解决方法：ressed size (expected 1598 but got 1622 bytes)

- Android 开发网提示这些问题主要是由于资源文件造成的，对于 Android 开发来说应该检查 res 文件夹中的文件，逐个排查。这个问题可以通过升级系统的 JDK 和 JRE 版本来解决。
- 这是因为默认给 APK 进行了 debug 签名，所以无法进行新的签名，这时就必须右键单击工程→“Android Tools”→“Export Unsigned Application Package”。或者从 AndroidManifest.xml 的 Exporting 上也可进行操作。

然后再基于这个导出的 Unsigned APK 进行签名，导出的时候最好将其目录选在之前产生 keystore 的那个目录下，这样便于操作。

20.3.4 发布

发布的过程比较简单，首先进入 Market，登录个人中心，上传签名后的文件即可，具体操作流程在 Market 站点上有详细介绍说明。为节省本书的篇幅，在此不做详细介绍。

第21章 开发一个邮件系统

现代社会科技发展迅速，移动设备在个人的生活中应用得非常广泛，运用于娱乐、办公、家居等方面。随着移动设备应用系统迅速的发展，移动设备的应用领域不断扩大，人们对移动设备应用系统的要求也不断提高。Android 作为一个开源系统，为移动设备市场的发展提供了机遇。本章的邮件系统实例采用 Android 开源系统技术，利用 Java 语言和 Eclipse 开发工具对邮件系统进行开发。同时，给出详细的系统设计流程、部分界面图及主要功能效果流程图。在本章中，还对开发过程中遇到的问题和解决方法进行了详细讨论。邮件系统实例集用户设置、邮件收取和邮件发送等功能于一体，在 Android 系统中能独立运行。

21.1 项目介绍

本章邮件系统源码保存在本书附带光盘中的“\codes\21”目录下。在讲解具体编码之前，先简要介绍本项目的产生背景和项目意义，为后面的系统设计及编码做准备。

21.1.1 项目背景介绍

随着科学技术的发展，计算机已进入了人们生活的方方面面。在计算机系统中，使用邮件系统收发邮件是工作中必不可少的组成部分。如今社会竞争十分激烈，高效工作变得十分重要，使用手机或者其他便捷设备在旅行、出差或者路上，处理工作事务和与朋友联系可充分地利用时间。因此，人们的生活越来越离不开手机的陪伴。随着手机硬件和软件系统的发展，人们对移动电子设备的硬件性能和软件性能的要求也越来越高。

同时手机操作系统也出现了不同种类，现在市场上使用最多的操作系统有微软的 Windows Phone、苹果的 iOS 和谷歌的 Android，其中只有 Android 开放源代码。全球对 Android 平台进行开发的团体或者个人的数量庞大，因此 Android 系统得以飞速发展。既然手机如此智能，通过手机接收邮件可以现实吗？答案是肯定的，谷歌 Android 系统可以满足这一要求。本章讲解的邮件系统实例就是基于谷歌 Android 手机平台开发的。

开发一个邮件系统，要了解邮件系统支持的通信协议，各协议之间的存在什么差异，还要对开发平台有较深入的了解。同时，还要分析现在流行的邮件系统中的优点、缺点和用户最常用的功能。

21.1.2 项目目的

当今社会竞争激烈，而互联网办公是提高工作效率最好的方式之一。本项目的目的是开发一个在手机或者是移设备上使用的邮件系统，该系统的主要功能是邮箱类型设定、邮件收取设置、邮件发送设置、用户检查、用户别名设置和编辑邮件，支持 POP3 和 IMAP 通信协议，可检查用户的设定是否正确，且系统界面简明，操作简单。

本项目是基于 Android 手机平台的邮件系统，可使 Android 手机拥有个性的邮件系统，令手机更加方便和智能，与人们更为接近，让人们可以随时随地处理工作事务或是与朋友联系，使人们的生活更加多样化，也使设计者更加熟悉 Android 的技术和其特点。

21.2 系统需求分析

根据项目的目标，可以分析出系统的基本需求，下面将从软件设计的角度使用例图来描述系统的功能。邮件系统可分成五大功能模块，即邮箱类型设置、邮箱收取设置、邮箱发送设置、邮箱用户检查和用户邮件编辑。

21.2.1 构成模块

本系统的构成模块如图 21-1 所示。

各模块的具体说明如下。

1. 邮箱类型设置

此模块的功能是设置通信协议。

（1）POP3 协议。

- 目标：使用户可以收发邮件到本地。
- 前置条件：成功登录邮件系统。
- 基本事件流包括：
  - ➢ 用户单击【next】按钮；
  - ➢ 程序进入邮箱收取设置。

（2）IMAP 协议。

- 目标：使用户可以在线收发邮件。
- 前置条件：成功登录邮件系统。
- 基本事件流包括：
  - ➢ 用户单击【next】按钮；
  - ➢ 程序进入邮箱收取设置。

邮箱类型设置界面结构如图 21-2 所示。

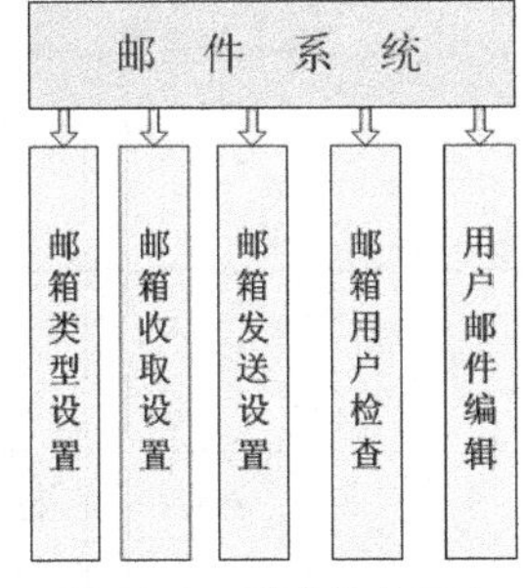

▲图 21-1 系统构成模块

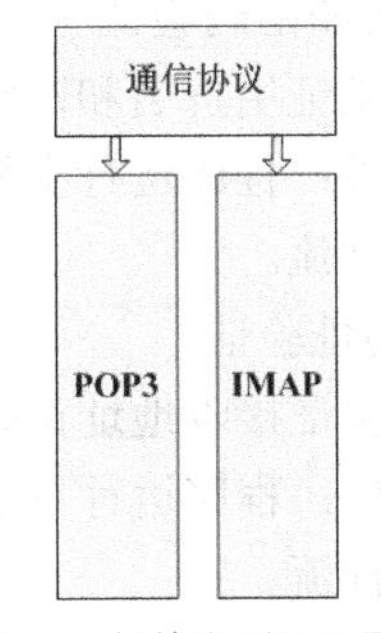

▲图 21-2 邮箱类型设置界面结构

2. 邮箱收取设置

当用户选定通信协议后，可以设置邮箱收取。

- 目标：设定用户基本信息。

- 前置条件：程序运行在用户基本信息设定界面。
- 基本事件流包括：

➢ 用户填写用户名和密码；

➢ 用户填写服务器名和端口；

➢ 用户填写加密协议；

➢ 用户设定邮件删除期限；

➢ 用户单击【next】按钮。

邮箱收取设置界面结构如图 21-3 所示。

3. 邮箱发送设置

本模块用于设置邮箱发送。

- 目标：设定邮箱发送。
- 前置条件：程序运行在邮箱发送设定界面。
- 基本事件流包括：

➢ 用户填写服务器名和端口；

➢ 用户单击【next】按钮。

邮箱发送设置界面结构如图 21-4 所示。

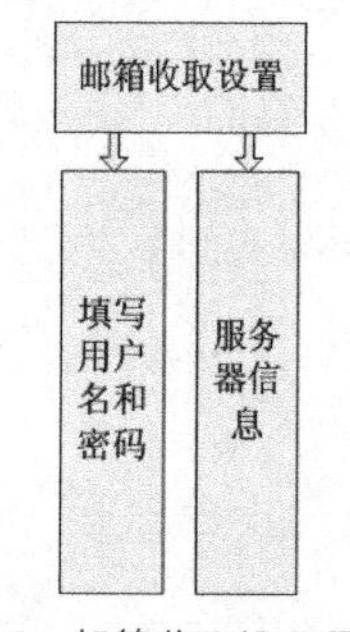

▲图 21-3　邮箱收取设置界面结构

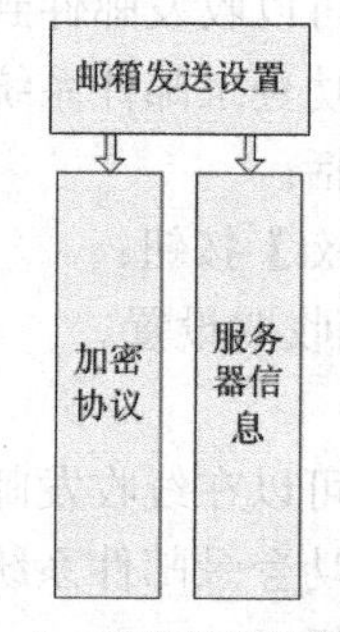

▲图 21-4　邮箱发送设置界面结构

4. 邮箱用户检查

此模块的功能是邮箱用户检查。

（1）用户名和密码验证

- 目标：验证用户名和密码正确性。
- 前置条件：程序运行主界面。
- 基本事件流。

（2）接收地址验证。

- 目标：验证接收地址正确性。
- 前置条件：程序运行目录界面。
- 基本事件流。

（3）发送地址验证

- 目标：验证发送地址正确性。
- 前置条件：程序运行目录界面。
- 基本事件流为用户单击【next】按钮。

邮箱用户检查界面结构如图 21-5 所示。

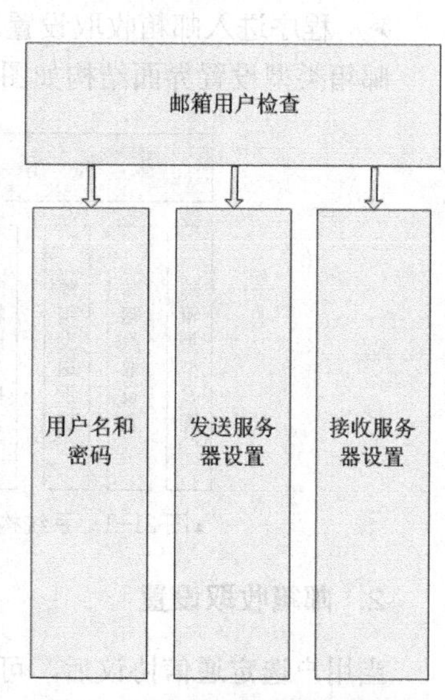

▲图 21-5　邮箱用户检查界面结构

5. 用户邮件编辑

此模块的功能是用户邮件编辑。

- 目标：编辑邮件。
- 前置条件：进入邮件编辑界面。
- 基本事件流包括：
  - ➢ 用户填写收件人地址；
  - ➢ 用户填写标题；
  - ➢ 用户填写邮件内容；
  - ➢ 用户单击【send】按钮。

邮箱用户检查界面结构如图 21-6 所示。

21.2.2 系统流程

邮件系统流程图如图 21-7 所示。

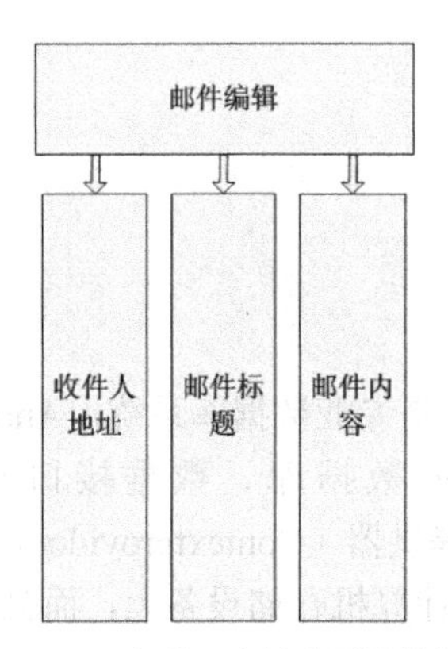

▲图 21-6 邮箱用户检查界面结构

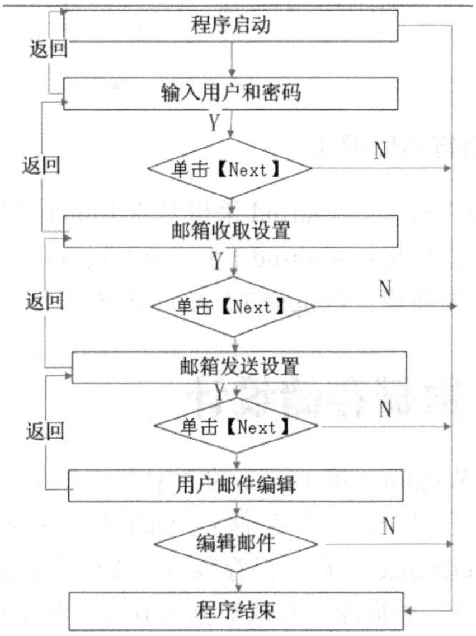

▲图 21-7 邮件系统流程图

21.2.3 功能结构图

本邮件系统的完整功能结构如图 21-8 所示。

21.2.4 系统需求

1. 系统性能需求

根据 Android 手机系统要求无响应时间为 5s，所以有如下性能要求：

- 邮箱类型设置，程序响应时间最长不能超过 5s；
- 邮箱收取设置，程序响应时间最长不能超过 5s；
- 邮箱发送设置，程序响应时间最长不能超过 5s；
- 邮箱用户检查，程序响应时间最长不能超过 5s；
- 用户邮件编辑，程序响应时间最长不能超过 5s。

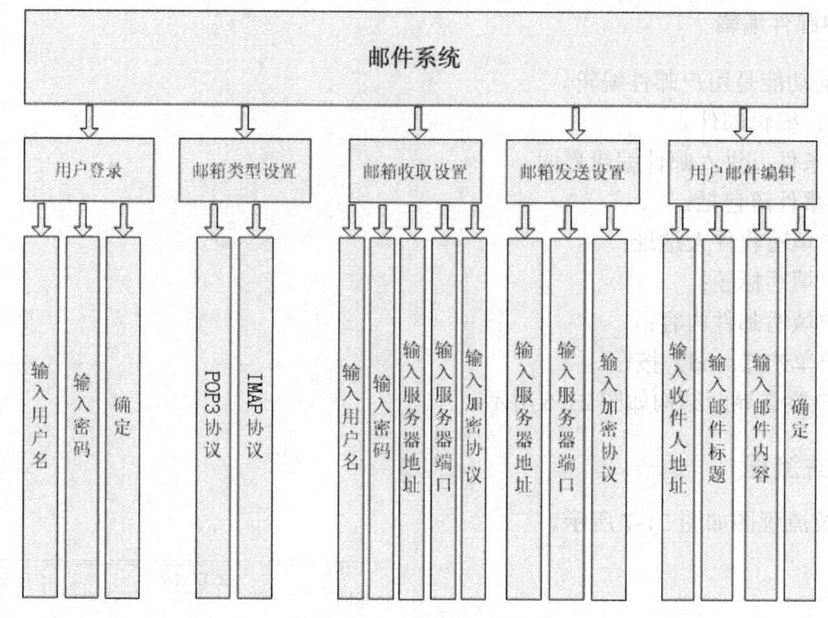

▲图 21-8　完整功能结构图

2. 运行环境需求

- 操作系统：Android 手机基于 Linux 操作系统；
- 支持环境：Android 1.5 - 2.0.1 版本；
- 开发环境：Eclipse 3.5 ADT 0.95。

21.3 数据存储设计

基于 Windows 或 Linux 的大型系统开发，使用的数据库都是专业数据库系统，Android 开发平台提供了几种数据存储：Android 系统中自带 iSQLite 数据库、数据接口共享数据（SharedPreferences）模式保存数据、文件方式保存数据、内容提供器（Contextprovider）和网络方式保存数据。数据库是存放数据的仓库，只不过这个仓库是在计算机存储设备上，而且数据是按一定的格式存放的。本实例采用 SharedPreferences 保存数据。

SharedPreferences 是以 XML 文件格式的方式自动保存，在 DDMS 中的 File Exploer 中展开到/data/data/<package name>/shared_prefs 下，生成 AndroidMail.Main.xml 文件。

21.3.1　用户信息类

定义用户信息 Account.java 类，此类将保存与系统用户有关的所有信息，为 SharedPreferences 模式保存数据提供用户实例对象，其代码如下。

```
public class Account implements Serializable {
public static final int DELETE_POLICY_NEVER = 0;
public static final int DELETE_POLICY_7DAYS = 1;
public static final int DELETE_POLICY_ON_DELETE = 2;
private static final long serialVersionUID = 2975156672298625121L;
String mUuid;                                      //邮件用户 ID
String mStoreUri;                                  //邮件源地址
String mLocalStoreUri;
String mSenderUri;                                 //邮件目的地址
String mDescription;                               //邮件内容
String mName;                                      //用户名
```

```
String mEmail;
int mAutomaticCheckIntervalMinutes;
long mLastAutomaticCheckTime;
boolean mNotifyNewMail;
String mDraftsFolderName;
String mSentFolderName;
String mTrashFolderName;
String mOutboxFolderName;
int mAccountNumber;
boolean mVibrate;
String mRingtoneUri;
int mDeletePolicy;
  //初始化
public Account(Context context) {
    mUuid = UUID.randomUUID().toString();
    mLocalStoreUri = "local://localhost/" + context.getDatabasePath(mUuid + ".db");
    mAutomaticCheckIntervalMinutes = -1;
    mAccountNumber = -1;
    mNotifyNewMail = true;
    mVibrate = false;
    mRingtoneUri = "content://settings/system/notification_sound";
}
//刷新指定用户
Account(Preferences preferences, String uuid) {
    this.mUuid = uuid;
    refresh(preferences);
}
 //刷新
public void refresh(Preferences preferences) {
    mStoreUri = Utility.base64Decode(preferences.mSharedPreferences.getString(mUuid
            + ".storeUri", null));
```

- 通过 SharedPreferences 对象的 getString()方法取得保存在其中的值，对应代码如下。

```
    mLocalStoreUri = preferences.mSharedPreferences.getString(mUuid + ".localStoreUri",
null);
    String senderText = preferences.mSharedPreferences.getString(mUuid + ".senderUri",
null);
    if (senderText == null) {
//获取 ID
        senderText = preferences.mSharedPreferences.getString(mUuid + ".transportUri",
null);
    }
//转换编码方式
    mSenderUri = Utility.base64Decode(senderText);
    mDescription = preferences.mSharedPreferences.getString(mUuid + ".description",
null);
//获取与此用户身份有关的信息
    mName = preferences.mSharedPreferences.getString(mUuid + ".name", mName);
    mEmail = preferences.mSharedPreferences.getString(mUuid + ".email", mEmail);
    mAutomaticCheckIntervalMinutes = preferences.mSharedPreferences.getInt(mUuid
            + ".automaticCheckIntervalMinutes", -1);
    mLastAutomaticCheckTime = preferences.mSharedPreferences.getLong(mUuid
            + ".lastAutomaticCheckTime", 0);
    mNotifyNewMail=preferences.mSharedPreferences.getBoolean(mUuid + ".notifyNewMail",
            false);
    mDraftsFolderName = preferences.mSharedPreferences.getString(mUuid +
".draftsFolderName",
            "Drafts");
    mSentFolderName = preferences.mSharedPreferences.getString(mUuid +
".sentFolderName",
            "Sent");
    mTrashFolderName = preferences.mSharedPreferences.getString(mUuid +
".trashFolderName",
            "Trash");
    mOutboxFolderName = preferences.mSharedPreferences.getString(mUuid +
".outboxFolderName",
            "Outbox");
    mAccountNumber = preferences.mSharedPreferences.getInt(mUuid + ".accountNumber", 0);
    mVibrate = preferences.mSharedPreferences.getBoolean(mUuid + ".vibrate", false);
```

```
    mRingtoneUri = preferences.mSharedPreferences.getString(mUuid  + ".ringtone",
        "content://settings/system/notification_sound");
}
public String getUuid() {
    return mUuid;
}
public String getStoreUri() {
    return mStoreUri;
}
```

● 通过各属性的 set ()方法赋值，对应代码如下。

```
    //为属性赋值
public void setStoreUri(String storeUri) {
        this.mStoreUri = storeUri;
    }
    public String getSenderUri() {
        return mSenderUri;
    }
    public void setSenderUri(String senderUri) {
        this.mSenderUri = senderUri;
    }
    public String getDescription() {
        return mDescription;
    }
    public void setDescription(String description) {
        this.mDescription = description;
    }
    public String getName() {
        return mName;
    }
    public void setName(String name) {
        this.mName = name;
    }
    public String getEmail() {
        return mEmail;
    }
    public void setEmail(String email) {
        this.mEmail = email;
    }
    public boolean isVibrate() {
        return mVibrate;
    }
    public void setVibrate(boolean vibrate) {
        mVibrate = vibrate;
    }
    public String getRingtone() {
        return mRingtoneUri;
    }
    public void setRingtone(String ringtoneUri) {
        mRingtoneUri = ringtoneUri;
    }
```

● 定义 delete()方法删除指定的 account 实例，对象 SharedPreferences.Editor 中的 Remove()方法执行删除值操作，commit()方法对所做的修改提交，对应代码如下。

```
public void delete(Preferences preferences) {
    String[]  uuids  =  preferences.mSharedPreferences.getString("accountUuids",  "").
split(",");
    StringBuffer sb = new StringBuffer();
    for (int i = 0, length = uuids.length; i < length; i++) {
        if (!uuids[i].equals(mUuid)) {
            if (sb.length() > 0) {
                sb.append(',');
            }
            sb.append(uuids[i]);
        }
    }
    String accountUuids = sb.toString();
```

```
    //定义 SharedPreferences.Editor 对象，对指定值的清除
    SharedPreferences.Editor editor = preferences.mSharedPreferences.edit();
    editor.putString("accountUuids", accountUuids);
    editor.remove(mUuid + ".storeUri");
    editor.remove(mUuid + ".localStoreUri");
    editor.remove(mUuid + ".senderUri");
    editor.remove(mUuid + ".description");
    editor.remove(mUuid + ".name");
    editor.remove(mUuid + ".email");
    editor.remove(mUuid + ".automaticCheckIntervalMinutes");
    editor.remove(mUuid + ".lastAutomaticCheckTime");
    editor.remove(mUuid + ".notifyNewMail");
    editor.remove(mUuid + ".deletePolicy");
    editor.remove(mUuid + ".draftsFolderName");
    editor.remove(mUuid + ".sentFolderName");
    editor.remove(mUuid + ".trashFolderName");
    editor.remove(mUuid + ".outboxFolderName");
    editor.remove(mUuid + ".accountNumber");
    editor.remove(mUuid + ".vibrate");
    editor.remove(mUuid + ".ringtone");
    editor.remove(mUuid + ".transportUri");
   // 提交所做的操作
    editor.commit();
}
```

- 定义 save ()方法保存指定的 account 实例，对象 SharedPreferences.Editor 中的 putString()方法保存指定的值。该方法参数 1 是键名，参数 2 是值。其对应代码如下。

```
public void save(Preferences preferences) {
    if (!preferences.mSharedPreferences.getString("accountUuids", "").contains(mUuid)) {
        Account[] accounts = preferences.getAccounts();
        int[] accountNumbers = new int[accounts.length];
        for (int i = 0; i < accounts.length; i++) {
            accountNumbers[i] = accounts[i].getAccountNumber();
        }
        Arrays.sort(accountNumbers);
        for (int accountNumber : accountNumbers) {
            if (accountNumber > mAccountNumber + 1) {
                break;
            }
            mAccountNumber = accountNumber;
        }
        mAccountNumber++;
        String accountUuids = preferences.mSharedPreferences.getString
        ("accountUuids", "");
        accountUuids += (accountUuids.length() != 0 ? "," : "") + mUuid;
        SharedPreferences.Editor editor = preferences.mSharedPreferences.edit();
       //  保存 accountUuids 名的值
        editor.putString("accountUuids", accountUuids);
     // 提交所做的操作
        editor.commit();
    }
    SharedPreferences.Editor editor = preferences.mSharedPreferences.edit();
    editor.putString(mUuid + ".storeUri", Utility.base64Encode(mStoreUri));
    editor.putString(mUuid + ".localStoreUri", mLocalStoreUri);
    editor.putString(mUuid + ".senderUri", Utility.base64Encode(mSenderUri));
    editor.putString(mUuid + ".description", mDescription);
    editor.putString(mUuid + ".name", mName);
    editor.putString(mUuid + ".email", mEmail);
    editor.putInt(mUuid + ".automaticCheckIntervalMinutes", mAutomaticCheckInterval
    Minutes);
    editor.putLong(mUuid + ".lastAutomaticCheckTime", mLastAutomaticCheckTime);
    editor.putBoolean(mUuid + ".notifyNewMail", mNotifyNewMail);
    editor.putInt(mUuid + ".deletePolicy", mDeletePolicy);
    editor.putString(mUuid + ".draftsFolderName", mDraftsFolderName);
    editor.putString(mUuid + ".sentFolderName", mSentFolderName);
    editor.putString(mUuid + ".trashFolderName", mTrashFolderName);
    editor.putString(mUuid + ".outboxFolderName", mOutboxFolderName);
    //  保存整型数据
```

```
        editor.putInt(mUuid + ".accountNumber", mAccountNumber);
        //  保存逻辑型数据
        editor.putBoolean(mUuid + ".vibrate", mVibrate);
        editor.putString(mUuid + ".ringtone", mRingtoneUri);
        editor.remove(mUuid + ".transportUri");
        editor.commit();
    }
}
```

21.3.2　SharedPreferences

定义 Preferences.java 类，该类基于 SharedPreferences 类。使用 getSharedPreferences()方法返回 mSharedPreferences 对象，对应代码如下。

```
public class Preferences {
    private static Preferences preferences;
    SharedPreferences mSharedPreferences;
    private Preferences(Context context) {
    //读取数据
        mSharedPreferences = context.getSharedPreferences("AndroidMail.Main", Context.
MODE_PRIVATE);
    }
    public static synchronized Preferences getPreferences(Context context) {
        if (preferences == null) {
            preferences = new Preferences(context);
        }
        return preferences;
    }
```

- 定义 getAccounts()方法，返回 accountUuids 对应的值，对应代码如下。

```
public Account[] getAccounts() {
    String accountUuids = mSharedPreferences.getString("accountUuids", null);
    if (accountUuids == null || accountUuids.length() == 0) {
        return new Account[] {};
    }
    String[] uuids = accountUuids.split(",");
    Account[] accounts = new Account[uuids.length];
    for (int i = 0, length = uuids.length; i < length; i++) {
        accounts[i] = new Account(this, uuids[i]);
    }
    return accounts;
}
```

- 定义 getAccountByContentUri ()方法，返回指定邮箱类型对应的 URL 值，对应代码如下。

```
public Account getAccountByContentUri(Uri uri) {
    if (!"content".equals(uri.getScheme()) || !"accounts".equals(uri.getAuthority())) {
        return null;
    }
    String uuid = uri.getPath().substring(1);
    if (uuid == null) {
        return null;
    }
    String accountUuids = mSharedPreferences.getString("accountUuids", null);
    if (accountUuids == null || accountUuids.length() == 0) {
        return null;
    }
    String[] uuids = accountUuids.split(",");
    for (int i = 0, length = uuids.length; i < length; i++) {
        if (uuid.equals(uuids[i])) {
            return new Account(this, uuid);
        }
    }
    return null;
}
```

- 定义 getDefaultAccount ()方法，返回默认的用户 ID，对应代码如下。

```
public Account getDefaultAccount() {
    String defaultAccountUuid = mSharedPreferences.getString("defaultAccountUuid",
null);
    Account defaultAccount = null;
    Account[] accounts = getAccounts();
    if (defaultAccountUuid != null) {
        for (Account account : accounts) {
            if (account.getUuid().equals(defaultAccountUuid)) {
                defaultAccount = account;
                break;
            }
        }
    }
    if (defaultAccount == null) {
        if (accounts.length > 0) {
            defaultAccount = accounts[0];
            setDefaultAccount(defaultAccount);
        }
    }
    return defaultAccount;
}
public void setDefaultAccount(Account account) {
    mSharedPreferences.edit().putString("defaultAccountUuid",
account.getUuid()).commit();
}
```

- 定义 setEnableDebugLogging()方法赋值是否开启调试信息，getEnableDebugLogging()读取调试信息开启情况，对应代码如下。

```
    public void setEnableDebugLogging(boolean value) {
        mSharedPreferences.edit().putBoolean("enableDebugLogging", value).commit();
    }
    public boolean geteEnableDebugLogging() {
        return mSharedPreferences.getBoolean("enableDebugLogging", false);
    }
  public void setEnableSensitiveLogging(boolean value) {
   //直接修改 enableSensitiveLogging 的值
        mSharedPreferences.edit().putBoolean("enableSensitiveLogging", value).commit();
    }
    public boolean getEnableSensitiveLogging() {
        return mSharedPreferences.getBoolean("enableSensitiveLogging", false);
    }
    public void save() {
    }
    public void clear() {
        //清除对象里的键名
        mSharedPreferences.edit().clear().commit();
    }
    public void dump() {
        if (Config.LOGV) {
            for (String key : mSharedPreferences.getAll().keySet()) {
                Log.v(Email.LOG_TAG, key + " = " + mSharedPreferences.getAll().get(key));
            }
        }
    }
}
```

21.4 具体编码

完成前面讲解的内容，本邮件系统实例项目的前期工作就结束了。接下来，将详细讲解本项目的具体编码过程。

21.4.1 欢迎界面

欢迎界面是整个项目的入口，通过它可进入到系统的其他功能界面。欢迎界面如图 21-9 所示。

（1）编写文件 WelActivity.java，在此定义项目的欢迎界面，主要代码如下。

● 定义 WelActivity 类继承 ListActivity 类，ListActivity 类又继承 Activity。ListActivity 默认绑定了一个 ListView（列表视图）界面组件，提供一些与视图处理相关的操作。

▲图 21-9　欢迎界面

```
public class WelActivity extends ListActivity implements
OnItemClickListener, OnClickListener{
    private static final String EXTRA_ACCOUNT = "account";
    protected void onCreate(Bundle savedInstanceState) {
        super.onCreate(savedInstanceState);
        // 加载 activity_wel.xml 布局文件
        setContentView(R.layout.activity_wel);
        ListView listView = getListView();
        listView.setOnItemClickListener(this);
        listView.setItemsCanFocus(false);
       //获取指定的组件
        listView.setEmptyView(findViewById(R.id.empty));
        findViewById(R.id.add_new_account).setOnClickListener(this);
    }
    public void onItemClick(AdapterView<?> parent, View arg1, int position, long arg3) {
        Account account = (Account)parent.getItemAtPosition(position);
        Intent intent = new Intent(this, EmailCpsActivity.class);
       //启动前传值在 Activity 里
        intent.putExtra(EXTRA_ACCOUNT , account);
       //启动 Activity
        startActivity(intent);
    }
```

● 定义 onResume()方法，该方法在窗口暂停后回调。所有窗体都继承 Activity 类，因此在窗体设计类中都应该包含此类方法，另外，与窗体调用有关的方法还有 onstart()方法、onCreate()方法、onpause()方法、onstop()方法、onrestart()方法和 ondestroy()方法。

```
    public void onClick(View v) {
        if (v.getId() == R.id.add_new_account) {
            Intent intent = new Intent(this, AccountSetupActivity.class);
            intent.setFlags(Intent.FLAG_ACTIVITY_CLEAR_TOP);
            startActivity(intent); }
    }
       //暂停后调用
        public void onResume() {
            super.onResume();
            refresh();
        }
    //刷新操作
        private void refresh() {
            Account[] accounts = Preferences.getPreferences(this).getAccounts();
            getListView().setAdapter(new AccountsAdapter(accounts));
        }
@Override
    class AccountsAdapter extends ArrayAdapter<Account> {
        public AccountsAdapter(Account[] accounts) {
            super(WelActivity.this, 0, accounts);
        }
        public View getView(int position, View convertView, ViewGroup parent) {
            Account account = getItem(position);
            View view;
            if (convertView != null) {
                view = convertView;
            }else {
       view = getLayoutInflater().inflate(R.layout.accounts_item, parent, false);
            }
            AccountViewHolder holder = (AccountViewHolder) view.getTag();
            if (holder == null) {
                holder = new AccountViewHolder();
                holder.description = (TextView) view.findViewById(R.id.description);
```

```
                holder.email = (TextView) view.findViewById(R.id.email);
                view.setTag(holder);
            }
            holder.description.setText(account.getDescription());
            holder.email.setText(account.getEmail());
            if (account.getEmail().equals(account.getDescription())) {
                holder.email.setVisibility(View.GONE);
            }
            return view;
        }
        class AccountViewHolder {
            public TextView description;
            public TextView email;
        }
    }
}
}
```

（2）Android 是可视化界面开发，每个窗口都有唯一的布局 XML 配置文件，窗口的各种布局效果都有对应的标签表示，如图像、文字和控件位置的设置等。程序在运行时读取配置文件，满足不同的界面应用。本实例主界面的布局文件是 AndroidManifest.xml，主要代码如下。

```
<?xml version="1.0" encoding="utf-8"?>
<LinearLayout xmlns:android="http://schemas.android.com/apk/res/android"
    android:orientation="vertical"
    android:layout_width="fill_parent"
    android:layout_height="fill_parent"
    >
    <ListView
        android:id="@android:id/list"
        android:layout_width="fill_parent"
        android:layout_height="wrap_content"
        android:layout_weight="1.0"
        />
    <LinearLayout
        android:id="@+id/empty"
        android:layout_width="fill_parent"
        android:layout_height="fill_parent"
        android:orientation="vertical">
        <TextView
            android:layout_width="fill_parent"
            android:layout_height="wrap_content"
            android:textSize="20sp"
            android:text="@string/accounts_welcome"
            android:textColor="?android:attr/textColorPrimary" />
        <View
            android:layout_width="fill_parent"
            android:layout_height="0px"
            android:layout_weight="1" />
    </LinearLayout>
    <RelativeLayout
            android:layout_width="fill_parent"
            android:layout_height="54dip"
            android:background="@android:drawable/menu_full_frame">
            <Button
                android:id="@+id/add_new_account"
                android:layout_width="wrap_content"
                android:minWidth="100dip"
                android:layout_height="wrap_content"
                android:text="@string/next_action"
                android:drawableRight="@drawable/button_indicator_next"
                android:layout_alignParentRight="true"
                android:layout_centerVertical="true" />
        </RelativeLayout>
</LinearLayout>
```

以上代码中采用 LinearLayout 布局，android:orientation="vertical"实现控件水平方向排列，android:orientation="horizontal"实现控件竖直排列。RelativeLayout 标签布局提供一个容器，所有控

件在容器中的位置按相对位置计算。Android:id 定义组件的 ID，程序根据 ID 可以访问相应的的控件。 代码中定义了 list、empty 和 add_new_account，分别表示 ListView 组件、LinearLayout 组件和 Button 组件。android:layout_width="fill_parent" 和 android:layout_height="wrap_content"表示控制宽度占全屏，控制的高度适应容器的大小。总之，fill_parent 就是让控件宽或者高占全屏，而 wrap_content 是让控件的高或宽仅仅把控件里的内容包裹住，而不是全屏。

21.4.2　系统主界面

系统根据输入的用户名和密码，设置用户的属性，如图 21-10 所示。

（1）编写文件 AccountSetupActivity.java，在此定义用户设置界面，主要代码如下。

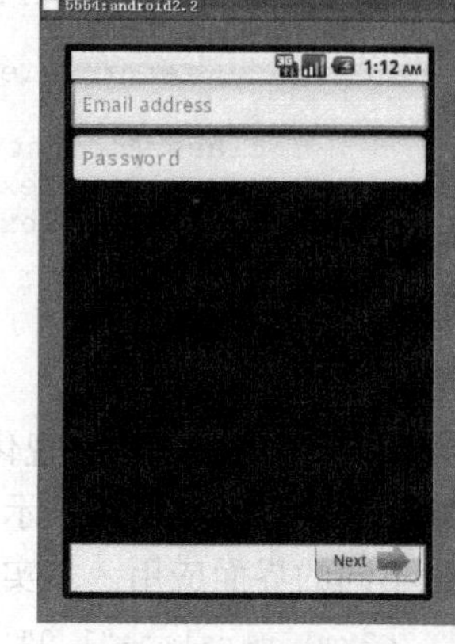

▲图 21-10　用户设置

● 定义 onCreate 方法初使化窗体，savedInstanceState 参数保存当前 activity 的状态信息。定义监听器 setOnClickListener()和 addTextChangedListener()，对应代码如下。

```
public class AccountSetupActivity extends Activity implements
OnClickListener, TextWatcher{
     private final static int DIALOG_NOTE = 1;
    private EmailAddressValidator mEmailValidator = new EmailAddressValidator();
    private EditText mEmailView;
    private EditText mPasswordView;
    private Button mNextButton;
    private Account mAccount;
    private Provider mProvider;
    @Override
    public void onCreate(Bundle savedInstanceState) {
        super.onCreate(savedInstanceState);
   //加载 activity_account_setup。Xml 布局文件
        setContentView(R.layout.activity_account_setup);
        mEmailView = (EditText)findViewById(R.id.account_email);
        mPasswordView = (EditText)findViewById(R.id.account_password);
        mNextButton = (Button)findViewById(R.id.next);
   //定义监听器
        mNextButton.setOnClickListener(this);
        mEmailView.addTextChangedListener(this);
        mPasswordView.addTextChangedListener(this);
    }
```

● 定义 onCreateDialog()方法创建一个对话框，参数 id 表示对话框 ID。采用 AlertDialog.Builder()方法创建一个 AlertDialog 对话框；setIcon()方法设置对话框图片；setTitle()方法设置显示标题；setMessage()方法定义提示信息内容；setPositiveButton()方法设置确定按钮的一些属性，第 1 个参数为按钮上显示内容，第 2 个参数为 DialogInterface.OnClickListener()监听器对象，用于监听单击事件。其对应代码如下。

```
//创建一个对话框窗口
    public Dialog onCreateDialog(int id) {
        if (id == DIALOG_NOTE) {
            if (mProvider != null && mProvider.note != null) {
                return new AlertDialog.Builder(this)
                    .setIcon(android.R.drawable.ic_dialog_alert)
                    .setTitle(android.R.string.dialog_alert_title)
                    .setMessage(mProvider.note)
                    .setPositiveButton(
                            getString(R.string.okay_action),
                            new DialogInterface.OnClickListener() {
                                public void onClick(DialogInterface dialog, int which) {
                                    finishAutoSetup();
                                }
```

```
                })
            .setNegativeButton(
                    getString(R.string.cancel_action),
                    null)
            .create();
        }
    }
    return null;
}
```

● 当用户单击确定按钮后调用 finishAutoSetup()方法，实例化 URI 对象保存用户邮件的详细信息，如用户名、密码、主机地址和端口。最终封装在 Account 类的实例 mAccount，调用对应的 set()方法赋值。邮件用户设置不正确时调用 onManualSetup()方法，若用户设置正确则调用 actionCheckSettings()方法。其对应代码如下。

```
    private void finishAutoSetup() {
        String email = mEmailView.getText().toString().trim();
        String password = mPasswordView.getText().toString().trim();
        String[] emailParts = email.split("@");
        String user = emailParts[0];
        String domain = emailParts[1];
        URI incomingUri = null;
        URI outgoingUri = null;
        try {
            String incomingUsername = mProvider.incomingUsernameTemplate;
            incomingUsername = incomingUsername.replaceAll("\\$email", email);
            incomingUsername = incomingUsername.replaceAll("\\$user", user);
            incomingUsername = incomingUsername.replaceAll("\\$domain", domain);
            URI incomingUriTemplate = mProvider.incomingUriTemplate;
            incomingUri = new URI(incomingUriTemplate.getScheme(), incomingUsername + ":"
                    + password, incomingUriTemplate.getHost(), incomingUriTemplate.
                    getPort(), null,
                    null, null);
            String outgoingUsername = mProvider.outgoingUsernameTemplate;
            outgoingUsername = outgoingUsername.replaceAll("\\$email", email);
            outgoingUsername = outgoingUsername.replaceAll("\\$user", user);
            outgoingUsername = outgoingUsername.replaceAll("\\$domain", domain);
            URI outgoingUriTemplate = mProvider.outgoingUriTemplate;
            outgoingUri = new URI(outgoingUriTemplate.getScheme(), outgoingUsername + ":"
                    + password, outgoingUriTemplate.getHost(), outgoingUriTemplate.
                    getPort(), null,
                    null, null);
        } catch (URISyntaxException use) {
            onManualSetup();
            return;
        }
    //给 Account 对象的属性赋值
        mAccount = new Account(this);
        mAccount.setName(getOwnerName());
        mAccount.setEmail(email);
        mAccount.setStoreUri(incomingUri.toString());
        mAccount.setSenderUri(outgoingUri.toString());
    mAccount.setDraftsFolderName(getString(R.string.special_mailbox_name_drafts));
mAccount.setTrashFolderName(getString(R.string.special_mailbox_name_trash));
    mAccount.setOutboxFolderName(getString(R.string.special_mailbox_name_outbox));
        mAccount.setSentFolderName(getString(R.string.special_mailbox_name_sent));
        if (incomingUri.toString().startsWith("imap")) {
            mAccount.setDeletePolicy(Account.DELETE_POLICY_ON_DELETE);
        }
        AccountCheckSettings.actionCheckSettings(this, mAccount, true, true);
    }
```

● 定义 getOwnerName()方法获取当前用户，通过共享数据接口取得用户 account 对象。getName()方法用于返回具体的用户名。单击向下按钮调用 findProviderForDomain()方法，从 providers_product.xml 配置文件中读取已有账户信息。其对应代码如下。

```
    private String getOwnerName() {
```

```
        String name = null;
  //通过 SharedPreferences 对象取得用户名
        Account account = Preferences.getPreferences(this).getDefaultAccount();
        if (account != null) {
            name = account.getName();
        }
        return name;
    }
    private void onNext() {
        String email = mEmailView.getText().toString().trim();
        String[] emailParts = email.split("@");
        String domain = emailParts[1].trim();
        mProvider = findProviderForDomain(domain);
        if (mProvider == null) {
  //默认设置用户调用 manual
            onManualSetup();
            return;
        }
        if (mProvider.note != null) {
   //显示对话框
            showDialog(DIALOG_NOTE);
        }
        else {
            finishAutoSetup();
        }
    }
    private Provider findProviderForDomain(String domain) {
        Provider p = findProviderForDomain(domain, R.xml.providers_product);
        if (p == null) {
            p = findProviderForDomain(domain, R.xml.providers);
        }
        return p;
    }
```

● 如果 providers_product 文件中没有用户信息，通过 findProviderForDomain()方法读取 providers 文件中提供接收邮件和发送邮件的服务器的信息。最后将 id、lable、domain、uri 保存在 provider 实例中。其对应代码如下。

```
    private String getXmlAttribute(XmlResourceParser xml, String name) {
        int resId = xml.getAttributeResourceValue(null, name, 0);
        if (resId == 0) {
            return xml.getAttributeValue(null, name);
        }
        else {
            return getString(resId);
        }
    }
  //读取资源文件 XML
    private Provider findProviderForDomain(String domain, int resourceId) {
        try {
            XmlResourceParser xml = getResources().getXml(resourceId);
            int xmlEventType;
            Provider provider = null;
            //逐行读取 XML 文件
            while ((xmlEventType = xml.next()) != XmlResourceParser.END_DOCUMENT) {
                if (xmlEventType == XmlResourceParser.START_TAG
                        && "provider".equals(xml.getName())
                        && domain.equalsIgnoreCase(getXmlAttribute(xml, "domain"))) {
                    provider = new Provider();
                    //读取指定键值的值
                    provider.id = getXmlAttribute(xml, "id");
                    provider.label = getXmlAttribute(xml, "label");
                    provider.domain = getXmlAttribute(xml, "domain");
                    provider.note = getXmlAttribute(xml, "note");
                }
                else if (xmlEventType == XmlResourceParser.START_TAG
                        && "incoming".equals(xml.getName())
                        && provider != null) {
```

```
            provider.incomingUriTemplate = new URI(getXmlAttribute(xml, "uri"));
             provider.incomingUsernameTemplate = getXmlAttribute(xml, "username");
             }
             else if (xmlEventType == XmlResourceParser.START_TAG
                     && "outgoing".equals(xml.getName())
                     && provider != null) {
              provider.outgoingUriTemplate = new URI(getXmlAttribute(xml, "uri"));
             provider.outgoingUsernameTemplate = getXmlAttribute(xml, "username");
             }
             else if (xmlEventType == XmlResourceParser.END_TAG
                     && "provider".equals(xml.getName())
                     && provider != null) {
                 return provider;
             }
         }
     }
     catch (Exception e) {
         Log.e(Email.LOG_TAG, "Error while trying to load provider settings.", e);
     }
     return null;
 }
```

● 定义 onManualSetup ()方法重新设置用户名和密码，将新设定的信息封装在 URI 实例中。若设定失败，makeText()方法在主界面前显示出错内容。设定用户名和密码后进入 AccountSetupAccountType 对象的 actionSelectAccountType()方法。其对应代码如下。

```
private void onManualSetup() {
    String email = mEmailView.getText().toString().trim();
    String password = mPasswordView.getText().toString().trim();
    String[] emailParts = email.split("@");
    String user = emailParts[0].trim();
    String domain = emailParts[1].trim();
    mAccount = new Account(this);
    mAccount.setName(getOwnerName());
    mAccount.setEmail(email);
    try { //实例化 URL 实例，为 url 赋值
        URI uri = new URI("placeholder", user + ":" + password, domain, -1, null, null, null);
        mAccount.setStoreUri(uri.toString());
        mAccount.setSenderUri(uri.toString());
    } catch (URISyntaxException use) {
//URL 地址出错提示
      Toast.makeText(this,R.string.account_setup_username_password_toast,
      Toast.LENGTH_LONG).show();
        mAccount = null;
        return;
    }  //为 Account 对象的属性赋值
mAccount.setDraftsFolderName(getString(R.string.special_mailbox_name_drafts));
 mAccount.setTrashFolderName(getString(R.string.special_mailbox_name_trash));
mAccount.setOutboxFolderName(getString(R.string.special_mailbox_name_outbox));
    mAccount.setSentFolderName(getString(R.string.special_mailbox_name_sent));
    AccountSetupAccountType.actionSelectAccountType(this, mAccount, true);
    finish();
}
```

● 定义 onActivityResult ()方法接收处理结果，当执行完 finish()后，Activity 执行结束，并将返回值返回给调用它的父类 Activity 类。onActivityResult()方法第 1 个参数表示 Activity 请求码；第 2 个参数表示返回结果，最常用的结果码为 RESULT_OK 和 RESULT_CANCELED，前者表执行成功，后者表示取消操作。其对应代码如下。

```
    //根据指定返回码执行 Activity
    protected void onActivityResult(int requestCode, int resultCode,
            android.content.Intent data) {
        if (resultCode == RESULT_OK) {
            mAccount.setDescription(mAccount.getEmail());
            mAccount.save(Preferences.getPreferences(this));
            Preferences.getPreferences(this).setDefaultAccount(mAccount);
```

```
                AccountSetupNames.actionSetNames(this, mAccount);
                finish();
            }
    }
public void onCreate(Bundle savedInstanceState) {
        super.onCreate(savedInstanceState);
        requestWindowFeature(Window.FEATURE_NO_TITLE);
        setContentView(R.layout.main);
        systemProvider=new SystemService(this);
        cursor=systemProvider.allSongs();
        //读MUSIC 键值的值
        SharedPreferences sp = getSharedPreferences("MUSIC",MODE_WORLD_READABLE);
        if (sp != null) {
            playingName = sp.getString("PLAYINGNAME", null);
            selectName = sp.getString("SELECTNAME", null);
            String s = sp.getString("MUSIC_LIST", null);
            if (s != null)
                music_List = StringHelper.spiltString(s);
        }
```

（2）系统主界面的布局文件是 activity_account_setup.xml，其主要代码如下。

```
<?xml version="1.0" encoding="utf-8"?>
<LinearLayout
  xmlns:android="http://schemas.android.com/apk/res/android"
  android:layout_width="match_parent"
  android:layout_height="match_parent"
  android:orientation="vertical">
  <EditText
        android:id="@+id/account_email"
        android:hint="@string/account_setup_basics_email_hint"
        android:inputType="textEmailAddress"
        android:imeOptions="actionNext"
        android:layout_height="wrap_content"
        android:layout_width="fill_parent"
        />
  <EditText
        android:id="@+id/account_password"
        android:hint="@string/account_setup_basics_password_hint"
        android:inputType="textPassword"
        android:imeOptions="actionDone"
        android:layout_height="wrap_content"
        android:layout_width="fill_parent"
        android:nextFocusDown="@+id/next"
   />
   <View
        android:layout_width="fill_parent"
        android:layout_height="0px"
        android:layout_weight="1"
        />
   <RelativeLayout
        android:layout_width="fill_parent"
        android:layout_height="54dip"
        android:background="@android:drawable/menu_full_frame"
        >
        <Button
            android:id="@+id/next"
            android:text="@string/next_action"
            android:layout_height="wrap_content"
            android:layout_width="wrap_content"
            android:minWidth="100dip"
            android:drawableRight="@drawable/button_indicator_next"
            android:layout_alignParentRight="true"
            android:layout_centerVertical="true"
            />
    </RelativeLayout>
</LinearLayout>
```

以上代码中，layout_height="match_parent" ，其中 match_parent 和 fill_parent 其实效果一样。

nextFocusDown 定义单击【down】键时，account_password 文本框获得焦点；nextFocusUp 定义单击【Up】键时某组件获得焦点；nextFocusLeft 定义单击【Left】键时某组件获得焦点；nextFocusRight 定义单击【Right】键时某组件获得焦点。inputType 定义该组件是输入框类型。imeOptions 指定输入法窗口中的回车键的功能；actionDone 表示软键盘下方变成【完成】，单击后光标保持在原来的输入框上，并且软键盘关闭。其他可选值为 normal、actionNext、actionSearch 等。

21.4.3 邮箱类型设置

在输入用户名和密码后，单击【next】按钮，将弹出邮箱类型设置窗口，如图 21-11 所示。

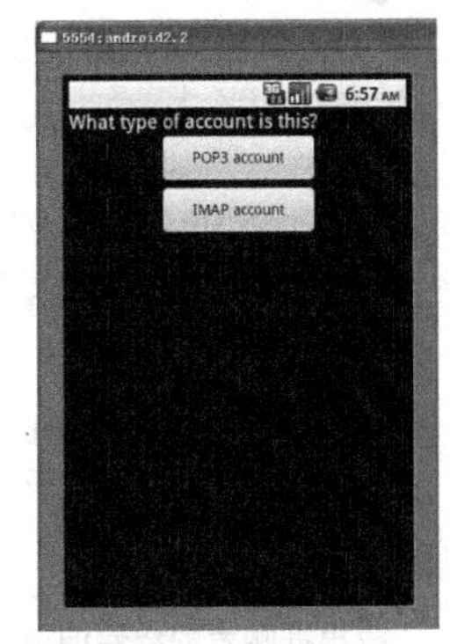

▲图 21-11 邮箱类型设置窗口

（1）编写文件 AccountSetupAccountType.java，在此定义邮箱类型设置界面，主要代码如下。

- 定义 onCreate 方法初始化窗体，为 Button 对象定义监听器 setOnClickListener()。其中，Context 参数将接收从主界面窗体传送的数据，利用 actionSelectAccountType()方法进行初始化操作，Intent()方法使程序跳转到 AccountSetupAccountType 实例，putExtra()方法以键值对的形式保存数据。其对应代码如下。

```
public class AccountSetupAccountType extends Activity implements OnClickListener {
    private static final String EXTRA_ACCOUNT = "account";
    private static final String EXTRA_MAKE_DEFAULT = "makeDefault";
    private Account mAccount;
    private boolean mMakeDefault;
 //初始化
  public static void actionSelectAccountType(Context context, Account account, boolean
makeDefault) {
        Intent i = new Intent(context, AccountSetupAccountType.class);
 //为 EXTRA_ACCOUNT 指定的键赋值
        i.putExtra(EXTRA_ACCOUNT, account);
        i.putExtra(EXTRA_MAKE_DEFAULT, makeDefault);
  //启动 Activity
        context.startActivity(i);
    }
//创建一个窗体
    public void onCreate(Bundle savedInstanceState) {
        super.onCreate(savedInstanceState);
 //加载 activity_account_setup_type 布局 XML 文件
        setContentView(R.layout.activity_account_setup_type);
        ((Button)findViewById(R.id.pop)).setOnClickListener(this);
        ((Button)findViewById(R.id.imap)).setOnClickListener(this);
        mAccount = (Account)getIntent().getSerializableExtra(EXTRA_ACCOUNT);
        mMakeDefault = (boolean)getIntent().getBooleanExtra(EXTRA_MAKE_DEFAULT, false);
    }
```

- 定义 onPop()方法保存用户的 URL 地址，getUserInfo()方法取得用户，getHost()方法取得主机地址，getPort()方法取得端口。此处的 URI 实例对象表示用户类型是 POP3 协议（允许用户从服务器上把邮件存储到本地主机）。其对应代码如下。

```
@Override
private void onPop() {
    try {
//定义并为 URI 实例赋值
        URI uri = new URI(mAccount.getStoreUri());
        uri = new URI("pop3", uri.getUserInfo(), uri.getHost(), uri.getPort(), null, null,
null);
        mAccount.setStoreUri(uri.toString());
    } catch (URISyntaxException use) {
        throw new Error(use);
    }
    AccountSetupIncoming.actionIncomingSettings(this, mAccount, mMakeDefault);
```

```
    //执行Activity
      finish();
  }
```

● 定义 onImap ()方法保存用户的 URL 地址，此处的 URI 实例对象表示用户类型是 IMAP 协议（允许用户在线与邮件服务器交互信息）。无论采用哪种通信协议都需要调用 actionIncoming Settings()方法进入用户收取邮件设置，onClick()监听用户单击的按钮动作。其对应代码如下。

```
    private void onImap() {
        try {
        //定义并为URI实例赋值
            URI uri = new URI(mAccount.getStoreUri());
uri = new URI("imap", uri.getUserInfo(), uri.getHost(), uri.getPort(), null, null, null);
          mAccount.setStoreUri(uri.toString());
        } catch (URISyntaxException use) {
            throw new Error(use);
        }
        mAccount.setDeletePolicy(Account.DELETE_POLICY_ON_DELETE);
        AccountSetupIncoming.actionIncomingSettings(this, mAccount, mMakeDefault);
    //执行Activity
        finish();
    }
  //根据触发的组件调用相应的方法
    public void onClick(View v) {
        switch (v.getId()) {
            case R.id.pop:
                onPop();
                break;
            case R.id.imap:
                onImap();
                break;
        }
    }
}
```

（2）邮箱类型设置的布局文件是 activity_account_setup_type.xml，主要代码如下。

```
<?xml version="1.0" encoding="utf-8"?>
<LinearLayout xmlns:android="http://schemas.android.com/apk/res/android"
    android:layout_width="fill_parent"
      android:layout_height="fill_parent"
    android:orientation="vertical"
      >
      <TextView
          android:text="@string/account_setup_account_type_instructions"
        android:layout_height="wrap_content"
        android:layout_width="fill_parent"
        android:textAppearance="?android:attr/textAppearanceMedium"
        android:textColor="?android:attr/textColorPrimary"
          />
    <Button
        android:id="@+id/pop"
        android:text="@string/account_setup_account_type_pop_action"
        android:layout_height="wrap_content"
        android:layout_width="150dip"
        android:minWidth="100dip"
        android:layout_gravity="center_horizontal"
        />
    <Button
        android:id="@+id/imap"
        android:text="@string/account_setup_account_type_imap_action"
        android:layout_height="wrap_content"
        android:layout_width="150sp"
        android:minWidth="100dip"
        android:layout_gravity="center_horizontal"
        />
</LinearLayout>
```

以上代码中，android:textAppearance="?android:attr/textAppearanceMedium"引用的是系统自带的一个外观，“？”表示系统是否有这种外观，否则使用默认的外观。Android 的系统自带的文字外观设置及实际显示效果图可设置如：textAppearanceButton、textAppearanceInverse、textAppearance Large、textAppearanceLargeInverse、textAppearanceMedium、textAppearanceSmallInverse、textAppearance MediumInverse 和 textAppearanceSmall。

同样，android:textColor="?android:attr/textColorPrimary"引用的也是系统自带的一个外观。设置界面背景及文字颜色最常用的两种方法：①直接在布局文件中设置如 android:backgound= "#FFFFFFFF", android:textcolor="#00000000"；②把颜色提取出来形成资源，放在资源文件下面，如 values/drawable/color.xml。其代码如下。

```
<?xml version="1.0" encoding="utf-8"?>
<resources>
<drawable name="white">#FFFFFFFF</drawable>
<drawable name="black">#FF000000</drawable>
</resources>
```

然后，在布局文件中通过 android:backgound="@drawable/white"、android:textcolor= "@drawable/black"或者在 Java 文件中通过 setBackgroundColor(int color)、setBackgroundResource(int resid)、setTextColor(int color)使用。

21.4.4　邮箱收取设置

在确定邮件类型后，单击【POP3 Account】或者【Imap Account】按钮，将弹出邮箱收取设置窗口，如图 21-12 所示。

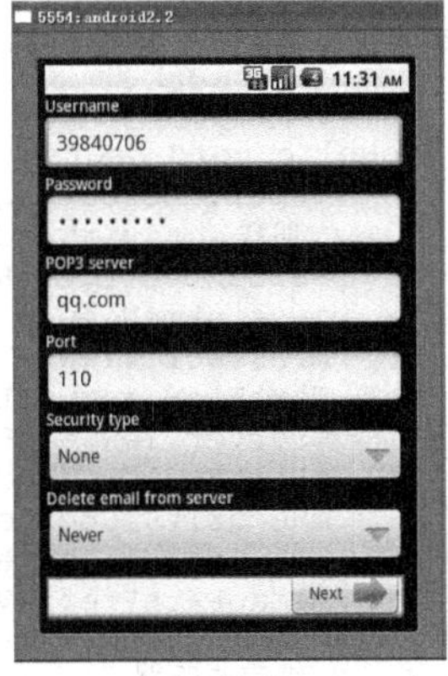

▲图 21-12　邮箱收取设置窗口

（1）此邮箱收取设置界面功能是通过文件 AccountSetup Incoming.java 实现的，接下来开始讲解此文件的实现流程。

● 定义 actionIncomingSettings()方法和 actionEditIncomingSettings()方法进行数据初使化操作。其中，Context 参数将接收从主界面窗体传送的数据，Intent()方法将程序执行跳转到 AccountSetupIncoming 实例，putExtra()方法以键值对的形式保存数据，startActivity()方法启动在不同 Activity 间进行切换。其对应代码如下。

```
private static final String EXTRA_ACCOUNT = "account";
private static final String EXTRA_MAKE_DEFAULT = "makeDefault";
//初始化端口选项
private static final int popPorts[] = {
        110, 995, 995, 110, 110
};
private static final String popSchemes[] = {
        "pop3", "pop3+ssl", "pop3+ssl+", "pop3+tls", "pop3+tls+"
};
private static final int imapPorts[] = {
        143, 993, 993, 143, 143
};
private static final String imapSchemes[] = {
        "imap", "imap+ssl", "imap+ssl+", "imap+tls", "imap+tls+"
};
private int mAccountPorts[];
private String mAccountSchemes[];
private EditText mUsernameView;
private EditText mPasswordView;
private EditText mServerView;
private EditText mPortView;
private Spinner mSecurityTypeView;
private Spinner mDeletePolicyView;
private EditText mImapPathPrefixView;
private Button mNextButton;
```

```
    private Account mAccount;
    private boolean mMakeDefault;
    public static void actionIncomingSettings(Activity context, Account account, boolean
makeDefault) {
        //定义Intent 对象,供Activity 跳转
        Intent i = new Intent(context, AccountSetupIncoming.class);
        i.putExtra(EXTRA_ACCOUNT, account);
        i.putExtra(EXTRA_MAKE_DEFAULT, makeDefault);
      //启动Activity(
        context.startActivity(i);
    }
  public static void actionEditIncomingSettings(Activity context, Account account) {
        Intent i = new Intent(context, AccountSetupIncoming.class);
        i.setAction(Intent.ACTION_EDIT);
        i.putExtra(EXTRA_ACCOUNT, account);
        context.startActivity(i);
    }
```

Android 开发中的四大组件包括：活动（Activity）、服务（Services）、广播接收者（BroadcastReceiver）和内容提供者（ContentProvider）中。活动（Activity）是一个很重要的部分，表示一个可视化的用户界面，关注用户从事的事件，几乎所有的活动都是要与用户进行交互。

● 定义onCreate方法初始化窗体，定义了spinner控件，这个控件主要就是一个列表。Spinner是View类得一个子类，利用数组赋值的方式为其写入初值。其对应代码如下。

```
@Override
public void onCreate(Bundle savedInstanceState) {
    super.onCreate(savedInstanceState);
   //加载activity_account_setup_incoming 布局XML文件
    setContentView(R.layout.activity_account_setup_incoming);
    mUsernameView = (EditText)findViewById(R.id.account_username);
    mPasswordView = (EditText)findViewById(R.id.account_password);
    TextView serverLabelView = (TextView) findViewById(R.id.account_server_label);
    mServerView = (EditText)findViewById(R.id.account_server);
    mPortView = (EditText)findViewById(R.id.account_port);
    mSecurityTypeView = (Spinner)findViewById(R.id.account_security_type);
    mDeletePolicyView = (Spinner)findViewById(R.id.account_delete_policy);
    mImapPathPrefixView = (EditText)findViewById(R.id.imap_path_prefix);
    mNextButton = (Button)findViewById(R.id.next);
   //绑定监听器
    mNextButton.setOnClickListener(this);
    SpinnerOption securityTypes[] = {
            new  SpinnerOption(0,  getString(R.string.account_setup_incoming_security_
none_label)),
            new  SpinnerOption(1,  getString(R.string.account_setup_incoming_security_
ssl_optional_label)),
            new  SpinnerOption(2,  getString(R.string.account_setup_incoming_security_
ssl_label)),
            new  SpinnerOption(3,  getString(R.string.account_setup_incoming_security_
tls_optional_label)),
            new  SpinnerOption(4,  getString(R.string.account_setup_incoming_security_
tls_label)),
    };
    SpinnerOption deletePolicies[] = {
            new SpinnerOption(0,
        getString(R.string.account_setup_incoming_delete_policy_never_label)),
            new SpinnerOption(1,
       getString(R.string.account_setup_incoming_delete_policy_7days_label)),
            new SpinnerOption(2,
        getString(R.string.account_setup_incoming_delete_policy_delete_label)),
    };
```

● ArrayAdapter是从BaseAdapter派生出来的，具备BaseAdapter的所有功能，但ArrayAdapter更为强大，它实例化时可以直接使用泛型构造。ArrayAdapter有3种显示模式，分别是简单、样式丰富但内容简单和内容丰富。 Android SDK中可以看到android.widget.ArrayAdapter<T>形式，ArrayAdapter(Context context, int textViewResourceId) 第2个参数直接绑定一个layout。其对应代

码如下。

```
ArrayAdapter<SpinnerOption> securityTypesAdapter = new ArrayAdapter<SpinnerOption>(this,
             android.R.layout.simple_spinner_item, securityTypes);
  securityTypesAdapter.setDropDownViewResource(android.R.layout.simple_spinner_
dropdown_item);
       mSecurityTypeView.setAdapter(securityTypesAdapter);
ArrayAdapter<Spinner Option> deletePoliciesAdapter = new ArrayAdapter<SpinnerOption>(this,
             android.R.layout.simple_spinner_item, deletePolicies);
       deletePoliciesAdapter
             .setDropDownViewResource(android.R.layout.simple_spinner_dropdown_item);
       mDeletePolicyView.setAdapter(deletePoliciesAdapter);
       mSecurityTypeView.setOnItemSelectedListener(new     AdapterView.OnItemSelected
Listener() {
          public void onItemSelected(AdapterView arg0, View arg1, int arg2, long arg3)
{
             updatePortFromSecurityType();
          }
          public void onNothingSelected(AdapterView<?> arg0) {
          }
       });
```

- TextWatcher 实例监控 EditText 组件输入的内容变化。然后定义 addTextChangedListener 监听器分别监控用户名、密码、服务和端口是否有输入内容，若没全部输入内容，则【next】按钮将呈不可用状态。其对应代码如下。

```
TextWatcher validationTextWatcher = new TextWatcher() {
   public void afterTextChanged(Editable s) {
      validateFields();
   }
};
//定义监听器
mUsernameView.addTextChangedListener(validationTextWatcher);
mPasswordView.addTextChangedListener(validationTextWatcher);
mServerView.addTextChangedListener(validationTextWatcher);
mPortView.addTextChangedListener(validationTextWatcher);
if (savedInstanceState != null && savedInstanceState.containsKey(EXTRA_ACCOUNT)) {
//取得 mAccount 实例
   mAccount = (Account)savedInstanceState.getSerializable(EXTRA_ACCOUNT);
}
try {
   URI uri = new URI(mAccount.getStoreUri());
   String username = null;
   String password = null;
   if (uri.getUserInfo() != null) {
      String[] userInfoParts = uri.getUserInfo().split(":", 2);
      username = userInfoParts[0];
      if (userInfoParts.length > 1) {
         password = userInfoParts[1];
      }
   }
   if (username != null) {
      mUsernameView.setText(username);
   }
   if (password != null) {
      mPasswordView.setText(password);
   }
```

- getScheme()方法返回当前请求所使用的协议，并根据返回结果为 mAccountPorts 变量设置相应的值。其对应代码如下。

```
       if
(uri.getScheme().startsWith("pop3"))
{serverLabelView.setText(R.string.account_setup_incoming_pop_server_label);
             mAccountPorts = popPorts;
             mAccountSchemes = popSchemes;
findViewById(R.id.imap_path_prefix_ section).setVisibility(View.GONE);
          } else if (uri.getScheme().startsWith("imap")) { serverLabelView.setText
```

```
(R.string.account_setup_incoming_imap_server_label);
                mAccountPorts = imapPorts;
                mAccountSchemes = imapSchemes; findViewById(R.id.account_delete_policy_
                label).setVisibility(View.GONE);
                mDeletePolicyView.setVisibility(View.GONE);
                if (uri.getPath() != null && uri.getPath().length() > 0) {
                    mImapPathPrefixView.setText(uri.getPath().substring(1));
                }
            } else {
                throw new Error("Unknown account type: " + mAccount.getStoreUri());
            }
            for (int i = 0; i < mAccountSchemes.length; i++) {
                if (mAccountSchemes[i].equals(uri.getScheme())) {
                    SpinnerOption.setSpinnerOptionValue(mSecurityTypeView, i);
                }
            }
            SpinnerOption.setSpinnerOptionValue(mDeletePolicyView,
            mAccount.getDeletePolicy());
            if (uri.getHost() != null) {
                mServerView.setText(uri.getHost());
            }
            if (uri.getPort() != -1) {
            mPortView.setText(Integer.toString(uri.getPort()));
            } else {
                updatePortFromSecurityType();
            }
        } catch (URISyntaxException use) {
            throw new Error(use);
        }
      //检查组件里内容的变化
        validateFields();
    }
```

（2）邮箱收取界面的布局文件是 activity_account_setup_incoming.xml，主要代码如下。

```
<?xml version="1.0" encoding="utf-8"?>
<ScrollView
    xmlns:android="http://schemas.android.com/apk/res/android"
    android:layout_width="fill_parent"
    android:layout_height="fill_parent"
    android:scrollbarStyle="outsideInset">
    <LinearLayout
        android:layout_width="fill_parent"
        android:layout_height="fill_parent"
        android:orientation="vertical">

        <TextView
            android:id="@+id/account_server_label"
            android:text="@string/account_setup_incoming_pop_server_label"
            android:layout_height="wrap_content"
            android:layout_width="fill_parent"
            android:textAppearance="?android:attr/textAppearanceSmall"
            android:textColor="?android:attr/textColorPrimary" />
        <Spinner
            android:id="@+id/account_security_type"
            android:layout_height="wrap_content"
            android:layout_width="fill_parent" />
        <TextView
            android:id="@+id/account_delete_policy_label"
            android:text="@string/account_setup_incoming_delete_policy_label"
            android:layout_height="wrap_content"
            android:layout_width="fill_parent"
            android:textAppearance="?android:attr/textAppearanceSmall"
            android:textColor="?android:attr/textColorPrimary" />
        <Spinner
            android:id="@+id/account_delete_policy"
            android:layout_height="wrap_content"
            android:layout_width="fill_parent" />
        <View
            android:layout_width="fill_parent"
```

```
            android:layout_height="0px"
            android:layout_weight="1" />
        <RelativeLayout
            android:layout_width="fill_parent"
            android:layout_height="54dip"
            android:background="@android:drawable/menu_full_frame">
            <Button
                android:id="@+id/next"
                android:text="@string/next_action"
                android:layout_height="wrap_content"
                android:layout_width="wrap_content"
                android:minWidth="100dip"
                android:drawableRight="@drawable/button_indicator_next"
                android:layout_alignParentRight="true"
                android:layout_centerVertical="true" />
        </RelativeLayout>
    </LinearLayout>
</ScrollView>
```

Android SDK 中 Drawable 主要的作用是在 XML 中定义各种动画，然后把 XML 当作 Drawable 资源来读取，通过 Drawable 显示动画。其实，Drawable 就是一个可画的对象，可能是一张位图（BitmapDrawable），也可能是一个图形（ShapeDrawable），还有可能是一个图层（LayerDrawable），开发程序时为了兼容不同平台不同屏幕，所以要求建立多个文件夹根据需求均存放不同屏幕版本图片。

在 Android SDK 2.1 版本中有 drawable-mdpi、drawable-ldpi、drawable-hdpi 3 个文件夹，这 3 个主要是为了支持多分辨率。系统运行时会根据机器的分辨率分别到这几个文件夹里面去找对应的图片。xhdpi 是从 Android 2.2 (API Level 8)才开始增加的分类，xlarge 是从 Android 2.3（API Level 9）才开始增加的分类。在本项目中，res/drawable-xhdpi/资源下存放 button_indicator_next.png 图片，另外在其他 3 个目录中同样有此名字的图片。

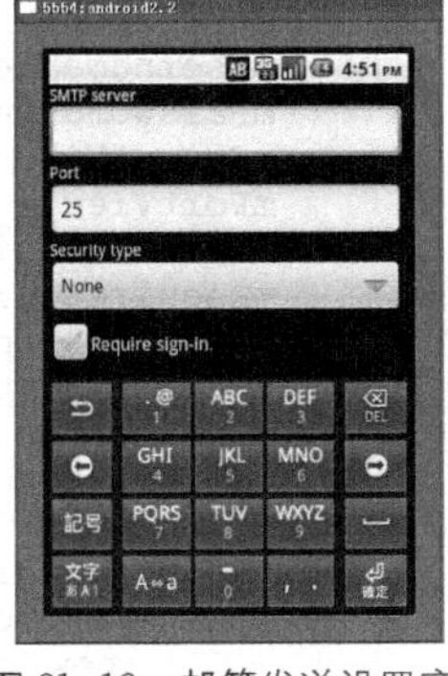

▲图 21-13　邮箱发送设置窗口

21.4.5　邮箱发送设置

在设置好发送邮件的必要信息后，单击【Next】按钮，将弹出邮箱发送设置窗口，如图 21-13 所示。

（1）编写文件 AccountSetupOutgoing.java，在此定义邮箱发送设置界面，主要代码如下。

● 定义 actionOutgoingSettings()方法和 actionEditOutgoingSettings()方法进行数据初始化操作。其中，Context 参数将接收从主界面窗体传送的数据，Intent()方法使程序跳转到 AccountSetupOutgoing 实例，putExtra()方法以键值对的形式保存数据，startActivity()方法启动在不同 Activity 间进行切换。其对应代码如下。

```
public class AccountSetupOutgoing extends Activity implements OnClickListener,
        OnCheckedChangeListener {
    private static final String EXTRA_ACCOUNT = "account";
    private static final String EXTRA_MAKE_DEFAULT = "makeDefault";
   //定义发送端口
    private static final int smtpPorts[] = {
            25, 465, 465, 25, 25
    };
    private static final String smtpSchemes[] = {
            "smtp", "smtp+ssl", "smtp+ssl+", "smtp+tls", "smtp+tls+"
    };
    private EditText mUsernameView;
    private EditText mPasswordView;
    private EditText mServerView;
    private EditText mPortView;
```

```
    private CheckBox mRequireLoginView;
    private ViewGroup mRequireLoginSettingsView;
    private Spinner mSecurityTypeView;
    private Button mNextButton;
    private Account mAccount;
    private boolean mMakeDefault;
public static void actionOutgoingSettings(Context context, Account account, boolean
makeDefault) {
  //定义 Intent 实例，将 Activity 设定跳转到 AccountSetupOutgoing
        Intent i = new Intent (context, AccountSetupOutgoing.class);
        i.putExtra(EXTRA_ACCOUNT, account);
        i.putExtra(EXTRA_MAKE_DEFAULT, makeDefault);
  //启动 Activity
        context.startActivity(i);
    }
    public static void actionEditOutgoingSettings(Context context, Account account) {
        Intent i = new Intent(context, AccountSetupOutgoing.class);
        i.putExtra(EXTRA_ACCOUNT, account);
        context.startActivity(i);
    }
```

- 定义 onCreate(Bundle savedInstanceState) 方法初始化窗体，创建 Activity 时调用，并以 Bundle 的形式提供对以前存储的任何状态的访问。其对应代码如下。

```
    @Override
    public void onCreate(Bundle savedInstanceState) {
        super.onCreate(savedInstanceState);
  //加载界面布局文件 activity_account_setup_outgoing.Xml
        setContentView(R.layout.activity_account_setup_outgoing);
        mUsernameView = (EditText)findViewById(R.id.account_username);
        mPasswordView = (EditText)findViewById(R.id.account_password);
        mServerView = (EditText)findViewById(R.id.account_server);
        mPortView = (EditText)findViewById(R.id.account_port);
        mRequireLoginView = (CheckBox)findViewById(R.id.account_require_login);
        mRequireLoginSettingsView = (ViewGroup)findViewById(R.id.account_require_
        login_settings);
        mSecurityTypeView = (Spinner)findViewById(R.id.account_security_type);
        mNextButton = (Button)findViewById(R.id.next);
        mNextButton.setOnClickListener(this);
//定义监听器
        mRequireLoginView.setOnCheckedChangeListener(this);
        SpinnerOption securityTypes[] = {
                new SpinnerOption(0, getString(R.string.account_setup_incoming_security_
                none_label)),
                new SpinnerOption(1, getString(R.string.account_setup_incoming_security_
                ssl_optional_label)),
                new SpinnerOption(2, getString(R.string.account_setup_incoming_security_
                ssl_label)),
                new SpinnerOption(3, getString(R.string.account_setup_incoming_security_
                tls_optional_label)),
                new SpinnerOption(4, getString(R.string.account_setup_incoming_security_
                tls_label)),
        };
        ArrayAdapter<SpinnerOption> securityTypesAdapter = new ArrayAdapter<Spinner
        Option>(this,
                android.R.layout.simple_spinner_item, securityTypes);
securityTypes         Adapter.setDropDownViewResource(android.R.layout.simple_spinner_
dropdown_item);
        mSecurityTypeView.setAdapter(securityTypesAdapter);
        mSecurityTypeView.setOnItemSelectedListener(new
AdapterView.OnItemSelectedListener() {
 //树状组件单击后触发的事件
            public void onItemSelected(AdapterView arg0, View arg1, int arg2, long arg3) {
                updatePortFromSecurityType();
            }
            public void onNothingSelected(AdapterView<?> arg0) {
            }
        });
        TextWatcher validationTextWatcher = new TextWatcher() {
```

```
            public void afterTextChanged(Editable s) {
                validateFields();
            }
        };
    //定义监听器
        mUsernameView.addTextChangedListener(validationTextWatcher);
        mPasswordView.addTextChangedListener(validationTextWatcher);
        mServerView.addTextChangedListener(validationTextWatcher);
        mPortView.addTextChangedListener(validationTextWatcher);
        mPortView.setKeyListener(DigitsKeyListener.getInstance("0123456789"));
        mAccount = (Account)getIntent().getSerializableExtra(EXTRA_ACCOUNT);
        mMakeDefault = (boolean)getIntent().getBooleanExtra(EXTRA_MAKE_DEFAULT, false);
        if (savedInstanceState != null && savedInstanceState.containsKey(EXTRA_ACCOUNT)) {
            mAccount = (Account)savedInstanceState.getSerializable(EXTRA_ACCOUNT);
        }
        validateFields();
    }
  private void validateFields() {
        boolean enabled =
            Utility.requiredFieldValid(mServerView) && Utility.requiredFieldValid(mPort
View);
        if (enabled && mRequireLoginView.isChecked()) {
            enabled = (Utility.requiredFieldValid(mUsernameView)
                    && Utility.requiredFieldValid(mPasswordView));
        }
        if (enabled) {
            try {
                URI uri = getUri();
            } catch (URISyntaxException use) {
                enabled = false;
            }
        }
        mNextButton.setEnabled(enabled);
        Utility.setCompoundDrawablesAlpha(mNextButton, enabled ? 255 : 128);
    }
```

- 定义 TextWatcher 实例监控 EditText 组件输入的内容变化。然后定义 addTextChanged Listener 监听器分别监控用户名、密码、服务和端口是否有输入内容，若没全部输入内容，则【next】按钮将呈不可用状态。其对应代码如下。

```
    TextWatcher validationTextWatcher = new TextWatcher() {
            public void afterTextChanged(Editable s) {
                validateFields();
            }
      public void beforeTextChanged(CharSequence s, int start, int count, int after) {
            }
        public void onTextChanged(CharSequence s, int start, int before, int count) {
            }
        };
        mUsernameView.addTextChangedListener(validationTextWatcher);
        mPasswordView.addTextChangedListener(validationTextWatcher);
        mServerView.addTextChangedListener(validationTextWatcher);
        mPortView.addTextChangedListener(validationTextWatcher);
```

- 定义 updatePortFromSecurityType()方法，将用户输入的端口号赋值 mPortView 变量。代码 mSecurityTypeView.getSelectedItem()).value 读取 View 的节点值，onActivityResult()方法检查 Activity 执行是否成功。其对应代码如下。

```
  private void updatePortFromSecurityType() {
        int securityType = (Integer)((SpinnerOption)mSecurityTypeView.getSelectedItem
()).value;
        mPortView.setText(Integer.toString(smtpPorts[securityType]));
    }
    @Override
  // onActivityResult 执行完 Activity 后，将结果返回给调用它的父 Activity
    public void onActivityResult(int requestCode, int resultCode, Intent data) {
        if (resultCode == RESULT_OK) {
```

```
        if (Intent.ACTION_EDIT.equals(getIntent().getAction())) {
            mAccount.save(Preferences.getPreferences(this));
            finish();
        } else {
            AccountSetupOptions.actionOptions(this, mAccount, mMakeDefault);
            finish();
        }
    }
}
private URI getUri() throws URISyntaxException {
    int securityType = (Integer)((SpinnerOption)mSecurityTypeView.getSelectedItem
()).value;
    String userInfo = null;
    if (mRequireLoginView.isChecked()) {
        userInfo = mUsernameView.getText().toString().trim() + ":"
                + mPasswordView.getText().toString().trim();
    }
    URI uri = new URI(
            smtpSchemes[securityType],
            userInfo,
            mServerView.getText().toString().trim(),
            Integer.parseInt(mPortView.getText().toString().trim()),
            null, null, null);
    return uri;
}
```

- 定义 onClick ()方法，用户单击【next】按钮后触发 onNext()方法。在该方法中读取邮件的 URL 地址，URL 地址包含有用户名和密码等信息。程序再跳转到 actionCheckSettings()方法中对用户的设置进行检查。

```
    public void onClick(View v) {
     switch (v.getId()) {
        case R.id.next:
            onNext();
            break;
     }
 }
private void onNext() {
     try {
        URI uri = getUri();
        mAccount.setSenderUri(uri.toString());
     } catch (URISyntaxException use) {
        throw new Error(use);
     }
 //检查用户
     AccountCheckSettings.actionCheckSettings(this, mAccount, false, true);
 }
```

（2）邮箱发送设置的布局文件是 AccountSetupOutgoing.xml，主要代码如下。

```
<?xml version="1.0" encoding="utf-8"?>
 <ScrollView
   xmlns:android="http://schemas.android.com/apk/res/android"
   android:layout_width="fill_parent"
   android:layout_height="fill_parent"
   android:scrollbarStyle="outsideInset">
   <LinearLayout
       android:layout_width="fill_parent"
       android:layout_height="fill_parent"
       android:orientation="vertical">
       <TextView
           android:text="@string/account_setup_outgoing_security_label"
           android:layout_height="wrap_content"
           android:layout_width="fill_parent"
           android:textAppearance="?android:attr/textAppearanceSmall"
           android:textColor="?android:attr/textColorPrimary" />
       <Spinner
           android:id="@+id/account_security_type"
           android:layout_height="wrap_content"
```

```
            android:layout_width="fill_parent" />
        <CheckBox
            android:id="@+id/account_require_login"
            android:layout_width="fill_parent"
            android:layout_height="wrap_content"
            android:text="@string/account_setup_outgoing_require_login_label" />
        <LinearLayout
            android:id="@+id/account_require_login_settings"
            android:layout_width="fill_parent"
            android:layout_height="fill_parent"
            android:orientation="vertical"
            android:visibility="gone">
        </LinearLayout>
</ScrollView>
```

以上代码中，android:scrollbarStyle="outsideInset"引用的是系统自带的一个外观，“？”表示系统是否有这种外观，否则使用默认的外观。Android 系统自带的文字外观设置及实际显示效果可设置为 textAppearanceButton、textAppearanceInverse、textAppearanceLarge、textAppearance-LargeInverse、textAppearanceMedium、extAppearanceSmallInverse、textAppearanceMediumInverse 和 textAppearanceSmall。

21.4.6 邮箱用户检查

在设置好邮件后，单击【Next】按钮，将弹出邮箱用户检查窗口，如图 21-14 所示。

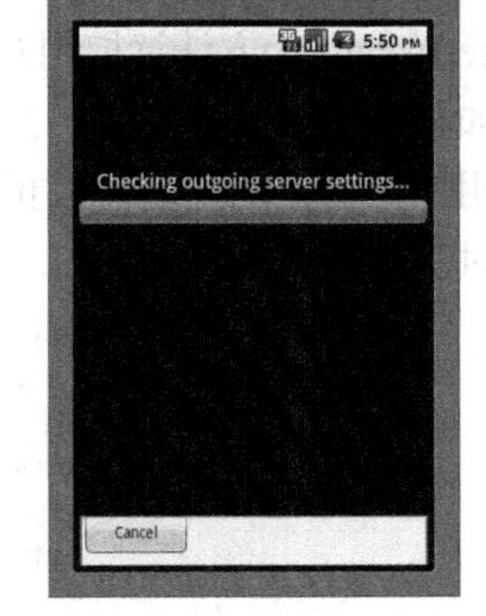

▲图 21-14 邮箱用户检查窗口

（1）编写文件 AccountCheckSettings.java，在此定义邮箱用户检查界面，主要代码如下。

● 定义 actionCheckSettings ()方法进行数据初始化操作，startActivityForResult()方法的第 1 个参数是一个 Intent；第 2 个参数是返回码。通过不同的返回码，可以区分不同的 Activity，当启动了某个 Activity 后，返回码依然关联着当前进程所处理的 Activity。当操作完成后，会有特定的返回值作为某些事件的响应。即 Activity 执行 finish()以后执行 onActivityResult 回调方法，而使用 startActivity 方法却不会执行回调。其对应代码如下。

```
public class AccountCheckSettings extends Activity implements OnClickListener {
    private static final String EXTRA_ACCOUNT = "account";
    private static final String EXTRA_CHECK_INCOMING = "checkIncoming";
    private static final String EXTRA_CHECK_OUTGOING = "checkOutgoing";
    private Handler mHandler = new Handler();
    private ProgressBar mProgressBar;
    private TextView mMessageView;
    private Account mAccount;
    private boolean mCheckIncoming;
    private boolean mCheckOutgoing;
    private boolean mCanceled;
    private boolean mDestroyed;
    public static void actionCheckSettings(Activity context, Account account,
            boolean checkIncoming, boolean checkOutgoing) {
        Intent i = new Intent(context, AccountCheckSettings.class);
       //为 Account 对象的键名赋值
        i.putExtra(EXTRA_ACCOUNT, account);
        i.putExtra(EXTRA_CHECK_INCOMING, checkIncoming);
        i.putExtra(EXTRA_CHECK_OUTGOING, checkOutgoing);
       //指定将要启动的 Activity 的编号
        context.startActivityForResult(i, 1);
    }
```

● 定义 onCreate 方法初始化窗体，定义了 mProgressBar 控件，这个控件主要是一个进度条。mProgressBar 对象的 setIndeterminate()开启滚动效果；getIntent()方法取得当前 Intent 的信息实例，然后调用各 get 方法获取对应的值。其对应代码如下。

```
    @Override
    public void onCreate(Bundle savedInstanceState) {
        super.onCreate(savedInstanceState);
        setContentView(R.layout.activity_account_check_settings);
        mMessageView = (TextView)findViewById(R.id.message);
        mProgressBar = (ProgressBar)findViewById(R.id.progress);
        ((Button)findViewById(R.id.cancel)).setOnClickListener(this);
        setMessage(R.string.account_setup_check_settings_retr_info_msg);
     //打开进度条的滚动效果
        mProgressBar.setIndeterminate(true);
        mAccount = (Account)getIntent().getSerializableExtra(EXTRA_ACCOUNT);
        mCheckIncoming = (boolean)getIntent().getBooleanExtra(EXTRA_CHECK_INCOMING,
        false);
        mCheckOutgoing = (boolean)getIntent().getBooleanExtra(EXTRA_CHECK_OUTGOING,
        false);
```

实例化一个线程 Thread，采用 setThreadPriority()方法设置线程在后台执行。程序开始时要对用户的发送邮件进行检查，如果当前 Activity 状态处于 Destroyed 和 Canceled，则线程退出。对象 Sender 调用 getInstance()方法读取用户的 URL 信息，然后调用 open()方法打开地址。如果能够顺利地完成一次 close()和 open()方法的操作并且不报异常，说明用户提供的地址可以正确使用。用户检查成功界面如图 21-15 所示，对应代码如下。

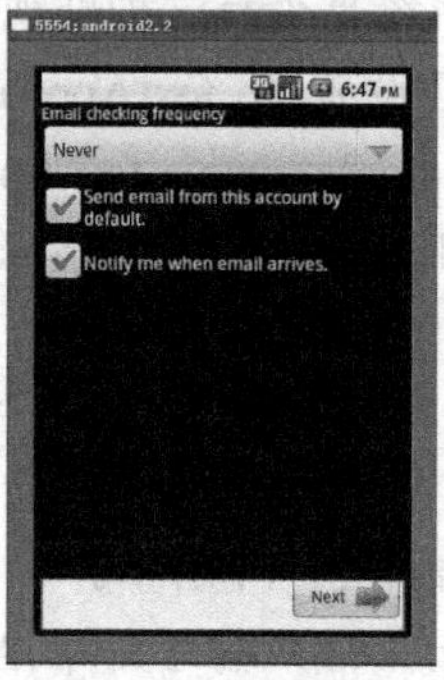

▲图 21-15　用户检查成功

```
        new Thread() {
            public void run() {
   //设置线程执行级别
                Process.setThreadPriority(Process.THREAD_PRIORITY_BACKGROUND);
                try {
                    if (mDestroyed) {
                        return;
                    }
                    if (mCanceled) {
                        finish();
                        return;
                    }
                    if (mCheckIncoming) {
 setMessage(R.string.account_setup_check_settings_check_ incoming_msg);
                    }
                    if (mDestroyed) {
                        return;
                    }
                    if (mCanceled) {
                        finish();
                        return;
                    }
                    if (mCheckOutgoing) {
 setMessage(R.string.account_setup_check_settings_check_ outgoing_msg);
                        Sender sender = Sender.getInstance(mAccount.getSenderUri());
                        sender.close();
                        sender.open();
                        sender.close();
                    }
                    if (mDestroyed) {
                        return;
                    }
                    if (mCanceled) {
                        finish();
                        return;
                    }
                    setResult(RESULT_OK);
                    finish();
```

● 在此定义捕获 AuthenticationFailedException 类型、CertificateValidationException 类型和 MessagingException 类型的异常，对应代码如下。

```
            } catch (final AuthenticationFailedException afe) {
                String message = afe.getMessage();
                int id = (message == null)
                        ? R.string.account_setup_failed_dlg_auth_message
                        : R.string.account_setup_failed_dlg_auth_message_fmt;
    //显示错误信息
                showErrorDialog(id, message);
            } catch (final CertificateValidationException cve) {
                String message = cve.getMessage();
                int id = (message == null)
                    ? R.string.account_setup_failed_dlg_certificate_message
                    : R.string.account_setup_failed_dlg_certificate_message_fmt;
                showErrorDialog(id, message);
            } catch (final MessagingException me) {
                int id;
                String message = me.getMessage();
                switch (me.getExceptionType()) {
                    case MessagingException.IOERROR:
                        id = R.string.account_setup_failed_ioerror;
                        break;
                    case MessagingException.TLS_REQUIRED:
                        id = R.string.account_setup_failed_tls_required;
                        break;
                    case MessagingException.AUTH_REQUIRED:
                        id = R.string.account_setup_failed_auth_required;
                        break;
                    case MessagingException.GENERAL_SECURITY:
                        id = R.string.account_setup_failed_security;
                        break;
                    default:
                        id = (message == null)
                                ? R.string.account_setup_failed_dlg_server_message
                                : R.string.account_setup_failed_dlg_server_message_fmt;
                        break;
                }
                showErrorDialog(id, message);
            }
        }
    }.start();
}
```

● 定义 showErrorDialog()方法显示错误对话框，显示的具体内容在 AlertDialog 实例中指定。同时终止进度条的滚动显示 setIndeterminate(false)，对应代码如下。

```
private void showErrorDialog(final int msgResId, final Object... args) {
        mHandler.post(new Runnable() {
            public void run() {
                if (mDestroyed) {
                    return;
                }
                //关闭进度条的滚动效果
                mProgressBar.setIndeterminate(false);
                //创建一个提示对话框
                new AlertDialog.Builder(AccountCheckSettings.this)
                        .setIcon(android.R.drawable.ic_dialog_alert)
                        .setTitle(getString(R.string.account_setup_failed_dlg_title))
                        .setMessage(getString(msgResId, args))
                        .setCancelable(true)
                        .setPositiveButton( getString(R.string.account_setup_failed_dlg_
edit_details_action), new DialogInterface.OnClickListener() {
                                    public void onClick(DialogInterface dialog, int which) {
                                        finish();
                                    }
                                })
                        .show();
```

```
            }
        });
    }
  private void onCancel() {
        mCanceled = true;
        setMessage(R.string.account_setup_check_settings_canceling_msg);
    }
    public void onClick(View v) {
        switch (v.getId()) {
            case R.id.cancel:
                onCancel();
                break;
        }
    }
```

（2）设置用户别名的布局文件是 activity_account_setup_incoming.xml，主要代码如下。

```
<?xml version="1.0" encoding="utf-8"?>
<LinearLayout
    xmlns:android="http://schemas.android.com/apk/res/android"
    android:layout_width="fill_parent"
    android:layout_height="fill_parent"
    android:orientation="vertical">
    <View
        android:layout_width="fill_parent"
        android:layout_height="100sp" />
    <TextView
        android:id="@+id/message"
        android:layout_height="wrap_content"
        android:layout_width="fill_parent"
        android:gravity="center_horizontal"
        android:textAppearance="?android:attr/textAppearanceMedium"
        android:textColor="?android:attr/textColorPrimary"
        android:paddingBottom="6px" />
    <ProgressBar
        android:id="@+id/progress"
        android:layout_height="wrap_content"
        android:layout_width="fill_parent"
        style="?android:attr/progressBarStyleHorizontal" />
    <View
        android:layout_width="fill_parent"
        android:layout_height="0px"
        android:layout_weight="1" />
    <RelativeLayout
        android:layout_width="fill_parent"
        android:layout_height="54dip"
        android:background="@android:drawable/menu_full_frame">
        <Button
            android:id="@+id/cancel"
            android:text="@string/cancel_action"
            android:layout_height="wrap_content"
            android:layout_width="wrap_content"
            android:minWidth="100dip"
            android:layout_centerVertical="true" />
    </RelativeLayout>
</LinearLayout>
```

21.4.7　设置用户别名

在成功通过地址检测后，单击【next】按钮，将弹出设置用户别名窗口，如图 21-16 所示。

▲图 21-16　设置用户别名窗口

（1）编写文件 AccountSetupNames.java 用于设置用户别名界面，主要代码如下。

● 定义 actionSetNames ()方法进行数据初始化操作，startActivity()方法启动 Activity，onCreate()方法定义两个文本框组件，还定义了 setOnClickListener 监听器，validateFields()方法一旦发现文

本框中的内容发生变化后执行监听器里面的动作。其对应代码如下。

```
public class AccountSetupNames extends Activity implements OnClickListener {
    private static final String EXTRA_ACCOUNT = "account";
    private EditText mDescription;
    private EditText mName;
    private Account mAccount;
    private Button mDoneButton;
    public static void actionSetNames(Context context, Account account) {
    //为 AccountSetupNames 窗体的 Activity 赋值
        Intent i = new Intent(context, AccountSetupNames.class);
        i.putExtra(EXTRA_ACCOUNT, account);
      //启动 Account 窗体
      context.startActivity(i);
    }
    @Override
    public void onCreate(Bundle savedInstanceState) {
        super.onCreate(savedInstanceState);
        setContentView(R.layout.activity_account_setup_names);
        mDescription = (EditText)findViewById(R.id.account_description);
        mName = (EditText)findViewById(R.id.account_name);
        mDoneButton = (Button)findViewById(R.id.done);
  //定义监听器
        mDoneButton.setOnClickListener(this);
        TextWatcher validationTextWatcher = new TextWatcher() {
            public void afterTextChanged(Editable s) {
                validateFields();
            }
        };
```

● 调用 mName.setText()方法保存用户名称。onNext()方法将当前设置的用户名保存在 Preferences 对象中，然后 Activity 跳转到邮件编辑界面 EmailCpsActivity。其对应代码如下。

```
        mName.addTextChangedListener(validationTextWatcher);
        mName.setKeyListener(TextKeyListener.getInstance(false, Capitalize.WORDS));
        mAccount = (Account)getIntent().getSerializableExtra(EXTRA_ACCOUNT);
        // mDescription.setText(mAccount.getDescription());
        if (mAccount.getName() != null) {
            mName.setText(mAccount.getName());
        }
        if (!Utility.requiredFieldValid(mName)) {
            mDoneButton.setEnabled(false);
        }
    }
    private void validateFields() {
        mDoneButton.setEnabled(Utility.requiredFieldValid(mName));
        Utility.setCompoundDrawablesAlpha(mDoneButton, mDoneButton.isEnabled() ? 255 :
128);
    }
    private void onNext() {
        if (Utility.requiredFieldValid(mDescription)) {
            mAccount.setDescription(mDescription.getText().toString());
        }
        mAccount.setName(mName.getText().toString());
        mAccount.save(Preferences.getPreferences(this));
//定义一个 Activity 名为 EmailCpsActivity
        Intent intent = new Intent(this, EmailCpsActivity.class);
        intent.putExtra(EXTRA_ACCOUNT , mAccount);
//启动 Activity
        startActivity(intent);
//执行
        finish();
    }
    public void onClick(View v) {
        switch (v.getId()) {
            case R.id.done:
                onNext();
                break;
        }
```

```
    }
}
```

（2）设置用户别名的布局文件是 activity_account_setup_names.xml，主要代码如下。

```
<?xml version="1.0" encoding="utf-8"?>
<LinearLayout
    xmlns:android="http://schemas.android.com/apk/res/android"
    android:layout_width="fill_parent"
    android:layout_height="fill_parent"
    android:orientation="vertical">
    <TextView
        android:text="@string/account_setup_names_instructions"
        android:layout_height="wrap_content"
        android:layout_width="fill_parent"
        android:textAppearance="?android:attr/textAppearanceMedium"
        android:textColor="?android:attr/textColorPrimary" />
    <TextView
        android:text="@string/account_setup_names_account_name_label"
        android:layout_height="wrap_content"
        android:layout_width="fill_parent"
        android:textAppearance="?android:attr/textAppearanceSmall"
        android:textColor="?android:attr/textColorPrimary" />
    <EditText
        android:id="@+id/account_description"
        android:inputType="textCapWords"
        android:imeOptions="actionDone"
        android:layout_height="wrap_content"
        android:layout_width="fill_parent" />
    <TextView
        android:text="@string/account_setup_names_user_name_label"
        android:layout_height="wrap_content"
        android:layout_width="fill_parent"
        android:textAppearance="?android:attr/textAppearanceSmall"
        android:textColor="?android:attr/textColorPrimary" />
    <EditText
        android:id="@+id/account_name"
        android:inputType="textPersonName"
        android:imeOptions="actionDone"
        android:layout_height="wrap_content"
        android:layout_width="fill_parent" />
    <View
        android:layout_height="0px"
        android:layout_width="fill_parent"
        android:layout_weight="1" />
    <RelativeLayout
        android:layout_width="fill_parent"
        android:layout_height="54dip"
        android:background="@android:drawable/menu_full_frame">
        <Button
            android:id="@+id/done"
            android:text="@string/done_action"
            android:layout_height="wrap_content"
            android:layout_width="wrap_content"
            android:minWidth="100dip"
            android:layout_alignParentRight="true"
            android:layout_centerVertical="true" />
    </RelativeLayout>
</LinearLayout>
```

代码 android:inputType="textCapWords"中的“inputType”用于设置键盘类型，可选类型包括 textCapCharacters（字母大写）、numberSigned（有符号数字格式）、textCapWords（单词首字母大写）、textCapSentences（仅第一个字母大写）、textAutoComplete（自动完成）、textMultiLine（多行输入）、textImeMultiline（输入法多行）、textNoSuggestions（不提示）、textEmailAddress（电子邮件地址）、textEmailSubject（邮件主题）、textShortMessage（短信息）、textPersonName（人名）、textPostalAddress（地址）、textPassword（密码）、textVisiblePassword（可见密码）、textWebEditText

（作为网页表单的文本）、textFilte（文本筛选过滤）、textPhonetic（拼音输入）等。

21.4.8　用户邮件编辑

在设置完别名后，单击【next】按钮，将弹出用户邮件编辑窗口，如图 21-17 所示。

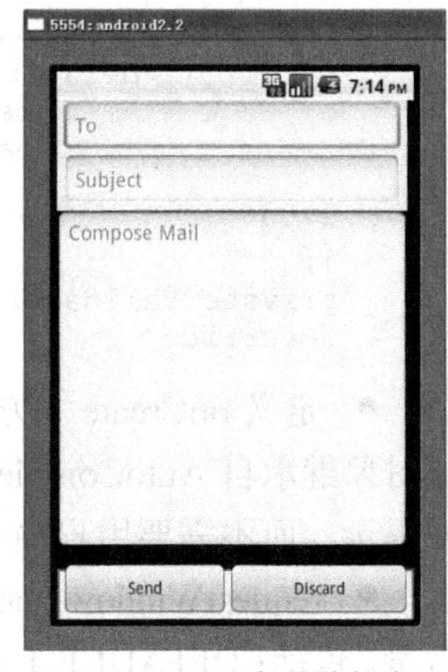

▲图 21-17　用户邮件编辑窗口

（1）编写文件 EmailCpsActivity.java 用于定义用户邮件编辑界面，主要代码如下。

- 定义 Handler 一个实例化对象，每一个 Handler 类都与一个唯一的线程（以及这个线程的 MessageQueue）关联，并向它所关联的 MessageQueue 佳送 Messages/Runnables。它的主要用途为：按计划发送消息或执行某个 Runnanble(使用 POST 方法)；将从其他线程中发送来的消息放入消息队列中，避免线程冲突（常见于更新 UI 线程）。其对应代码如下。

```
public class EmailCpsActivity extends Activity implements OnClickListener, OnFocusChange-
Listener {
    private static final String EXTRA_ACCOUNT = "account";
    private static final int MSG_PROGRESS_ON = 1;
    private static final int MSG_PROGRESS_OFF = 2;
    private static final int MSG_UPDATE_TITLE = 3;
    private static final int MSG_SKIPPED_ATTACHMENTS = 4;
    private static final int MSG_SAVED_DRAFT = 5;
    private static final int MSG_DISCARDED_DRAFT = 6;
    private Account mAccount;
    private MultiAutoCompleteTextView mToView;
    private MultiAutoCompleteTextView mCcView;
    private MultiAutoCompleteTextView mBccView;
    private EditText mSubjectView;
    private EditText mMessageContentView;
    private Button mSendButton;
    private Button mDiscardButton;
    private ProgressDialog progress;
    private Handler mHandler = new Handler() {
        @Override
        public void handleMessage(android.os.Message msg) {
            switch (msg.what) {
                case MSG_PROGRESS_ON:
     //开户滚动条的滚动效果
                    setProgressBarIndeterminateVisibility(true);
                    break;
                case MSG_PROGRESS_OFF:
    //关闭滚动条的滚动效果
                    setProgressBarIndeterminateVisibility(false);
                    break;
                case MSG_UPDATE_TITLE:
                    updateTitle();
                    break;
                case MSG_SKIPPED_ATTACHMENTS:
                    Toast.makeText(
                            EmailCpsActivity.this, getString(R.string.message_compose_
                            attachments_skipped_toast), Toast.LENGTH_LONG).show();
                    break;
                case MSG_SAVED_DRAFT:
                    Toast.makeText(
                            EmailCpsActivity.this,
                            getString(R.string.message_saved_toast),
                            Toast.LENGTH_LONG).show();
                    break;
                case MSG_DISCARDED_DRAFT:
                    Toast.makeText(
                            EmailCpsActivity.this,
```

```
                getString(R.string.message_discarded_toast),
                Toast.LENGTH_LONG).show();
                break;
            default:
                super.handleMessage(msg);
                break;
        }
    }
};
private Validator mAddressValidator;
@Override
```

● 定义 onCreate ()方法进行数据初始化操作，定义一个 MultiAutoCompleteTextView 对象，该对象继承自 AutoCompleteTextView 的可编辑的文本视图，能够对用户键入的文本进行有效的扩充提示，而不需要用户输入整个内容。

● requestWindowFeature()方法的功能是启用窗体的扩展特性。其参数是 Window 类中定义的常量。包括：DEFAULT_FEATURES 表示系统默认状态，一般不需要指定；FEATURE_CONTEXT_MENU 表示启用 ContextMenu，默认该项已启用，一般无需指定； FEATURE_CUSTOM_TITLE 表示自定义标题，当需要自定义标题时必须指定，如标题是一个按钮时；FEATURE_INDETERMINATE_PROGRESS 表示不确定的进度；FEATURE_LEFT_ICON 表示标题栏左侧的图标；FEATURE_NO_TITLE 表示无标题；FEATURE_OPTIONS_PANEL 表示启用“选项面板”功能，默认已启用；FEATURE_PROGRESS 表示进度指示器功能；FEATURE_RIGHT_ICON 表示标题栏右侧的图标。其对应代码如下所示。

```
    public void onCreate(Bundle savedInstanceState) {
        super.onCreate(savedInstanceState);
        requestWindowFeature(Window.FEATURE_INDETERMINATE_PROGRESS);
//加载 activity_compose.xml 布局界面文件
        setContentView(R.layout.activity_compose);
        mAddressValidator = new EmailAddressValidator();
        mToView = (MultiAutoCompleteTextView)findViewById(R.id.to);
        mCcView = (MultiAutoCompleteTextView)findViewById(R.id.cc);
        mBccView = (MultiAutoCompleteTextView)findViewById(R.id.bcc);
        mSubjectView = (EditText)findViewById(R.id.subject);
        mMessageContentView = (EditText)findViewById(R.id.message_content);
        mSendButton = (Button)findViewById(R.id.send);
        mDiscardButton = (Button)findViewById(R.id.discard);
```

定义 InputFilter 对象的实例 recipientFilter，使用输入过滤器 InputFilter 约束用户输入。定义一个返回类型为 CharSequence 的方法 filter()，检查用户的所有输入是否合法，对应代码如下。

```
    InputFilter recipientFilter = new InputFilter() {
 //定义字符过滤方法
 public CharSequence filter(CharSequence source, int start, int end, Spanned dest,
             int dstart, int dend) {
         if (end-start != 1 || source.charAt(start) != ' ') {
             return null;
         }
         int scanBack = dstart;
         boolean dotFound = false;
         while (scanBack > 0) {
             char c = dest.charAt(--scanBack);
             switch (c) {
                 case '.':
                     dotFound = true;    // one or more dots are req'd
                     break;
                 case ',':
                     return null;
                 case '@':
                     if (!dotFound) {
                         return null;
                     }
                     if (source instanceof Spanned) {
```

```
                    SpannableStringBuilder sb = new SpannableStringBuilder(",");
                    sb.append(source);
                    return sb;
                } else {
                    return ", ";
                }
            default:
                // just keep going
        }
    }
    // no termination cases were found, so don't edit the input
    return null;
  }
};
InputFilter[] recipientFilters = new InputFilter[] { recipientFilter };
// NOTE: assumes no other filters are set
```

● 将输入过滤器作用于 mToView、mCcView、mBccView、mToView 组件之上。SetOnFocusChangeListener()方法将焦点定位于该组件上，为发送和取消按钮定义 setOnClickListener 监听器。其对应代码如下。

```
        //为组件指定过滤规则
        mToView.setFilters(recipientFilters);
        mCcView.setFilters(recipientFilters);
        mBccView.setFilters(recipientFilters);
        mToView.setTokenizer(new Rfc822Tokenizer());
        mToView.setValidator(mAddressValidator);
        mCcView.setTokenizer(new Rfc822Tokenizer());
        mCcView.setValidator(mAddressValidator);
        mBccView.setTokenizer(new Rfc822Tokenizer());
        mBccView.setValidator(mAddressValidator);
        mSendButton.setOnClickListener(this);
        mDiscardButton.setOnClickListener(this);
        mSubjectView.setOnFocusChangeListener(this);
        Intent intent = getIntent();
        mAccount = (Account) intent.getSerializableExtra(EXTRA_ACCOUNT);
        updateTitle();
    }
    @Override
  //暂停后恢复调用
    public void onResume() {
        super.onResume();
    }
    @Override
 //暂停
    public void onPause() {
        super.onPause();
    }
    @Override
//退出
    public void onDestroy() {
        super.onDestroy();
    }
    private void updateTitle() {
        if (mSubjectView.getText().length() == 0) {
            setTitle(R.string.compose_title);
        } else {
            setTitle(mSubjectView.getText().toString());
        }
    }
 //焦点发生变化
    public void onFocusChange(View view, boolean focused) {
        if (!focused) {
            updateTitle();
        }
    }
    private Address[] getAddresses(MultiAutoCompleteTextView view) {
        Address[] addresses = Address.parse(view.getText().toString().trim());
```

```
        return addresses;
    }
```

● 定义一个 MimeMessage 对象 message，类 MimeMessage 继承自定义类 Message，封装邮件发送时的信息。调用 setFrom()方法、setRecipients()方法和 setSubject()方法进行邮件信息头封装操作。定义一个 TextBody 对象 body，调用 setBody()方法将文本内容写入其中。其对应代码如下。

```
private MimeMessage createMessage() throws MessagingException {
    MimeMessage message = new MimeMessage();
    message.setSentDate(new Date());
    Address from = new Address(mAccount.getEmail(), mAccount.getName());
    message.setFrom(from);
    message.setRecipients(RecipientType.TO, getAddresses(mToView));
    message.setRecipients(RecipientType.CC, getAddresses(mCcView));
    message.setRecipients(RecipientType.BCC, getAddresses(mBccView));
    message.setSubject(mSubjectView.getText().toString());
    String text = mMessageContentView.getText().toString();
  //打出日志
    Log.d(Email.LOG_TAG, text);
    TextBody body = new TextBody(text);
    message.setBody(body);
    return message;
}
private void sendMessage() {
//定义一个进度条
    progress = ProgressDialog.show(this, "", "sending...");
    final MimeMessage message;
    try {
        message = createMessage();
    }
    catch (MessagingException me) {
//打出日志
        Log.e(Email.LOG_TAG, "Failed to create new message for send or save.", me);
        throw new RuntimeException("Failed to create a new message for send or save.", me);
    }
    Thread thread = new Thread(new Runnable(){
        @Override
        public void run() {
            try {
                Sender sender = Sender.getInstance(mAccount.getSenderUri());
                ArrayList<Part> viewables = new ArrayList<Part>();
                ArrayList<Part> attachments = new ArrayList<Part>();
                MimeUtility.collectParts(message, viewables, attachments);
                StringBuffer sbHtml = new StringBuffer();
                StringBuffer sbText = new StringBuffer();
                for (Part viewable : viewables) {
                    try {
                        String text = MimeUtility.getTextFromPart(viewable);
                        /*
                    * Anything with MIME type text/html will be stored as such. Anything
                         * else will be stored as text/plain.
                         */
                        if (viewable.getMimeType().equalsIgnoreCase("text/html")) {
                            sbHtml.append(text);
                        }
                        else {
                            sbText.append(text);
                        }
                    } catch (Exception e) {
          throw new MessagingException("Unable to get text for message part", e);
                    }
                }
                message.setUid("email" + UUID.randomUUID().toString());
        message.setHeader(MimeHeader.HEADER_CONTENT_TYPE, "multipart/mixed");
                MimeMultipart mp = new MimeMultipart();
                mp.setSubType("mixed");
                message.setBody(mp);
                String htmlContent = sbHtml.toString();
```

```
            String textContent = sbText.toString();
            if (htmlContent != null) {
                TextBody body = new TextBody(htmlContent);
                MimeBodyPart bp = new MimeBodyPart(body, "text/html");
                mp.addBodyPart(bp);
                Log.v(Email.LOG_TAG, htmlContent);
            }
            if (textContent != null) {
                TextBody body = new TextBody(textContent);
                MimeBodyPart bp = new MimeBodyPart(body, "text/plain");
                mp.addBodyPart(bp);
                Log.v(Email.LOG_TAG, textContent);
            }
    //发送信息
          sender.sendMessage(message);
        } catch (MessagingException e) {
            e.printStackTrace();
        }
        progress.dismiss();
        finish();
    }
  });
  thread.start();
}
```

● 对象 Toast 是 Android 中用来显示信息的一种机制，它与 Dialog 有所不同。Toast 是没有焦点的，而且 Toast 显示的时间很短，在一定的时间就会自动消失。sendMessage()是正式进行邮件发送操作，其对应代码如下。

```
  private void onSend() {
      if (getAddresses(mToView).length == 0 &&
              getAddresses(mCcView).length == 0 &&
              getAddresses(mBccView).length == 0) {
  mToView.setError(getString(R.string.message_compose_error_no_recipients));
          Toast.makeText(this, getString(R.string.message_compose_error_no_recipients),
                  Toast.LENGTH_LONG).show();
          return;
      }
      sendMessage();
  }
//发送信息主方法
  private void onDiscard() {
      mHandler.sendEmptyMessage(MSG_DISCARDED_DRAFT);
      finish();
  }
  public void onClick(View view) {
      switch (view.getId()) {
          case R.id.send:
              onSend();
              break;
          case R.id.discard:
              onDiscard();
              break;
      }
  }
  @Override
  public boolean onOptionsItemSelected(MenuItem item) {
      switch (item.getItemId()) {
          case R.id.send:
              onSend();
              break;
          case R.id.discard:
              onDiscard();
              break;
          default:
              return super.onOptionsItemSelected(item);
      }
      return true;
```

```
    }
}
```

（2）用户邮件编辑的布局文件是 activity_compose.xml，主要代码如下。

- 使用 android:scrollbarStyle="outsideInset"设置滚动条的风格，
- 当 android:fillViewport="true"，且定义 scrollview 的子控件不足 scrollbarStyle 大小时，对其设定的 fill_parent 属性不起作用，此时必须加 fillviewport 属性，对应代码如下。

```
<?xml version="1.0" encoding="utf-8"?>
<LinearLayout xmlns:android="http://schemas.android.com/apk/res/android"
    android:layout_height="fill_parent" android:layout_width="fill_parent"
    android:orientation="vertical">
    <ScrollView android:layout_width="fill_parent"
        android:layout_height="wrap_content" android:layout_weight="1"
        android:scrollbarStyle="outsideInset"
        android:fillViewport="true">
        <LinearLayout android:orientation="vertical"
            android:layout_width="fill_parent"
android:layout_height="wrap_content">
            <LinearLayout android:orientation="vertical"
                android:layout_width="fill_parent"
                android:layout_height="wrap_content"
android:background="#ededed">
                <MultiAutoCompleteTextView
                    android:id="@+id/to" android:layout_width="fill_parent"
                    android:layout_height="wrap_content"
android:textAppearance="?android:attr/textAppearanceMedium"
                    android:textColor="?android:attr/textColorSecondaryInverse"
                    android:layout_marginLeft="6px"
                    android:layout_marginRight="6px"
                    android:inputType="textEmailAddress|textMultiLine"
                    android:imeOptions="actionNext"
                    android:hint="@string/message_compose_to_hint" />
```

- android:hint="@string/message_compose_bcc_hint"用于设置 EditText 为空时提示信息。
- android:visibility="gone"表示此视图是否显示。3 个属性分别是：visible 显示；invisible 显示黑背景条；gone 不显示。其对应代码如下。

```
<MultiAutoCompleteTextView
    android:id="@+id/cc" android:layout_width="fill_parent"
    android:layout_height="wrap_content"
    android:textAppearance="?android:attr/textAppearanceMedium"
    android:textColor="?android:attr/textColorSecondaryInverse"
    android:layout_marginLeft="6px"
    android:layout_marginRight="6px"
    android:inputType="textEmailAddress|textMultiLine"
    android:imeOptions="actionNext"
    android:hint="@string/message_compose_cc_hint"
    android:visibility="gone" />
<MultiAutoCompleteTextView
    android:id="@+id/bcc" android:layout_width="fill_parent"
    android:layout_height="wrap_content"
android:textAppearance="?android:attr/textAppearanceMedium"

android:textColor="?android:attr/textColorSecondaryInverse"
    android:layout_marginLeft="6px"
    android:layout_marginRight="6px"
    android:inputType="textEmailAddress|textMultiLine"
    android:imeOptions="actionNext"
    android:hint="@string/message_compose_bcc_hint"
    android:visibility="gone" />
```

- android:inputType="textEmailSubject|textAutoCorrect|textCapSentences|textImeMultiLine" 用于设置键盘输入类型。多种类型同时定义时用“|”分隔符。
- android:gravity="top"用于设置控件上信息的位置。其参数包括 center（居中）、bottom（下）、

top（上）、right（右）和 left（左），如定义左下效果的代码为 android:gravity=" left| bottom "。本例中对应代码如下。

```
        <EditText android:id="@+id/subject"

            android:layout_width="fill_parent"
android:textAppearance="?android:attr/textAppearanceMedium"
            android:layout_height="wrap_content"
android:textColor="?android:attr/textColorSecondaryInverse"
            android:layout_marginLeft="6px"
            android:layout_marginRight="6px"
            android:hint="@string/message_compose_subject_hint"
android:inputType="textEmailSubject|textAutoCorrect|textCapSentences
|textImeMultiLine"
            android:imeOptions="actionNext"
            />
        <LinearLayout android:id="@+id/attachments"
            android:layout_width="fill_parent"
            android:layout_height="wrap_content"
            android:orientation="vertical" />
        <View android:layout_width="fill_parent"
            android:layout_height="1px"
            android:background="@drawable/divider_horizontal_email" />

      </LinearLayout>
      <EditText android:id="@+id/message_content"
        android:textColor="?android:attr/textColorSecondaryInverse"
        android:layout_width="fill_parent"
        android:layout_height="wrap_content"
        android:layout_weight="1.0"
        android:gravity="top"
        android:textAppearance="?android:attr/textAppearanceMedium"
        android:hint="@string/message_compose_body_hint"

android:inputType="textMultiLine|textAutoCorrect|textCapSentences"
        android:imeOptions="actionDone|flagNoEnterAction"
        />
    </LinearLayout>
</ScrollView>
```

- 代码 android:paddingTop="5dip"中，padding 是站在父组件 view 的角度指定空间位置，规定里面的内容与这个父 view 边界的距离。还可以用 margin，此时则是根据控件自身指定空间位置，设定其他（上、下、左、右）的 view 之间的距离。本例中对应代码如下。

```
    <LinearLayout
      android:orientation="horizontal"
      android:layout_width="fill_parent"
      android:layout_height="wrap_content"
      android:paddingTop="5dip"
      android:paddingLeft="4dip"
      android:paddingRight="4dip"
      android:paddingBottom="1dip"
      android:background="@android:drawable/menu_full_frame" >
      <Button
        android:id="@+id/send"
        android:text="@string/send_action"
        android:layout_height="fill_parent"
        android:layout_width="wrap_content"
        android:layout_weight="1" />
      <Button
        android:id="@+id/discard"
        android:text="@string/discard_action"
        android:layout_height="fill_parent"
        android:layout_width="wrap_content"
        android:layout_weight="1" />
    </LinearLayout>
</LinearLayout>
```

第 22 章　在 Android 中开发移动微博应用

微博是微博客（MicroBlog）的简称，是一个基于用户关系的信息分享、传播以及获取平台，用户可以通过 Web、WAP 以及各种客户端组建个人社区，以 140 字左右的文字更新显示信息，并实现即时分享。在本章中，将详细介绍在 Android 系统中开发微博项目的基本知识。

22.1 微博介绍

在当前的互联网时代中，使用博客的用户越来越多，人们通过博客来抒发情感、记录生活中的点点滴滴。因此，在很多智能手机上推出了“移动博客发布器”，其中最早也是最著名的微博是美国的 Twitter。据相关公开数据显示，截至 2010 年 1 月，微博在全球已经拥有 7500 万注册用户。2009 年 8 月，中国大型门户网站新浪网推出“新浪微博”内测版，成为门户网站中第一家提供微博服务的网站，微博正式进入中文上网主流人群视野。

1. 微博的特点

微博客草根性更强，且广泛分布在桌面、浏览器、移动终端等多个平台上，有多种商业模式并存，并有形成多个垂直细分领域的可能。但是无论哪种商业模式，都离不开用户体验的特性和基本功能。

2. 手机微博

微博主要的发展运用平台应该是以手机用户为主，微博以电脑为服务器、以手机为平台，把每个手机用户用无线的手机连在一起，让每个手机用户不用电脑即可发表自己的最新信息，并与好友分享自己的快乐。

微博之所以要限定 140 个字符，就是源于从手机发短信最多的字符数就是 140 个。由此可见，微博从诞生之初就同手机应用密不可分，这更是在互联网形态中最大的亮点。微博对互联网的重大意义就在于建立了手机和互联网应用的无缝连接，培养手机用户用手机上网的习惯，增强手机端同互联网端的互动，从而使手机用户顺利过渡到无线互联网用户。在目前的应用中，手机和微博应用有如下 3 种结合形式。

（1）通过短信和彩信。

通过短信和彩信的结合形式是同移动运营商合作，用户所花的短信和彩信费用由运营商支收取，这种形式覆盖的人群比较广泛，只要能发短信就能更新微博。但对用户来说更新成本太高，并且彩信 50KB 大小的限制严重影响了所发图片的清晰度。最关键的是这个方法只能提供更新，而无法看到其他人的更新，这种单向的信息传输方式大大降低了用户的参与性和互动性。

（2）通过 WAP 版网站。

各微博网站基本都有自己的 WAP 版，用户可以通过登录 WAP 或通过安装客户端连接到 WAP

版。这种形式只要手机能上网就能连接到微博，可以更新也可以浏览、回复和评论，所需费用就是浏览过程中用的流量费。但目前国内的GPRS流量费还相对较高，网速也相对较慢，如果要上传大点的图片，速度非常慢。

（3）通过手机客户端。

手机客户端分如下两种：

① 一种是微博网站开发的基于WAP的快捷方式版。

用户通过客户端直接连接到经过美化和优化的WAP版微博网站。这种形式用户主要靠主动来实现，也就是用户想起更新和浏览微博的时候才打开客户端，其实也就相当于在手机端增加了一个微博网站快捷方式，使用、操作上的利弊与WAP网站基本相同。

② 利用微博网站提供的API开发的第三方客户端。

这种客户端在国内还比较少，国际上比较有名的是Twitter的客户端Gravity和Hesine（和信）。其中Gravity是专门为Twitter开发的，需要通过主动联网登录，但操作架构和界面经过合理设计，用户体验感非常好。和信是国内公司开发的，目前不但支持Twitter，还支持国内的各主流微博。与其他客户端不同的是，和信的客户端是利用IP Push技术提供微博更新和下发通道，不但能够大大提升用户更新微博的速度，而且能将微博消息推送到用户的手机中，用户不用主动登录微博就能实现浏览和互动。和信支持的系统平台比较多，但是其缺点是在非智能机上的体验感还不是很好。

22.2 微博开发技术介绍

在本节中，将简单介绍在Android平台中开发微博系统所需要的基本技术。

22.2.1 XML-RPC技术

开发移动微博的关键技术是RPC（Remote Procedure Call），意为“远程过程调用”。XML-RPC是一种统一标准的规范，是通过HTTP连接的方式运行的，以传送符合XML-RPC格式的request调用远程服务器上的某个程序，进而运行博客的功能。现在许多网络服务业者都会以XML-RPC方式提供给软件开发者一个系统连接的渠道，让开发者能够根据服务业者定义好的方式，以XML-RPC的方式使用该网站的某些功能。当前，市面中的许多博客也都支持XML-RPC的连接方式。

XML-RPC的原理是XML-RCP工具把传入的参数组合成XML，然后用通过HTTP协议发给服务器，服务器回复XML格式数据，再由专业工具解析给调用者。

在XML-RPC标准中，规定XML内容的规则如下。

```
<xml version="1.0"?>
<methodCall>
  <methodName>要调用的 method name</methodName>
    <params>
    <params>参数 1</param>
    <params>参数 2</param>
    <param>参数 n</param>
    </params>
</methodCall>
```

Android本身并不支持XML-RPC协议，需要下载相关应的工具，可以从如下地址下载XML-RPC。

```
http://code.google.com/p/android-xmlrpc/downloads/list
```

例如下面的代码演示了用XML-RPC协议实现微博客户端的基本过程。

```
package org.xmlrpc;

import java.net.URI;
import java.util.HashMap;
import java.util.Map;
import org.apache.http.conn.HttpHostConnectException;
import org.xmlrpc.android.XMLRPCClient;
import org.xmlrpc.android.XMLRPCException;
import org.xmlrpc.android.XMLRPCFault;
import org.xmlrpc.android.XMLRPCSerializable;
import android.app.Activity;
import android.content.Context;
import android.os.Bundle;
import android.util.Log;
import android.widget.EditText;
import android.widget.Toast;
import android.widget.Button;
import android.content.DialogInterface.OnCancelListener;
import android.view.View.OnClickListener;
import android.view.View;

public class TestBlog extends Activity {
    private XMLRPCClient client;
    private URI uri;

    @Override
    public void onCreate(Bundle savedInstanceState) {
            super.onCreate(savedInstanceState);

            setContentView(R.layout.test_blog);
            Button btn = (Button) findViewById(R.id.send);
            btn.setOnClickListener(new OnClickListener() {
                    public void onClick(View v) {
                            post();
                    }
            });
    }

    void post() {
            String blogid = ((EditText) findViewById(R.id.blogid_edit)).getText()
                            .toString();      //ID,
            String username = ((EditText) findViewById(R.id.username_edit))
                            .getText().toString();   //用户名
            String password = ((EditText) findViewById(R.id.password_edit))
                            .getText().toString();   // 密码
          String title = ((EditText) findViewById(R.id.title_edit)).getText()
                            .toString();      //标题
            String content = ((EditText) findViewById(R.id.content_edit)).getText()
                            .toString();      // 正文
          uri = URI.create("http://blog.csdn.net/" + blogid
                            + "/services/metablogapi.aspx");
            client = new XMLRPCClient(uri);

            Map<String, Object> structx = new HashMap<String, Object>();
            structx.put("title", title);
            structx.put("description", content);
            Object[] params = new Object[] { blogid, username, password, structx,
                            true };

            try {
                    client.callEx("metaWeblog.newPost", params);
                    Toast.makeText(this, "OK", 10000).show();
            } catch (XMLRPCException e) {
                    Toast.makeText(this, "ERROR" + e, 10000).show();
            }
    }
}
```

22.2.2 Meta Weblog API 客户端

Meta Weblog API 是博客园发布的一款功能强大的客户端，其登录地址是：http://www.cnblogs.com/<您的用户名>/services/metaweblog.aspx。Meta Weblog API 支持通过 XML-RPC 方法在软件中编辑及浏览博客，其中最为常用的 API 如下：

- 发布新文章（metaWeblog.newPost）；
- 获取分类（metaWeblog.getCategories）；
- 最新文章（metaWeblog.getRecentPosts）；
- 新建文章分类（wp.newCategory）；
- 上传图片、音频或视频（metaWeblog.newMediaObject）。

22.3 在 Android 上开发移动博客发布器

在本实例中实现了移动博客发布器的功能，以乐多博客为例，演示了用手机在乐多博客上发布文章的方法。

实例	功能	源码路径
实例 22-1	开发一个移动微博发布系统	\codes\22\weib

22.3.1 XML 请求

调用乐多博客的 metaWeblog.newPost 接口实现添加博客文章功能，发出的 XML 请求的内容如下。

```
< ?xml version="1.0"?>
<methodCall>
      <methodN ame >metaWeblog.newPost</methodName>
<params>
             <param><value><st ring>ID</string></value></param>
                   <param><value><string>账号</string></value></param>
                   <param><value><string>密码</string></value></param>
<param>
 <value>
 <struct>
 <member>
<name>title</name>
         <value><string>文章标题</string></value>
 </member>
 <member>
<name>descriptiori</name>
         <value><string>内容</string></value>
 </member>
 </struct>
 </value>
</param>
<param><value><boolean>1</boolean></value></param>
</params>
</methodCall>
```

22.3.2 常用接口

并非所有的博客都可以用 GET 或 POST 方式实现 XML-RPC 的 request 交互，有些博客只能以 POST 的方式传送。建议读者在具体编码之前，先弄清楚服务器接收的 request 是否有特殊限制。在乐多博客的项目中，为开发人员提供了许多交互方法，通过这些方法可以实现包罗万象的功能。表 22-1 中列出几种比较常用的方法。

表 22-1　　　　　　　　　　　　　　常用的方法接口

方法名称	参　　数	返 回 值	说　　明
metaWeblog.newPost	博客 ID(string) username(string) password(string) content publish(boolean)	成功：文章 ID 失败：fault	发布一篇新文章
metaWeblog.editPost	文章 ID(string) username(string) password(string) content publish(boolean)	成功：true 失败：fault	修改已发布的文章内容
metaWeblog.getPost	文章 ID(string) username(string) password(string)	成功：文章数组	取得特定文章的信息
metaWeblog.getRecentPosts	博客 ID(string) username(string) password(string) 返回篇数(int)	成功：文章数组 失败：fault	返回最近发表的文章信息
metaWeblog.deletePost	文章 ID(string) username(string) password(string)	成功：true 失败：fault	删除已发布的博客文章
mt.getCategoryList	博客 ID(string) username(string) password(string)	成功：分类数组 失败：fault	取得博客的文章分类信息
mt.getPostCategories	文章 ID(string) username(string) password(string)	成功：分类数组 失败：fault	返回指定文章的所属类信息
mt.setPostCategories	文章 ID(string) username(string) password(string)	成功：true 失败：fault	设置指定文章所在的类
mt.supportedMethods		成功：方法数组	取得服务器支持的 XML-RPC 方法列表

22.3.3　具体实现

在本实例中，以 EditText 编辑框作为输入博客的相关信息及文章内容的组件。当用户输入完成并单击【发布文章】按钮后，会触发此 Button 按钮的 onClick()事件。首先检查输入字段是否为空白，检查无误后，程序先运行 getPostString()，将输入参数转换成符合 XML-RPC 规范的 XML 格式，再调用 sendPost()将 XML 的 request 传送给相对应的博客网址，最后再取得服务器返回的 response，并使用 Dialog 形式显示运行结果。

本实例的具体实现流程如下。

（1）编写布局文件 main.xml，主要代码如下。

```
<TextView
  android:id="@+id/myText1"
  android:layout_width="wrap_content"
  android:layout_height="22px"
  android:text="@string/str_title1"
```

```
    android:textColor="@drawable/black"
    android:layout_x="10px"
    android:layout_y="22px"
  >
  </TextView>
  <TextView
    android:id="@+id/myText2"
    android:layout_width="wrap_content"
    android:layout_height="wrap_content"
    android:text="@string/str_title2"
    android:textColor="@drawable/black"
    android:layout_x="10px"
    android:layout_y="62px"
  >
  </TextView>
  <TextView
    android:id="@+id/myText3"
    android:layout_width="wrap_content"
    android:layout_height="wrap_content"
    android:text="@string/str_title3"
    android:textColor="@drawable/black"
    android:layout_x="10px"
    android:layout_y="102px"
  >
  </TextView>
  <TextView
    android:id="@+id/myText4"
    android:layout_width="wrap_content"
    android:layout_height="wrap_content"
    android:text="@string/str_title4"
    android:textColor="@drawable/black"
    android:layout_x="10px"
    android:layout_y="142px"
  >
  </TextView>
  <TextView
    android:id="@+id/myText5"
    android:layout_width="wrap_content"
    android:layout_height="wrap_content"
    android:text="@string/str_title5"
    android:textColor="@drawable/black"
    android:layout_x="10px"
    android:layout_y="182px"
  >
  </TextView>
  <EditText
    android:id="@+id/blogId"
    android:layout_width="100px"
    android:layout_height="40px"
    android:numeric="integer"
    android:layout_x="90px"
    android:layout_y="12px"
  >
  </EditText>
  <EditText
    android:id="@+id/blogAccount"
    android:layout_width="170px"
    android:layout_height="40px"
    android:textSize="16sp"
    android:layout_x="90px"
    android:layout_y="52px"
  >
  </EditText>
  <EditText
    android:id="@+id/blogPwd"
    android:layout_width="170px"
    android:layout_height="40px"
    android:textSize="16sp"
    android:password="true"
```

```
    android:layout_x="90px"
    android:layout_y="92px"
  >
  </EditText>
  <EditText
    android:id="@+id/artContent"
    android:layout_width="210px"
    android:layout_height="207px"
    android:textSize="16sp"
    android:layout_x="90px"
    android:layout_y="172px"
  >
  </EditText>
  <EditText
    android:id="@+id/artTitle"
    android:layout_width="200px"
    android:layout_height="40px"
    android:textSize="16sp"
    android:layout_x="90px"
    android:layout_y="132px"
    android:scrollbars="vertical"
  >
  </EditText>
  <Button
    android:id="@+id/myButton"
    android:layout_width="90px"
    android:layout_height="40px"
    android:text="@string/str_button"
    android:textSize="16sp"
    android:layout_x="120px"
    android:layout_y="382px"
  >
  </Button>
```

（2）编写界面显示文本文件 strings.xml，主要代码如下。

```
<resources>
  <string name="hello"></string>
  <string name="app_name"></string>
  <string name="str_title1">ID 号是：</string>
  <string name="str_title2">登录账号：</string>
  <string name="str_title3">登录密码：</string>
  <string name="str_title4">文章标题：</string>
  <string name="str_title5">文章内容：</string>
  <string name="str_button">发布文章</string>
</resources>
```

（3）编写主程序文件 weib.java，主要代码如下。

```
public class weib extends Activity
{
  /* 变量声明 */
  Button mButton;
  EditText mEdit1;
  EditText mEdit2;
  EditText mEdit3;
  EditText mEdit4;
  EditText mEdit5;
  /* 乐多博客 XML-RPC 网址 */
  private String path=
    " http://blog.csdn.net/asdfg343442";
  /* XML-RPC 发布文章的 method name */
  private String method="metaWeblog.newPost";

  @Override
  public void onCreate(Bundle savedInstanceState)
  {
    super.onCreate(savedInstanceState);
    setContentView(R.layout.main);
    /* 初始化对象 */
```

```
    mEdit1=(EditText)findViewById(R.id.blogId);
    mEdit2=(EditText)findViewById(R.id.blogAccount);
    mEdit3=(EditText)findViewById(R.id.blogPwd);
    mEdit4=(EditText)findViewById(R.id.artTitle);
    mEdit5=(EditText)findViewById(R.id.artContent);
    mButton=(Button)findViewById(R.id.myButton);
    /* 设置发布文章的 onClick 事件 */
    mButton.setOnClickListener(new View.OnClickListener()
    {
      public void onClick(View v)
      {
        /* 取得输入的信息 */
        String blogId=mEdit1.getText().toString();
        String account=mEdit2.getText().toString();
        String pwd=mEdit3.getText().toString();
        String title=mEdit4.getText().toString();
        String content=mEdit5.getText().toString();

        if(blogId.equals("")||account.equals("")||pwd.equals("")||
           title.equals("")||content.equals(""))
        {
          showDialog("没有填写内容!");
        }
        else
        {
          /* 发送 XML  POST 并显示 Response 内容 */
          String outS=getPostString(method,blogId,account,
                                    pwd,title,content);
          String re=sendPost(outS);
          showDialog(re);
        }
      }
    });
  }

  /* 发送 request 至博客的对应网址的 method */
  private String sendPost(String outString)
  {
    HttpURLConnection conn=null;
    String result="";
    URL url = null;
    try
    {
      url = new URL(path);
      conn = (HttpURLConnection)url.openConnection();
      /* 允许 Input、Output */
      conn.setDoInput(true);
      conn.setDoOutput(true);
      /* 设置传送的 method=POST */
      conn.setRequestMethod("POST");
      /* setRequestProperty */
      conn.setRequestProperty("Content-Type", "text/xml");
      conn.setRequestProperty("Charset", "UTF-8");

      /* 送出 request */
      OutputStreamWriter out =
        new OutputStreamWriter(conn.getOutputStream(), "utf-8");
      out.write(outString);
      out.flush();
      out.close();
      /* 解析返回的 XML 内容 */
      result=parseXML(conn.getInputStream());
      conn.disconnect();
    }
    catch(Exception e)
    {
      conn.disconnect();
      e.printStackTrace();
      showDialog(""+e);
```

```
    }
    return result;
  }

  /* 解析 Response 的 XML 内容的 method */
  private String parseXML(InputStream is)
  {
    String result="";
    Document doc = null;
    try
    {
      /* 将 XML 转换成 Document 对象 */
      DocumentBuilderFactory dbf=
        DocumentBuilderFactory.newInstance();
      DocumentBuilder db=dbf.newDocumentBuilder();
      doc = db.parse(is);
      doc.getDocumentElement().normalize();
      /* 检查返回值是否有包含 fault 这个 tag，有则代表发布错误 */
      int fault=doc.getElementsByTagName("fault").getLength();
      if(fault>0)
      {
        result+="发布错误!\n";
        /* 取得 faultCode(错误代码) */
        NodeList nList1=doc.getElementsByTagName("int");
        for (int i = 0; i < nList1.getLength(); ++i)
        {
          String errCode=nList1.item(i).getChildNodes().item(0)
                    .getNodeValue();
          result+="错误代码: "+errCode+"\n";
        }
        /* 取得 faultString(错误信息) */
        NodeList nList2=doc.getElementsByTagName("string");
        for (int i = 0; i < nList2.getLength(); ++i)
        {
          String errString=nList2.item(i).getChildNodes().item(0)
                      .getNodeValue();
          result+="错误信息: "+errString+"\n";
        }
      }
      else
      {
        /* 发布成功，取得文章编号 */
        NodeList nList=doc.getElementsByTagName("string");
        for (int i = 0; i < nList.getLength(); ++i)
        {
          String artId=nList.item(i).getChildNodes().item(0)
                  .getNodeValue();
          result+="发布成功!!文章编号「"+artId+"」";
        }
      }
    }
    catch (Exception ioe)
    {
      showDialog(""+ioe);
    }
    return result;
  }

  /* 一组要发送的 XML 内容的 method */
  private String getPostString(String method,String blogId,
      String account,String pwd,String title,String content)
  {
    String s="";
    s+="<methodCall>";
    s+="<methodName>"+method+"</methodName>";
    s+="<params>";
    s+="<param><value><string>"+blogId+"</string></value></param>";
    s+="<param><value><string>"+account+"</string></value></param>";
    s+="<param><value><string>"+pwd+"</string></value></param>";
```

```
      s+="<param><value><struct>";
      s+="<member><name>title</name>" +
        "<value><string>"+title+"</string></value></member>";
      s+="<member><name>description</name>" +
        "<value><string>"+content+"</string></value></member>";
      s+="</struct></value></param>";
      s+="<param><value><boolean>1</boolean></value></param>";
      s+="</params>";
      s+="</methodCall>";

      return s;
    }

    /* 跳出 Dialog 的 method */
    private void showDialog(String mess)
    {
      new AlertDialog.Builder(weib.this).setTitle("Message")
      .setMessage(mess)
      .setNegativeButton("确定", new DialogInterface.OnClickListener()
      {
        public void onClick(DialogInterface dialog, int which)
        {
        }
      })
      .show();
    }
  }
```

执行后的效果如图 22-1 所示，只要拥有乐多的账号，就可以在手机上发送移动博客。

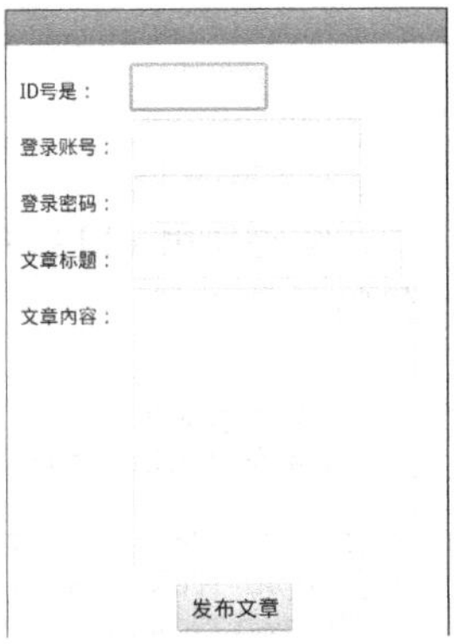

▲图 22-1 执行效果

22.4 分析腾讯 Android 版微博 API

对于一名 Android 学习者来说，个人独立开发微博系统的难度比较大。在当前市面中有很多著名微博系统的开源代码，开发人员只需利用这些代码提供的 API 接口，就可以方便地开发出 Android 版的移动微博系统。当今市面中著名的 Android 版移动微博系统有新浪微博和腾讯微博。在本节中，将首先讲解腾讯微博系统的 API 接口。

22.4.1 源码和 jar 包下载

当前腾讯微博提供的 Java（Android）SDK 功能较弱，所以特意集成了一个 Java SDK 包，此包适用于 Android 系统，包中包含了腾讯微博目前提供的 95%的 API。该包的主要特点如下。

- 用法简单：微博、评论、转发、私信为同一个实体类。
- 方便扩展：可以根据自己的需要修改源代码或是继承 QqTSdkService 类，为了后续能继续升级版本，建议采用继承的方式。

在 Java SDK 压缩包中，QqTAndroidSdk-1.0.0.jar 是 SDK 的主代码，其中 QqTSdkServiceImpl 包含了所有接口的实现。各个包的具体说明如下。

- Jar 包地址：QqTAndroidSdk-1.0.0.jar。
- Google Code 源码地址：http://code.google.com/p/qq-t-java-sdk/source/browse/。
- GitHub 源码地址：https://github.com/Trinea/qq-t-java-sdk。
- 压缩包 JavaCommon-1.0.0.jar：是 QqTAndroidSdk 依赖的公用处理包，包含了字符串、List、数组、Map、JSON 工具类等。

22.4.2 具体使用

在使用之前，读者请先参考腾讯微博的 API 文档说明，地址是：http://wiki.open.t.qq.com/

index.php/API%E6%96%87%E6%A1%A3，如图 22-2 所示。

▲图 22-2　腾讯微博的 API 文档页面

在编码使用 API 接口时，都需要先新建 QqTSdkService 类对象并进行初始化，如下面的初始化代码。

```
/**
 * 分别设置应用的 key、secret(腾讯提供)。用户的 AccessToken 和 TokenSecret(OAuth 获取)
 * 请用自己的相应字符串替换，否则无法成功发送和获取数据
 **/
QqTAppAndToken qqTAppAndToken = new QqTAppAndToken();
qqTAppAndToken.setAppKey("***"); // ***用应用 key 替换
qqTAppAndToken.setAppSecret("***"); // ***用应用 secret 替换
qqTAppAndToken.setAccessToken("***"); // ***用用户 AccessToken 替换
qqTAppAndToken.setTokenSecret("***"); // ***用用户 TokenSecret 替换

/** 新建 QqTSdkService 对象，并设置应用信息和用户访问信息 **/
QqTSdkService qqTSdkService = new QqTSdkServiceImpl();
qqTSdkService.setQqTAppAndToken(qqTAppAndToken);
```

接下来开始对接口进行详细介绍，并讲解使用 QqTAndroidSdk-1.0.0.jar 中的 API 的方法。腾讯微博中的接口主要分成以下几类。

1. 时间线（微博列表）

这里的 20 个接口包含了腾讯微博的四部分 API，分别为：

① 时间线中除 statuses/ht_timeline_ext（话题时间线）以外的 15 个 API。

② 私信相关中的收件箱、发件箱两个 API。

③ 数据收藏中收藏的微博列表和获取已订阅话题列表两个 API。

④ 微博相关中获取单条微博的转发或点评列表 API。

以获取首页信息为例，示例代码如下。

```
QqTTimelinePara qqTTimelinePara = new QqTTimelinePara();
/** 设置分页标识 **/
qqTTimelinePara.setPageFlag(0);
/** 设置起始时间 **/
qqTTimelinePara.setPageTime(0);
/** 每次请求记录的条数 **/
qqTTimelinePara.setPageReqNum(QqTConstant.VALUE_PAGE_REQ_NUM);
/** 可以设置拉取类型，可取值 QqTConstant 中 VALUE_STATUS_TYPE_TL_… **/
qqTTimelinePara.setStatusType(QqTConstant.VALUE_STATUS_TYPE_TL_ALL);
/** 可以设置微博内容类型，可取值 QqTConstant 中 VALUE_CONTENT_TYPE_TL… **/
qqTTimelinePara.setContentType(QqTConstant.VALUE_CONTENT_TYPE_TL_ALL);
```

```
List<QqTStatus> qqTStatusList = qqTSdkService.getHomeTL(qqTTimelinePara);
assertTrue(qqTStatusList != null);
```

这样 qqTStatusList 就保存了首页的 20 条数据，可以自行设置不同的类型参数。如果想获取更多的时间线数据，请读者参考腾讯微博 Java（Android）SDK 时间线 API 的详细介绍。

2. 新增微博 API

在本书成稿时，腾讯微博新增加了 8 个 API。

（1）微博相关中的发表一条微博、转播一条微博、回复一条微博、发表一条带图片微博、点评一条微博、发表音乐微博、发表视频微博、发表心情帖子。在 API 中发表一条微博和发表一条带图片微博合二为一。

（2）私信相关中的发私信操作一条微博。

以新增一条微博为例，演示代码如下。

```
qqTSdkService.addStatus("第一条状态哦", null);
```

其找第 1 个参数为状态内容，第 2 个参数为图片地址，不传图片为空即可。或者在如下复杂代码中，status 可以设置其他地理位置信息。

```
QqTStatusInfoPara status = new QqTStatusInfoPara();
status.setStatusContent("发表一条带图片微博啦");
/** 发表带图微博，设置图片路径 **/
status.setImageFilePath("/mnt/sdcard/DCIM/Camera/IMAG2150.jpg");
assertTrue(qqTSdkService.addStatus(status, qqTAppAndToken));
```

上述 6 个接口包含了腾讯微博三部分 API。

3. 操作一条微博

① 在微博相关中的删除一条微博 API。

② 在私信相关中的删除私信 API。

③ 在数据收藏中收藏微博、取消收藏微博、订阅话题、取消订阅话题 4 个 API。以收藏一条微博为例，示例代码如下。

```
qqTSdkService.collect(12121);
```

其中参数为微博 id。

4. 关系链列表（用户列表）

这 10 个接口包含了腾讯微博关系链相关中的互听关系链列表（对某个用户而言，既是它的听众又被它收听）、其他账号听众列表、其他账号收听的人列表、其他账户特别收听的人列表、黑名单列表、我的听众列表、我的听众列表（只包含名字）、我收听的人列表、我收听的人列表（只包含名字）、我的特别收听列表共 10 个 API。以获取自己的收听用户为例，示例代码如下。

```
QqTUserRelationPara qqTUserRelationPara = new QqTUserRelationPara();
qqTUserRelationPara.setReqNumber(QqTConstant.VALUE_PAGE_REQ_NUM);
qqTUserRelationPara.setStartIndex(0);
List<QqTUser> qqTUserList = qqTSdkService.getSelfInterested(qqTUserRelationPara);
```

5. 用户建立关系

这 6 个接口包含了腾讯微博关系链相关中的收听某个用户、取消收听某个用户、特别收听某个用户、取消特别收听某个用户、添加某个用户到黑名单、从黑名单中删除某个用户，共 6 个 API。以关注某些用户为例，示例代码如下。

```
qqTSdkService.interestedInOther("wenzhang,li_nian,mayili007", null)
```

6. 账户相关

这 7 个接口包含了腾讯微博账户相关中的获取自己的详细资料、更新用户信息、更新用户头像信息、更新用户教育信息、获取其他人资料、获取一批人的简单资料、验证账户是否合法（是否注册微博）共 7 个 API。以获取自己的资料为例，示例代码如下。

```
QqTUser qqTUser = qqTSdkService.getSelfInfo();
```

7. 搜索相关

这 3 个接口包含了腾讯微博搜索相关中的搜索用户、搜索微博、通过标签搜索用户共 3 个 API。以搜索微博为例，示例代码如下。

```
public void testSearchStatus() {
    QqTSearchPara qqTSearchPara = new QqTSearchPara();
    qqTSearchPara.setKeyword("iphone");
    qqTSearchPara.setPage(1);
    qqTSearchPara.setPageSize(QqTConstant.VALUE_PAGE_REQ_NUM);
    List<QqTStatus> qqTStatusList = qqTSdkService.searchStatus(qqTSearchPara);
    assertTrue(qqTStatusList != null);
}
```

8. 热度趋势相关

这两个接口包含了腾讯微博热度趋势中的话题热榜、转播热榜用户共两个 API。以话题热榜为例，示例代码如下。

```
public void testGetHotTopics() {
    QqTHotStatusPara qqTHotStatusPara = new QqTHotStatusPara();
    qqTHotStatusPara.setReqNum(QqTConstant.VALUE_PAGE_REQ_NUM);
    qqTHotStatusPara.setLastPosition(0);
    /**
     * 1 话题名，2 搜索关键字 3 两种类型都有
     **/
    qqTHotStatusPara.setType(Integer.toString(1));
    List<QqTTopicSimple> hotTopicsList = qqTSdkService.getHotTopics(qqTHotStatusPara);
    assertTrue(hotTopicsList != null);
}
```

9. 数据更新

这个接口为腾讯微博数据更新相关中的查看数据更新条数 API，示例代码如下。

```
public void testGetUpdateInfoNum() {
    /** 设置 clearType，对应 QqTConstant.VALUE_CLEAR_TYPE_… **/
    QqTUpdateNumInfo qqTUpdateNumInfo = qqTSdkService.getUpdateInfoNum(true,
QqTConstant.VALUE_CLEAR_TYPE_HOME_PAGE);
    assertTrue(qqTUpdateNumInfo != null);
}
```

10. 发起话题

这 2 个接口是为腾讯微博中的话题应用服务的，可以根据话题名称查询话题 id 和根据话题 id 获取话题相关信息 API，示例代码如下。

```
public void testGetTopicInfoByIds() {
    /** 先得到话题 id **/
    Map<String, String> topicIdAndName = qqTSdkService.getTopicIdByNames("闪婚，下
架,iphone");
    if (topicIdAndName != null) {
        /** 话题 id 列表，以逗号分隔 **/
        List<QqTStatus> qqtStatusList = qqTSdkService.getTopicInfoByIds(ListUtils.
join(new ArrayList<String>(topicIdAndName.keySet())));
        assertTrue(qqtStatusList != null);
```

```
    } else {
        assertTrue(false);
    }
}
```

11. 标签相关

这 2 个接口为腾讯微博标签相关中的添加标签和删除标签 API，示例代码如下。

```
public void testDeleteTag() {
    /** 删除自己的 tag，先获取自己的资料，从中取中 tag id **/
    QqTUser qqTUser = qqTSdkService.getSelfInfo();
    if (qqTUser != null && qqTUser.getTagMap() != null && qqTUser.getTagMap().size() >
0) {
        /** 删除 tag **/
        for (Map.Entry<String, String> tag : qqTUser.getTagMap().entrySet()) {
            qqTSdkService.deleteTag(tag.getKey());
        }
    } else {
        assertTrue(false);
    }
}
```

22.5 详解新浪 Android 版微博 API

新浪微博是国内最早推出微博应用的行业站点，为了帮助 Android 程序员使用新浪微博中的应用，特意提供了开源 API 供大家参考。读者要想了解在 Android 平台使用新浪微博的知识，可以登录 http://open.weibo.com/wiki/%E9%A6%96%E9%A1%B5 获取详细资料，并且在网页可以获取开源代码。

在 Android 使用新浪微博的开发平台 API 的基本步骤如下。

1. 通过官方网址下载 SDK

当前的最新版本是 Weibo4Android，下载页面的地址是：
http://code.google.com/p/weibo4j/downloads/detail?name=weibo4android-1.2.1.zip
此页面的界面效果如图 22-3 所示。

▲图 22-3　下载 SDK 页面

2. 认证

在 SDK 中有完整的如何通过 OAuth 认证的演示实例，认证和使用流程大概如下。

（1）在/weibo4android/src/weibo4android/Weibo.java设置AppKey和AppSecret（在官方网站新建应用可获得），如下所示。

```
public static String CONSUMER_KEY = "2664209963";
public static String CONSUMER_SECRET = "b428615797a5d676d428cd146c040399";
```

（2）在/weibo4android/examples/weibo4android/androidexamples/AndroidExample.java中，将AppKey和AppSecret设置进系统类中。

```
System.setProperty("weibo4j.oauth.consumerKey", Weibo.CONSUMER_KEY);
System.setProperty("weibo4j.oauth.consumerSecret", Weibo.CONSUMER_SECRET);
```

（3）通过HTTP POST方式向服务提供方请求获得RequestToken。

```
RequestToken requestToken =weibo.getOAuthRequestToken("weibo4android://OAuthActivity");
```

（4）将用户引导至授权页面。

```
Uri uri = Uri.parse(requestToken.getAuthenticationURL()+ "&display=mobile");
startActivity(new Intent(Intent.ACTION_VIEW, uri));
```

（5）授权页面要求用户输入用户名和密码，授权完成后，服务提供方会通过回调URL将用户引导回客户端页面OAuthActivity 页面。

```
     <activity android:name=".OAuthActivity">
      <intent-filter>
       <action android:name="android.intent.action.VIEW" />
       <category android:name="android.intent.category.DEFAULT" />
       <category android:name="android.intent.category.BROWSABLE" />
       <data android:scheme="weibo4android" android:host="OAuthActivity" />
</intent-filter>
     </activity>
```

（6）客户端根据临时令牌和用户授权码从服务提供方那里获取访问令牌（AccessToken）。

```
Uri uri=this.getIntent().getData();
RequestToken requestToken= OAuthConstant.getInstance().getRequestToken();
AccessToken
accessToken=requestToken.getAccessToken(uri.getQueryParameter("oauth_verifier"));
```

（7）获得访问令牌后便可使用API接口获得和操作用户数据。

```
Weibo weibo=OAuthConstant.getInstance().getWeibo();
weibo.setToken(OAuthConstant.getInstance().getToken(),
OAuthConstant.getInstance().getTokenSecret());
String[] args = new String[2];
args[0]=OAuthConstant.getInstance().getToken();
args[1]=OAuthConstant.getInstance().getTokenSecret();
try {
   GetFollowers.main(args);//返回用户关注对象列表，并返回最新微博文章
} catch (Exception e) {
   e.printStackTrace();
}
```

在上述步骤中，weibo4android是XML文件中定义的索引名，在上面步骤（5）中的XML代码中，<data android:scheme="weibo4android" android:host="OAuthActivity" />部分的索引名是自定义的，只要与Java代码中的URL匹配即可

在本书接下来的内容中，将不再剖析Android版新浪微博的实现源码，而是以此为基础，讲解二次扩展开发的基本知识。

22.5.1　新浪微博图片缩放的开发实例

在Android开发过程中，有时会用到图片缩放效果，即单击图片时显示缩放按钮，过一会消失。接下来将根据新浪微博的图片缩放原理编写演示代码以供参考。

（1）UI 布局文件的演示代码如下所示：

```
<?xml version="1.0" encoding="utf-8"?>
<FrameLayout xmlns:android="http://schemas.android.com/apk/res/android"
      android: orientation="vertical"
      android:layout_width="fill_parent"
      android:layout_height="fill_parent"
      android:id="@+id/layout1"
         >

    <RelativeLayout xmlns:android="http://schemas.android.com/apk/res/android"
            android:layout_width="fill_parent"
            android:layout_height="fill_parent"
          android:id="@+id/rl"
            >

      <ScrollView xmlns:android="http://schemas.android.com/apk/res/android"
            android:layout_width="fill_parent"
            android:layout_height="fill_parent"
            android:layout_weight="19"
            android:scrollbars="none"
            android:fadingEdge="vertical"
            android:layout_gravity="center"
            android:gravity="center"
          >

      <HorizontalScrollView
            android:layout_height="fill_parent"
            android:layout_width="fill_parent"
            android:scrollbars="none"
            android:layout_gravity="center"
            android:gravity="center"
            android:id="@+id/hs"

               >
            <LinearLayout
                  android: orientation="horizontal"
                  android:layout_width="fill_parent"
                  android:layout_height="fill_parent"
                  android:id="@+id/layoutImage"
                  android:layout_gravity="center"
                  android:gravity="center"
                  >
                  <ImageView
                     android:layout_gravity="center"
                     android:gravity="center"
                        android:id="@+id/myImageView"
                        android:layout_width="fill_parent"
                        android:layout_height="fill_parent"
                        android:layout_weight="19"
                        android:paddingTop="5dip"
                        android:paddingBottom="5dip"

                        />
            </LinearLayout>
      </HorizontalScrollView >
      </ScrollView>

          <ZoomControls android:id="@+id/zoomcontrol"
     android:layout_width="wrap_content" android:layout_height="wrap_content"
     android:layout_centerHorizontal="true"
          android:layout_alignParentBottom="true"
     >
   </ZoomControls>
      </RelativeLayout>

</FrameLayout>
```

（2）用 Java 编写主程序代码，代码如下。

```
package com.Johnson.image.zoom;
import android.app.Activity;
import android.app.Dialog;
import android.app.ProgressDialog;
import android.content.DialogInterface;
import android.content.DialogInterface.OnKeyListener;
import android.graphics.Bitmap;
import android.graphics.BitmapFactory;
import android.graphics.Matrix;
import android.os.Bundle;
import android.os.Handler;
import android.util.DisplayMetrics;
import android.util.Log;
import android.view.KeyEvent;
import android.view.MotionEvent;
import android.view.View;
import android.view.View.OnClickListener;
import android.widget.ImageView;
import android.widget.LinearLayout;
import android.widget.RelativeLayout;
import android.widget.ZoomControls;
public class MainActivity extends Activity {
        /** Called when the activity is first created. */
  private final int LOADING_IMAGE = 1;
  public static String KEY_IMAGEURI = "ImageUri";
  private ZoomControls zoom;
  private ImageView mImageView;
  private LinearLayout layoutImage;
  private int displayWidth;
  private int displayHeight;
  /**图片资源*/
  private Bitmap bmp;
  /**宽的缩放比例*/
  private float scaleWidth = 1;
  /**高的缩放比例*/
  private float scaleHeight = 1;
  /**用来计数放大+1    缩小-1*/
  private int    zoomNumber=0;
  /**单击屏幕显示缩放按钮，3s 消失*/
  private int showTime=3000;
  RelativeLayout rl;
  Handler mHandler = new Handler();
  private Runnable task = new Runnable() {
    public void run() {
      zoom.setVisibility(View.INVISIBLE);
    }
  };
        @Override
        public void onCreate(Bundle savedInstanceState) {
                super.onCreate(savedInstanceState);
                setContentView(R.layout.main);
    //showDialog(LOADING_IMAGE);
    //图片是从网络上获取的话，需要加入滚动条
        bmp=BitmapFactory.decodeResource(getResources(), R.drawable.image);
    //removeDialog(LOADING_IMAGE);
         initZoom();
}
  @Override
  protected Dialog onCreateDialog(int id) {
    switch (id) {
    case LOADING_IMAGE: {
      final ProgressDialog dialog = new ProgressDialog(this);
      dialog.setOnKeyListener(new OnKeyListener() {
        @Override
        public boolean onKey(DialogInterface dialog, int keyCode,
            KeyEvent event) {
          if (keyCode == KeyEvent.KEYCODE_BACK) {
            finish();
          }
```

```
            return false;
          }
        });
        dialog.setMessage("正在加载图片请稍后...");
        dialog.setIndeterminate(true);
        dialog.setCancelable(true);
        return dialog;
      }
    }
    return null;
  }
  public void initZoom() {

    /* 取得屏幕分辨率大小 */
    DisplayMetrics dm = new DisplayMetrics();
    getWindowManager().getDefaultDisplay().getMetrics(dm);
    displayWidth = dm.widthPixels;
    displayHeight = dm.heightPixels;
    mImageView = (ImageView) findViewById(R.id.myImageView);
    mImageView.setImageBitmap(bmp);
    layoutImage = (LinearLayout) findViewById(R.id.layoutImage);
    mImageView.setOnClickListener(new OnClickListener() {

      @Override
      public void onClick(View v) {
        // TODO Auto-generated method stub
                              /**
                               * 在图片上和整个 view 上同时添加单击监听捕捉屏幕
                               * 单击事件，以显示放大缩小按钮
                               * */
        zoom.setVisibility(View.VISIBLE);
        mHandler.removeCallbacks(task);
        mHandler.postDelayed(task, showTime);
      }
    });
    layoutImage.setOnClickListener(new OnClickListener() {

      @Override
      public void onClick(View v) {
        // TODO Auto-generated method stub

        zoom.setVisibility(View.VISIBLE);
        mHandler.removeCallbacks(task);
        mHandler.postDelayed(task, showTime);
      }
    });

    zoom = (ZoomControls) findViewById(R.id.zoomcontrol);
    zoom.setIsZoomInEnabled(true);
    zoom.setIsZoomOutEnabled(true);
    // 图片放大
    zoom.setOnZoomInClickListener(new OnClickListener() {
      public void onClick(View v) {
        big();
      }
    });
    // 图片减小
    zoom.setOnZoomOutClickListener(new OnClickListener() {

      public void onClick(View v) {
        small();
      }

    });
    zoom.setVisibility(View.VISIBLE);
    mHandler.postDelayed(task, showTime);

  }
```

```
@Override
public boolean onTouchEvent(MotionEvent event) {
  // TODO Auto-generated method stub
      /**
             * 在图片上和整个 view 上同时添加单击监听捕捉屏幕
             * 单击事件，以显示放大缩小按钮
             * */
  zoom.setVisibility(View.VISIBLE);
  mHandler.removeCallbacks(task);
  mHandler.postDelayed(task, showTime);
  return false;
}

@Override
public boolean onKeyDown(int keyCode, KeyEvent event) {
  // TODO Auto-generated method stub
  super.onKeyDown(keyCode, event);

  return true;
}

/* 图片缩小的 method */
private void small() {
  --zoomNumber;
  int bmpWidth = bmp.getWidth();
  int bmpHeight = bmp.getHeight();

  Log.i("","bmpWidth = " + bmpWidth + ", bmpHeight = " + bmpHeight);

  /* 设置图片缩小的比例 */
  double scale = 0.8;
  /* 计算出这次要缩小的比例 */
  scaleWidth = (float) (scaleWidth * scale);
  scaleHeight = (float) (scaleHeight * scale);
  /* 产生 reSize 后的 Bitmap 对象 */
  Matrix matrix = new Matrix();
  matrix.postScale(scaleWidth, scaleHeight);
  Bitmap resizeBmp = Bitmap.createBitmap(bmp, 0, 0, bmpWidth, bmpHeight,
      matrix, true);
  mImageView.setImageBitmap(resizeBmp);

  /* 限制缩小尺寸 */
  if ((scaleWidth * scale * bmpWidth < bmpWidth / 4
      || scaleHeight * scale * bmpHeight > bmpWidth /4
      || scaleWidth * scale * bmpWidth > displayWidth / 5
      || scaleHeight * scale * bmpHeight > displayHeight / 5)&&(zoomNumber==-1) ){

  zoom.setIsZoomOutEnabled(false);

  } else {

  zoom.setIsZoomOutEnabled(true);

  }

  zoom.setIsZoomInEnabled(true);
  System.gc();
}

/* 图片放大的 method */
private void big() {
  ++zoomNumber;
  int bmpWidth = bmp.getWidth();
  int bmpHeight = bmp.getHeight();

  /* 设置图片放大的比例 */
  double scale = 1.25;
  /* 计算这次要放大的比例 */
  scaleWidth = (float) (scaleWidth * scale);
```

```
        scaleHeight = (float) (scaleHeight * scale);
        /* 产生 reSize 后的 Bitmap 对象 */
        Matrix matrix = new Matrix();
        matrix.postScale(scaleWidth, scaleHeight);
        Bitmap resizeBmp = Bitmap.createBitmap(bmp, 0, 0, bmpWidth, bmpHeight,
            matrix, true);
        mImageView.setImageBitmap(resizeBmp);
        /* 限制放大尺寸 */
        if (scaleWidth * scale * bmpWidth > bmpWidth * 4
            || scaleHeight * scale * bmpHeight > bmpWidth * 4
            || scaleWidth * scale * bmpWidth > displayWidth * 5
            || scaleHeight * scale * bmpHeight > displayHeight * 5) {

          zoom.setIsZoomInEnabled(false);

        } else {

          zoom.setIsZoomInEnabled(true);

        }

        zoom.setIsZoomOutEnabled(true);

      System.gc();
      }

  }
```

22.5.2 添加分享到新浪微博

现在很多平台都开放了，并且提供了相应的接口。在过去浏览论坛或者博客的时候，每一个论坛或博客都需要一个专用账号，但是现在会发现很多网站都有“用新浪微博登录”“用 QQ 账号登录”之类的字样。这样经过授权以后就可以用新浪或这腾讯的账号登录到不同论坛或者博客了，这确实是挺方便的事情，可以直接为你的社区带来用户流量。

Android 系统有内置的分享功能，但是内置的分享只有你安装该应用的时候才会被显示在列表中。Android 系统内置的分享如图 22-4 所示。

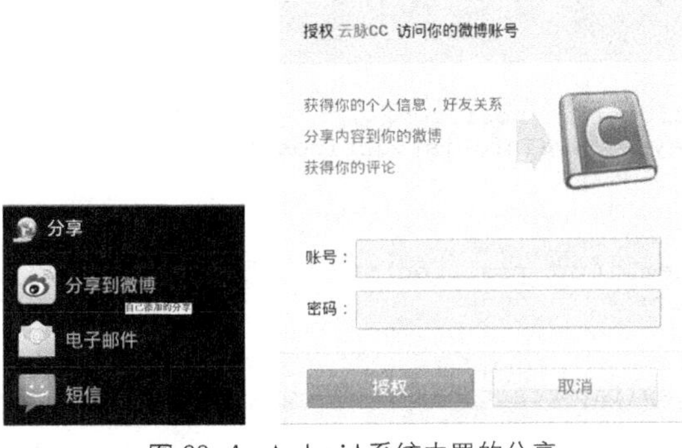

▲图 22-4　Android 系统内置的分享

选中图 22-4 中的“分享”选项后可以看到“新浪微博”，这个是笔者自己添加的，即如果安装了“新浪微博”移动端，就用系统自己的分享。如果没有安装该应用则需自行添加分享到“新浪微博”的功能。先看看这个列表是怎么加载出来的，具体代码如下。

```
Intent intent = new Intent(Intent.ACTION_SEND);
intent.setType("text/plain");
ShareAdapter mAdapter = new ShareAdapter(mContext, intent);
//对话框的适配器
public class ShareAdapter extends BaseAdapter {
    private final static String PACKAGENAME = "com.sina.weibo";
```

```
    private Context mContext;
    private PackageManager mPackageManager;
    private Intent mIntent;
    private LayoutInflater mInflater;
    private List<ResolveInfo> mList;
    private List<DisplayResolveInfo> mDisplayResolveInfoList;
    public ShareAdapter(Context context, Intent intent) {
        mContext = context;
        mPackageManager = mContext.getPackageManager();
        mIntent = new Intent(intent);
        mInflater = (LayoutInflater)mContext.getSystemService(Context.LAYOUT_ INFLATER_
        SERVICE);
        mList = mContext.getPackageManager().queryIntentActivities(intent,
                PackageManager.MATCH_DEFAULT_ONLY);
        // 排序
        ResolveInfo.DisplayNameComparator comparator = new ResolveInfo.DisplayName
        Comparator(
                mPackageManager);
        Collections.sort(mList, comparator);
        mDisplayResolveInfoList = new ArrayList<DisplayResolveInfo>();
        if (mList == null || mList.isEmpty()) {
            mList = new ArrayList<ResolveInfo>();
        }
        final int N = mList.size();
        for (int i = 0; i < N; i++) {
            ResolveInfo ri = mList.get(i);
            CharSequence label = ri.loadLabel(mPackageManager);
            DisplayResolveInfo d = new DisplayResolveInfo(ri, null, null, label, null);
            mDisplayResolveInfoList.add(d);
        }
        //考虑是否已安装新浪微博，如果没有则自行添加
        if(!isInstallApplication(mContext, PACKAGENAME)){
            Intent i = new Intent(mContext, ShareActivity.class);
            Drawable d = mContext.getResources().getDrawable(R.drawable.sina);
            CharSequence label = mContext.getString(R.string.about_sina_weibo);
            DisplayResolveInfo dr = new DisplayResolveInfo(null, i, null, label, d);
            mDisplayResolveInfoList.add(0, dr);
        }
    }
    @Override
    public int getCount() {
        return mDisplayResolveInfoList.size();
    }

    @Override
    public Object getItem(int position) {
        return mDisplayResolveInfoList.get(position);
    }

    @Override
    public long getItemId(int position) {
        return position;
    }
    @Override
    public View getView(int position, View convertView, ViewGroup parent) {
        View item;
        if(convertView == null) {
            item = mInflater.inflate(R.layout.share_item, null);
        } else {
            item = convertView;
        }
        DisplayResolveInfo info = mDisplayResolveInfoList.get(position);

        ImageView i = (ImageView) item.findViewById(R.id.share_item_icon);
        if(info.mDrawable == null){
            i.setImageDrawable(info.mResoleInfo.loadIcon(mPackageManager));
        }else{
            i.setImageDrawable(info.mDrawable);
        }
```

```
        TextView t = (TextView) item.findViewById(R.id.share_item_text);
        t.setText(info.mLabel);
        return item;
    }

    public ResolveInfo getResolveInfo(int index){
        if(mDisplayResolveInfoList == null){
            return null;
        }
        DisplayResolveInfo d = mDisplayResolveInfoList.get(index);
        if(d.mResoleInfo == null){
            return null;
        }
        return d.mResoleInfo;
    }

    //返回跳转 intent
    public Intent getIntentForPosition(int index) {
        if(mDisplayResolveInfoList == null){
            return null;
        }
        DisplayResolveInfo d = mDisplayResolveInfoList.get(index);
        Intent i = new Intent(d.mIntent == null ? mIntent : d.mIntent);
        i.addFlags(Intent.FLAG_ACTIVITY_FORWARD_RESULT | Intent.FLAG_ACTIVITY_
        PREVIOUS_IS_TOP);
        if(d.mResoleInfo != null){
            ActivityInfo a = d.mResoleInfo.activityInfo;
            i.setComponent(new ComponentName(a.applicationInfo.packageName, a.name));
        }
        return i;
    }

    //检查是否安装该 App
    boolean isInstallApplication(Context context, String packageName){
        try {
            mPackageManager
.getApplicationInfo(packageName, PackageManager.GET_UNINSTALLED_ PACKAGES);
            return true;
        } catch (NameNotFoundException e) {
            return false;
        }

    }

    /**
     * 打包数据 vo
     * @author Administrator
     */
    class DisplayResolveInfo {
        private Intent mIntent;
        private ResolveInfo mResoleInfo;
        private CharSequence mLabel;
        private Drawable mDrawable;

        DisplayResolveInfo(ResolveInfo resolveInfo, Intent intent,
                CharSequence info, CharSequence label, Drawable d) {
            this.mIntent = intent;
            this.mResoleInfo = resolveInfo;
            this.mLabel = label;
            this.mDrawable = d;
        }
    }
}
```

加载弹出框的数据适配器后，如果系统安装则直接读取系统的分享，没有则添加。当单击分享微博的时候需要一系列的验证和授权，此处采用的机制是先获取 requestToken，然后通过

requestToken 获取 AccessToken，然后才可以分享微博。

接下来在单击【分享到微博】的时候进行用户认证，这里的认证是读取新浪提供的页面，下面是部分代码。

```
Weibo weibo = new Weibo();
RequestToken requestToken = weibo.getOAuthRequestToken("yunmai://ShareActivity");<span style="color:#e53333;">// 与 配 置 中 对 应 </span> Log.i(TAG, "token:" + requestToken.getToken() + ",tokenSecret:" + requestToken.getTokenSecret());
OAuthConstant.getInstance().setRequestToken(requestToken);
Uri uri = Uri.parse(requestToken.getAuthenticationURL() + "&display=mobile");
url = uri.toString();
```

上面的地址 URL 就是请求新浪提供的登录界面的地址，此时会涉及 WebView 的使用。在 Android 里面 WebView 其实就是一个小型浏览器，功能很强大，强大到可以执行脚本。有了地址可以通过 webview.loadurl(url)请求登录界面。也有很多网友可能会想自己设计一个登录界面，但是新浪官方说明通过 getXauthAccessToken 方式认证是可以自行设计登录界面的，其他认证方式是不能够自行设计的。单击【授权】按钮时需要跳转到自己的 Activity 中，此处的配置是需要在 androidmanifest.xml 中配置的，例如设置跳转到 shareactivity.java。

```
<activity
        android:name="cn.yunmai.cclauncher.ShareActivity"
        android:screenOrientation="portrait" >
        <intent-filter>
            <action android:name="android.intent.action.VIEW" />
            <category android:name="android.intent.category.DEFAULT" />
            <category android:name="android.intent.category.BROWSABLE" />
            <data android:host="ShareActivity" android:scheme="yunmai" />
        </intent-filter>
    </activity>
```

在<data>标签中的内容需要与显示授权窗口的中 weibo.getOAuthRequestToken("yunmai://ShareActivity")相对应。当授权完成之后就会跳转到自己定义的 activity，授权完成之后就会将微博发送到跳转之后的 Activity。在单击【发送】按钮的时候，需要获取刚才授权成功的 RequestToken，然后再获取 accessToken，最后发送微博。在此需要注意的是，RequestToken 只需获取一次，然后保存每次都需要使用的口令 accessToekn。单击【发送】按钮的操作代码如下。

```
Uri uri = this.getIntent().getData();
RequestToken requestToken = OAuthConstant.getInstance().getRequestToken();
AccessToken    accessToken    =    requestToken.getAccessToken(uri.getQueryParameter
("oauth_verifier"));
saveAccessToken(accessToken);//保存 accessToken
Log.i(TAG, "oauth_verifier:" + uri.getQueryParameter("oauth_verifier") +
                    ",Token" + accessToken.getToken() + ",TokenSecret:" + accessToken.
getTokenSecret());
OAuthConstant.getInstance().setAccessToken(accessToken);
```

之后，执行的操作是获取授权的之后的 accessToken，然后发送微博，代码如下。

```
 Weibo weibo = OAuthConstant.getInstance().getWeibo();
 weibo.setToken(OAuthConstant.getInstance().getToken(),
OAuthConstant.getInstance().getTokenSecret());
 Status s = weibo.updateStatus(mEdit.getText().toString());
```

status 返回了一些详细的信息，包括发送时间和用户 ID 等，这样就完成了微博的分享功能。

22.5.3　通过 JSON 对象获取登录新浪微博

还可以引用新浪开发包中的各种类，在 Android 中通过 JSON 对象的方式登录新浪微博。在下面的代码中，1 代表登录成功，0 代表登录失败。并通过 verifyCredentials()方法请求新浪微博服务器返回 JSON 对象。

```
package com.sfc.ui;

import java.util.ArrayList;
import java.util.List;

import com.sfc.ui.adapter.LoginListAdapter;

import weibo4j.User;                              //这是新浪开发包中的实体类
import weibo4j.Weibo;                              //这是新浪开发包中的类
import weibo4j.WeiboException;                       //这是新浪开发包中的类

import android.app.Activity;
import android.app.AlertDialog;
import android.app.ProgressDialog;
import android.os.Bundle;
import android.os.Handler;
import android.os.Message;
import android.util.Log;
import android.view.View;
import android.view.View.OnClickListener;
import android.widget.Button;
import android.widget.ListView;
import android.widget.Toast;

public class LoginActivity extends Activity implements Runnable {
 private Button loginButton;
 private ListView listView;
 private ProgressDialog loginDialog;
 private Thread loginThread;
 private Handler handler;
 @Override
 protected void onCreate(Bundle savedInstanceState) {
  super.onCreate(savedInstanceState);
  setContentView(R.layout.login);
  loginButton = (Button)findViewById(R.id.loginButton);
  List<String> list = new ArrayList<String>();
  list.add("随便看看");
  list.add("推荐用户");
  list.add("热门转发");
  listView = (ListView)findViewById(R.id.listView);
  loginThread = new Thread(this);

  handler = new Handler(){
            //1 代表登录成功，0 代表登录失败
          public void handleMessage(Message msg) {
           loginDialog.cancel();
              switch (msg.what) {
            case 1:
             Toast.makeText(LoginActivity.this, "登录成功 ", 3000).show();
                break;
            case 0:
             Toast.makeText(LoginActivity.this, "登录失败", 3000).show();
             break;
            }
          };
      };
  listView.setAdapter(new LoginListAdapter(this,list));
  loginButton.setOnClickListener(new OnClickListener(){
   public void onClick(View v) {
    loginDialog = new ProgressDialog(LoginActivity.this);
    loginDialog.setProgressStyle(ProgressDialog.STYLE_SPINNER);
    loginDialog.setMessage("登录服务器");
    loginDialog.show();
    loginThread.start();
   }
  });
 }
 public void run() {
  Log.e("loginThread","start");
```

```
    Weibo weibo = new Weibo("XXX@sina.com","XXX");    //新浪微博用户名和密码
    weibo.setHttpConnectionTimeout(5000);
    Message  msa = new Message();
    try {
     User user = weibo.verifyCredentials();          //该方法会请求新浪微博服务器返回 JSON 对象
     msa.what=1;
    } catch (WeiboException e) {
     msa.what=0;
    }
   }
  }
```

22.5.4　实现 OAuth 认证

OAuth 协议为用户资源的授权提供了一个安全的、开放而又简易的标准。与以往的授权方式不同，OAuth 授权不会使第三方触及到用户的账号信息（如用户名与密码），即第三方无需使用用户的用户名与密码就可以申请获得该用户资源的授权，因此 OAuth 是安全的。

新浪微博为了实现自身的安全性，采用了 Oauth 协议认证方式。虽然下面的一段代码比较简单，但是实现了新浪微博的 OAuth 认证。

```
System.setProperty("weibo4j.oauth.consumerKey", Weibo.CONSUMER_KEY);
System.setProperty("weibo4j.oauth.consumerSecret", Weibo.CONSUMER_SECRET);
    Weibo weibo = new Weibo();
    // set callback url, desktop app please set to null
    // http://callback_url?oauth_token=xxx&oauth_verifier=xxx
    //1. 根据 app key 第三方应用向新浪获取 RequestToken
    RequestToken requestToken = weibo.getOAuthRequestToken();
    System.out.println("1.......Got request token 成功");
    System.out.println("Request token: "+ requestToken.getToken());
    System.out.println("Request token secret: "+ requestToken.getTokenSecret());
    AccessToken accessToken = null;
   //2. 用户从新浪获取 verifier_code，如果是 Android 或 iPhone 应用可以 callback =json&userId=
xxs&password=XXX
    System.out.println("Open the following URL and grant access to your account:");
    System.out.println(requestToken.getAuthorizationURL());
    BareBonesBrowserLaunch.openURL(requestToken.getAuthorizationURL());
   //3. 用户输入验证码授权信任第三方应用
    BufferedReader br = new BufferedReader(new InputStreamReader(System.in));
    while (null == accessToken) {
    System.out.print("Hit enter when it's done.[Enter]:");
    String pin = br.readLine();
    System.out.println("pin: " + br.toString());
    try{
     //4. 通过传递 RequestToken 和用户验证码获取 AccessToken
        accessToken = requestToken.getAccessToken(pin);
    } catch (WeiboException te) {
        if(401 == te.getStatusCode()){
        System.out.println("Unable to get the access token.");
        }else{
        te.printStackTrace();
        }
    }
    }
    System.out.println("Got access token.");
    System.out.println("Access token: "+ accessToken.getToken());
    System.out.println("Access token secret: "+ accessToken.getTokenSecret());
   //使用 AccessToken 操作用户的所有接口
   /* Weibo weibo=new Weibo();
    以后就可以用下面 accessToken 访问用户的资料了
    * weibo.setToken(accessToken.getToken(), accessToken.getTokenSecret());
    //发布微博
Status status = weibo.updateStatus("test message6 ");
System.out.println("Successfully updated the status to ["
+ status.getText() + "].");
    try {
Thread.sleep(3000);
```

```
} catch (InterruptedException e) {
// TODO Auto-generated catch block
e.printStackTrace();
}*/
    System.exit(0);
} catch (WeiboException te) {
    System.out.println("Failed to get timeline: " + te.getMessage());
    System.exit( -1);
} catch (IOException ioe) {
    System.out.println("Failed to read the system input.");
    System.exit( -1);
}
```

第 23 章　网络流量防火墙系统

本章的网络流量防火墙系统实例采用 Android 开源系统技术，利用 Java 语言和 Eclipse 开发工具对防火墙系统进行开发。同时给出详细的系统设计流程、部分界面图及主要功能效果流程图。在本章中，还对开发过程中遇到的问题和解决方法进行了详细讨论。整个系统实例集允许上网、权限设置、系统帮助等功能于一体，在 Android 系统中能独立运行。在讲解程序代码前，先简要介绍本项目的产生背景和项目意义，为后面的系统设计及和编程工作做好准备。

23.1 系统需求分析

由项目目标可分析出系统的基本需求，下面将从软件设计的角度使用图例来描述系统的功能。系统的功能模块可分为主界面和设置界面两大部分。主界面又可以细分为选择模式和勾选应用两部分；设置界面可以细分为防火墙开关、日志开关、保存规则、退出、帮助和更多六个部分。整个系统构成模块的结构图如图 23-1 所示。

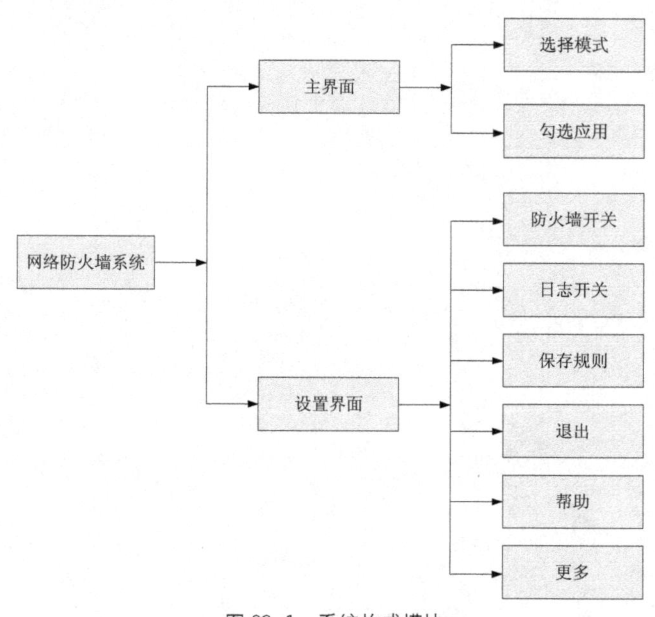

▲图 23-1　系统构成模块

（1）系统性能需求

根据 Android 手机系统要求无响应时间为 5s，所以就有如下性能要求：

- 选择模式设置，程序响应时间最长不能超过 5s；
- 勾选应用设置，程序响应时间最长不能超过 5s；

- 防火墙开关设置，程序响应时间最长不能超过 5s；
- 日志开关设置，程序响应时间最长不能超过 5s；
- 保存规则设置，程序响应时间最长不能超过 5s。

（2）运行环境需求

- 操作系统：Android 手机基于 Linux 操作系统；
- 支持环境：Android 2.3 以上版本；
- 开发环境：Eclipse 3.5 ADT 0.95。

23.2 编写布局文件

题目	目的	源码路径
实例 23-1	开发一个网络流量防火墙	\codes\23\wall0

（1）首先编写主界面文件 main.xml，系统执行之后首先显示主界面，具体代码如下。

```
<?xml version="1.0" encoding="utf-8"?>
<LinearLayout android:layout_width="fill_parent"
   android:layout_height="fill_parent"
xmlns:android="http://schemas.android.com/apk/res/android"
   android:orientation="vertical" android:duplicateParentState="false">
   <View android:layout_width="fill_parent" android:layout_height="1sp"
      android:background="#FFFFFFFF" />
   <LinearLayout android:layout_width="fill_parent"
      android:layout_height="wrap_content" android:padding="8sp">
      <TextView android:layout_width="wrap_content"
         android:layout_height="wrap_content" android:id="@+id/label_mode"
         android:text="Mode:  "  android:textSize="20sp"  android:clickable="true">
</TextView>
   </LinearLayout>
   <View android:layout_width="fill_parent" android:layout_height="1sp"
      android:background="#FFFFFFFF" />
   <RelativeLayout android:layout_width="fill_parent"
      android:layout_height="wrap_content" android:padding="3sp">
      <ImageView android:layout_width="wrap_content"
         android:layout_height="wrap_content" android:id="@+id/img_wifi"
         android:src="@drawable/eth_wifi" android:clickable="false"
         android:layout_alignParentLeft="true" android:paddingLeft="3sp"
         android:paddingRight="10sp"></ImageView>
      <ImageView android:layout_width="wrap_content"
         android:layout_height="wrap_content" android:id="@+id/img_3g"
         android:layout_toRightOf="@id/img_wifi" android:src="@drawable/eth_g"
         android:clickable="false"></ImageView>
      <ImageView android:layout_width="wrap_content"
         android:layout_height="wrap_content" android:id="@+id/img_download"
         android:src="@drawable/download" android:layout_alignParentRight="true"
         android:paddingLeft="22sp" android:clickable="false"></ImageView>
      <ImageView android:layout_width="wrap_content"
         android:layout_height="wrap_content" android:id="@+id/img_upload"
         android:layout_toLeftOf="@id/img_download"
android:src="@drawable/upload"
         android:clickable="false"></ImageView>
   </RelativeLayout>
   <ListView android:layout_width="wrap_content"
      android:layout_height="wrap_content" android:id="@+id/listview"></ListView>
</LinearLayout>
```

在上述代码中，将整个主界面划分为以下两个部分。

- 上部分：显示模式和网络类型，其中模式分为黑名单模式和白名单模式两种；
- 下部分：列表显示了某种模式下的所有网络服务，并且在每种服务前面显示一个复选框按钮，通过按钮可以设置某种服务启用还是禁用。

下部分的列表功能是通过文件 listitem.xml 实现的，具体代码如下。

```
<?xml version="1.0" encoding="utf-8"?>
<RelativeLayout xmlns:android="http://schemas.android.com/apk/res/android"
   android:layout_width="fill_parent" android:layout_height="fill_parent">
   <CheckBox android:layout_width="wrap_content"
      android:layout_height="wrap_content" android:id="@+id/itemcheck_wifi"
      android:layout_alignParentLeft="true"></CheckBox>
   <CheckBox android:layout_width="wrap_content"
      android:layout_height="wrap_content" android:id="@+id/itemcheck_3g"
      android:layout_toRightOf="@id/itemcheck_wifi"></CheckBox>
   <TextView android:layout_height="wrap_content" android:id="@+id/app_text"
      android:text="uid:packages" android:layout_width="match_parent"
      android:layout_toRightOf="@id/itemcheck_3g"
android:layout_centerVertical="true"
      android:paddingRight="80sp"></TextView>
   <TextView android:layout_height="wrap_content" android:id="@+id/download"
      android:layout_width="wrap_content" android:layout_alignParentRight="true"
      android:layout_centerVertical="true" android:paddingLeft="15sp"></TextView>
   <TextView android:layout_height="wrap_content" android:id="@+id/upload"
      android:layout_width="wrap_content" android:layout_toLeftOf="@id/download"
      android:layout_centerVertical="true"></TextView>
</RelativeLayout>
```

系统主界面的效果如图 23-2 所示。

（2）编写帮助界面布局文件 help_dialog.xml，主要代码如下。

```
<?xml version="1.0" encoding="utf-8"?>
<FrameLayout xmlns:android="http://schemas.android.com/apk/res/android"
   android:layout_width="fill_parent" android:layout_height="wrap_content">
   <ScrollView xmlns:android="http://schemas.android.com/apk/res/android"
      android:layout_width="fill_parent" android:layout_height="fill_parent">
         <TextView android:layout_height="fill_parent"
            android:layout_width="fill_parent"
   android:text="@string/help_dialog_text"
            android:padding="6dip" />
   </ScrollView>
</FrameLayout>
```

系统帮助界面的效果如图 23-3 所示。

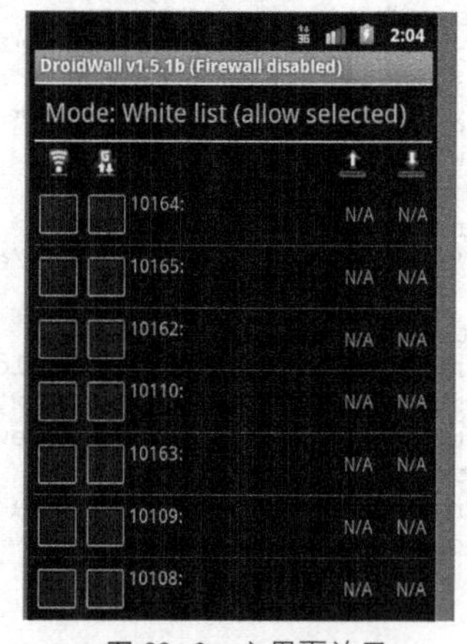

▲图 23-2　主界面效果

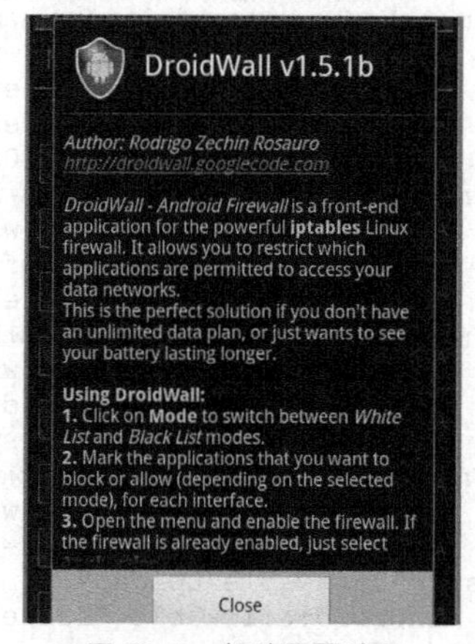

▲图 23-3　帮助界面效果

23.3　编写主程序文件

布局文件编写完毕之后，还需要编写值文件 strings.xml，其代码比较简单，请读者参考本书附带光盘中的代码即可，在此不再进行讲解。接下来开始详细讲解使用 Java 编写主程序文件的流程。

23.3.1 主 Activity 文件

首先编写文件 MainActivity.java，该文件是整个系统的核心，能够实现服务勾选处理和模式设置功能，勾选后会禁止或开启某项网络服务。该文件的具体编写流程如下。

- 定义类 MainActivity 为项目启动后首先显示的 Activity，设置按下【Menu】后显示的选项，并设置需要的各实例函数，具体代码如下。

```
/**
 * 主 activity，当打开应用时，这是被显示的屏幕
 */
public class MainActivity extends Activity implements OnCheckedChangeListener,
        OnClickListener {
    // 按下【Menu】后显示的选项
    private static final int MENU_DISABLE = 0;
    private static final int MENU_TOGGLELOG = 1;
    private static final int MENU_APPLY = 2;
    private static final int MENU_EXIT = 3;
    private static final int MENU_HELP = 4;
    private static final int MENU_SHOWLOG = 5;
    private static final int MENU_SHOWRULES = 6;
    private static final int MENU_CLEARLOG = 7;
    private static final int MENU_SETPWD = 8;

    /**进展对话实例*/
    private ListView listview;
    @Override
    public void onCreate(Bundle savedInstanceState) {
        super.onCreate(savedInstanceState);
        checkPreferences();
        setContentView(R.layout.main);
        this.findViewById(R.id.label_mode).setOnClickListener(this);
        Api.assertBinaries(this, true);
    }

    @Override
    protected void onStart() {
        super.onStart();
        // Force re-loading the application list
        Log.d("DroidWall", "onStart() - Forcing APP list reload!");
        Api.applications = null;
    }
    @Override
    protected void onResume() {
        super.onResume();
        if (this.listview == null) {
            this.listview = (ListView) this.findViewById(R.id.listview);
        }
        refreshHeader();
        final String pwd = getSharedPreferences(Api.PREFS_NAME, 0).getString(
                Api.PREF_PASSWORD, "");
        if (pwd.length() == 0) {
            // No password lock
            showOrLoadApplications();
        } else {
            // Check the password
            requestPassword(pwd);
        }
    }
    @Override
    protected void onPause() {
        super.onPause();
        this.listview.setAdapter(null);
    }
```

- 定义函数 checkPreferences()检查被存放的选项正常，具体代码如下。

```
/**
```

```
 * 检查被存放的选项正常
 */
private void checkPreferences() {
    final SharedPreferences prefs = getSharedPreferences(Api.PREFS_NAME, 0);
    final Editor editor = prefs.edit();
    boolean changed = false;
    if (prefs.getString(Api.PREF_MODE, "").length() == 0) {
        editor.putString(Api.PREF_MODE, Api.MODE_WHITELIST);
        changed = true;
    }
    /* 删除旧的选项名字 */
    if (prefs.contains("AllowedUids")) {
        editor.remove("AllowedUids");
        changed = true;
    }
    if (prefs.contains("Interfaces")) {
        editor.remove("Interfaces");
        changed = true;
    }
    if (changed)
        editor.commit();
}
```

- 定义函数 refreshHeader()刷新显示当前运行的与网络相关的程序，具体代码如下。

```
/**
 * 刷新显示当前运行的和网络相关的程序
 */
private void refreshHeader() {
    final SharedPreferences prefs = getSharedPreferences(Api.PREFS_NAME, 0);
    final String mode = prefs.getString(Api.PREF_MODE, Api.MODE_WHITELIST);
    final TextView labelmode = (TextView) this
            .findViewById(R.id.label_mode);
    final Resources res = getResources();
    int resid = (mode.equals(Api.MODE_WHITELIST) ? R.string.mode_whitelist
            : R.string.mode_blacklist);
    labelmode.setText(res.getString(R.string.mode_header,
            res.getString(resid)));
    resid = (Api.isEnabled(this) ? R.string.title_enabled
            : R.string.title_disabled);
    setTitle(res.getString(resid, Api.VERSION));
}
```

- 定义函数 selectMode()显示对话框选择操作方式，供用户选择黑名单模式或白名单模式，具体代码如下。

```
/**
 * 显示对话框选择操作方式，供用户选择黑名单模式或白名单模式
 */
private void selectMode() {
    final Resources res = getResources();
    new AlertDialog.Builder(this)
            .setItems(
                    new String[] { res.getString(R.string.mode_whitelist),
                            res.getString(R.string.mode_blacklist) },
                    new DialogInterface.OnClickListener() {
                        public void onClick(DialogInterface dialog,
                                int which) {
                            final String mode = (which == 0 ? Api.MODE_WHITELIST
                                    : Api.MODE_BLACKLIST);
                            final Editor editor = getSharedPreferences(
                                    Api.PREFS_NAME, 0).edit();
                            editor.putString(Api.PREF_MODE, mode);
                            editor.commit();
                            refreshHeader();
                        }
                    }).setTitle("Select mode:").show();
}
```

- 定义函数 setPassword()设置一个系统密码，如果设置密码后，在进入主界面前会通过函数 requestPassword()验证密码，只有密码正确才能进入，具体代码如下。

```
/**
 * 设置一新的密码
 */
private void setPassword(String pwd) {
    final Resources res = getResources();
    final Editor editor = getSharedPreferences(Api.PREFS_NAME, 0).edit();
    editor.putString(Api.PREF_PASSWORD, pwd);
    String msg;
    if (editor.commit()) {
        if (pwd.length() > 0) {
            msg = res.getString(R.string.passdefined);
        } else {
            msg = res.getString(R.string.passremoved);
        }
    } else {
        msg = res.getString(R.string.passerror);
    }
    Toast.makeText(MainActivity.this, msg, Toast.LENGTH_SHORT).show();
}

/**
 * 如果设置了密码，显示主界面前先验证密码
 */
private void requestPassword(final String pwd) {
    new PassDialog(this, false, new android.os.Handler.Callback() {
        public boolean handleMessage(Message msg) {
            if (msg.obj == null) {
                MainActivity.this.finish();
                android.os.Process.killProcess(android.os.Process.myPid());
                return false;
            }
            if (!pwd.equals(msg.obj)) {
                requestPassword(pwd);
                return false;
            }
            // 如果密码正确
            showOrLoadApplications();
            return false;
        }
    }).show();
}
```

- 编写函数 toggleLogEnabled()实现防火墙禁用和日志禁用开关处理，具体代码如下。

```
/**
 * 开关设置
 */
private void toggleLogEnabled() {
    final SharedPreferences prefs = getSharedPreferences(Api.PREFS_NAME, 0);
    final boolean enabled = !prefs.getBoolean(Api.PREF_LOGENABLED, false);
    final Editor editor = prefs.edit();
    editor.putBoolean(Api.PREF_LOGENABLED, enabled);
    editor.commit();
    if (Api.isEnabled(this)) {
        Api.applySavedIptablesRules(this, true);
    }
    Toast.makeText(
            MainActivity.this,
            (enabled ? R.string.log_was_enabled : R.string.log_was_disabled),
            Toast.LENGTH_SHORT).show();
}
```

- 编写函数 showOrLoadApplications()，如果在某模式下有应用则显示里面的应用，具体代码如下。

```
/**
```

```
 * 如果某模式下有应用，则显示里面的应用
 */
private void showOrLoadApplications() {
    final Resources res = getResources();
    if (Api.applications == null) {
        final ProgressDialog progress = ProgressDialog.show(this,
                res.getString(R.string.working),
                res.getString(R.string.reading_apps), true);
        final Handler handler = new Handler() {
            public void handleMessage(Message msg) {
                try {
                    progress.dismiss();
                } catch (Exception ex) {
                }
                showApplications();
            }
        };
        new Thread() {
            public void run() {
                Api.getApps(MainActivity.this);
                handler.sendEmptyMessage(0);
            }
        }.start();
    } else {
        // 储藏应用，显示名单
        showApplications();
    }
}
```

- 编写函数 showApplications()显示应用名单，具体代码如下。

```
/**
 * 显示应用名单
 */
private void showApplications() {
    final DroidApp[] apps = Api.getApps(this);
    // Sort applications - selected first, then alphabetically
    Arrays.sort(apps, new Comparator<DroidApp>() {
        @Override
        public int compare(DroidApp o1, DroidApp o2) {
            if ((o1.selected_wifi | o1.selected_3g) == (o2.selected_wifi | o2.selected_3g)) {
                return String.CASE_INSENSITIVE_ORDER.compare(o1.names[0],
                        o2.names[0]);
            }
            if (o1.selected_wifi || o1.selected_3g)
                return -1;
            return 1;
        }
    });
    final LayoutInflater inflater = getLayoutInflater();
    final ListAdapter adapter = new ArrayAdapter<DroidApp>(this,
            R.layout.listitem, R.id.app_text, apps) {
        @Override
        public View getView(int position, View convertView, ViewGroup parent) {
            ListEntry entry;
            if (convertView == null) {
                // Inflate a new view
                convertView = inflater.inflate(R.layout.listitem, parent,
                        false);
                entry = new ListEntry();
                entry.box_wifi = (CheckBox) convertView
                        .findViewById(R.id.itemcheck_wifi);
                entry.box_3g = (CheckBox) convertView
                        .findViewById(R.id.itemcheck_3g);
                entry.app_text = (TextView) convertView
                        .findViewById(R.id.app_text);
                entry.upload = (TextView) convertView
                        .findViewById(R.id.upload);
                entry.download = (TextView) convertView
                        .findViewById(R.id.download);
```

```
                convertView.setTag(entry);
                entry.box_wifi
                        .setOnCheckedChangeListener(MainActivity.this);
                entry.box_3g.setOnCheckedChangeListener(MainActivity.this);
            } else {
                //转换一个现有视图
                entry = (ListEntry) convertView.getTag();
            }
            final DroidApp app = apps[position];
            entry.app_text.setText(app.toString());
            convertAndSetColor(TrafficStats.getUidTxBytes(app.uid), entry.upload);
            convertAndSetColor(TrafficStats.getUidRxBytes(app.uid), entry.download);
            final CheckBox box_wifi = entry.box_wifi;
            box_wifi.setTag(app);
            box_wifi.setChecked(app.selected_wifi);
            final CheckBox box_3g = entry.box_3g;
            box_3g.setTag(app);
            box_3g.setChecked(app.selected_3g);
            return convertView;
        }
```

● 编写函数convertAndSetColor()，根据对某选项的设置显示内容，并设置显示内容的颜色。假如没有任何设置，则显示“N/A”，如果已经设置了启用则显示已经用过的流量。函数convertAndSetColor()的具体代码如下。

```
        private void convertAndSetColor(long num, TextView text) {
            String value = null;
            long temp = num;
            float floatnum = num;
            if (num == -1) {
                value = "N/A ";
                text.setText(value);
                text.setTextColor(0xff919191);
                return ;
            } else if ((temp = temp / 1024) < 1) {
                value = num + "B";
            } else if ((floatnum = temp / 1024) < 1) {
                value = temp + "KB";
            } else {
                DecimalFormat format = new DecimalFormat("##0.0");
                value = format.format(floatnum) + "MB";
            }
            text.setText(value);
            text.setTextColor(0xffff0300);
        }
    };
    this.listview.setAdapter(adapter);
}
```

● 进入系统主界面后，如果按下【Menu】键会弹出设置界面，在设置界面中可以选择对应的功能。在设置界面中的选择功能是通过下面3个函数实现的。

```
public boolean onCreateOptionsMenu(Menu menu) {
        menu.add(0, MENU_DISABLE, 0, R.string.fw_enabled).setIcon(
                android.R.drawable.button_onoff_indicator_on);
        menu.add(0, MENU_TOGGLELOG, 0, R.string.log_enabled).setIcon(
                android.R.drawable.button_onoff_indicator_on);
        menu.add(0, MENU_APPLY, 0, R.string.applyrules).setIcon(
                R.drawable.apply);
        menu.add(0, MENU_EXIT, 0, R.string.exit).setIcon(
                android.R.drawable.ic_menu_close_clear_cancel);
        menu.add(0, MENU_HELP, 0, R.string.help).setIcon(
                android.R.drawable.ic_menu_help);
        menu.add(0, MENU_SHOWLOG, 0, R.string.show_log)
                .setIcon(R.drawable.show);
        menu.add(0, MENU_SHOWRULES, 0, R.string.showrules).setIcon(
                R.drawable.show);
        menu.add(0, MENU_CLEARLOG, 0, R.string.clear_log).setIcon(
```

```
            android.R.drawable.ic_menu_close_clear_cancel);
    menu.add(0, MENU_SETPWD, 0, R.string.setpwd).setIcon(
            android.R.drawable.ic_lock_lock);
    return true;
}

@Override
public boolean onPrepareOptionsMenu(Menu menu) {
    final MenuItem item_onoff = menu.getItem(MENU_DISABLE);
    final MenuItem item_apply = menu.getItem(MENU_APPLY);
    final boolean enabled = Api.isEnabled(this);
    if (enabled) {
        item_onoff.setIcon(android.R.drawable.button_onoff_indicator_on);
        item_onoff.setTitle(R.string.fw_enabled);
        item_apply.setTitle(R.string.applyrules);
    } else {
        item_onoff.setIcon(android.R.drawable.button_onoff_indicator_off);
        item_onoff.setTitle(R.string.fw_disabled);
        item_apply.setTitle(R.string.saverules);
    }
    final MenuItem item_log = menu.getItem(MENU_TOGGLELOG);
    final boolean logenabled = getSharedPreferences(Api.PREFS_NAME, 0)
            .getBoolean(Api.PREF_LOGENABLED, false);
    if (logenabled) {
        item_log.setIcon(android.R.drawable.button_onoff_indicator_on);
        item_log.setTitle(R.string.log_enabled);
    } else {
        item_log.setIcon(android.R.drawable.button_onoff_indicator_off);
        item_log.setTitle(R.string.log_disabled);
    }
    return super.onPrepareOptionsMenu(menu);
}

@Override
public boolean onMenuItemSelected(int featureId, MenuItem item) {
    switch (item.getItemId()) {
    case MENU_DISABLE:
        disableOrEnable();
        return true;
    case MENU_TOGGLELOG:
        toggleLogEnabled();
        return true;
    case MENU_APPLY:
        applyOrSaveRules();
        return true;
    case MENU_EXIT:
        finish();
        System.exit(0);
        return true;
    case MENU_HELP:
        new HelpDialog(this).show();
        return true;
    case MENU_SETPWD:
        setPassword();
        return true;
    case MENU_SHOWLOG:
        showLog();
        return true;
    case MENU_SHOWRULES:
        showRules();
        return true;
    case MENU_CLEARLOG:
        clearLog();
        return true;
    }
    return false;
}
```

- 编写函数 disableOrEnable()设置开启或关闭防火墙，具体代码如下。

```
private void disableOrEnable() {
    final boolean enabled = !Api.isEnabled(this);
    Log.d("DroidWall", "Changing enabled status to: " + enabled);
    Api.setEnabled(this, enabled);
    if (enabled) {
        applyOrSaveRules();
    } else {
        purgeRules();
    }
    refreshHeader();
}
```

- 编写函数 setPassword()来到设置密码界面，具体代码如下。

```
private void setPassword() {
    new PassDialog(this, true, new android.os.Handler.Callback() {
        public boolean handleMessage(Message msg) {
            if (msg.obj != null) {
                setPassword((String) msg.obj);
            }
            return false;
        }
    }).show();
}
```

- 选择“Save rules（保存规则）”后执行函数 showRules()，具体代码如下。

```
private void showRules() {
    final Resources res = getResources();
    final ProgressDialog progress = ProgressDialog.show(this,
            res.getString(R.string.working),
            res.getString(R.string.please_wait), true);
    final Handler handler = new Handler() {
        public void handleMessage(Message msg) {
            try {
                progress.dismiss();
            } catch (Exception ex) {
            }
            if (!Api.hasRootAccess(MainActivity.this, true))
                return;
            Api.showIptablesRules(MainActivity.this);
        }
    };
    handler.sendEmptyMessageDelayed(0, 100);
}
```

- 编写函数 showLog()显示日志信息界面，具体代码如下。

```
private void showLog() {
    final Resources res = getResources();
    final ProgressDialog progress = ProgressDialog.show(this,
            res.getString(R.string.working),
            res.getString(R.string.please_wait), true);
    final Handler handler = new Handler() {
        public void handleMessage(Message msg) {
            try {
                progress.dismiss();
            } catch (Exception ex) {
            }
            Api.showLog(MainActivity.this);
        }
    };
    handler.sendEmptyMessageDelayed(0, 100);
}
```

- 编写函数 clearLog()清除系统内的日志记录信息，具体代码如下。

```
private void clearLog() {
    final Resources res = getResources();
    final ProgressDialog progress = ProgressDialog.show(this,
            res.getString(R.string.working),
```

```
        res.getString(R.string.please_wait), true);
    final Handler handler = new Handler() {
        public void handleMessage(Message msg) {
            try {
                progress.dismiss();
            } catch (Exception ex) {
            }
            if (!Api.hasRootAccess(MainActivity.this, true))
                return;
            if (Api.clearLog(MainActivity.this)) {
                Toast.makeText(MainActivity.this, R.string.log_cleared,
                        Toast.LENGTH_SHORT).show();
            }
        }
    };
    handler.sendEmptyMessageDelayed(0, 100);
}
```

- 编写函数 applyOrSaveRules()，当申请或保存规则后将规则运用到本系统，具体代码如下。

```
private void applyOrSaveRules() {
    final Resources res = getResources();
    final boolean enabled = Api.isEnabled(this);
    final ProgressDialog progress = ProgressDialog.show(this, res
        .getString(R.string.working), res
        .getString(enabled ? R.string.applying_rules
                : R.string.saving_rules), true);
    final Handler handler = new Handler() {
        public void handleMessage(Message msg) {
            try {
                progress.dismiss();
            } catch (Exception ex) {
            }
            if (enabled) {
                Log.d("DroidWall", "Applying rules.");
                if (Api.hasRootAccess(MainActivity.this, true)
                        && Api.applyIptablesRules(MainActivity.this, true)) {
                    Toast.makeText(MainActivity.this,
                            R.string.rules_applied, Toast.LENGTH_SHORT)
                            .show();
                } else {
                    Log.d("DroidWall", "Failed - Disabling firewall.");
                    Api.setEnabled(MainActivity.this, false);
                }
            } else {
                Log.d("DroidWall", "Saving rules.");
                Api.saveRules(MainActivity.this);
                Toast.makeText(MainActivity.this, R.string.rules_saved,
                        Toast.LENGTH_SHORT).show();
            }
        }
    };
    handler.sendEmptyMessageDelayed(0, 100);
}
```

- 编写函数 purgeRules()清除一个规则，具体代码如下。

```
private void purgeRules() {
    final Resources res = getResources();
    final ProgressDialog progress = ProgressDialog.show(this,
            res.getString(R.string.working),
            res.getString(R.string.deleting_rules), true);
    final Handler handler = new Handler() {
        public void handleMessage(Message msg) {
            try {
                progress.dismiss();
            } catch (Exception ex) {
            }
            if (!Api.hasRootAccess(MainActivity.this, true))
                return;
```

```
            if (Api.purgeIptables(MainActivity.this, true)) {
                Toast.makeText(MainActivity.this, R.string.rules_deleted,
                        Toast.LENGTH_SHORT).show();
            }
        }
    };
    handler.sendEmptyMessageDelayed(0, 100);
}
```

● 编写函数 onCheckedChanged()检查 Wi-Fi 选项和 3G 选项是否发生变化，具体代码如下。

```
public void onCheckedChanged(CompoundButton buttonView, boolean isChecked) {
    final DroidApp app = (DroidApp) buttonView.getTag();
    if (app != null) {
        switch (buttonView.getId()) {
        case R.id.itemcheck_wifi:
            app.selected_wifi = isChecked;
            break;
        case R.id.itemcheck_3g:
            app.selected_3g = isChecked;
            break;
        }
    }
}
```

至此，主界面程序介绍完毕，按下【Menu】后会弹出设置界面，如图 23-4 所示。

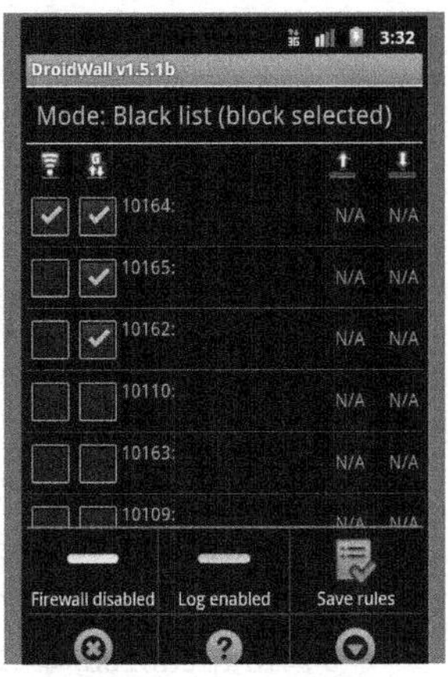

▲图 23-4 设置界面

23.3.2 帮助 Activity 文件

编写文件 HelpDialog.java，单击设置面板中的?后将会弹出帮助界面，该文件的具体代码如下。

```
import android.app.AlertDialog;
import android.content.Context;
import android.view.View;
public class HelpDialog extends AlertDialog {
    protected HelpDialog(Context context) {
        super(context);
        final View view = getLayoutInflater().inflate(R.layout.help_dialog, null);
        setButton(context.getText(R.string.close), (OnClickListener)null);
        setIcon(R.drawable.icon);
        setTitle("DroidWall v" + Api.VERSION);
        setView(view);
    }
}
```

23.3.3 公共库函数文件

编写文件 Api.java，在此文件中定义了项目中需要的公共库函数。为了便于项目的开发，专门用此文件保存了系统中经常需要的函数。文件 Api.java 的编写流程如下。

● 编写函数 scriptHeader()创建一个通用的 Script 程序头，此程序可供二进制数据使用。具体代码如下。

```
private static String scriptHeader(Context ctx) {
    final String dir = ctx.getDir("bin", 0).getAbsolutePath();
    final String myiptables = dir + "/iptables_armv5";
    return "" + "IPTABLES=iptables\n" + "BUSYBOX=busybox\n" + "GREP=grep\n"
            + "ECHO=echo\n" + "# Try to find busybox\n" + "if "
            + dir
            + "/busybox_g1 --help >/dev/null 2>/dev/null ; then\n"
            + "    BUSYBOX="
            + dir
            + "/busybox_g1\n"
            + "    GREP=\"$BUSYBOX grep\"\n"
```

```
            + "    ECHO=\"$BUSYBOX echo\"\n"
            + "elif busybox --help >/dev/null 2>/dev/null ; then\n"
            + "    BUSYBOX=busybox\n"
            + "elif /system/xbin/busybox --help >/dev/null 2>/dev/null ; then\n"
            + "    BUSYBOX=/system/xbin/busybox\n"
            + "elif /system/bin/busybox --help >/dev/null 2>/dev/null ; then\n"
            + "    BUSYBOX=/system/bin/busybox\n"
            + "fi\n"
            + "# Try to find grep\n"
            + "if ! $ECHO 1 | $GREP -q 1 >/dev/null 2>/dev/null ; then\n"
            + "    if $ECHO 1 | $BUSYBOX grep -q 1 >/dev/null 2>/dev/null ; then\n"
            + "        GREP=\"$BUSYBOX grep\"\n"
            + "    fi\n"
            + "    # Grep is absolutely required\n"
            + "    if ! $ECHO 1 | $GREP -q 1 >/dev/null 2>/dev/null ; then\n"
            + "        $ECHO The grep command is required. DroidWall will not work.\n"
            + "        exit 1\n"
            + "    fi\n"
            + "fi\n"
            + "# Try to find iptables\n"
            + "if "
            + myiptables
            + " --version >/dev/null 2>/dev/null ; then\n"
            + "    IPTABLES="
            + myiptables + "\n" + "fi\n" + "";
}
```

● 编写函数copyRawFile()，复制一个未加工的资源文件，根据其ID给定地点，具体代码如下。

```
private static void copyRawFile(Context ctx, int resid, File file,
        String mode) throws IOException, InterruptedException {
    final String abspath = file.getAbsolutePath();
    // 在Iptables写入二进制数据
    final FileOutputStream out = new FileOutputStream(file);
    final InputStream is = ctx.getResources().openRawResource(resid);
    byte buf[] = new byte[1024];
    int len;
    while ((len = is.read(buf)) > 0) {
        out.write(buf, 0, len);
    }
    out.close();
    is.close();
    // 允许改变
    Runtime.getRuntime().exec("chmod " + mode + " " + abspath).waitFor();
}
```

● 编写函数applyIptablesRulesImpl()，其功能是清洗并且重写所有规则，且此功能是在内部实施的。函数applyIptablesRulesImpl()的具体代码如下。

```
private static boolean applyIptablesRulesImpl(Context ctx,
        List<Integer> uidsWifi, List<Integer> uids3g, boolean showErrors) {
    if (ctx == null) {
        return false;
    }
    assertBinaries(ctx, showErrors);
    final String ITFS_WIFI[] = { "tiwlan+", "wlan+", "eth+" };
    final String ITFS_3G[] = { "rmnet+", "pdp+", "ppp+", "uwbr+", "wimax+",
            "vsnet+" };
    final SharedPreferences prefs = ctx.getSharedPreferences(PREFS_NAME, 0);
    final boolean whitelist = prefs.getString(PREF_MODE, MODE_WHITELIST)
            .equals(MODE_WHITELIST);
    final boolean blacklist = !whitelist;
    final boolean logenabled = ctx.getSharedPreferences(PREFS_NAME, 0)
            .getBoolean(PREF_LOGENABLED, false);
    final StringBuilder script = new StringBuilder();
    try {
        int code;
        script.append(scriptHeader(ctx));
        script.append(""
```

```
        + "$IPTABLES --version || exit 1\n"
        + "# Create the droidwall chains if necessary\n"
        + "$IPTABLES -L droidwall >/dev/null 2>/dev/null || $IPTABLES --new
        droidwall || exit 2\n"
        + "$IPTABLES -L droidwall-3g >/dev/null 2>/dev/null || $IPTABLES --new
        droidwall-3g || exit 3\n"
        + "$IPTABLES -L droidwall-wifi >/dev/null 2>/dev/null || $IPTABLES --new
        droidwall-wifi || exit 4\n"
        + "$IPTABLES -L droidwall-reject >/dev/null 2>/dev/null || $IPTABLES --new
        droidwall-reject || exit 5\n"
        + "# Add droidwall chain to OUTPUT chain if necessary\n"
        + "$IPTABLES -L OUTPUT | $GREP -q droidwall || $IPTABLES -A OUTPUT -j
        droidwall || exit 6\n"
        + "# Flush existing rules\n"
        + "$IPTABLES -F droidwall || exit 7\n"
        + "$IPTABLES -F droidwall-3g || exit 8\n"
        + "$IPTABLES -F droidwall-wifi || exit 9\n"
        + "$IPTABLES -F droidwall-reject || exit 10\n" + "");
// 检查是否能设置
if (logenabled) {
    script.append(""
            + "# Create the log and reject rules (ignore errors on the LOG target
            just in case it is not available)\n"
            + "$IPTABLES -A droidwall-reject -j LOG --log-prefix \"[DROIDWALL] \"
            --log-uid\n"
            + "$IPTABLES -A droidwall-reject -j REJECT || exit 11\n"
            + "");
} else {
    script.append(""
            + "# Create the reject rule (log disabled)\n"
            + "$IPTABLES -A droidwall-reject -j REJECT || exit 11\n"
            + "");
}
if (whitelist && logenabled) {
    script.append("# Allow DNS lookups on white-list for a better logging (ignore
    errors)\n");
    script.append("$IPTABLES -A droidwall -p udp --dport 53 -j RETURN\n");
}
script.append("# Main rules (per interface)\n");
for (final String itf : ITFS_3G) {
    script.append("$IPTABLES -A droidwall -o ").append(itf)
            .append(" -j droidwall-3g || exit\n");
}
for (final String itf : ITFS_WIFI) {
    script.append("$IPTABLES -A droidwall -o ").append(itf)
            .append(" -j droidwall-wifi || exit\n");
}
script.append("# Filtering rules\n");
final String targetRule = (whitelist ? "RETURN"
        : "droidwall-reject");
final boolean any_3g = uids3g.indexOf(SPECIAL_UID_ANY) >= 0;
final boolean any_wifi = uidsWifi.indexOf(SPECIAL_UID_ANY) >= 0;
if (whitelist && !any_wifi) {
    //当设置开启 Wi-Fi 时需要保证用户允许 DHCP 和 Wi-Fi 功能
    int uid = android.os.Process.getUidForName("dhcp");
    if (uid != -1) {
        script.append("# dhcp user\n");
        script.append(
                "$IPTABLES -A droidwall-wifi -m owner --uid-owner ")
                .append(uid).append(" -j RETURN || exit\n");
    }
    uid = android.os.Process.getUidForName("wifi");
    if (uid != -1) {
        script.append("# wifi user\n");
        script.append(
                "$IPTABLES -A droidwall-wifi -m owner --uid-owner ")
                .append(uid).append(" -j RETURN || exit\n");
    }
}
```

```
        if (any_3g) {
            if (blacklist) {
                /* block any application on this interface */
                script.append("$IPTABLES -A droidwall-3g -j ")
                        .append(targetRule).append(" || exit\n");
            }
        } else {
            /*释放或阻拦在这个接口的各自的应用*/
            for (final Integer uid : uids3g) {
                if (uid >= 0)
                    script.append(
                            "$IPTABLES -A droidwall-3g -m owner --uid-owner ")
                            .append(uid).append(" -j ").append(targetRule)
                            .append(" || exit\n");
            }
        }
        if (any_wifi) {
            if (blacklist) {
                /*阻拦在这个接口的所有应用*/
                script.append("$IPTABLES -A droidwall-wifi -j ")
                        .append(targetRule).append(" || exit\n");
            }
        } else {
            /*释放或阻拦在这个接口的各自的应用*/
            for (final Integer uid : uidsWifi) {
                if (uid >= 0)
                    script.append(
                            "$IPTABLES -A droidwall-wifi -m owner --uid-owner ")
                            .append(uid).append(" -j ").append(targetRule)
                            .append(" || exit\n");
            }
        }
        if (whitelist) {
            if (!any_3g) {
                if (uids3g.indexOf(SPECIAL_UID_KERNEL) >= 0) {
                    script.append("# hack to allow kernel packets on white-list\n");
                    script.append("$IPTABLES -A droidwall-3g -m owner --uid-owner
                    0:999999999 -j droidwall-reject || exit\n");
                } else {
                    script.append("$IPTABLES -A droidwall-3g -j droidwall-reject ||
                    exit\n");
                }
            }
            if (!any_wifi) {
                if (uidsWifi.indexOf(SPECIAL_UID_KERNEL) >= 0) {
                    script.append("# hack to allow kernel packets on white-list\n");
                    script.append("$IPTABLES -A droidwall-wifi -m owner --uid-owner
                    0:999999999 -j droidwall-reject || exit\n");
                } else {
                    script.append("$IPTABLES -A droidwall-wifi -j droidwall-reject ||
                    exit\n");
                }
            }
        } else {
            if (uids3g.indexOf(SPECIAL_UID_KERNEL) >= 0) {
                script.append("# hack to BLOCK kernel packets on black-list\n");
                script.append("$IPTABLES -A droidwall-3g -m owner --uid-owner 0:999999999
                -j RETURN || exit\n");
                script.append("$IPTABLES -A droidwall-3g -j droidwall-reject || exit\n");
            }
            if (uidsWifi.indexOf(SPECIAL_UID_KERNEL) >= 0) {
                script.append("# hack to BLOCK kernel packets on black-list\n");
                script.append("$IPTABLES -A droidwall-wifi -m owner --uid-owner
                0:999999999 -j RETURN || exit\n");
                script.append("$IPTABLES -A droidwall-wifi -j droidwall-reject ||
                exit\n");
            }
        }
        final StringBuilder res = new StringBuilder();
```

```
            code = runScriptAsRoot(ctx, script.toString(), res);
            if (showErrors && code != 0) {
                String msg = res.toString();
                Log.e("DroidWall", msg);
                // 去除多余的帮助信息
                if (msg.indexOf("\nTry `iptables -h' or 'iptables --help' for more
                information.") != -1) {
                    msg = msg
                            .replace(
                                    "\nTry `iptables -h' or 'iptables --help' for more
                                    information.",
                                    "");
                }
                alert(ctx, "Error applying iptables rules. Exit code: " + code
                        + "\n\n" + msg.trim());
            } else {
                return true;
            }
        } catch (Exception e) {
            if (showErrors)
                alert(ctx, "error refreshing iptables: " + e);
        }
        return false;
    }
```

● 编写函数 applySavedIptablesRules()，其功能是清洗并且重写所有规则，且此规则不保存在内存中。因为不需要读安装引用程序，所以此方法比函数 applyIptablesRulesImpl()方式快。函数 applySavedIptablesRules()的具体代码如下。

```
public static boolean applySavedIptablesRules(Context ctx,
        boolean showErrors) {
    if (ctx == null) {
        return false;
    }
    final SharedPreferences prefs = ctx.getSharedPreferences(PREFS_NAME, 0);
    final String savedUids_wifi = prefs.getString(PREF_WIFI_UIDS, "");
    final String savedUids_3g = prefs.getString(PREF_3G_UIDS, "");
    final List<Integer> uids_wifi = new LinkedList<Integer>();
    if (savedUids_wifi.length() > 0) {
        // 检查哪一些应用使用 Wi-Fi
        final StringTokenizer tok = new StringTokenizer(savedUids_wifi, "|");
        while (tok.hasMoreTokens()) {
            final String uid = tok.nextToken();
            if (!uid.equals("")) {
                try {
                    uids_wifi.add(Integer.parseInt(uid));
                } catch (Exception ex) {
                }
            }
        }
    }
    final List<Integer> uids_3g = new LinkedList<Integer>();
    if (savedUids_3g.length() > 0) {
        //检查哪些应用允许 2G/3G 服务
        final StringTokenizer tok = new StringTokenizer(savedUids_3g, "|");
        while (tok.hasMoreTokens()) {
            final String uid = tok.nextToken();
            if (!uid.equals("")) {
                try {
                    uids_3g.add(Integer.parseInt(uid));
                } catch (Exception ex) {
                }
            }
        }
    }
    return applyIptablesRulesImpl(ctx, uids_wifi, uids_3g, showErrors);
}
```

● 编写函数 saveRules()，根据设置的选择项保存当前的规则，具体代码如下。

```
public static void saveRules(Context ctx) {
    final SharedPreferences prefs = ctx.getSharedPreferences(PREFS_NAME, 0);
    final DroidApp[] apps = getApps(ctx);
    // 建立被隔离的名单列表
    final StringBuilder newuids_wifi = new StringBuilder();
    final StringBuilder newuids_3g = new StringBuilder();
    for (int i = 0; i < apps.length; i++) {
      if (apps[i].selected_wifi) {
          if (newuids_wifi.length() != 0)
             newuids_wifi.append('|');
          newuids_wifi.append(apps[i].uid);
      }
      if (apps[i].selected_3g) {
          if (newuids_3g.length() != 0)
             newuids_3g.append('|');
          newuids_3g.append(apps[i].uid);
      }
    }
    //除 UIDs 新的名单之外
    final Editor edit = prefs.edit();
    edit.putString(PREF_WIFI_UIDS, newuids_wifi.toString());
    edit.putString(PREF_3G_UIDS, newuids_3g.toString());
    edit.commit();
}
```

● 编写函数 purgeIptables()清除所有的过滤规则，具体代码如下。

```
public static boolean purgeIptables(Context ctx, boolean showErrors) {
    StringBuilder res = new StringBuilder();
    try {
       assertBinaries(ctx, showErrors);
       int code = runScriptAsRoot(ctx, scriptHeader(ctx)
              + "$IPTABLES -F droidwall\n"
              + "$IPTABLES -F droidwall-reject\n"
              + "$IPTABLES -F droidwall-3g\n"
              + "$IPTABLES -F droidwall-wifi\n", res);
       if (code == -1) {
          if (showErrors)
             alert(ctx, "error purging iptables. exit code: " + code
                    + "\n" + res);
          return false;
       }
       return true;
    } catch (Exception e) {
       if (showErrors)
          alert(ctx, "error purging iptables: " + e);
       return false;
    }
}
```

● 编写函数 clearLog()清除系统中的日志记录信息，具体代码如下。

```
public static boolean clearLog(Context ctx) {
    try {
       final StringBuilder res = new StringBuilder();
       int code = runScriptAsRoot(ctx, "dmesg -c >/dev/null || exit\n",
             res);
       if (code != 0) {
          alert(ctx, res);
          return false;
       }
       return true;
    } catch (Exception e) {
       alert(ctx, "error: " + e);
    }
    return false;
}
```

● 编写函数 showLog()显示系统中的日志记录信息，具体代码如下。

```
public static void showLog(Context ctx) {
    try {
        StringBuilder res = new StringBuilder();
        int code = runScriptAsRoot(ctx, scriptHeader(ctx)
                + "dmesg | $GREP DROIDWALL\n", res);
        if (code != 0) {
            if (res.length() == 0) {
                res.append("Log is empty");
            }
            alert(ctx, res);
            return;
        }
        final BufferedReader r = new BufferedReader(new StringReader(
                res.toString()));
        final Integer unknownUID = -99;
        res = new StringBuilder();
        String line;
        int start, end;
        Integer appid;
        final HashMap<Integer, LogInfo> map = new HashMap<Integer, LogInfo>();
        LogInfo loginfo = null;
        while ((line = r.readLine()) != null) {
            if (line.indexOf("[DROIDWALL]") == -1)
                continue;
            appid = unknownUID;
            if (((start = line.indexOf("UID=")) != -1)
                    && ((end = line.indexOf(" ", start)) != -1)) {
                appid = Integer.parseInt(line.substring(start + 4, end));
            }
            loginfo = map.get(appid);
            if (loginfo == null) {
                loginfo = new LogInfo();
                map.put(appid, loginfo);
            }
            loginfo.totalBlocked += 1;
            if (((start = line.indexOf("DST=")) != -1)
                    && ((end = line.indexOf(" ", start)) != -1)) {
                String dst = line.substring(start + 4, end);
                if (loginfo.dstBlocked.containsKey(dst)) {
                    loginfo.dstBlocked.put(dst,
                            loginfo.dstBlocked.get(dst) + 1);
                } else {
                    loginfo.dstBlocked.put(dst, 1);
                }
            }
        }
        final DroidApp[] apps = getApps(ctx);
        for (Integer id : map.keySet()) {
            res.append("App ID ");
            if (id != unknownUID) {
                res.append(id);
                for (DroidApp app : apps) {
                    if (app.uid == id) {
                        res.append(" (").append(app.names[0]);
                        if (app.names.length > 1) {
                            res.append(", ...)");
                        } else {
                            res.append(")");
                        }
                        break;
                    }
                }
            } else {
                res.append("(kernel)");
            }
            loginfo = map.get(id);
            res.append(" - Blocked ").append(loginfo.totalBlocked)
```

```
                .append(" packets");
            if (loginfo.dstBlocked.size() > 0) {
                res.append(" (");
                boolean first = true;
                for (String dst : loginfo.dstBlocked.keySet()) {
                    if (!first) {
                        res.append(", ");
                    }
                    res.append(loginfo.dstBlocked.get(dst))
                            .append(" packets for ").append(dst);
                    first = false;
                }
                res.append(")");
            }
            res.append("\n\n");
        }
        if (res.length() == 0) {
            res.append("Log is empty");
        }
        alert(ctx, res);
    } catch (Exception e) {
        alert(ctx, "error: " + e);
    }
}
```

● 编写函数 hasRootAccess()检查是否具备进入根目录的权限，具体代码如下。

```
public static boolean hasRootAccess(Context ctx, boolean showErrors) {
    if (hasroot)
        return true;
    final StringBuilder res = new StringBuilder();
    try {
        // Run an empty script just to check root access
        if (runScriptAsRoot(ctx, "exit 0", res) == 0) {
            hasroot = true;
            return true;
        }
    } catch (Exception e) {
    }
    if (showErrors) {
        alert(ctx,
                "Could not acquire root access.\n"
                        + "You need a rooted phone to run DroidWall.\n\n"
                        + "If this phone is already rooted, please make sure DroidWall has
enough permissions to execute the \"su\" command.\n"
                        + "Error message: " + res.toString());
    }
    return false;
}
```

● 编写函数 runScript()执行前面编写的 Script 脚本头程序，此函数比较具有代表意义，能够在 Android 中调用并执行 Script 程序。函数 runScript()的具体代码如下。

```
public static int runScript(Context ctx, String script, StringBuilder res,
        long timeout, boolean asroot) {
    final File file = new File(ctx.getDir("bin", 0), SCRIPT_FILE);
    final ScriptRunner runner = new ScriptRunner(file, script, res, asroot);
    runner.start();
    try {
        if (timeout > 0) {
            runner.join(timeout);
        } else {
            runner.join();
        }
        if (runner.isAlive()) {
            // 设置超时
            runner.interrupt();
            runner.join(150);
            runner.destroy();
```

```
            runner.join(50);
        }
    } catch (InterruptedException ex) {
    }
    return runner.exitcode;
}
```

● 编写函数 runScriptAsRoot()，其功能是在 Root 权限下执行脚本程序，具体代码如下。

```
public static int runScriptAsRoot(Context ctx, String script,
        StringBuilder res, long timeout) {
    return runScript(ctx, script, res, timeout, true);
}
```

● 编写函数 runScript()，其功能是设置普通用户权限执行脚本程序，具体代码如下。

```
public static int runScript(Context ctx, String script, StringBuilder res)
        throws IOException {
    return runScript(ctx, script, res, 40000, false);
}
```

● 编写函数 assertBinaries()，其功能是断言二进制文件在高速缓存目录被安装，具体代码如下。

```
public static boolean assertBinaries(Context ctx, boolean showErrors) {
    boolean changed = false;
    try {
        // 检查 iptables_armv5 过滤包
        File file = new File(ctx.getDir("bin", 0), "iptables_armv5");
        if (!file.exists()) {
            copyRawFile(ctx, R.raw.iptables_armv5, file, "755");
            changed = true;
        }
        //检查 busybox
        file = new File(ctx.getDir("bin", 0), "busybox_g1");
        if (!file.exists()) {
            copyRawFile(ctx, R.raw.busybox_g1, file, "755");
            changed = true;
        }
        if (changed) {
            Toast.makeText(ctx, R.string.toast_bin_installed,
                    Toast.LENGTH_LONG).show();
        }
    } catch (Exception e) {
        if (showErrors)
            alert(ctx, "Error installing binary files: " + e);
        return false;
    }
    return true;
}
```

23.3.4 系统广播文件

编写文件 BootBroadcast.java，此文件是一个广播文件，在系统执行后将广播 ptables 规则。因为在规则中并没有设置开启显示信息，所以使用广播功能显示设置信息。文件 BootBroadcast.java 的主要代码如下。

```
import android.content.BroadcastReceiver;
import android.content.Context;
import android.content.Intent;
import android.os.Handler;
import android.os.Message;
import android.widget.Toast;
public class BootBroadcast extends BroadcastReceiver {

    public void onReceive(final Context context, final Intent intent) {
        if (Intent.ACTION_BOOT_COMPLETED.equals(intent.getAction())) {
            if (Api.isEnabled(context)) {
                final Handler toaster = new Handler() {
                    public void handleMessage(Message msg) {
```

```
                if (msg.arg1 != 0)
                    Toast.makeText(context, msg.arg1,
                            Toast.LENGTH_SHORT).show();
            }
        };
        // 开启新线程阻止防火墙
        new Thread() {
            @Override
            public void run() {
                if (!Api.applySavedIptablesRules(context, false)) {
                    // Error enabling firewall on boot
                    final Message msg = new Message();
                    msg.arg1 = R.string.toast_error_enabling;
                    toaster.sendMessage(msg);
                    Api.setEnabled(context, false);
                }
            }
        }.start();
    }
}
}
```

然后编写文件 PackageBroadcast.java，此文件也是一个具备广播功能的文件。当在手机中卸载一个软件后，会在防火墙中删除针对此软件的设置规则。文件 PackageBroadcast.java 的主要代码如下。

```
import android.content.BroadcastReceiver;
import android.content.Context;
import android.content.Intent;

public class PackageBroadcast extends BroadcastReceiver {

    @Override
    public void onReceive(Context context, Intent intent) {
        if (Intent.ACTION_PACKAGE_REMOVED.equals(intent.getAction())) {
            //忽略应用更新
            final boolean replacing = intent.getBooleanExtra(Intent.EXTRA_REPLACING,
false);
            if (!replacing) {
                final int uid = intent.getIntExtra(Intent.EXTRA_UID, -123);
                Api.applicationRemoved(context, uid);
            }
        }
    }
}
```

23.3.5　登录验证

编写文件 PassDialog.java，其功能是在输入密码对话框中获取用户输入的密码，只有输入合法的密码数据才能登录系统。文件 PassDialog.java 的主要代码如下。

```
public class PassDialog extends Dialog implements android.view.View.OnClickListener,
android.view.View.OnKeyListener, OnCancelListener {
    private final Callback callback;
    private final EditText pass;
    /**创建一个对话框*/
    public PassDialog(Context context, boolean setting, Callback callback) {
        super(context);
        final View view = getLayoutInflater().inflate(R.layout.pass_dialog, null);
        ((TextView)view.findViewById(R.id.pass_message)).setText(setting ?
        R.string.enternewpass : R.string.enterpass);
        ((Button)view.findViewById(R.id.pass_ok)).setOnClickListener(this);
        ((Button)view.findViewById(R.id.pass_cancel)).setOnClickListener(this);
        this.callback = callback;
        this.pass = (EditText) view.findViewById(R.id.pass_input);
        this.pass.setOnKeyListener(this);
```

```
        setTitle(setting ? R.string.pass_titleset : R.string.pass_titleget);
        setOnCancelListener(this);
        setContentView(view);
    }
    @Override
    public void onClick(View v) {
        final Message msg = new Message();
        if (v.getId() == R.id.pass_ok) {
            msg.obj = this.pass.getText().toString();
        }
        dismiss();
        this.callback.handleMessage(msg);
    }
    @Override
    public boolean onKey(View v, int keyCode, KeyEvent event) {
        if (keyCode == KeyEvent.KEYCODE_ENTER) {
            final Message msg = new Message();
            msg.obj = this.pass.getText().toString();
            this.callback.handleMessage(msg);
            dismiss();
            return true;
        }
        return false;
    }
    @Override
    public void onCancel(DialogInterface dialog) {
        this.callback.handleMessage(new Message());
    }
}
```

23.3.6 打开/关闭某一个实施控件

编写文件 StatusWidget.java，其功能是打开或关闭某一个实施控件，主要代码如下。

```
public class StatusWidget extends AppWidgetProvider {
    @Override
    public void onReceive(final Context context, final Intent intent) {
        super.onReceive(context, intent);
        if (Api.STATUS_CHANGED_MSG.equals(intent.getAction())) {
            // 当防火墙状态改变时马上广播信息
            final Bundle extras = intent.getExtras();
            if (extras != null && extras.containsKey(Api.STATUS_EXTRA)) {
                final boolean firewallEnabled = extras
                        .getBoolean(Api.STATUS_EXTRA);
                final AppWidgetManager manager = AppWidgetManager
                        .getInstance(context);
                final int[] widgetIds = manager
                        .getAppWidgetIds(new ComponentName(context,
                                StatusWidget.class));
                showWidget(context, manager, widgetIds, firewallEnabled);
            }
        } else if (Api.TOGGLE_REQUEST_MSG.equals(intent.getAction())) {
            // 根据防火墙开关信息广播状态信息
            final SharedPreferences prefs = context.getSharedPreferences(
                    Api.PREFS_NAME, 0);
            final boolean enabled = !prefs.getBoolean(Api.PREF_ENABLED, true);
            final String pwd = prefs.getString(Api.PREF_PASSWORD, "");
            if (!enabled && pwd.length() != 0) {
                Toast.makeText(context,
                        "Cannot disable firewall - password defined!",
                        Toast.LENGTH_SHORT).show();
                return;
            }
            final Handler toaster = new Handler() {
                public void handleMessage(Message msg) {
                    if (msg.arg1 != 0)
                        Toast.makeText(context, msg.arg1, Toast.LENGTH_SHORT)
                                .show();
                }
```

```
            };
            //开启新线程改变防火墙
            new Thread() {
                @Override
                public void run() {
                    final Message msg = new Message();
                    if (enabled) {
                        if (Api.applySavedIptablesRules(context, false)) {
                            msg.arg1 = R.string.toast_enabled;
                            toaster.sendMessage(msg);
                        } else {
                            msg.arg1 = R.string.toast_error_enabling;
                            toaster.sendMessage(msg);
                            return;
                        }
                    } else {
                        if (Api.purgeIptables(context, false)) {
                            msg.arg1 = R.string.toast_disabled;
                            toaster.sendMessage(msg);
                        } else {
                            msg.arg1 = R.string.toast_error_disabling;
                            toaster.sendMessage(msg);
                            return;
                        }
                    }
                    Api.setEnabled(context, enabled);
                }
            }.start();
        }
    }

    @Override
    public void onUpdate(Context context, AppWidgetManager appWidgetManager,
            int[] ints) {
        super.onUpdate(context, appWidgetManager, ints);
        final SharedPreferences prefs = context.getSharedPreferences(
                Api.PREFS_NAME, 0);
        boolean enabled = prefs.getBoolean(Api.PREF_ENABLED, true);
        showWidget(context, appWidgetManager, ints, enabled);
    }

    private void showWidget(Context context, AppWidgetManager manager,
            int[] widgetIds, boolean enabled) {
        final RemoteViews views = new RemoteViews(context.getPackageName(),
                R.layout.onoff_widget);
        final int iconId = enabled ? R.drawable.widget_on
                : R.drawable.widget_off;
        views.setImageViewResource(R.id.widgetCanvas, iconId);
        final Intent msg = new Intent(Api.TOGGLE_REQUEST_MSG);
        final PendingIntent intent = PendingIntent.getBroadcast(context, -1,
                msg, PendingIntent.FLAG_UPDATE_CURRENT);
        views.setOnClickPendingIntent(R.id.widgetCanvas, intent);
        manager.updateAppWidget(widgetIds, views);
    }
}
```

至此，整个网络流量防火墙系统介绍完毕。执行后的主界面效果如图 23-5 所示，按下【Menu】键后会弹出设置选项卡，如图 23-6 所示。

单击选项卡中的“Firewall disabled”选项可以打开/关闭防火墙，单击选项卡中的“Log enabled”选项可以打开/关闭日志，单击选项卡中的“Save rules”选项会弹出保存进度条，如图 23-7 所示。

单击选项卡中的⊗会退出当前系统，单击选项卡中的?会弹出帮助对话框界面，如图 23-8 所示。

单击选项卡中的⊙会弹出一个新的对话框，如图 23-9 所示。在此对话框中可以选择实现其他功能，例如单击“Set password”选项后会弹出一个设置密码界面，如图 23-10 所示。

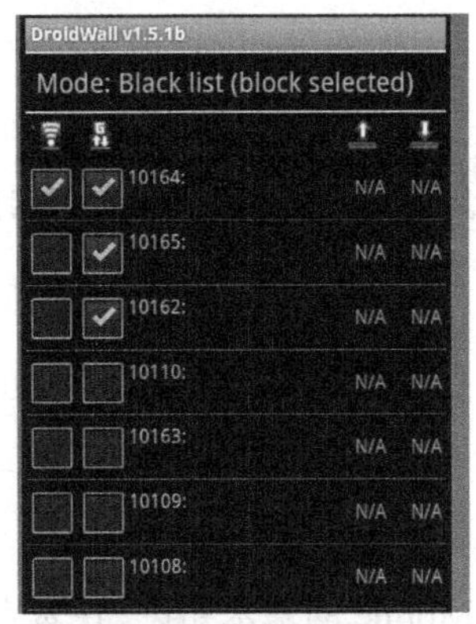

▲图 23-5　执行后的主界面

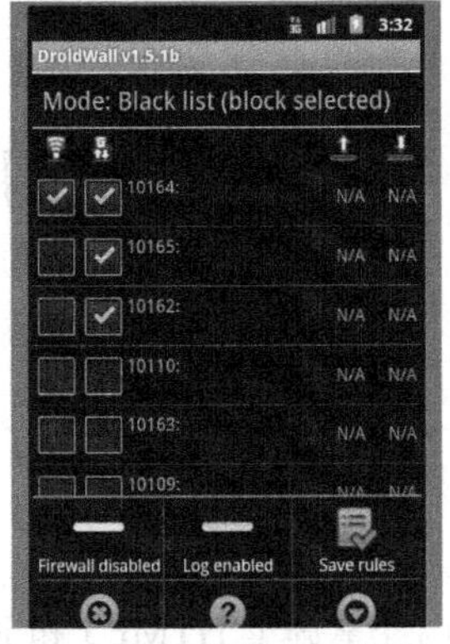

▲图 23-6　弹出设置选项卡

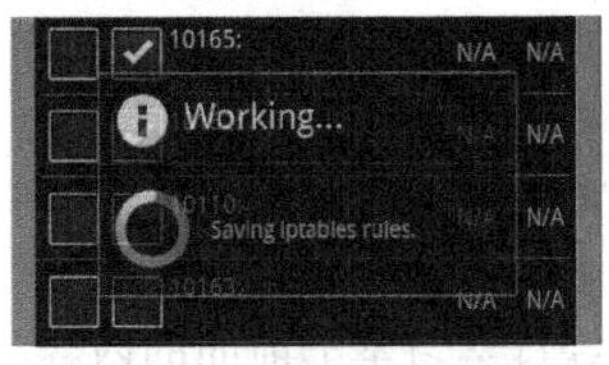

▲图 23-7　保存规则进度条

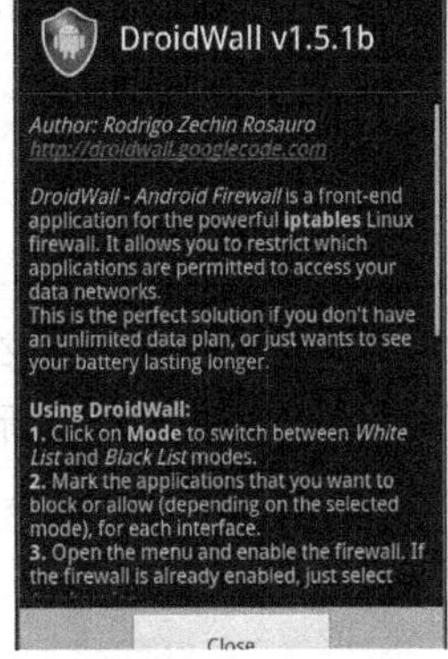

▲图 23-8　帮助对话框界面

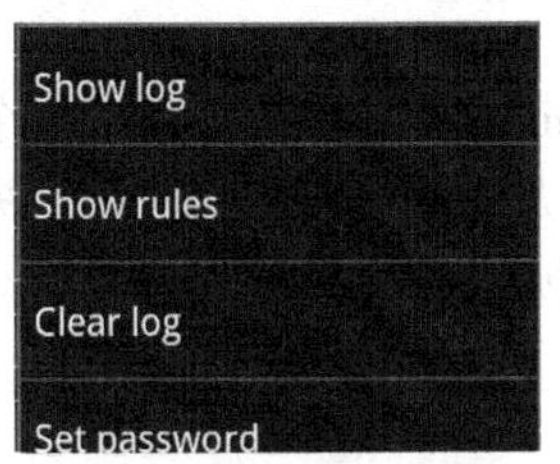

▲图 23-9　其他功能对话框

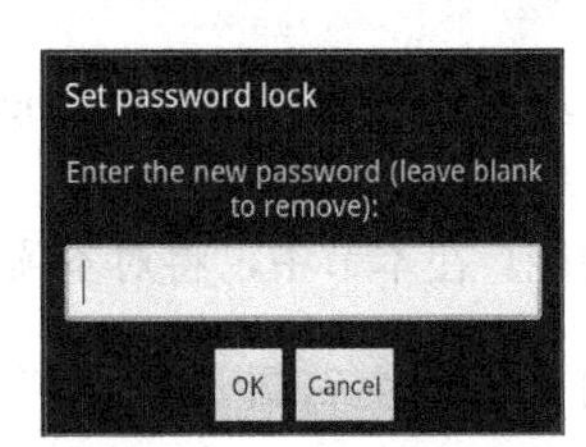

▲图 23-10　设置密码界面

第 24 章　开发 Web 版的电话本管理系统

经过学习本书前面的内容，读者已经掌握了 HTML5 和 jQuery Mobile 的基本知识。在本章中，将综合运用本书前面所学的知识，并结合使用 CSS 和 JavaScript 技术，开发一个在 Android 平台运行的电话本管理系统。希望读者认真阅读本章内容，领会 HTML5+jQuery Mobile+PhoneGap 组合在移动 Web 开发领域的精髓。

24.1 需求分析

本实例使用 HTML5+jQuery Mobile+PhoneGap 实现了一个经典的电话本管理工具，能够实现对设备内联系人信息的管理，包括添加新信息、删除信息、快速搜索信息、修改信息、更新信息等功能。在本节中，将对本项目进行必要的需求分析。

24.1.1 产生背景

随着网络与信息技术的发展，如何更好地管理这些信息是每个人必须面临的问题，特别是那些很久没有联系的朋友，再次见面无法马上想起这个人的信息，从而造成一些不必要的尴尬。因此，开发一套通信录管理系统很有必要。

另外，随着移动设备平台的发展，以 Android 为代表的智能手机系统已经普及，智能手机已经成为了人们生活中必不可少的物品，同时，手机通信录亦变得愈发重要。

正因为如此，开发一个手机电话本管理系统势在必行。该系统的主要目的是为了更好地管理每个人的通信录，给每个人提供一个井然有序的管理平台，防止手工管理的混乱及其可能造成的不必要的麻烦。

24.1.2 功能分析

通过市场调查可知，一个完整的电话本管理系统应该包括：添加模块、主窗体模块、信息查询模块、信息修改模块、系统管理模块。本系统主要实现设备内联系人信息的管理，包括添加、修改、查询和删除。整个系统模块划分如图 24-1 所示。

（1）系统管理模块。

用户通过此模块管理设备内的联系人信息，在屏幕下方提供了实现系统管理的 5 个按钮。

- 搜索：触摸按下此按钮后能够快速搜索设备内需要的联系人信息。
- 添加：触摸按下此按钮后能够向设备内添加新的联系人信息。
- 修改：触摸按下此按钮后能够修改设备内已经存在的某条联系人信息。
- 删除：触摸按下此按钮后删除设备内已经存在的某条联系人信息。
- 更新：触摸按下此按钮后能够更新设备的所有联系人信息。

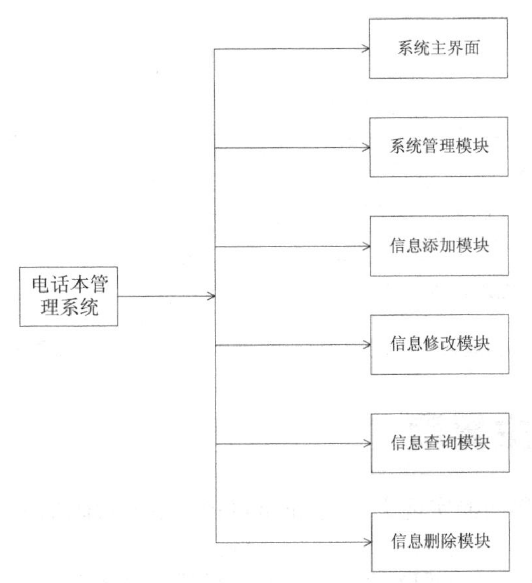

▲图 24-1 电话本管理系统构成模块图

（2）系统主界面。

在系统主屏幕界面中显示了两个操作按钮，通过这两个按钮可以快速进入本系统的核心功能。

- 查询：触摸按下此按钮后能够来到系统搜索界面，快速搜索设备内需要的联系人信息。
- 管理：触摸按下此按钮后能够来到系统管理模块的主界面。

（3）信息添加模块。

通过此模块能够向设备中添加新的联系人信息。

（4）信息修改模块。

通过此模块能够修改设备内已经存在的联系人信息。

（5）信息删除模块。

通过此模块能够删除设备内已经存在的联系人信息。

（6）信息查询模块。

通过此模块能够修搜索设备内需要的联系人信息。

24.2 创建 Android 工程

（1）启动 Eclipse，依次选中“File”“New”“Other”菜单，然后在向导的树状结构中找到 Android 节点。并单击【Android Project】，在项目名称上填写“phonebook”。

（2）单击【Next】按钮，选择目标 SDK，在此选择 Android 4.3。单击【Next】按钮，在其中填写包名“com.example.web_dhb”，如图 24-2 所示。

（2）单击【Next】按钮，此时将成功构建一个标准的 Android 项目。图 24-3 展示了当前项目的目录结构。

（3）修改文件 MainActivity.java，为此文件添加执行 HTML 文件的代码，主要代码如下。

```
public class MainActivity extends DroidGap {
    @Override
    public void onCreate(Bundle savedInstanceState) {
        super.onCreate(savedInstanceState);
        super.loadUrl("file:///android_asset/www/main.html");
    }
}
```

Application Name: phonebook
Project Name: phonebook
Package Name: com.example.web_dhb
Minimum Required SDK: API 8: Android 2.2 (Froyo)
Target SDK: API 17: Android 4.2 (Jelly Bean)
Compile With: API 18: Android 4.3
Theme: Holo Light with Dark Action Bar

▲图 24-2 创建 Android 工程

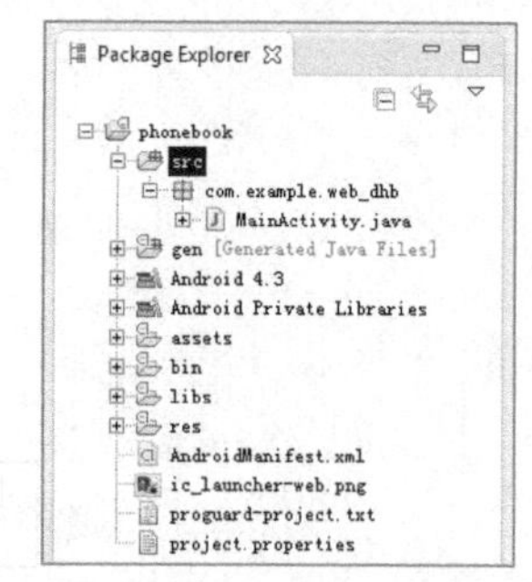

▲图 25-3 Android 项目的目录结构

24.3 实现系统主界面

在本实例中，系统主界面的实现文件是 main.html，主要代码如下。

```
        <script src="./js/jquery.js"></script>
        <script src="./js/jquery.mobile-1.2.0.js"></script>
        <script src="./cordova-2.1.0.js"></script>

</head>
<body>
        <!-- Home -->
        <div data-role="page" id="page1" style="background-image: url(./img/bg.gif);" >
            <div data-theme="e" data-role="header">
                <h2>电话本管理中心</h2>
            </div>
            <div data-role="content" style="padding-top:200px;">
                <a data-role="button" data-theme="e" href="./select.html" id="chaxun"
data-icon="search" data-iconpos="left" data-transition="flip">查询</a>
                <a data-role="button" data-theme="e" href="./set.html" id="guanli"
data-icon="gear" data-iconpos="left"> 管理 </a>
            </div>
            <div data-theme="e" data-role="footer" data-position="fixed">
                <span class="ui-title">免费组织制作 v1.0</span>
            </div>

         <script type="text/javascript">
                //App custom javascript
           sessionStorage.setItem("uid","");

            $('#page1').bind('pageshow',function(){
                 $.mobile.page.prototype.options.domCache = false;

            });
          // 等待加载 PhoneGap
            document.addEventListener("deviceready", onDeviceReady, false);

            // PhoneGap 加载完毕
            function onDeviceReady() {
                var db = window.openDatabase("Database", "1.0", "PhoneGap myuser",
                200000);
                db.transaction(populateDB, errorCB);
            }
             // 填充数据库
              function populateDB(tx) {
                  tx.executeSql('CREATE TABLE IF NOT EXISTS `myuser` (`user_id` integer
primary key autoincrement ,`user_name` VARCHAR( 25 ) NOT NULL ,`user_phone` varchar( 15 )
NOT NULL ,`user_qq` varchar( 15 ) ,`user_email` VARCHAR( 50 ),`user_bz` TEXT)');

              }
              // 事务执行出错后调用的回调函数
              function errorCB(tx, err) {
                  alert("Error processing SQL: "+err);
```

```
                }

            </script>
        </div>
    </body>
</html>
```

执行后，系统主界面如图 24-4 所示。

▲图 24-4　系统主界面

24.4 实现信息查询模块

信息查询模块的功能是快速搜索设备内所需要的联系人信息。按图 24-4 中的【查询】按钮后来到系统查询界面，如图 24-5 所示。

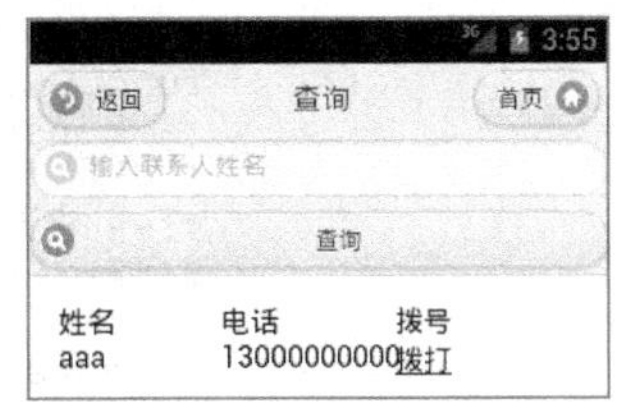

▲图 24-5　系统查询界面

在查询界面上面的表单中可以输入要搜索的关键字，然后按下【查询】按钮后会在下方显示搜索结果。信息查询模块的实现文件是 select.html，主要代码如下。

```
        <script src="./js/jquery.js"></script>
        <script src="./js/jquery.mobile-1.2.0.js"></script>
        <!-- <script src="./cordova-2.1.0.js"></script> -->
</head>
<body>
<body>
        <!-- Home -->
        <div data-role="page" id="page1">
            <div data-theme="e" data-role="header">
                <a data-role="button" href="./main.html" data-icon="back" data-iconpos=
"left" class="ui-btn-left">返回</a>
                <a data-role="button" href="./main.html" data-icon="home" data-iconpos=
"right" class="ui-btn-right">首页</a>
                <h3> 查询</h3>
                <div >
                    <fieldset data-role="controlgroup" data-mini="true">
                        <input name="" id="searchinput6" placeholder="输入联系人姓名" value=""
                        type="search" />
                    </fieldset>
                </div>
                <div>
                  <input type="submit" id="search"  data-theme="e" data-icon="search"
                  data-iconpos="left" value="查询" data-mini="true" />
                </div>
            </div>
            <div data-role="content">
                    <div class="ui-grid-b" id="contents" >
```

```
                </div >
            </div>
            <script>
                //App custom javascript
                var u_name="";
                <!-- 查询全部联系人 -->
                // 等待加载 PhoneGap
                document.addEventListener("deviceready", onDeviceReady, false);
                // PhoneGap 加载完毕
                 function onDeviceReady() {
                    var db = window.openDatabase("Database", "1.0", "PhoneGap myuser",
                    200000);
                    db.transaction(queryDB, errorCB);
                    //调用 queryDB 查询方法，以及 errorCB 错误回调方法
                 }
               // 查询数据库
                 function queryDB(tx) {
                    tx.executeSql('SELECT * FROM myuser', [], querySuccess, errorCB);
                 }
               // 查询成功后调用的回调函数
                function querySuccess(tx, results) {
                   var len = results.rows.length;
                   var str="<div class='ui-block-a' style='width:90px;'>姓名</div><div
class='ui-block-b'>电话</div><div class='ui-block-c'>拨号</div>";
                   console.log("myuser table: " + len + " rows found.");
                   for (var i=0; i<len; i++){
                       //写入到 logcat 文件
                       str +="<div class='ui-block-a' style='width:90px;'>"+results.rows.
item(i).user_name+"</div><div class='ui-block-b'>"+results.rows.item(i).user_phone
                             +"</div><div class='ui-block-c'><a href='tel:"+results.rows.
item(i).user_phone+"' data-role='button' class='ui-btn-right' >拨打 </a></div>";
                   }
                   $("#contents").html(str);
                }
                // 事务执行出错后调用的回调函数
                function errorCB(err) {
                   console.log("Error processing SQL: "+err.code);
                }
                <!-- 查询一条数据 -->
                $("#search").click(function(){
                   var searchinput6 = $("#searchinput6").val();
                   u_name = searchinput6;
                   var db = window.openDatabase("Database", "1.0", "PhoneGap myuser",
                   200000);
                    db.transaction(queryDBbyone, errorCB);
                });
                function queryDBbyone(tx){
                   tx.executeSql("SELECT * FROM myuser where user_name like
                   '%"+u_name+"%'", [], querySuccess, errorCB);
                }
            </script>
        </div>
    </body>
</html>
```

24.5 实现系统管理模块

系统管理模块的功能是管理设备内的联系人信息，按图 24-4 中的【管理】按钮后来到系统管理界面，如图 24-6 所示。

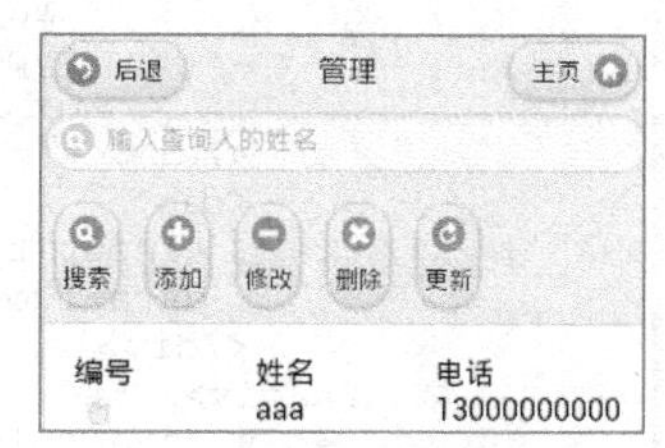

▲图 24-6 系统管理界面

在图 24-6 所示的界面中提供了实现系统管理的 5 个按钮，具体说明如下。

- 搜索：触摸按下此按钮后能够快速搜索设备内需要的联系人信息。

- 添加：触摸按下此按钮后能够向设备内添加新的联系人信息。
- 修改：触摸按下此按钮后能够修改设备内已经存在的某条联系人信息。
- 删除：触摸按下此按钮后删除设备内已经存在的某条联系人信息。
- 更新：触摸按下此按钮后能够更新设备的所有联系人信息。

系统管理模块的实现文件是 set.html，主要代码如下。

```
<body>
    <!-- Home -->
    <div data-role="page" id="set_1"  data-dom-cache="false">
        <div data-theme="e" data-role="header" >
            <a data-role="button" href="main.html" data-icon="home" data-iconpos="right"
class="ui-btn-right"> 主页</a>
            <h1>管理</h1>
            <a data-role="button" href="main.html" data-icon="back" data-iconpos="left"
class="ui-btn-left">后退 </a>
            <div >
               <span id="test"></span>
                <fieldset data-role="controlgroup" data-mini="true">
                    <input name="" id="searchinput1" placeholder="输入查询人的姓名" value=""
type="search" />
                </fieldset>
            </div>
            <div>
                <input type="submit" id="search" data-inline="true" data-icon="search"
data-iconpos="top" value="搜索" />
                <input type="submit" id="add" data-inline="true" data-icon="plus"
data-iconpos="top" value="添加"/>
                <input type="submit" id="modfiry"data-inline="true" data-icon="minus"
data-iconpos="top" value="修改" />
                <input type="submit" id="delete" data-inline="true" data-icon="delete"
data-iconpos="top" value="删除" />
                <input type="submit" id="refresh" data-inline="true" data-icon="refresh"
data-iconpos="top" value="更新" />
            </div>
        </div>
        <div data-role="content">
            <div class="ui-grid-b" id="contents">
            </div >
        </div>
        <script type="text/javascript">

            $.mobile.page.prototype.options.domCache = false;
            var u_name="";
            var num="";


            var strsql="";
            <!-- 查询全部联系人  -->
            // 等待加载 PhoneGap
            document.addEventListener("deviceready", onDeviceReady, false);
            // PhoneGap 加载完毕
            function onDeviceReady() {
                var db = window.openDatabase("Database", "1.0", "PhoneGap myuser",
                200000);
                db.transaction(queryDB, errorCB);
                //调用 queryDB 查询方法, 以及 errorCB 错误回调方法
             }
           // 查询数据库
             function queryDB(tx) {
                tx.executeSql('SELECT * FROM myuser', [], querySuccess, errorCB);
             }
           // 查询成功后调用的回调函数
            function querySuccess(tx, results) {
               var len = results.rows.length;
               var str="<div class='ui-block-a'>编号</div><div class='ui-block-b'>姓名
</div><div class='ui-block-c'>电话</div>";
               //console.log("myuser table: " + len + " rows found.");
```

```
            for (var i=0; i<len; i++){
                //写到 logcat 文件中
                //console.log("Row = " + i + " ID = " + results.rows.item(i).user_id
+ " Data =  " + results.rows.item(i).user_name);
                str +="<div class='ui-block-a'><input type='checkbox' class='idvalue'
value="+results.rows.item(i).user_id+" /></div><div class='ui-block-b'>"+results.rows.
item(i).user_name+"</div><div  class='ui-block-c'>"+results.rows.item(i).user_phone+
"</div>";
            }
            $("#contents").html(str);
        }
        // 事务执行出错后调用的回调函数
        function errorCB(err) {
            console.log("Error processing SQL: "+err.code);
        }

        <!-- 查询一条数据 -->
        $("#search").click(function(){
            var searchinput1 = $("#searchinput1").val();
            u_name = searchinput1;
            var db = window.openDatabase("Database", "1.0", "PhoneGap myuser", 200000);
             db.transaction(queryDBbyone, errorCB);
        });
        function queryDBbyone(tx){
            tx.executeSql("SELECT * FROM myuser where user_name like '%"+u_name+"%'",
            [], querySuccess, errorCB);
        }
        $("#delete").click(function(){
            var len = $("input:checked").length;
            for(var i=0;i<len;i++){
                num +=","+$("input:checked")[i].value;
            }
            num=num.substr(1);
            var db = window.openDatabase("Database", "1.0", "PhoneGap myuser", 200000);
             db.transaction(deleteDBbyid, errorCB);
        });
        function deleteDBbyid(tx){
            tx.executeSql("DELETE FROM `myuser` WHERE user_id in ("+num+")", [], queryDB,
            errorCB);
        }
        $("#add").click(function(){
            $.mobile.changePage ('add.html', 'fade', false, false);
        });
        $("#modfiry").click(function(){
            if($("input:checked").length==1){
                var userid=$("input:checked").val();
                sessionStorage.setItem("uid",userid);
                $.mobile.changePage ('modfiry.html', 'fade', false, false);
            }else{
                alert("请选择要修改的联系人，并且每次只能选择一位");
            }

        });
        //============与手机联系人 同步数据======================================
        $("#refresh").click(function(){
            // 从全部联系人中进行搜索
            var options = new ContactFindOptions();
            options.filter="";
            var filter = ["displayName","phoneNumbers"];
            options.multiple=true;
            navigator.contacts.find(filter, onTbSuccess, onError, options);
        });
        // onSuccess: 返回当前联系人结果集的快照
        function onTbSuccess(contacts) {
            // 显示所有联系人的地址信息

            var str="<div class='ui-block-a'>编号</div><div class='ui-block-b'>姓名
</div><div class='ui-block-c'>电话</div>";
            var phone;
```

```
                var db = window.openDatabase("Database", "1.0", "PhoneGap myuser", 200000);
                for (var i=0; i<contacts.length; i++){
                    for(var j=0; j< contacts[i].phoneNumbers.length; j++){
                       phone = contacts[i].phoneNumbers[j].value;
                    }

                    strsql +="INSERT INTO `myuser` (`user_name`,`user_phone`) VALUES
                    ('"+contacts[i].displayName+"',"+phone+");#";
                }
                db.transaction(addBD, errorCB);
            }
            // 更新插入数据
            function addBD(tx){

                strs=strsql.split("#");
                for(var i=0;i<strs.length;i++){
                    tx.executeSql(strs[i], [], [], errorCB);
                }
                var db = window.openDatabase("Database", "1.0", "PhoneGap myuser", 200000);
                db.transaction(queryDB, errorCB);
             }
            // onError: 获取联系人结果集失败
            function onError() {
                console.log("Error processing SQL: "+err.code);
            }
        </script>
    </div>
</body>
```

24.6 实现信息添加模块

在图 24-6 所示的界面中按下【添加】按钮会来到信息添加界面，如图 24-7 所示，通过此界面可以向设备中添加新的联系人信息。

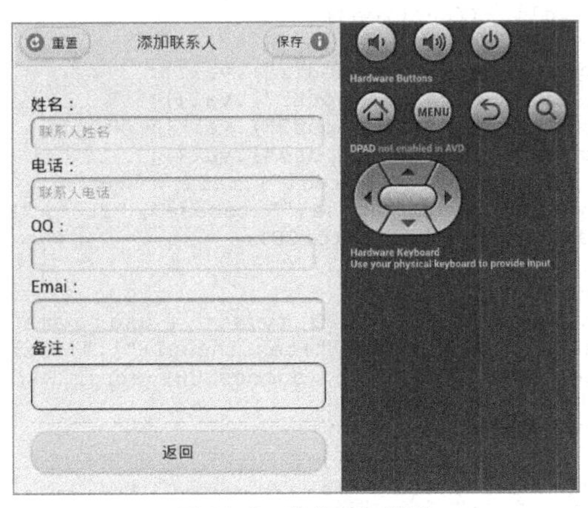

▲图 24-7　信息添加界面

信息添加模块的实现文件是 add.html，主要代码如下。

```
<body>
 <!-- Home -->
     <div data-role="page" id="page1">
         <div data-theme="e" data-role="header">
             <a  data-role="button"   id="tjlxr"  data-theme="e"  data-icon="info"
data-iconpos="right" class="ui-btn-right">保存</a>
             <h3>添加联系人 </h3>
             <a data-role="button"  id="czlxr" data-theme="e"  data-icon="refresh"
data-iconpos="left" class="ui-btn-left"> 重置</a>
         </div>
```

```
        <div data-role="content">
            <form action="" data-theme="e" >
                <div data-role="fieldcontain">
                    <fieldset data-role="controlgroup" data-mini="true">
                        <label  for="textinput1">姓名： <input  name=""  id="textinput1"
placeholder="联系人姓名" value="" type="text" /></label>
                    </fieldset>
                    <fieldset data-role="controlgroup" data-mini="true">
                        <label  for="textinput2">电话：  <input  name=""  id="textinput2"
placeholder="联系人电话" value="" type="tel" /></label>
                    </fieldset>
                    <fieldset data-role="controlgroup" data-mini="true">
                        <label  for="textinput3">QQ ：  <input  name=""  id="textinput3"
placeholder="" value="" type="number" /></label>
                    </fieldset>
                    <fieldset data-role="controlgroup" data-mini="true">
                        <label  for="textinput4">Emai ： <input  name=""  id="textinput4"
placeholder="" value="" type="email" /></label>
                    </fieldset>
                    <fieldset data-role="controlgroup">
                        <label for="textarea1"> 备注: </label>
                        <textarea name="" id="textarea1" placeholder="" data-mini="true">
</textarea>
                    </fieldset>
                </div>
                <div>
                    <a data-role="button"  id="back" data-theme="e" >返回</a>
                </div>
            </form>
        </div>
        <script type="text/javascript">
        $.mobile.page.prototype.options.domCache = false;
        var textinput1 = "";
          var textinput2 = "";
          var textinput3 = "";
          var textinput4 = "";
          var textarea1  = "";
           $("#tjlxr").click(function(){

               textinput1 =  $("#textinput1").val();
               textinput2 =  $("#textinput2").val();
               textinput3 =  $("#textinput3").val();
               textinput4 =  $("#textinput4").val();
               textarea1  =  $("#textarea1").val();
              var db = window.openDatabase("Database", "1.0", "PhoneGap myuser", 200000);
              db.transaction(addBD, errorCB);
           });
           function addBD(tx){
               tx.executeSql("INSERT INTO `myuser` (`user_name`,`user_phone`,`user_qq`,
`user_email`,`user_bz`)   VALUES    ('"+textinput1+"',"+textinput2+","+textinput3+",
'"+textinput4+"','"+textarea1+"')", [], successCB, errorCB);
           }
           $("#czlxr").click(function(){
               $("#textinput1").val("");
               $("#textinput2").val("");
               $("#textinput3").val("");
               $("#textinput4").val("");
               $("#textarea1").val("");
           });
           $("#back").click(function(){
               successCB();
           });
           // 等待加载 PhoneGap
           document.addEventListener("deviceready", onDeviceReady, false);
           // PhoneGap 加载完毕
           function onDeviceReady() {
               var db = window.openDatabase("Database", "1.0", "PhoneGap myuser",
               200000);
               db.transaction(populateDB, errorCB);
```

```
            }
            // 填充数据库
            function populateDB(tx) {
                //tx.executeSql('DROP TABLE IF EXISTS `myuser`');
                tx.executeSql('CREATE TABLE IF NOT EXISTS `myuser` (`user_id` integer
primary key autoincrement ,`user_name` VARCHAR( 25 ) NOT NULL ,`user_phone` varchar( 15 )
NOT NULL ,`user_qq` varchar( 15 ) ,`user_email` VARCHAR( 50 ),`user_bz` TEXT)');
                //tx.executeSql("INSERT  INTO  `myuser`  (`user_name`,`user_phone`,
`user_qq`,`user_email`,`user_bz`) VALUES ('刘',12222222,222,'nllllull','null')");
                //tx.executeSql("INSERT  INTO  `myuser`  (`user_name`,`user_phone`,
`user_qq`,`user_email`,`user_bz`) VALUES ('张山',12222222,222,'nllllull','null')");
                //tx.executeSql("INSERT  INTO  `myuser`  (`user_name`,`user_phone`,
`user_qq`,`user_email`,`user_bz`) VALUES ('李四',12222222,222,'nllllull','null')");
                //tx.executeSql("INSERT  INTO  `myuser`  (`user_name`,`user_phone`,
`user_qq`,`user_email`,`user_bz`) VALUES ('李四搜索',12222222,222,'nllllull','null')");
                //tx.executeSql('INSERT INTO DEMO (id, data) VALUES (2, "Second row")');
            }
            // 事务执行出错后调用的回调函数
            function errorCB(tx, err) {
                alert("Error processing SQL: "+err);
            }

            // 事务执行成功后调用的回调函数
            function successCB() {
                $.mobile.changePage ('set.html', 'fade', false, false);
            }
        </script>
    </div>
</body>
```

24.7 实现信息修改模块

在图 24-6 所示的界面中，如果先勾选一个联系人信息，然后按下【修改】按钮后会来到信息修改界面，通过此界面可以修改所选中的联系人的信息，如图 24-8 所示。

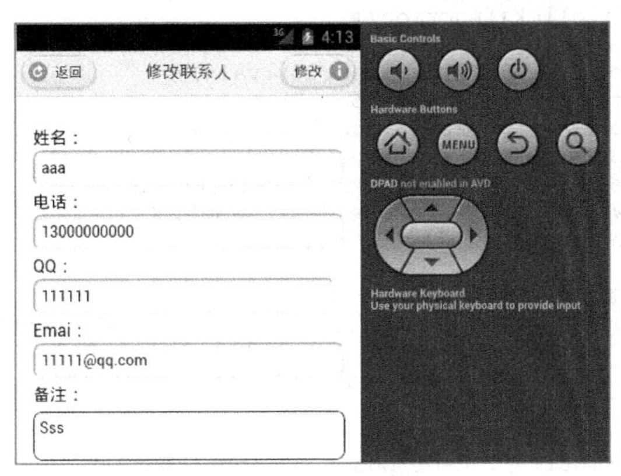

▲图 24-8　信息修改界面

信息修改模块的实现文件是 modfiry.html，主要代码如下。

```
<script type="text/javascript" src="./js/jquery.js"></script>
</head>
<body>
 <!-- Home -->
    <div data-role="page" id="page1">
        <div data-theme="e" data-role="header">
            <a data-role="button"  id="tjlxr" data-theme="e" data-icon="info" data-
iconpos="right" class="ui-btn-right">修改</a>
            <h3>修改联系人 </h3>
            <a  data-role="button"   id="back"  data-theme="e"   data-icon="refresh"
```

```
data-iconpos="left" class="ui-btn-left"> 返回</a>
        </div>
        <div data-role="content">
            <form action="" data-theme="e" >
                <div data-role="fieldcontain">
                    <fieldset data-role="controlgroup" data-mini="true">
                        <label for="textinput1">姓 名： <input name="" id="textinput1"
placeholder="联系人姓名" value="" type="text" /></label>
                    </fieldset>
                    <fieldset data-role="controlgroup" data-mini="true">
                        <label for="textinput2">电话： <input name="" id="textinput2"
placeholder="联系人电话" value="" type="tel" /></label>
                    </fieldset>
                    <fieldset data-role="controlgroup" data-mini="true">
                        <label for="textinput3">QQ ： <input name="" id="textinput3"
placeholder="" value="" type="number" /></label>
                    </fieldset>
                    <fieldset data-role="controlgroup" data-mini="true">
                        <label for="textinput4">Emai ： <input name="" id="textinput4"
placeholder="" value="" type="email" /></label>
                    </fieldset>
                    <fieldset data-role="controlgroup">
                        <label for="textarea1"> 备注: </label>
                        <textarea name="" id="textarea1" placeholder="" data-mini="true">
</textarea>
                    </fieldset>
                </div>
            </form>
        </div>
        <script type="text/javascript">
        $.mobile.page.prototype.options.domCache = false;
        var textinput1 = "";
          var textinput2 = "";
          var textinput3 = "";
          var textinput4 = "";
          var textarea1  = "";
          var uid = sessionStorage.getItem("uid");
//=========================================================================================
          $("#tjlxr").click(function(){

              textinput1 =  $("#textinput1").val();
              textinput2 =  $("#textinput2").val();
              textinput3 =  $("#textinput3").val();
              textinput4 =  $("#textinput4").val();
              textarea1  =  $("#textarea1").val();
           var db = window.openDatabase("Database", "1.0", "PhoneGap myuser", 200000);
              db.transaction(modfiyBD, errorCB);
         });
           function modfiyBD(tx){
              // alert("UPDATE `myuser`SET  `user_name`='"+textinput1+"',`user_phone`=
"+textinput2+",`user_qq`="+textinput3
                //          +",`user_email`='"+textinput4+"',`user_bz`='"+textarea1+"'
WHERE userid="+uid);
              tx.executeSql("UPDATE                                          `myuser`SET
`user_name`='"+textinput1+"',`user_phone`="+textinput2+",`user_qq`="+textinput3
                      +",`user_email`='"+textinput4+"',`user_bz`='"+textarea1+"'
WHERE user_id="+uid, [], successCB, errorCB);
           }
//=========================================================================================
           $("#back").click(function(){
              successCB();
           });
           document.addEventListener("deviceready", onDeviceReady, false);
           // PhoneGap 加载完毕
           function onDeviceReady() {
              var db = window.openDatabase("Database", "1.0", "PhoneGap myuser",
              200000);
              db.transaction(selectDB, errorCB);
           }
```

```
            function selectDB(tx) {
                //alert("SELECT * FROM myuser where user_id="+uid);
               tx.executeSql("SELECT * FROM myuser where user_id="+uid, [], querySuccess,
               errorCB);
            }
            // 事务执行出错后调用的回调函数
            function errorCB(tx, err) {
                alert("Error processing SQL: "+err);
            }
            // 事务执行成功后调用的回调函数
            function successCB() {
                $.mobile.changePage ('set.html', 'fade', false, false);
            }
            function querySuccess(tx, results) {
             var len = results.rows.length;
             for (var i=0; i<len; i++){
                 //写到 logcat 文件中
                 //console.log("Row = " + i + " ID = " + results.rows.item(i).user_id
                 + " Data =  " + results.rows.item(i).user_name);
                  $("#textinput1").val(results.rows.item(i).user_name);
                  $("#textinput2").val(results.rows.item(i).user_phone);
                  $("#textinput3").val(results.rows.item(i).user_qq);
                  $("#textinput4").val(results.rows.item(i).user_email);
                  $("#textarea1").val(results.rows.item(i).user_bz);
             }
        }
      </script>
    </div>
</body>
</html>
```

24.8 实现信息删除模块和更新模块

在图 24-6 所示的界面中，如果先勾选一个联系人信息，然后按下【删除】按钮后会删除所勾选的联系人信息。信息删除模块的功能在文件 set.html 中实现，相关的代码如下。

```
function deleteDBbyid(tx){
    tx.executeSql("DELETE  FROM  `myuser`  WHERE  user_id  in("+num+")",  [],  queryDB,
errorCB);
}
```

在图 24-6 所示的界面中，如果按下【更新】按钮会更新整个设备的联系人信息。信息更新模块的功能在文件 set.html 中实现，相关的代码如下。

```
$("#refresh").click(function(){
    // 从全部联系人中进行搜索
    var options = new ContactFindOptions();
    options.filter="";
    var filter = ["displayName","phoneNumbers"];
    options.multiple=true;
    navigator.contacts.find(filter, onTbSuccess, onError, options);
});
```

第 25 章　移动微信系统

微信是腾讯公司于 2011 年 1 月 21 日推出的一款通过网络快速发送语音短信、视频、图片和文字，支持多人群聊的手机聊天软件。用户可以通过微信与好友进行联系，且形式更加丰富。微信软件本身完全免费，使用任何功能都不收取费用，微信产生的上网流量费由网络运营商收取。2013 年 7 月 25 日，微信的国内用户超过 4 亿。在本章中，将简要介绍在 Android 平台中开发一个微信系统的基本思路和流程。

25.1 微信系统基础

微信系统与平常用的 QQ 聊天软件类似，也是一款交流通信工具，能够实现在线实时交流。在本节中，将简要讲解微信系统的基本知识。

25.1.1 微信的特点

微信是一种更快速的即时通信工具，具有零资费、跨平台沟通、显示实时输入状态等特点，与传统的短信沟通方式相比，更灵活、智能，且节省资费。微信的具体特点如下。

- 支持发送语音短信、视频、图片（包括表情）和文字。
- 支持多人群聊，最高 40 人、100 人。
- 支持查看所在位置附近使用微信的人（LBS 功能）。
- 支持腾讯微博、QQ 邮箱、漂流瓶、语音记事本、QQ 同步助手等插件功能。
- 支持视频聊天。
- 微行情：支持及时查询股票行情。
- 多平台，支持 iPhone、Android、Windows Phone、塞班、BlackBerry 平台的手机之间相互收发消息，节省流量。

25.1.2 微信和 Q 信、腾讯的关系

Q 信是另一款腾讯手机软件 QQ 通信录中的一个功能，与微信功能极其相似。但是却是两个不同的软件，它们的主要区别如下。

① 微信上集成很多插件，如 QQ 邮箱助手、QQ 离线助手、通信录安全助手等，Q 信则只是 QQ 通信录上的一个功能，没有下层插件。

② 微信好友基本上是手机上有电话号码的联系人和 QQ 上的好友，而 Q 信只是基于手机上有电话号码的联系人。

③ Q 信上能够显示好友手机号码，微信只能显示称呼或者备注名字，不能显示手机号码。

Q 信和微信虽然基本功能完全一样，可以通过网络快速发送免费（需消耗少量网络流量）语

音短信、视频、图片和文字，支持多人群聊，但是两个独立的软件，若其中一个开通，另外一个还需另外开通的。

25.2 使用 Android ViewPager

在 Android 系统中，谷歌提供了 ViewPager 控件，用于实现多页面滑动切换以及动画效果。在本章中，将使用 ViewPager 实现界面之间的切换。下面将通过一个实例来讲解使用 Android ViewPager 的基本流程。

实例	功能	源码路径
实例 25-1	使用 Android ViewPager 实现切换	\codes\25\DWinterTabDemo

本实例的具体实现流程如下。

（1）本实例需要用到 ViewPager 控件，这是 Google SDK 中自带的一个附加包的一个类，可以用于实现屏幕间的切换。使用本控件需要在工程中将包 android-support-v4.jar 放在 libs 文件夹中。当然也可以自己从网上搜索最新的版本。本实例的工程目录如图 25-1 所示。

▲图 25-1　工程目录

（2）接下来开始设计界面，整个设计工作非常简单，第一行三个头标，第二行动画图片，第三行页卡内容展示，布局代码如下。

```
<?xml version="1.0" encoding="utf-8"?>
<LinearLayout xmlns:android="http://schemas.android.com/apk/res/android"
    xmlns:umadsdk="http://schemas.android.com/apk/res/com.LoveBus"
    android:layout_width="fill_parent"
    android:layout_height="fill_parent"
    android:orientation="vertical" >

    <LinearLayout
        android:id="@+id/linearLayout1"
        android:layout_width="fill_parent"
        android:layout_height="100.0dip"
        android:background="#FFFFFF" >

        <TextView
            android:id="@+id/text1"
            android:layout_width="fill_parent"
            android:layout_height="fill_parent"
            android:layout_weight="1.0"
            android:gravity="center"
            android:text="页卡 1"
            android:textColor="#000000"
            android:textSize="22.0dip" />

        <TextView
            android:id="@+id/text2"
            android:layout_width="fill_parent"
            android:layout_height="fill_parent"
            android:layout_weight="1.0"
            android:gravity="center"
            android:text="页卡 2"
            android:textColor="#000000"
            android:textSize="22.0dip" />

        <TextView
            android:id="@+id/text3"
            android:layout_width="fill_parent"
            android:layout_height="fill_parent"
            android:layout_weight="1.0"
```

```
        android:gravity="center"
        android:text="页卡3"
        android:textColor="#000000"
        android:textSize="22.0dip" />
    </LinearLayout>

    <ImageView
        android:id="@+id/cursor"
        android:layout_width="fill_parent"
        android:layout_height="wrap_content"
        android:scaleType="matrix"
        android:src="@drawable/a" />

    <android.support.v4.view.ViewPager
        android:id="@+id/vPager"
        android:layout_width="wrap_content"
        android:layout_height="wrap_content"
        android:layout_gravity="center"
        android:layout_weight="1.0"
        android:background="#000000"
        android:flipInterval="30"
        android:persistentDrawingCache="animation" />

</LinearLayout>
```

因为本项目需要展示3个页卡，所以还需要3个页卡内容的界面设计，本例中只设置了背景颜色，起到区别的作用即可，具体代码如下。

```
<?xml version="1.0" encoding="utf-8"?>
<LinearLayout xmlns:android="http://schemas.android.com/apk/res/android"
    android:layout_width="fill_parent"
    android:layout_height="fill_parent"
    android:orientation="vertical"
    android:background="#158684" >
</LinearLayout>
```

（3）接下来开始具体编码工作，首先进行初始化工作，实现变量的定义的代码如下。

```
private ViewPager mPager;//页卡内容
private List<View> listViews; // Tab 页面列表
private ImageView cursor;// 动画图片
private TextView t1, t2, t3;// 页卡头标
private int offset = 0;// 动画图片偏移量
private int currIndex = 0;// 当前页卡编号
private int bmpW;// 动画图片宽度
```

- 初始化头标并响应单击事件的代码如下。

```
/**
     * 初始化头标
 */
    private void InitTextView() {
        t1 = (TextView) findViewById(R.id.text1);
        t2 = (TextView) findViewById(R.id.text2);
        t3 = (TextView) findViewById(R.id.text3);

        t1.setOnClickListener(new MyOnClickListener(0));
        t2.setOnClickListener(new MyOnClickListener(1));
        t3.setOnClickListener(new MyOnClickListener(2));
    }
/**
     * 头标单击监听
 */
    public class MyOnClickListener implements View.OnClickListener {
        private int index = 0;

        public MyOnClickListener(int i) {
            index = i;
        }
```

```
        @Override
        public void onClick(View v) {
            mPager.setCurrentItem(index);
        }
    };
```

● 初始化页卡内容区的代码如下。

```
/**
  * 初始化 ViewPager
 */
    private void InitViewPager() {
        mPager = (ViewPager) findViewById(R.id.vPager);
        listViews = new ArrayList<View>();
        LayoutInflater mInflater = getLayoutInflater();
        listViews.add(mInflater.inflate(R.layout.lay1, null));
        listViews.add(mInflater.inflate(R.layout.lay2, null));
        listViews.add(mInflater.inflate(R.layout.lay3, null));
        mPager.setAdapter(new MyPagerAdapter(listViews));
        mPager.setCurrentItem(0);
        mPager.setOnPageChangeListener(new MyOnPageChangeListener());
    }
```

● 将 3 个页卡界面装入其中，默认显示第一个页卡。在此处还需要实现一个适配器，具体代码如下。

```
/**
  * ViewPager 适配器
 */
    public class MyPagerAdapter extends PagerAdapter {
        public List<View> mListViews;

        public MyPagerAdapter(List<View> mListViews) {
            this.mListViews = mListViews;
        }

        @Override
        public void destroyItem(View arg0, int arg1, Object arg2) {
            ((ViewPager) arg0).removeView(mListViews.get(arg1));
        }

        @Override
        public void finishUpdate(View arg0) {
        }

        @Override
        public int getCount() {
            return mListViews.size();
        }

        @Override
        public Object instantiateItem(View arg0, int arg1) {
            ((ViewPager) arg0).addView(mListViews.get(arg1), 0);
            return mListViews.get(arg1);
        }

        @Override
        public boolean isViewFromObject(View arg0, Object arg1) {
            return arg0 == (arg1);
        }

        @Override
        public void restoreState(Parcelable arg0, ClassLoader arg1) {
        }

        @Override
        public Parcelable saveState() {
            return null;
        }
```

```
        @Override
        public void startUpdate(View arg0) {
        }
    }
```

至此，实现了各页卡的装入和卸载工作。

- 初始化动画的代码如下。

```
/**
  * 初始化动画
 */
    private void InitImageView() {
        cursor = (ImageView) findViewById(R.id.cursor);
        bmpW = BitmapFactory.decodeResource(getResources(), R.drawable.a)
                .getWidth();// 获取图片宽度
        DisplayMetrics dm = new DisplayMetrics();
        getWindowManager().getDefaultDisplay().getMetrics(dm);
        int screenW = dm.widthPixels;// 获取分辨率宽度
        offset = (screenW / 3 - bmpW) / 2;// 计算偏移量
        Matrix matrix = new Matrix();
        matrix.postTranslate(offset, 0);
        cursor.setImageMatrix(matrix);// 设置动画初始位置
    }
```

- 实现页卡切换监听事件的处理代码如下。

```
/**
  * 页卡切换监听
 */
    public class MyOnPageChangeListener implements OnPageChangeListener {

        int one = offset * 2 + bmpW;// 页卡 1 -> 页卡 2 偏移量
        int two = one * 2;// 页卡 1 -> 页卡 3 偏移量

        @Override
        public void onPageSelected(int arg0) {
            Animation animation = null;
            switch (arg0) {
            case 0:
                if (currIndex == 1) {
                    animation = new TranslateAnimation(one, 0, 0, 0);
                } else if (currIndex == 2) {
                    animation = new TranslateAnimation(two, 0, 0, 0);
                }
                break;
            case 1:
                if (currIndex == 0) {
                    animation = new TranslateAnimation(offset, one, 0, 0);
                } else if (currIndex == 2) {
                    animation = new TranslateAnimation(two, one, 0, 0);
                }
                break;
            case 2:
                if (currIndex == 0) {
                    animation = new TranslateAnimation(offset, two, 0, 0);
                } else if (currIndex == 1) {
                    animation = new TranslateAnimation(one, two, 0, 0);
                }
                break;
            }
            currIndex = arg0;
            animation.setFillAfter(true);// True:图片停在动画结束位置
            animation.setDuration(300);
            cursor.startAnimation(animation);
        }

        @Override
        public void onPageScrolled(int arg0, float arg1, int arg2) {
```

```
        }

        @Override
        public void onPageScrollStateChanged(int arg0) {
        }
    }
```

至此为止，整个实例介绍完毕，执行后会实现动画切换效果，如图 25-2 所示。

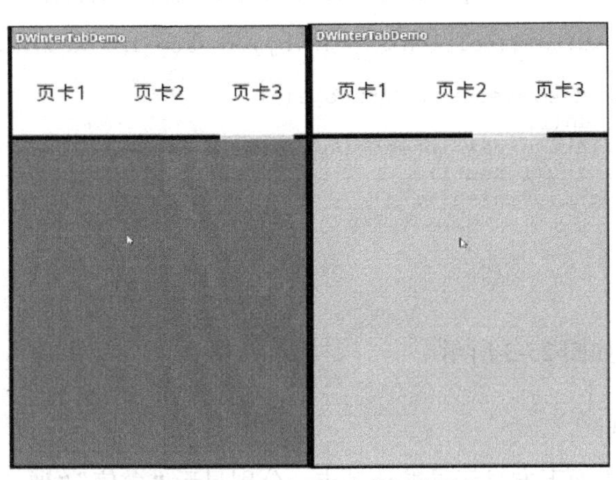

▲图 25-2　动画切换执行效果

25.3 开发一个微信系统

在本节中，将通过实现一个具体实例，讲解开发一个 Android 微信系统的基本流程。

实例	功能	源码路径
实例 25-2	开发一个微信系统	\codes\25\Weixin

25.3.1　启动界面

使用过微信的用户都知道，每次启动程序都会有启动画面，如果是第一次使用当然还会出现后面的导航界面。当本实例启动后会进入第一个 Activity，此 Activity 就是一个启动画面，之后会在这个 Activity 里面设置一个 Handler 去延迟（1s，数值可以自己设定）执行启动导航界面的 Activity。

启动界面的 UI 文件是 appstart.xml，具体代码如下。

```
<?xml version="1.0" encoding="utf-8"?>
<LinearLayout xmlns:android="http://schemas.android.com/apk/res/android"
       android:layout_width="fill_parent"
       android:layout_height="fill_parent"
       android:background="@drawable/welcome" >
</LinearLayout>
```

启动界面的实现文件是 Appstart.java，具体代码如下。

```
package cn.buaa.myweixin;
import android.os.Bundle;
import android.os.Handler;
import android.app.Activity;
import android.content.Intent;
import android.view.Menu;
import android.view.WindowManager;

public class Appstart extends Activity{
```

```
    @Override
    public void onCreate(Bundle savedInstanceState) {
        // TODO Auto-generated method stub
        super.onCreate(savedInstanceState);
        setContentView(R.layout.appstart);
        //requestWindowFeature(Window.FEATURE_NO_TITLE);//去掉标题栏
        //getWindow().setFlags(WindowManager.LayoutParams.FLAG_FULLSCREEN,
        //      WindowManager.LayoutParams.FLAG_FULLSCREEN);  //全屏显示
        //Toast.makeText(getApplicationContext(), "孩子！好好背诵！", Toast.LENGTH_LONG).
        show();
        //overridePendingTransition(R.anim.hyperspace_in, R.anim.hyperspace_out);

    new Handler().postDelayed(new Runnable(){
        public void run(){
            Intent intent = new Intent (Appstart.this,Welcome.class);
            startActivity(intent);
            Appstart.this.finish();
        }
    }, 1000);
   }
}
```

执行后的启动界面如图 25-3 所示。

▲图 25-3　启动界面

25.3.2　系统导航界面

进入系统后，会在界面下方显示导航选项卡，分别显示“微信”“通信录”“朋友们”和“设置”4 个选项，如图 25-4 所示。

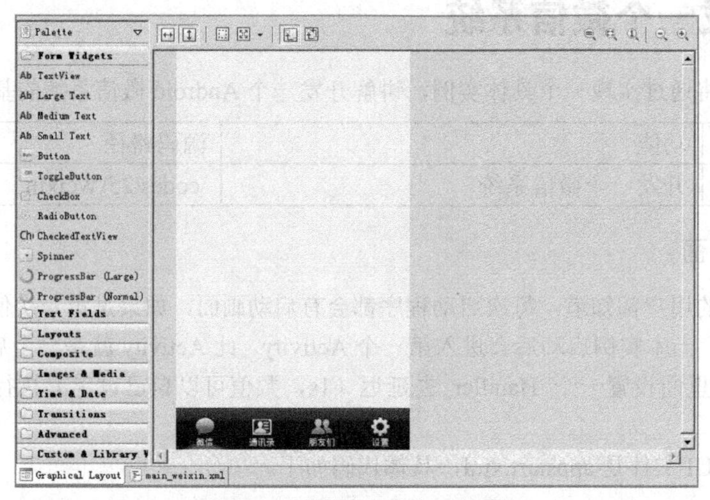

▲图 25-4　导航选项卡的设计界面

导航界面的布局文件是 main_weixin.xml，具体代码如下。

```
<?xml version="1.0" encoding="utf-8"?>
<RelativeLayout xmlns:android="http://schemas.android.com/apk/res/android"
    android:id="@+id/mainweixin"
    android:layout_width="fill_parent"
    android:layout_height="fill_parent"
    android:orientation="vertical"
    android:background="#eee" >

    <RelativeLayout
        android:id="@+id/main_bottom"
        android:layout_width="match_parent"
        android:layout_height="55dp"
        android:layout_alignParentBottom="true"
        android:orientation="vertical"
```

```
android:background="@drawable/bottom_bar"
>

<ImageView
   android:id="@+id/img_tab_now"
   android:layout_width="wrap_content"
   android:layout_height="wrap_content"
   android:scaleType="matrix"
   android:layout_gravity="bottom"
   android:layout_alignParentBottom="true"
   android:src="@drawable/tab_bg" />


 <LinearLayout
   android:layout_width="fill_parent"
   android:layout_height="wrap_content"
   android:layout_alignParentBottom="true"
   android:paddingBottom="2dp"
   >

   <LinearLayout
       android:layout_width="wrap_content"
       android:layout_height="wrap_content"
         android:gravity="center_horizontal"
         android:orientation="vertical"
         android:layout_weight="1">
       <ImageView
           android:id="@+id/img_weixin"
           android:layout_width="wrap_content"
           android:layout_height="wrap_content"
           android:scaleType="matrix"
           android:clickable="true"
           android:src="@drawable/tab_weixin_pressed" />
       <TextView
           android:layout_width="wrap_content"
           android:layout_height="wrap_content"
           android:text="微信"
           android:textColor="#fff"
           android:textSize="12sp" />
    </LinearLayout>
    <LinearLayout
       android:layout_width="wrap_content"
       android:layout_height="wrap_content"
         android:gravity="center_horizontal"
         android:orientation="vertical"
         android:layout_weight="1">
       <ImageView
           android:id="@+id/img_address"
           android:layout_width="wrap_content"
           android:layout_height="wrap_content"
           android:scaleType="matrix"
           android:clickable="true"
           android:src="@drawable/tab_address_normal" />
       <TextView
           android:layout_width="wrap_content"
           android:layout_height="wrap_content"
           android:text="通信录"
           android:textColor="#fff"
           android:textSize="12sp" />
    </LinearLayout>
    <LinearLayout
       android:layout_width="wrap_content"
       android:layout_height="wrap_content"
         android:gravity="center_horizontal"
         android:orientation="vertical"
         android:layout_weight="1">
       <ImageView
           android:id="@+id/img_friends"
           android:layout_width="wrap_content"
```

```
                    android:layout_height="wrap_content"
                    android:scaleType="matrix"
                    android:clickable="true"
                    android:src="@drawable/tab_find_frd_normal" />
                <TextView
                    android:layout_width="wrap_content"
                    android:layout_height="wrap_content"
                    android:text="朋友们"
                    android:textColor="#fff"
                    android:textSize="12sp" />
            </LinearLayout>

            <LinearLayout
                android:layout_width="wrap_content"
                android:layout_height="wrap_content"
                 android:gravity="center_horizontal"
                 android:orientation="vertical"
                 android:layout_weight="1">
                <ImageView
                    android:id="@+id/img_settings"
                    android:layout_width="wrap_content"
                    android:layout_height="wrap_content"
                    android:scaleType="matrix"
                    android:clickable="true"
                    android:src="@drawable/tab_settings_normal" />
                <TextView
                    android:layout_width="wrap_content"
                    android:layout_height="wrap_content"
                    android:text="设置"
                    android:textColor="#fff"
                    android:textSize="12sp" />
            </LinearLayout>

        </LinearLayout>

    </RelativeLayout>
    <LinearLayout
        android:layout_width="fill_parent"
        android:layout_height="wrap_content"
        android:layout_alignParentTop="true"
        android:layout_above="@id/main_bottom"
        android:orientation="vertical" >

        <android.support.v4.view.ViewPager
            android:id="@+id/tabpager"
            android:layout_width="wrap_content"
            android:layout_height="wrap_content"
            android:layout_gravity="center" >
        </android.support.v4.view.ViewPager>
    </LinearLayout>
</RelativeLayout>
```

对应的实现文件是 MainWeixin.java，具体代码如下。

```
package cn.buaa.myweixin;
import java.util.ArrayList;
import android.os.Bundle;
import android.app.Activity;
import android.content.Intent;
import android.support.v4.view.PagerAdapter;
import android.support.v4.view.ViewPager;
import android.support.v4.view.ViewPager.OnPageChangeListener;
import android.view.Display;
import android.view.Gravity;
import android.view.KeyEvent;
import android.view.LayoutInflater;
import android.view.View;
import android.view.WindowManager;
import android.view.WindowManager.LayoutParams;
import android.view.animation.Animation;
```

```
import android.view.animation.TranslateAnimation;
import android.widget.ImageView;
import android.widget.LinearLayout;
import android.widget.PopupWindow;
public class MainWeixin extends Activity {
    public static MainWeixin instance = null;
    private ViewPager mTabPager;
    private ImageView mTabImg;// 动画图片
    private ImageView mTab1, mTab2, mTab3, mTab4;
    private int zero = 0;// 动画图片偏移量
    private int currIndex = 0;// 当前页卡编号
    private int one;// 单个水平动画位移
    private int two;
    private int three;
    private LinearLayout mClose;
    private LinearLayout mCloseBtn;
    private View layout;
    private boolean menu_display = false;
    private PopupWindow menuWindow;
    private LayoutInflater inflater;

    @Override
    public void onCreate(Bundle savedInstanceState) {
        super.onCreate(savedInstanceState);
        setContentView(R.layout.main_weixin);
        // 启动 Activity 时不自动弹出软键盘
        getWindow().setSoftInputMode(
                WindowManager.LayoutParams.SOFT_INPUT_STATE_ALWAYS_HIDDEN);
        instance = this;
        mTabPager = (ViewPager) findViewById(R.id.tabpager);
        mTabPager.setOnPageChangeListener(new MyOnPageChangeListener());

        mTab1 = (ImageView) findViewById(R.id.img_weixin);
        mTab2 = (ImageView) findViewById(R.id.img_address);
        mTab3 = (ImageView) findViewById(R.id.img_friends);
        mTab4 = (ImageView) findViewById(R.id.img_settings);

        mTabImg = (ImageView) findViewById(R.id.img_tab_now);

        mTab1.setOnClickListener(new MyOnClickListener(0));
        mTab2.setOnClickListener(new MyOnClickListener(1));
        mTab3.setOnClickListener(new MyOnClickListener(2));
        mTab4.setOnClickListener(new MyOnClickListener(3));

        Display currDisplay = getWindowManager().getDefaultDisplay();//获取屏幕当前分辨率
        int displayWidth = currDisplay.getWidth();
        int displayHeight = currDisplay.getHeight();
        one = displayWidth / 4; // 设置水平动画平移大小
        two = one * 2;
        three = one * 3;
        // Log.i("info", "获取的屏幕分辨率为" + one + two + three + "X" + displayHeight);

        // 将要分页显示的 View 装入数组中
        LayoutInflater mLi = LayoutInflater.from(this);
        View view1 = mLi.inflate(R.layout.main_tab_weixin, null);
        View view2 = mLi.inflate(R.layout.main_tab_address, null);
        View view3 = mLi.inflate(R.layout.main_tab_friends, null);
        View view4 = mLi.inflate(R.layout.main_tab_settings, null);

        // 每个页面的 view 数据
        final ArrayList<View> views = new ArrayList<View>();
        views.add(view1);
        views.add(view2);
        views.add(view3);
        views.add(view4);

        // 填充 ViewPager 的数据适配器
        PagerAdapter mPagerAdapter = new PagerAdapter() {
```

```
        @Override
        public boolean isViewFromObject(View arg0, Object arg1) {
            return arg0 == arg1;
        }

        @Override
        public int getCount() {
            return views.size();
        }

        @Override
        public void destroyItem(View container, int position, Object object) {
            ((ViewPager) container).removeView(views.get(position));
        }

        // @Override
        // public CharSequence getPageTitle(int position) {
        // return titles.get(position);
        // }

        @Override
        public Object instantiateItem(View container, int position) {
            ((ViewPager) container).addView(views.get(position));
            return views.get(position);
        }
    };

    mTabPager.setAdapter(mPagerAdapter);
}

/**
 * 头标单击监听
 */
public class MyOnClickListener implements View.OnClickListener {
    private int index = 0;

    public MyOnClickListener(int i) {
        index = i;
    }

    public void onClick(View v) {
        mTabPager.setCurrentItem(index);
    }
};

/*
 * 页卡切换监听(原作者:D.Winter)
 */
public class MyOnPageChangeListener implements OnPageChangeListener {
    public void onPageSelected(int arg0) {
        Animation animation = null;
        switch (arg0) {
        case 0:
            mTab1.setImageDrawable(getResources().getDrawable(
                    R.drawable.tab_weixin_pressed));
            if (currIndex == 1) {
                animation = new TranslateAnimation(one, 0, 0, 0);
                mTab2.setImageDrawable(getResources().getDrawable(
                        R.drawable.tab_address_normal));
            } else if (currIndex == 2) {
                animation = new TranslateAnimation(two, 0, 0, 0);
                mTab3.setImageDrawable(getResources().getDrawable(
                        R.drawable.tab_find_frd_normal));
            } else if (currIndex == 3) {
                animation = new TranslateAnimation(three, 0, 0, 0);
                mTab4.setImageDrawable(getResources().getDrawable(
                        R.drawable.tab_settings_normal));
            }
            break;
```

```
            case 1:
                mTab2.setImageDrawable(getResources().getDrawable(
                        R.drawable.tab_address_pressed));
                if (currIndex == 0) {
                    animation = new TranslateAnimation(zero, one, 0, 0);
                    mTab1.setImageDrawable(getResources().getDrawable(
                            R.drawable.tab_weixin_normal));
                } else if (currIndex == 2) {
                    animation = new TranslateAnimation(two, one, 0, 0);
                    mTab3.setImageDrawable(getResources().getDrawable(
                            R.drawable.tab_find_frd_normal));
                } else if (currIndex == 3) {
                    animation = new TranslateAnimation(three, one, 0, 0);
                    mTab4.setImageDrawable(getResources().getDrawable(
                            R.drawable.tab_settings_normal));
                }
                break;
            case 2:
                mTab3.setImageDrawable(getResources().getDrawable(
                        R.drawable.tab_find_frd_pressed));
                if (currIndex == 0) {
                    animation = new TranslateAnimation(zero, two, 0, 0);
                    mTab1.setImageDrawable(getResources().getDrawable(
                            R.drawable.tab_weixin_normal));
                } else if (currIndex == 1) {
                    animation = new TranslateAnimation(one, two, 0, 0);
                    mTab2.setImageDrawable(getResources().getDrawable(
                            R.drawable.tab_address_normal));
                } else if (currIndex == 3) {
                    animation = new TranslateAnimation(three, two, 0, 0);
                    mTab4.setImageDrawable(getResources().getDrawable(
                            R.drawable.tab_settings_normal));
                }
                break;
            case 3:
                mTab4.setImageDrawable(getResources().getDrawable(
                        R.drawable.tab_settings_pressed));
                if (currIndex == 0) {
                    animation = new TranslateAnimation(zero, three, 0, 0);
                    mTab1.setImageDrawable(getResources().getDrawable(
                            R.drawable.tab_weixin_normal));
                } else if (currIndex == 1) {
                    animation = new TranslateAnimation(one, three, 0, 0);
                    mTab2.setImageDrawable(getResources().getDrawable(
                            R.drawable.tab_address_normal));
                } else if (currIndex == 2) {
                    animation = new TranslateAnimation(two, three, 0, 0);
                    mTab3.setImageDrawable(getResources().getDrawable(
                            R.drawable.tab_find_frd_normal));
                }
                break;
            }
            currIndex = arg0;
            animation.setFillAfter(true);// True:图片停在动画结束位置
            animation.setDuration(150);// 动画持续时间
            mTabImg.startAnimation(animation);// 开始动画
        }

        public void onPageScrolled(int arg0, float arg1, int arg2) {
        }

        public void onPageScrollStateChanged(int arg0) {
        }
    }

    @Override
    public boolean onKeyDown(int keyCode, KeyEvent event) {
        if (keyCode == KeyEvent.KEYCODE_BACK && event.getRepeatCount() == 0) { // 获取
                                                                                // back 键
```

```
        if (menu_display) { // 如果 Menu 已经打开 ，先关闭 Menu
            menuWindow.dismiss();
            menu_display = false;
        } else {
            Intent intent = new Intent();
            intent.setClass(MainWeixin.this, Exit.class);
            startActivity(intent);
        }
    }

    else if (keyCode == KeyEvent.KEYCODE_MENU) { // 获取 Menu 键
        if (!menu_display) {
            // 获取 LayoutInflater 实例
            inflater = (LayoutInflater) this
                .getSystemService(LAYOUT_INFLATER_SERVICE);
            // 这里的 main 布局是在 inflate 中加入的，以前都是直接 this.setContentView()
            // 该方法返回的是一个 View 的对象，是布局中的根
            layout = inflater.inflate(R.layout.main_menu, null);
            menuWindow = new PopupWindow(layout, LayoutParams.FILL_PARENT,
                LayoutParams.WRAP_CONTENT); // 后两个参数是 width 和 height
            // menuWindow.showAsDropDown(layout); //设置弹出效果
            // menuWindow.showAsDropDown(null, 0, layout.getHeight());
            menuWindow.showAtLocation(this.findViewById(R.id.mainweixin),
                Gravity.BOTTOM | Gravity.CENTER_HORIZONTAL, 0, 0);
                // 设置 Layout 在 PopupWindow 中显示的位置
            // 如何获取 main 中的控件呢? 也很简单
            mClose = (LinearLayout) layout.findViewById(R.id.menu_close);
            mCloseBtn = (LinearLayout) layout
                .findViewById(R.id.menu_close_btn);

            // 下面对每一个 Layout 进行单击事件的注册
            // 比如单击某个 MenuItem 的时候，他的背景色改变
            // 事先准备好一些背景图片或者颜色
            mCloseBtn.setOnClickListener(new View.OnClickListener() {
                public void onClick(View arg0) {
                    // Toast.makeText(Main.this, "退出",
                    // Toast.LENGTH_LONG).show();
                    Intent intent = new Intent();
                    intent.setClass(MainWeixin.this, Exit.class);
                    startActivity(intent);
                    menuWindow.dismiss(); // 响应单击事件之后关闭 Menu
                }
            });
            menu_display = true;
        } else {
            // 如果当前已经为显示状态，则隐藏起来
            menuWindow.dismiss();
            menu_display = false;
        }

        return false;
    }
    return false;
}

// 设置标题栏右侧按钮的作用
public void btnmainright(View v) {
    Intent intent = new Intent(MainWeixin.this, MainTopRightDialog.class);
    startActivity(intent);
    // Toast.makeText(getApplicationContext(), "单击了功能按钮",
    // Toast.LENGTH_LONG).show();
}
public void startchat(View v) { // 小黑 对话界面
    Intent intent = new Intent(MainWeixin.this, ChatActivity.class);
    startActivity(intent);
    // Toast.makeText(getApplicationContext(), "登录成功",
    // Toast.LENGTH_LONG).show();
}
```

```
    public void exit_settings(View v) { // 退出伪“对话框”，其实是一个Activity
        Intent intent = new Intent(MainWeixin.this, ExitFromSettings.class);
        startActivity(intent);
    }
    public void btn_shake(View v) { // 手机摇一摇
        Intent intent = new Intent(MainWeixin.this, ShakeActivity.class);
        startActivity(intent);
    }
}
```

25.3.3 系统登录界面

为了保证系统的安全，设置只有合法用户才能登录系统，为此专门设置了一个登录表单界面。系统登录的UI界面如图25-5所示。

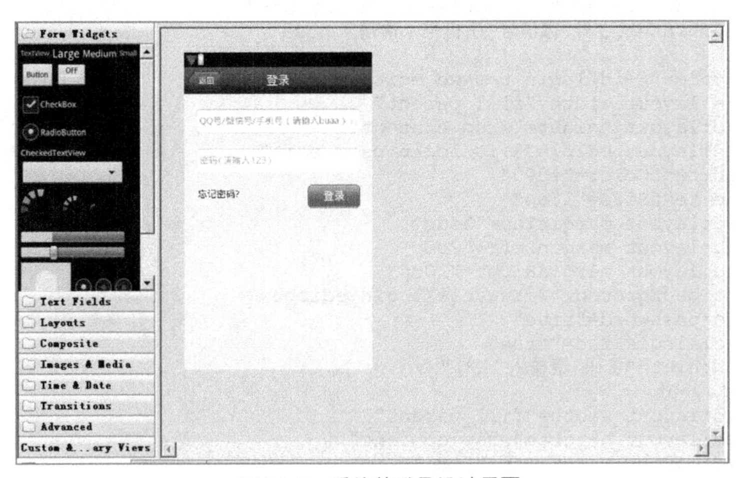

▲图25-5 系统的登录设计界面

系统登录界面的布局文件是login.xml，具体代码如下。

```
<?xml version="1.0" encoding="utf-8"?>
<RelativeLayout xmlns:android="http://schemas.android.com/apk/res/android"
    android:layout_width="fill_parent"
    android:layout_height="fill_parent"
    android:background="#eee"
    android:orientation="vertical"
    android:gravity="center_horizontal">
    <RelativeLayout
        android:id="@+id/login_top_layout"
        android:layout_width="fill_parent"
        android:layout_height="45dp"
        android:layout_alignParentTop="true"
        android:background="@drawable/title_bar">
        <Button
            android:id="@+id/login_reback_btn"
            android:layout_width="70dp"
            android:layout_height="wrap_content"
            android:layout_centerVertical="true"
            android:text="返回"
            android:textSize="26sp"
            android:textColor="#fff"
            android:onClick="login_back"
            android:background="@drawable/title_btn_back"/>
        <TextView
            android:layout_width="wrap_content"
            android:layout_height="wrap_content"
            android:layout_centerInParent="true"
            android:textSize="20sp"
```

```
            android:textStyle="bold"
            android:textColor="#ffffff"
            android:text="登录"
            />

    </RelativeLayout>
    <EditText
        android:id="@+id/login_user_edit"
        android:layout_width="fill_parent"
        android:layout_height="wrap_content"
        android:layout_below="@+id/login_top_layout"
        android:textColor="#000"
        android:textSize="15sp"
        android:layout_marginTop="25dp"
        android:layout_marginLeft="20dp"
        android:layout_marginRight="20dp"
        android:singleLine="true"
        android:background="@drawable/login_editbox"
        android:hint="QQ 号/微信号/手机号（请输入 buaa）"/>
    <EditText
        android:id="@+id/login_passwd_edit"
        android:layout_width="fill_parent"
        android:layout_height="wrap_content"
        android:layout_below="@+id/login_user_edit"
        android:textColor="#000"
        android:textSize="15sp"
        android:layout_marginTop="25dp"
        android:layout_marginLeft="20dp"
        android:layout_marginRight="20dp"
        android:background="@drawable/login_editbox"
        android:password="true"
        android:singleLine="true"
        android:hint="密码(请输入 123)"/>
    <RelativeLayout
        android:layout_width="fill_parent"
        android:layout_height="wrap_content"
        android:layout_marginTop="20dp"
        android:layout_below="@+id/login_passwd_edit"
        >
        <Button
            android:id="@+id/forget_passwd"
            android:layout_width="wrap_content"
            android:layout_height="wrap_content"
            android:layout_marginLeft="23dp"
            android:layout_marginTop="5dp"
            android:text="忘记密码?"
            android:textSize="16sp"
            android:textColor="#00f"
            android:background="#0000"
            android:onClick="login_pw"
            />
         <Button
            android:id="@+id/login_login_btn"
            android:layout_width="90dp"
            android:layout_height="40dp"
            android:layout_marginRight="20dp"
            android:layout_alignParentRight="true"
            android:text="登录"
            android:background="@drawable/btn_style_green"
            android:textColor="#ffffff"
            android:textSize="18sp"
            android:onClick="login_mainweixin"
            />
    </RelativeLayout>
</RelativeLayout>
```

对应的实现文件是 login.java，具体代码如下。

```
package cn.buaa.myweixin;
import android.net.Uri;
```

```
import android.os.Bundle;
import android.app.Activity;
import android.app.AlertDialog;
import android.content.Intent;
import android.view.Menu;
import android.view.View;
import android.widget.EditText;
import android.widget.Toast;

public class Login extends Activity {
    private EditText mUser; // 账号编辑框
    private EditText mPassword; // 密码编辑框

    @Override
    public void onCreate(Bundle savedInstanceState) {
        super.onCreate(savedInstanceState);
        setContentView(R.layout.login);

        mUser = (EditText)findViewById(R.id.login_user_edit);
        mPassword = (EditText)findViewById(R.id.login_passwd_edit);

    }
    public void login_mainweixin(View v) {
        if("weixin".equals(mUser.getText().toString()) && "123".equals(mPassword.
        getText().toString()))   //判断账号和密码
        {
             Intent intent = new Intent();
             intent.setClass(Login.this,LoadingActivity.class);
             startActivity(intent);
          }
        else if("".equals(mUser.getText().toString()) || "".equals(mPassword.getText().
        toString()))   //判断账号和密码
        {
            new AlertDialog.Builder(Login.this)
            .setIcon(getResources().getDrawable(R.drawable.login_error_icon))
            .setTitle("登录错误")
            .setMessage("微信账号或者密码不能为空，\n 请输入后再登录！")
            .create().show();
         }
        else{

            new AlertDialog.Builder(Login.this)
            .setIcon(getResources().getDrawable(R.drawable.login_error_icon))
            .setTitle("登录失败")
            .setMessage("微信账号或者密码不正确，\n 请检查后重新输入！")
            .create().show();
        }

        //登录按钮
        /*
          Intent intent = new Intent();
        intent.setClass(Login.this,Whatsnew.class);
        startActivity(intent);
        Toast.makeText(getApplicationContext(), "登录成功", Toast.LENGTH_SHORT).show();
        this.finish();*/
      }
    public void login_back(View v) {     //标题栏 返回按钮
          this.finish();
      }
    public void login_pw(View v) {     //忘记密码按钮
        Uri uri = Uri.parse("http://3g.qq.com");
        Intent intent = new Intent(Intent.ACTION_VIEW, uri);
        startActivity(intent);
        //Intent intent = new Intent();
        //intent.setClass(Login.this,Whatsnew.class);
        //startActivity(intent);
      }
}
```

登录成功后调用文件 LoadingActivity.java 进入系统主界面，此文件的代码如下。

```
package cn.buaa.myweixin;
import android.os.Bundle;
import android.os.Handler;
import android.app.Activity;
import android.content.Intent;
import android.view.Menu;
import android.view.WindowManager;
import android.widget.Toast;

public class LoadingActivity extends Activity{

    @Override
    public void onCreate(Bundle savedInstanceState) {
        // TODO Auto-generated method stub
        super.onCreate(savedInstanceState);
        setContentView(R.layout.loading);

    new Handler().postDelayed(new Runnable(){
        public void run(){
            Intent intent = new Intent (LoadingActivity.this,Whatsnew.class);
            startActivity(intent);
            LoadingActivity.this.finish();
            Toast.makeText(getApplicationContext(),"登录成功",Toast.LENGTH_SHORT).show();
        }
    }, 200);
   }
}
```

25.3.4　发送信息界面

为了达到在线交流效果，系统提供了发送信息界面，此界面和 QQ 聊天界面类似，呢狗狗调用输入法输入文本信息。发送信息的 UI 界面如图 25-6 所示。

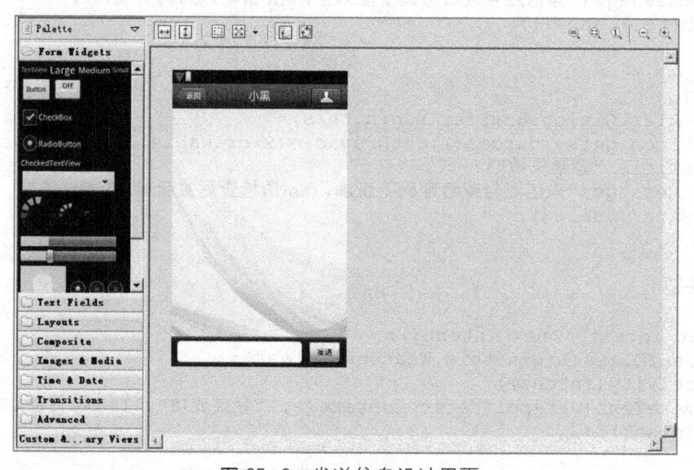

▲图 25-6　发送信息设计界面

系统信息发送界面的布局文件是 chat_xiaohei.xml，其代码如下。

```
<?xml version="1.0" encoding="utf-8"?>
<RelativeLayout
  xmlns:android="http://schemas.android.com/apk/res/android"
  android:layout_width="fill_parent"
  android:layout_height="fill_parent"
  android:background="@drawable/chat_bg_default" >

    <RelativeLayout
        android:id="@+id/rl_layout"
```

```
            android:layout_width="fill_parent"
            android:layout_height="45dp"
            android:background="@drawable/title_bar"
            android:gravity="center_vertical"  >
            <Button
          android:id="@+id/btn_back"
          android:layout_width="70dp"
          android:layout_height="wrap_content"
          android:layout_centerVertical="true"
          android:text="返回"
          android:textSize="26sp"
          android:textColor="#fff"
          android:onClick="chat_back"
          android:background="@drawable/title_btn_back"
          />
            <TextView
              android:layout_width="wrap_content"
              android:layout_height="wrap_content"
              android:text="小黑"
              android:layout_centerInParent="true"
              android:textSize="20sp"
              android:textColor="#ffffff" />
          <ImageButton
              android:id="@+id/right_btn"
              android:layout_width="67dp"
              android:layout_height="wrap_content"
              android:layout_alignParentRight="true"
              android:layout_centerVertical="true"
              android:layout_marginRight="5dp"
              android:src="@drawable/mm_title_btn_contact_normal"
              android:background="@drawable/title_btn_right"

              />
      </RelativeLayout>


  <RelativeLayout
      android:id="@+id/rl_bottom"
      android:layout_width="fill_parent"
      android:layout_height="wrap_content"
      android:layout_alignParentBottom="true"
      android:background="@drawable/chat_footer_bg" >

      <Button
      android:id="@+id/btn_send"
      android:layout_width="60dp"
      android:layout_height="40dp"
      android:layout_alignParentRight="true"
      android:layout_marginRight="10dp"
      android:layout_centerVertical="true"
      android:text="发送"
      android:background="@drawable/chat_send_btn" />


      <EditText
      android:id="@+id/et_sendmessage"
      android:layout_width="fill_parent"
      android:layout_height="40dp"
      android:layout_toLeftOf="@id/btn_send"
      android:layout_marginLeft="10dp"
      android:layout_marginRight="10dp"
      android:background="@drawable/login_edit_normal"
      android:layout_centerVertical="true"
      android:singleLine="true"
      android:textSize="18sp"/>

  </RelativeLayout>
```

```
    <ListView
    android:id="@+id/listview"
    android:layout_below="@id/rl_layout"
    android:layout_above="@id/rl_bottom"
    android:layout_width="fill_parent"
    android:layout_height="fill_parent"
    android:divider="@null"
    android:dividerHeight="5dp"
    android:stackFromBottom="true"
    android:scrollbarStyle="outsideOverlay"
    android:cacheColorHint="#0000"/>

</RelativeLayout>
```

对应的实现文件是 ChatActivity.java，其代码如下。

```
package cn.buaa.myweixin;

import java.util.ArrayList;
import java.util.Calendar;
import java.util.List;
import android.app.Activity;
import android.content.Intent;
import android.graphics.drawable.LevelListDrawable;
import android.os.Bundle;
import android.text.Editable;
import android.view.View;
import android.view.View.OnClickListener;
import android.view.WindowManager;
import android.widget.Button;
import android.widget.EditText;
import android.widget.ListView;



public class ChatActivity extends Activity implements OnClickListener{
    /** Called when the activity is first created. */

    private Button mBtnSend;
    private Button mBtnBack;
    private EditText mEditTextContent;
    private ListView mListView;
    private ChatMsgViewAdapter mAdapter;
    private List<ChatMsgEntity> mDataArrays = new ArrayList<ChatMsgEntity>();


    public void onCreate(Bundle savedInstanceState) {
        super.onCreate(savedInstanceState);
        setContentView(R.layout.chat_xiaohei);
        //启动 Activity 时不自动弹出软键盘
getWindow().setSoftInputMode(WindowManager.LayoutParams.SOFT_INPUT_STATE_
ALWAYS_HIDDEN);
        initView();

        initData();
    }


    public void initView()
    {
        mListView = (ListView) findViewById(R.id.listview);
        mBtnSend = (Button) findViewById(R.id.btn_send);
        mBtnSend.setOnClickListener(this);
        mBtnBack = (Button) findViewById(R.id.btn_back);
        mBtnBack.setOnClickListener(this);

        mEditTextContent = (EditText) findViewById(R.id.et_sendmessage);
    }

    private String[]msgArray = new String[]{"有大", "有！？", "我也有", "那上吧",
```

```
                                "打啊! 你放大啊", "你不? 留人头那!。",
                                "不解释", "....",};

private String[]dataArray = new String[]{"2012-09-01 18:00", "2012-09-01 18:10",
                                "2012-09-01 18:11", "2012-09-01 18:20",
                                "2012-09-01 18:30", "2012-09-01 18:35",
                                "2012-09-01 18:40", "2012-09-01 18:50"};
private final static int COUNT = 8;
public void initData()
{
    for(int i = 0; i < COUNT; i++)
    {
        ChatMsgEntity entity = new ChatMsgEntity();
        entity.setDate(dataArray[i]);
        if (i % 2 == 0)
        {
            entity.setName("小黑");
            entity.setMsgType(true);
        }else{
            entity.setName("人马");
            entity.setMsgType(false);
        }

        entity.setText(msgArray[i]);
        mDataArrays.add(entity);
    }

    mAdapter = new ChatMsgViewAdapter(this, mDataArrays);
    mListView.setAdapter(mAdapter);

}


public void onClick(View v) {
    // TODO Auto-generated method stub
    switch(v.getId())
    {
    case R.id.btn_send:
        send();
        break;
    case R.id.btn_back:
        finish();
        break;
    }
}

private void send()
{
    String contString = mEditTextContent.getText().toString();
    if (contString.length() > 0)
    {
        ChatMsgEntity entity = new ChatMsgEntity();
        entity.setDate(getDate());
        entity.setName("人马");
        entity.setMsgType(false);
        entity.setText(contString);

        mDataArrays.add(entity);
        mAdapter.notifyDataSetChanged();

        mEditTextContent.setText("");

        mListView.setSelection(mListView.getCount() - 1);
    }
}

private String getDate() {
    Calendar c = Calendar.getInstance();
```

```
        String year = String.valueOf(c.get(Calendar.YEAR));
        String month = String.valueOf(c.get(Calendar.MONTH));
        String day = String.valueOf(c.get(Calendar.DAY_OF_MONTH) + 1);
        String hour = String.valueOf(c.get(Calendar.HOUR_OF_DAY));
        String mins = String.valueOf(c.get(Calendar.MINUTE));

        StringBuffer sbBuffer = new StringBuffer();
        sbBuffer.append(year + "-" + month + "-" + day + " " + hour + ":" + mins);


        return sbBuffer.toString();
    }


    public void head_xiaohei(View v) {     //标题栏 返回按钮
        Intent intent = new Intent (ChatActivity.this,InfoXiaohei.class);
        startActivity(intent);
      }
}
```

25.3.5　摇一摇界面

“摇一摇”是微信的特色功能，通过摇动手机的方式可以实现一个操作功能，例如发送一幅图片，查找到一个好友等。摇一摇的 UI 界面如图 25-7 所示。

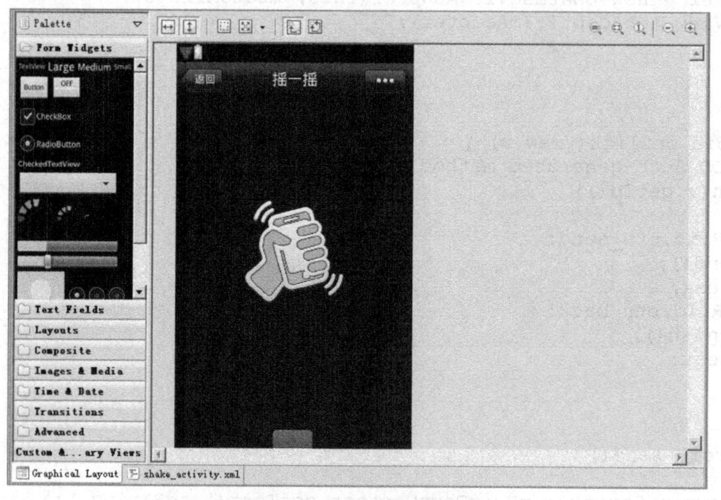

▲图 25-7　摇一摇设计界面

系统信息发送界面的布局文件是 shake_activity.xml，其代码如下。

```
<?xml version="1.0" encoding="utf-8"?>
<RelativeLayout xmlns:android="http://schemas.android.com/apk/res/android"
    android:layout_width="fill_parent"
    android:layout_height="fill_parent"
    android:orientation="vertical"
    android:background="#111"
    >

    <RelativeLayout
        android:layout_width="fill_parent"
        android:layout_height="fill_parent"
        android:layout_centerInParent="true" >

        <ImageView
            android:id="@+id/shakeBg"
            android:layout_width="wrap_content"
            android:layout_height="wrap_content"
```

```
        android:layout_centerInParent="true"
        android:src="@drawable/shakehideimg_man2" />

    <LinearLayout
        android:layout_width="fill_parent"
        android:layout_height="wrap_content"
        android:layout_centerInParent="true"
        android:orientation="vertical" >

        <RelativeLayout
            android:id="@+id/shakeImgUp"
            android:layout_width="fill_parent"
            android:layout_height="190dp"
            android:background="#111">
            <ImageView
                android:layout_width="wrap_content"
                android:layout_height="wrap_content"
                android:layout_alignParentBottom="true"
                android:layout_centerHorizontal="true"
                android:src="@drawable/shake_logo_up"
                 />
        </RelativeLayout>
        <RelativeLayout
            android:id="@+id/shakeImgDown"
            android:layout_width="fill_parent"
            android:layout_height="190dp"
            android:background="#111">
            <ImageView
                android:layout_width="wrap_content"
                android:layout_height="wrap_content"
                android:layout_centerHorizontal="true"
                android:src="@drawable/shake_logo_down"
                 />
        </RelativeLayout>
    </LinearLayout>
</RelativeLayout>

<RelativeLayout
    android:id="@+id/shake_title_bar"
      android:layout_width="fill_parent"
      android:layout_height="45dp"
      android:background="@drawable/title_bar"
      android:gravity="center_vertical"  >
          <Button
            android:layout_width="70dp"
            android:layout_height="wrap_content"
            android:layout_centerVertical="true"
            android:text="返回"
            android:textSize="26sp"
            android:textColor="#fff"
            android:onClick="shake_activity_back"
            android:background="@drawable/title_btn_back"/>
          <TextView
            android:layout_width="wrap_content"
            android:layout_height="wrap_content"
            android:text="摇一摇"
            android:layout_centerInParent="true"
            android:textSize="20sp"
            android:textColor="#ffffff" />
        <ImageButton
            android:layout_width="67dp"
            android:layout_height="wrap_content"
            android:layout_alignParentRight="true"
            android:layout_centerVertical="true"
            android:layout_marginRight="5dp"
            android:src="@drawable/mm_title_btn_menu"
            android:background="@drawable/title_btn_right"
            android:onClick="linshi"
            />
```

```
    </RelativeLayout>


    <SlidingDrawer
        android:id="@+id/slidingDrawer1"
        android:layout_width="match_parent"
        android:layout_height="match_parent"
        android:content="@+id/content"
        android:handle="@+id/handle" >
        <Button
            android:id="@+id/handle"
            android:layout_width="wrap_content"
            android:layout_height="wrap_content"

            android:background="@drawable/shake_report_dragger_up" />
        <LinearLayout
            android:id="@+id/content"
            android:layout_width="match_parent"
            android:layout_height="match_parent"
            android:background="#f9f9f9" >
            <ImageView
                android:layout_width="match_parent"
                android:layout_height="wrap_content"
                android:scaleType="fitXY"
                android:src="@drawable/shake_line_up" />
        </LinearLayout>
    </SlidingDrawer>

</RelativeLayout>
```

对应的实现文件是 ShakeActivity.java，其代码如下。

```
public class ShakeActivity extends Activity{
    ShakeListener mShakeListener = null;
    Vibrator mVibrator;
    private RelativeLayout mImgUp;
    private RelativeLayout mImgDn;
    private RelativeLayout mTitle;

    private SlidingDrawer mDrawer;
    private Button mDrawerBtn;
    @Override
    public void onCreate(Bundle savedInstanceState) {
        // TODO Auto-generated method stub
        super.onCreate(savedInstanceState);
        setContentView(R.layout.shake_activity);
        //drawerSet ();//设置 drawer 监听切换按钮的方向

        mVibrator = (Vibrator)getApplication().getSystemService(VIBRATOR_SERVICE);

        mImgUp = (RelativeLayout) findViewById(R.id.shakeImgUp);
        mImgDn = (RelativeLayout) findViewById(R.id.shakeImgDown);
        mTitle = (RelativeLayout) findViewById(R.id.shake_title_bar);

        mDrawer = (SlidingDrawer) findViewById(R.id.slidingDrawer1);
        mDrawerBtn = (Button) findViewById(R.id.handle);
        mDrawer.setOnDrawerOpenListener(new OnDrawerOpenListener()
        {    public void onDrawerOpened()
            {
                mDrawerBtn.setBackgroundDrawable(getResources().getDrawable(R.drawable.
                shake_report_dragger_down));
                TranslateAnimation titleup = new TranslateAnimation(Animation.RELATIVE_
TO_SELF,0f,Animation.RELATIVE_TO_SELF,0f,Animation.RELATIVE_TO_SELF,0f,Animation.REL
ATIVE_TO_SELF,-1.0f);
                titleup.setDuration(200);
                titleup.setFillAfter(true);
                mTitle.startAnimation(titleup);
            }
        });
         /* 设定 SlidingDrawer 被关闭的事件处理 */
```

```
        mDrawer.setOnDrawerCloseListener(new OnDrawerCloseListener()
        {    public void onDrawerClosed()
            {
                mDrawerBtn.setBackgroundDrawable(getResources().getDrawable(R.drawable.
                shake_report_dragger_up));
                TranslateAnimation titledn = new TranslateAnimation(Animation.RELATIVE_
TO_SELF,0f,Animation.RELATIVE_TO_SELF,0f,Animation.RELATIVE_TO_SELF,-1.0f,Animation.
RELATIVE_TO_SELF,0f);
                titledn.setDuration(200);
                titledn.setFillAfter(false);
                mTitle.startAnimation(titledn);
            }
        });

        mShakeListener = new ShakeListener(this);
        mShakeListener.setOnShakeListener(new OnShakeListener() {
            public void onShake() {
                //Toast.makeText(getApplicationContext(), "抱歉，暂时没有找到在同一时刻摇一摇
                //的人。\n 再试一次吧！", Toast.LENGTH_SHORT).show();
                startAnim();  //开始 摇一摇手掌动画
                mShakeListener.stop();
                startVibrato(); //开始 震动
                new Handler().postDelayed(new Runnable(){
                    public void run(){
                        //Toast.makeText(getApplicationContext(),"抱歉，暂时没有找到\n 在同一
                        //时刻摇一摇的人。\n 再试一次吧!", 500).setGravity(Gravity.CENTER,0,0).
                        //show();
                        Toast mtoast;
                        mtoast = Toast.makeText(getApplicationContext(),
                                "抱歉，暂时没有找到\n 在同一时刻摇一摇的人。\n 再试一次吧！", 10);
                                //mtoast.setGravity(Gravity.CENTER, 0, 0);
                                mtoast.show();
                                mVibrator.cancel();
                                mShakeListener.start();
                    }
                }, 2000);
            }
        });
    }
    public void startAnim () {   //定义摇一摇动画
        AnimationSet animup = new AnimationSet(true);
        TranslateAnimation  mytranslateanimup0  =  new  TranslateAnimation(Animation.
RELATIVE_TO_SELF,0f,Animation.RELATIVE_TO_SELF,0f,Animation.RELATIVE_TO_SELF,0f,Anim-
ation.RELATIVE_TO_SELF,-0.5f);
        mytranslateanimup0.setDuration(1000);
        TranslateAnimation  mytranslateanimup1  =  new  TranslateAnimation(Animation.
RELATIVE_TO_SELF,0f,Animation.RELATIVE_TO_SELF,0f,Animation.RELATIVE_TO_SELF,0f,Anim
ation.RELATIVE_TO_SELF,+0.5f);
        mytranslateanimup1.setDuration(1000);
        mytranslateanimup1.setStartOffset(1000);
        animup.addAnimation(mytranslateanimup0);
        animup.addAnimation(mytranslateanimup1);
        mImgUp.startAnimation(animup);

        AnimationSet animdn = new AnimationSet(true);
        TranslateAnimation  mytranslateanimdn0  =  new  TranslateAnimation(Animation.
RELATIVE_TO_SELF,0f,Animation.RELATIVE_TO_SELF,0f,Animation.RELATIVE_TO_SELF,0f,Anim-
ation.RELATIVE_TO_SELF,+0.5f);
        mytranslateanimdn0.setDuration(1000);
        TranslateAnimation  mytranslateanimdn1  =  new  TranslateAnimation(Animation.
RELATIVE_TO_SELF,0f,Animation.RELATIVE_TO_SELF,0f,Animation.RELATIVE_TO_SELF,0f,Anim
ation.RELATIVE_TO_SELF,-0.5f);
        mytranslateanimdn1.setDuration(1000);
        mytranslateanimdn1.setStartOffset(1000);
        animdn.addAnimation(mytranslateanimdn0);
        animdn.addAnimation(mytranslateanimdn1);
        mImgDn.startAnimation(animdn);
    }
    public void startVibrato(){         //定义振动
```

```
        mVibrator.vibrate( new long[]{500,200,500,200}, -1); //第一个｛｝里面是节奏数组， 第
二个参数是重复次数，-1 为不重复，非-1 俄日从 pattern 的指定下标开始重复
    }

    public void shake_activity_back(View v) {    //标题栏 返回按钮
        this.finish();
    }
    public void linshi(View v) {     //标题栏
        startAnim();
    }
    @Override
    protected void onDestroy() {
        super.onDestroy();
        if (mShakeListener != null) {
            mShakeListener.stop();
        }
    }
}
```

文件 ShakeListener.java 的功能是通过重力感应器实现重力监听，这是实现“摇一摇”功能的基础。文件 ShakeListener.java 的具体代码如下。

```
package cn.buaa.myweixin;
import android.content.Context;
import android.hardware.Sensor;
import android.hardware.SensorEvent;
import android.hardware.SensorEventListener;
import android.hardware.SensorManager;
import android.util.Log;

/**
 * 一个检测手机摇晃的监听器
 */
public class ShakeListener implements SensorEventListener {
    // 速度阈值，当摇晃速度达到该值后产生作用
    private static final int SPEED_SHRESHOLD = 3000;
    // 两次检测的时间间隔
    private static final int UPTATE_INTERVAL_TIME = 70;
    // 传感器管理器
    private SensorManager sensorManager;
    // 传感器
    private Sensor sensor;
    // 重力感应监听器
    private OnShakeListener onShakeListener;
    // 上下文
    private Context mContext;
    // 手机上一个位置时重力感应坐标
    private float lastX;
    private float lastY;
    private float lastZ;
    // 上次检测时间
    private long lastUpdateTime;

    // 构造器
    public ShakeListener(Context c) {
        // 获得监听对象
        mContext = c;
        start();
    }

    // 开始
    public void start() {
        // 获得传感器管理器
        sensorManager = (SensorManager) mContext
                .getSystemService(Context.SENSOR_SERVICE);
        if (sensorManager != null) {
            // 获得重力传感器
            sensor = sensorManager.getDefaultSensor(Sensor.TYPE_ACCELEROMETER);
        }
```

```
        // 注册
        if (sensor != null) {
            sensorManager.registerListener(this, sensor,
                    SensorManager.SENSOR_DELAY_GAME);
        }

    }

    // 停止检测
    public void stop() {
        sensorManager.unregisterListener(this);
    }

    // 设置重力感应监听器
    public void setOnShakeListener(OnShakeListener listener) {
        onShakeListener = listener;
    }

    // 重力感应器感应并获得变化的数据
    public void onSensorChanged(SensorEvent event) {
        // 现在检测时间
        long currentUpdateTime = System.currentTimeMillis();
        // 两次检测的时间间隔
        long timeInterval = currentUpdateTime - lastUpdateTime;
        // 判断是否达到了检测时间间隔
        if (timeInterval < UPTATE_INTERVAL_TIME)
            return;
        // 现在的时间变成 last 时间
        lastUpdateTime = currentUpdateTime;

        // 获得 x,y,z 坐标
        float x = event.values[0];
        float y = event.values[1];
        float z = event.values[2];

        // 获得 x,y,z 的变化值
        float deltaX = x - lastX;
        float deltaY = y - lastY;
        float deltaZ = z - lastZ;

        // 将现在的坐标变成 last 坐标
        lastX = x;
        lastY = y;
        lastZ = z;

        double speed = Math.sqrt(deltaX * deltaX + deltaY * deltaY + deltaZ
                * deltaZ)
                / timeInterval * 10000;
        Log.v("thelog", "==========log==================");
        // 达到速度阈值，发出提示
        if (speed >= SPEED_SHRESHOLD) {
            onShakeListener.onShake();
        }
    }

    public void onAccuracyChanged(Sensor sensor, int accuracy) {

    }

    // 摇晃监听接口
    public interface OnShakeListener {
        public void onShake();
    }
}
```